普通生物学

General Biology

（第四版）

刘广发　周克夫　主　编

科学出版社

北　京

内 容 简 介

本书以生物学的发展简史开篇，介绍生物学发展的过去、现在及对未来的展望。后续遵循从微观到宏观的进阶，依次探讨生命的物质基础、细胞的结构与功能、新陈代谢、高等动物、高等植物、繁衍、发育、遗传变异、生物多样性、生物进化和生态与环境可持续发展等内容。

本书承继前三版的写作风格，深入浅出、简明扼要、图文并茂、行文流畅。尤其对前版图片进行大量重绘和补充，以二维码形式展示大量彩图，方便读者阅读；结合“资料链接”等小栏目，将课本章节内容通过重大科学发现、最新进展等成就进行延伸，相信将有利于读者对课本知识的理解和掌握以及学科素养的培育和养成。

本书可供生命科学、农林、食品、环境、医学等多个学科专业作为本科生的教材，同时也是一本很好的通识课教材读本。

图书在版编目（CIP）数据

普通生物学 / 刘广发，周克夫主编. -- 4 版. -- 北京 ：科学出版社，2025. 7. -- ISBN 978-7-03-082405-9

I. Q1

中国国家版本馆 CIP 数据核字第 202550RS35 号

责任编辑：刘 畅 / 责任校对：严 娜

责任印制：赵 博 / 封面设计：无极书装

科学出版社 出版

北京东黄城根北街 16 号

邮政编码：100717

http:// www.sciencep.com

北京富资园科技发展有限公司印刷

科学出版社发行 各地新华书店经销

*

2001 年 8 月第 一 版 开本：787×1092 1/16

2025 年 7 月第 四 版 印张：26 1/4

2025 年10月第二十六次印刷 字数：650 000

定价：98.00 元

（如有印装质量问题，我社负责调换）

第四版前言

本书 2001 年首版至今已出版了 3 版，并在我国台湾地区发行一繁体字版。承全国二十几所高校使用多年，反映良好。进入 21 世纪以来生命科学发展相当迅猛，基于此，前些年本书就应该更新再版了，种种原因拖了下来。幸得副教授周克夫博士鼎力相助，在厦门大学学校及环境与生态学院、生命科学学院领导以及科学出版社刘畅副编审的大力支持下，本书第四版终于以崭新的面貌与各位师生见面。

本书原名《现代生命科学概论》，有老师建议改名《普通生物学》似能更贴合高校基础课程普及生物学知识所需，也易与高中生物衔接。此次再版采纳了以上意见。同时，为顺应全书从“微观”到“宏观”的编写思路，将上一版第二章“生命体的多样性”调整至第九章；将原第八章“生物繁殖”与第九章“胚胎发育与个体发育”内容整编为新的第七章“生物的生殖与发育”，使相关内容更为紧凑，方便讲授和学习；将原“细胞工程”中“哺乳动物体细胞克隆”部分作为动物繁殖方式的一种新尝试放到第七章第九节自成一节等。生命科学日新月异，本版亦对多数资料进行更新，补充了不少学科新进展，如淀粉全人工合成、巨大细菌、基因编辑、表观遗传和绿色能源等。为了与新版教科书相匹配，本书还重新绘制了部分插图。此外，为响应国家加快推进教育数字化的要求，本书添加了大量数字资源，起到辅助和延伸阅读的作用。此外，还将本书相关插图重新绘制成彩色图片，加强了教材的可读性、易懂性，还通过数字化阅读极大提高教学质量和学习效率。

“新质生产力”是 2024 年全国两会期间新出现的高频词，成为国内外高度关注的中国推进高质量发展的重要着力点。生物经济是新质生产力的重要组成部分，是以生命科学和生物技术的发展和应用为基础的新经济形态。学习和掌握生物学的基本内容，实践并养成生物学学科素养，无疑将夯实实施生物经济各要素的基础，助力从业人员的入门和发展。

作为中国人，爱国是本分也是职责，是心之所系、情之所归。作为高校教师，不仅要注重提高学生知识文化素养，更要结合课程内容上好课程思政，教育引导学生崇尚科学、明德知耻，树牢社会主义核心价值观。本书作为高校教材，努力贯彻教书育人的国之使命，倾心尝试将授业和立德有机结合。借此再版机会，本书介绍了在生物学领域作出重大贡献的中国科学家经刻苦钻研、团队合作所取得的突出成就等，展示我国在科学领域的贡献，弘扬自立自强的民族精神。

本书秉承条理分明、简明扼要和深入浅出的初衷，力求科学性与实践性的有机统一，让同学们不仅徜徉在生命科学的沃野中尽情成长，而且能从中习得做学问、学人生、品生活的哲理，助力大学生健康成长，为国效力。

由于作者的知识水平、学科视野有限，书中内容尚存在不足，欢迎广大师生和社会读者提出批评和建议，不胜感激。

刘广发
2025 年 7 月于厦门大学

目　录

《普通生物学》（第四版）教学课件申请单

凡使用本书作为授课教材的高校主讲教师，可获赠教学课件一份。欢迎通过以下两种方式之一与我们联系。

1. 关注微信公众号“科学EDU”申请教学课件

扫码关注→“样书课件”→“科学教育平台”

2. 填写以下表格，扫描或拍照后发送至联系人邮箱

<table>
<tr><td colspan="2">姓名：</td><td colspan="2">职称：</td><td>职务：</td></tr>
<tr><td colspan="2">手机：</td><td colspan="2">邮箱：</td><td>学校及院系：</td></tr>
<tr><td colspan="3">本门课程名称：</td><td colspan="2">本门课程选课人数：</td></tr>
<tr><td colspan="5">您对本书的评价及修改建议：</td></tr>
</table>

联系人：刘畅 编辑　　电话：010-64000815　　邮箱：liuchang@mail.sciencep.com

第一章 绪　论

提要　本章简介生物学三个基本层次的划分、生物学数百年的发展简史及发展动向，对林林总总的生物大千世界的共同特征，以及开展生物学研究方法等进行扼要的介绍。

生物学又称生命科学，是研究生物的结构、功能、发生和发展规律的科学，是自然科学的一个重要分支。生物学研究的范畴极其广泛，并已和许多学科交叉形成了不少令人瞩目的新兴学科。生物学涉及生命的起源和演化，各类型生物的结构、功能，各种生命现象的本质和规律，以及生物同环境复杂而密切的相互关系等领域，已成为农业、林业、医药卫生、水产、环境及相关产业的基础学科。甚至一些政府部门和企业单位的领导，在他们做出决策之前，也往往需要从生物学的角度进行考虑做出抉择。尤其是随着社会的发展和人们需求的不断提高，人类改造自然和利用自然资源的能力显著提升，不可避免地对人类赖以生存的环境产生影响，甚至造成难以挽回的危害。人口数量的不断增加、粮食危机、疾病尤其是危害人类健康乃至生命安全的公共卫生事件、能源短缺、环境污染、生态破坏、极端气候频发、物种灭绝影响生物多样性等成为人类面临的重要挑战和社会问题。面对不断出现的各种挑战和危机，人类意识到要有效面对和解决这些问题，都需要生物学和相关技术参与其中。因此，在促进经济可持续发展、保证人类生存、提高生活质量的同时，亟需考虑如何做到人与自然和谐共处，如何维护环境和生态平衡，加强树立保护生物多样性就是保护人类自己的理念。因此，学习和掌握生物学知识并开展生命科学研究不仅十分必要而且也是十分紧迫的。

生物学的研究从宏观上可以分为以下三个层次。

1．核心层次　核心层次包括分子生物学和细胞生物学学科。生物学经历数百年的发展，从 20 世纪中叶开始已深入到分子生物学水平，大量的生物学本质问题，都可以用分子生物学手段去探究。自 1973 年基因工程诞生以来，科学家已经可以在生命的最核心领域“动动手术”，这极大地促进了生物学的发展。21 世纪初，人类基因组测序已经完成，人类进入从分子水平认识自我的时代。发展至今，目前的基因编辑 CRISPR/cas9 技术已经能定点定向对基因进行修饰；mRNA 疫苗技术的发明，从分子水平出发，能在短期内利用病原体基因序列快速制备有效预防疾病感染和传播的疫苗，在近年来应对全球传播的新冠疫情中得到应用。细胞是构成生命体的基本结构单元，各种具有独立代谢能力的生命体无一例外都由细胞构成。虽然细胞生物学的建立已有一百多年的历史，取得了许多重要的进展与发现，但是对细胞生物学的深入探究依然是解决生物学诸多关键问题的突破口与着眼点。

2．个体生物学层次　对多个物种及类群的结构、功能及生命活动规律逐一进行研究是本层次的主要内容。经过无数生物学工作者的努力，形成了多个以类群划分的学科，如藻类学、昆虫学、鱼类学等。从深入阐明生命体遵循的共同规律出发，亦逐步建立了遗传学、生理学、解剖学、进化论、发育生物学等综合性科目。在这些基础理论的指导下，农、林、牧、渔、医、药、食品、环保等许多行业发生了日新月异的变革，甚至是革命性的飞跃。抗生素的发现，为发酵工业翻开了崭新的一页，开辟了人类医疗史的新纪元；一头经无性繁殖——克隆技术降生的“多莉”绵羊，引起了全世界的轰动；屠呦呦团队从黄花蒿茎叶中提取发现的抗疟疾青蒿素拯救了数百万人的生命；袁隆平团队开创的杂交水稻高产再高产的技术为保证世界粮食供应作出了突出贡献。生物编辑技术广泛应用于人、大鼠、小鼠、斑马鱼、果蝇、猪、水稻、小麦和拟南芥等动植物（细胞）及细菌等微生物的基因组靶向改造研究，并已在功能基因组研究、疾病防治、动植物育种、动物疾病模型开发、基因治疗等领域展现出巨大的应用前景，对个体生物学的结构与功能研究和生命活动规律的揭示具有重要意义。如此等等的重大科技成果，必将大大推动基础生物学、医学生物学和药物开发等多个领域的研究。

3．生物圈层次　人类只有一个地球。在可以预见到的将来，人类尚未能在地球以外找到一片可能安身的绿洲。因此科学地利用地球资源，坚定不移地实施循环经济和可持续发展战略是全人类责无旁贷的选择。水资源短缺、土地沙漠化、人口激增、环境污染、能源紧张等，这一系列严峻问题已经向我们拉响了警报，引起各国政府的高度重视及民众的严重关切。人无远虑，必有近忧。全球变暖、极端天气频发、冰川融化海平面升高、物种灭绝速度加快等现象已经明确无误地向人类敲响了警钟。国家主席习近平在联合国生物多样性峰会上的讲话中提到“我们要站在对人类文明负责的高度，尊重自然、顺应自然、保护自然，探索人与自然和谐共生之路”。生物学与多个学科紧密结合，已经而且必将在改善生态环境，提高人类生存质量，实施可持续发展等领域作出更大的贡献。

第一节　生物学发展简史

生物学的发展经历了一个从不自觉到自觉、由浅入深、从表及里、相互渗透，直至今天全面发展的漫长过程。

一、前生物学时期

从人类诞生至公元 16 世纪以前，都属于这一时期。古人出于生存需要，他们在自然界中首先认识的是那些可作为食物及人类天敌的生物。古代文明发展程度较高的国家，如古埃及和中国等国的人民，已普遍开展了与人类生活密切相关的植物栽培与动物驯养。据 2002 年《科学》（*Science*）杂志报道，早在 1.5 万年前，东亚人首先开始驯化狼，也就是今天狗的祖先。考古发现，在 1.2 万～1.0 万年前，生活在南美洲厄瓜多尔的印第安人就已经开始种植西葫芦和加拉巴木。2006 年和 2013 年，以色列及英国考古学家在中东多地发现，人类开始栽培大麦、小麦和扁豆的年代可以追溯到 11 000～9800 多年前，更新了人类从游牧时期转变为农耕时期的认识。大约 9000 年前，非洲人开始饲养牛。2008 年，一组科学家对从近东和巴尔干地区考古点发掘出的超过 2200 件陶器中的有机残留物所做的分析表明，在人类饲养牛的同时已经学会了利用牛奶。在西亚，8000 多年前的幼发拉底河和底格里斯河流域，苏美尔人和巴比伦人就已发明了啤酒发酵技术。古埃及人在 6000 年前开始制作面包。6000 年前，中亚地区已出现被人类驯服的马匹。酒的历史几乎与人类文明的历史一样久远，苏美尔人在距今 5000 年前的文献中就已经提到了这种饮料。

在中国，在 1 万年前的江西省万年县仙人洞遗址、湖南省道县玉蟾岩遗址和杭州附近上山遗址等处都发现栽培稻的硅酸体。距今 9000～7500 年前的河南省舞阳县贾湖遗址已经出现中国最早的家畜狗的遗骸。开始驯养家猪的时间大概在距今 8000 年前。在杭州余杭区瓶窑镇的良渚遗址中，发现了 5000 多年前诸多被人类食用后遗弃的猪骨骼。浙江河姆渡遗址和陕西西安半坡村人类新石器时期遗址也出土了 7000 年前的稻谷和白菜籽。大约到 5000 年前，在现在的上海地区，水稻已经作为重要的粮食作物被广泛种植。此外，中华民族的先人们在大约 4700 年前就已经开始种桑养蚕，织布裁衣在长江流域逐渐流传开来。甘肃省永靖县大何庄遗址出土了 4000 年前的牛、羊骨骼。从殷墟出土的青铜器和酒具推测，早在 3500 多年前我国人民已掌握酿酒技术。

除食物外，我们的祖先必须面对的另一项严酷挑战就是与疾病作斗争。由于人类当时认识自然、与自然抗争的能力十分低下，因此尝试用身边的植物或动物进行治疗也就顺理成章。历经无数代人的“神农尝百草”，我国春秋战国时期（公元前 500 年）写成的《诗经》已收入药物 200 多种。汉朝的《神农百草经》又将药物增至 300 多种。公元 10 世纪，我国已开始探索预防天花的疫苗，尽管当时接种的是人痘。前生物学时期最杰出的代表作当推明朝末年的《本草纲目》（明万历六年，1578 年写成）。在这部经典的科学典籍中，李时珍对 1892 种植物、动物及其他天然成分分门别类详细进行了形态描述及药性探讨，还附图 1126 幅，收入药方 11 096 个，为后人留下了宝贵的寻药看病的经验与智慧结晶。《本草纲目》不仅是中医科学史上最重要的名著之一，同时书中蕴含的生物分类学体系比瑞典人林奈的生物分类体系早了约 150 年。

16 世纪，随着资本主义工业的逐渐兴起，以研究植物、动物及矿产为主要内容的博物学才在欧洲日渐开展起来。总之，着手对与人类生产、生活密切相关的生物进行形态及其本性的描述和记载是这个时期最突出的特征。

二、古典生物学时期

从 17 世纪到 19 世纪中期，随着欧洲工业革命的蓬勃发展，生物学也取得了长足的进步。自 1590 年荷兰眼镜制造商詹森父子（J. Janssen 和 Z. Janssen）发明世界第一台显微镜（仅放大约 10 倍）后，英国科学家胡克（R. Hooke，1635～1703）于 1665 年用他自制的简陋显微镜观察了多种切成薄片的软木，首次发现了其中无数的“cells”，即细胞（其实仅为细胞壁），并于同年出版了第一本专著《显微图集》。列文虎克（Anthony van Leeuwenhoek，1632～1723）从 1674 年开始用显微镜观察细菌、原生动物和精子。从此，对细胞的观察成了古典生物学的热门。1735 年，针对当时生物分类和命名的混乱局面，瑞典植物学家林奈（Carl von Linné，1707～1778）整理出版了著作《自然系统》，创立了生物分类等级和双命名法，并一直被科学界沿用至今。与此同时，英国化学家普利斯特利（J. Priestley，1733～1804）对人们忽视的光合作用进行了初步分析，发现植物能产生可供动物呼吸和维持蜡烛燃烧的气体，但对气体的成分还不得而知。1838 年，德国植物学家施莱登（M. J. Schleiden，1804～1881）在他的论文《论植物的发生》中指出，细胞是所有植物的基本构成单位。第二年（1839 年），德国动物学家施旺（Theodor Schwann，1810～1882）在发表《显微研究》的论文时进一步阐明说，动物和植物的基本结构单元都是细胞。他们的工作及总结，标志着细胞学说这个生物学的核心学科正式诞生了。细胞学说的建立受到了恩格斯的高度重视，他把它推举为 19 世纪自然科学的三大发现之一。1859 年，达尔文（Charles Robert Darwin，1809～1882）在随“贝格尔号”考察船环球一周 23 年后，出版了他的巨著《物种起源》，从根本上动摇了上帝创世和物种不变的唯心主义史观，大大推动了生物学的发展。本时期的科学家虽然主要还是对各物种的特性进行描述，但已逐渐深入到微观的水平。经过归纳和总结，提出了一些初步阐明生物学规律的理论和学说，标志着生物学正在酝酿一场从感性认识到理性研究的变革。

三、实验生物学时期

从19世纪中期到20世纪中叶大约100年的时间里，随着数学、物理、化学等学科与生物学的相互交叉渗透，生物学取得了一系列引人瞩目的成就。1865年，奥地利中学代理教师孟德尔（G. J. Mendel，1822～1884）在家乡的自然科学家协会上宣读了他历经8年进行豌豆杂交实验总结出的划时代论文《植物杂交实验》，奠定了现代遗传学的基础。与此同时，微生物学的奠基人、法国化学家巴斯德（L. Pasteur，1822～1895）发明了加热灭菌的消毒法，证明了生物不可能在短时期内"自然发生"。1928年，英国细菌学家弗莱明（S. A. Fleming，1881～1955）发现青霉菌的代谢产物具有很强的抑、杀菌效果。俄国生理学家巴甫洛夫（I. Pavlov，1870～1932）在心脏生理、消化生理和高级神经活动生理等方面做出了突出的贡献。德国博物学家海克尔（E. H. Haeckel，1834～1919）和德国动物学家施佩曼（H. Spemann，1869～1941）在动物胚胎发育等方面取得了重大发现，他们创新的"胚胎诱导"理念为发育生物学分支的确立做出了巨大贡献。从20世纪初开始，美国遗传学家摩尔根（T. H. Morgan，1866～1945）和他的学生一起通过大量的果蝇实验，发现了遗传学的连锁交换定律和遗传的基本单位——基因。1926年，摩尔根出版了工作总结《基因论》，开辟了分子遗传学的新领域。20世纪三四十年代，英国博物学家赫胥黎（T. H. Huxley，1825～1895）和美国进化遗传学家杜布赞斯基（T. Dobzhansky，1900～1975）等综合了达尔文的变异-自然选择学说、摩尔根的基因-染色体理论及哈迪-温伯格（G. H. Hardy & W. Winberg）的群体遗传学理论，创立了新达尔文主义（现代综合进化论）。1944年，美国化学家埃弗里（O. Avery，1877～1955）以直接的证据证明了遗传物质是DNA而不是蛋白质。所有这一切工作突出表明了生物学家已经不再囿于以观察、描述性的手段研究生物体和生命现象，他们通过一系列的实验设计与研究，迈开了探索生命奥秘的步伐。

四、分子生物学时期

1953年，美国分子生物学家沃森（J. D. Waton，1928～）和英国生物学家克里克（F. H. Crick，1916～2004）在《自然》（*Nature*）杂志上发表《核酸的分子结构》一文，阐明了DNA的双螺旋构造。生物学的发展从此进入了一个崭新的迅猛发展的阶段，一系列令人惊叹的新成就接踵而来。1957年，克里克提出了著名的遗传信息流——中心法则。1961年，法国生物学家莫诺（J. Monod，1910～1976）和雅各布（F. Jacob，1920～2013）提出乳糖操纵子模型，探讨基因调控原理。1965年，中国科学院生物化学研究所、有机化学研究所和北京大学化学系的科研人员在世界上首次人工合成了具生物活性的、由两个亚基51个氨基酸残基构成的结晶牛胰岛素，标志着在人类探索生命起源奥秘的历程中迈出了重要的一步。1966年，经过美国生化学家尼伦伯格（M. W. Nirenberg，1927～2012）等科学家多年的探究，生物界通用的64个遗传密码被全部破译。这是人类在解开生命之谜的征途中取得的重大突破。1973年，美国遗传学家柯恩（S. N. Cohen，1935～）领导的小组开创了体外重组DNA并成功转化大肠杆菌的先河。这一年被称为基因工程元年。1975年，德国免疫学家柯勒（G. Köhler，1946～1995）和英国分子生物学家米尔斯坦（C. Milstein，1927～2002）成功获得淋巴细胞杂交瘤，并生产出了单克隆抗体，在临床诊治领域树起了一座革命性的里程碑。基因工程之父赫伯特·韦恩·伯耶（Herbert Wayne Boyer，1936～）等首先将人工合成的编码生长激素释放抑制因子（14 肽）的基因重组入质粒，并在大肠杆菌中成功表达。从此基因工程成为分子生物学的带头学科，在世界范围内如火如荼地开展起来。基因工程涉及的领域非常广泛，其中，基因工程药物的研制、转基因植物和转基因动物的培育是多国争相投入的热点。目前，国内外已有五大类、400～500 种的基因工程药物获准生产上市，2000～3000 种还处于临床研究阶段。1981 年，我国成功地完成了酵母丙氨酸转移核糖核酸的人工合成，为人工合成核糖核酸闯出了新路，这对于揭示核酸在体内的遗传作用具有重要的理论意义。

1986 年，诺贝尔奖获得者杜尔贝克（R. Dulbecco，1914～2012）首先提出对人类基因组进行全长测序的主张。1990 年，美国政府批准该计划的启动，计划用 15 年的时间、耗资 30 亿美元测定人类基因组约 30 亿个碱基对的序列，进而破译其中全部基因的遗传信息。我国于 1993 年加入该计划，承担其中 1%的任务，即人类 3 号染色体短臂上约 30Mb 的测序任务。1997 年 2 月，英国罗斯林研究所的维尔穆特（I. Wilmut，1944～）等在《自然》杂志撰文，宣布通过乳腺细胞的细胞核成功地克隆出一只名为“多莉”（Dolly）的绵羊。生物学领域的这一重大突破再一次震撼了人类社会。此后多种哺乳动物陆续克隆成功。历经几十年的发展，1999 年，干细胞研究被《科学》杂志评为年度世界十大科技进展之首。各种干细胞，特别是近年来出现的诱导多能干细胞（iPSC）成了治疗、修复人类病损器官的希望之星。2004 年 10 月，一张精度大于 99%、误差小于十万分之一的人类基因组完成图公之于世，在生物学领域树起一座丰碑。人类基因组计划与曼哈顿原子弹计划和阿波罗计划并称为三大科学计划，是人类科学史上的又一个伟大工程，被誉为生命科学的“登月计划”。二十多年前完成的人类基因组计划，其实遗漏了大约 8%的 DNA 序列。这些遗漏的部分，主要是 DNA 序列高度重复的染色体中间部分的着丝粒、末端的端粒（在很大程度上之前被视为垃圾）。二十多年来，研究人员认为，这些区域可能在进化和疾病中发挥关键作用。由美国国家人类基因组研究所、加利福尼亚大学圣克鲁斯分校、华盛顿大学等机构研究人员领衔的国际科研团队组成“端粒到端粒联盟”（T2T），对人类基因组进行完整的、无间隙测序。研究成果在 2022 年一期《科学》杂志同时发表了六篇文章，并以封面文章形式介绍了人类基因组计划的最新成果。这也是时隔二十多年后，人类基因组计划的全新里程碑：一份更完整的人类基因组。完成完整的人类基因组测序是一项重要科学成就，为了解人类 DNA 提供了首个全面视角。这些最基本的信息将增进对人类基因组所有细微功能差别的了解，促进对人类疾病的基因研究。2010 年，美国分子生物学家克莱格·文特尔（C. Venter，1946～）领导的科研团队报道，在世界上首次创造出一种完全由人工化学合成基因组控制的细菌细胞，向人造生命形式迈出了关键性一步。2021 年，中国科学院天津工业生物技术研究所在《科学》杂志发表论文，宣布中国科学家实现了二氧化碳到淀粉的从头合成这一颠覆性突破技术。如果今后该过程成本降低到具有经济可行性，将不仅可节约大量的耕地和淡水，避免农药、化肥对人体和环境的负面影响，还将为推进实现“碳达峰”和“碳中和”目标提供一种崭新的思路。

分子生物学时期的研究成果深邃精彩，层出不穷。深入探究生命本质问题，按照人类的意愿有计划地改造生物和环境已经成了这个时期的显著特征。

回首人类社会的发展历程可以看到，我们的祖先从混沌初开的狩猎采集经济时代走来，逐步过渡到农业经济时代，轰轰烈烈地跨入工业经济时代，目前信息经济时代以其不可阻挡之势勃发于全世界。从 1953 年 DNA 双螺旋模型建立及半个世纪后人类基因组序列“天书”破译，生物经济时代就开始了其孕育和成长的阶段，迅猛发展。

《科学》杂志每年初都会评选上一年度世界科学十大进展。据统计，2019～2023年，生命科学-医学领域入选的项目数分别高达5项、7项、6.5项（交叉学科）、6项和5项，也就是说，约占6成，所占比例高居各学科之首。同期由中国科学院和中国工程院院士等国内顶尖科学家评选的中国科学年度十大进展，生命科学-医学领域入选的项目数分别为4项、4.5项（交叉学科）、3项、1项和6项，平均为3成7。两组数据不完全相同，这可能与他们各自的视角和遴选范围及西方更注重生命科学-医学研究有关。但不可否认的是，评选专家的权威性和生命科学-医学领域所占的高权重。

2022年5月，国家发展和改革委员会正式公布我国首部将生物经济列入科技经济发展战略重要内容的《"十四五"生物经济发展规划》（简称《规划》），明确了生物经济发展的五大重点发展任务：大力夯实生物经济创新基础、培育壮大生物经济支柱产业、积极推进生物资源保护利用、加快建设生物安全保障体系和努力优化生物领域政策环境。《规划》的深入实施有望为生物农业、生物安全、粮食安全、生物医药和生物质替代等重大挑战提供新的解决方案。2024年3月5日，国务院总理李强在作《政府工作报告》时强调"大力推进现代化产业体系建设，加快发展新质生产力"。新质生产力就涵盖了生物技术产业、生物质能源和环保产业等方面。我们切实感受到了生物经济时代正迈着坚实的步伐迅速走来。生物学作为支撑新质生产力的基础学科，正受到人们和相关企业的日益重视。

几个不同来源的数据和发展趋势高度吻合，决非偶然。它一方面反映了人类对与自身利益密切相关的粮食、人口、健康、资源、能源和环境等生物学学科的关注与希望，另一方面也凸显了多学科交叉渗透促进生物学发展的必然趋势。在这两股动力的涌托下，现在可以越来越明显地看到，生物学将成为21世纪科学发展的主导学科。

第二节　生物学发展展望

毋庸置疑，21世纪的生物学必将在深度和广度两方面取得一系列重大进展和突破，对人类的生存和发展产生难以估量的深远影响。

1）向生命本质深入，分子生物学仍然是生物学的带头学科。21世纪初，经过包括中国在内的6国科学家十几年艰苦努力，已经完成人类基因组31.647亿个碱基的测序，对人类自身的认识深入到分子水平；基因工程药物的种类持续增加，对多种疾病的防治能力大大增强。多种重大疾病，包括癌症和艾滋病都将得到有效的预防和治疗；人类的生活质量明显提高，衰老过程得以减缓，平均寿命进一步延长。基因工程、细胞工程和基因编辑技术等各种手段广泛应用于农林牧渔各个种植及养殖领域，将多种带有优良性状的基因或人类需要的基因转移到农作物或家养动物中，以进一步改善生物的品质，提高它们的抗逆性和产量，或收获人类所需的基因工程产品等。这些都将成为21世纪十分看好的新兴产业。

一个多世纪以来，无数科学家锲而不舍探究如何从受精卵发育成无比复杂的生物个体的问题。借此，发育生物学将异军突起。人类将不仅能比较从容地控制农作物、家养动物及其天敌的生长发育，而且还将在节制人类过度繁衍及帮助不孕夫妇生育等方面闯出令人耳目一新的坦途。无性繁殖克隆哺乳动物将摆脱母畜子宫的温床，在工厂化的能提供所需条件的"人工子宫"中大量进行。

无比复杂的人类大脑是大自然亿万年进化的产物。随着神经生物学取得的一个个突破，21世纪科学家将在分子水平深入研究脑的结构和功能的基础上，在阐明学习、思维、记忆、情感、行为及智力的本质等方面取得革命性的进展，从而推动脑科学、心理科学、教育科学和人的认知能力产生重大的飞跃。

生命起源和人类起源是生物学长期悬而未决的重大问题。由于 RNA 除了转录和反转录功能之外，还发现了它具有酶的功能，因此它在生命起源中的重要作用可能会被科学家重新认识。在试管中合成生命、构建人工细胞已经取得突破性进展，更多的人为设计生命体必将不断涌现。人类发源于何处？人类先祖如何迁徙？这两个人类起源的核心问题有望在 21 世纪经分子生物学家和考古学家的通力合作得到解决。

2）向宏观方向发展，生态学受到科学家、政府和大众的共同关注。西方发达国家走过的是一条代价巨大的生产—污染—治理曲折之路。我国改革开放以来，经济高速发展已四十余年，防范和治理环境污染问题应提到一个更高的视角来认识并严格执行。在某些地区，大气、水源、土壤已经受到污染物的影响。绿化国土、治理水土流失和土地荒漠化仍然是中华民族的长期国策。在污染与滥伐的双重打击下，许多物种在尚未被人类认识之前就已灭绝。饱经亿万年沧桑酿就成的宝贵基因库无可挽回地消失，对自然界和对人类无疑都是痛苦的灾难。因此保护生物多样性成了 21 世纪生物学最为紧迫的任务之一。“我们只有一个家”的呼声直观地道出了爱护地球、保护环境的迫切愿望。

我国于 1978 年第一次提出建设生态文明的理念，规划制定森林法、草原法、环境保护法等法律。1992 年开始，我国生态文明建设进入持续发展的新阶段。从环境保护到可持续发展，党的十八大首次把生态文明建设与经济建设、政治建设、文化建设、社会建设一道列入“五位一体”总体布局，要求把生态文明建设融入上述各方面和全过程。党的二十大以来，党和国家反复强调“通过生态环境保护，遏制生态环境破坏，减轻自然灾害的危害；促进自然资源的合理、科学利用，实现自然生态系统良性循环；维护国家生态环境安全，确保国民经济和社会的可持续发展”。要建设富强民主文明和谐美丽的社会主义现代化强国，必须坚持实施人与自然和谐共生绿色发展，建设生态文明低碳循环的美丽中国。

3）多个学科与生物学科密切交叉，相互渗透，有力推动了生物学的一次次飞跃与革命。孟德尔用数学统计的方法发现了遗传学的基本定律。沃森、克里克用物理学手段阐明了 DNA 双螺旋的空间结构。化学和生物学已密不可分。工程学与生物学联姻，诞生了基因工程、细胞工程、酶工程、发酵工程等朝气蓬勃的新兴学科和产业。天文学和生物学的结合产生了宇宙生物学。地理学在生物考古与生物进化等方面发挥了不可替代的作用。2019 年末以来，全球性大流行的新冠疫情给人类健康和生命安全带来极大的危害，包括中国科学家在内的全球生物学、医学工作者在很短的时间内利用先进的技术手段和方法快速确定引起疾病的病原体为新冠病毒，准确解析病毒序列并在全世界范围进行分享。科学家利用病原体本身和病原体序列在最短时间内完成了快速诊断方法和减毒疫苗、mRNA 疫苗和重组表达疫苗的研制，使人类能通过疫苗接种获得有效的防疫效果，避免更多的人感染或者明显降低了感染后重症甚至死亡的概率。显然，疫苗的研制涉及分子生物学、发酵工程、基因工程、免疫学等多学科多技术。新冠疫情的防治过程充分体现了疫情全球治理和构建人类命运共同体的紧迫性。

21 世纪是生物学充满生机与希望的世纪。生物学的研究正在从直观走向抽象，从定性走向定量，从分散走向综合，从现象的描述走向机理的阐明。生物学不仅要认识世界、改造世界，更要保护世界。对生物学的深入研究和探索，必将带来显著的社会、经济和生态效应。2022 年 5 月，中国发布了《“十四五”生物经济发展规划》（简称《规划》），这是中国首部生物经济五年规划，它对什么是生物经济，以及生物经济的发展目标和任务做出了明确的规定。

该《规划》面向人民群众在“医”“食”“美”“安”领域的更高层次需求，提出发展生物医药、生物农业、生物质替代、生物安全4大重点发展领域，以及创新能力提升、生物医药技术惠民、现代种业提升、生物能源环保产业示范、生物技术与信息技术融合应用、生物资源保藏开发、生物经济先导区建设等7项重大工程。同时该《规划》还特别强调生物学与医学、工程技术、化学等多学科融合交叉和创新，大力开发分子诊断、化学发光免疫诊断、即时即地检验等先进诊断技术和产品，强化中医疗效判定与机制研究，推动中医药理论的传承创新。我们相信，无论在生物学理论研究还是实践应用方面，中国生物学家将在21世纪的生命科学领域发挥越来越重要的作用，中国将在全球生物经济中成为重要的推动者和引领者。

知识的海洋无穷无尽，我们目前掌握的生物学知识和未知世界相比微不足道。随着时代的进步，科学技术的发展，人类对世界的认识在不断推进，我们将满怀信心地伸出双手迎接辉煌的生物学世纪的到来，生物学也必将迎来崭新的篇章。

第三节 生物的基本特征

30多亿年来，生物生生不息，虽几经劫难，却顽强地繁衍成现在超过200万物种（目前已经命名）的大千世界。从最简单的细菌之类单细胞原核生物到高等的被子植物和哺乳动物（包括人），生物虽千差万别，但其中都蕴含着生命的本质特征。这些特征可以归纳如下。

1）原生质和细胞是生命的载体。除了病毒、类病毒和朊病毒这些十分原始的、不完整的生命形式外，各种各样的生物都是原生质和细胞的不同表现形式。其中，核酸是记载、复制和转录遗传信息的核心，蛋白质（如激素、酶）则扮演了调控、催化各种代谢反应的重要角色。原生质外以质膜包裹就成了细胞，细胞是构成各种生物的基本结构单位。

2）新陈代谢是生命得以生存、延续的核心要素。新陈代谢一停止，生命也就终止。在南极冰封达百万年之久的永久冻层之下还能发现细菌，是它们与世隔绝，低温缺氧使其新陈代谢速率极低的缘故。

3）生长、发育是生物成长、壮大、成熟的基本保证，其中经历了从量变到质变、生老病死的发展过程。

4）遗传、变异与进化使生物既保持了物种种性的稳定性，又逐渐累积了适应环境的变异性，从而使生物能在历史的长河中不断演进，推陈出新。遗传是相对的、保守的，变异则是绝对的和前进的，有变异才有进化。

5）应激性与活动性是生物对自然信息的本能反应。生物生于自然，立于自然，在物质、能量、信息等方面与自然（包括无机环境与其他生物）保持密切、适当的联系是生物生存的前提。

6）内稳态是生物体内部能保持一定的动态平衡，即不管外部环境如何变化，一个生物体的体内环境总保持相对稳定。生物控制自身的体内环境使其保持相对稳定，是进化发展过程中形成的一种更进步的机制。具有内稳态机制的生物借助于内环境的稳定而相对独立于外界条件。内稳态机制大大提高了生物对生态因子的耐受范围。

7）化学成分的同一性。从元素成分来看，在已经发现的一百一十余种化学元素中，各类生物体所必需的元素差不多都是特定的一二十种，其中C、H、O、N、P、S、Ca、Mg、K占了绝对多数。从分子成分来看，生物体的重要特征在于，它们基本都含有被称作生物分子的蛋白质、核酸、脂质、糖、维生素等有机物，这些有机分子在各种生物中有着相同的结构模式和功能。如一切生物的遗传物质都是 DNA 和 RNA，生命体内起催化作用酶都是各种蛋白质，各种生物都利用高能化合物（ATP、NADH…）等，都说明生物界在化学成分上存在高度同一性。

8）每一种生物都有自己特有的生活环境，它的结构和功能总是适合于在这种环境条件下的生存和延续。例如，鱼腮的结构适合鱼在水中呼吸，陆地脊椎动物的肺结构则适应陆地呼吸作用。适应是生命特有的现象。任何一种生物对所处环境的适应总是相对的。同种个体由于遗传和表型上的差异，对环境的适应也总是存在不同程度上的差别。只要存在这种差别，哪怕是很轻微的，自然选择就会发生作用，推动群体向更适应环境的方向进化。

第四节　生物学的研究方法

生物学的研究方法和所有其他自然科学一样，都遵循一定的规律，包含重要的基本要素。通过收集前人获得的信息，或者通过前人和自己观察到的现象，提出相应的问题，针对问题提出可能的设想、假说，并设计相应的实验去验证设定的假说是否正确。通过实验，如果正确，得出结论，接受假说；如果实验结果与假说相悖，需要重新设计实验，或者从其他途径验证假说。如果仍然无法验证假说，则需要重新修改甚至推翻预设的假说，从新的验证探索获得的结论中建立新的假说和理论。其中的观察、提问、假设、推理、求证是生物学研究的基本要素。一个假设的最终成立绝不是一帆风顺的，在验证过程中可能遇到无数次的失败和挫折，需要不断对自己的设计及研究对象进行修正和更改。即便通过部分实验证明是正确的，还需要通过各种渠道，在不同水平、不同角度进行独立实验进行验证，证明是正确的，最终才获得成立。“山重水复疑无路，柳暗花明又一村”可以说是对假说验证经过无数次失败后最终成功或者出现转机的形象写照。

学习生物学首先要学习前人的理论和实践，这些都是他们无数次失败甚至以自己健康和生命为代价获得的结果。“神农尝百草，一日遇七十二毒，得荼而解之。”神农为民治病，以身试毒，亲自了解各类草药的特性。《神农本草经》作为现存最早的中药学著作，由众多医学家搜集、总结、整理当时药物学经验成果，它不仅系统地总结了古代医家等各方面的用药经验，其中也蕴含着丰富而深刻的药物理论，由此奠定了药物学的理论构架，也是后人学习的经典著作。

生物学研究不仅要研读前人总结的宝贵经验和理论，更需要在这个基础上有所创新，只有这样科学才能不断进步。善于学习、勤于思考、源于实践、勇于创新是生物学学习、探索的必备条件。生物学研究的重大发现都离不开这些基本要素。同时，任何一个科学研究和发现都有社会需求，都是在社会需求的驱使下去探索、去研究的。因此，科学研究都有一定的目的性。下面结合疟疾的病原体发现及其传播媒介揭示的探究实例进一步阐释生物学研究方法的过程。

疟疾，俗称“打摆子”，是一种经按蚊吸血而感染疟原虫所引起的虫媒传染病。不同的疟原虫分别引起间日疟、三日疟、恶性疟及卵形疟。其中以间日疟和恶性疟（图 1.1）最为常见，广泛流行于热带、亚热带发展中国家，是危害最严重的传染性疾病之一，与艾滋病、结核病并列为全球三大公共卫生问题。

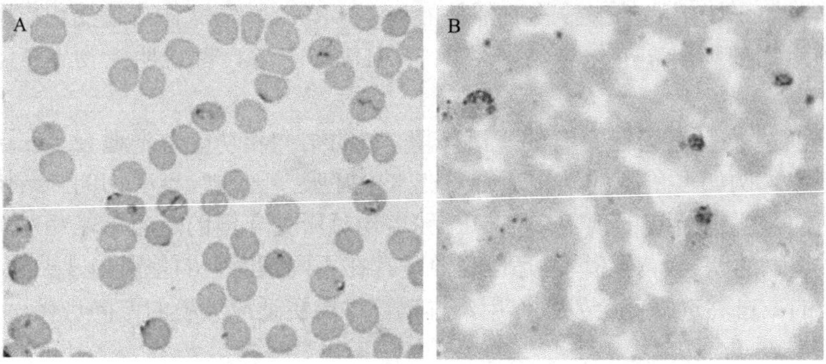

彩图

图 1.1 恶性疟原虫血涂片（引自张鞠玲等，2020）

A. 环状体；B. 裂殖体

疟疾的病原体及传播媒介是通过科学家长期观察和实验探索最终得以发现的。1880 年，法国军医查尔斯·路易斯·拉维伦（Charles Louis Alphonse Laveran，1845～1922）在患者血液中发现疟原虫；1897 年，英国军医罗纳德·罗斯爵士（Ronald Ross，1857～1932）证实按蚊是传播疟疾的媒介。他们是如何在研究过程中凭借科学有效的研究方法获得这些成就的呢？

自古希腊时期到 19 世纪中叶的整整两千年时间里，沼泽产生的脏空气引发疟疾的观点一直十分流行。中国古代称疟疾为“瘴气”，英文中的“Malaria”也是由意大利语中“坏的”和“空气”两个词组成的。古罗马人则认为，沼泽湿地中会产生肉眼看不见的微生物。意大利微生物学家科拉多·托马西·克鲁德利和德国微生物学家西奥多·阿尔布雷希特·埃德温·克莱布斯报道了他们在疟疾流行区、近罗马的蓬蒂内沼泽中发现了疟疾的“罪魁祸首”，并将其命名为“疟疾芽孢杆菌”（*Bacillus malariae*），认为它们是通过口鼻呼吸进入人体而引发疟疾的。

问题提出来了，如果真是细菌或者真菌引发疟疾，那么在人体中应该能找到这些病原体。带着这个假说，19 世纪末，法国医生拉维伦从疟疾患者尸体的脾脏和其他组织及被感染人群的血液中查找所谓的病原体。经过对几百例病例的探究，并没有在其中发现类似细菌或者真菌的病原体，但是却发现血液中有含色素的颗粒。不过，这个发现并不值得兴奋，因为在那之前，已经有许多研究者描述了同样的发现，只是当时人们还不能确定这种黑色颗粒是不是疟疾患者独有，没能把这种现象与致病病原体联系起来。这个色素颗粒是什么？它是一种有别于细菌和真菌的生物吗？难道它就是引起人们得病甚至死亡的罪魁祸首吗？

拉维伦没有像以往学者那样就此罢休，他要找出这种生物不同于细菌和真菌的证据，并且证明其仅在疟疾患者身上出现。带着这些问题和新的假设，他开始了进一步探索。为了获得新的证据，拉维伦将光学显微镜聚焦在了一滴来自疟疾患者的新鲜血液里。在血红细胞内，他看到了形状圆润、充满色素、带有鞭毛样突出体的移动颗粒。拉维伦把显微镜下观察到的结果绘成生物图（图 1.2）。因为细菌鞭毛太细小，无法用当时的光学显微镜观察到。经过更深入的研究后，拉维伦终于发现这些颗粒体大小可变，能自由运动，它们不是细菌也不是真菌，而是一种单细胞的寄生虫。1884 年，拉维伦将发现的结果发表在《发热疟疾的治疗》上，引发疟疾的真凶“疟原虫”终于原形毕露。拉维伦后续证明，疟原虫仅存在于疟疾患者血样中，而健康人体内没有发现这个病原体，用确凿的证据证明了疟原虫是引起疟疾的病原体。

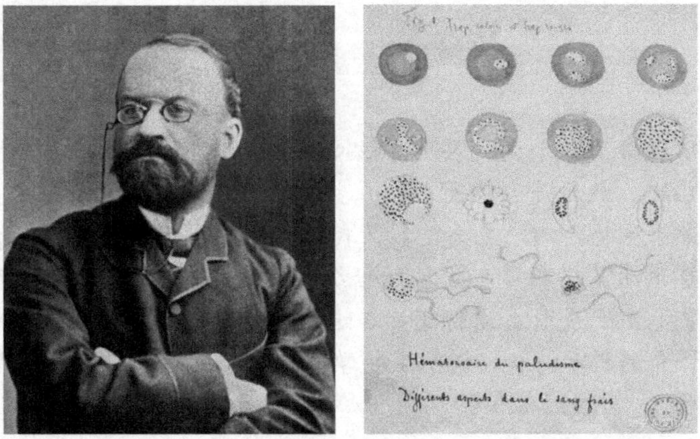

图 1.2 拉维伦（左）和他绘制的红细胞中的疟原虫色素（手稿）（右）

至此，经过拉维伦深入细致的研究，提出自己全新的成果，推翻了疟疾是由细菌引起的假说，建立了疟疾是由一种属于动物的寄生原虫引起的新理论。拉维伦凭借这一发现，于 1907 年获得诺贝尔生理学或医学奖。

拉维伦提出了疟疾是由疟原虫引起的理论，但疟原虫是怎样进入到血液中去的，这种疾病又是如何由一个患者传给另一个健康人的？这些问题在当时尚未有答案。只有解决了这些问题，才能找出疟疾传播的途径，人类才能通过切断其中某个环节，从而达到阻断疟疾传播、预防疾病发生的目的。

关于疟疾的传播，难道真的是早期人们认为的经由污浊的空气和水传播的吗？和拉维伦同一时代的英国军医罗斯长期从事热带病的研究，他发现这些环境恶劣的地区确实是疟疾的高发区域。经过仔细观察，罗斯发现这些高发区蚊子的数量很多，但是他发现被蚊子成虫或者幼虫（孑孓）污染的水并不会感染人。会不会有其他生物传播疟原虫呢？罗斯对蟑螂、蝙蝠等动物进行了细致观察和研究，并没有在这些动物体内发现类似拉维伦看到的疟原虫。后来德国细菌学家罗伯特·科赫（Robert Koch，1843～1910）给他写了一封信，其中有一处内容写道："我亲爱的朋友，可能你选错了路径，我觉得疟疾是不是有可能是由蚊子来传播的呢？"在这个建议的引导下，罗斯开展了一系列科学实验，用实验证实了蚊子传播疟疾的假说。首先，他让蚊子吸吮疟疾患者的血液，再解剖这些蚊子，观察这些蚊子体内是否有拉维伦描述的疟原虫。历经无数次失败的解剖、观察，功夫不负有心人，经过 3 个月的实地考察和实验室研究，罗斯终于在一种称为斑翼蚊（翅膀上覆盖有小小的斑点，即按蚊的一种）的胃肠道中发现了人类疟原虫的卵囊。

后来，罗斯在其他学者研究鸟类疟疾成果的提示下，巧妙地利用麻雀作为宿主，查清了鸟类疟原虫的生活史。罗斯这项开创性的工作揭开了人类对虫媒传染病研究的新篇章，并在 1902 年获得诺贝尔生理学或医学奖。至此事实已经很清楚，蚊子是传播疟疾的元凶。人们通过治理污染水源、扑灭蚊虫以预防疟疾。由于这一方案的实施，疟疾流行的猖獗势头终于得到有效控制。

从疟疾的病原体发现，到其传播途径的揭示，充分体现了生物学研究方法中的观察、假说、实验验证等基本要素。任何一个假说的提出和创新性成果的产出，都是在前人积累的大量实践和经验的基础上不断创新取得的，因此学习、积累是创新的基础和保证。

小　　结

生物学一般可以划分为三个大的层次：核心层次包括分子生物学和细胞生物学各学科，其次是个体生物学层次，最后是生物圈层次。生物学的发展大体经历了前生物学、古典生物学、实验生物学和分子生物学四个主要阶段。我们现在正处于分子生物学阶段。21 世纪将是生物学作为自然科学的带头学科蓬勃发展的世纪。200 多万种生物的共同特征是：形成原生质和细胞、新陈代谢、生长发育、遗传变异与进化、应激性与活动性五大项。以疟疾病原体的发现、疟疾传播媒介的揭示为例，说明生物学基本研究方法包括观察、提问、假设、推理、求证等多个基本要素。

复习思考题

1．生物学的发展可以分成哪几个时期？它们的主要特点是什么？

2．简要说明生物的共同特征。

3．生物学研究方法主要包括哪些基本要素？

4．从拉维伦和罗斯发现疟原虫及疟原虫传播媒介的过程，关于科学探索你能获得什么启发？

5．我国 2022 年发布了《“十四五”生物经济发展规划》，其中涉及的生物学方面的主要理论和技术包括哪些？

6．大学生应该如何加强生物学知识的学习和掌握，以适应国家和社会对生物学经济发展的要求？

第二章 构成生物体的物质基础

提要 无论是高等动物人类还是微小的细菌都是由细胞构成的。细胞的组成物质除了水之外，主要有无机物和有机物两大类。本章介绍构成生物体的主要无机物和有机物（包括糖类、脂肪、蛋白质和核酸）及它们在生物体中的基本功能。这是进一步探索和了解生物体本质的前提和基础。

第一节 原生质的主要无机物组成

原生质（protoplasm）是活细胞中一切可溶的和具有一定形态结构的物质复合体系的总称。它们是生命现象的承担者。地球上的第一批生物诞生于约 38.5 亿年前的原始海洋中。各种类型的生物无时无刻都在与自然界进行物质与能量的双向交流与交换。原生质中的多种元素组成反映了各类生物吸收、利用外在物质的特点与“嗜好”。生物中并无自然界不存在的特殊“生命元素”。

一、基本元素

自然界中已发现 118 种元素，其中 92 种是自然界本身就存在的，其余 20 余种是通过粒子的高速碰撞形成的人工元素。在 92 种天然元素中，在生物体内常见的只有 20 余种，它们大多是分子量较小的轻元素。在组成生物体的各种元素中，根据其含量的多少被人为划分为大量元素和微量元素两大类。大量元素是指含量占生物体总质量万分之一以上的元素，包括碳、氢、氧、氮、磷、硫、钾、钙、镁等，其中碳、氢、氧、氮、磷、硫又被称为构成生命体的基本元素，它们同时也是构成核酸和蛋白质的基本元素（表 2.1）。例如，组成人体细胞的主要元素氧、碳、氢、氮、磷、硫，这六项占总量约 97%。

表 2.1 构成人体细胞的元素及其相对含量（占细胞鲜重的百分比）

元素	氧	碳	氢	氮	钙	磷	钾	硫	氯	钠	镁
相对含量/%	65.0	18.0	10.0	3.0	1.5	1.4	0.4	0.3	0.2	0.2	0.1

注：本表数据保留至小数点后一位

在这些元素中，构成各类生物的核心元素是碳。地球上几乎所有生物都是以碳元素为存在基础，这和碳原子的特点有关。碳原子外层有四个电子，易与其他原子形成稳定共价键从而生成碳链和碳环等多种复杂结构单元。多糖、蛋白质（多肽）、核酸等都是生物大分子，由许多基本组成单位连接而成，这些基本单位称为单体。生物大分子又称多聚体。例如，组成多糖的单体是单糖，组成蛋白质的单体是氨基酸，组成核酸的单体是核苷酸。每一个单体都以若干个相连碳原子构成的碳链为基本骨架，由许多单体连接成多聚体。正是由于碳原子在组成生物大分子中的重要作用，科学家才说“碳是生命的核心元素”“没有碳就没有生命”。

二、微量元素

生物体内含量低于万分之一的元素称为微（痕）量元素。生物体内除了基本元素以外还有 20 余种微量元素，通常指生物生活所必需，但是需要量却很少的一些元素，如钙、钾、钠、氯等。有的微量元素在某些有机大分子中发挥关键的作用，如镁在叶绿素、铁在血红蛋白、铜在血蓝蛋白、钴在维生素 B_{12}、锌在 DNA 聚合酶和 RNA 聚合酶、碘在甲状腺激素、钼在固氮酶和黄嘌呤氧化酶、锰在植物的光合作用中心等方面。虽然它们在生物体中的含量非常低，但是它们的核心地位是不可替代的。例如，铁含量不足将导致血红蛋白合成发生障碍，造成机体缺铁性贫血；铁含量过高则可能诱发自由基破坏肝、心和胰腺，引发血色病等症（胰、肝呈栗色）。有的元素在生物体内可进行活跃的代谢调节。例如，硒是极强的抗氧化剂，有利于抑制癌症发生；它同时也是体内谷胱甘肽过氧化物酶的重要组成成分，该酶具有清除体内氧自由基的脂质过氧化物的功能，起到保护细胞膜的重要作用。锗能提高白细胞的吞噬功能，利于机体排污。锌能激活 200 多种对生命活动很重要的激素和酶。此外，微量元素还有硼、铬、镍、砷、锡、氟等。

微量元素在人体新陈代谢过程中发挥相当重要的作用。锰能积极参与很多酶促反应，增强半乳糖基转移酶和多糖聚合酶的活性，催化某些维生素在体内的代谢，保证皮肤脂代谢正常进行，防止皮肤干燥，促进维生素 B_6 在肝脏中的积累，增强人体抗皮肤炎的功能，对防止皮肤瘙痒具重要作用。铜和锌可以使免疫系统高效工作，并通过 T 细胞和抗体建立起强大的防御体系。特别是中老年人，他们的胸腺逐渐萎缩，增加锌的摄入可明显促进 T 细胞数量的增长。锌能参与多数球蛋白及酶的成分，如果缺乏锌，作为免疫系统重要的成分，如果球蛋白及某些酶类物质的合成就会受阻，人体的免疫系统也就会有相应的损害，功能不健全。锌还有助于生长发育和改善消化功能，缺乏锌会导致食欲、味觉下降，患者不想吃东西。含锌较多的食物有牡蛎、蛤、蚝、蚌等，含铜较多的食物有豌豆、蚕豆、各类水果和贝类等。

必须指出，生物对每种微量元素的需求都有一个适度的问题，摄入过多、不足或不平衡都对生物有害。例如，少量的砷是人体不可缺少的营养成分，它能促进蛋氨酸的新陈代谢，防止头发、皮肤和指甲生长紊乱。砒霜是不纯的三氧化二砷，适量的砒霜可以用来治梅毒及其他螺旋菌感染、淋巴癌、前列腺癌、子宫癌及白血病等，但稍过量的砒霜却足以令人丧命。

此外，可在生物体内发现一些偶然存在的痕量元素，这些元素一般不是生物体的天然组分，而是经多种途径进入生物体的“过路者”。例如，当代建筑装饰时兴的石材（尤其是红色大理石）等材料中由放射性元素衰变产生的放射性惰性气体氡（Rn），极易经呼吸道进入支气管和肺，是引发肺癌的杀手之一。

铅是一种有毒的重金属，进入机体后会对神经、造血、循环、消化、内分泌和肾脏等多个系统、器官产生危害。目前常见的铅中毒大多属于轻度慢性铅中毒，主要病变是铅对体内金属离子和酶系统产生影响，引起自主神经功能紊乱、贫血、免疫力低下等问题。我国规定，15 岁以下的儿童，血中铅的含量应低于 100μg/dl。如果超过该值，可能导致儿童的智力及行为发育出现异常，甚至引起器官功能损害。大气污染，尤其是使用含铅汽油的汽车尾气排放，以及日常经常接触含铅量高的油漆制成的色彩鲜艳玩具等可能是造成儿童血铅超标的重要原因，应引起充分重视。

资料链接

锌及锌指蛋白

锌是一种微量元素，人对锌的需求量虽然远比铁、钙、钾、钠等元素要少，但缺锌会引起一系列疾病，如食欲不振、生长停滞、嗅觉迟钝、性功能发育不全等。锌是在铁之后第二大存在于生物体内的过渡金属元素，所谓过渡金属就是在元素周期表中位于 D 区的一系列金属元素，它们的可变价态比较多，可以与数量不同的配体形成稳定的配合体，这也是铁、锌、钴等过渡元素被蛋白质选择使用的一个重要的原因，因此常常是很多酶的活性位点的必需成分。锌常常会以锌指蛋白（zinc finger protein）的形式参与体内基因表达，维持蛋白质和核酸的结构、细胞内分子运输和免疫等的任务。现在已经发现近 300 种酶都需要锌的参与才能行使功能。比如说过氧化物酶，有一个直接接触的锌结合位点，如果用螯合剂抢走锌，就会使蛋白质完全失去作用。国际系统分类法把现有的酶分为六种：氧化还原酶类、转移酶类、水解酶类、裂解酶类、异构酶类、合成酶类。锌指蛋白涵盖了所有六种酶类，而且在动物、植物、细菌和病毒中都有锌指蛋白。

锌指蛋白是指含有通过结合 Zn^{2+}稳定的短的可以自我折叠形成“手指”结构的一类蛋白质，是一类具有手指状结构域的转录因子，对基因调控起重要的作用。最初用来描述非洲爪蟾卵母细胞转录因子ⅢA 假说结构的手指状外观，锌指名称现在已经包含了各种不同的蛋白质结构。在 1983 年，非洲爪蟾 TFⅢA 最初被证明含有锌，并且需要这种金属才能运行，这是被报道的第一个基因调节蛋白中具有锌的要求。

锌指结构家族蛋白大体可分为锌指、锌扭（twist）、锌簇（cluster）结构，其特有的半胱氨酸和组氨酸残基之间氨基酸残基数基本恒定，有锌参与时才具备转录调控活性（图 2.1）。锌指通过与靶分子 DNA、RNA、DNA-RNA 的序列特异性结合，以及与自身或其他锌指蛋白的结合，在转录和翻译水平上调控基因的表达。其对基因转录活性的调控包括基因的空间结构、折叠状态、DNA 上的调控序列、与调控因子的相互作用等。

由于最初发现的锌指蛋白长得像手指，很多人认为像手指一样的蛋白才应该叫作锌指蛋白，但现在这个定义早已被不断发现的同类蛋白质给扩大化了。锌指蛋白一般指的是所有需要结合锌才能正常行使功能的一类蛋白质。锌指蛋白没有固定的结构和作用，它们一般在调控基因表达，稳定结构方面发挥作用。锌主要结合的氨基酸频率最高的是 His 的咪唑基，Glu 和 Asp 的羧基，Cys 的巯基。

彩图

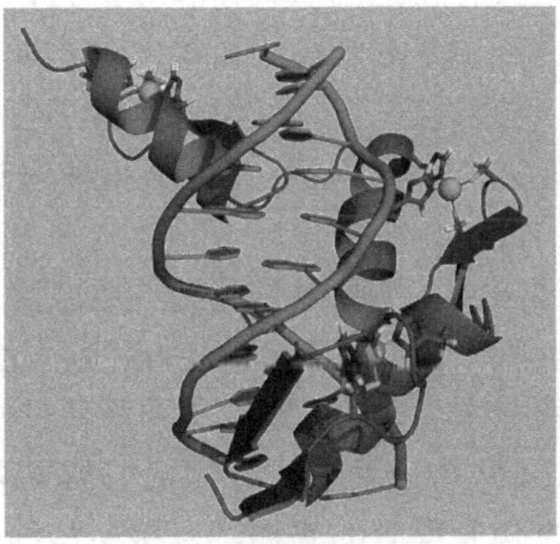

图 2.1　与双链-DNA 相互作用的锌指蛋白结构（绿色圆球即为锌）

三、水

地球表面约 71%的面积被水覆盖。生命诞生于原始海洋中。水是生物体的主要组成成分，不同生物含水量不同，同一种生物不同发育阶段所含水量也有差异。

腔肠动物水母含水量高达95%～99%，昆虫46%～92%，植物60%～80%。出生一天的婴儿，体内含水量可达79%，成人为65%～72%。可见水是生命的第一需要。水的重要性与其结构特点息息相关。水分子由一个氧原子和两个氢原子组成，水分子书写为H_2O，氧原子受到四个电子对包围，其中包括两个与氢原子共享所形成的两个共价键的成键电子对，以及由氧原子提供的两个孤对电子对。水分子的三个原子形成104.5°角。每个氢原子和氧原子之间的键，叫作共价键，氧比氢更需要电子（这种特性称为电负性）。由于氧原子比氢原子的电负性更强，因此在氢氧原子键合时，它们之间的共价电子主要在氧原子周围运动。如此，一端为两个H带正电荷（+），一端为O带负电荷（−），所以水是极性分子（图2.2）。极性使水分子之间存在氢键，并有多个水分子缔合$nH_2O=(H_2O)_n$，常称“水分子团”。正是氢键的存在使水分子和同族分子相比具有重要的性质。

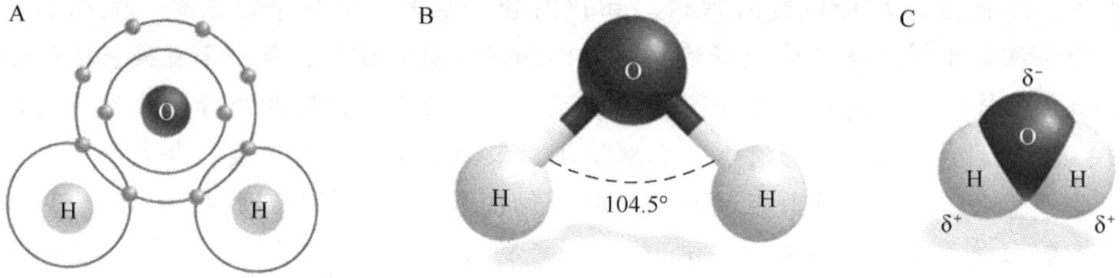

彩图

图2.2　水分子结构示意图

A. 共价键模型；B. 球与杆模型；C. 空间填充模型显示极性特征

水分子具有如下几个重要特征。

1）水分子由氢氧原子构成。氧原子呈负电性，氢原子吸引电子能力较弱而显正电性，从而形成极性共价键。因此水具有强极性，是许多物质的良好溶剂。

2）每个水分子中带负电荷的氧原子都会和它相邻的水分子中带正电荷的氢原子相互吸引而形成氢键。每个水分子可以借助氢键和毗邻的四个水分子相互连接。正是由于这个特征使得水具有较强的内聚力和吸附力，从而使植物能将根部吸收的水分通过输导组织连续不断地输送到100多米高的树梢。动物血管中的血液才能周而复始地将营养物质和代谢产物运送到相应的部位，保证代谢的正常进行。

3）水具有较高的比热和汽化热。水的这种特性使得生物能较好地耐受外界温度变化带来的冲击作用，保证生物体内温度能保持相对稳定，维持体内的稳态。在高温环境中，动物通过出汗、植物通过蒸腾作用来降温也是借助水具有较高的汽化热这个特征。

4）水的密度在4℃时最大，这对于水生生物的生存尤为重要。由于固态水（冰）的密度比液态水小大约10%，冬季严寒只能在水（海）面形成冰冻层，而水生生物依然可在水下过冬。

5）水是细胞新陈代谢非常重要的介质，它甚至直接参与许多重要的代谢过程，如水作为原初光反应的底物，直接参与绿色植物的光合作用。细胞代谢过程中各种物质必须是溶解状态或者处于细胞的溶胶状态才能发生反应。离开水或者水含量极低细胞代谢就可能停止或者维持在极低的水平。

四、无机盐

无机盐即无机化合物中的盐类，旧称矿物质，在生物细胞内一般只占鲜重的1%～1.5%。目前人体内已经发现20余种无机盐，其中大量元素（＞5g）有：钙、磷、钾、硫、钠、氯和镁，占人体重的 4%～5%。微量元素有铁、锌、硒、钼、氟、铬、钴和碘等。随着现代分析技术的进步，利用原子吸收光谱、中子活化、等离子发射光谱等痕量分析手段发现，铜、锰、镍、钒等元素也是人体必需的。虽然无机盐在细胞、人体中的含量很低，但是作用很大。因此平时需要注意饮食多样化，不挑食，不食用过于精制的面粉和谷物，就能使体内的无机盐维持正常应有的水平。

生物体中的无机盐一般以离子状态存在，如 Na^+、K^+、Ca^{2+}、Cl^-、HCO_3^-、OH^-和 HPO_4^{2-} 等，它们在生物体维持渗透压平衡和酸碱平衡等方面发挥了十分重要的作用。无机盐中尤以 NaCl 含量较高，它和蛋白质共同承担了稳定渗透压的重任。人之所以天天要吃点食盐（NaCl），除了刺激舌头上的味蕾产生鲜味感觉以外，主要作用在于补充因流汗、排泄等生理活动流失的 NaCl。人体血液中 NaCl 的浓度始终保持在 0.85%～0.90%，这样的浓度对于维持血容量和血压水平具有重要意义。然而，物极必反，人类每天食盐的摄入量仅需 5g 左右就足以补充 NaCl 的流失。摄入过多的 NaCl（食物过咸）将扰乱渗透压平衡，容易引起高血压及肾功能病变等严重疾病。

碳酸盐和磷酸盐也在生物体内发挥重要作用。例如，碳酸盐很容易自动解离，即 $H_2CO_3 \rightleftharpoons H^+ + HCO_3^-$，形成缓冲血液 pH 变化的无机盐系统，对维持细胞渗透压平衡具有重要作用。人体血液 pH 的正常范围在 7.35～7.45，波动范围很小。如果血液 pH 小于 7.35，即提示酸中毒，常见的有呼吸性酸中毒和代谢性酸中毒。如果 pH 大于 7.45，表示机体碱中毒，常见的有呼吸性碱中毒和代谢性碱中毒。无论是酸中毒还是碱中毒，都将对机体的生理功能产生显著影响。此外人体血液中的蛋白质由于本身的特性也在平衡体液 pH 波动方面共同发挥了重要作用。

第二节　原生质的主要有机物组成

迄今为止已经鉴定的 200 多万种生物千差万别，它们体内的有机物种类繁多。其中，在生命活动中发挥重要作用的分子主要有四大类，它们分别是糖类、脂类、蛋白质和核酸。除了脂类，其他三类大分子都是由各自共同的单体结构聚合而成的巨大分子，也称多聚体。多聚体和单聚体在细胞内发生脱水缩合或者反过来水解等代谢反应互相转化。这也是细胞重要的生理活动。以下就这些大分子的构型及生物学功能简要介绍。

一、糖类

糖类（carbohydrate）是含醛基或酮基的多羟基碳氢化合物及它们的缩聚产物和某些衍生物的总称，通常又称碳水化合物。糖类是光合作用的直接产物，是生物赖以生存的能量来源和代谢中转枢纽。

1. 单糖　单分子糖叫作单糖，含有 3～6 个碳，分别叫作丙糖、丁糖、戊糖和己糖。最常见的、在生物代谢过程中最重要的单糖是葡萄糖，它是六碳糖。

除了葡萄糖外，其他较重要的六碳糖还有果糖（味甜）、半乳糖和甘露糖等。此外还有一类单糖叫作核糖和 2-脱氧核糖（在第 2 碳原子上脱去羟基），它们是五碳糖，是组成核苷酸的结构单元，其结构式如图 2.3 所示。

2. 双糖　2 分子单糖失水缩合后生成的糖叫作双糖。它们之间的键叫作糖苷键。麦芽糖包含 2 个葡萄糖，蔗糖则是葡萄糖与果糖失水缩合的产物，其结构式如图 2.4 所示。

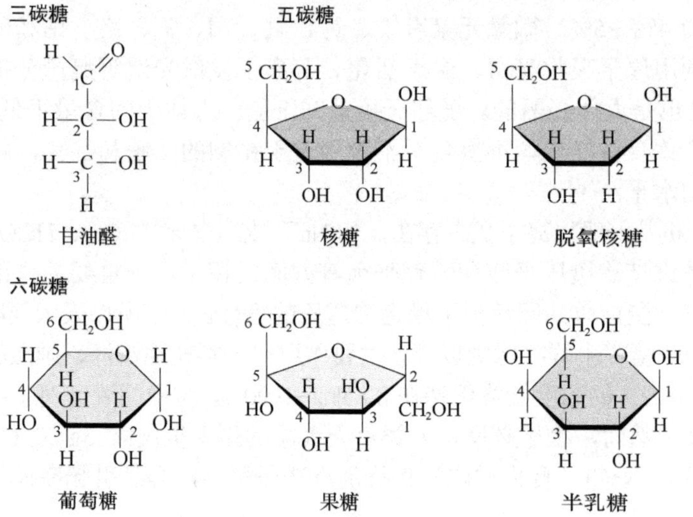

图 2.3 常见单糖（引自 Peter，2008）

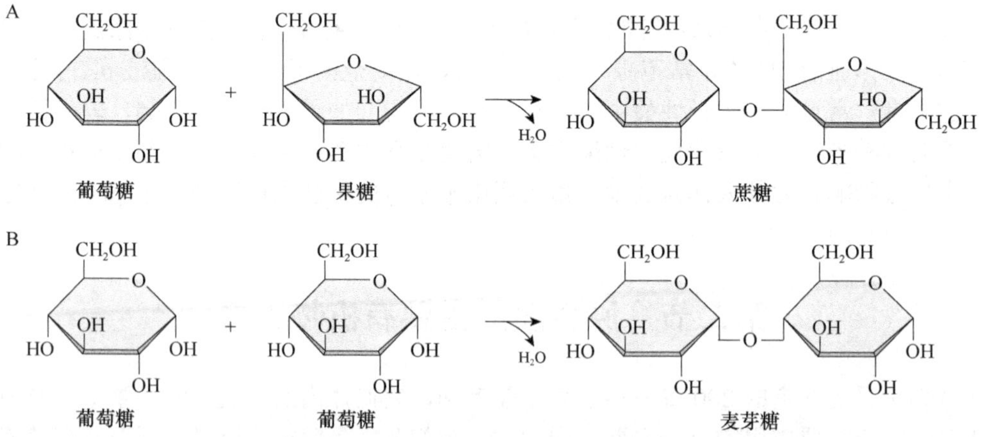

图 2.4 双糖（引自 Peter，2008）

3．多糖　3 个以上单糖通过糖苷键聚合成的糖叫作多糖。这些糖大多没有甜味。多糖可分为纯多糖和杂多糖两类，它们在生物营养及结构等方面具重要意义。常见的纯多糖多为葡萄糖残基的聚合物。常见的多糖如下。

（1）淀粉　淀粉是植物性贮存多糖，在种子、块根、块茎等处常见。我们吃的五谷主要成分都是淀粉。多数米饭吃起来松软，此类大米（籼米）含直链淀粉较多，它们中的葡萄糖残基分子彼此以 α-1,4-糖苷键（第 1 位碳上的羟基在碳环平面的下方）连成基本不分支的葡萄糖长链，每个直链淀粉分子由 300～400 个葡萄糖残基组成。这条长链通常卷曲成螺旋形，每圈有 6 个葡萄糖残基（图 2.5）。

糯米煮起来黏稠，这是因为糯米中支链淀粉多。支链淀粉多分支，除了 α-1,4-糖苷键以外，每隔 20 余个葡萄糖残基还分出一个以 α-1,6-糖苷键连接的短链，每链长平均 24～30 个葡萄糖残基。每个支链淀粉分子的分支可多达 50～70 个。因此，一个支链淀粉分子可包括多达 1300 个以上的葡萄糖残基。含支链淀粉多的多糖进入体内更容易快速分解形成单糖，使体内血糖升高，因此，糖尿病患者要注意平时主食中不要大量食用像糯米和糯玉米之类的食物，以免影响血糖稳定。

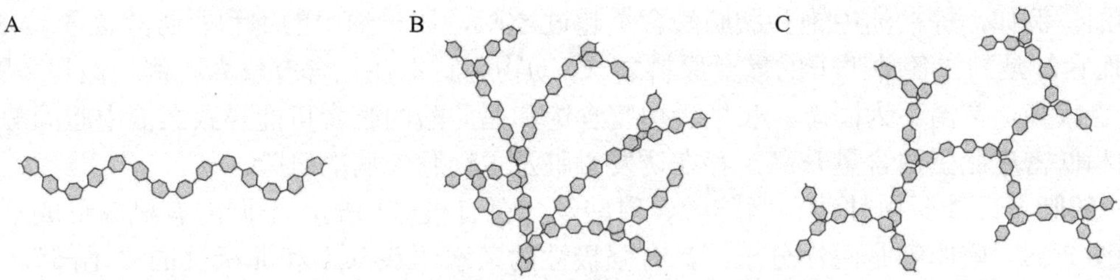

图 2.5　三种类型多糖

A．直链淀粉；B．支链淀粉；C．糖原

彩图

（2）糖原　　糖原是动物细胞贮存多糖，主要位于肌肉和肝脏中。糖原的分支比支链淀粉多。在它的 α-1,4-糖苷键主链上，每隔 10 个左右的葡萄糖残基就分出一支长 12～18 个葡萄糖残基的分支。由超过 5000 个葡萄糖残基构成一个糖原分子。直链淀粉遇碘液显蓝色，支链淀粉则呈紫红色，糖原遇碘则为红褐色。

（3）纤维素　　纤维素是结构性葡聚糖，它是植物细胞壁的主要成分，因而也是木材的主要构成成分，是地球上每年产出的最大宗有机产物。纤维素分子是由 10 000～15 000 个葡萄糖残基以 β-1,4-糖苷键（第 1 位碳原子上的羟基在碳环平面的上方）连接而成的线性大分子，无分支。棉花纤维中纤维素含量超过 90%。人和多数动物由于缺乏纤维素酶而不能将纤维素降解为葡萄糖。牛、马、羊、兔等草食动物之所以能以草为生，是因为在它们的瘤胃（肠道）中共生着亿万个能分泌纤维素酶的鞭毛虫等原生动物。人体消化系统虽然不能消化吸收纤维素，但膳食纤维可以减缓糖类的吸收，促进胃肠的蠕动，有利于糖尿病患者餐后血糖浓度的控制，通便减少便秘发生，降低结肠癌发生率和血胆固醇水平。所以说，纤维素是人体不可或缺的营养成分，有人称其为第七营养素。

二、脂类

脂类（lipid）是生物体中难溶或不溶于水而能被乙醚、氯仿、苯等非极性有机溶剂抽提出的化合物的总称。多数脂类具有显著的非极性，其分子中碳与氢原子的比例特别高，氢与氧的比例超过 2。生物中的脂类多种多样，从生物学功能来分主要有三类：储存性脂类，如甘油三酯、蜡；结构性脂类，如磷脂；活性脂类，如各种固醇、脂溶性维生素、性激素、肾上腺皮质激素、三磷酸肌醇（IP3，一种重要的细胞内第二信使分子。其主要作用是诱发 Ca^{2+} 从胞内储库中释放出来，瞬间增加胞液中 Ca^{2+} 浓度）等。

1．脂肪　　脂肪由 1 分子甘油和 3 分子含 4～24 个碳原子的脂肪酸构成（图 2.6），是生物体中重要的能量贮存物。不少植物的脂肪酸分子中有一至数个双键 $\left(\begin{matrix} \mathrm{H} & \mathrm{H} \\ | & | \\ -\mathrm{C}= & \mathrm{C}- \end{matrix}\right)$，它们被称为不饱和脂肪酸。由这些分子形成的脂肪称为不饱和脂肪。由于不饱和脂肪酸的熔点较低，在室温下呈液态，故称为油，如花生油、菜籽油等。至少有两种不饱和脂肪酸（亚油酸和亚麻酸）人体不能合成，必须从外界摄取，称为必需脂肪酸。这两种必需脂肪酸在有些植物油中含量丰富，如豆油 56%～63%，向日葵油 52%～64%，花生油 13%～27%。一般认为植物油中饱和脂肪酸的含量大都比较低，花生油为 19%，黄豆油为 15%，橄榄油 14%，葵花油为 11%，而菜籽油仅为 7%。但必须注意的是，不能认为植物油中饱和脂肪酸的含量都低

于动物油。例如，棕榈油中饱和脂肪酸含量超过 50%，比猪油中的饱和脂肪酸含量（43%）还高，而它却是制作各种饼干的重要原料之一。动物脂肪中往往含有较高比例的饱和脂肪酸，它们熔点较高，常温下为固态。长期食用富含饱和脂肪酸的膳食可能导致血液中胆固醇、甘油三酯和低密度脂蛋白含量升高，存在诱发心脏及主动脉疾病的风险。

2．磷脂　磷脂由甘油、脂肪酸、磷酸及含氮有机碱构成，不同的有机碱形成不同的磷脂（图 2.6）。磷脂都是两性分子，具有强极性的亲水“头部”和非极性的“尾部”。磷脂的这种特性使得它们可以在水界面平铺成层或在水中以极性“头部”朝外聚合成微分子团，

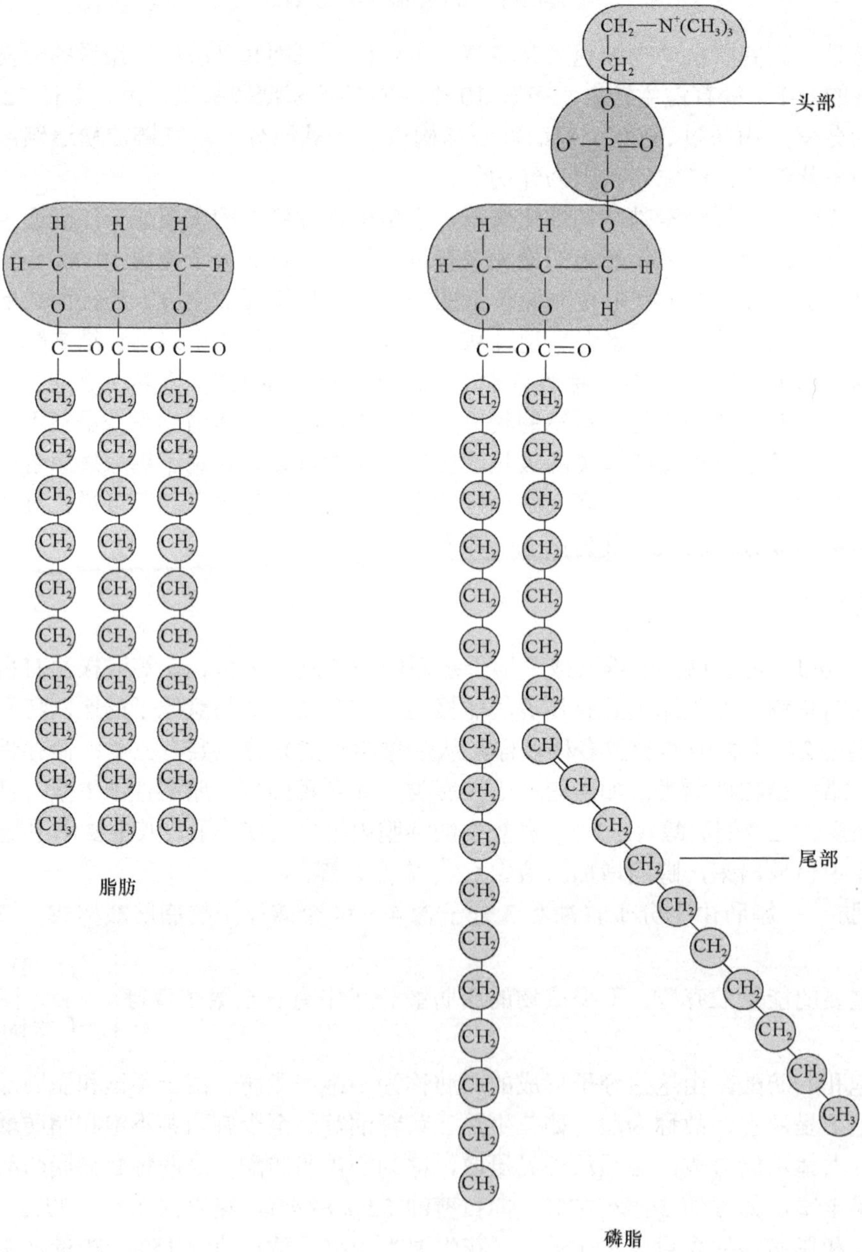

彩图

图 2.6　脂肪和磷脂

因此它们也成了构成一切生物膜的主要成分（第三章第二节）。生物体中的磷脂主要有卵磷脂和脑磷脂等。它们除了充当动物细胞膜的主要成分外，卵磷脂能调控动物脂肪代谢、降低肝脂肪含量。脑磷脂含量的高低与血液凝固有关。这两类磷脂在脑、肾上腺、红细胞、卵黄及大豆中含量颇丰。

3．固醇　固醇是含环戊烷多氢菲结构的一类化合物的总称，主要有胆固醇（图 2.7）、7-脱氢胆固醇、肾上腺皮质激素和性激素等。胆固醇是人体必需的有机物，是细胞膜和神经髓鞘的重要组分。人体肝脏可合成大约 75%的胆固醇，其余从外界摄取。血液中的总胆固醇正常值一般应为 3.1～5.2mmol/L，大于 5.72mmol/L 称为危险值。长期胆固醇代谢异常或摄入量过多常会引起动脉粥样硬化和胆石症等疾病。临床检验表明，在一定范围内胆固醇每降低 1%，冠心病的发病率平均降低 2%～3%。人每天摄入的胆固醇量不宜过多，一般不宜超过 300mg。每天吃一个鸡（鸭）蛋（胆固醇含量约为 213mg）通常并不增加健康人罹患冠心病或中风的危险。

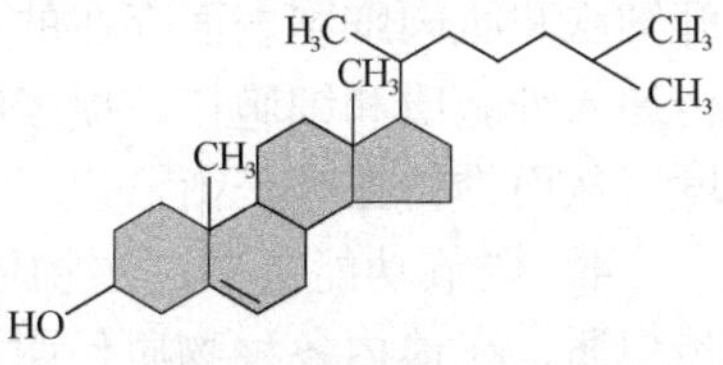

图 2.7　胆固醇分子式

其实，胆固醇有“好”与“坏”之分。低密度脂蛋白胆固醇负责把胆固醇运送到全身各处，它在血液中的含量应小于 3.12mmol/L。一旦达到和超过 3.64mmol/L 临界点，这些胆固醇极易从血浆中穿过动脉壁，侵入血管内膜，氧化后导致胆固醇聚集，贴在动脉管内壁，最终很可能使动脉变窄及粥样硬化，因此人们称它为“坏胆固醇”。高密度脂蛋白胆固醇之所以被称为“好胆固醇”，是因为它们具有把血液中多余的胆固醇运回肝脏的功能，可以将沉积在动脉壁上的胆固醇转运到肝脏进行处理，还能维护血管内皮细胞，使血栓难以形成。高密度脂蛋白胆固醇的理想值应为 1.04～1.55mmol/L，若低于 0.91mmol/L 则罹患冠心病的危险性显著上升。

人应接受适量的阳光照射，因为在阳光中少量紫外线的照射下，表皮细胞中的 7-脱氢胆固醇可转变成促进钙、磷吸收的维生素 D_3。但过量的紫外线辐射可能诱发皮肤癌，加重眼睛白内障疾患，在强烈的阳光下长时间暴晒或看书是不适宜的。

4．蜡　蜡是高级一元醇和脂肪酸形成的酯，由于其疏水性比脂肪更强，具有防水、防虫害和防太阳辐射等作用。在漫长的演化中许多植物进化出了蜡质层，它是覆盖在植物表皮细胞外的一层由亲脂性化合物构成的疏水层，一般呈绿灰色、灰白色霜状，或光滑无色。植物的叶、茎、花及果实等器官和组织的表面均有蜡质覆盖，可以起到很好的保护作用。有些动物（如节肢动物）体表也有一层蜡质层，同样起到防止损伤和减少水分蒸发的功效。

三、蛋白质

蛋白质是生物体重要的结构和功能组分。细胞膜上的重要组分之一是蛋白质，肌肉和毛发中的主要成分是蛋白质，催化体内多种反应的酶是蛋白质，多种调节代谢途径的激素也是蛋白质（多肽）。因此人类的膳食中应保证足够的蛋白质供应（食物中的蛋白质在胃肠道中被降解成其基本组分——各种氨基酸，这些氨基酸被吸收后成为构成人体蛋白的基础结构单元）。人类体内不能贮存蛋白质，所需蛋白质每天都得从外界获取（约每千克体重 1g 蛋白质，年轻人应多些）。蛋白质同时也是遗传信息的表达者，是生命活动的主要表现者。依据蛋白质的生物学功能可以将其分为以下七类。

1）结构功能蛋白：组成细胞结构的重要成分，动物的毛发、皮肤、肌肉、肌腱、韧带等主要成分都是蛋白。

2）防御功能蛋白：如动物体内各种免疫球蛋白，它们能有效地清除病原体和异物，防止疾病发生。

3）信号功能蛋白：这些蛋白在细胞间信息传递过程中发挥重要的桥梁作用。例如，在肝细胞和肌肉细胞表面存在的胰岛素受体蛋白能与血液中的胰岛素相结合，将高血糖的信息传递入细胞质和细胞核，促成细胞合成更多的吸收葡萄糖分子的蛋白，降低血液中的血糖浓度，从而维持血糖平衡。

4）调节功能蛋白：生物体内发生反应所需要的各种酶又称生物催化剂，它们本身就是蛋白质，在体内各种物质代谢、维持机体功能等方面发挥重要的作用。

5）运输功能蛋白：运输各种物质，包括营养物质和代谢产物。例如，血液中的血红蛋白不仅运输细胞需要的氧气，同时也输出细胞代谢所产生的二氧化碳。

6）运动功能蛋白：又称收缩蛋白。肌肉运动（收缩-舒张）主要依靠肌动蛋白和肌球蛋白之间的滑动来完成，其所需能量来自三磷酸腺苷（ATP）水解产生的化学能。

7）储存功能蛋白：作为一类储存性蛋白，如卵生动物卵（蛋）中的蛋清蛋白，植物种子（胚乳）中的蛋白可被酶解为胚胎发育所需的营养物质和能量。

所有蛋白质都是由多种氨基酸按照不同排列组合形成的有机大分子结构。

1. 氨基酸的种类与性质 蛋白质由一至数条多肽构成。多肽的基本结构单元是氨基酸，常见的共有22种，它们是甘氨酸、丙氨酸、丝氨酸、半胱氨酸、硒代半胱氨酸、吡咯赖氨酸、脯氨酸、酪氨酸、天冬氨酸、天冬酰胺、谷氨酸、谷氨酰胺、组氨酸、精氨酸、苏氨酸、甲硫氨酸、缬氨酸、亮氨酸、异亮氨酸、色氨酸、苯丙氨酸和赖氨酸。其中后8种氨基酸人体不能合成，婴幼儿还需要增加组氨酸，必须从食物中摄入补充，称为必需氨基酸。必需氨基酸摄入量不足将影响人体生长与健康。保证蛋白质足量摄入的同时不挑食，即可避免必需氨基酸缺乏症的发生。

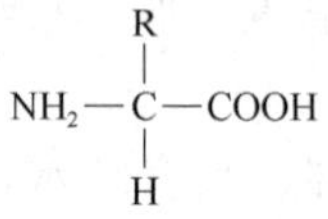

图 2.8 氨基酸通式

氨基酸是至少含一个氨基（—NH_2）和一个羧基（—COOH）的2～11碳有机小分子（图2.8）。由于氨基和羧基都易于解离，前者趋向于从环境中获取H^+，而后者则易放出H^+，因此氨基酸具有明显的双向缓冲pH变化的能力。据此，如果在某种pH溶液中，氨基酸分子所带的净电荷为零，或者正、负电荷数相等，此时的pH叫作该氨基酸的等电点。处于等电点的氨基酸在电场中既不向正极也不向负极移动，而且溶解度最小，反应性最低（表2.2）。

表 2.2 氨基酸及其等电点

中文名	英文名	三字母缩写	单字母缩写	等电点（pI）
丙氨酸	alanine	Ala	A	6.0
精氨酸	arginine	Arg	R	10.76
天冬酰胺	asparagine	Asn	N	5.41
天冬氨酸	aspartic acid	Asp	D	2.77
半胱氨酸	cysteine	Cys	C	5.05
谷氨酰胺	glutamin	Gln	Q	5.41

续表

中文名	英文名	三字母缩写	单字母缩写	等电点（pI）
谷氨酸	glutamic acid	Glu	E	3.22
甘氨酸	glycine	Gly	G	5.97
组氨酸	histidine	His	H	7.59
亮氨酸	leucine	Leu	L	5.98
异亮氨酸	isoleucine	Ile	I	6.02
赖氨酸	lysine	Lys	K	9.74
甲硫氨酸	methionine	Met	M	5.74
苯丙氨酸	phenylalanine	Phe	F	5.48
脯氨酸	proline	Pro	P	6.30
丝氨酸	serine	Ser	S	5.68
苏氨酸	threonine	Thr	T	6.16
色氨酸	tryptophan	Trp	W	5.89
酪氨酸	tyrosine	Tyr	Y	5.66
缬氨酸	valine	Val	V	5.96
硒代半胱氨酸	selenocysteinne	Sec	U	5.20
吡咯赖氨酸	pyrrolysin	Pyl	O	9.70

从氨基酸结构来看，氨基酸的性质主要取决于侧链基团R。如果基团R只是H或是C、H两元素组成的话，那么它们都是疏水的；如果基团R含有极性侧链基团，如—OH、—SH、—COOH或—NH_2等，那么这个氨基酸就是极性的。按照R基团的极性或在生理pH（接近pH 7.0）下与水相互作用的趋势等特征可将它们分为非极性疏水氨基酸、极性中性氨基酸、带负电荷酸性氨基酸和带正电荷碱性氨基酸四组。

1）非极性疏水氨基酸：丙氨酸、缬氨酸、亮氨酸、异亮氨酸、脯氨酸、甲硫氨酸、色氨酸和苯丙氨酸。

2）极性中性氨基酸：甘氨酸、谷氨酰胺、丝氨酸、苏氨酸、半胱氨酸、天冬酰胺和酪氨酸、吡咯赖氨酸。

3）带负电荷酸性氨基酸：天冬氨酸、谷氨酸、硒代半胱氨酸。

4）带正电荷碱性氨基酸：赖氨酸、精氨酸和组氨酸。

科学进展

两种新的氨基酸

美国科学家分别于1974年和1995年发现了第21种氨基酸——硒代半胱氨酸（图2.9）和第22种氨基酸——吡咯赖氨酸（图2.10）。它们分别由终止密码子UGA和UAG有义编码（此时UGA和UAG不再充当终止密码子的角色）。目前已知这两种氨基酸仅出现在少数蛋白质中。其中硒代半胱氨酸存在于细菌、古细菌和真核生物的数种氧化还原酶中，而吡咯赖氨酸则只存在于产甲烷的古细菌中，人体中并不存在，所以人体中目前只有21种氨基酸。

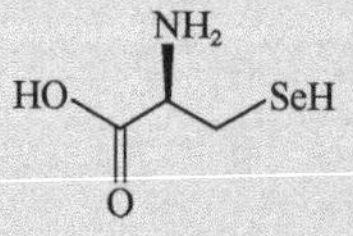

图2.9 硒代半胱氨酸

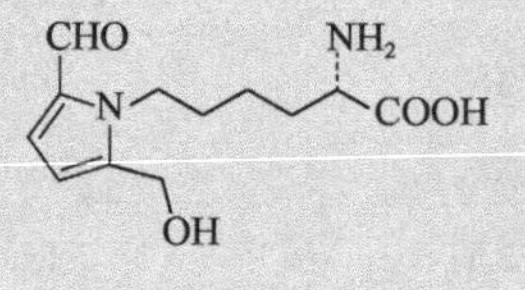

图2.10 吡咯赖氨酸

2．蛋白质的四级结构 相邻两个氨基酸之间的氨基和羧基在酶的催化下可以脱水缩合形成肽键（图2.11），从而将一个个氨基酸根据从细胞核中转录出来的遗传信息指令连接成分子量大小不等的肽链，即多肽。

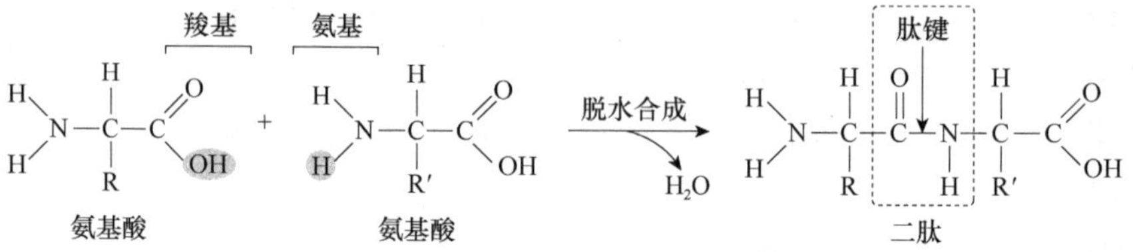

图2.11 氨基酸脱水缩合形成肽键（引自赵进东，2023）

多肽链的氨基酸排列顺序称为蛋白质的一级结构。多肽链以右手螺旋的方式每3.6个氨基酸残基螺旋上升一圈，相邻螺圈间以氢键固合，形成蛋白质的二级结构——α螺旋体。毛发中的主要成分——α角蛋白就是由3或7条富含胱氨酸的α螺旋体构成。另一种二级结构为β折叠，其折叠片的构象是通过一个肽键的羰基氧和位于同一个肽链或相邻肽链的另一个酰胺氢之间形成的氢键维持的。氢键几乎都垂直伸展的肽链，这些肽链可以是平行排列（走向都是由N到C方向）；或者是反平行排列（肽链反向排列）。二级结构是通过骨架上的羰基和酰胺基团之间形成的氢键维持的，氢键是稳定二级结构的主要作用力。蛋白质受热达到一定程度后往往发生变性，出现凝固的现象，其主要原因就是加热使很多的氢键断裂。蛋在水中煮沸后蛋白和蛋黄成为固态其原因就在于此。在二级结构基础上肽链在三维空间沿多个方向发生卷曲、折叠、盘绕而形成的近似球形的结构即是蛋白质的三级结构，也叫作蛋白质的亚基，有些亚基即是分子质量较小的蛋白质。由于一级结构中氨基酸排列顺序的不同，蛋白质三级结构的构象也彼此互异。较大的蛋白质分子往往由多个亚基构成，各亚基的几何构象能精确嵌合、紧密连接、自我装配，这就是蛋白质的四级结构（图2.12）。例如，红细胞中的血红蛋白是由两条α多肽链（104个氨基酸）和两条β多肽链（106个氨基酸）构成的四

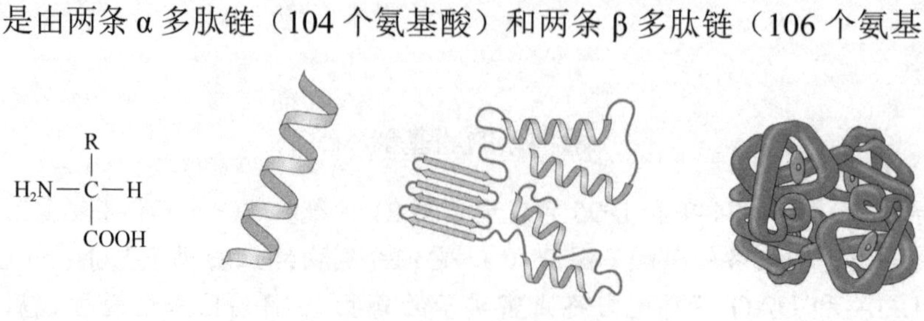

彩图 氨基酸通式 螺旋体（二级结构） 螺旋体折叠（三级结构） 蛋白质四级结构

图2.12 氨基酸及蛋白质结构示意图

聚体。此外，由于蛋白质的结构单元是氨基酸，因此蛋白质也能两性解离，具有酸碱双向缓冲能力，是维持血液 pH 稳定的重要成分。每种蛋白质也都有各自特定的等电点。

四、核酸

1．核酸的组成　核酸有两种：脱氧核糖核酸（DNA）和核糖核酸（RNA），它们都是核苷酸的多聚物。核苷酸由碱基、戊糖和磷酸三部分组成。碱基有腺嘌呤（A）、鸟嘌呤（G）、胞嘧啶（C）、胸腺嘧啶（T）和尿嘧啶（U）五种。戊糖包括核糖和 2-脱氧核糖两种。由 A/G/C/T 和脱氧核糖及磷酸结合成脱氧核糖核苷酸，四种脱氧核糖核苷酸按序连成 DNA；而 A/G/C/U 和核糖及磷酸则构成核糖核苷酸（图 2.13），四种核糖核苷酸是 RNA 的结构单元（图 2.14）。多数核苷酸都按特定序列集聚成 DNA 或 RNA 大分子，但也有少数例外。例如，腺嘌呤核苷酸（AMP）和鸟嘌呤核苷酸（GMP），它们在各自核苷酸的磷酸基团上又以高能键的方式分别再结合上 2 个磷酸，形成游离于细胞质中的三磷酸高能化合物。每摩尔高能磷酸键水解（断裂）时可放出 30.7kJ 的能量，而普通磷酸酯键仅为 8.4kJ。

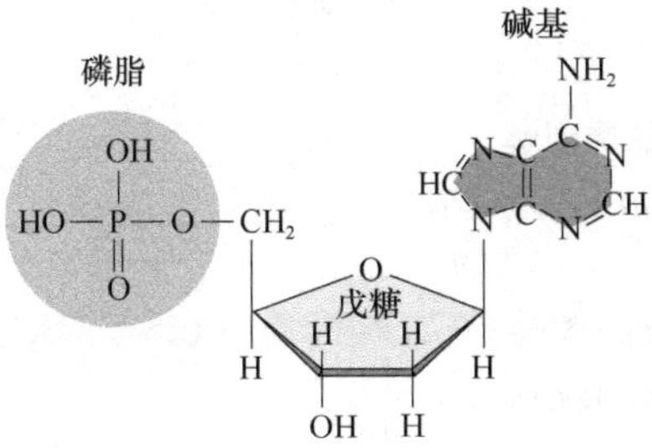

彩图

图 2.13　脱氧核糖核苷酸组成图（引自 Teresa，2001）

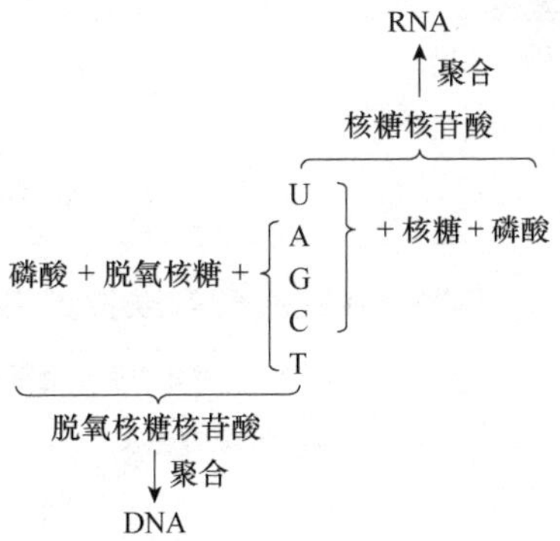

图 2.14　核酸组成示意图

DNA 分子极大（表 2.3），除极个别外，都以两条反向平行、严格配对、右旋的脱氧多核苷酸链构成，即沃森和克里克提出的双螺旋（图 2.15）。在这个模型中，数量极其庞大的四种脱氧核糖核苷酸以 3,5-磷酸二酯键按序连接成线形或环形分子，这就是 DNA 的一级结构。反向平行的脱氧多核苷酸链间根据 A 与 T、G 与 C 配对的原则，以无数的氢键相联系而结合在一起，形成直径为 2.0nm（$1nm=10^{-6}mm$）的双螺旋。沿着双螺旋中心轴每 10 对脱氧核苷酸形成一个螺圈，每层螺圈的空间距为 3.4nm，以此构成 DNA 的二级结构。在无结合蛋白质的情况下，DNA 能以双链环状的超螺旋形或开环形（图 2.16）而存在，这种状态称为 DNA 的三级结构，如质粒及线粒体和叶绿体中的 DNA 等。

表 2.3　某些 DNA 的分子量

DNA 来源	分子质量/Da	核苷酸对数目	长度	构象
小白鼠线粒体	9.5×10^6	1.4×10^4	5.0μm	线形
噬菌体λ	3.3×10^7	0.5×10^5	13.0μm	线形或环形
大肠杆菌 DNA	2.2×10^9	3.0×10^6	1.3mm	环形
人第 13 号染色体	6.4×10^{10}	9.6×10^7	3.2cm	线形
果蝇巨大染色体	8.0×10^{10}	1.2×10^8	4.0cm	线形

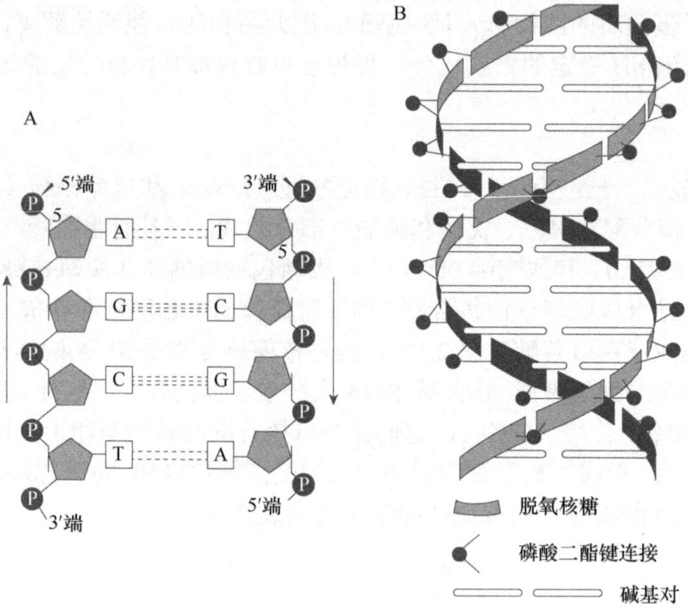

彩图

图 2.15　DNA 双螺旋图解

A．多核苷酸链配对；B．DNA 结构示意图

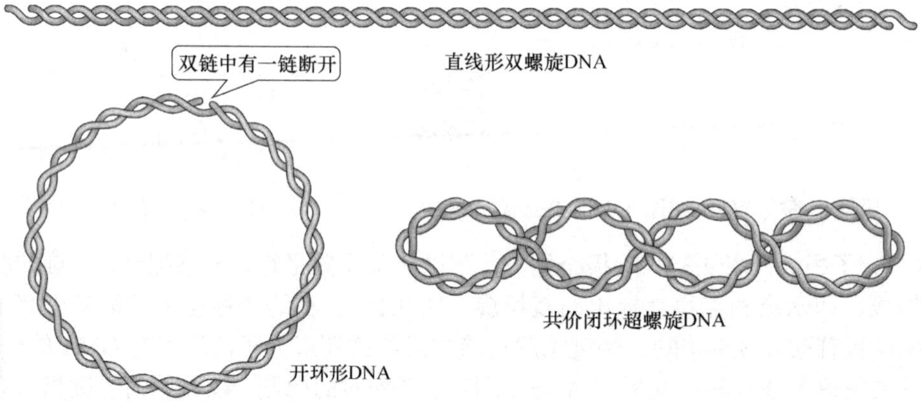

彩图

图 2.16　DNA 三级结构模式图

2．核酸的功能　DNA 是遗传信息的载体，几乎所有的基因都在 DNA 上线性排列。DNA 上的基因可以在一定条件下沿着双链之一的有义链的 3′→5′方向转录成 mRNA（详见第八章第五节）。DNA 能在解旋蛋白和 DNA 聚合酶等因子的作用下进行严格的半保留复制，产生出完全相同的 DNA 分子。

RNA 一般为单链，分子量比 DNA 小得多。根据功能的差异可以将 RNA 分为以下三种。

（1）信使 RNA（mRNA）　mRNA 是从 DNA 转录下来的 RNA，带有该种生物的遗传信息，在细胞质的核糖体上将这些信息翻译成蛋白质。mRNA 一般长 1000～2000 个核苷酸对。绝大多数真核细胞的 mRNA 在 3′端有一段由长 200 余个多腺苷酸［poly（A)］单链组成的“尾巴”，在 5′端有两个甲基化的核苷酸，称为“帽子”。mRNA 虽然仅占 RNA 总量的 1%～5%，但种类繁多，而且随着细胞发育和分化的不同阶段，mRNA 的种类有很大不同。由于

mRNA 是 DNA 上基因转录的产物，科学工作者将特定的 mRNA 反转录成互补的 cDNA 后，以该 cDNA 为探针就可以从基因组文库（第八章第五节）中分离得到所需的目的基因。

（2）转运 RNA（tRNA）　tRNA 分子量很小，由 75～90 个核苷酸组成，具有运送氨基酸的功能。每种氨基酸都有一至数种特异的 tRNA 作为运转工具。tRNA 占 RNA 总量的 15%～20%。它的二级结构都呈三叶草形（图 2.17），由 3 个环，即 D 环［因该处二氢尿苷酸（D）含量高］、反密码环（该环中部为反密码子）和 TΨC 环［因绝大多数 tRNA 在该处含胸苷酸（T）、假尿苷酸（Ψ）、胞苷酸（C）］，四个茎，即 D 茎（与 D 环联接的茎）、反密码茎（与反密码环联接）、TΨC 茎（与 TΨC 环联接）和氨基酸接受茎［也叫作 CCA 茎，因所有 tRNA 的分子末端均含胞苷酸（C）、胞苷酸（C）、腺苷酸（A）］。CCA 是连接氨基酸所不可缺少的。此外还有位于反密码茎与 TΨC 茎之间的可变臂。不同 tRNA 的可变臂长短不一，其核苷酸数从二至十几不等。除可变臂和 D 环外，其他各个部位的核苷酸数目和碱基对基本上是恒定的。

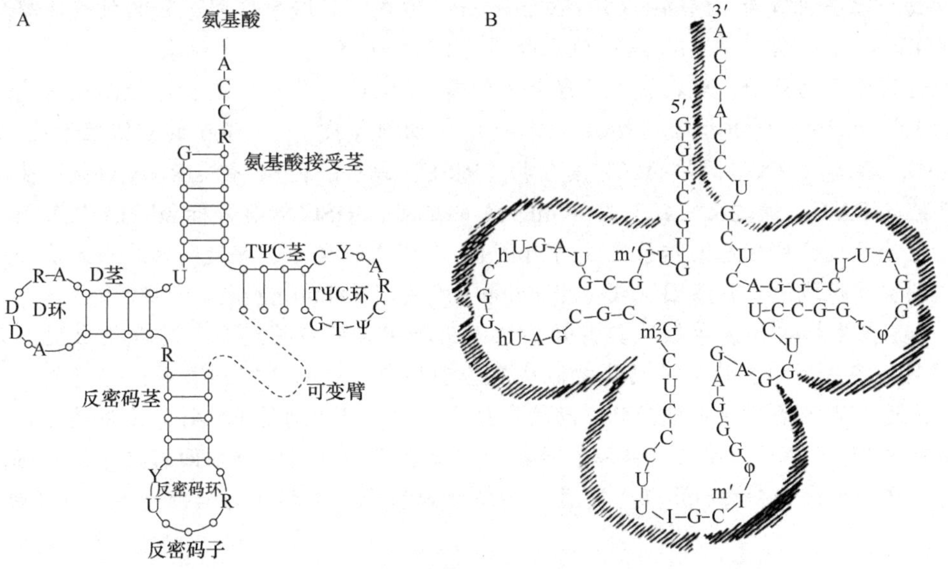

图 2.17　tRNA 的三叶草形结构

A．通式；B．酵母 tRNA 的二级结构

（3）核糖体 RNA（rRNA）　rRNA 约占全部 RNA 的 82%，rRNA 单独存在时不执行其功能，它与多种蛋白质结合成核糖体，作为蛋白质生物合成的“装配机”。如果把 rRNA 从核糖体上除掉，核糖体的结构就会发生塌陷。核糖体催化肽键合成的是 rRNA，蛋白质只是维持 rRNA 构象，起辅助的作用。原核细胞和真核细胞有各自不同大小和序列的 rRNA，它们的分子量都很大，在 10^6Da（即 3000 个核苷酸）以上。原核生物的 rRNA 分三类：5S rRNA、16S rRNA 和 23S rRNA。真核生物的 rRNA 分四类：5S rRNA、5.8S rRNA、18S rRNA 和 28S rRNA。S 为沉降系数，是反映生物大分子在离心场中向下沉降速率的指标，其值越高，说明分子量越大。人类的 rRNA 基因分别位于第 13 号、14 号、15 号、21 号、22 号 5 对染色体上，这 10 条含有 rRNA 基因的区段以襻环的形式集结在核仁中，而每一个襻环上成串排列的 rRNA 基因就叫作一个核仁组织区，具有核仁组织区的染色体称核仁染色体，核仁组织区定位在核仁染色体次缢痕部位，即是专门为合成 rRNA 提供模板的 rDNA。

科学进展

小小 RNA 掀起大波澜

2006 年 10 月，46 岁的美国斯坦福医学院教授菲尔（Andrew Z. Fire）和 45 岁的美国马萨诸塞州医学院教授梅洛（Craig C. Mello）由于在 RNA 干扰（RNA interference, RNAi）及基因沉默现象研究领域的杰出贡献而获得诺贝尔生理学或医学奖。颁奖委员会评价："他们发现了控制基因信息流通的基本机制。"《科学》杂志将 RNAi 称为"2002 年的重大突破"。

科学家们最早（1990）在植物发现了双链 RNA（dsRNA）诱导 RNA 沉默的现象。1995 年，Guo 和 Kemphues 观察到正义 RNA（含有基因信息的 RNA 单链）也具有很高的基因沉默活性。但针对 RNA 沉默现象的决定性发现还是由 A. Z. Fire 和 C. C. Mello（1998）首先完成的。他们将正义 RNA 和反义 RNA（与正义 RNA 互补的单链 RNA）同时注射到模式动物秀丽隐杆线虫（*Caenorhabditis elegans*）体内，其诱导基因沉默的效率比单独注射反义 RNA 高 10 倍。人们将这一现象命名为 RNA 干扰（RNAi）现象。

经过科学家的钻研，现在我们已经大体知道，RNAi 的第一步是长的 dsRNA（内生或外源的）被 dsRNA 特异核酸内切酶（Dicer 酶）切割成长 21～23bp 的双链短干扰 RNA（siRNA），后者与 RNA 诱导的沉默复合物（RISC）结合，RISC 使 siRNA 解旋，生成仅有反义链的 RISC。通过反义链与目标 mRNA 的配对，RISC 降解目标 mRNA 使其断裂成碎片。也就是说，目标基因转录生成的 mRNA 难以进行翻译，导致特定蛋白无法合成，从而达到实质性地使目标基因沉默（silencing）或关闭（shutting off）的目的。

RNAi 在生物学和医学领域具有开创性意义和极大的应用前景。从理论上说，只要能关闭某特定基因，其缺失的功能就能从实验动物身上反向地得到表现；若能关闭致病基因的表达，则很多疾病将被治愈。动物实验已证明，可以通过 RNAi 的方法使导致胆固醇升高的基因"沉默"。病毒性疾病、眼疾、心血管代谢性疾病等方面的临床试验也正在进行中。这一方法为病毒性肝炎、艾滋病和恶性肿瘤等人类顽疾的治疗开辟了一条新路。

第三节　生命是什么

生命是什么？这是个年代久远而又非常现实的问题。生命蕴含于生物之中，生物是生命的表现形式。虽然如上所述生物仅由自然界的 20 余种元素构成，然而即使我们以最精确的手段将这些元素严格按比例充分掺合，这样的混合物还是表现不出任何一点生息。相反，原来活生生的一只蚂蚁，只被轻轻一压，它体内的元素成分并无丝毫变更，生命就离开了它。可见，生命来于自然而高于自然。其之所以超脱自然，就在于生物体摆脱了无序化自然界的羁绊，建立了以核酸、蛋白质、多糖、脂类等高度有序的生命大分子为基石的生物结构单元——细胞，进而构成严密分工、相互依存、井然有序的组织、器官、系统乃至个体。这些大分子各自特异的三维空间构型正是这种有序化的反映。

各种基因都是高度有序的生物遗传信息载体，由 4 种脱氧核糖核苷酸按特定序列组成各种各样的基因。那么构成一个最简单的生物体——单细胞生物，至少需要多少个基因呢？

1995 年，美国基因组学先驱克莱格·文特尔团队完成了能在实验室培养的最小微生物生殖道支原体（*Mycoplasma genitalium*）的全基因组测序，发现它的基因组仅有58万个碱基对，编码485个基因。接着，科学家不厌其烦展开大量工作，将这些基因逐个敲除，查看哪些基因是其生存不可或缺的，意即探究维持生物体活性的最小基因组。2006年他们得出结论：仅需其中381个基因，该菌就能完成生命活动的全过程。换句话说，如果能合成这381个基因并提供适宜的环境，人类将可能初步再现地球上38亿年前原始生物诞生的壮举。2010年7月，文特尔团队在《科学》杂志刊登题为"Creation of a Bacterial Cell Controlled by a Chemically Synthesized Genome"（创造一种由化学合成基因组控制的细菌细胞）的论文，宣布第一个父母是计算机（由计算机设计并人工合成、拼接DNA）、可以进行自我复制的、包含850个基因的人造细菌诞生（图10.4）。人类在探索"生命是什么"的奥秘中迈出了重要的一步。

除了物质大分子构成的有序化外，生物体中的信息流向也呈现十分规则的流动性（图2.18）。染色体DNA是一个物种的特征，即遗传信息的贮存库。DNA除了能以半保留的方式复制自己以外，必要时还可以在特定区段解开DNA双螺旋，根据碱基配对的原则，把目的基因转录成mRNA，即遗传信息从DNA流向RNA。mRNA上的遗传密码在核糖体上被翻译成蛋白质。这就是1957年克里克提出的"中心法则"的主要内容。后来根据逆转录病毒的发现，科学家补充了以RNA为模板反转录成DNA的信息支流，即RNA→DNA。1971年类病毒被发现后，以RNA作为信息源的观念得到了新的支持。尤其是某些RNA本身又具有酶的功能的新发现，更引起了科学家重视RNA在生命起源过程中所发挥的作用。此外，各种环境因素，如光、温、水、盐等也直接或间接通过各种方式影响生物，促进或限制生物的生长、发育。根据热力学第二定律，从自发无序的低级形式转变成高度有序的生命形式，其转化及维持过程一定要借助外界能量的输入。一切生物在维系其生命活动的过程中无不遵循这条客观规律，从自然界获得包括光能、热能、化学能等在内的多种能量，并根据能量守恒的定律（热力学第一定律），实现多种能量形式的相互转变，并同时向环境散发热量。

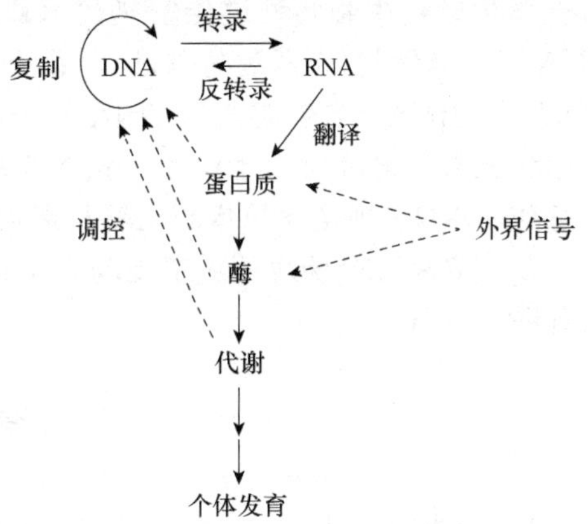

图2.18　生命现象中的信息流（虚线表示调控）

综上所述，生命是自然界物质运动的高级形式，它出于自然而高于自然，包括了物质的同化与异化、生物的生长与繁衍、能量的吸收与转化、信息的接收和反馈。由于物质构成、转化和运动形式的不同，便产生了璀璨斑斓的万千生物。各种个体从其诞生之日起就与大自然持续抗争。人类历经婴儿期、幼儿期、少年期、青年期、中年期，最终难以为继这种代价高昂的高度有序化的存在方式，随着代谢失常的增多逐渐走向衰老、死亡，回归自然，实现热力学平衡。这就是生命，大自然历史长河中此起彼伏的匆匆过客。

小　　结

生物承载生命。生物由无机物和有机物高度有序化构成。氢、氧、碳、氮、磷、硫是生物体的基本构成元素。此外还有20多种各具功能的微量元素和偶然出现的元素。水分子的独特特征，决定它成了生物体内的最大宗组成物。

葡萄糖是形成淀粉、糖原和纤维素的结构单元。淀粉和糖原的主链都由众多葡萄糖残基以α-1,4-糖苷键连接成。直链淀粉的葡萄糖长链不分支，呈螺圈形；支链淀粉分支多。糖原存于动物和真菌中，分支更密、更多。纤维素中的葡萄糖残基由β-1,4-糖苷键连成，无分支，难以被绝大多数动物消化，是植物结构性多糖。

重要的脂类有三类。脂肪包括不饱和脂肪和饱和脂肪两类，它们是生物主要的能源贮存库。磷脂是两性分子，由它构成生物膜的骨架。胆固醇等固醇类与人体健康密切相关。

蛋白质有四级结构，其一级结构由氨基酸残基以肽键连接成线性多肽分子。多肽长链以右手螺旋的方式形成称为二级结构的α螺旋体。α螺旋体卷曲成具有三维空间构象的蛋白质亚基——三级结构。多亚基自动组装成完整的蛋白质，即为蛋白质的四级结构。氨基酸和蛋白质都能两性解离，都具双向缓冲所在溶液pH变化的能力。蛋白质是生物在结构上和功能上都十分重要的生物大分子。

核酸有两大类：DNA和RNA。DNA由四种脱氧核糖核苷酸按特定顺序构成，这种DNA的一级构造是生物物种遗传密码的承载者。DNA的双螺旋模型是DNA的二级构造。有些DNA有三级结构。记载遗传信息、转录和自我复制是DNA的三大功能。RNA有三种：mRNA、tRNA和rRNA，它们都是从DNA转录的、由四种核糖核苷酸组成的单链分子。tRNA的二级结构呈局部配对的三叶草形。mRNA转录DNA的遗传密码，各种tRNA负责转运特定的氨基酸，rRNA则是核糖体的主要构成成分之一，参与蛋白质合成。

高度有序化的物质构成了生物。生物与环境进行密切的物质、能量和信息的交流，表现出种种生命特征。

复习思考题

1．构成生物体的元素可分成几类？它们各有哪些功能？
2．水分子有哪些重要特征决定它在生物学上有特殊重要的意义？
3．淀粉可分为哪两大类？它们在结构上有何异同点？
4．糖原是什么？它与支链淀粉有何异同点？
5．什么是纤维素？它与直链淀粉在结构和功能上有何异同点？
6．什么是不饱和脂肪酸？为什么植物油在室温下呈液态？
7．磷脂为什么能成为构成生物膜的主要成分？
8．蛋白质具有哪些生物学功能？试述蛋白质的四级结构。
9．蛋白质和氨基酸为什么都具双向缓冲的功能？
10．简述DNA的双螺旋构造。
11．RNA的共同特征是什么？主要有哪几种？它们各有哪些功能？
12．简述中心法则的主要内容。
13．以你的观点试论生命的本质是什么。

第三章　细胞结构与功能

提要　本章简介原核细胞与真核细胞的异同，着重阐述真核细胞各亚显微结构的构造与功能，以及细胞无丝分裂和有丝分裂的特征；同时概述动植物的组织分化和各类组织的主要特征。此外，还扼要介绍了目前正在蓬勃发展的干细胞研究进展。

第一节　细胞学说的建立和发展

细胞是各种生物的构成单位，没有细胞就不是完整的生物。不过细胞大多十分微小，难以用肉眼加以辨认，更不用说其中的细胞器了。因此，细胞学说的提出和细胞生物学的不断发展是建立在显微镜的发明和逐渐完善的基础上。1665 年，英国科学家胡克（R. Hooke，1635～1703）在他的《显微图像》专著中首次向世人披露了栎树（实际上是树皮中的木栓层）等植物中存在的无数小室——细胞（cell）。1831 年，英国植物学家布朗（R. Brown，1773～1858）发现了细胞核；1835 年，杜雅尔定（E. Dujardin，1801～1860）指出细胞内有"肉样质"内含物，即细胞质。几年后（1838 年），德国植物学家施莱登（M. J. Schleiden，1804～1881）在《解剖学和生理学文献》杂志上发表了"植物发生论"一文，提出无论怎样复杂的植物体都是"各具特色、独立的、分离的个体（即细胞）的聚合体"；1839 年，施莱登的同胞、动物学家施旺（T. Schwann，1810～1882）在"关于动植物的结构和生长一致性的显微研究"的论文中提出，"一切动植物组织，无论彼此如何不同，均由细胞组成"。至此，他们两人成为细胞学说的创建者。细胞生物学和整个生命科学从此跃上了一个崭新的发展阶段。恩格斯把细胞学说列为 19 世纪自然科学的三大发现之一。随后，德国胚胎学家雷马克（R. Remark，1815～1865）发现了细胞的无丝分裂（1841 年），1848 年，德国植物学家霍夫迈斯特（Hofmeister，1825～1877）看到了染色体，德国生物学家弗莱明（W. Flemming，1843～1915）等观察到了有丝分裂（1882 年）；1883 年，比利时细胞学家范·本内登（van Beneden，1846～1910）等发现了马蛔虫精子和卵细胞中的染色体数只有体细胞的一半；1890 年，科学家终于确认精子和卵细胞的生成要经过减数分裂的过程。次年，减数分裂的过程被详细描述。此外，在 19 世纪末，科学家还陆续发现了中心体、线粒体、叶绿体和高尔基体等细胞器。

在施莱登和施旺及后续相关学者日益完善的系列研究成果基础上，生物学核心学科之一的细胞学说终于建立起来。细胞学说的主要内容有以下三点：

1）细胞是所有动植物的基本结构单位；

2）每个细胞相对独立，一个生物体内各细胞之间协同配合；

3）新细胞都来源于先前存在的细胞。

细胞学说的提出先于进化论约 20 年，它与进化论一起，奠定了生物学的基础。细胞学说是生命世界有机结构多样性的统一，是从哲学推断走向科学论证的科学结晶。

进入 20 世纪，随着电子显微镜的发明及现代物理学及化学学科向细胞学的渗透，细胞学的研究已逐渐从观察与描述层次深入到从分子水平、蛋白水平对细胞的遗传、代谢、生理、病理等多方面进行动态探讨，日益显示出细胞生物学作为生命科学核心学科之一蓬勃发展的生命力。

第二节　细胞的结构与功能

细胞是生物体的结构单元，而病毒只是一些不够完整、不能独立生存的准生命体（有不少人认为病毒不是生命体，因它们缺乏细胞必备的一些要素，详见第九章第三节）。细胞有两大类：原核细胞和真核细胞，它们的异同点见表 3.1。

表 3.1　原核细胞和真核细胞异同比较

项目		原核细胞	真核细胞
相同点		都有 DNA、细胞膜、细胞质、核糖体	
不同点	染色体 DNA	一条，环状，不与组蛋白结合	与组蛋白等结合成若干条染色体
	细胞核	无细胞核，只有核区（拟核）	有细胞核、核膜、核仁、核基质
	细胞器	仅有 70S 核糖体和中间体	有 80S 核糖体、线粒体、高尔基体、内质网、溶酶体及叶绿体等
	细胞外被	肽聚糖、脂多糖等	动物细胞：糖脂及糖蛋白 植物细胞：纤维素及半纤维素等
	细胞分裂	无丝分裂（直接分裂）	有丝分裂（间接分裂）
	转录与翻译	出现在同一时间、地点	出现在不同时间、地点
	细胞大小	一般 1～10μm	一般大于 10μm

注：S 为沉降系数，当用超速离心测定一个粒子的沉降速率时，此速率与粒子的直径、形状等性状有关

一、细胞大小和形态

（一）原核细胞

原核细胞是地球上最早出现并繁衍至今的低级细胞，细胞大小大多在 1～10μm。现存的原核生物主要有细菌、放线菌、蓝菌（藻）和原绿藻四种类型（见第九章第四节）。多种多样的原核细胞组成庞大的原核生物界。原核生物的典型代表是细菌。其主要特征是细胞内没有明显的细胞核，只有一个由双链环状 DNA 组成的拟核，拟核外没有核膜包裹。细胞内除了合成蛋白需要的核糖体（该核糖体构成比真核生物的核糖体简单）外，一般没有其他细胞器。少数细菌还有中间体（细胞膜向内凸入的小囊，是细菌氧化反应发生区）。细胞外被有细胞壁和细胞膜，有些细菌外还有特殊的荚膜、鞭毛和纤毛等附属结构。荚膜可帮助细菌抵御环境中不利因素的影响，起保护作用。鞭毛则是细菌的运动器，纤毛还有附着功能（图 3.1）。

有些细菌除了基因组 DNA 外，细胞质中还有能独立复制和表达并在细菌间穿梭的小分子双链环状 DNA，称为质粒。1972 年，美国科学家科恩（Stanley Cohen，1922～2020）利用质粒作为载体，把具有编码降解某种抗生素的酶的基因转移到其他细菌中，使后者具备了抗特定抗生素的功能，建立了人类第一个转基因物种。基因工程从此异军突起，大放光彩（见第八章第五节）。

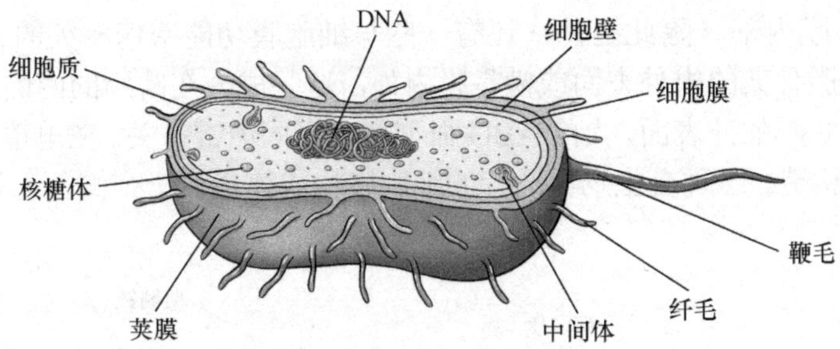

彩图

图 3.1　原核细胞模式图

（二）真核细胞

真核细胞比原核细胞大，其大小一般在 10～100μm。两栖类的卵达到毫米级大小，爬行类及鸟类的卵大到数厘米（卵黄就相当于一个大型卵细胞）。大型动物和人的神经纤维细胞长度甚至超过 1m。

自由生活的单细胞生物一般为近圆形或者卵圆形，如草履虫、变形虫及衣藻等。多细胞生物中细胞的形态是和它的功能密切相关的。表皮细胞大多呈扁平或各种方形，输导组织细胞常为长条形等，储藏组织一般为不规则多边形，神经细胞担负生物电传导的功能，因此呈多边突起的长纤维状。图 3.2 和图 3.3 分别是动物细胞和植物细胞的模式图。

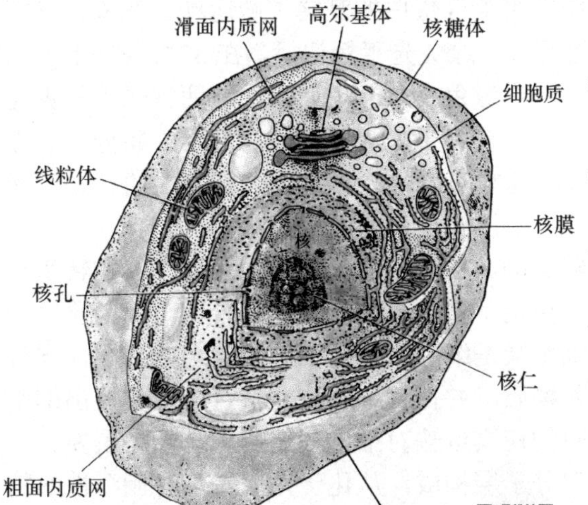

图 3.2　动物细胞模式图

彩图

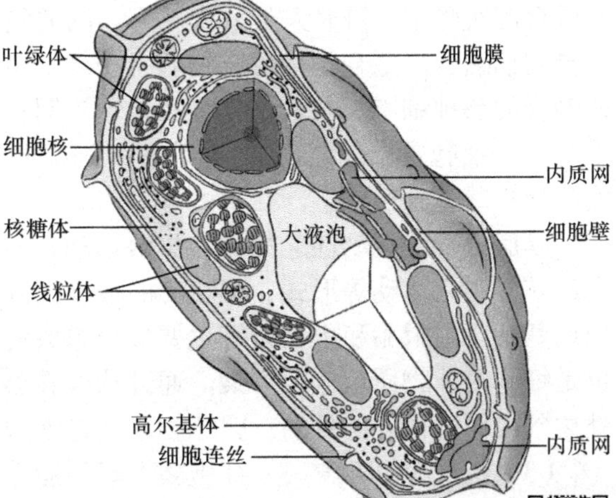

图 3.3　植物细胞模式图

彩图

二、细胞膜和细胞外被

1. 细胞膜（cell membrane）　细胞膜也叫作质膜，是细胞的边界，担负着细胞内外物质进出、能量转换、信息调控、细胞识别及免疫保护等十分重要的功能。历经几代科学家日益深入的研究，使我们终于可了解更多更精细的细胞膜结构和功能。细胞膜的主要特点如下。

（1）不对称性　现在普遍为科学界接受的细胞膜构成，是 1972 年由辛格（Singer）和尼克辛（Nicolsin）提出的液态镶嵌模型（图 3.4）。该模型显示，细胞膜及胞内其他膜系构造的骨架是连续可流动的磷脂双分子层，这些分子的亲水极性基团朝向细胞内外水相，而疏水的脂肪酸链则位于膜内部。除此之外，还有一些与细胞膜功能密切相关的各种蛋白质分子和糖链成分镶嵌于磷脂骨架的内外表面或横贯膜内外，这些成分在磷脂的两侧分布是不对称的。糖基侧链仅存在于质膜的外表面，人的ABO血型就和不同糖链有关。在电镜下细胞膜呈现“二黑一白”的三夹层构造。这种全生物界通行的细胞膜构成模式从一个侧面为生物总祖论提供了有力的佐证。

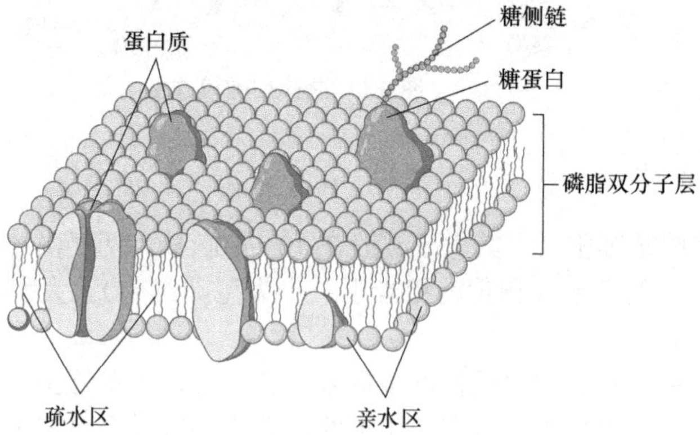

彩图

图 3.4　细胞膜构造的液态镶嵌模型

（2）流动性　构成细胞膜的磷脂分子和蛋白质分子等大都是可以运动的，所以细胞膜具有一定的流动性。荧光抗体免疫标记实验证明了膜整合蛋白的侧向扩散运动。在人、鼠细胞融合的实验中，研究人员分别对人、鼠细胞进行红、绿荧光素标记后，在37℃条件下人为诱导它们融合。融合初期融合细胞呈一半红色、一半绿色。40min 后，红绿两种颜色的荧光在融合的杂种细胞表面呈均匀分布，这说明抗原蛋白在膜平面内经扩散运动已重新分布。如果将融合细胞置于低温（1℃）培育，则抗原蛋白基本停止运动，融合细胞表面的红绿荧光能够保持壁垒分明状态。

膜脂分子的流动性包括侧向扩散运动、旋转运动、摆动运动、伸缩振荡运动、翻转运动和旋转异构化运动等形式。可流动的液态细胞膜奠定了科学家进行细胞融合和转基因研究的理论基础。由磷脂和蛋白质等主要成分组成的细胞膜是细胞内外之间选择通透的界面，同时也是细胞内外物质运输的桥梁，通过从外界摄入物质，并把代谢产物或者合成产物排出细胞外达到内环境稳态的目的。因此物质通过细胞膜的跨膜运输对细胞代谢和稳态至关重要。

（3）物质跨膜运输　细胞膜主要由脂质双分子层构成，从化学角度看只有脂溶性的物质才有可能通过它。但事实上，时刻不断有各种各样的物质进出活细胞，它们理化性质各异，且多数不溶或仅微溶于脂质。这些物质中除极少数能直接通过脂质层进出细胞外，大多数分子或离子的跨膜转运，都与镶嵌在膜上的各种特殊蛋白质分子有关。一些团块性固态或液态物质进出细胞（如细胞对异物的吞噬或分泌物的排出），则与膜的更复杂的生物学过程有关。物质通过细胞膜主要通过自由扩散、协助扩散、主动运输和胞吞胞吐四种方式。

1）自由扩散：被动运输是指物质顺高浓度向低浓度穿过细胞膜进行扩散。包括自由扩散和协助扩散两种。物质通过简单扩散作用进出细胞，叫作自由扩散。其特点是：沿浓度梯度（或电化学梯度）扩散，不需要提供能量，没有膜蛋白的协助。物质（分子）的脂溶性越高，则其过膜的通透性就越大，相反水溶性越高则通透性越小；非极性分子比极性分子容易透过，小分子比大分子容易透过。具有极性的水分子容易透过是因水分子小，可通过由膜脂运动而产生的间隙。此外非极性的小分子如 O_2、CO_2 和 N_2 等都可以很快通过磷脂双分子层。

2）协助扩散：也称促进扩散，其扩散速率比自由扩散高，但有特异性，即溶质必需与特定载体蛋白结合。这类特殊的载体蛋白主要有离子载体和通道蛋白两种类型。促进扩散存在一个最大转运速率问题，即在一定限度内运输速率同物质浓度成正比。如超过一定限度，即使溶质浓度再增加，扩散速率也不再提高，因膜上载体蛋白的结合位点已达饱和。此外促进扩散过程无需要提供能量。

3）主动运输：顾名思义与被动运输不同，主动运输能逆溶质浓度梯度或电化学梯度实现跨膜运输，将溶质从低浓度一侧跨膜运输到高浓度一侧。要完成主动运输必需满足两个基本条件，即需特异载体蛋白和提供能量。主动运输具有如下特点：逆浓度梯度，需要 ATP 直接供能，都有跨膜载体蛋白，具有选择性和特异性。钠钾泵就是一个典型例子：Na^+-K^+ATP 酶，存在于动植物细胞质膜上，它有大小两个亚基，大亚基催化 ATP 水解，小亚基是一个糖蛋白。Na^+-K^+ATP 酶通过磷酸化和去磷酸化过程发生构象的变化，导致与 Na^+、K^+的亲和力发生变化，大亚基以亲 Na^+态结合 Na^+后，触发水解 ATP（图 3.5）。

每水解一个 ATP 释放的能量可以输送 3 个 Na^+到胞外，同时摄取 2 个 K^+入胞，造成跨膜梯度和电位差。而当外界的刺激发生后，钠离子通道和钾离子通道迅速打开，钠向内流，钾向外流。这时电势迅速改变产生动作电位。之后钠钾泵工作，消耗 ATP，使得静息电位恢复，因此 Na^+-K^+泵这对神经冲动传导尤其重要。

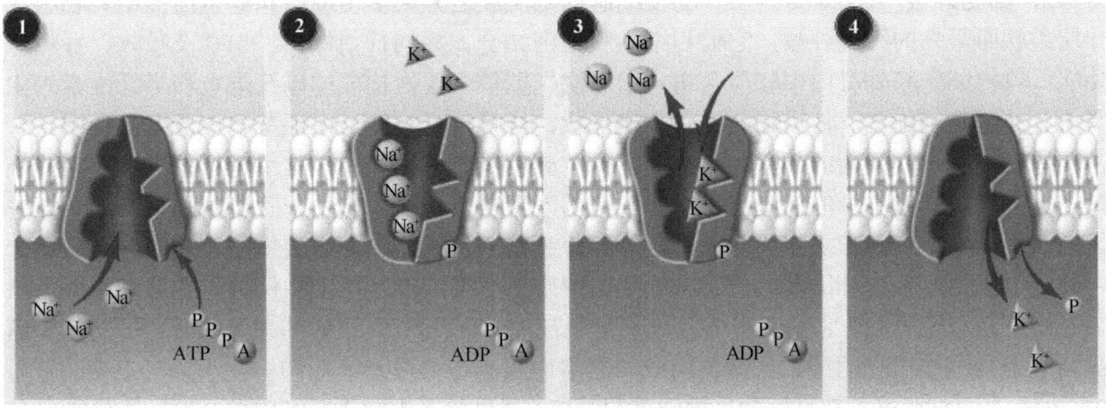

图 3.5　钠钾泵示意图（引自 Johnson and Bergh，2024）

彩图

4）胞吞和胞吐：胞吞包括吞噬、胞饮和受体介导的胞吞三种类型。细胞内外生物大分子及颗粒物质（如蛋白质、核糖、多糖、细菌及细胞碎片等）的转运需要一套新的机制才能完成。基于细胞膜具有一定流动性的特点，可通过向内和向外形成膜泡并利用膜泡位移、融合等一系列过程实现大分子及颗粒物的转移，故称为膜泡运输。原生动物阿米巴和草履虫及人的吞噬细胞都可通过这种方式把细胞外的物质吞入细胞内。膜泡运输过程中不需要载体蛋白的协助，但是需要消耗细胞代谢能（ATP）。根据转运方向可以分为胞吞和胞吐两种方式。

胞吞作用也称为入胞作用，是通过细胞膜内陷，将细胞外的大分子或颗粒物质包裹成囊泡运进细胞的过程。与胞吞作用相反的是胞吐作用。细胞需要外排的大分子，如胰岛素原，先在细胞内形成囊泡，囊泡移到细胞膜处，与细胞膜融合，然后将大分子排出细胞。如果细胞摄入的物质是颗粒型的，这种胞吞称为吞噬，如巨噬细胞吞噬侵入的细菌，草履虫、变形虫吞噬细菌和其他颗粒食物；如果细胞摄入的物质是液体，这种胞吞称为胞饮。真核细胞常常通过这种方式从胞外摄入可溶性大分子供细胞代谢和更新使用，由于该种方式可以摄入多种物质，所以没有特异性。与胞饮不同的是受体介导的胞吞则有很强的专一性，受体介导胞吞作用是通过网格蛋白包被囊泡进行的胞饮作用，这是摄取大分子物质的主要途径。这些大分子与细胞表面的受体结合，在网格蛋白包被囊泡的帮助下以受体-运输物质复合体形式进入细胞。受体介导的胞吞作用的典型例子是胆固醇的摄取和吸收。胆固醇作为动物细胞膜重要的组成成分之一，需要从饮食的脂肪中摄取和吸收。胆固醇不溶于水，在血液中与蛋白质结合，形成低密度脂蛋白（low-density lipoprotein，LDL）。低密度脂蛋白与细胞表面受体结合，通过受体介导的胞吞作用摄取低密度脂蛋白-受体复合物并将之运输至内体。家族性高胆固醇血症是常染色体显性遗传性疾病。该病的发病机制是细胞膜表面低密度脂蛋白受体（LDLR）基因突变，导致 LDLR 缺如或异常，无法把血液中的低密度脂蛋白摄入细胞内，使得体内低密度脂蛋白代谢障碍，血浆总胆固醇和低密度脂蛋白-胆固醇（LDL-C）水平升高。过量的 LDL-C 沉积于吞噬细胞和其他细胞，形成黄色瘤和粥样斑块，最终导致心血管疾病的发生。该病是脂质代谢单基因疾病中最常见且最严重的一种，又称 LDL 受体病或高脂蛋白血症Ⅱa 型。就全世界范围的发病率而言，家族性高胆固醇血症（familial hypercholesterolemia，FH）是欧美、南非等国家最常见的遗传病之一。多数人群中纯合子频率约为 1/100 万，杂合子频率一般不低于 1/500。在急性心梗的存活者中，杂合子频率约为 1/20。

2．细胞外被（cell coat） 动物细胞的细胞膜之外大多由糖脂和糖蛋白的结合物组成一层柔软而坚韧的细胞外被，它们和细胞膜紧密结合，共同行使保护、识别及吸收、吞噬等功能。植物细胞膜外有由中胶层、初生壁、次生壁等多层次构成的以纤维素和半纤维素为主要成分的坚硬细胞壁，使植物细胞具一定形状，维持特定功能，保证茎和枝条挺立空中。

原核细胞中，细菌的外壁由各种形式的肽聚糖或脂多糖组成。常用青霉素来治疗某些细菌引起的疾病而人本身的细胞不受损害，是因为青霉素特异地作用于肽聚糖的某些敏感键并使之断裂，导致细菌随之溶壁而死。蓝藻（蓝细菌）是另一大类原核生物。它们的细胞壁分内外两层；内层多为纤维素，外层一般为果胶质，对细胞进行严密的保护。真菌细胞壁与植物及细菌细胞壁不同，它们的主要成分是半乳糖-甘露聚糖、几丁质和葡聚糖等。不同的多糖链相互缠绕组成粗壮的链。这些链构成的网络嵌入到蛋白质及类脂和一些小分子多糖的基质中，使得真菌细胞壁具有良好的机械硬度和强度。显微镜下观察真菌细胞壁，可明显看到 4～8 层，如典型真菌白色念珠菌的细胞壁可大致分为 4 层。

三、膜系构造细胞器

1．线粒体（mitochondrion） 真核细胞都有线粒体（图 3.6），一般为杆状、哑铃状或球状。每个细胞可有数十个到上千个数目不等的线粒体。

线粒体由双层质膜围成，中间是可溶性基质。内膜向基质伸入成众多的嵴，嵴上结合许多进行氧化磷酸化产生高能磷酸键的酶系——蘑菇状小体。基质中还有与细菌基因组 DNA 类似的环状裸露 DNA 及 70S 核糖体。因此科学界普遍认为线粒体是远古时期某种古细菌与真细菌共生的产物。线粒体犹如细胞的动力站，向细胞提供源源不断的含高能磷酸键的化合物——ATP，这是线粒体的主要功能。其次，线粒体可与细胞基本同步地半自主复制自己。

2．叶绿体（chloroplast） 高等植物细胞大多都有发育良好的叶绿体（图 3.7）。叶绿体大多椭圆形，每个细胞可含一至几十个叶绿体。叶绿体也是由双层质膜构成的大型细胞器，

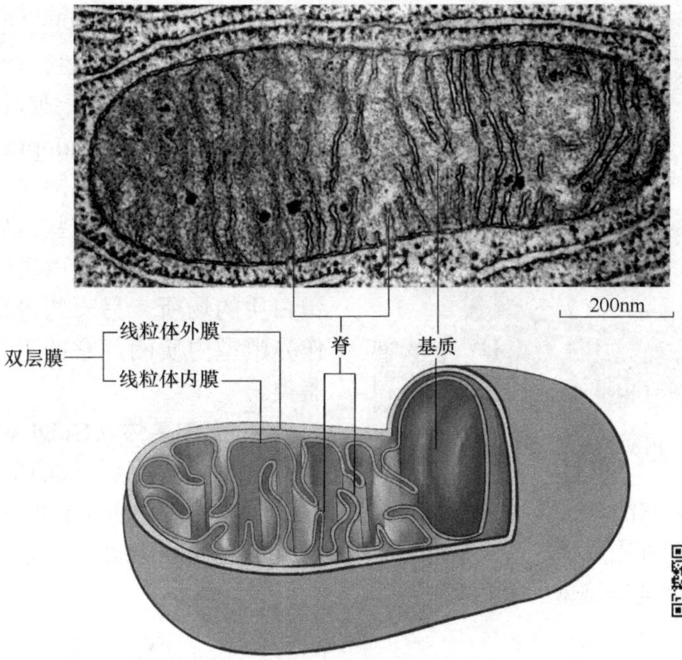

彩图

图 3.6　线粒体（上图为电镜照片，下图为示意图）

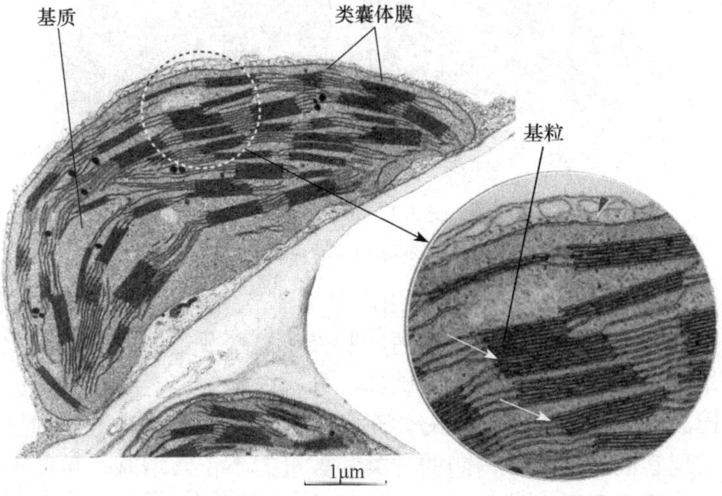

图 3.7　叶绿体电镜图

光合系统（PSⅠ和 PSⅡ）就位于内膜上。叶绿体内由两片内膜围拢成一个类似硬币的类囊体，几个甚至多达数百个这样的类囊体堆叠形成一个基粒。每个叶绿体有 40～60 个基粒，基粒间有管道式类囊体相通以利于代谢产物的流通。此外在叶绿体基质中也含有环状裸露 DNA 和 70S 核糖体及还原 CO_2 所需的一系列酶系等（第四章第二节）。与线粒体类似，鉴于叶绿体的 DNA 和核糖体组成，目前多数科学家支持叶绿体内共生学说，即在植物演化的早期原核蓝藻被绿藻摄入成为其细胞器并繁衍至今。

叶绿体的结构与功能已经被研究得比较透彻，但它们是如何分裂的呢？日本科学家证明，叶绿体分裂时，它的中间部分凹陷，成为哑铃状，其“腰部”存在由许多纤维缠绕成的直径约

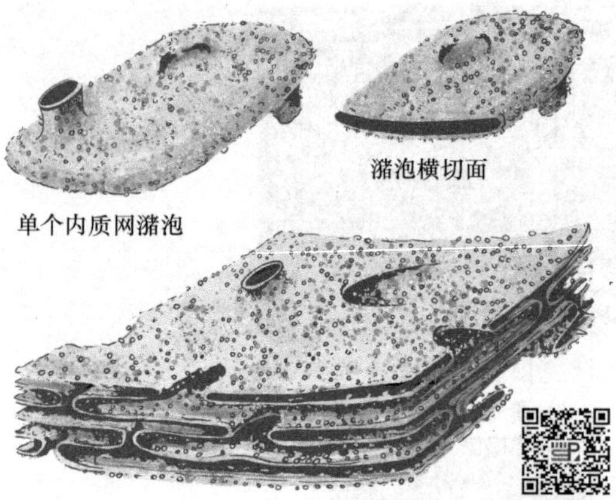

图 3.8 内质网示意图

彩图

1μm 的圆环。纤维之间的空隙中有蛋白质，它使圆环具有强力伸缩性。随着圆环逐步收缩，最后彻底切断叶绿体，使叶绿体完成分裂。

3．内质网（endoplasmic reticulum） 内质网是由单层质膜围成的相互连通的扁平囊系统（图 3.8）。有些内质网表面密布核糖体颗粒，称为粗糙型内质网，它是细胞合成蛋白质的场所。另一些内质网表面光滑，叫作光滑型内质网，它的主要功能是合成各种脂类。

4．高尔基体（Golgi complex） 高尔基体由多个单层膜围成的扁平囊和大小不等的液泡构成（图 3.9），它能合成数种多糖。从内质网输送过来的蛋白质在高尔基体内被修饰后，与多糖、脂类等结合，外围质膜，形成小泡。这些小泡可存留于细胞质中，或分泌到胞外。在植物细胞内这些多糖还参与细胞壁的合成。

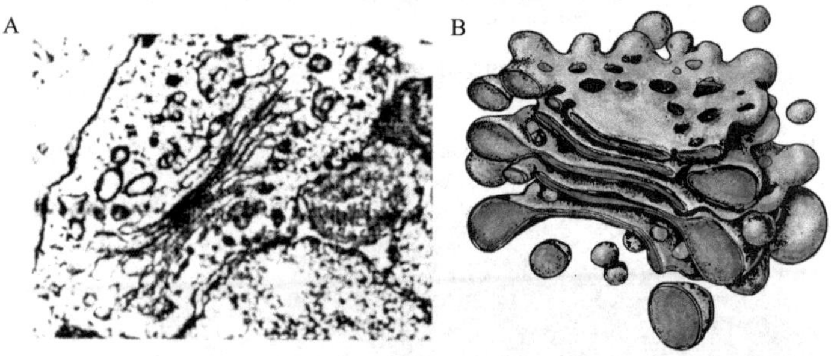

彩图

图 3.9 高尔基体

A．电镜下的高尔基体；B．高尔基体模式图

5．溶酶体（lysosome） 溶酶体是由高尔基体产生的由单层膜围成的众多球状小体。它们内含 50 多种酸性水解酶，可消化多糖、脂类、核酸及蛋白质等生物大分子。它既能与进入胞内的异物结合从而消化它们，又能破坏、分解细胞中衰老或出差错的组分，甚至细胞本身，如蝌蚪尾巴的自溶消失。因此溶酶体充当了胞内消化及清洁细胞的重要角色。在多种动物细胞中都能发现它们。溶酶体内酶的种类和数量的不正常增减，可能引起严重的疾病，如肝糖原累积症。外因亦可引发溶酶体病，如硅肺病等。

6．微体（microsome） 微体类似于溶酶体，是一些由单层膜组成的含 40 多种酶的小泡，可能来自内质网。微体可分为两类：①过氧化物酶体，动植物细胞中都有。其中的过氧化氢酶能将体内代谢产生的毒物 H_2O_2 分解生成 H_2O 和 O_2。人们喝酒时饮入的酒精有一半以上通过本途径被氧化。②乙醛酸循环体，只见于植物中。含油比较多的种子萌发成幼苗时需要大量糖作为能量，利用其中的乙醛酸循环体将脂肪迅速转化为糖。动物细胞没有这种细胞器，无法将脂类直接转化为糖。

7．液泡（vacuole） 单层膜包围的充满溶液及少量代谢尾产物晶体的小泡，普遍见于植物细胞中。众多的小液泡随细胞的分化和成熟而逐渐汇合成一个中央大液泡。液泡中溶有大量无机盐、糖类、氨基酸及各种色素，与维持细胞渗透压有关。花、果、叶的颜色除绿色外，一般由液泡中的色素决定。细胞膜中的Na^+/K^+反向转运蛋白在植物细胞液泡膜上同样存在，它对于将多余摄入Na^+转运到液泡中区域化以保持离子平衡及防止代谢紊乱具有重要意义。高等动物细胞未见明显液泡。

四、非膜系构造细胞器

1．核糖体（ribosome） 核糖体很小，直径仅30～90nm，直至1953年才在植物细胞中被发现，次年在动物细胞中也观察到这种结构。核糖体是由核糖体RNA（rRNA）和蛋白质构成的大小两个亚基的近圆形实心小体（图3.10）。原核细胞和真核细胞都有核糖体。前者的核糖体较小，称70S核糖体；后者稍大，为80S核糖体。每个细胞的核糖体可多达数百万个。它们或结合于内质网表面成为粗糙型内质网的一个组成成分，或游离于细胞质中。它们的功能都是根据mRNA上的指令参与合成各种蛋白质。编码核糖体RNA（rRNA）的基因称为rDNA。不同生物或种内亚种、变种生物之间rDNA的内转录区（internal transcribed spacer，ITS）有所差异，这些差异已经被广泛应用到生物类群的分子系统学研究中，特别是用于形态简单、细胞微小的微型生物的分类鉴定。

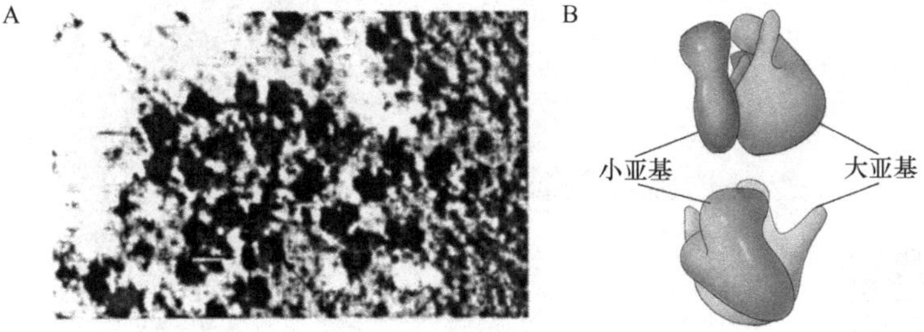

彩图

图3.10 核糖体

A．电镜下的核糖体；B．核糖体模式图

2．微管（microtubules）、微丝（microfilaments）、中间纤维（intermediate filaments）和细胞质骨架（cytoskeleton） 真核细胞的细胞质中普遍存在着由微管、微丝和中间纤维构成的细胞质骨架（微梁系统）（图3.11），这是由Slautlerbach和Poter（1963）分别在动植物细胞中发现的。此外还有细胞核骨架。

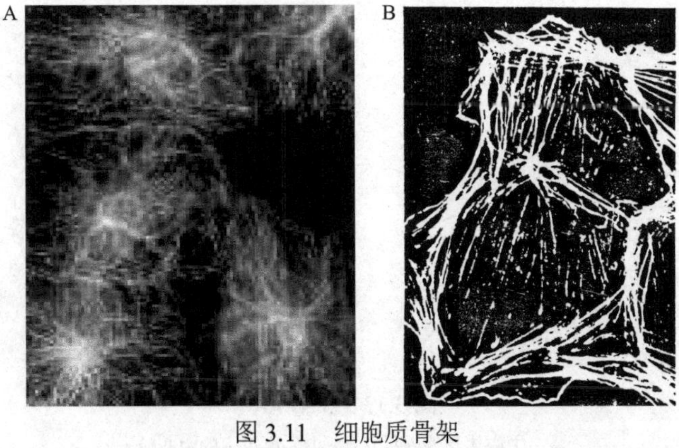

图3.11 细胞质骨架

A．细胞质中的微管骨架；B．细胞质中的微丝骨架

1）微管为外径约 25nm 的中空管，管壁由 13 条原纤丝并排旋转构成。各种生物构成原纤丝的微管蛋白几乎完全相同，都是由 α 微管蛋白和 β 微管蛋白异二聚体亚单位重复串联构成。微管与建成细胞壁、细胞定形、细胞及纤毛、鞭毛的运动、中心粒与染色体的移动、胞内物质运输与信息传递都有密切的关系。

2）微丝由分子质量为 43kDa（千道尔顿）的肌动蛋白分子构成，直径约为 7nm。由于多种蛋白可与微丝结合，因此细胞中常可见多种微丝，并由此形成独特的微丝骨架。微丝与肌肉收缩、细胞变形、细胞质流动及细胞信息传递等有关。

3）中间纤维直径为 8～12nm。由于成分复杂，细胞中至少有五种类型的中间纤维。许多中间纤维的分布具有严格的组织特异性并自成纤维网络。虽然有的中间纤维本身是信息分子或其前体，但中间纤维的详细功能迄今还不十分清楚，可能与细胞定形、细胞核定位、信息传递及 mRNA 运输有关。

综上述，细胞维持其形态和胞吞、胞吐等各种运动形式有赖于细胞质骨架的存在，对缺乏细胞壁的动物细胞尤其重要。此外它还可为各细胞器甚至许多酶系提供锚定的空间（图 3.12）。

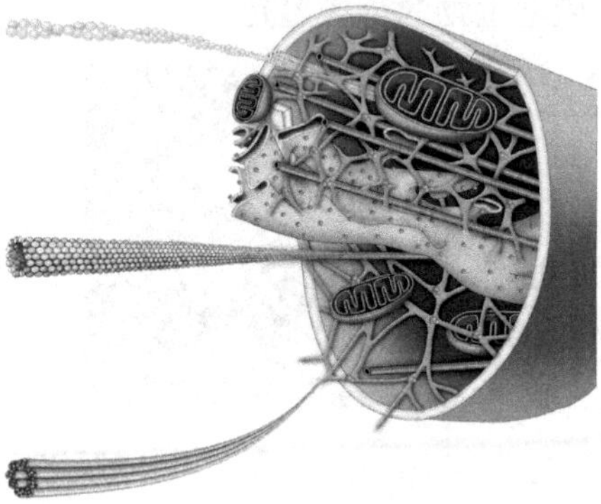

彩图

图 3.12　细胞质骨架各成分与细胞质相互关系示意图（引自 Johnson and Bergh，2024）

3．中心体（centrosome）　动物细胞（涡虫除外）、真菌细胞和低等植物藻类细胞都有中心体。中心体由两个相互垂直的长仅 0.2μm 的中心粒组成。中心粒中每 3 条微管自成一组，共 9 组微管构成一个中心粒（图 3.13）。中心体是细胞有丝分裂的主导中心，周围常有由微管组成的星状体，其功能与细胞有丝分裂时染色体的位移有关，详见下一节。

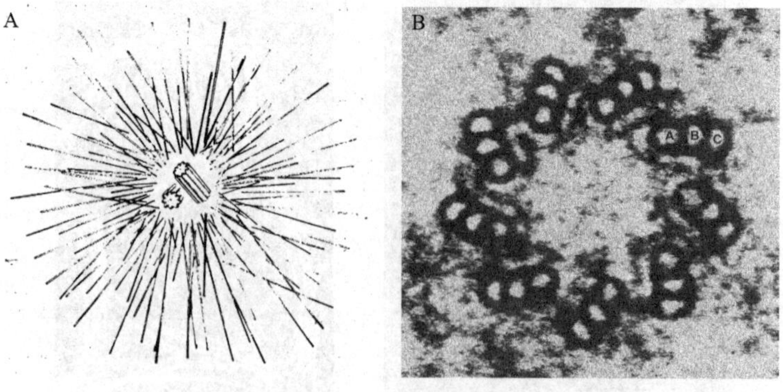

图 3.13　中心体

A．中心体及外周星状体；B．电镜下的中心粒

4．鞭毛和纤毛（flagellum and cilia）　它们都是附生于细胞外的运动器。鞭毛一般较

刚硬，较长，数量较少；纤毛则柔软，较短，数量较多。鞭毛和纤毛外周都有以细胞膜为主的鞘包绕，内部核心有两根中央微管，周围均匀分布 9 对微管，形成所谓的“9＋2”构造（图 3.14）。

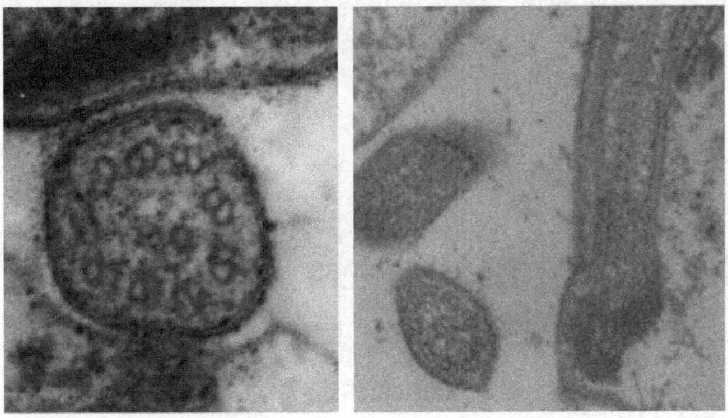

图 3.14　鸡柔嫩艾美耳球虫雄性配子鞭毛“9＋2 结构”及鞭毛电镜图（由周克夫提供）

五、细胞核

真核细胞（除成熟的筛管和红细胞外）都有细胞核（nucleus）。核苷酸的合成、DNA 的复制和转录都发生在细胞核内。细胞核由核膜、染色质、核仁、核骨架及核液构成（图 3.15）。

1．核膜　由双层质膜构成，膜间的缝隙叫作核周腔。核膜上均匀分布着直径为 20～50nm 的核孔。核孔数量的多寡与细胞代谢状况密切相关。核孔是细胞核与细胞质物质交流的孔道，它容许蛋白质、核苷酸和 RNA 等大分子通过。在活跃进行分裂的细胞中，核膜处于周期性消散和重建的动态变化过程中。

2．染色质　由细胞核中的双螺旋 DNA、碱性组蛋白、少量的 RNA 和酸性蛋白构成了染色质。其中，8 个组蛋白分子（H2A、H2B、H3、H4 各两个）紧密聚合成圆球状，然后由大约 166 对脱氧核糖核苷酸（DNA）在组蛋白外绕 1.75 圈，即形成染色质的基本结构单元——核小体。相邻核小体间以 50～60 对脱氧核糖核苷酸连接。此外，在进出核小体的 DNA 位点上还结合一个由 220 个氨基酸构成的 H1 组蛋白进行加固（图 3.16）。

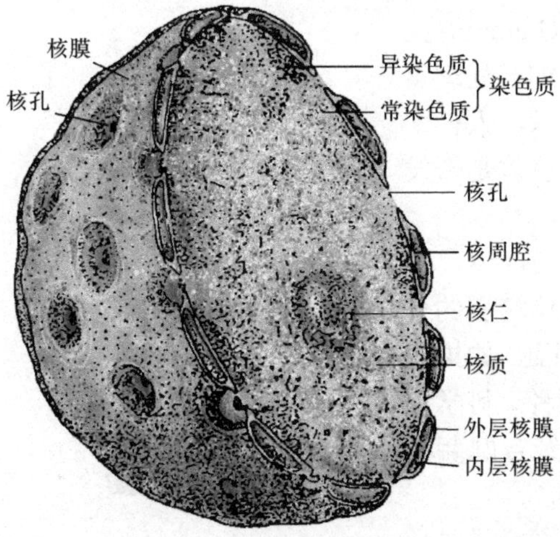

彩图

图 3.15　细胞核模式图

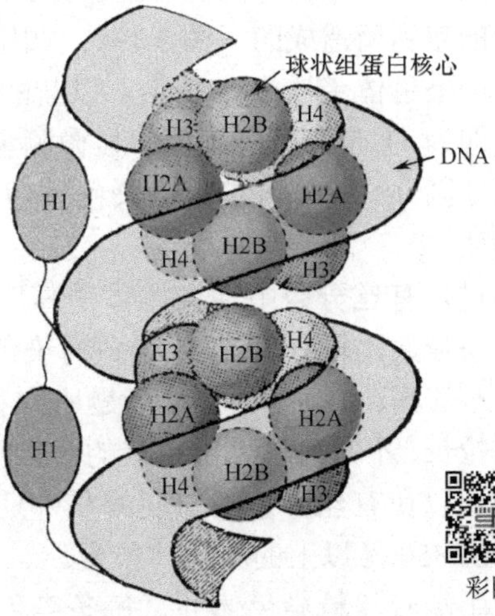

彩图

图 3.16　核小体结构

染色体是染色质的高度螺旋紧缩状态。在细胞分裂（有丝分裂或减数分裂）时，每 6 个核小体螺旋成一圈，形成所谓的螺线体。以架构蛋白为框架，螺线体组成多层重叠的菊花形构造，即直径达 400nm 的超螺线体。超螺线体再经进一步螺旋与折叠，就成为既短又粗的细胞分裂中期染色体（图 3.17）。人体细胞中最短的染色体仅长约 2μm，但其中的 DNA 分子伸展后却长达 1.4cm，相差约 7000 倍。

彩图

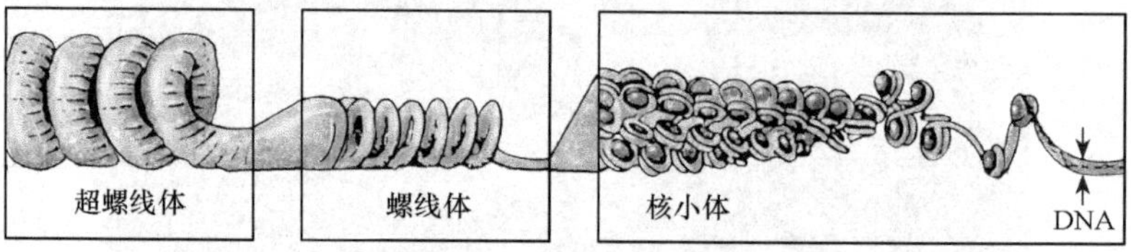

图 3.17　染色体结构模式图

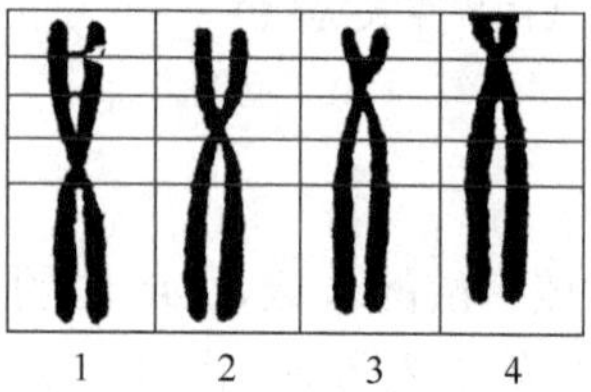

图 3.18　着丝粒染色体

1．中着丝粒染色体；
2，3．亚中着丝粒染色体；
4．近端着丝粒染色体

中期染色体是已复制了的染色体，可见两条染色单体。每条染色单体上都有一段称为着丝粒的特殊 DNA 序列，两条染色单体的着丝粒紧密并列。着丝粒在各染色体上的位置是确定不变的。在每一着丝粒的外侧还有一个称为动粒的蛋白质复合体，纺锤丝往往附着其上。

多数染色体呈条形。不同染色体上着丝粒的位置各不相同（图 3.18）。根据着丝粒位置的不同，可以把人类细胞的有丝分裂中期染色体划分为三类：①如果着丝粒位于染色体的一端或接近末端，该染色体即为近端着丝粒染色体；②如果着丝粒位于染色体的 5/8 到 7/8 处，就可称为亚中着丝粒染色体；③如果着丝粒位于染色体的 1/2 到 5/8 处，就可称为中着丝粒染色体。着丝粒所在的位置染色体往往略向内收缩，因此着丝粒区也叫作主缢痕。有的染色体上还出现稍微内缩的副缢痕，也叫作次缢痕。在有的近端着丝粒染色体末端可见连着一个球形小体，称为随体。

如果用某些碱性染料对有丝分裂中期染色体进行染色处理，就会在染色体上出现一条条染色深浅不一的条纹（带），这是由于染料对染色体上特定区域（主要是核苷酸组成差异）亲和力的差别所造成的（图 3.19）。如用吉姆萨（Giemsa）染色显示的染色体带被称为 G 带，以盐酸喹吖因（QH）处理得出的带即为 Q 带。借助染色体显微测量和分带技术，人们即可准确地区分一个物种的各条染色体，乃至辨别染色体是否发生了畸变。

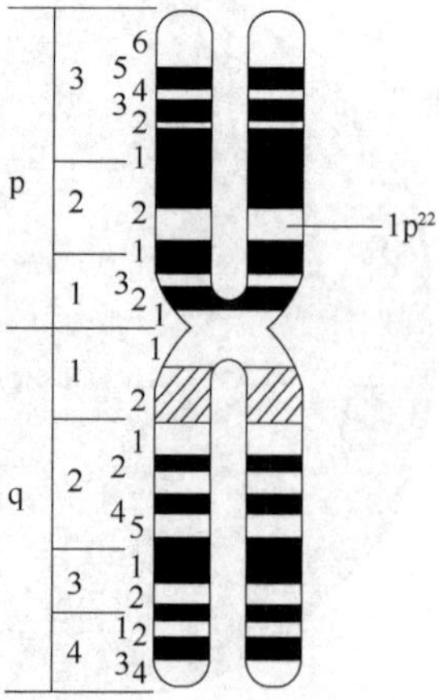

图 3.19　人类 1 号染色体区、带示意图

不过，有丝分裂中期染色体是高度螺旋化的染色体，显示出的条带数比较有限，从而导致对染色体及染色体畸变的分辨率还不够高。如何解决这个问题呢？科学家们想到，如果把染色体拉长，不是可以染出更多的条带吗？据此思路，科学家们甚至可以在有丝分裂晚前期或早中期染色体上经吉姆萨染色辨别出 850 条以上的染色体条带。

除了端着丝粒染色体外，每条染色体都被着丝粒隔成长臂（q）和短臂（p）两部分。臂上再以某些显著的染色体分带为界标区分成若干个区，区间包含若干条带（图 3.19）。从着丝粒开始向臂的远端循序对区和带进行编号。例如，1 号区即是染色体臂上（无论 p 或 q）最靠近着丝粒的区。区中的染色体带排序原则亦同。随着高分辨率染色体分带技术的应用，目前染色体的分带已经达到亚带的水平，即原来的条带中还可以细分成若干小带。染色体区、带及亚带的表示方法统一规定为：首先写染色体编号，其次为长臂（q）或短臂（p），紧接着连续以数字代表区和带。如果有亚带，则在带的数字之后加小数点，再书以亚带的编号。例如，编码人端粒酶 mRNA 的基因位于染色体 3q26.3 区域，即 3 号染色体长臂 2 区 6 带 3 亚带上。

线形染色体有两个端点。如果端点核苷酸的脱氧戊糖第 3 个碳原子上还保留着羟基（—OH），没有与其他核苷酸结合，染色体的这一端就被称为 3′端。其相对的染色体另一个端点，核苷酸的脱氧戊糖第 5 个碳原子上结合的磷酸基团还保持着游离状态，不与其他核苷酸结合，该端即为染色体的 5′端。值得一提的是，线形染色体的 3′端有一段被称为端粒（图 3.20）的含特定重复序列“-TTAGGG-”组成的 DNA 片段，长 2～15kb（千个碱基对）。研究证明，在每次正常的细胞分裂中，端粒长度都会丢失 50～150bp（碱基对），细胞趋于衰老。当端粒缩短超过某一临界范围时，将导致细胞死亡。可见，端粒的长度和稳定性与细胞的生命活动密切相关。换句话说，端粒犹如细胞寿命的“计时器”或“生物钟”。女性端粒天生就比男性长，而且雌激素的滋养下，还能延长端粒酶的活性，进而延缓了女性细胞的衰老速度。

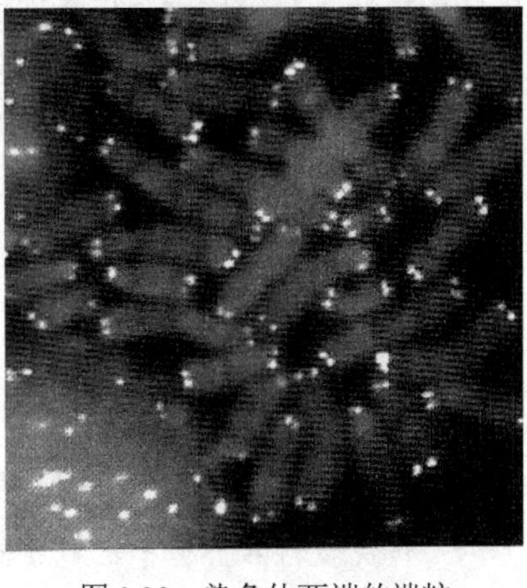

图 3.20　染色体两端的端粒

端粒长度的维持是由端粒酶来完成的。端粒酶是一种核糖蛋白酶，属于专一依赖 RNA 的反转录酶，即以自身的 RNA 为模板，催化染色体末端端粒 DNA 的合成。它的失活或活性降低是导致端粒持续短缩的主要原因。据此，美国得克萨斯大学西南医学中心和 Geron 公司的研究人员向人体细胞注入端粒酶后，使得因衰老而无法分裂的细胞恢复部分活力并开始分裂。这可能是一个延缓细胞乃至个体衰老的令人振奋的好消息。但人体是一个极其精密复杂的有机体，科学家在如何提高全身细胞活力方面依然未有明显突破。

3．核仁　核仁是在细胞核内随细胞分裂周期性产生和消失的圆形小体，有一至数个（图 3.21）。核仁的中心是称之为核仁组织区的特定 DNA 片段，这是一些转录 rRNA 的基因。因此，核仁实际上是 rRNA 合成、加工及装配成核糖体亚单位的场所，在包括细胞周期调节、衰老和压力响应在内的很多重要过程中都扮演一定角色。Andersen 等（2005）利用蛋白组学技术，获得了一组具有高可信度的核仁蛋白。他们发现，核仁中有超过 690 种蛋白，其中大部分（489 种）的含量经常因各种代谢活动而发生改变。可以推测，在各种内外因素的影响下，核仁中的蛋白组成将发生改变，从而对核糖体的加工、装配，乃至细胞和人体的生理功能施以各种作用。如上述，核糖体是合成蛋白质的工具。不难理解，凡是代谢旺盛、大量合成蛋白质的细胞，核中常有较大或多个核仁。核仁外无被膜。

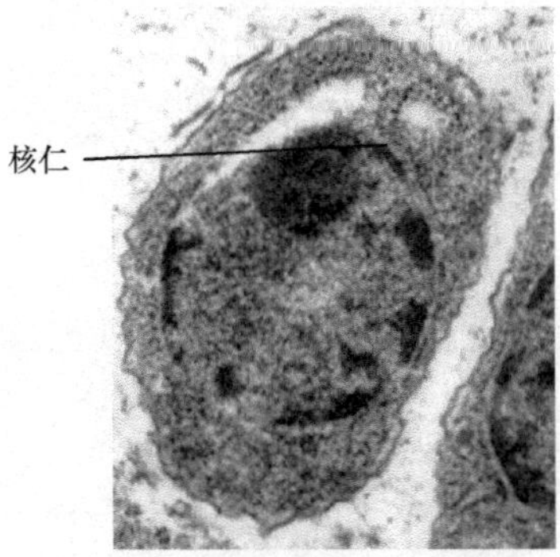

图 3.21　鸡肠细胞细胞核及核仁电镜图（由周克夫提供）

4. 核骨架 核骨架是细胞核内由蛋白质构成的网架。它既是细胞核的支架，也为染色质及核仁的固着提供结合点。

5. 核液 细胞核中富含蛋白质（酶）和各种核苷酸的溶胶，它控制着核苷酸的合成、DNA 的复制及转录等一系列主要的核酸代谢。

六、细胞基质

细胞基质是细胞质内水溶性物质的总称，包括大量的水及蛋白质、各种酶、氨基酸、碱基、糖类、脂类和它们代谢的中间产物及尾产物。细胞基质是糖、蛋白质和脂类重要的代谢库和中转站，是维持细胞生命活动的大本营。

综上所述，真核细胞内具有复杂的亚显微构造。它们一方面分工明确，各司其职；另一方面它们又相互协作，共同完成细胞所担负的代谢、生长、遗传和应激等各项生命活动。例如，细胞向外分泌某种酶或抗体，就必须经 DNA 转录、内质网上的核糖体合成蛋白质、高尔基体对它们进行修饰、浓缩及溶酶体包装外排等一系列复杂的过程。任何一个环节出现差错或障碍，都将影响细胞执行其特定的功能，导致机体功能失调或紊乱。

科学进展

《细胞》重塑传统生物学——细胞表面的 RNA

传统教科书上关于细胞表面只有蛋白质和脂类与聚糖相结合，而细胞的核酸和 RNA 一样，被认为局限于细胞内，2021 年，哈佛干细胞研究所干细胞与再生生物学 Flynn 的研究小组首次报道 RNA 在细胞表面被发现。并揭示了 RNA 在细胞表面是以化学键的形式与聚糖（细胞表面的复杂碳水化合物聚合物）形成化学连接的机制（图 3.22）。教科书将被改写，因为新的研究证明，细胞表面实际上有三类糖缀合物：蛋白质、脂质和 RNA。这一发现对理解细胞生物学具有重要意义。该研究成果分别于 2012、2023 和 2024 年在《细胞》（*Cell*）杂志上发表。

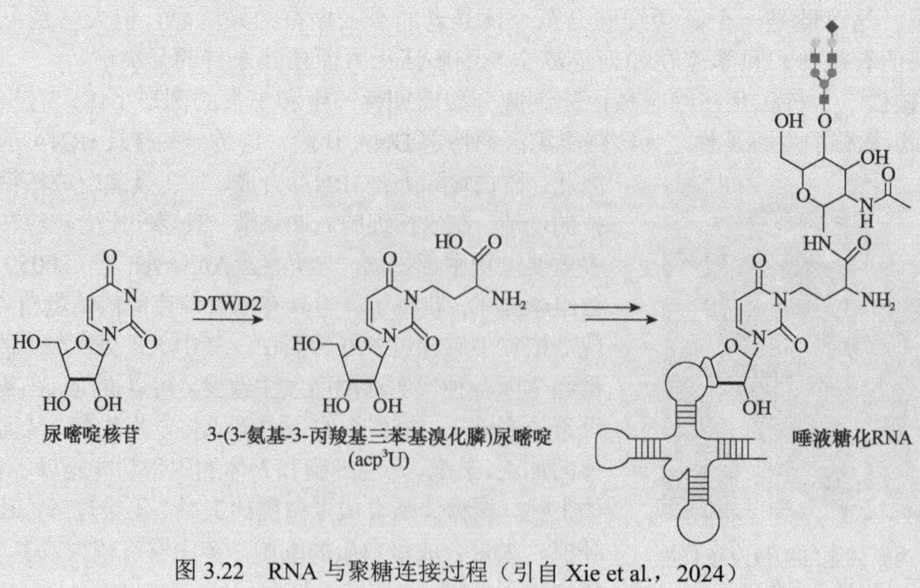

图 3.22 RNA 与聚糖连接过程（引自 Xie et al.，2024）

通过揭示这一结构的功能，证明糖 RNA 可能是免疫系统如何识别和响应细胞的关键组成部分，并且影响从病原体检测到自身免疫反应。糖 RNA 在细胞表面的存在也可能对细胞间的通讯和信号转导有更广泛的影响。这一研究成果不仅扩展了对 RNA 生物学的理解，而且为研究细胞表面相互作用和免疫系统功能开辟了新的可能性。随着科学界开始探索这一未知领域，该研究的影响可能会推动新的发现，并有可能导致新的治疗策略，同时改变人们对糖 RNA 有效性的看法，因为它提供了许多化学家和糖生物学家期待已久的直接证据。

第三节　细胞增殖与分化

在条件适宜时，细胞经过一段时间的合成代谢，细胞核与细胞质的比例超过一定比值时即可能引起细胞分裂。对于单细胞生物而言，细胞数的增长就是种群的扩大；而对于多细胞生物，其细胞的分裂往往还受到邻近细胞及生物个体对它的调控，关系相当复杂。

一、无丝分裂

细菌之类的原核细胞，细胞分裂前染色体 DNA 先复制，复制从一个称为复制起点的位置开始，这个位置往往附着在细胞膜上，当复制起点沿着环状 DNA 移动一圈后，细胞就具备 2 个拷贝的原有基因。随后两团 DNA 分别移向细胞两端，细胞壁紧接着向内凹陷，直至将原细胞从中隔成两部分，两个子细胞遂告生成。在细胞分裂过程中没出现纺锤丝等构造。这种分裂方式简单、迅速，称为无丝分裂（amitosis）或直接分裂（图 3.23）。

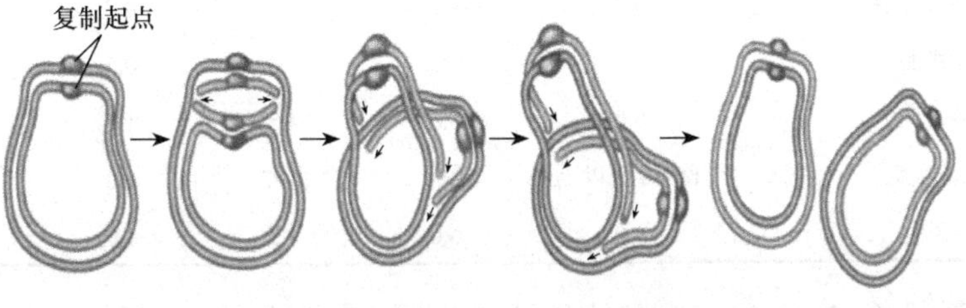

彩图

图 3.23　细菌 DNA 复制过程（引自谢莉萍，2008）

在真核细胞，1841 年雷马克首先观察到鸡胚血球中也出现无丝分裂。这些血细胞分裂时，核先拉长，渐成哑铃状。核仁、核膜不消失，最后缢裂为两个子核，细胞质随后也分隔开。染色体和纺锤丝始终没有出现。以后，生物学家又陆续在纤毛动物、肌肉组织、受创伤或有炎症的肝脏及种子植物的胚乳细胞等发现无丝分裂现象。无丝分裂的特点是细胞形态变化简单，耗能少，分裂速度快。但无丝分裂是否是真核细胞正常的分裂方式？细胞中的遗传物质能否均等地分到两个子细胞中？学术界尚未有定论。

二、细胞增殖周期

真核细胞的增殖具有明显的周期性。一个真核细胞增殖周期可以划分为细胞分裂间期和有丝分裂期两个阶段（图 3.24）。

1. 细胞分裂间期（interphase of cell division）　在分裂间期，细胞外观上似乎没发生

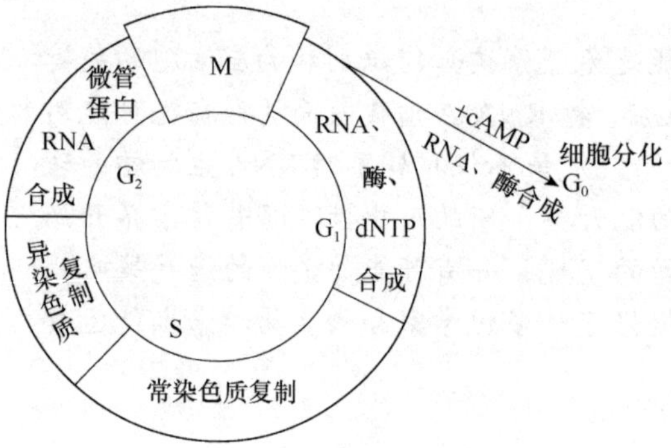

图 3.24 细胞增殖周期

明显的变化，但事实上这时的细胞正在为下阶段的分裂进行活跃的合成代谢。依据合成生物大分子的不同，细胞分裂间期可划分为以下几个时期。

（1）G_1 期　又称 DNA 复制预备期，即从前一次有丝分裂完成后到 DNA 合成开始前的阶段。这时与染色质加倍有关的各种蛋白质、酶、脱氧核糖核苷酸和 RNA 都大量合成；线粒体、叶绿体（植物中）、核糖体、高尔基体和溶酶体等细胞器的数量都显著增加；内质网面积大大扩展；两个中心粒彼此分开并开始复制。

（2）S 期　DNA 复制及染色质合成时期，染色质中的组蛋白也在本阶段合成。

（3）G_2 期　也叫作细胞分裂准备期，本期内细胞合成了与有丝分裂有关的微管蛋白、蛋白质和 RNA，中心体完成复制。

上述三个期所经历的时间在各个物种和不同组织间是有差异的（表 3.2）。

表 3.2　几种细胞的细胞增殖周期

细胞类别	细胞周期/h				
	G_1	S	G_2	M	合计
紫鸭跖草根尖细胞	1.0	10.5	2.5	3.0	17.0
蚕豆根尖细胞	4.9	7.5	4.9	2.0	19.3
小鼠成纤维细胞	9.1	9.9	2.3	0.7	22.0
小鼠肿瘤细胞	—	12.0	6.0	0.5	18.5
人宫颈癌细胞	8.0	6.0	4.5	1.5	20.0
人白血病白细胞	1～10 天以上	20.0	2～3	1.0	2～10 天以上
人囊胚细胞	8.0	6.0	4.5	1.0	19.5

2．有丝分裂期（mitosis）　有丝分裂也叫作间接分裂，它包括核相分裂及胞质分割两个阶段。

（1）核相分裂　主要依据染色体的动态变化，细胞核的分裂被人为地划分为以下 4 个时期（图 3.25，图 3.26）。

1）前期：染色质在 S 期加倍后，逐渐螺旋紧缩变粗，形成在光学显微镜下可见的超螺线体和染色单体。由于这些超螺线体和染色单体还比较长，同时核膜还未破裂，因此它们在核内随机地分散开。与此同时，在动物细胞及真菌和藻类细胞，复制后的两个中心体周围出现众多呈辐射状排列的微管，与中心体合称星体。以后两个星体被移向细胞的两极，并在两极间由极多的微管形成纺锤体。高等植物细胞不出现星体，但仍形成纺锤体。前期末，核仁消融，核膜消散。

2）中期：染色体紧缩成短而粗的棒状体，借助着丝粒连接两条姐妹染色单体。各染色体在动粒微管的牵引下向细胞的中央平面——赤道板（这是一个人为命名的区域，其实并无实质性结构）集中，它们的着丝粒准确地排布在细胞赤道板上，而染色体臂则或长或短分布

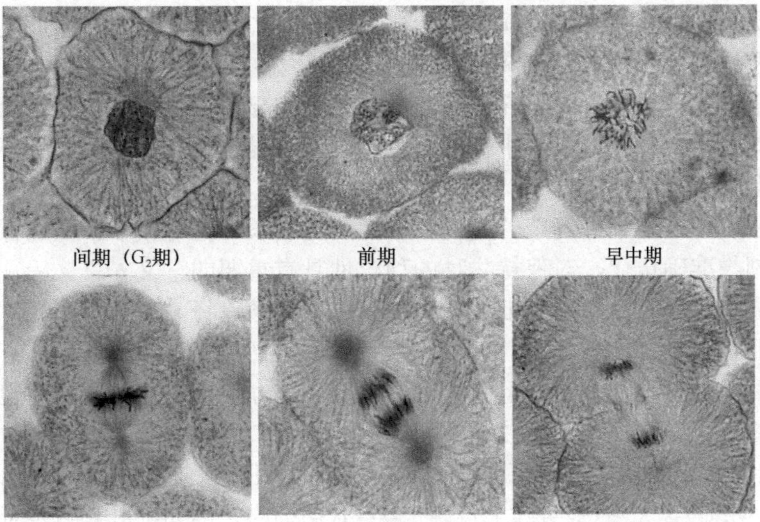

彩图

图 3.25　动物细胞有丝分裂

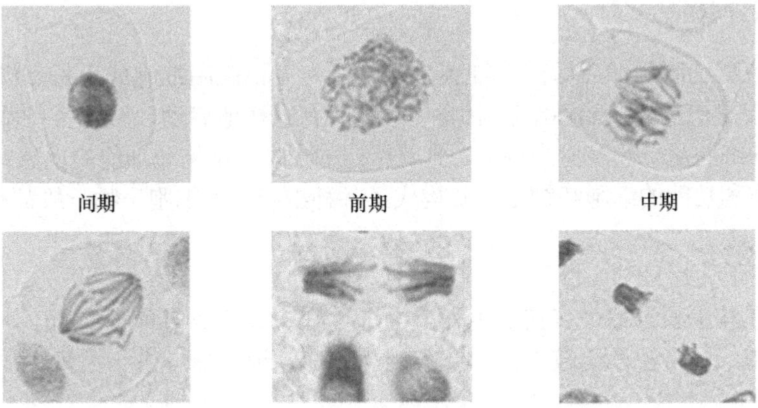

彩图

图 3.26　松滋青皮豆根尖细胞有丝分裂

于细胞赤道板两侧。随后两个紧密相连的着丝粒彼此分离，原有染色单体成为独立的染色体。虽然在有丝分裂中期，染色体都缩成又短又粗的棒状体，但往往由于它们彼此重叠，还是难以对染色体的条数进行准确计数。科学家通过去壁低渗、悬滴滴片技术，已能制得染色体分散良好的装片，从而获得许多物种的染色体组型。所谓染色体组型，也叫作核型，指的是把某个真核生物体细胞全套中期染色体，根据它们的相对恒定特征，包括数目、长度、着丝粒位置、随体和次缢痕的数目、大小及位置，按一定方式排列起来的图像。

3）后期：分开后的各条染色体在微管的牵拉下，着丝粒在前，染色体臂在后，分别向细胞两极缓缓移动。

4）末期：到达两极的各染色体渐渐解旋，回复成染色质。纺锤体及星体逐渐消失。核仁重出现，核膜又形成。在细胞两极可见两个子核，子核内含 $2n$ 个染色质（n 代表该物种配子中的染色体数目）。至此完成有丝分裂的核相演变。

（2）细胞质分割　植物细胞与动物细胞具不同的细胞质分割方式。在上述末期或末期结束后，细胞质开始分割。在植物细胞，纺锤体消散后残留的微管首先在赤道板中央形成光学显微镜下可见的成膜体（中隔体）。紧接着众多的高尔基小泡向成膜体汇集并释放出纤维素、半纤维素和果胶质等构成细胞壁的成分，逐渐形成初生细胞壁，最终将细胞一分为二。在动物细胞，细胞质开始分割时，赤道板处细胞外围明显增厚，其中包含大量肌动蛋白构成的微丝，和肌球蛋白一起，形成皮带样的凝胶环。通过微丝的收缩，凝胶环不断内缢，两个子细胞终于完全分隔开。

细胞有丝分裂经过一系列复杂的变化，虽然历时较长，耗能较多，但它保证了细胞遗传物质的缜密复制与准确传代，对保持物种的稳定性具有重要的意义。

体细胞完成有丝分裂后，新生细胞的去向有以下三条途径。

1）少数细胞重新进入细胞周期，如根尖、芽尖分生区细胞。

2）有些细胞进入细胞分化阶段，发育成执行特定功能的细胞。这类细胞一般已不再具有细胞分裂的潜力，如表皮细胞和血细胞。

3）有些细胞虽已分化，但在某些因素的刺激下仍可重入细胞周期，开始细胞分裂，这类细胞叫作 G_0 期细胞。干细胞实际上也是一类 G_0 期细胞。例如，肝和胃被部分切除后，余下组织即进行旺盛的细胞分裂，使受损器官功能得以大部补偿。

三、组织分化

分生细胞脱离细胞周期后即进入细胞分化阶段，无论胚胎细胞或生长点细胞都是如此。所谓分化，是指在初生的全能性细胞中按一定程序有选择地启动、转录某些基因，同时关闭另一些基因，使细胞从一般演变为特殊、具有特定的形态、结构和功能的现象。由这些分化了的具有相似形态和功能的细胞和细胞间质构成了各种组织。多细胞生物一般都有组织的分化。

（一）植物组织

高等植物在其生长过程中直接从生长点的分生细胞分化成多种类型的组织，分化过程比较简单，各种组织的可塑性比较大。因此利用已长成的植物器官进行大规模的无性繁殖也就不足为奇了。

种子植物个体发育过程中，根尖和茎尖的分生组织通过细胞不断分裂和分化，形成不同功能的各种组织。植物组织是由形态结构相似、功能相同的一种或数种类型的细胞群体形成的结构和功能单位，按生理功能一般可分为以下五大类型组织（图 3.27）。

1．分生组织（meristem）　分生组织是由一些保持幼嫩未分化状态细胞构成的组织。细胞近方形，细胞壁薄，细胞质浓稠，细胞核较大。这些细胞经常处于分裂或间歇分裂的状态，如芽尖、根尖的顶端分生组织，双子叶植物根与茎中诸如形成层这样的侧生分生组织及单子叶植物节间、叶鞘、叶柄等处的居间分生组织。

2．保护组织（protective tissue）　保护组织是器官表面的覆盖层，包括植物体早期形成的初生保护结构——表皮（epidemis）和某些植物后期增粗生长形成的次生保护结构——周皮（periderm）。

（1）*表皮*　表皮是植物的根、茎、叶等器官表面覆盖着的单层或多层扁平状细胞。它们排列紧密，形状不大规则，细胞外侧还常有角质层，甚至蜡质，可防止水分过度蒸发。表皮的主要功能是保护内部器官不受伤害。此外，叶的表皮，特别是下表皮密布气孔。气孔由两个肾形保卫细胞合围成，是 CO_2、O_2 和水汽出入的门户。初生根的分化区，表皮细胞常向外明显延伸形成根毛。根毛是植物吸收水分及无机盐的主要场所。

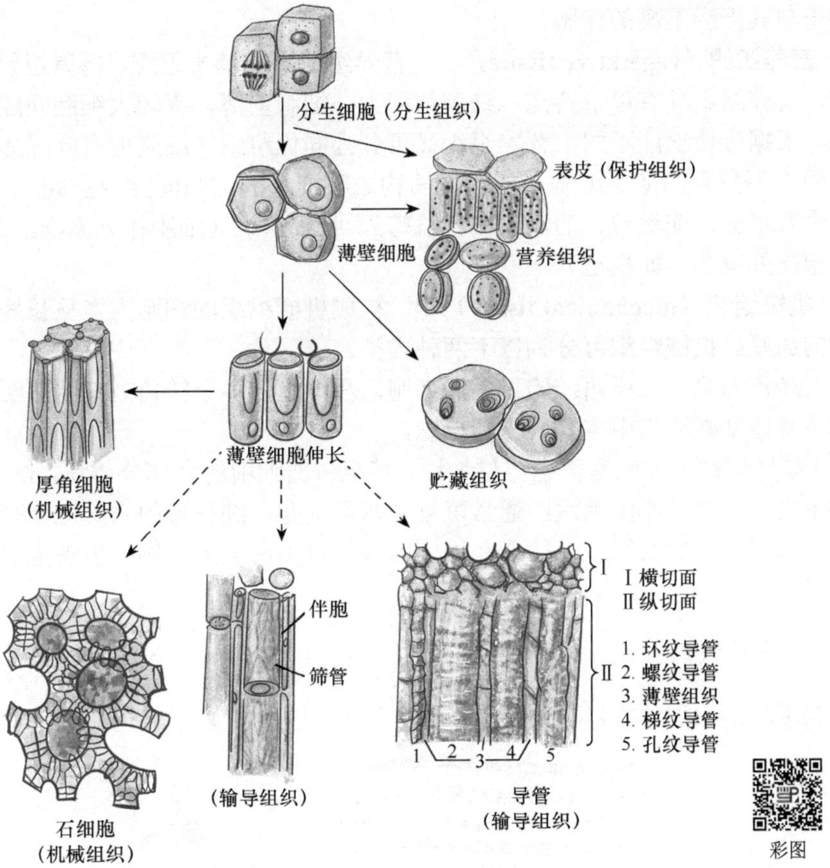

图 3.27　植物组织类型

（2）周皮　周皮位于裸子植物和双子叶植物的老杈、老茎的外表，为取代表皮的次生保护组织。周皮由木栓形成层向外分裂、分生产生的木栓层和向内分裂、分化产生的栓内层共同构成。木栓层由多层细胞组成，细胞之间紧密无隙，细胞壁较厚并高度栓化、木化，原生质体解体，具有控制水分散失、保温、防止病虫侵害、抵御逆境的作用。栓内层一般仅一层细胞，细胞壁薄，细胞内含有叶绿体。周皮形成过程中，在某些部位上形成皮孔，有利于气体交换。

3．输导组织（conducting tissue）　植物输导组织包括输送水分、水溶性无机盐的导管、管胞和运送可溶性有机物的筛管及伴胞两大类。它们都呈长条形，位于维管束内（第六章第二节）。由于它们的管壁都有不同程度的加厚，因此除了输导功能之外，它们还兼有支持植物体的作用。管胞直径较小，上下管壁没打通，主要依靠侧面纹孔传递溶液，速度慢、流量小，是蕨类植物和裸子植物输导水溶液的主要通道。导管口径比管胞大，管壁上有多种纹理，横壁完全打通，因此它是被子植物向上输送水溶液的主要途径，管胞的作用则降到次要地位。它们长成后都成了无生命力的专职输导细胞。筛管是由一系列横壁具筛板的管状活细胞连接而成，每个细胞称一个筛管分子。细胞壁为初生壁，主要由纤维素和果胶质组成，侧壁和横壁上有凹陷区域——筛域，筛域上有筛孔。筛管分子横壁上的筛域特化程度高，筛孔也大，称为筛板。筛孔由胞间连丝特化、扩大形成。筛管分子旁有一至数个狭长细胞，称为伴胞。伴胞细胞核较大，细胞质浓稠。筛管是能双向运输水溶性有机物的活细胞。筛管细胞活力的维持取决于与其形影不离的伴胞。

4．营养组织（vegetative tissue） 营养组织又称基本组织、薄壁组织，在植物体内分布最广。营养组织具有以下特点：细胞体积大、细胞壁薄、有较大细胞间隙、细胞内常有较大液泡。根据行使功能不同，营养组织又可分为同化组织（细胞内有叶绿体，如叶肉细胞），通气组织（不规则的薄壁细胞，相互之间构成特别大的细胞间隙或空腔），贮藏组织（薄壁细胞内含有水分、淀粉粒、油滴、糊粉粒等），吸收组织（细胞排列紧密，细胞内有大液泡，有的细胞向外突起，如根毛）。

5．机械组织（mechanical tissue） 构成机械组织的细胞大多呈长梭形，细胞壁有不同程度的加厚。机械组织可分为以下两种类型。

（1）*厚角细胞* 厚角细胞仍是活细胞，在细胞的多个转角处细胞壁明显加厚，它是草本植物及其他幼嫩植物中重要的支持组织。

（2）*厚壁组织* 细胞壁全方位加厚，甚至占据细胞的大部分体积，长成后成为死细胞，是植物主要的支柱。厚壁组织中通常可见到两类细胞：细长形的木纤维和韧皮纤维细胞及不规则圆形的壁极厚的石细胞。前者在棉、麻等作物中占很大比例，后者主要集中在坚果的果核和种子中。

（二）动物组织

动物组织一般划分为以下四大类（图 3.28）。

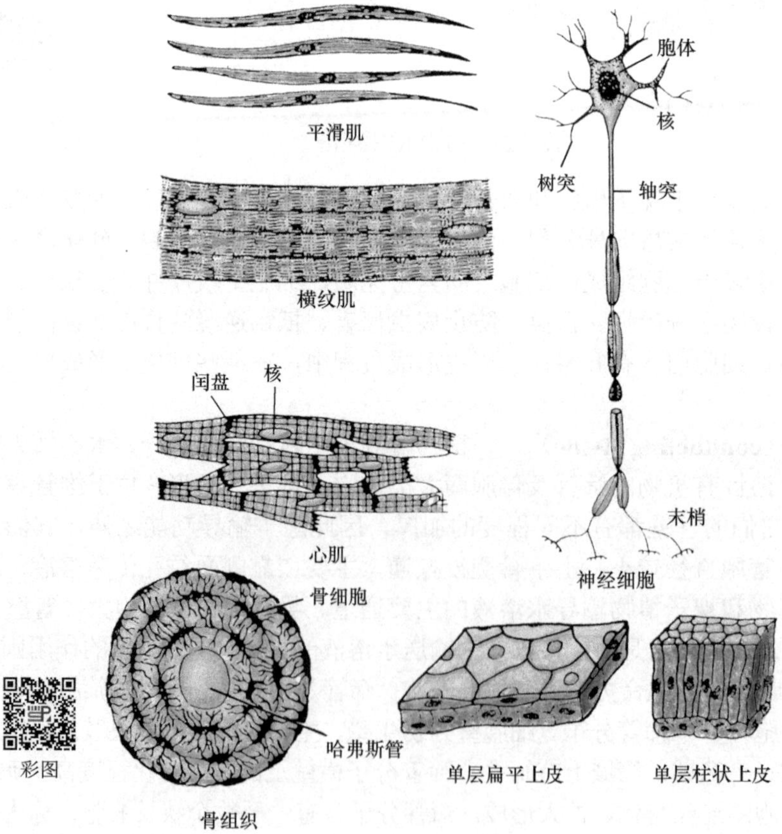

图 3.28 动物组织

1. 上皮组织 上皮组织可来自原肠胚的三个胚层，它广布于动物体表及各脏器、管道、腺体的表面。依据细胞的排列方式可分为单层上皮和复层上皮。人的皮肤为复层上皮。根据细胞的形态差异又可将复层上皮分成扁平上皮、立方上皮和柱状上皮三种。上皮细胞间排列紧密，细胞间质很少。上皮组织主要行使保护、分泌和吸收的功能。某些特化的上皮细胞，如鼻腔嗅黏膜、舌表面味蕾、眼睛视网膜和性腺生殖上皮等，各有特化的功能。

2. 神经组织 神经组织起始于胚胎发育的外胚层，由神经细胞（神经元）和神经胶质细胞构成。神经细胞包括胞体和突起两部分。胞体内除具有一般细胞的结构外，还有与蛋白质合成相关的尼氏体及由微丝或微管集合成的神经原纤维。突起可分为较短且多分支的树突和细长而少分支的轴突两类。轴突外面常有施万细胞包围。树突能接受冲动并将冲动传给胞体，轴突将胞体的冲动向远处传出。前后两个神经元的轴突和树突末梢紧密结合成突触，就如输电线路中的插头与插座紧密契合那样。由于只有轴突末梢受生物电刺激才能释出乙酰胆碱等神经递质，并作用于后续神经元的树突或神经元胞体，引起后者的兴奋，因此神经冲动的传导方向是不可逆的。神经胶质细胞具许多绒毛状突起，无树突与轴突之分。它一般包裹在由轴突或树突组成的神经纤维外面，具有支持、保护、营养和修补神经细胞的作用。

科学进展

大脑神经细胞可以再生吗？

人成年后，大脑神经元能否再生？在近百年的现代神经科学发展史上，这个问题几经反转，尤其是近年的一些重磅发现，更是为争议双方都增添了证据。

1998 年，美国索尔克研究所报道，经药物治疗，他们在 5 位六七十岁老人大脑深部的海马状突起处（大脑中与记忆和学习有关的部分）发现了新生的神经元。美国佛罗里达大学的科学家（2006）将成熟的人脑细胞植入裸鼠（丧失免疫功能的小鼠）大脑后，发现它们能分化出新的神经细胞，并分布到大脑的多个区域。

美国加利福尼亚大学旧金山分校研究人员 Arturo Alvarez-Buylla 团队在 2018 年《自然》发表的论文中说，他们在数十个成年人的海马体样本中，未能找到任何新神经元的踪迹。研究结果显示，海马区齿状回的新生细胞在人类出生一年内急剧减少（刚出生时 1618±780 个，1 岁时 292.9±142.8 个），在 7 岁或 13 岁时，只有零星的新生细胞偶尔可见（7 岁时 12.4±5.3 个，13 岁时 2.4±0.74 个），而在成年人（18～77 岁）样品中，海马区齿状回并没有新生细胞被检测到。但是 2019 年 *Nature Medicine* 在线发表了一项最新发现，马德里自治大学的 Maria Llorens-Martin 团队分析了来自 58 名人类组织样本，结果显示成年人大脑中仍有成千上万的新生神经细胞，甚至包括八九十岁的老年人。

出现以上情况可能与标本收集方法和保存的时间有关。发现有新生神经细胞的研究者使用的大多数脑样本在捐献者死亡后 10 小时内进行处理，并且在保存组织的浸泡液中不超过 24 小时。而没有发现新生神经细胞的研究者使用的是固定时间比较长的样本。

无论研究结果如何，大脑神经细胞死亡或者损伤后要恢复总是困难的。因此应尽可能减少对大脑神经细胞的损伤，务必且用且珍惜。

3．肌肉组织 肌肉组织包括三种肌肉细胞。它们都呈长纤维状，因此也叫作肌纤维，具有收缩的功能。

（1）骨骼肌 肌细胞圆柱形，长达1～40mm，含细胞核100个以上，为多细胞合体。肌细胞因在显微镜下可见明显的由肌动蛋白和肌球蛋白构成的明暗带横纹而得名。骨骼肌受动物意识支配，又称随意肌。俗称“瘦肉”的动物四肢肌肉都是骨骼肌。

（2）心肌 心肌细胞与横纹肌细胞相似，为圆柱形合胞体，胞内横纹明显。但心肌细胞较短，只有1～2个胞核，而且细胞呈分支状。心肌是构成心脏的肌层，能在自主神经的调控下自主节律性收缩。

（3）平滑肌 平滑肌细胞长梭形，有一胞核，无横纹出现，不受意识支配。平滑肌构成了血管、消化道和子宫等脏器的肌层。

4．结缔组织 结缔组织由多种细胞和大量的非细胞型间质，即含糖基质和数种纤维构成。细胞和间质的多样性反映出结缔组织功能的复杂性。

（1）液态结缔组织 这类组织包括血液、淋巴液和组织液，为流动性结缔组织，细胞具有多样性。它们是动物营养、排泄、传输、免疫及代谢平衡等功能的重要介质（第五章第三节）。

（2）疏松结缔组织 动物皮下及组织、内脏之间广泛分布着轻薄而透明的疏松结缔组织，内含成纤维细胞、巨噬细胞和各种白细胞。此外，还有糖蛋白基质和胶原纤维、弹性纤维和网状纤维等。可见此类组织具有填充、联系、贮藏和防御的功能。

（3）致密结缔组织 此类组织纤维多，间质和细胞都较少，因而十分坚韧，如肌腱、骨膜等。耳、鼻、喉等器官的软骨也是致密结缔组织，其细胞间质相当坚固且具有弹性。

（4）坚固结缔组织 硬骨由坚固结缔组织构成，其细胞间质因含大量硫酸钙和磷酸钙而显得十分坚硬。硬骨的横切面可见众多排列有序的哈弗斯系统（中央具小管、由多层骨板排列成圆筒形的管道系统），多突起的骨细胞就埋藏在该系统的间质中（第五章第九节）。硬骨不仅是动物运动的杠杆，而且还具有重要的支持和保护作用。

以上概要介绍了动物四大类组织的特征及功能。其实动物体内也有一些类似于植物分生组织的细胞，它们在动物一生中一直处于分生不已的状态，为机体提供源源不断的更新细胞，如骨髓中的造血干细胞，皮肤复层上皮中的基础细胞，小肠陷窝细胞等。在这些生生不息的细胞及生殖母细胞中，端粒酶活性（本章第二节）很高可能是保证它们“永生”的重要内因。

（三）细胞全能性与干细胞

细胞全能性是指细胞经分裂和分化后仍具有形成完整有机体的潜能或特性。一般来说，多细胞的植物和动物的细胞都拥有两套完整的遗传信息，只要条件具备，每个细胞都可能发育成完整的个体。1958年，Steward等用胡萝卜根愈伤组织进行组织培养获得了胡萝卜体细胞胚并最终发育成完整植株，从而证实了植物体细胞的全能性。

高度分化的动物体细胞（如成纤维细胞）在离体的情况下，在一定营养物质、某些因子（包括特定转录因子或小分子化合物）的诱导下，可被重编程为诱导多能干细胞（iPSC），并在一定条件下发育成新的个体。英国科学家约翰·格登（John B. Gurdon，1933～）和日本科学家山中伸弥（Shinya Yamanaka，1962～）因此获2012年诺贝尔生理学或医学奖。

1．人类干细胞工程 生老病死是自然界不可违抗的规律。不过在许多情况下，人的死亡往往并不是全身各器官的功能都同步衰竭造成的，而是个别重要器官功能“难以胜任”，导致机体代谢紊乱，如肾功能衰竭引发尿毒症等。如果能更替这些受损的器官，我们不是可以延年益寿吗？

早在 20 世纪 50 年代，科学家在畸胎瘤中首次发现了胚胎干细胞（embryonic stem cell，ESC），从此开创了干细胞生物学研究的历程。直到 1970 年，Martin Evans 才分离出小鼠胚胎干细胞并在体外进行培养。接着，科学家直接从患者的身上提取某种特殊的细胞使之长成皮肤、骨骼和软骨，甚至是重要器官的一部分，这些特殊的细胞就是干细胞。1997 年人的胚胎干细胞被首次培养成功，从而科学家开始了尝试以自身干细胞修复和（或）定制器官救助生命的干细胞工程，即非繁殖性克隆或治疗性克隆研究。

干细胞是动物（包括人）胚胎及某些器官中具有自我复制和多向分化潜能的原始细胞，是重建、修复病损或衰老组织、器官的功能的种子细胞。按分化潜能的大小，干细胞基本上可分为三种类型（图 3.29）。一类是全能干细胞，即胚胎干细胞，是最原始的干细胞，具有自我更新、高度增殖和多向分化、发育成为人体全部二百多种细胞甚至形成完整个体的分化潜能。当受精卵分裂发育成囊胚时，内层细胞团的细胞即为胚胎干细胞（图 3.30）。另一类是多能干细胞，这种干细胞具有分化出多种细胞、组织的潜能，但却失去了发育成完整个体的能力。如骨髓造血干细胞可分化成至少十二种血细胞，但一般不能分化出造血系统以外的其他细胞。还有一类干细胞为专能干细胞（也称为专一性干细胞），这类干细胞只能分化成一种类型或功能密切相关的两种类型的细胞，如上皮组织基底层的干细胞、肌肉中的成肌细胞等。不过，随着干细胞研究日新月异的飞速发展，最近已有科学家报道专能干细胞，甚至已分化的体细胞也可能逆转为其他类型的细胞、组织、器官，甚至再生出一个完整的个体。

彩图

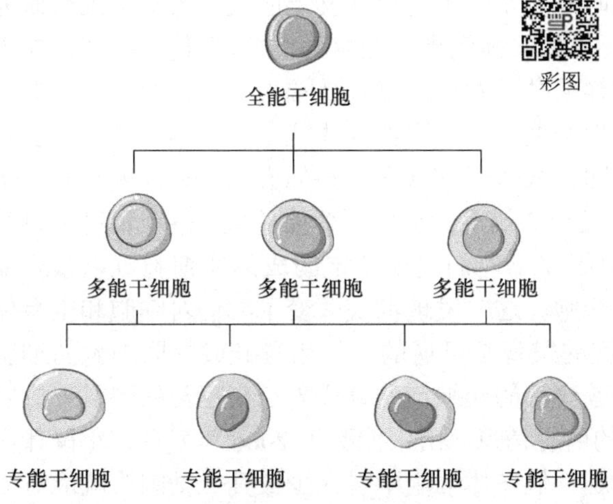

图 3.29 干细胞分类图

彩图

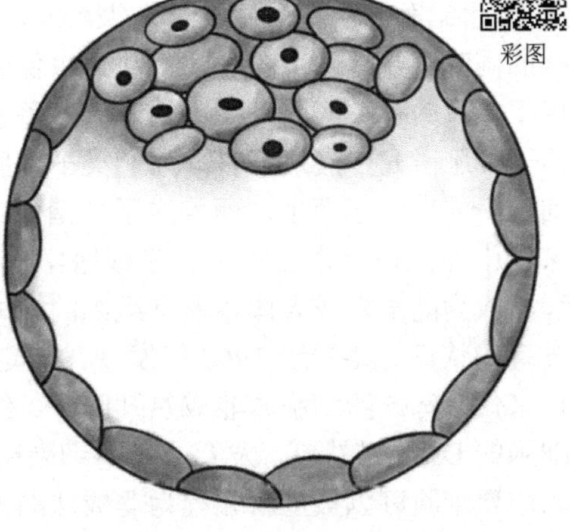

图 3.30 人囊胚示意图

干细胞有以下显著的特点。

1）具有分裂成其他细胞的可能性。

2）具有无限增殖分裂的潜能。

3）可连续分裂几代，也可在较长时间内处于静止状态。

4）以对称或不对称两种方式进行生长。

开展干细胞研究一般要经过以下三个阶段。

1）获得干细胞系：这是本研究最重要的第一步。可以从动物或人的早期胚胎或各器官、组织中分离并经鉴定。

2）建立干细胞诱导分化模型：探索诱导干细胞向特定组织、器官分化所需的各种化学和/或物理条件。

3）将上述干细胞或干细胞培育体系植入动物或人的相应器官或组织，考察其效果。

干细胞巨大的潜在应用价值引起世界许多政府、科学家和企业家的高度重视，意识到其中莫大的发展潜力，投入巨资进行研究，导致干细胞研究异军突起，势头异常迅猛，陆续取得了一系列重大的发现。

原则上，干细胞可以用于治疗各种疾病，但其最适合的疾病主要是组织坏死性疾病，如缺血引起的心肌坏死；退行性病变，如帕金森综合征；自体免疫性疾病，如胰岛素依赖型糖尿病等。

应用干细胞治疗疾病和传统方法比较具有如下优点。

1）低毒性（或无毒性），一次治疗有效。

2）不需要完全了解疾病发病的确切机理。

3）用自身干细胞移植，可避免产生免疫排斥反应。

虽然胚胎干细胞具有十分诱人的理论研究和商业开发前景，但通常要毁损早期胚胎才可能获得胚胎干细胞。受精是生命的起点，胚胎是生命的开端。以窒息一个生命的代价去挽救另一个生命是否值得？各国政府和科学家展开了激烈的争论。中国对胚胎干细胞研究，即治疗性克隆持支持态度。2002 年，时任中国科学院副院长陈竺院士指出："一个体外的胚胎在有限的时间，如 14 天里，属一般的生物细胞，此时还没有神经细胞和脑细胞的产生，既无知觉也无感觉，因此科学界一般认为它在此时还不是一个道德意义上的人。人类干细胞研究给 21 世纪医学的革命性发展带来可能，因此总的平衡利弊，还是要支持。"他还强调，在支持的同时还要有严厉的法律、法规来保证这样的技术发展能真正造福人类。在中国政府的支持下，我国有关胚胎干细胞的研究蓬蓬勃勃地开展起来，取得的成就令世人刮目相看。在胚胎干细胞研究步履蹒跚时，另一类干细胞，即人成体干细胞研究却如火如荼地开展起来，干细胞产业也应运而生，而且成了各国争夺的又一个热点。英国科学家约翰·格登和日本科学家山中伸弥获得诺贝尔生理学或医学奖的原因在于他们发现特定的成熟体细胞可以重新编程，成为能发育成人体各器官组织的非成熟细胞。这一发现彻底改变了我们对细胞和生命体发育的认识。格登于 1962 年发现，特定细胞的发育是可逆的。他用青蛙成熟肠细胞的细胞核来代替青蛙卵细胞的非成熟细胞核。经过改变后的卵细胞发育成为一个正常的蝌蚪。成熟细胞的 DNA 仍然包含发育成蝌蚪细胞所需的所有信息。山中伸弥于 2006 年发现，小鼠体内的成熟细胞可以被重新编程为非成熟的干细胞。他在体细胞中引入少数几个基因，就能对成熟细胞重新编程，使其成为多功能干细胞，即发育成为诱导多能干细胞（iPSC，图 3.31）。由于该发现，从成熟体细胞生成干细胞成为可能，这是一个具有现实意义的重大进步。2022 年，由中国科学院和深圳华大生命科学研究院等多家机构的研究者，通过体细胞诱导培养出了类似受精卵发育 3 天状态的人类全能干细胞，相关研究成果在《自然》杂志上发表。据悉，这是目前全球在体外培养的"最年轻"的人类细胞，是继科学家成功诱导出人类多能干细胞后，再生医学领域的又一颠覆性突破。与山中伸弥相比，这次诱导的细胞更年轻。山中伸弥制备的干细胞处于受精卵发育 5 至 6 天的状态，其进一步发育的能力比较受限，而这次制备的干细胞相当于受精卵分裂仅 3 天的全能干细胞，具备非常强的发育潜力；其次山中伸弥是将 4 个转录因子通过逆转录病毒转入体细胞，这本身就是一个"天大的冒险"，因为这将有可能诱导细胞发生一定概率的癌变；而我国科学家使用的是一种非转基因、快速且可控的“鸡尾酒”细胞重编程方法，可以避免癌变的风险。

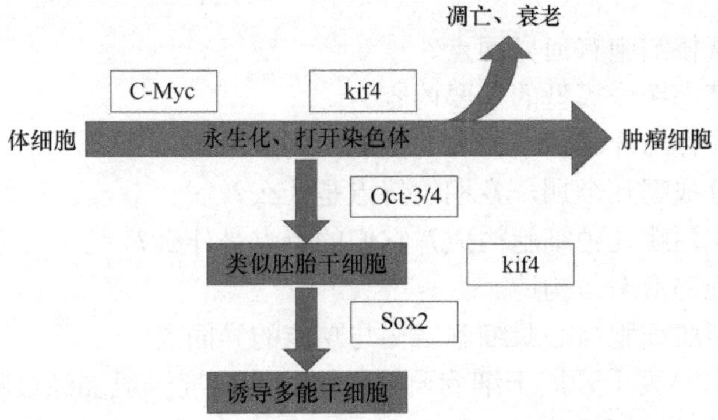

图 3.31 Yamanaka 诱导多能干细胞示意图

回眸干细胞半个多世纪的研究历程可以看出，科学家从初期充满争议的胚胎干细胞研究逐渐转向成体干细胞研究。近年来把普通体细胞诱导（基因或化合物诱导）转化为多功能干细胞的研究异军突起，有可能成为今后干细胞研究和利用干细胞治疗、修复人类病损组织、器官的主要方向。

小　　结

细胞有两大类：原核细胞和真核细胞。液态镶嵌模型是目前解释生物膜结构的最好理论。原核细胞无细胞核，只有环状裸露、无蛋白质结合的 DNA 所在的核区，也称拟核。没有膜系构造细胞器，只有 70S 核糖体和简单的中间体。真核细胞有细胞核，DNA 与组蛋白等结合渐次形成核小体、螺线体、超螺线体乃至染色体。细胞核是核酸代谢、DNA 复制与 RNA 转录的中心。真核细胞有多种大型膜系构造和非膜系构造细胞器。叶绿体是植物捕获光量子进行光合作用的“产糖厂”，线粒体是细胞进行氧化磷酸化产生 ATP 的动力站，内质网是蛋白质和脂类的合成车间，高尔基体是蛋白质、多糖与脂类的加工厂。细胞质中有细胞质骨架，细胞核中还有核骨架，它们既发挥支持的作用，又与细胞及细胞器的位移、物质运输和信息传导等功能密切相关。

细胞分裂方式有三种。无丝分裂耗能少、速度快。有丝分裂能使染色体准确分配到两个子细胞，但费时较长。有丝分裂可划分为分裂间期和分裂期两阶段。间期包括 G_1 期、S 期和 G_2 期。分裂期由前期、中期、后期和末期组成。减数分裂过程及特点见第七章第二节。

细胞分化后产生多种组织。植物有分生组织、保护组织、营养组织、输导组织和机械组织。动物则产生上皮组织、神经组织、肌肉组织和结缔组织。

动植物个体每个细胞都有一套完整的遗传物质，理论上在一定条件下都可以去分化重新进入分裂周期，进一步分化成其他细胞甚至一个完整的个体。植物组织培养是目前最成功也应用最多的领域。而人类干细胞工程是一个充满生机和挑战的领域，目前成为科学研究尤其是医学领域的热点。干细胞一般被划分为全能干细胞、多能干细胞和专能干细胞三类。生殖性克隆被各国普遍禁止，而治疗性干细胞研究犹如雨后春笋正在世界各地蓬蓬勃勃展开，为人类修复病损的器官带来了希望。

复习思考题

1．原核细胞与真核细胞有何异同点？

2．试述生物膜液态镶嵌模型的主要内容。

3．列表比较线粒体与叶绿体结构与功能的异同点。

4．有丝分裂可分成哪几个期，各期的特点是什么？

5．植物输导组织由哪几种细胞构成？它们的特点是什么？

6．简述神经细胞的形态与构造。

7．列表比较骨骼肌细胞与心肌细胞结构与功能的异同点。

8．科学家为什么热衷于开展干细胞研究？干细胞研究一般要经过哪些阶段？中国干细胞研究取得哪些突破性进展？

第四章　生物体的新陈代谢

提要　本章概述生物体新陈代谢的本质及特点，并对维系地球上生物生存的基本反应——光合作用、物质代谢和能量代谢等重要反应系统逐一进行深入浅出的介绍。

自然界万物尽管林林总总，但它们无例外地都存在相互对立的两个方面，并在一定条件下向各自的对立面转化。这种转化并不是一种机械的轮回，而是在更高的层次达到新的相对平衡。这就是新陈代谢（metabolism）——宇宙万物发生、发展、消亡的基本规律。大到宇宙天体，小到微观粒子，无一例外。自然界包括非生命物质与生物两大类，它们新陈代谢的本质和特点迥然不同。铁被氧化，生成三氧化二铁（铁锈）；岩石风化，产生土壤和砂粒。它们都是非生命形式的代谢。其代谢的动因来自客体外部，代谢的结局是自身的解体。有些非生物，如晶体也能生长，但这种生长也源于外因，而且只是量的增加而无质的飞跃，并最终以停止生长、风化瓦解为结局，毫无繁殖的可能。生物体的新陈代谢是绚丽多彩的生物界生生不息的依据。此类代谢由各种生物（细胞）主动完成，并与外环境进行活跃的物质、能量和信息的转换与交流，代谢的结果使生物（细胞）得到更新，进行细胞分裂、生长、分化和繁殖。

第一节　生物体新陈代谢的本质和特点

生物体的新陈代谢，顾名思义，即指发生在生物体内各种合成与分解的化学反应的总称。它包含同化作用（anabolism）和异化作用（catabolism）两个过程。外在物质通过机体（细胞）的复杂改造和吸收，转变成生物自身的组成成分并贮存能量的过程叫作同化作用或合成代谢。同化作用有两种类型。动物、真菌、放线菌及绝大多数细菌行异养生活，它们需先将外界食物中的有机大分子分解成葡萄糖、氨基酸等有机小分子才能吸收利用。植物和少数细菌可自养生活，它们仅从自然界吸取水分、CO_2和无机盐等小分子无机物，在光照下靠体内（胞内）各种酶的协同工作合成自身需要的各种有机物。反之，生物将自身组成物质分解，产生中间代谢物，逐级释放能量，排出废物的过程称为异化作用。简而言之，即把大分子化为小分子。可见，同化作用是异化作用的基础和前提，异化作用是同化作用的动力。它们相互偶联，共存于每个生物体（细胞）内。同化作用占优势，生物则生长、繁殖；反之则逐渐走向衰弱与死亡。

综上所述，在同化与异化过程中同时存在物质代谢和能量代谢两方面的系列反应。所谓物质代谢，意指某些（种）物质在体（胞）内经过一系列复杂的反应，转变成另一种或另几种物质的过程。多食少运动，则食物中的淀粉经一系列消化、分解后，多余的能量以脂肪的形式贮存在动物体内。冬熊长膘、人中年发福就是这个道理。生物体内有多种形式的能量，如机械能、化学能、热能、光能和电能等，这些能量的产生、转化及利用所涉及的各种各样反应的总称叫作能量代谢。植物经光合作用产生葡萄糖和淀粉，太阳的光能转变成化学能。

食物在动物体内消化、分解，化学能又可转化成肌肉收缩的机械能、维持体温的热能、神经传导的电能及某些发光生物的光能等。

总之，生命现象是自然界物质运动的最高形式，错综复杂、高度有序的新陈代谢方式则是维持这种运动的基础，也是物质运动在生物体内的规律性体现。

一、生物代谢类型

地球上已知的200多万种生物，演化的历程多种多样，所处的环境千差万别。在它们与环境相互作用的漫长过程中，逐渐形成了纷繁复杂的代谢途径。如前述，根据同化方式的不同，生物代谢可分为自养型与异养型两大类。结合生物所需的不同性质的能源和碳源，可以将生物代谢划分为以下四种类型。

1．光能自养型 植物和少数细菌具叶绿素或菌绿素等光合色素。它们能以阳光为能源，以水或其他无机物（硫化氢）为供氢体，还原CO_2成有机物。此类代谢是地球上绝大多数生物赖以生存的基本依据，因为代谢合成的有机物不仅满足了植物本身的需要，而且通过食物链维系着草食动物和肉食动物繁衍生息的物质和能量基础。

2．光能异养型 某些细菌，如紫色硫细菌，除含有菌绿素外，还含有较大量橙红色类胡萝卜素。它们以阳光为能源，利用脂肪酸及醇类为供氢体同化有机物，形成自身组成物质。在光能异养过程中无氧气产生。

3．化能自养型 亚硝酸细菌能将氨氧化成亚硝酸盐，硝酸细菌再将亚硝酸盐进一步氧化成硝酸盐。这两类化合物都是植物的重要氮源。而某些反硝化细菌却反其道而行之，将硝酸盐还原成分子态氮。在上述三项反应过程中，细菌都可以从中获得可观的能量用以还原CO_2成胞内有机物。反硝化细菌使土壤中宝贵的氮肥蒙受巨大损失。由于反硝化细菌仅在缺氧状态下启动以硝酸盐为受氢体的反硝化反应，因此注意翻松板结的土壤（尤其是水渍土），对于减少土壤中无机氮的流失具重要意义。

图4.1 猪笼草

4．化能异养型 动物、真菌、放线菌、绝大多数细菌和少数植物，以有机物的氧化获取能源，碳源也来自糖类等有机物，这种生活方式称为化能异养。此类生物的生存实际上是建立在光能自养生物提供的物质基础上。它们是生态系统中的消费者和还原者。

如前述，生物种类繁多，代谢途径复杂。各种生物基本上都可归入上述某种代谢类型，但也有些例外。例如，裸藻又称眼虫（第九章第六节），它们在光照时进行光能自养生活，在长期黑暗的情况下又行化能异养代谢。两套基因齐备，两种本事俱全，随遇而安。猪笼草（图4.1）和捕蝇草等食虫植物也有类似的情况。

彩图

二、酶的本质和构成

生命的基础在于代谢。每个活细胞内发生的生化反应据保守的估计也在几百种以上。这些反应或彼此承接，上个反应所得的产物成为下个反应所需的底物，形成链式连锁；或形成多条反应链互相连通的代谢网络，四通八达；或串成循环式的反应，只要有底物输入就有产物输出。所有这些反应之所以能井然有序地进行，关键在于细胞内的生物催化剂——酶

（enzyme）及决定相关酶合成的基因的调控。

1．酶的本质　如前述，早在几千年前的新石器时代后期，我们的祖先已开始酿酒，但那时只是知其然却不知其所以然。19 世纪欧洲的科学家，如法国微生物学家巴斯德（Louis Pasteur，1822～1895）和德国化学家李比希（J. V. Liebig，1803～1873）不仅弄清了酒精发酵需要酵母，而且掌握了通气长酵母、缺氧产酒精的技术。但酵母中的哪些因子参与酒精发酵反应仍然是个不解之谜。1926 年，美国生化学家萨姆纳（J. B. Sumner，1887～1955）终于以令人信服的实验结果证明，催化生物体内反应的多种酶本质都是蛋白质。从那以后，科学家已分离鉴定了 2000 多种酶，其中约 1/10 已提纯结晶。1982 年，美国生物化学家切赫（T. R. Cech，1947～）等打破酶都是蛋白质的传统理念，发现四膜虫细胞 26S rRNA 前体具有自我剪接的功能。1984 年，加拿大化学家奥尔特曼（Sidney Altman，1939～2022）等提出，RNA 酶 P（RNase P）的活性不是由该酶的蛋白组分，而是由该酶的核酸部分 M_1RNA 决定的。科学家将这种具有催化功能的核酸称为核酶（ribozyme）。切赫和奥尔特曼也因发现核酶而获 1989 年诺贝尔化学奖。现在科学界公认，绝大多数酶是生物自己制造的，具有高度专一性、高效催化活性的蛋白质催化剂。所谓催化剂，实际上是一类为改变化学反应速度而加入反应体系的物质，它们的组成和性质在反应前后不发生改变。值得注意的是，催化剂影响的只是反应的速度，它不会启动原本不能发生的反应，也不修改反应最终达到的平衡点。

2．酶的构成　每种酶至少应有一个在主体构型上能与被它催化的底物高度吻合的活性中心。如溶菌酶活性中心的精氨酸和谷氨酸与底物敏感原子的距离都各仅有 0.3nm。这是酶促反应专一性、高效性的工作基础。一般情况下，活性中心包括与底物络合的结合部位和打开底物特异化学链的催化部位两部分。这两个部位分别都仅有一至几个氨基酸。它们在多肽的序列上可能相距甚远，但由于多肽链在三维空间折叠的原因，这几个氨基酸在立体结构上往往形成一个十分紧凑的活性中心（图 4.2）。酶的其余部分与酶空间立体构型的稳定性有关。有些酶具有相同的活性中心，而酶分子的其他部分并不完全一致，它们都能催化同一种生化反应，这些酶叫作同工酶。

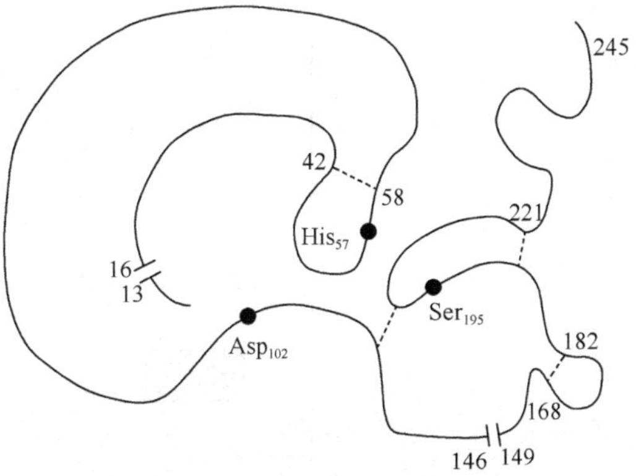

图 4.2　胰凝乳蛋白酶的肽链折叠

●代表活性中心，Ser_{195} 是底物结合部位，His_{57} 是催化部位，---代表二硫键

根据化学组成的差异可将各种酶划分为简单酶和复合酶（全酶）两大类。简单酶仅由一至数条多肽（亚基）构成，没有其他非蛋白成分。如人唾液、眼泪中能溶解某些细菌细胞壁的溶菌酶只是一条由 129 个氨基酸构成的多肽。此外胃分泌的蛋白酶，胰产生的淀粉酶、脂肪酶等也都是简单酶。复合酶包括两个组分：蛋白质和辅助因子。蛋白质是复合酶的核心，由它决定该酶的性质和功能。许多辅助因子只是像 Cl^-、Fe^{3+}、Mg^{2+}这样的离子。还有不少辅助因子是小分子有机物，包括多种维生素，尤其是 B 族维生素。有时也把这些小分子有机物统称为辅酶。辅助因子在复合酶的催化反应中充当携带和传递电子、原子和某些基团的角色。因此，如果缺乏构成某种辅酶的维生素，将可能造成某个（些）酶功能的减退，引发个体患病。烟酸（B 族维生素之一，米糠中含量丰富）摄入量不足引起的人糙皮病就是一例。

三、酶促反应原理

在酶的参与下，体（胞）内各项代谢反应有条不紊、迅速平稳地进行着。阐述酶促高效反应有关的学说很多，主要介绍以下三种。

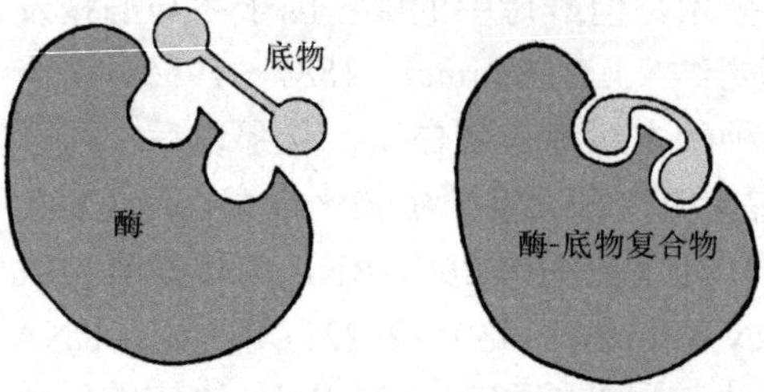

图 4.3　酶与底物相互作用模式图

1）酶受底物诱导构象发生变化，致使酶的活性中心与底物定向接近并契合，使底物迅速形成转变态。这就是 1958 年美国生物化学家柯斯兰德（D. E. Koshland，1920～2007）提出的“诱导-契合模型”。X 射线衍射研究证明了酶分子的构象确实发生了变化。

2）酶的加入使底物分子中的敏感键，甚至整个底物分子发生“变形”，促使其断裂（图 4.3）。

彩图

3）底物与酶形成活性很高的共价中间物即：

$$\underset{\text{酶}}{S+E} \longrightarrow \underset{\text{中间物}}{[S\cdot E]} \longrightarrow \underset{\text{酶　产物}}{E+P}$$

这个中间物瞬间形成转变态，从而大大降低了反应所需的活化能。使处于基态的一般分子转变为激活态的活化分子所需的能量称为活化能。在这种状态下底物分子可以很容易地越过发生反应所需的能阈而形成产物（图 4.4）。

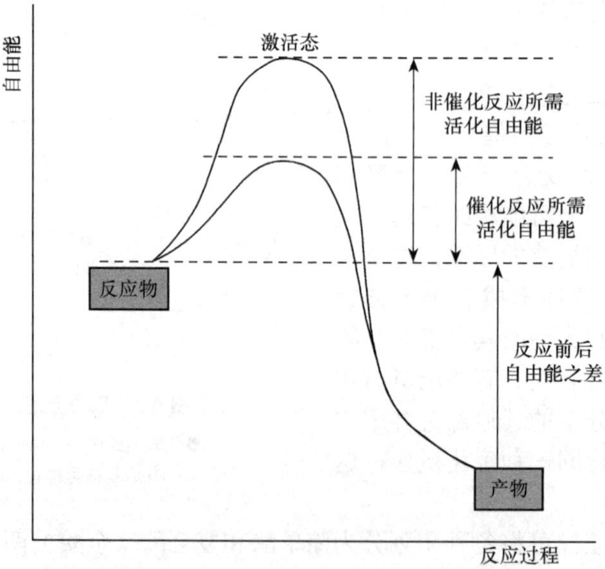

图 4.4　催化与非催化过程所需活化自由能的比较

事实上，促成酶高效催化的各种因素中，并没有哪一种“万能”因素可以影响所有酶的催化活性。很可能“因酶而异”，每种酶都依据上述一种或数种原理发挥各自的最高催化效能。

四、酶促反应的特点

酶促反应一般都是发生在细胞内的反应，只有少数胞外酶及人为实验体系例外。酶催化与一般无机催化剂催化的反应相比较，具有以下三个明显的特点。

1．反应条件温和　酶促反应大多在生物体内的常温、常压、酸碱度近中性的条件下进行，仅有极少数适应极端环境的生物例外。在鱼腥藻等固氮蓝藻中分化产生的异形细胞，以及各种固氮菌中的固氮酶，能在细胞中平静而有效地进行生物固氮作用。相比之下，合成氨厂却需在超过300℃、高于300个大气压和无机催化剂的作用下完成同样的反应。

2．催化底物专一　与无机催化剂相比，酶的催化作用十分专一。一种酶只能催化一种底物，“广谱”作用的酶很少，效率也不高。如前述，直链淀粉与纤维素的差别仅在葡萄糖分子 C_1 上羟基构型的差异，但淀粉酶能有效地降解淀粉成葡萄糖却完全不能降解纤维素。这是因为底物必须与酶的活性中心高度契合，否则酶不能打开底物敏感化学键。

3．催化作用高效　酶能极其有效地催化特异底物转变成产物，这种特性是建立在专一性作用的基础上的。过氧化氢（双氧水）是细胞代谢的尾产物，由它分解产生的初生态氧对细胞的毒性很大。根据这个特点，医学上常用低浓度的双氧水进行外伤表面消毒除菌。细胞微体（第三章第二节）中的过氧化氢酶可以催化以下反应：

$$2H_2O_2 \xrightarrow{\text{过氧化氢酶}} 2H_2O + O_2\uparrow$$

1分子过氧化氢酶每秒可催化8.3万个过氧化氢分子分解，其不可思议的速率是 Fe^{3+} 催化相同反应速率的10亿倍。

五、影响酶促反应的因素

在单位时间里底物转化成产物的量叫作酶促反应的速率。酶、底物、反应介质及反应条件等多种因素相互作用，对反应速率产生了错综复杂的影响。

1．酶原的激活　有些刚从核糖体上合成出来的多肽只是酶的无活性前体，称为酶原。这些酶原必须在一定条件下断开一个或几个肽键，切除部分肽链，从而使酶原构象发生某种改变后才表现出活性，这个过程叫作酶原的激活。例如，胃蛋白酶原刚从胃壁腺细胞分泌出来时由375个氨基酸残基组成。在胃酸中 H^+ 的作用下失去44个氨基酸，变为有活性的仅有331个氨基酸残基的胃蛋白酶。这样的胃蛋白酶还可以再去激活其他的胃蛋白酶原。同样，胰蛋白酶原进入小肠后，在有 Ca^{2+} 的环境中受到肠激酶或胰蛋白酶的激活，切去N端的一个六肽后成为有活性的胰蛋白酶。

2．酶的活化　有些酶只有在某种离子存在的情况下活力才明显提高，这种作用称为酶的活化。如唾液中的α-淀粉酶需 Cl^-，限制性内切核酸酶和糖激酶需 Mg^{2+} 等。1个酶活力单位（U）是指，在温度为25℃，其他反应条件（如pH等）均为最适的情况下，在1min内转化1μmol底物所需的酶量。

3．酶的抑制剂　有多种物质能引起酶催化活力的下降乃至消失，它们统称为酶的抑制剂。抑制剂分为可逆抑制剂与不可逆抑制剂两大类。

可逆抑制剂包括竞争性抑制剂和非竞争性抑制剂两种。凡分子构象与底物相似，能与底物竞争酶中心的结合位点，致使酶活性下降的物质就叫作该酶的竞争性抑制剂。例如，丙二酸 $\left(\begin{array}{c}\mathrm{H}\\ |\\ \mathrm{HOOC—C—COOH}\\ |\\ \mathrm{H}\end{array}\right)$ 和琥珀酸 $\left(\begin{array}{c}\mathrm{H\ \ H}\\ |\ \ \ |\\ \mathrm{HOOC—C—C—COOH}\\ |\ \ \ |\\ \mathrm{H\ \ H}\end{array}\right)$ 的分子构型十分相近，因此丙

二酸成了琥珀酸脱氢酶的竞争性抑制剂。非竞争性抑制剂不是靠自身与底物的“形象”，而是由于某种原因与酶分子的某个部位发生可逆的结合，从而引起酶分子变构，抑制酶促反应。不可逆抑制剂与酶分子结合后使后者的功能丧失，甚至分子受到破坏，导致细胞乃至个体的死亡。如有机磷杀虫剂能抑制乙酰胆碱酯酶的活性，造成神经系统的不可逆损害。许多重金属离子也是酶的不可逆抑制剂。

随着酶催化反应的进行，产物逐渐累积，越来越多的产物通常会对该酶的催化活性产生负面影响，这个过程叫作反馈抑制。这是生物自我调控减少“浪费”的正常反应。

4．酶的浓度　在具有充足底物及合适的反应条件下，在一定范围内酶的浓度越高，酶促反应的速率也就越大。

5．底物的浓度　在具有一定浓度的酶和适当的反应体系中，酶促反应的速率随底物的增加而提高。当所有的酶都被底物结合，即达到酶饱和后，反应速率达最大值。此后底物浓度的上升并不能提高酶促反应的速率。

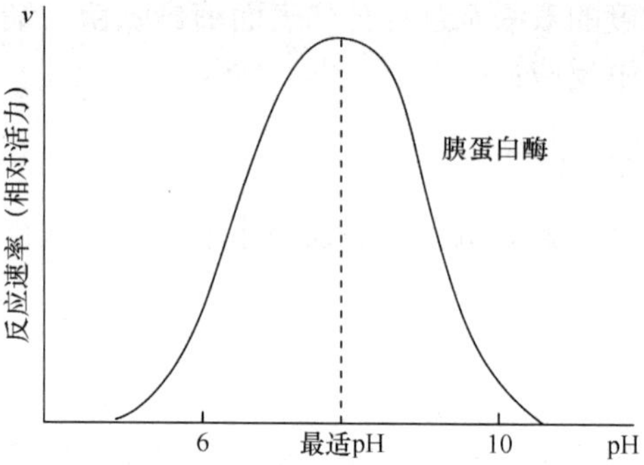

图 4.5　pH 与酶活性关系图

6．pH　酶是蛋白质，蛋白质很容易受反应介质的影响而发生两性解离（第二章第二节），因此多数酶对反应系统的 pH 非常敏感，它们都只能在一定的 pH 范围内工作。只有满足了该酶要求的最适 pH 等条件，才能发挥它的最佳催化效应（图 4.5）。很多酶都在 pH 近中性条件下进行催化，仅有少数例外（表 4.1）。

表 4.1　几种酶的最适 pH

酶	最适 pH	酶	最适 pH
胃蛋白酶	1.5	肝酸性磷酸酶	5.6
麦芽淀粉酶	4.5	*Taq* DNA 聚合酶	9.0
丙酮酸羧化酶	4.8	碱性磷酸酶	9.5，10.1
曲霉淀粉酶	4.8	精氨酸酶	9.7

7．温度　温度对酶的构型和活性有很大的影响，因此每种酶都有其最适温度。低于或超过这个温度，酶促反应的速率都将迅速降低（图 4.6）。恒温动物（鸟类、哺乳类）酶的最适温一般在 35～40℃。高等植物的酶的最适温稍高，大多为 40～50℃。少数酶能耐受相当高的温度。目前在体外扩增目的基因常用的聚合酶链反应（PCR）技术中所使用的关键性酶——*Taq* DNA 聚合酶的最适温为 75℃，并可耐受 95℃的高温。细菌淀粉酶在 93℃时活力达最高。更有甚者，牛胰核糖核酸酶（RNase）在沸水中处理 15min 后活力丝毫未减。图 4.7 列出两种常见酶的最适温度。

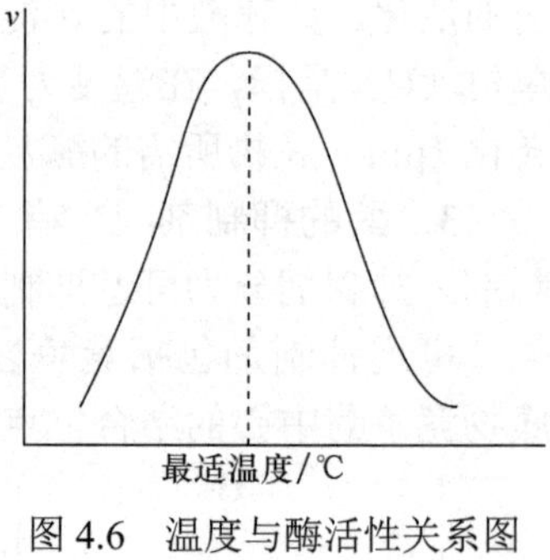

图 4.6　温度与酶活性关系图

8．离子及其浓度　如前述，有不少酶除了蛋白质外还需与一些简单的阴离子或阳离子结合才能形成有活力的复合酶——全酶。因此，在酶促反应的缓冲液中提供某些特定的离子

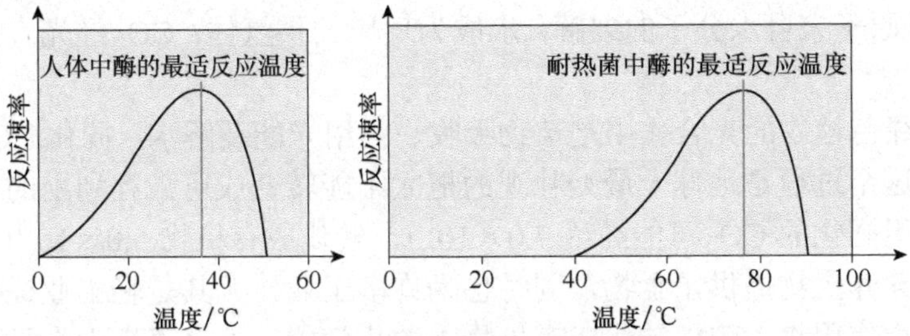

图 4.7　两种常见酶的最适温度

并维持一定的浓度，是充分发挥酶活力的必要条件。

总之，虽然酶促反应的效率极高，但由于酶本身的性质决定了只有在多种条件具备下才可能充分发挥它的优势。一个小小的细胞中通常都有几百上千种酶。细胞虽小，但胞内并不是一汪匀浆。细胞器功能各异，各种酶分区而聚。可能正是由于这种胞内的异质性，才保证了细胞有序地调控复杂的代谢途径，对细胞乃至个体的生存、生长和履行一定的功能具有十分重要的意义。

第二节　光合作用

一颗小小的种子植入土壤后，只要条件适宜，它就能生根、发芽、开花、结果。植物靠什么进行生长和繁殖？这个问题困扰了科学家几个世纪。它既是一项基础理论的探讨，又是与国计民生密切相关的实践问题。

早在公元前三世纪，古希腊思想家亚里士多德（A. Aristotle，公元前 384～前 322）曾提出土壤是构成植物的组分的观点。17 世纪初，比利时布鲁塞尔的医生赫尔孟德（van Helmont，1579～1644）在一个大花盆中准确地装了 200lb 的干土（1lb＝0.37kg），种上一株 5lb 重的小柳树。5 年中仅浇水而不添加他物。5 年后，这株柳树已达 169lb（落叶不计），而土壤经烘干称重仅减少 2 盎司（56.7g）。赫尔孟德由此得出的结论是，植物体所有物质来自水中长成。此外，花盆土壤失去的 2 盎司无机物大多已进入植物体内，它们却被赫尔孟德忽略了。

早在 1637 年，我国明代科学家宋应星在《论气》一文中，已注意到空气和植物的关系，提出“人所食物皆为气所化，故复于气耳”。可惜因受当时科学技术水平的限制，未能用实验来证明这一精辟的论断。1771～1777 年，英国化学家普利斯特利（J. Priestley，1733～1804）进行了一系列动物与植物相互关系的实验。他发现，在密闭钟罩空间中燃烧蜡烛，蜡烛不久即自行熄灭。燃烧产生的气体导致钟罩中小鼠的死亡，但薄荷枝条却可以在这种气体中存活数周之久，可见植物需要这种气体。此后再将蜡烛和小鼠重新放入上述钟罩中，蜡烛又可重新点燃，小鼠又能嬉戏生存。可见，燃烧产生了动物不能利用的气体，而这种气体又是植物生存所必需的。植物产生的气体不仅可供动物呼吸而且还能支持燃烧。1782 年，日内瓦教师森内比尔（J. Senebier，1742～1809）终于证明，植物吸入的气体是 CO_2，放出的是 O_2。现在，光合作用的通式可表示为：

$$6CO_2 + 12H_2O^* \xrightarrow[\text{绿色植物}]{\text{光能 2817.3kJ}} C_6H_{12}O_6 + 6H_2O + 6O_2^* \uparrow$$

式中*号表明，氧原子来自水分子的裂解；水成为反应的供氢体；CO_2经光合作用还原成六碳糖（碳水化合物）。

综上所述，绿色植物的光合作用是植物吸收、利用光能裂解水，同化CO_2成有机物并释放氧气的过程。这个过程是地球上最为壮观的把太阳能转变成可贮存利用的化学能的反应。每年通过光合作用同化的CO_2可能高达7.0×10^{11}t，转化成有机物5.0×10^{11}t。这些有机物不仅为人类和一切异养生物提供了食物，同时也为许多工业，尤其是轻工业提供了不可或缺的原料。此外，光合作用将太阳能转化成有机物中的化学能，不仅直接为人类和异养生物提供了生命活动所需的能量，而且这些化学能还可以长期贮存。煤和石油就是亿万年前植物光合作用直接或间接的产物。其次，经过十几亿年植物的光合作用，主要是辽阔的海洋表层浮游植物和陆地森林，尤其是热带雨林，持续大量地吸收CO_2和光合放氧，原始地球原本含氧极少的还原型气圈已逐渐转变成了当代含氧量达21%的氧化型大气。目前地球上的各类植物仍在以每年约5.4×10^{11}t 的速度放出氧气。氧气的产生和大量积累，一方面为好氧生物的出现提供了不可或缺的前提；另一方面由于有氧代谢产生的能量比无氧代谢高出十几倍，从而大大促进了好氧生物的进化和发展。再次，氧气在强烈的太阳紫外线辐射下很容易形成臭氧（O_3）。经过亿万年的光化反应，在大气上层形成一层能大量吸收紫外线的臭氧层。这层臭氧层保护了地球上的生物免遭强烈紫外线的致命损伤，为生物圈的繁茂做出了决定性的贡献。

一、光合作用基本要素

光合作用是光量子激发叶绿体所发生一系列反应的总称。它的基本要素有以下几方面。

1. 光谱 阳光只占宇宙天然电磁辐射波的一小部分，它由赤、橙、黄、绿、青、蓝、紫七色光组成。红光波长较长，升温效应较显著。红光和蓝光都可被植物吸收利用。绿光可透过叶片或被植物反射，基本上不被植物利用，所以植物呈绿色。

2. 集光色素 高等植物含有叶绿素 a、叶绿素 b、胡萝卜素和叶黄素等光合作用色素，它们都位于类囊体的光合片层上。每个类囊体光合片层上大约结合着10^5个各种色素分子。此外，硅藻、甲藻和褐藻还有叶绿素 c，红藻含叶绿素 d。胡萝卜素和叶黄素统称类胡萝卜素，呈橙黄色，主要吸收蓝紫光。研究表明，绝大多数的叶绿素 a 分子和所有的叶绿素 b 及类胡萝卜素分子在光反应中只是充当捕获和传递光能的角色，因此统称它们为集光色素。

彩图

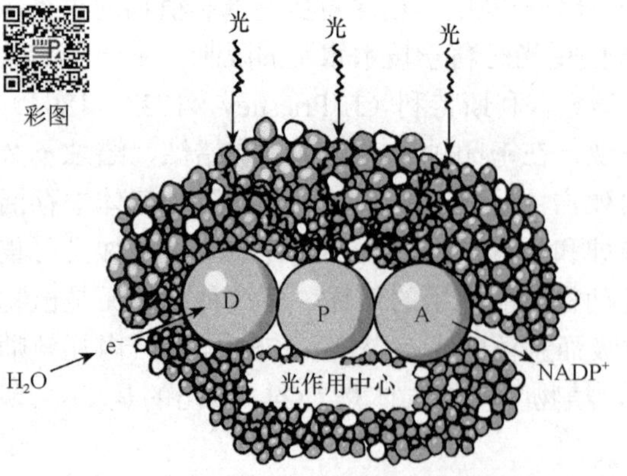

图 4.8 光合作用原初光反应示意图

A：原初电子受体；D：原初电子供体；P：光合作用中心色素；●：叶绿素分子；○：类胡萝卜素分子

3. 光作用中心 高等植物和绿藻的光合片层上有两种类型的光作用中心，它们分别由以下三种成分构成（图 4.8）。

1）中心色素分子。有两种中心色素分子，它们都是特异叶绿素 a 的二聚体。根据它们对光波的吸收峰差异分别命名为P_{680}和P_{700}。前者对光的最大吸收值在 680nm 处，后者则在 700nm 处。

2）原初电子供体。直接向中心色素分子提供还原用电子的分子。

3）原初电子受体。其功能是直接接受激发态中心色素分子传出的电子。

4. 光合系统 高等植物和绿藻都有两

个光合系统。光合系统也叫作光合单位，由250～300个集光色素分子分别和两个光作用中心紧密结合成能完成一个光量子吸收并转化的色素蛋白质复合体，即光合系统Ⅰ（PSⅠ）和光合系统Ⅱ（PSⅡ）。PSⅠ由两个大亚基（分子质量83kDa和82kDa）及一个小亚基（9kDa）组成，直径约8nm。P_{700}位于两个大亚基之间。PSⅡ由大小7条多肽构成，直径约11nm。P_{680}与其中两条多肽的组氨酸结合。虽然两个光合系统都能受光激发产生高能电子，但PSⅡ能裂解水，放出O_2。两个光合系统间有电子传递链连接。

5. 原初底物 水（H_2O）作为光合作用原初反应的原初底物被裂解成质子（H^+）、电子（e^-）和氧（O）后，将电子提供给P_{680}，质子与ATP酶复合体偶联，促使ATP生成。因此水是植物光合作用原初反应必不可缺的底物。缺水意味着饥饿和死亡。

二、光合作用机制

光合作用可以大致划分为光反应和暗反应两个紧密相联、相辅相成的阶段。光反应受阳光激发，经一系列极为迅速的电子传递和酶促反应，光解水，放出氧气，收获为暗反应提供能源的ATP和还原物NADPH（还原型烟酰胺腺嘌呤二核苷酸磷酸）；暗反应是无需直接光照的化合二氧化碳并生成各种单糖、双糖和多糖的过程。在这个阶段，光反应产生的ATP和NADPH被利用后生成ADP和$NADP^+$（氧化型烟酰胺腺嘌呤二核苷酸磷酸），成为光反应必需的反应底物。

（一）原初光反应

光合作用的原初光反应（图4.8）是指两个光合系统受光激发后发生的一系列光化学反应。任何集光色素分子吸收或捕获光量子后，立即引发相关原子内电子的重新排列，这种状态叫作分子的激发态。激发态的色素分子极不稳定，在几皮秒（ps，10^{-12}s）内将激发能经集光色素分子的共振传导分别传递到两个光作用中心。光激发能传至P_{700}，后者瞬间转变成为激发态，直接将高能电子传给原初电子受体A_0（单体叶绿素），本身被氧化。氧化态的P_{700}立即从原初电子供体PC夺取电子还原自己。另一方面，光激发能传至P_{680}，同样使后者瞬间激发，将电子击向紧密相邻的原初电子受体Ph，氧化了的P_{680}随即向原初电子供体“Z”夺取电子。上述反应周而复始地进行，光能就源源不断地转化为电能。再通过电子传递链，电子最终用于还原电子受体$NADP^+$成NADPH，而H_2O则是这条传递链的最初电子供体。

（二）电子传递偶联NADPH和ATP生成

如上述，P_{700}和P_{680}经光量子激发后，电子传递立即开始，包括P_{700}产生的电子或传向$NADP^+$，或经一个闭合循环又回到P_{700}；P_{680}激发出的电子经复杂的电子传递先到达P_{700}，最后传递到$NADP^+$，并偶联产生ATP的一系列电化学反应（图4.9）。以下进行简要介绍。

1. PSⅠ的电子传递和NADPH生成 PSⅠ中的P_{700}受激发后成为氧化还原电势很高的激发态（P_{700}）*。从（P_{700}）*发出的电子经A_0（单体叶绿素）、A_1（叶绿醌）、F_x和F_B（铁硫中心）、F_d（铁氧还蛋白），最后将电子传给FNR（铁氧还蛋白-$NADP^+$还原酶）。在质子（H^+）存在的情况下FNR把氧化态的烟酰胺腺嘌呤二核苷酸磷酸（$NADP^+$）还原成NADPH，为以下的CO_2还原准备了还原物。

2. PSⅡ激发的电子传递和ATP生成 与P_{700}被激发氧化的同时，PSⅡ中的P_{680}也受

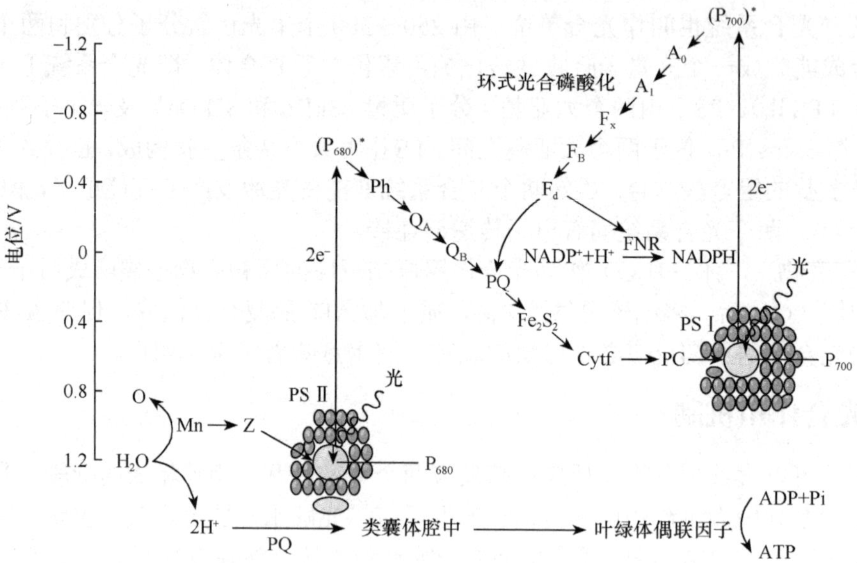

彩图

图 4.9 原初光反应和电子传递偶联 ATP 生成示意图

A_0：单体叶绿素；A_1：叶绿醌；ADP：腺苷二磷酸；ATP：腺苷三磷酸；Cytf：细胞色素 f；F_B：铁硫中心；F_d：铁氧还蛋白；Fe_2S_2：铁硫蛋白；FNR：铁氧还蛋白-$NADP^+$还原酶；F_x：铁硫中心；H^+：质子；Mn：锰原子；$NADP^+$：氧化型烟酰胺腺嘌呤二核苷酸磷酸；NADPH：还原型 $NADP^+$；PC：质蓝素；PSⅠ：光合系统Ⅰ；PSⅡ：光合系统Ⅱ；P_{680}：中心色素分子 680；P_{700}：中心色素分子 700；$(P_{680})^*$：激发态 P_{680}；$(P_{700})^*$：激发态 P_{700}；Ph：脱镁叶绿素；PQ：质醌之一；Q_A：质醌之一；Q_B：质醌之一；Z：P_{680}的原初电子供体，成分未明

光激发成激发态（P_{680}）*，后者立即释放出高能电子在一系列电子传递链中传递。首先传到 P_{680} 的原初电子受体 Ph（脱镁叶绿素），然后依次通过 $Q_A \rightarrow Q_B \rightarrow$ PQ（都是传递电子和质子的质醌），再经过 Fe_2S_2（铁硫蛋白）、Cytf（细胞色素 f）达到 P_{700} 的原初电子供体 PC（质蓝素），从而填补了 P_{700} 受光激发后产生的电子缺失。这样通过这条电子传递链，把两个光合系统联系了起来。

与上述电子传递的同时，类囊体外的 H^+ 不断进入类囊体腔中，形成跨膜的质子梯度，由此偶联了 ADP＋Pi→ATP 的反应。由于这一磷酸化过程是在光合作用中产生的，因此被称为光合磷酸化（photophosphorylation）。

3．光解水与氧的释放 1937 年，英国科学家希尔（R. Hill，1899～1991）发现，在含有离体叶绿体及适当的氢（或电子）受体，如 $NADP^+$ 的水溶液中，只要一光照，即有 O_2 放出。这就是被叫作希尔反应的水的光解。现在已知，光解放氧是结合于 PSⅡ复合体外的放氧复合物中进行的。事实上放氧只是光解水的副产物。在水光解的瞬间，放氧复合物迅即向与它结合的 PSⅡ的原初电子供体“Z”提供一对电子（$2e^-$），使后者因放出高能电子所处的氧化状态得以复原，可进行下一次电子发射。与此同时产生的 2 个质子（$2H^+$）则不断被泵入类囊体基质中偶联 ATP 的合成。可见，光解水是光合作用中极其重要的一个环节。

4. 环式光合磷酸化 在 CO_2 供应不足导致 P_{700} 的最终电子受体 $NADP^+$ 短缺的情况下，P_{700} 放出的电子可经一个环式途径重新回到原处，即经 $A_0 \rightarrow A_1 \rightarrow F_x \rightarrow F_B \rightarrow F_d \rightarrow PQ \rightarrow Fe_2S_2 \rightarrow$ Cytf→PC→P_{700}。这个过程虽无 O_2 释放和 $NADP^+$ 还原，但由于 PQ 在传递电子的同时伴随 H^+ 向类囊体腔内的泵入，从而偶联了 ATP 的生成。可见，本循环是能产生 ATP、不放 O_2 的电子传递途径，称为环式光合磷酸化（图 4.10）。在一般情况下该途径的电子传递量约占电子流动总量的 1/3。可以认为这是对光合磷酸化主途径的一种补充形式。在某些蓝藻（蓝细菌）进行固氮作用的特化异形细胞中仅有 PSⅠ而缺放氧的 PSⅡ，从而保证了对氧极其敏感的固氮酶既能获得必需的能量（ATP）供给，又能在基本无氧的小环境中固氮，合成植物必不可缺的氮肥。

综上所述，从 PSⅡ的原初光反应开始，电子传递经过两条途径：①主渠道——非环式的“Z”字形光合电子传递链，即 H_2O→Mn→“Z”→P_{680}→Ph→Q_A→Q_B→PQ→Fe_2S_2→Cytf→PC→P_{700}→A_0→A_1→F_x→F_B→F_d→FNR→$NADP^+$。本途径为 PSⅡ和 PSⅠ联合传递，占总电子传递量 70%以上。其产物是 NADPH，并可推动质子（H^+）偶联 ATP 的生成。②次渠道——环式电子传递链，仅有 PSⅠ参与，不放 O_2，能偶联少量 ATP 生成。

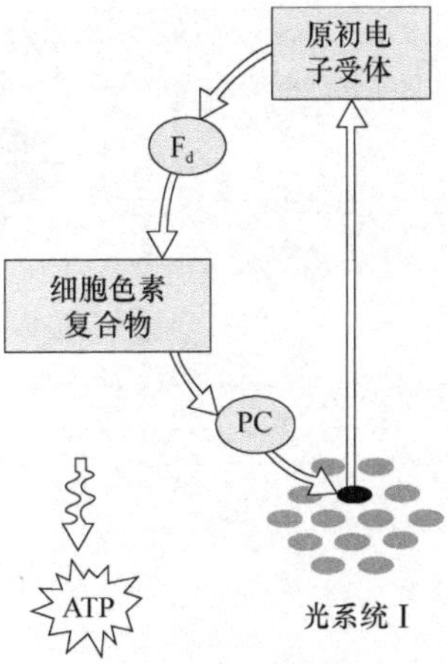

图 4.10　环式光合磷酸化

科学进展

人也能“光合作用”？成果登上《自然》

浙江大学医学院附属邵逸夫医院骨科医师林贤丰、教授范顺武团队与浙江大学化学系教授唐睿康团队从菠菜中提取了具有光合作用的“生物电池”——类囊体，并通过精密的制备技术，在国际上首次实现植物的类囊体跨物种递送到动物体衰老病变的细胞内，让动物细胞也拥有植物光合作用的能量，以此敲开逆转细胞退变衰老的“时光之门”。这项原创性科研成果于 2022 年被《自然》杂志以长文形式刊登。

越来越多的研究发现，动物细胞能量不足是组织衰老和退行性疾病发生发展的关键原因。正如人类一日三餐需要补充营养一样，细胞更新代谢也需要能量和物质补给，而 ATP 和 NADPH 就是细胞再生修复不可或缺的能量货币和物质货币。然而，向退变细胞提供直接能量和物质却是个巨大的科学难题。团队成功从菠菜分离获得能量供应细胞器——类囊体，一个可控、稳定生成 ATP 和 NADPH 的能量工厂。为了避免动物细胞对植物成分的免疫排斥，团队开发了细胞膜纳米涂层技术，将哺乳动物细胞膜包覆在纳米化植物类囊体外层，通过细胞膜伪装包封的方式巧妙地将植物类囊体种间移植到哺乳动物细胞，成功解锁跨物种间能量传递的“密码”，实现特异性供应能量（图 4.11）。为了检验这类“生物电池”是否能逆转病变细胞代谢状态，团队首先选择了骨关节炎的疾病模型对这类“生物电池”进行“概念性验证”。骨关节炎是目前临床上致畸致残的最主要原因之一，正是软骨细胞的能量代谢失衡，ATP、NADPH 耗竭而导致关节软骨破坏。目前骨关节炎的生物治疗还无法系统性地纠正损伤退变软骨细胞的代谢失衡，因此临床预后不佳。通过科研人员多学科技术手段通力合作，验证了用软骨细胞细胞膜包封的类囊体不仅可以有效地逃避免疫系统的攻击，且该包封类囊体还能被软骨细胞选择性地摄取。通过体外无创化光照治疗，实现精确增强退变软骨细胞内的 ATP、NADPH 水平并能维持足够的“续航”能力，从而重塑软骨细胞的合成代谢，实现退行性骨关节炎疾病的治疗。这项工作的杰出之处在于研究团队成功地将植物“微型细胞器”种间移植到了哺乳动物细胞。利用植物光合作用系统以依赖光能的方式在哺乳动物细胞中特异性供应 ATP 和 NADPH 的这一技术，是一项令人兴奋的成就，它开辟了代谢工程的可能性。

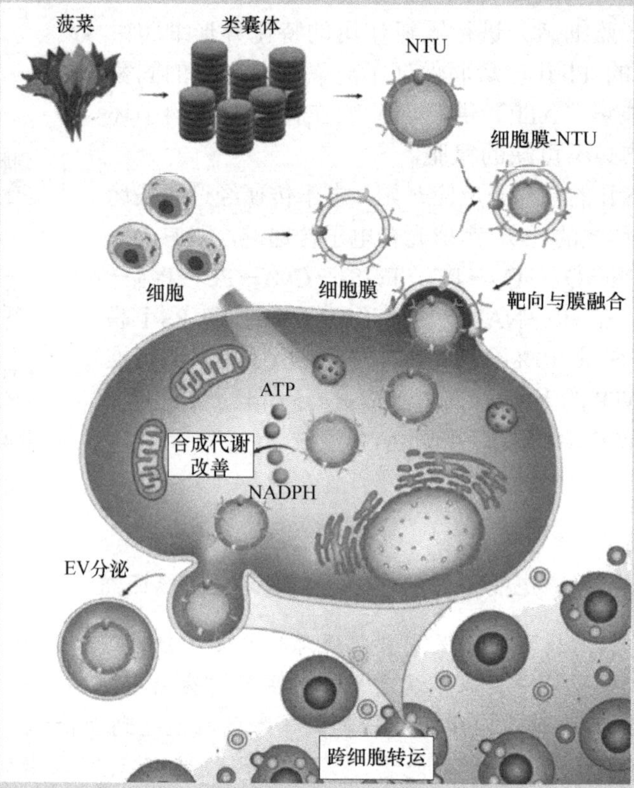

彩图

图 4.11 植物类囊体种间移植到哺乳动物细胞过程示意图（引自 Chen，2022）

（三）CO_2 同化

把 CO_2 同化成有机物，又称为暗反应。这是一项悄然进行但意义非凡、地球上几乎所有生物都赖以生存的伟大工程。它既把异养生物无法直接利用的无机碳源转变成有机碳，又将 ATP 和 NADPH 中活跃的化学能转化为稳定的化学键键能。高等植物同化 CO_2 的途径有以下三条。

1. 卡尔文循环（Calvin cycle） 自从 200 多年前（1782）森内比尔证明植物吸收 CO_2 合成有机物后，许多科学家孜孜以求试图探明 CO_2 同化的第一个产物是什么及如何同化 CO_2。从 1946 年开始，美国生物化学家卡尔文（M. Calvin，911～1997）用标记的 $^{14}CO_2$ 作为光合作用的原料培养小球藻。供给 $^{14}CO_2$ 仅 5s 钟后立即提取细胞内含物并进行双向纸层析分析。经过近 10 年的艰苦努力终于探明，CO_2 的同化是以 1,5-二磷酸核酮糖（RuBP）为受体，第一个被标记的产物是 3-磷酸甘油酸（3-PGA）。再经一系列转化、再生等过程构成一个复杂的碳循环，后人称之为卡尔文循环。卡尔文本人因此获 1961 年诺贝尔化学奖。以下分三阶段简要阐明该循环（图 4.12）。

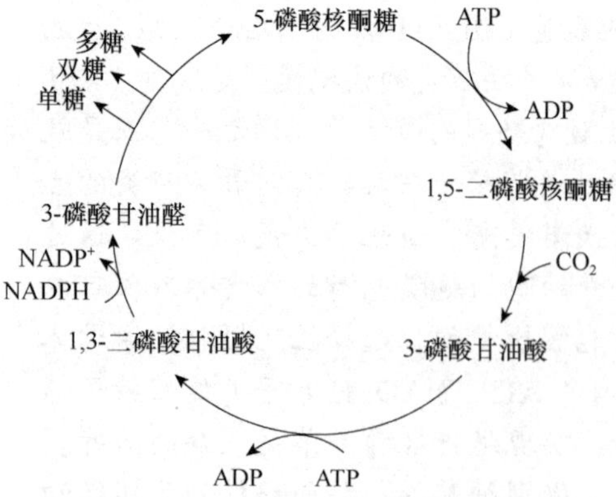

图 4.12 卡尔文循环主要反应示意图（有些反应已省略）

（1）羧化阶段　本阶段以 CO_2 固定及同化、产生三碳化合物为特征。

$$\text{5-磷酸核酮糖}(C_5) \xrightarrow{ATP \to ADP} \text{1,5-二磷酸核酮糖}(C_5)$$

$$\text{1,5-二磷酸核酮糖}(C_5) + CO_2 \xrightarrow{\text{二磷酸核酮糖羧化酶}} (\text{3-磷酸甘油酸})_2$$

本阶段从 5-磷酸核酮糖出发，消耗 1 分子 ATP，在二磷酸核酮糖羧化酶的催化下与 1 分子 CO_2 结合后立即分解为 2 分子 3-磷酸甘油酸。

（2）还原阶段　在本阶段，三碳化合物 3-磷酸甘油酸先被 ATP 活化，然后利用 NADPH 把自身还原成 3-磷酸甘油醛。

$$(\text{3-磷酸甘油酸})_2 \xrightarrow{2ATP \to 2ADP} (\text{1,3-二磷酸甘油酸})_2$$

$$(\text{1,3-二磷酸甘油酸})_2 \xrightarrow{2NADPH \to 2NADP^+} (\text{3-磷酸甘油醛})_2$$

（3）再生阶段　小部分 3-磷酸甘油醛或输出叶绿体用于合成蔗糖，或在叶绿体内合成淀粉。多数 3-磷酸甘油醛重新转变成 5-磷酸核酮糖，完成一个循环。

3-磷酸甘油醛 ⇢ 5-磷酸核酮糖

3-磷酸甘油醛 ⇢ 葡萄糖、蔗糖、淀粉等

在卡尔文循环中，5-磷酸核酮糖不断被再生。每循环一次固定并还原一分子 CO_2，同时耗用 2 分子 ATP 和 1 分子 NADPH，并产生 2 分子 ADP 和 1 分子 $NADP^+$。由此可见，原初光反应和电子经一系列载体的传递，为同化 CO_2 准备了必需的还原力（ATP 和 NADPH）；而 CO_2 同化过程产生的 ADP 和 $NADP^+$ 反过来也成了电子传递过程所需的反应底物。这两者相辅相成，构成了植物光合作用对立统一的两个方面。由于卡尔文循环中 CO_2 固定后的最初产物是三碳化合物，因此该途径也叫作 C_3 途径。只经该途径合成有机物的植物叫作 C_3 植物。大多数植物，包括水稻、小麦、棉花、青菜等都是 C_3 植物。

2．C_4 途径（C_4 pathway）　早在 20 世纪 60 年代中期，就有人在研究甘蔗光合作用时发现，它固定 CO_2 的最初产物是一种 C_4 化合物。后来黑特其（Hatch）等终于证明，这种 C_4 化合物是草酰乙酸，并阐明了它的代谢途径。因此这类植物就叫作 C_4 植物。现在已知 C_4 植物主要适生于高温、强光、干旱的生境中，包括 20 多个科 1300 多种植物。农作物中只有甘蔗、玉米、高粱、黍和粟等数种为 C_4 植物。

C_4 植物在结构上与 C_3 植物有两个明显的差异。C_4 植物叶片的维管束鞘细胞富含叶绿体，C_3 植物的维管束鞘细胞无叶绿体。此外，在维管束鞘之外，C_4 植物的叶肉细胞围绕维管束排成一至数层同心圆构造，称为花环型结构；而 C_3 植物并无这种结构特征。从下文 C_4 代谢途径的阐述可以得知，这两种结构特征是与它们的功能高度吻合的（图 4.13）。

C_4 途径可以细分为三个阶段。

（1）羧化阶段　CO_2 进入 C_4 植物的叶肉细胞，溶于水后，解离成 HCO_3^- 和 H^+。前者在磷酸烯醇式丙酮酸羧化酶（PEPCase）的催化下与磷酸烯醇式丙酮酸（PEP）结合形成四碳化合物草酰乙酸，CO_2 由此被固定。

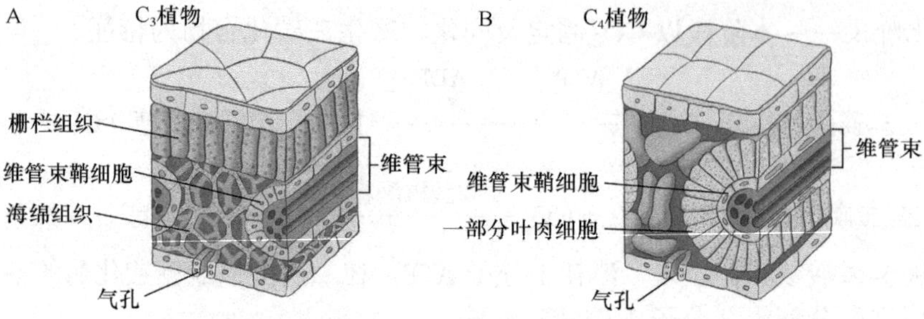

彩图

图 4.13 C_3 植物（A）和 C_4（B）植物维管束鞘细胞比较

$$\text{磷酸烯醇式丙酮酸} + HCO_3^- \xrightarrow[Mg^{2+}]{PEPCase} \text{草酰乙酸} + Pi$$

（2）CO_2 转移阶段　草酰乙酸在相关酶的催化下转变成苹果酸或天冬氨酸，然后通过胞间连丝进入维管束鞘细胞。这时苹果酸等四碳化合物脱羧放出 CO_2，生成丙酮酸。

$$\text{草酰乙酸} \rightarrow \text{苹果酸} \xrightarrow{NADP^+ \rightarrow NADPH,\ CO_2} \text{丙酮酸}$$

反应脱下的 CO_2 进入叶绿体，被上文介绍的卡尔文循环固定和还原。

（3）PEP 再生阶段　维管束鞘细胞内的丙酮酸穿壁回到叶肉细胞，被丙酮酸磷酸双激酶催化重新生成磷酸烯醇式丙酮酸，完成一个循环。

$$\text{丙酮酸} \xrightarrow[\text{丙酮酸磷酸双激酶}]{ATP \rightarrow AMP} \text{磷酸烯醇式丙酮酸（PEP）} + Pi$$

从以上简要介绍可以看出，C_4 植物实际上既有 C_4 途径又有 C_3 卡尔文循环。C_4 途径源源不断地将 CO_2 捕获并送入维管束鞘细胞内，使胞内的 CO_2 浓度高达 100μL/L，极有效地促进卡尔文循环进行同化反应（图 4.14）。同时它又能将维管束鞘细胞由于光呼吸逸出的及异化作用产生的 CO_2 重新固定并利用。因此 C_4 植物的生产效率明显高于 C_3 植物也就不足为奇了。

以上简要介绍了植物固定和同化 CO_2 的二条途径。从中可以看出，C_3 途径（卡尔文循环）是这一系列反应的中心环节。C_4 途径最终都得经过卡尔文循环才能把 CO_2 同化成蔗糖或淀粉，并进一步转化为其他生物大分子，同时也就将光能转变成可贮存的化学键键能。此外，CO_2 固定途径的不同也导致了 C_4 植物的光合能力大于 C_3 植物。

还应指出，基于 C_4 植物仍然依靠卡尔文循环固定、还原 CO_2 的事实，似乎可以推论，在植物系统演化的进程中，C_4 植物应该出现在 C_3 植物之后，否则它们就成了无本之木，根本无法利用 CO_2 合成有机物。有趣的是，有的植物，并非所有器官都保持某种特定的光合类型，如 C_4 植物的谷子，它的功能叶却具有典型的 C_3 途径；有的植物也不是在一生中都保持同一种光合途径，如高粱在扬花后即从 C_4 途径转变成 C_3 途径。为什么有些植物能改变它们的代谢途径？这是个很值得探究的问题。从内因方面分析，这些植物应该具备决定这些代谢所需酶的各种基因；但这些基因的启动和调控可能还与外因（外环境）密切相关。所有这些现象都可以解释为相关基因在时间、空间上差异启动、表达的结果，而不是原有基因的丧失或新基因的获得。至今从未发现 C_3 植物向 C_4 植物转变的实例，这个事实从反面为上述推论提供了佐证。此外，在 C_4 植物 20 多个科 1300 多种植物中，既包括禾本科和莎草科等单子叶

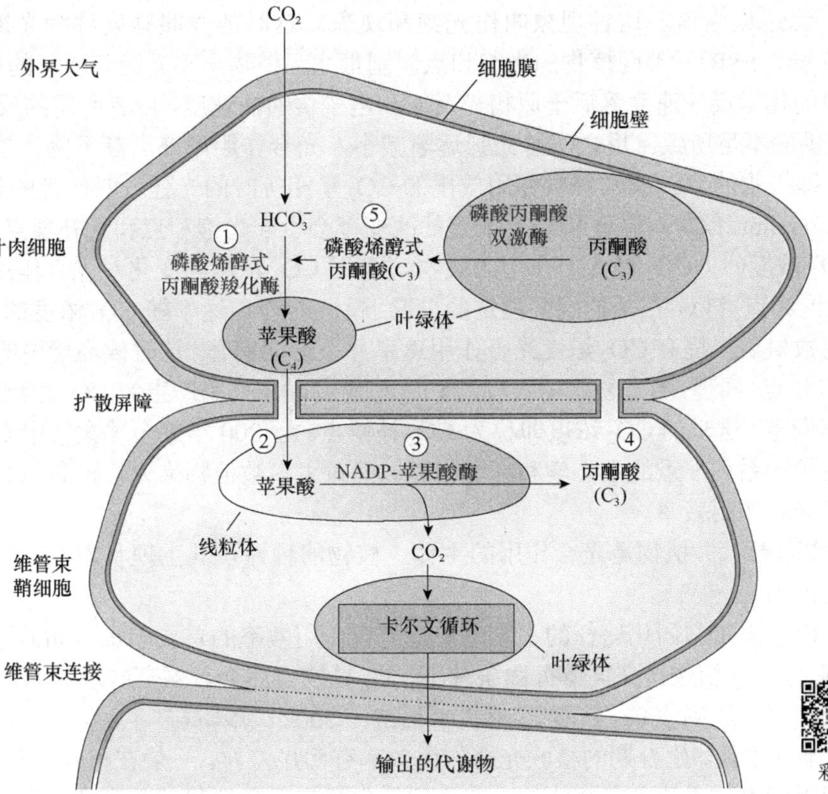

彩图

图 4.14 C_4途径与C_3卡尔文循环的关系（引自吴庆余，2002）

植物，又有菊科、苋科及藜科等双子叶植物。可见C_4途径的出现历史已相当悠久，可能在单子叶植物从双子叶植物“脱颖而出”之前，即在不迟于中生代的侏罗纪（1.81 亿～1.35 亿年前），C_4植物就已经在地球上繁衍。从而可知，当时地球表面的温度至少不会低于现在。

现将光合作用中的光反应和暗反应两个阶段的相互关系归纳成图 4.15。

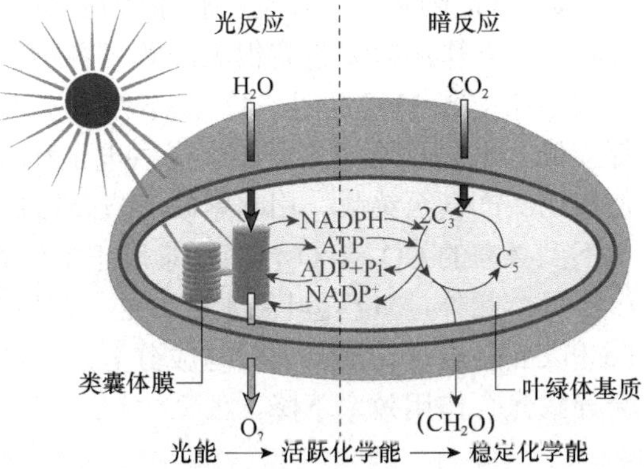

图 4.15 光反应和暗反应示意图
（引自 Mader and Hill，2010）

三、影响光合作用的因素

光合作用是植物利用阳光还原 CO_2 成有机物的反应。因此它的效率高低取决于阳光强弱（光质暂不考虑）、CO_2浓度及植物种性和生理状态三方面的相互关系。

彩图

1. 阳光 阳光的光能利用率是指单位面积上植物经光合作用积累的有机物中所含的能量与所接收的日光能量的比值。这个比值通常很低，农作物约在 2%，林木通常低于 1%。绝大部分光能由于直射地面、叶片反射、透射及光饱和现象而以热能等无效形式散失。

在保证一定的温度、CO_2 浓度及水分等供应的条件下，在一定范围内植物光合作用效率随着光强的增加几乎呈线性增长。但当光强增加到某一数值时光合作用效率不再提高，即光合作用效率已达最大值。这种现象叫作光饱和现象。这时的光照强度称为光饱和点（light saturation point，LSP）。不同植物的光饱和点差别很大。植物出现光饱和现象的原因是，CO_2 固定与还原的化学反应速度落后于原初光反应和电子传递的速度，后者所需的反应底物 ADP 和 $NADP^+$ 供应不足所致。反之随着光强逐渐减小，光合作用率亦渐渐下降。植物净光合速率等于零，即吸收的 CO_2 量与呼吸作用放出的 CO_2 量相等时的光强就叫作光的补偿点（light compensation point，LCP）。温度和 CO_2 浓度的改变都会引起光饱和点和光补偿点的明显变化。

2．CO_2 浓度　CO_2 是光合作用的底物，因此 CO_2 浓度的变化对光合作用速率的影响很大。与光饱和点类似，在其他因素恒定的情况下，光合作用速率随 CO_2 浓度的升高而上升。但到达一定数值后再提高 CO_2 浓度光合作用速率并不继续攀升，这时候环境中的 CO_2 浓度就叫作 CO_2 饱和点。同理，当光合作用吸收的 CO_2 与植物呼吸作用产生的 CO_2 达到动态平衡时，净光合效率为零。这时的 CO_2 浓度即称为 CO_2 补偿点。近 200 年来全球大气中 CO_2 的浓度逐渐上升产生了一系列严重的生态学和环境问题。但对大多数植物来说，较高的 CO_2 浓度无形中却提高了光合作用效率。

3．植物因素　植物是光合作用的主体。植物的种性及其生理状态是影响光合作用效率的决定性内因。

首先，CO_2 固定与同化途径的不同是决定光合作用效率的首要因素。如前述，光合作用效率，C_4 植物＞C_3 植物。在同等外因条件下，C_4 植物自然会获得高产。例如，C_4 植物的玉米亩产一般都可以达到 700kg，而 C_3 植物水稻亩产 500kg 就算高产了。

其次，不同生长、生育期的植物光合作用效率有明显差异。一般在植物开花结实或块根、块茎迅速积累营养物质阶段，植物的光合作用效率最高。在植物的各类叶片中，功能叶的光合作用效率大于幼嫩叶和衰老叶。功能叶中又以果穗叶的光合作用效率最高。

4．其他因素　植物生长于大自然中，除了以上提及的阳光和 CO_2 以外，其他因素对植物的光合作用效率也有很大影响。各类植物都有各自的生长最适温区。一般作物生长的最佳气温在 17～33℃之间，4℃以下作物不再生长。低于或高于这个温区，植物光合作用效率都较低。水分是原初光反应中提供电子和 H^+ 的底物。轻度缺水使植物出现萎蔫症状，干旱使植物减产甚至绝收。用水紧缺一直是限制我国北方农业生产的“瓶颈”。如果植物受水淹，得不到必需的 CO_2 和 O_2，同样难以正常生长，甚至死亡。无机营养中，氮、磷、钾三要素缺一不可。此外，Mg 是叶绿素的核心，S 与 Zn 参加酶的组成，Mn、Cl 和 Ca 与水裂解有关，Fe 和 Cu 是电子传递链的参与成分等。通常植物所需无机营养盐不多，超过一定浓度往往还会导致光合作用效率下降。

科学进展

人工合成淀粉

淀粉是绿色植物在阳光照射下，将外界吸收来的二氧化碳和水分，在叶绿体内利用光能制造出葡萄糖，葡萄糖再聚合成淀粉，同时释放出氧气。

如上述，植物光合作用效率受到多种自然因素的制约。是否可以在人工设备中，催化 CO_2 直接生成我们需要的糖和淀粉呢？由中国科学院天津工业生物技术研究所主导完成的 CO_2 到淀粉 11 步从头合成反应的突破性论文 2022 年 9 月在《科学》杂志上发表。

科研人员是如何操作的呢？首先他们将热电厂和水泥厂排放的高浓度CO_2分离出来作为原料，以氢为还原剂将CO_2催化还原生成简单的碳一化合物（甲醇）。然后再将甲醇一步步聚合为C_3化合物、C_6化合物（即葡萄糖），直至长链淀粉分子（图 4.16）。如果目前这个过程成本能够降低到与农业种植相比具有经济可行性，将大大节约耕地资源和水资源，同时能避免农药、化肥等对环境的负面影响，真正实现绿色发展理念。

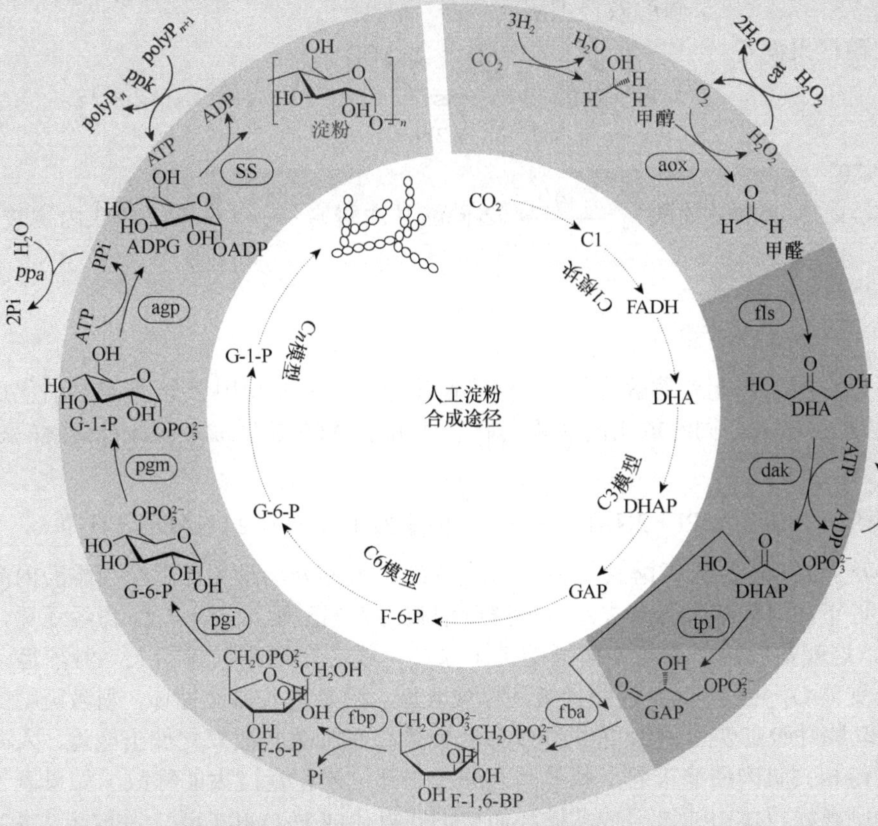

彩图

图 4.16 从二氧化碳人工合成淀粉的 11 步反应途径（ASAP）（引自 Cai，2021）

第三节 生物中的基本物质代谢和能量代谢

植物从光合作用中获得的糖类，经物质代谢很快又转变成自身需要的其他各类有机物。在物质代谢过程中往往还伴随着能量的释放和转换。由于糖代谢，特别是葡萄糖的降解与物质和能量的代谢密不可分，因此本节着重围绕这个中心环节展开。

一、糖酵解

葡萄糖的降解分两个阶段进行，糖酵解（glycolysis）是第一阶段。这是从多糖转化为单糖，单糖磷酸化，六碳糖裂解为三碳化合物等一系列反应的总称。糖酵解的全过程在细胞质中进行，为不需氧的代谢反应。

1．生成果糖磷酸 糖酵解可以从单糖葡萄糖直接开始，也可经蔗糖、麦芽糖、乳糖等双糖或淀粉、糖原等多糖降解成葡萄糖出发，耗用 ATP 进行磷酸化。

$$\text{葡萄糖} \xrightarrow{\text{ATP} \quad \text{ADP}} \text{6-磷酸葡萄糖} \xrightarrow{\text{异构化}} \text{6-磷酸果糖} \xrightarrow{\text{ATP} \quad \text{ADP}} \text{1,6-二磷酸果糖}$$

2．二磷酸果糖裂解　带着两个高能磷酸键的 1,6-二磷酸果糖具有很高的活化能，化学性质极不稳定，在各种酶的催化下一步步裂解成三碳化合物，并释放出少许能量。

$$\text{1,6-二磷酸果糖} \rightarrow \begin{cases} \text{磷酸双羟丙酮} \\ \updownarrow \\ \text{3-磷甘油醛} \xrightarrow[\text{2Pi}]{\text{2NAD}^+ \quad \text{2NADH}} (\text{1,3-二磷酸甘油酸})_2 \end{cases}$$

$$\xrightarrow{\text{2ADP} \quad \text{2ATP}} (\text{3-磷酸甘油酸})_2 \xrightarrow{\text{异构化}} (\text{2-磷酸甘油酸})_2 \xrightarrow[\text{H}_2\text{O}]{} (\text{磷酸烯醇式丙酮酸})_2$$

$$\xrightarrow{\text{2ADP} \quad \text{2ATP}} (\text{丙酮酸})_2$$

从上式可以看出，在无氧酵解阶段，1 分子葡萄糖（C_6）先动用 2 分子 ATP 活化后，裂解成两分子丙酮酸（C_3），同时放出的能量偶联了 4 分子 ATP 的生成。因此糖酵解的总反应式可概括为：

$$\text{葡萄糖} + 2\text{ADP} + 2\text{Pi} + 2\text{NAD}^+ \longrightarrow 2\,\text{丙酮酸} + 2\text{ATP} + 2(\text{NADH} + \text{H}^+)$$

可见，1 分子葡萄糖经无氧酵解仅得 2 分子 ATP，大部分能量还保存在丙酮酸内尚未释出。在缺氧条件下，丙酮酸有两条去路：在酵母细胞内丙酮酸脱羧放出 CO_2 再经还原，生成乙醇（酒精）。这就是以糖（淀粉）酿酒的基本原理；或者在动物（包括人）激烈运动时，由于最终电子受体 O_2 供应不足，丙酮酸被还原成乳酸。后者进入血液循环，刺激延脑的呼吸中枢兴奋，使动物呼吸加快以供给更多的 O_2。乳酸最终在肝细胞被氧化放出能量。人高强度运动过后总觉得相关肌肉酸痛难忍，就是因乳酸在该部位累积量过大的缘故。如果氧气供应充足，丙酮酸则在线粒体内通过三羧酸循环而被彻底氧化成 H_2O 和 CO_2，并放出大量能量。因此氧在糖的分解代谢中犹如十字路口的开关，决定着糖代谢的途径及产物。这个现象最早由法国微生物学家巴斯德所发现，因此也叫作巴斯德效应。

虽然糖酵解氧化不完全，获得的能量很少，但这条代谢途径毕竟速率较快，而且无需线粒体的存在。因此，高度特化的细胞，如人红细胞，就完全靠糖酵解取得能量。表皮细胞中 50%～70%的葡萄糖也经该途径降解并释放出能量。

二、三羧酸循环

糖酵解发生在细胞质中，在有氧条件下，糖酵解产物丙酮酸，反应进入下一个阶段三羧酸循环，这个反应发生在线粒体中，但是丙酮酸无法直接进入线粒体参与三羧酸循环，在进入线粒体之前需要经过丙酮酸脱氢酶的作用最后产生乙酰辅酶 A（acetyl CoA），乙酰辅酶才能够直接参与三羧酸循环。由于该循环的第一个产物柠檬酸含 3 个羧基（—COOH），因此这个循环被称为三羧酸循环（tricarboxylic acid cycle，TAC）。经过三羧酸循环后被彻底氧化成 H_2O 和 CO_2，并产生众多还原物，构成一个循环式代谢系统。为了纪念该循环代谢系统的提出者 H. A. Krebs（1900～1981），三羧酸循环也叫作 Krebs 循环。以下对该循环进行粗线条式的介绍，其中一些反应过程已省略。

如图 4.17 所示，丙酮酸进入线粒体基质以后，首先被氧化脱羧，生成乙酰辅酶 A（CoA，C_2），才进入三羧酸循环。完成一次三羧酸循环，投入的底物是 1 分子乙酰辅酶 A（C_2），得到的产物包括偶联产生 1 分子 GTP（可转化成 ATP），1 分子 CO_2 及 4 对氢（1 分子 $FADH_2$，3 分子 $NADH+H^+$）。此外，从丙酮酸氧化脱羧成乙酰辅酶 A 时已得到 1 分子 NADH。这样 1 分子丙酮酸完全氧化可得 4 分子 NADH 和 1 分子 $FADH_2$。由于 1 分子葡萄糖可裂解成 2 个丙酮酸分子，所以，实际上 1 分子葡萄糖经三羧酸氧化后可产生 8 分子 NADH 和 2 分子 $FADH_2$。再加上第一阶段糖酵解产生的 2 分子 NADH，1 分子葡萄糖完全分解可得 10 分子 NADH、2 分子 $FADH_2$ 和 2 分子 ATP。换句话说，葡萄糖已经把它的大部分化学能转移到 NADH 和 $FADH_2$ 的高能电子中。随后，这两类供氢体在线粒体内膜的电子传递体上逐级将它们的能量转储到 ATP 中（表 4.2）。

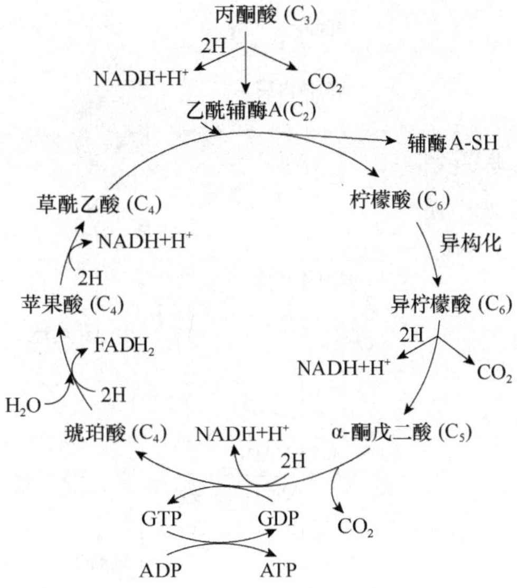

图 4.17　三羧酸循环略图

FAD：黄素腺嘌呤二核苷酸；GTP：鸟嘌呤三磷酸；NADH：还原性烟酰胺腺嘌呤二核苷酸（辅酶 I ）

表 4.2　1 分子葡萄糖氧化产生供氢体一览表

偶联反应	产生供氢体类型	供氢体数量
（3-磷酸甘油醛）$_2$ ⟶（1,3-二磷酸甘油酸）$_2$	NADH	2
（丙酮酸）$_2$ ⟶（乙酰辅酶 A）$_2$	NADH	2
（异柠檬酸）$_2$ ⟶（α-酮戊二酸）$_2$	NADH	2
（琥珀酸）$_2$ ⟶（苹果酸）$_2$	$FADH_2$	2
（苹果酸）$_2$ ⟶（草酰乙酸）$_2$	NADH	2

三、电子传递与氧化磷酸化

在光合作用中，中心色素分子受光激发产生的高能电子在电子传递过程中偶联了光合磷酸化的进程。同样的，糖氧化产生的含高能电子的还原物（供氢体）在线粒体内嵴上经系列电子传递，也启动了氧化磷酸化反应。

氧化磷酸化是好氧生物产能代谢的最终步骤，线粒体是真核生物进行氧化磷酸化的细胞器，而电子传递链各组分和 ATP 合酶均分布在内膜上，并且伴随 e^- 传递形成的［H^+］跨膜梯度是所有生物氧化反应中所获能量的储库。那么 ATP 合酶又是如何催化 ATP 的合成的呢？英国生物化学家米切尔通过研究，提出了“化学渗透学说”（图 4.18）。认为由酶、辅酶等组成的膜具有传递电子、质子的功能，从而造成膜两边的电位差和质子浓度差，使电子和质子可以渗透过膜，推动了 ATP 的生成。米切尔因此于 1978 年获得诺贝尔奖。

在线粒体内膜上有规律地按氧化还原电势高低排列着一系列相关的电子传递体，由它们构成所谓的电子传递链（图 4.19）。糖酵解和三羧酸循环产生的 NADH 和 $FADH_2$ 向该链提供

彩图

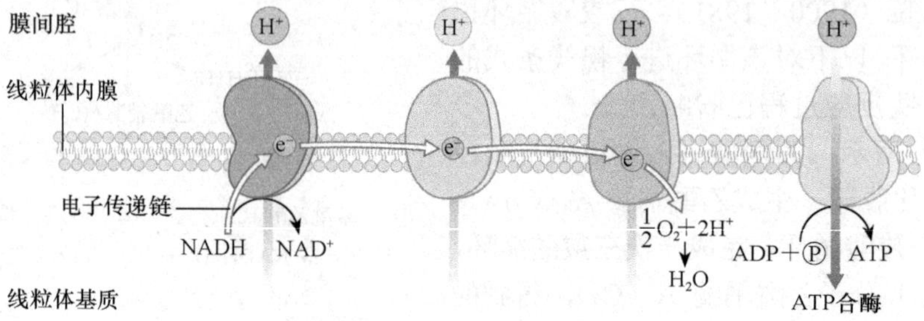

图 4.18 化学渗透学说示意图

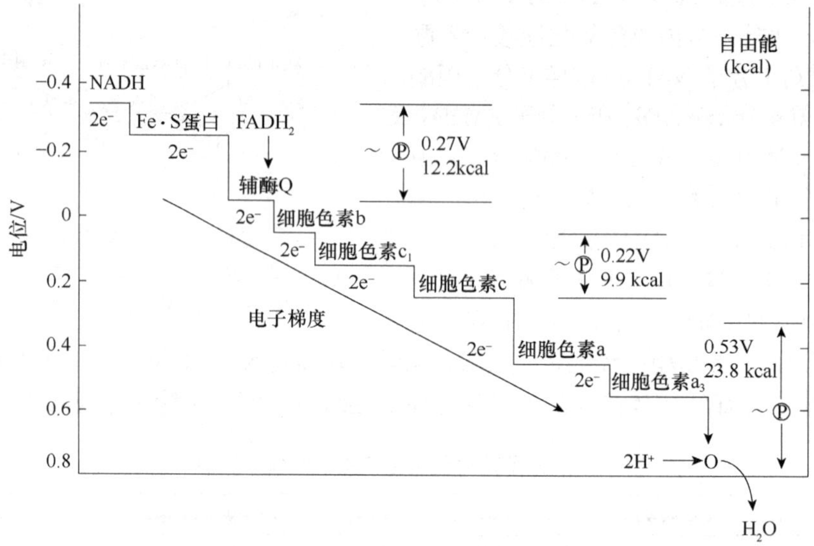

图 4.19 电子传递与氧化磷酸化示意图（已有省略）

$FADH_2$：黄素腺嘌呤二核苷酸；NADH：还原型烟酰胺腺嘌呤二核苷酸；～Ⓟ：高能磷酸键

高能电子。这些电子在从高能电位向低能受体逐级传递的过程中偶联了质子的跨膜运输，质子从线粒体基质通过主动运输到达外侧，即线粒体内外膜中的膜间腔，由此在膜间腔与线粒体基质中形成质子浓度梯度，膜间腔中的质子无法自由透过内膜进入线粒体基质，只有通过 ATP 合酶的质子通道才能进入膜内。膜两侧的质子梯度成为一种势能，质子一旦经过通道，这种势能就能被 ATP 合酶用于合成 ATP。因此，质子在 ATP 酶复合体（蘑菇状小体）上的穿膜流动，从而以质子的能量推动了 ADP＋Pi→ATP 的反应，ATP 大量生成。传递链的最终电子受体是分子氧。所谓需氧代谢，其氧之需求其实就在于和质子（H^+）、电子结合成水。

从图 4.19 可见，NADH 中的高能电子在电子传递链中有三次较大的自由能释放，每次释放的能量都足以促使 1 分子 ATP 的生成。因此，每 1 分子 NADH 经电子传递链可形成 2.5 分子 ATP。但在线粒体之外，前文所述糖酵解产生的 2 分子 NADH 未能直接穿过线粒体膜，它携带的高能电子需根据物种或细胞类型的差异进行不同的转换后才能进入线粒体进行电子传递。因此，这 2 分子 NADH 产生的 ATP 数可能是 3 分子或 5 分子。此外，$FADH_2$ 的电子传递从辅酶 Q 开始，其能量降解只能形成 1.5 分子 ATP。

那么，1 分子葡萄糖经糖酵解、三羧酸循环、电子传递和氧化磷酸化，其能量偶联产生多少分子 ATP 呢？从表 4.3 可知，1 分子葡萄糖经无氧酵解，仅能得到 2 分子 ATP，而经三羧酸循环和氧化磷酸化彻底氧化，可获得 30 或 32 分子 ATP，二者相差 15（16）倍。不难理解，这就是绝大多数异养生物（细菌、放线菌、真菌和动物）及植物中的异化作用都选择有氧代谢（好氧呼吸）的根本原因。从进化的角度看，这也是自然选择的结果。

表 4.3　1 分子葡萄糖完全氧化产生 ATP 数一览表

反应类型	产生 ATP 数	反应类型	产生 ATP 数
糖酵解，生成 2 分子丙酮酸	2	2 分子 α-酮戊二酸脱羧偶联产生 2 分子 GTP，转化	2
糖酵解生成 2 分子 NADH，经电子传递	3 或 5	2 分子琥珀酸氧化生成 2 分子 $FADH_2$，经电子传递	3
2 分子丙酮酸脱羧生成 2 分子 NADH，经电子传递	5	2 分子苹果酸氧化生成 2 分子 NADH，经电子传递	5
2 分子异柠檬酸脱羧生成 2 分子 NADH，经电子传递	5	共生成 ATP 数	30 或 32
2 分子 α-酮戊二酸脱羧生成 2 分子 NADH，经电子传递	5		

生物氧化与物质燃烧看似风马牛不相及，其实它们的本质是一致的，即借助氧化放出能量。只不过燃烧是物质中能量的骤然喷发，这是“武火”；而生物氧化则是“文火”，它让能量逐级释放、层层贮存，利用率很高。1mol/L 葡萄糖完全氧化可得能量 686kcal，其中 38.3%（或 40.4%）的能量被“转存”为 ATP 中随时可动用的高能磷酸键（1mol/L ATP 贮能 7.3kcal）。相比之下，人类设计出的各种内燃机的热能转换效率很少能达到或超过 20%。ATP 相当活泼，不稳定。以 1 分子葡萄糖为例在细胞质和线粒体中经过细胞呼吸最后形成能量 ATP 的整个过程见图 4.20。

四、四类生物大分子代谢的相互联系

很多人都懂得这个道理，要减肥就得少吃多运动。我们进口的是以淀粉（多糖）为主要成分的食物。当这些食物中的能量超过人体日常生活、工作的需求时（第七章第二节），体内的代谢途径就会转向脂肪合成，导致人体发胖。生物体中糖、脂肪、蛋白质及核酸的代谢错综复杂。这些生物大分子的相互转化一般都要经过以下三个阶段。

1．异化阶段　各种生物大分子分别由不同的结构单元组成。某类大分子过多需转化成其他分子，都要先将生物大分子分解成小分子——它的结构单元，如淀粉分解成葡萄糖，

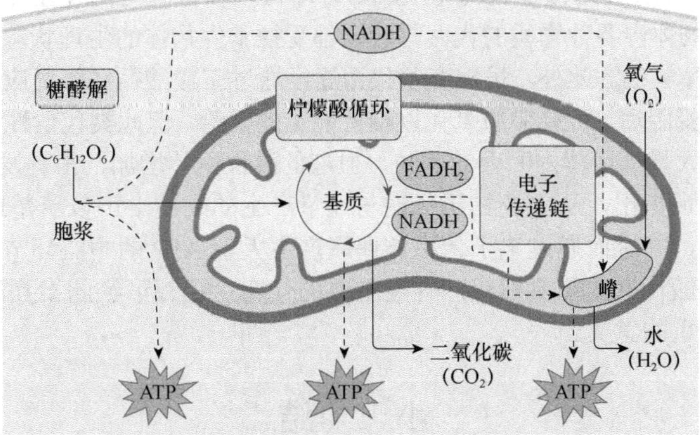

彩图

图 4.20　细胞呼吸示意图（引自 Mader and Hill，2010）

蛋白质或多肽降解成各种氨基酸，脂肪降解为甘油和脂肪酸等。虽然核酸也可以降解成数种核苷酸，但并不成为生物体中的重要碳源、氮源和能源。

2. 转化阶段 各种结构单元再进一步分解成更小的分子，在微观水平各种物质逐渐趋同，然后再通过三羧酸循环，实现各类结构单元的相互转化。如葡萄糖氧化成3-磷酸甘油醛后，经磷酸二羟丙酮转化成甘油——组成脂肪的基本成分之一；丙酮酸脱羧成乙酰辅酶A，后者与脂肪酸可双向转化。同理，各种氨基酸可经三羧酸循环与糖和脂肪的结构单元实现相互转化（图4.21）。

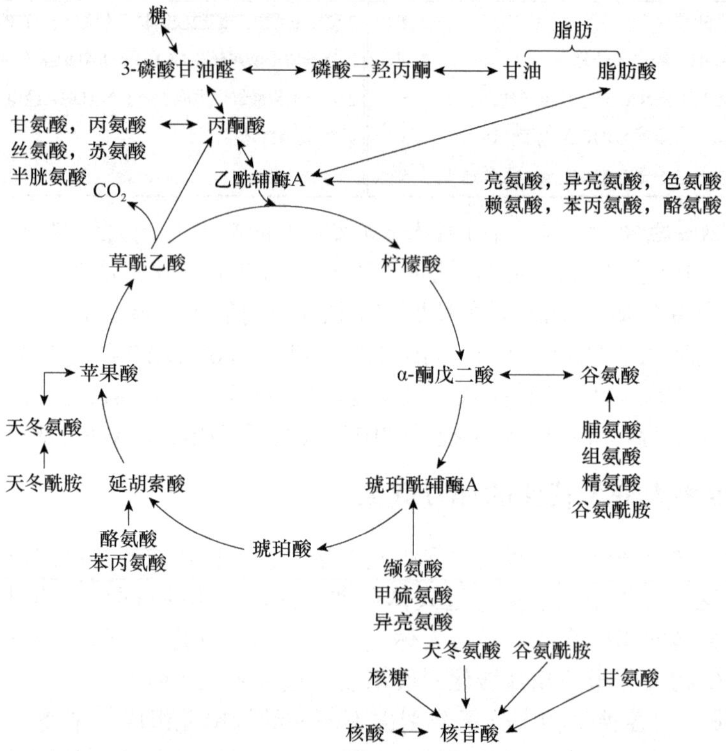

图4.21 糖、脂肪、蛋白质及核酸代谢关系示意图

3. 同化阶段 各类结构单元转化生成后，即可按各自的同化途径合成所需的各种生物大分子。不过，生物体内各种物质的代谢与转化都受控于生物体的生理状态。这种转化并不是各向同性（相同速率）的。此外，虽然有些代谢途径通过三羧酸循环等反应可以相互补偿，如糖氧化产能的途径受阻后，可经脂肪氧化以维持能量的供给，但此类代偿性反应有可能造成一定的负面影响。如大量动用体内贮存的脂肪，血液的酸性酮体增加，常有发生酸中毒的危险。

最后，还应强调指出，从本章物质代谢与能量产生的阐述中可以清楚地看出，三羧酸循环是糖类彻底氧化，并进而通过电子传递链偶联产生大量ATP的中心环节，也是沟通糖类、脂肪、蛋白质和核酸代谢的重要枢纽，几类重要的代谢途径都可经此相互沟通。它在各门类生物中具有举足轻重的意义。

小　结

新陈代谢是生命生存的依据，它包括同化作用和异化作用两个方面。在这两大过程中都以物质代谢和能量代谢为主线。生物的营养类型有四种：光能自养型、光能异养型、化能自养型和化能异养型。其中植物以光能自养为主，动物、真菌和细菌则以化能异养为生。

生物体内各种反应大多需要酶的催化。绝大多数酶是生物自己制造的、具有高度专一性（特异性）、高度催化活性的蛋白质催化剂。每种酶至少拥有一个经诱导后能与底物密切契合的活性中心，该中心由络合部位与催化部位构成，这是各种酶催化反应的工作基础。有些酶全由蛋白质组成，它们是简单酶；有些酶除了以蛋白质为主要成分外，需要一定的辅助因子参与才能发挥酶的正常功能，这些酶叫作复合酶。

酶促反应的机理不能一概而论，主要有酶受诱导改变构象、底物在酶的作用下变形及底物与酶形成中间产物三种学说。酶促反应具有条件温和、底物专一和高效作用三个突出的优点。要达到酶促反应的最佳效果，要从酶是生物制品的原则出发，对酶原进行激活，注意酶的活化，必须保证充足的底物和足够的酶浓度及适宜的反应条件（pH、温度、离子种类及其浓度等）。此外还需因酶而异，尽可能排除各种各样的酶抑制剂。

光合作用是生物赖以生存的基础。植物主要吸收阳光中的红光和蓝紫光。光合作用有两个中心，即 P_{680} 和 P_{700}，它们分别由中心色素分子、原初电子供体和原初电子受体组成。光合作用中心和 250～300 个集光色素分子紧密结合组成光合作用的功能单位——光合系统。光合作用过程包括原初光反应、电子传递偶联 NADPH 和 ATP 生成及 CO_2 同化三个阶段。前两个阶段为 CO_2 同化提供了必需的还原力——NADPH 和 ATP，也称光反应；而 CO_2 同化为前两个阶段输送了 $NADP^+$ 和 ADP 等反应底物，生成各种糖化合物等，将光能转化为化学能，亦称暗反应。两者密不可分。

光合作用的总反应式可以表示为：

$$6CO_2+12H_2O^* \xrightarrow[\text{绿色植物}]{\text{光能 2817.3 kJ}} C_6H_{12}O_6+6H_2O+6O_2^* \uparrow$$

式中表明，水不仅为反应提供了供氢体，也是大气中氧气的主要来源。6 分子 CO_2 经还原生成 1 分子六碳糖。

阳光、CO_2 浓度、温度和水分是影响光合效率的主要外因。植物的种性、碳代谢途径和生理周期则是决定光合效率的根本性内因。

由光合作用产生的糖类已把光能转化为化学能。糖类的降解及能量逐级释放主要经糖酵解、三羧酸循环和电子传递及氧化磷酸化三个阶段。1 分子葡萄糖经上述过程彻底氧化成 H_2O 和 CO_2 后，还可偶联放出分子中的大量能量，合成 30 或 32 分子 ATP。ATP 中的高能磷酸键可方便地转化成生物所需的各种能源——机械能、化学能、电能、热能和光能。

生物中的四大类生物大分子——糖类、脂肪、蛋白质和核酸可以通过三羧酸循环进行转化和利用。因此，三羧酸循环是各类生物多种重要生化反应相互沟通的重要枢纽。

复习思考题

1．为什么说新陈代谢是生命生存的依据？

2．酶的本质是什么？它的活性中心如何构成？

3．酶促反应的机理是什么？它有哪些突出的优点？

4．影响酶促反应的因素有哪些？

5．什么是光合系统？它们由哪些因子组成？

6．C3 植物光合作用可分为几个阶段？试阐述它们的相互关系？

7．列表比较 C3 植物和 C4 植物光合作用的异同点。

8．哪些因素对光合效率产生较大影响？

9．什么是糖酵解？它的产物是什么？

10．列表比较糖酵解和糖有氧代谢的异同点。

11．三羧酸循环在生物体内有何重要意义？

12．从中国科学家人工合成淀粉意义分析，为什么该成果能够入选“2021 年度中国科学十大进展”之一？

第五章　高等动物的结构、功能和调控

提要　本章以人体为重点，结合其他哺乳动物，分别从结构与功能的辩证统一入手，扼要介绍消化系统、营养与健康、循环系统、免疫与传染病、呼吸系统、排泄系统、运动系统、感觉器官和神经系统、内分泌系统及动物行为与通讯等方面的基础知识，并对这些器官、系统功能的调控问题进行必要的阐述。

高等动物，是指那些具有脊椎（包括脊索），且身体结构较复杂，组织、器官、系统分化较显著的动物。可见，脊椎（或脊索）的有无成了高等动物和低等动物的重要分水岭。高等动物首先在海洋中出现，以海口虫（鱼）、昆明鱼（第十章第二节）、文昌鱼等的脊索动物为先驱，随后演化出了各种各样的鱼类。两栖类动物初步登陆后，进化产生了真正陆栖的羊膜动物——爬行类、鸟类和哺乳类。

哺乳动物是生物进化的最高单元，其身体构造十分复杂。本章以人为代表，详细介绍各个系统的结构、相应的功能及其调控。

第一节　消化系统

生物的营养类型分为自养和异养两大类。根据获取营养方式的不同，异养营养可细分为光能异养、腐生、寄生、共生和动物型生活五类。

动物都行异养生活，从外界摄食是各类动物生存的第一需要。单细胞动物（原生动物）以细胞膜内陷的胞饮、胞吞方式摄食细菌等原核生物或有机物块。腔肠动物和扁形动物开始出现原始的消化系统，它们都兼具消化和循环功能，有口无肛门。线形动物首先在身体的后部洞穿成肛门，消化吸收与排泄排遗初成系统。软体动物以上的各门动物还进化产生了牙齿及消化腺等多种辅助器官，捕食与消化能力大大提高，有效地保证了动物的生存和繁衍。

以下以人的消化系统（图 5.1）为代表，概述哺乳动物对食物的消化与吸收过程。

一、口腔和唾液腺

哺乳动物的口腔中有牙齿和舌头。牙齿的功能是撕咬和磨碎食物。牙齿着生于上、下颌骨之上，并有规律地排列成齿弓。人和其他哺乳动物一样，出生时没有牙齿，这与初生儿以吮乳为生相适应。大约半年以后，牙齿陆续长出，这些牙称乳牙。人到二三岁时，乳牙出齐，上下齿弓上共有 20 颗牙。进入学龄期后（7～12 岁左右），乳牙陆续脱落，恒牙渐次亮相。

牙齿的组成和动物的食性密切相关。多数哺乳动物的牙齿可分为门齿（切齿）、犬齿和臼齿三种。切齿位于齿弓中央，扁平如刀，适于切割纤维性植物，因此草食动物门齿一般都较发达。犬齿位于门齿之后，尖锐如锥，能有效地撕裂食物。肉食动物往往长着强有力的犬齿。犬齿后侧依次为前臼齿和臼齿。臼齿表面略呈平台状，草食动物和肉食动物都主要依靠

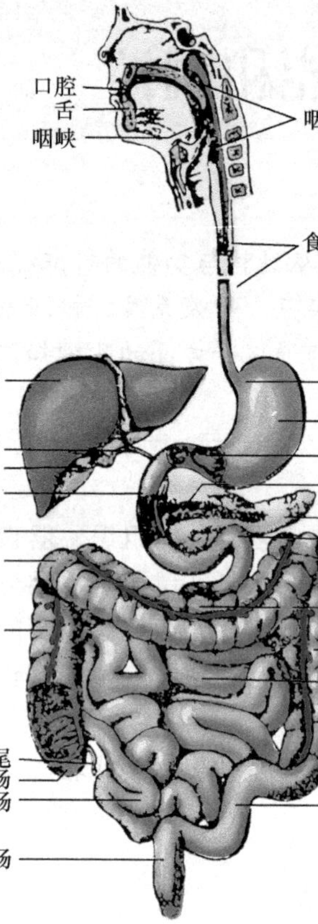

彩图

图 5.1 人的消化系统

它们咀嚼和研磨食物。

多数人到 18 岁左右出齐恒牙。上下齿弓共有牙 32 颗，其中切齿 8 颗、犬齿 4 颗、前臼齿 8 颗和臼齿 12 颗。从上述牙齿的组成可以看出，人的切齿整齐划一，犬齿强健有力，是一种杂食性的齿式。事实上，日常生活中多数人也正是荤素具食、粗细兼纳。

牙齿是消化系统的第一道门户，牙齿的好坏与胃肠的健康密切相关。据报道，已被发现的口腔微生物种类多达 600 余种，其中不少微生物对人体有害。刷牙是保护牙齿乃至人体健康的基本措施。至少早晚都应刷牙，竖刷的效果胜过横刷。牙膏添加氟化物是有道理的，它既能降低牙缝中厌氧菌分泌酸性物质腐蚀牙齿的能力，又能加快牙齿表面牙釉质补充矿物质的速度，阻止龋齿进一步发展。此外，糖很容易被厌氧菌转化成蛀蚀牙齿的有机酸，应少吃或不吃。适当补充钙、磷和维生素 D_3 对固齿防龋也有好处。

哺乳动物口腔中还有舌。舌上密布感知各种味道的化学感受器——味蕾。味蕾近椭圆形，位于舌面密布的乳头状突起中，由约 50 个特化的上皮细胞构成。细胞底部与感受神经纤维紧密连接。这些上皮细胞受刺激后产生的生物电诱发神经纤维产生冲动向大脑报告，使人产生酸、甜、苦、咸、鲜、脂六种味觉。此前所谓“味蕾按区分布”的说法已经被证明是错误的。

舌是食物的搅拌器，能帮助食物吞咽。此外，舌还是动物发声的重要辅助器官。

口腔附近有三对唾液腺（图 5.2），它们分别是位于耳前下方的腮腺（最大）、下颌骨内侧的颌下腺和口腔底部两侧黏膜深处的舌下腺。成年人唾液腺每天分泌 1.0～1.5L 的唾液，其中含一定量的淀粉酶、黏蛋白和少量的溶菌酶。唾液能润滑食物，在一定程度上抑制细菌生长，溶解食物引发味觉，同时还可在淀粉酶的初步作用下把淀粉少量降解为糊精和麦芽糖。

彩图

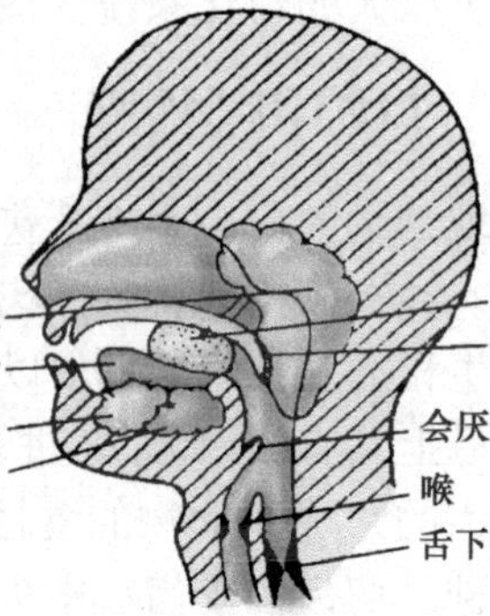

图 5.2 人的三对唾液腺及其附近组织器官

二、咽腔与食道

咽是颅底下一段肌性管道，上接鼻腔，前通口腔，前下方为喉腔，后下部连食道，是气体进出及食物吞咽的重要通道。

食道从咽腔下方开始，至胃的入口（贲门）为止，长 25～30cm，由平滑肌构成。食物进入食道后，刺激食道反射性地蠕动，将食物推送入胃。

三、胃

胃是食道以下膨大的肉质囊，位于腹腔上方、肋骨下缘、体中线偏左处。正常情况下胃略呈香蕉形（图 5.3）。胃的入口处称为贲门，与食道相通。其附近部分为贲门部。贲门左上方膨大部分叫作胃底。胃的出口处叫作幽门，靠近幽门的部分叫作幽门部。此外胃左缘较长，叫作胃大弯，右缘较短叫作胃小弯。成年人的正常胃容量约 2L。

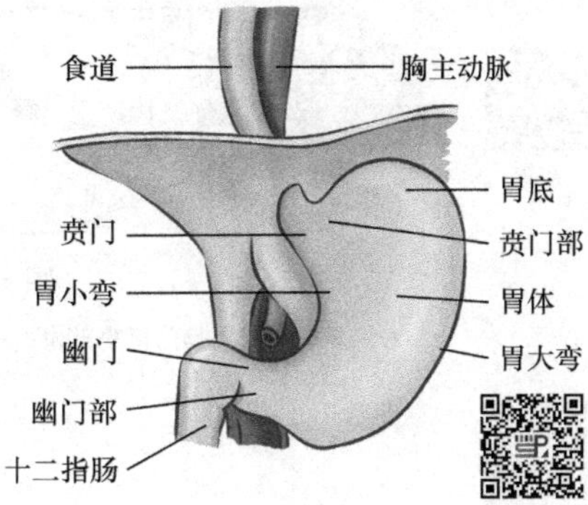

图 5.3　人的食道和胃　彩图

胃壁自内向外可分为以下四层。

（1）黏膜层　单层柱状上皮细胞层，能分泌黏液于胃的内表面，厚 1～1.5mm，是胃的重要保护层。黏膜层还向下凹陷形成特殊的胃腺，它能向胃腔分泌出大量无活性的胃蛋白酶原、盐酸和黏液；此外，还有少量的脂肪酶和凝乳酶。

（2）黏膜下层　密布血管、淋巴管及神经末梢的疏松结缔组织，具有支持和营养黏膜层的功能。

（3）肌肉层　胃的主体，由纵行肌、环行肌和斜肌组成强有力的肌肉层，能对食物进行机械研磨。

（4）浆膜层　由结缔组织及表皮细胞构成的包被。

食物入胃后，胃即进行有规律的收缩和蠕动以磨碎食物，同时胃腺分泌出大量的胃液消化食物。正常人每日胃液的分泌量高达 1.5～2.5L。胃液的主要成分包括盐酸和胃蛋白酶。

1）盐酸：胃液中盐酸浓度可达 0.15mol/L，从而使胃液呈强酸性（pH 0.9～1.5）。在这种强酸性条件下食物开始降解。同时在盐酸的作用下，无活性的胃蛋白酶原转变成活性蛋白酶。

2）胃蛋白酶：胃蛋白酶是以无活性胃蛋白酶原的形式从胃腺中分泌的。在胃液中盐酸的作用下，胃蛋白酶原才被激活、修饰成胃蛋白酶。同时，胃蛋白酶还能对其他胃蛋白酶原进行链式自催化，使它们大量转变成有活性的胃蛋白酶。

胃蛋白酶为什么不消化胃本身？这么强的盐酸，胃怎么受得了？这是一个迄今未能圆满解答的问题。很可能，黏膜层分泌的大量黏液为自己抹上了一层有效的保护层；其次，刚分泌出的胃蛋白酶原是没有活性的，这就保证了胃不会发生自蚀。长期精神紧张或不注意饮食规律与卫生，可造成胃酸分泌过多或黏液合成过少，从而导致胃溃疡。此外，感染幽门螺杆菌（一种厌氧细菌，图 5.4）也是导致胃病乃至胃癌的重要原因之一。幽门螺杆菌通过粪口传播，因此将由该菌传播的消化道疾病定义为消化道传染病。

胃液的分泌受到神经和激素的双重调控。进食（或仅是信号）开始后 5～10min 酸性胃液即能泌出，可达总量的 1/4，这是快速的神经调节；食物入胃后，刺激了黏膜层某些细胞分泌一种由 17 个氨基酸构成的小肽——促胃酸激素（也叫作胃泌素），在 0.5～1.0h 内，经血液循环到达胃腺，诱导后者产生另 3/4 的胃液。这是持续时间更长的激素调节。

可见，胃的功能是多方面的。胃通过强有力的蠕动能磨碎食物，以利消化吸收；盐酸既能灭菌又能降解食物；胃蛋白酶能初步将蛋白质分解成多肽和寡肽；凝乳酶促进乳汁絮

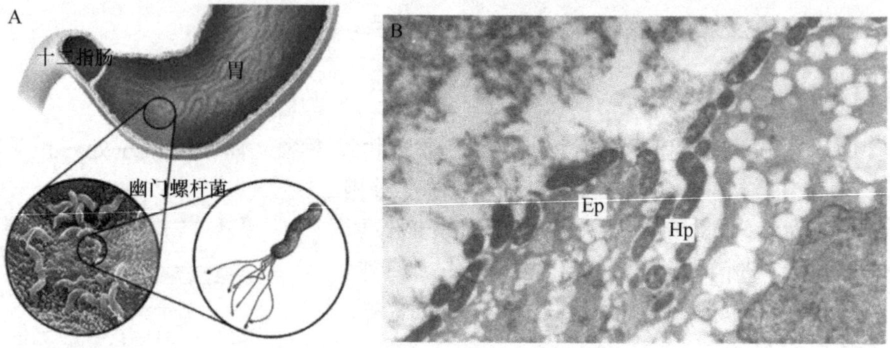

彩图

图 5.4　幽门螺杆菌寄生部位示意图

A．多集中在胃幽门胃窦部位；B．透射电镜照片（×8000，Ep，胃上皮细胞；Hp，幽门螺杆菌）

彩图

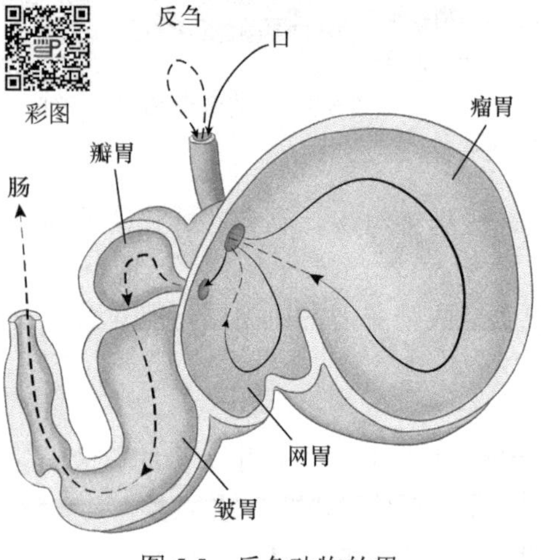

图 5.5　反刍动物的胃

凝，利于消化；胃能吸收水、无机离子和一些有机小分子，如乙醇、阿司匹林等。

有些草食动物，如牛、羊、鹿等的“胃”由瘤胃、网胃、瓣胃和皱胃四室构成（图 5.5）。前三室实际上是特化的食管。皱胃能分泌胃液消化食物，才是真正意义上的胃。草食动物是生态系统中的弱者，它们经常受到肉食动物的严重威胁。因此，它们一旦觅到食物往往采取“暴食”的策略先掠入“胃”中，以后再反刍回口中细细咀嚼。瘤胃之所以特大，就在于它兼具了“仓库”的功能。此外，植物中的最大宗有机物是纤维素。草食动物本身并不能分解这些纤维素，其瘤胃中亿万个具有纤维素酶的原生动物和细菌，不仅能将纤维分解成葡萄糖供宿主吸收，甚至连它们本身最终也成了宿主的食物。

资料链接

沃伦和马歇尔

澳大利亚科学家罗宾·沃伦（J. Robin Warren）和巴里·马歇尔（Barry J. Marshall）（图 5.6）因发现幽门螺杆菌引发胃炎和胃溃疡病，而获 2005 年诺贝尔生理学或医学奖。

图 5.6　马歇尔（左）和沃伦（右）

1979 年 4 月，沃伦在一份胃黏膜活体标本中发现无数细菌紧粘在胃黏膜上。由于这种细菌总是出现在慢性胃炎标本中，沃伦意识到，这种细菌和慢性胃炎等疾病可能密切相关。但是他的发现并不符合当时传统的“胃酸会迅速杀灭随食物吞入的细菌”的观念。

为了获得这种细菌致病的直接证据，马歇尔和同事吞服了含有这种细菌的溶液。一周后他们开始呕吐，表现出胃炎症状。虽然不久以后马歇尔痊愈了，但莫里斯则折腾了好几年。后来，沃伦和马歇尔又用内窥镜观察 100 例十二指肠溃疡患者的胃，发现所有患者都有这种细菌。这种细菌后来被定名为幽门螺杆菌（*Helicobacter pylori*）。据估计，全世界约 50%的人胃部染有幽门螺杆菌。马歇尔和沃伦的发现，革命性地改变了世人对胃病的认识，大幅提高了胃溃疡等患者获得彻底治愈的机会，为改善人类生活质量做出了贡献。

现在医院已有一种“吹气检验”即 ^{14}C 呼气实验。早晨空腹到医院，吞服一个含 ^{14}C 尿素的胶囊。如果胃部存在幽门螺杆菌（HP），则此菌中的尿素酶就会水解尿素生成 ^{14}C 标记的二氧化碳随血液进入肺部，并以气态排出。检测受试者呼出的气体中有没有被 ^{14}C 标记的二氧化碳，如果阳性则代表存在 HP（数值大于 100），阴性（数值小于 100）则表示不存在感染。现代医学对幽门螺杆菌可用四联疗法或三联疗法来将其根治。分餐制和使用公共筷、公勺是预防幽门螺杆菌及其他细菌、病毒感染的良好习惯。

四、小肠与胰腺

小肠是一段由两层平滑肌构成的消化、吸收管道，因其直径比大肠小而得名。小肠上接胃幽门，下通大肠。成人小肠全长 5～6m，曲折迂回于腹腔之中。小肠黏膜向肠腔内突起形成多达 500 万个以上的绒毛（图 5.7），使小肠的内表面积从大约 $5.2m^2$ 扩展到近 $93m^2$。每个绒毛上皮细胞还附生着极多的微绒毛，从而使小肠内的有效面积进一步增加到约 $200m^2$，相当于人体表面积的 100 倍。

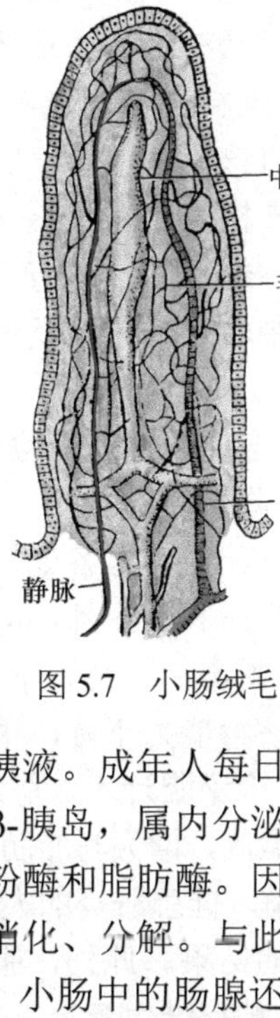

彩图

图 5.7　小肠绒毛的构造

小肠因构造与功能的差异可分为十二指肠（约 25cm）、空肠（占全长 2/5）和回肠（占全长 3/5）三段。

十二指肠位于胃幽门出口处。胰腺导管与胆总管汇合后共同开口于十二指肠。强酸性的胃液掺和着经初步消化的食糜涌入十二指肠后，在神经和激素的联合作用下，胰腺向十二指肠注入大量胰液。成年人每日分泌胰液的量可达 1～2L。胰腺上有一些特殊分化的细胞群——α-胰岛和 β-胰岛，属内分泌系统。胰液中不仅含有大量的弱碱性碳酸氢钠，而且还有多种蛋白酶、淀粉酶和脂肪酶。因而胰液既能有效地中和胃液中的盐酸，又能在各种酶的联合作用下将食物消化、分解。与此同时，胆囊亦收到收缩的“指令”，经胆总管将胆汁排入十二指肠。此外，小肠中的肠腺还是一种分泌性组织，它们合成并分泌出的小肠液中也含有分解淀粉、糖类、蛋白质、多肽及脂肪的多种活性酶，积极参与对食物的消化。综上所述可见，十二指肠主消化，将多糖分解成各种单糖，蛋白质分解成氨基酸，脂肪乳化成微滴或裂解为甘油和脂肪酸。空肠及回肠由于密布绒毛和微绒毛，且食物也在其中停留较长时间，因此这两个肠段的主要功能是吸收。除了吸收上述基本有机小分子外，空肠和回肠还大量吸收无机盐和水分。人每天吃进的食物化为食糜约 1.5L，胃肠及各种分泌腺产生的消化液约 8.5L。这 10L 左右的液体中大约有 95%是被小肠吸收的。如果由于疾病等内外因刺激促使小肠及大肠异常加速蠕动，则大量水分尚未被吸收就被排出体外，这就是腹泻。

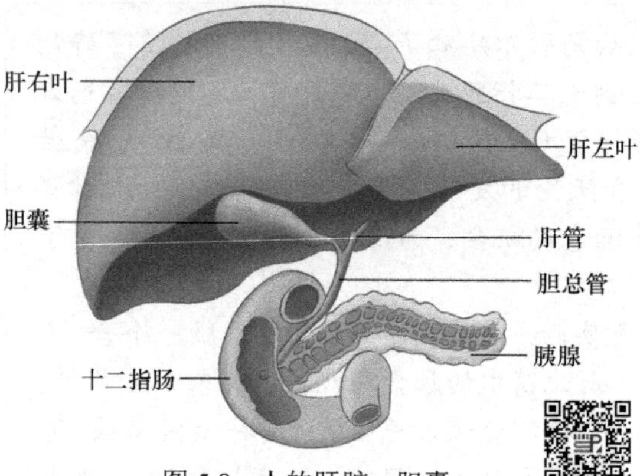

彩图

图 5.8　人的肝脏、胆囊、胰腺和十二指肠

五、肝脏与胆囊

肝脏是重要的消化器官。人的肝脏分左、右两叶，左小右大，重约 1500g（图 5.8）。

正常情况下，肝脏位于右肋内，手按不能触及。肝的表面包围着单层浆膜（疏松结缔组织），内部为肝的实质。肝脏由几十万个肝小叶组成，每个肝小叶中央为一条小静脉，四周被放射状的众多肝细胞层层包裹。肝门处有肝动脉、门静脉和肝总管三条管道进出。肝门的右前方有胆囊，梨形，长 7～9cm，宽 2.5～3.5cm，容积 30～50mL。肝细胞分泌的胆汁汇总后流入胆囊暂时贮存。人进食时胆囊收缩，胆汁被注入十二指肠。成人每日分泌胆汁 0.5～1.0L。

肝脏具有多方面重要的生理功能。

1．维持血糖稳定　由小肠吸收的杂单糖都在肝内转化成葡萄糖，生成肝糖原贮存。人饥饿时该代谢逆转，肝糖原降解成葡萄糖。在这两种机制的调控下，正常人血液中血糖浓度始终严格控制在 3.9～6.1mmol/L。

2．合成氮代谢尾产物　蛋白质及核酸等分子的含氮代谢尾产物或多余的氨基酸大多在肝脏中转氨成尿酸及尿素，经肾排出体外。肝细胞受损是引起血液中转氨酶升高的一个重要原因。

3．合成蛋白质等物质　肝脏能合成多种蛋白质（酶）与代谢调节物。

4．降解转运脂类　肝脏能对已吸收的脂肪微滴或脂肪酸和甘油进行一番化学改造，转运、分配至身体各处，主要是皮下及脏器之间。营养摄入过量及肝功能失调，会导致脂肪大量沉积在肝脏内外，即为脂肪肝。

5．解毒　随血液循环带入的各种对人体有毒的物质大多在肝脏被氧化解毒。肝功能受损，解毒能力下降，很可能造成全身性中毒。

6．分泌胆汁　肝细胞能活跃地分泌胆汁。胆盐是胆汁中的主要功能成分，它能使脂肪乳化成微滴，增大与脂肪酶接触的面积，又能明显提高脂肪酶的活性，从而有效促进脂肪的消化、分解。罹患肝炎的人由于胆汁分泌骤减，他们见到肥肉（高脂肪）就恶心，这是一种生理性反射的结果。此外，胆盐还会促进脂溶性维生素 A、D、E、K 的吸收。

7．贮存维生素　肝脏具有储存维生素 A、D、E、K 及数种 B 族维生素的功能。

资料链接

肝　炎

肝脏作为人体重要的器官，承担许多重要的生理功能。由于各种因素导致肝脏细胞受损，进而影响肝脏正常的消化、解毒、代谢、合成等一系列功能，出现乏力、恶心、呕吐、腹胀、尿黄、食欲变差等症状即称为肝炎。常见的肝炎有病毒性肝炎、酒精性肝炎、脂肪性肝炎、药物性肝炎、自身免疫性肝炎、代谢性肝炎等。在我国最常见的肝炎是病毒性肝炎。病毒性肝炎可区分为甲型肝炎、乙型肝炎、丙型肝炎、丁型肝炎和戊型肝炎等。甲型肝炎和戊型肝炎主要通过消化道传播，以急性肝炎为主。乙型肝炎、丙型肝炎及丁型肝炎则主要是通过血液传播，尤其是母婴传播。

目前，预防肝炎病毒感染的最好方法是疫苗接种。全世界已经开发应用的肝炎病毒疫苗包括甲肝疫苗、乙肝疫苗和戊肝疫苗。我国曾是乙型肝炎高发区。1992 年，我国启动了大规模的全人群乙肝血清流行病学调查。结果显示，乙肝病毒携带率高达 9.75%。从那以后乙肝疫苗被纳入儿童计划免疫管理，我国乙肝新发感染率得到有效控制，新生儿乙肝病毒感染率呈现急转直下的态势。2006 年，我国 5 岁以下儿童的乙肝病毒携带率骤降至 0.96%；2014 年，这个数据已下降到 0.32%。乙肝防治取得了显著成效。

2011 年 12 月，厦门大学夏宁邵院士团队研发的戊肝疫苗获得国家食品药品监督管理总局颁发的一类新药证书和生产批件，这是国际上第一个完成临床试验的戊肝疫苗，是当时继甲肝疫苗、乙肝疫苗、宫颈癌疫苗之后世界上第四个基因工程病毒疫苗，也是我国唯一一项原创性基因工程重组疫苗。

六、大肠

大肠是消化道的末段，分为盲肠与阑尾、结肠及直肠三个区段，全长约 1.5m。结肠表面有一些可供识别的标志，包括：①三条纵肌形成的结肠带，②由结肠壁横沟隔成的一个个囊状结肠袋，③在结肠带附近有众多的肠脂垂。此外大肠的口径较粗一眼即可辨别。

盲肠上接小肠的回肠段，是大肠的起始段（图 5.9），仅几厘米长。盲肠的下内侧有一条小指粗细的蚓状突起，称为阑尾（也叫作蚓突），与盲肠相通。人的盲肠与阑尾都已严重退化。草食动物（如兔子）的盲肠十分发达，纤维性食物在此经无数个细菌和原生动物分解后被吸收利用。虽然人的阑尾中有少量淋巴组织，但切除阑尾对健康完全无妨。阑尾位于右下腹部靠近腹股沟处，若该处持续疼痛或不适应引起充分的警觉。因为阑尾溃烂后其中的微生物大量进入腹腔，很可能导致腹腔严重感染。

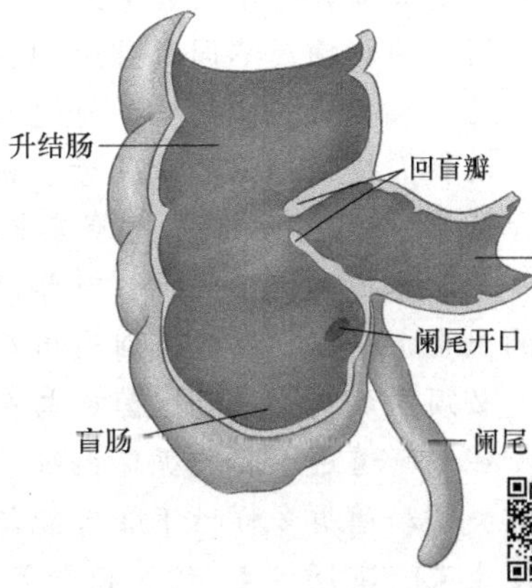

图 5.9 人的盲肠和阑尾 彩图

结肠由于表面上具许多明显的结肠袋突起而得名。结肠前接盲肠，后连直肠，是大肠的主体。结肠的解剖学位置从人体右下腹的升结肠开始，经过横结肠到左腹降结肠，最后以一段“之”字形的乙状结肠通向直肠。食糜到达结肠时，其中的营养成分及水分绝大多数已被小肠吸收，仅余未能被消化吸收的残渣和少量水分。因此大肠的主要功能有以下方法。

1. 吸收水分 由于大肠的进一步吸水作用，使食物残渣逐渐转变成半固体至固体状的粪便。粪便在结肠中停留的时间愈长就愈干燥，这是引起便秘的直接原因。常喝水并养成定时排便的习惯，是避免便秘的有效方法。

2. 获取部分维生素 K 和 B 族维生素 大肠分泌的弱碱性黏液及食物残渣中或多或少

的有机成分构成了细菌生长的良好环境。据研究，粪便中的细菌极多，可占粪便干重的10%～50%。在正常情况下，大肠杆菌是人大肠中的优势菌群。因此，水源中大肠杆菌的有无与多寡已经成为水体受粪便污染程度的重要指标。这些细菌在利用肠道中食物残渣进行生长代谢的过程中能合成维生素K和B族维生素，这些维生素可经大肠吸收被人体利用。

3．暂存及排出粪便 平时粪便存于横结肠至降结肠之间。每天横结肠会发生三四次强有力的蠕动，推动粪便远移，最终把粪便送入直肠。

结肠由于其特有的生理功能，已经成了癌症的好发部位。结肠癌具有明显的家族遗传倾向。长辈如果有过结肠癌病史，子女应引起充分警惕。

直肠是大肠的末段，长12～15cm，几乎垂直下行至肛门。直肠对压力十分敏感，通常无粪便。一旦粪便落入直肠，直肠壁上的感受器立即兴奋，神经冲动先传至脊髓的低级反射中枢，再上达大脑皮层产生便意。可见排便是一种受控的条件反射。

资料链接

人体——人与细菌的共生体

人体内外大约有40多个菌属600～800种细菌，其细胞数量可能达100万亿之多，在我们的皮肤表面、口腔、呼吸道、消化道和泌尿生殖道等处大量存在。据统计，皮肤上的细菌可能有1000万个/cm^2。每颗不甚清洁的牙齿表面可有1亿～10亿个细菌。而在我们的大肠内，每平方厘米肠表面上生活着100亿个微生物。

人体内的细菌几百万年来伴随着人类的进化不断繁衍。依据与人体的关系，人为地把它们分为三大类：第一类是我们的朋友即有益菌（益生菌），如双歧杆菌、嗜酸乳杆菌等（酸奶中的优势菌）；第二类是我们的敌人即有害菌，如葡萄球菌、绿脓杆菌等；第三类是含量最多的所谓“中间菌”，如大肠杆菌、肠球菌等。受个体营养、年龄、环境和遗传等因素的影响，不同人身上的菌群组成和数量存在相当大的差异。多数细菌与人类和平共处。人类为它们提供了舒适的温度、湿度和充足的营养供给，它们帮助我们消化食物，向我们提供必需的硫胺素、核黄素、烟酸、维生素B_{12}、维生素K和多种氨基酸等营养物质，分解并抑制一些有害物质的产生，同时也抑制了一些致病微生物的生长繁殖。但是当人体抵抗力下降时，有些菌可转变为致病菌。如果我们滥用抗生素将扰乱原有菌群的微生态平衡，致病菌则乘虚而入，导致人体发病，即发生所谓的“二次感染”。

必须强调的是，肠道菌群与人类的健康状态密切相关。许多益生菌能产生免疫调节因子穿过肠道进入血液循环系统，促进人体提高对疾病和感染的抵抗能力。同样，肠道菌群失调和菌群多样性下降可能与肥胖、糖尿病、心脑血管疾病、代谢性疾病等慢性病的发生风险密切相关。维护肠道菌群的平衡和多样性是预防和减轻这些疾病的重要途径。肠道微生物群与宿主代谢紧密相连，影响消化和脂肪组织功能，与代谢性疾病相关。全球代谢性疾病增多，研究肠道微生物群对宿主代谢的影响，已经成为探索人类健康的热点课题。

大规模的人群调查表明，多吃蔬菜、水果和酸奶，少吃甜食和煎炸食物等有利于肠道益生菌繁衍形成优势菌群，对人体健康大有裨益。

第二节　营养与健康

人和动物一样，都要从外界摄取有机物以维持生命过程。人类的膳食构成与营养状况与一个国家（地区）的社会生产力发展水平高低密切相关，是提高人民身体健康状况的奠基石。2014 年，习近平总书记在江苏调研时指出“没有全民健康，就没有全面小康”。2016 年，习近平总书记进一步指出，“要把人民健康放在优先发展的战略地位”“努力全方位、全周期保障人民健康，为实现‘两个一百年’奋斗目标、实现中华民族伟大复兴的中国梦打下坚实健康基础”。2017 年，国务院发布《国民营养计划（2017—2030 年）》，国民营养工作被提升到国家发展与民族振兴的重要位置。可见，注重膳食营养已经不仅仅是个人行为，更是与国家实力提升密不可分。

一、营养

目前世界各国的膳食基本上可以划分为以下三种模式。

1．西方模式　这些国家物资供应较丰富，“三高”（高热量、高蛋白、高脂肪）膳食是这种模式的突出特点。他们人均年消耗动物性食品高达 270kg，其中以牛肉和奶类为主，猪鸡次之。禾谷类食物仅为 60～75kg，即以动物性食物为主食。他们人均每天的营养摄取量高达 14 600～15 100kJ。这种膳食结构的优点是动物性食物占较大比例，优质蛋白质在膳食结构中占比高，同时动物性食物中所含的无机盐一般利用率较高，脂溶性维生素和 B 族维生素含量也较高。其缺点是食糖过多，热量供应过剩，高能量、高脂肪、高蛋白、低纤维的饮食导致营养、热量过剩，是心脏病、脑血管病和肿瘤等“富裕型”疾病多发的重要原因。

2．地中海模式　以希腊为代表的地中海沿岸国（包括葡萄牙、西班牙、法国、意大利等 14 国），其心、脑血管疾病和癌症发病率、死亡率最低，平均寿命更是比西方高出 17%。其以橄榄油为主要食用油，橄榄油有降低人体低密度脂蛋白、升高高密度脂蛋白的功能，同时还具有增强心血管功能及抗氧化、抗组织衰老的作用。他们饮食中的动物蛋白以鱼类来源居多，其次为牛肉、鸡等。豆类中的植物蛋白对人体有多种益处，当地居民摄入豆类的平均量约是东方膳食结构的两倍。此外，虽然东方人的蔬菜摄取量较多，但地中海模式饮食中水果、薯类加蔬菜总量却远高于东方膳食模式。地中海模式饮食的人们饮酒量高于东、西方人，以红葡萄酒为主。

3．东方膳食模式　中国、印度等国家居民以植物性食物为主，动物性食物相对比较匮乏。以我国为例。经过 40 多年的改革开放，我国现已成为世界肉类和禽蛋第一生产大国，城乡居民能量及蛋白质摄入得到基本满足。据国家统计局数据，2023 年我国人均消费畜禽肉和水产品 60.1kg，为世界平均水平的两倍。随着人民生活水平不断提高，尽管粮食消费量逐渐下降，但 2023 年人均消费成品粮仍达 161kg，达到世界平均水平的两倍。我国人均日获能量约 10 800kJ。

东方膳食结构是以植物性食物为主，动物性食物为辅。其优点有：①膳食结构以谷类为主。由于谷类食品中碳水化合物含量高，而碳水化合物是热能最经济、最主要的来源。②大量蔬菜果类及粗粮的摄入，使人们补充了大量的膳食纤维，因此，消化系统疾病及肠癌的发病率低。③豆类及豆制品的摄入，补充了一部分优质蛋白和钙。④饮茶及吃水果、甜食少，减少了糖的过多摄入。⑤丰富的调料，如葱、姜、蒜、辣椒、醋等，具有杀菌、降脂、增加食欲、帮助消化等诸多功能。

不过，我国居民食品营养还存在一些不容忽视的问题。例如，城市居民膳食结构不尽合理。畜肉类及油脂消费过多，而瘦牛肉、瘦羊肉、鱼等动物性食品不足，优质蛋白质摄入有所欠缺。谷类食物消费偏低，城市居民谷类食物供能比仅约为47%，明显低于55%～65%的合理范围。此外，奶类和豆类制品摄入量过低仍是全国普遍存在的问题。牛奶的营养价值很高，又是钙的最好来源。据国家统计局2024年国民经济和社会发展统计公报数据显示，当年我国牛奶产量4079万t，人均牛奶消费仅约29kg。儿童营养不良现象在农村地区仍然比较严重，钙、铁、维生素A等微量营养素缺乏是我国城乡居民普遍存在的问题。2023年，中国第四次营养普查结果数据表明，我国居民贫血患病率平均为20.1%，全国城乡居民日均钙摄入量仅为390.6mg，相当于推荐摄入量的48.9%。食盐摄入过高，我国居民每人每天食盐摄入量平均13.5g，这比世界卫生组织在关于防治高血压、冠心病的建议中提出的每人每天食盐摄入量在6g以下的标准高出一倍以上。

我国共开展过6次全国范围的居民营养状况调查，近5次调查（1982，1992，2002，2010～2012，2015～2017）中的主要食物人日均摄入量见表5.1。

表5.1　全国平均每标准人日摄入量　（单位：g）

年份	谷类	干豆及其制品	动物性食物*	烹调油	新鲜蔬菜
1982	510	15	66	17	300
1992	439	11	116	29	312
2002	402	16	158	42	276
2010～2012	337	11	162	42	269
2015～2017	306	10.3	162	43	266

*包括畜禽肉、奶、蛋、水产品

从表5.1可见，经过40多年的改革开放，我国经济发展已经跃上多个台阶，生产力基础显著增强，绝大多数城乡居民能量及蛋白质摄入得到满足。随着人民生活水平不断提高，粮食消费量逐渐下降，人均日谷类摄入量从1982年的510g降到2017年的306g。同期动物性食物（蛋白质的主要来源）从66g升至162g，升幅高达145%。

以上三种膳食模式所摄取的各种食物如表5.2。

表5.2　三种膳食模式所摄取的各种食物　（单位：g）

分类食物摄取量	地中海模式	东方模式	西方模式	分类食物摄取量	地中海模式	东方模式	西方模式
脂肪	37	22	39	米粉谷类	453	440	13
饱和脂肪酸	8	8	18	薯类	170	86.6	124
蔬菜	191	310	171	肉禽类	35	58.9	273
水果	463	62	233	鱼类	39	7.5	3
豆类	30	11	1	蛋类	15	16.8	40

从以上比较中我们基本看到，三种膳食模式中，地中海模式比较合理。当然，与中国同处东方的日本，其膳食结构与地中海膳食结构有些类似，他们的动物性食物与植物性食物比

例相当，其中海产品比例占比达 50%，动物蛋白占总蛋白的 42.8%，每天能量摄入在 8400kJ 左右。这种膳食方式中，膳食纤维、铁、钙都比较充足，同时动物脂肪不高，有利于避免营养过剩性疾病的发生。因此，日本人预期寿命高居世界第三（摩纳哥第一，中国澳门第二），达到 86.89 岁（2023 年），这与其膳食结构比较均衡有一定关系。

什么样的饮食方式是最健康、最合适的呢？中国营养学家葛可佑提出的营养均衡“木桶理论”值得借鉴。所谓“木桶理论”也即“木桶定律”，其核心内容为：一只木桶盛水的多少，并不取决于桶壁上最长的那块木块，而恰恰取决于桶壁上最短的那块。根据这一核心内容，“木桶理论”还有三个推论：其一，只有桶壁上的所有木板都足够高，那木桶才能盛满水；其二，只要这个木桶里有一块不够高度，木桶里的水就不可能是满的；其三，把缺损的部分补齐，木桶照样能够装满水，营养素的作用重新得到充分发挥（图 5.10）。

每克营养物在体内氧化后所产生的能量叫作热量价。蛋白质和糖类的热量价均为 16.7kJ，脂肪为 37.7kJ，是前两者的 2 倍多（表 5.3）。

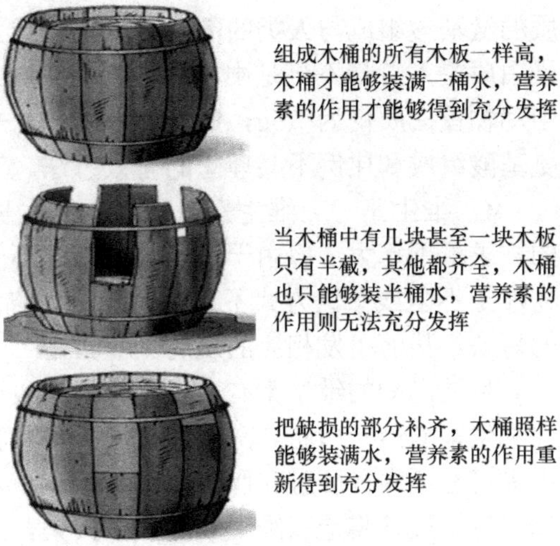

图 5.10　木桶理论示意图

表 5.3　几种食物中所包含的能量　　（单位：kJ/100g）

食物	所含能量	食物	所含能量
苹果	210	鸡肉	1260
葡萄	250	小麦	1260
土豆	380	葵花子	1380
牛肉	1000	扁豆	1480
鱼	1070	核桃	2950

根据现代营养学的观点，人类健康的营养需求应注意以下诸方面要素。

1．糖类　广义的糖类包括各种植物性淀粉和动物性糖原等聚多糖。每 100g 糖经有氧彻底氧化后可产生约 1670kJ 的能量供机体利用，它的尾产物仅是水和二氧化碳。可以说糖是一类干净的营养食品。东方人以淀粉类多糖为主食，既能得到可观的能量补充（人体所需能量 70%以上），又能获得各种必需的中间代谢产物，而且无毒副作用，是比较科学的。

2．脂类　脂类在体内降解可获得很高的能量报酬。每 100g 脂肪完全氧化可获得 3770kJ 的能量，比糖类高出一倍多。因此在脂肪摄入量超过人体能量需求时，多余的能量就以脂肪的形式在皮下和脏器周围贮存。女性通常的脂肪积贮量高于男性，可高达体重的 30%或更多。动物脂肪（如猪油）中含有相当多的饱和脂肪酸，过量摄入它能诱发胆固醇在血管壁沉积，可能酿成动脉粥样硬化等凶险顽症。常食用不饱和脂肪酸含量较高的豆油、花生油、橄榄油等植物性油脂，可使血浆中胆固醇浓度下降。

3．蛋白质　虽然蛋白质氧化也能释放出与糖类氧化基本相等的能量，但维持细胞和组织的生长、修复和更新才是蛋白质的“本职工作”。蛋白质不能在人体内贮存，而且构成蛋白质的22种氨基酸（新发现的2种氨基酸，见第二章第二节）中有8种（儿童为10种，包括组氨酸和精氨酸）人体不能合成，必需每天从食物中摄取。常人每天应补充的蛋白质克数，约相当于或略超过他体重的公斤数（即每千克体重每天约需1g以上蛋白质）。儿童、青年、重体力劳动者和孕妇、乳母等每日补充的蛋白质量还应高些。此外，由于各种食物蛋白质的氨基酸组成与人类的需要一般都有或大或小的差距，使得蛋白质的可利用率大打折扣。蛋白质摄入总量不足是中国人膳食的主要缺点，目前我国每人每日蛋白质摄入量为67g，其中动物蛋白质仅为7.5g，低于亚洲平均水平。此外，广谱杂食是广大群众克服食物蛋白质中氨基酸组成和比例不甚理想的有效方法。

4．维生素 维生素是维系生物生长和代谢所必需的微量有机物。虽然人体对维生素的需求量不算大，但由于大多数维生素不能在人体内合成，也只得从食物中摄取。偏食、食物加工不当或烹饪方式不适（如长时间高温蒸煮、煎炸），都可造成某种（些）维生素供应的短缺，从而引发相应的疾病。

目前已知的维生素有20多种，大致可分为脂溶性维生素和水溶性维生素两大类。脂溶性维生素能溶于脂肪。烹调时适当多用植物油，有利于食物中脂溶性维生素的溶出。此类维生素可在体内（肝脏和脂肪组织）贮存。水溶性维生素极易溶于水，食物（如大米）在水中淘洗时间过长将造成维生素的大量损失。水溶性的B族维生素（B_1、B_2、B_6、B_{12}等）大多是某些辅酶的组成成分，与人体的生理代谢关系十分密切。这些维生素由于不能贮于体内或储存量不大，人们只能通过经常摄入来补充。

一些维生素的功能及因其缺乏可能引起的生理病症见表5.4。

表5.4 部分维生素的功能及其缺乏症

性质	名称	功能	维生素缺乏症	来源
脂溶性	维生素A	调节上皮细胞和骨骼细胞分化；促进肾上腺皮质激素合成与精子活动；参与合成视觉感光物质	干皮症、干眼病、生长不良、腺体退化、不育症、夜盲症	肝、奶、蛋、肉、胡萝卜、玉米、鱼肝油、维生素A胶囊
	维生素D	调节、促进钙、磷代谢与吸收，保证牙齿、骨骼正常发育；调节炎症和氧化应激，抑制肝特异性损伤、增生和纤维化、硬化	儿童佝偻病、软骨病，成人骨质疏松症	肝、奶、蛋、鱼肝油、维生素D胶囊、晒太阳
	维生素E（α-生育酚）	抗氧化、延缓衰老、维护脂质结构；有人认为与性器官成熟及胚胎发育有关	肌肉发育不良，衰老加快；有人认为会导致不孕、流产	麦胚、玉米、花生等植物及棉籽油等植物油
	维生素K	作为辅酶，促使凝血因子活化	创伤后凝血迟缓	绿色植物、植物油及肠道细菌
水溶性	维生素B_1（硫胺素）	辅基成分，促进糖代谢和动物发育，保护神经系统	肢体麻木、反射迟钝、消化不良、食欲不振、心肌衰弱，即脚气病	谷类种子的种皮、胚芽，肉、蛋、白菜、芹菜、酵母
	维生素B_2（核黄素）	辅基成分，促进糖、脂、氨基酸的氧化代谢	白内障、角膜炎、口角炎、舌炎、唇炎、阴囊皮炎	绿色蔬菜、肉、蛋、肝、花生、黄豆、酵母
	维生素B_6（吡哆素）	辅基成分，参与脱羧、转氨脱水等多种代谢反应	口炎、舌炎、鼻炎、精神紊乱、抑郁症、癞皮病	肉、蛋、肝、鱼、花生、豆类、酵母、肠道细菌

续表

性质	名称	功能	维生素缺乏症	来源
水溶性	维生素 B_{12}（钴维生素）	辅酶成分，促进核酸、胆碱合成、上皮细胞新生、红细胞成熟	贫血、儿童发育不良、手足麻木、思维迟钝、健忘	肝、奶、肉、蛋、鱼、肠道细菌
	维生素 C（抗坏血酸）	促进组织及细胞间质形成，促进胶质蛋白形成，抗氧化，延缓衰老，解毒	身体各处易出血，即坏血病，伤口不易愈合、体弱、易衰老	鲜果、蔬菜，尤以辣椒、橘子、橙子、番茄含量高

5．无机盐 无机盐在人体内有多种功能（第二章第一节）。人们难以要求自己在日常饮食中准确摄取所需的无机盐种类及其含量，但至少可以注意：①不喝或少喝所谓的纯净水或化学添加物。②杂食有利于获取各类无机盐。③适当补充钾离子。正常细胞内钾钠之比例高达10左右，而我们饮食中通常只添加钠离子（食盐）。因此应多食钾（K^+）少食钠（Na^+）。有些食物中的钾钠之比很高，如大豆（330）、南瓜（360）、香蕉（380）、枣（580）等，可适量多食。④我国人均日摄入钙的量未达到国家制定标准的一半。钙不仅与骨骼的代谢直接相关，它还在保持人正常的生理代谢功能、延缓和预防多种疾病的发生等方面发挥重要的作用。奶类和豆类中含有较丰富的钙。

6．水 水占人体重的65%～72%，其重要性毋庸置疑。体内所有的代谢反应都在水溶液中进行，水甚至直接参加许多反应；水溶液（血浆）将激素、维生素、各种无机和有机物输送到全身各处，同时带走各种代谢尾产物。每天保证有充足的干净水补给是人生的第一需要。什么时间需要喝水？如果人感觉口渴时才喝水，实际上已经轻度脱水。建议每天在四个时间段补充水分：早晨起床时，上午10时左右，下午3～4时及晚上睡前2小时，每次喝约250mL水。每天喝水应达1.5～2.0L。

7．膳食纤维 除了水、淀粉、蛋白质、脂肪、维生素和无机盐这六种基本营养素外，有不少营养学家主张把膳食纤维提高到人类必需的第七营养素的高度来看待。这是因为膳食纤维具有多种理化特性和生理功能：①具有一定的水溶性，可软化粪便，增加粪便的体积和重量，加快肠胃蠕动，促进排便；②促进双歧杆菌的发酵作用，改善消化吸收功能；③有一定的黏度，能降低餐后血糖的升高幅度；④能吸附胆酸，减少胆固醇的合成；⑤增加肠道内有益菌群的生长，增强免疫力；⑥占据一定体积，经神经反射到大脑，可防止食物（热能）摄入过多；⑦能吸附毒素等有害物质，具一定的保健作用。蔬菜、水果中含有丰富的膳食纤维。

总之，合理的膳食营养中，各种食物的组成应呈现为金字塔形。中国营养学会编著的《中国居民膳食指南》建议：①食物多样、谷类为主；②多吃蔬菜、水果和薯类；③每天吃奶类、豆类或其制品；④经常吃适量鱼、禽、蛋、瘦肉，少吃肥肉及荤油；⑤食量与体力活动要平衡，保持适度体重；⑥吃清淡少盐少油的膳食；⑦如饮酒应适量；⑧吃清洁卫生、不变质的食物。如按以上8条内容实施即可达到平衡膳食、合理营养和促进健康的目的。即每日以五谷杂粮为主，蔬菜瓜果为辅，搭配适量肉鱼蛋奶，少用油、盐及糖。这样既可满足每日的营养需求，又不至于营养过剩、影响健康。中国医学典籍《黄帝内经》中说，人要以“五谷为养，五果为助，五畜为益，五菜为充”，这里的“五”实际上是提倡日常饮食的多样化，不能偏食，这也是中国传统饮食膳食平衡的一个基本原则。

第三节 循环系统

循环系统是动物在组织和器官之间输送体液的管道系统。从腔肠动物开始出现最原始的循环方式，消化和循环合一的消循腔（第九章第七节）。扁形动物继承了这种“消循合一”的模式，但它们的肠支已出现多级分支，一直深入到组织、器官之间。环节动物始见真正意义上独立的循环系统，与消化系统完全分开。血液承担起输送养分、气体等重任，而且全在血管中流动。这是一种闭管式循环方式。心脏是推动血液在血管中流动的动力站。环节动物（蚯蚓）的雏形“心脏”实际上是能搏动的膨大血管，以背腹血管间四对能跳动的环血管合力驱动血液缓缓前行。软体动物摒弃这种多“中心”体系，出现一个心室和一至两对心房构成的心脏。但它们的血液流出动脉管后直接浸润于组织间隙中，然后再经静脉返回心脏。这种开管式的循环系统血流缓慢，循环效率低，大大影响了动物的发展和演化。高等动物无一例外地转而发展闭管式血液循环体制。

鱼类是高等动物中的低级类型，它们的心脏位于鳃盖的腹侧方，由一心室一心房构成（图 5.11A），为单循环体制。心脏靠缺氧血供给营养，效率低下。由此决定了鱼类只能成为随水温而改变体温的变温动物。

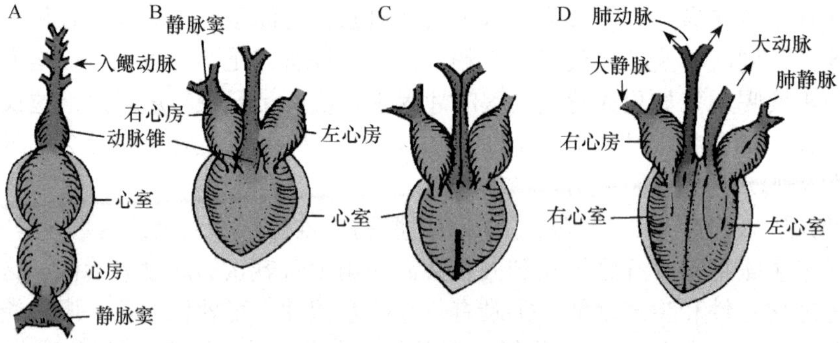

彩图

图 5.11 脊椎动物心脏构造模式图比较

A. 鱼类；B. 两栖类；C. 爬行类；D. 鸟类与哺乳类

两栖类的血液循环体制出现了一个质的飞跃。伴随着专司呼吸的肺囊的诞生，两栖类在体循环（大循环）之外又增添了一个肺皮循环（小循环）。同时心房也分化为左右两个，它们都与一个共同的心室相通（图 5.11B），经肺皮循环交换后的富氧血（左心房）与全身各处收集回来的缺氧血（右心房）在心室内混合。动脉锥泵出的供应全身的混合血含氧量不高，由此严重制约了两栖类的新陈代谢，导致其体温不能保持恒定。

这种混血循环的弱点在爬行类已有所改善。它们的心室中出现了一块或长或短的纵隔（图 5.11C），但除鳄外，左右两个心室仍未完全隔开，亦即仍有混血的缺憾。有所补偿的是，爬行类心脏的动脉锥中已有发育较好的纵隔，将主动脉与肺动脉完全分开。由此可见，爬行类虽然比两栖类在血液循环方面有所进步，但它们还是未能挣脱不完全双循环的桎梏。

鸟类和哺乳类的心脏构造已经达到了相当完善的程度。不仅主动脉与肺动脉分隔，而且左、右心室也完全独立，富氧血与缺氧血彻底分流（图 5.11D），从而保证了经主动脉流向全身的动脉血含氧充足。鸟类与哺乳类之所以一年四季都能保持恒定体温，且它们都进化到动物界的很高层次，是与这种完全的血液双循环体制密不可分的。

哺乳动物的循环系统包括心血管血液循环系统和淋巴循环系统两部分。淋巴循环系统并不是一个独立的循环系统，它没有能推动淋巴循环的器官。实际上，淋巴循环是血液循环系统回心循环的一条辅助支路，同时具有重要的免疫功能。

一、血液循环系统

血液循环系统（图 5.12）是一个相对封闭的管道系统。心脏是动力器官。大大小小的动脉管、静脉管和毛细血管四通八达。心脏通过节律性的收缩与舒张，推动血液在血管中流动，承担起机体氧气输入与二氧化碳排出、营养物质与激素的传输与分配、代谢尾产物的收集与排泄、异己物质的分解和清除等多项极重要的生理功能。血液循环一停止，生命活动也就很快终结。

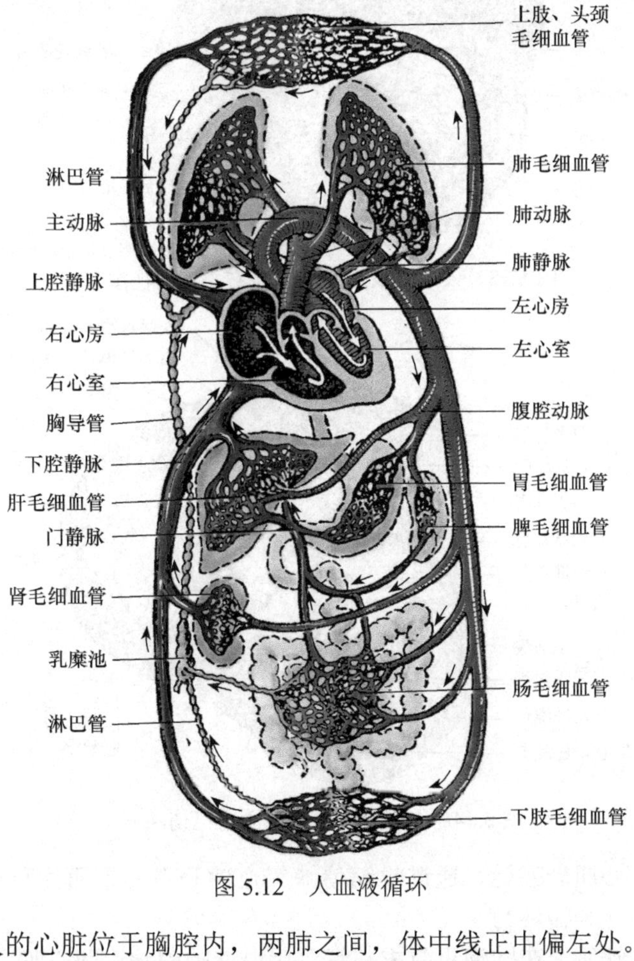

彩图

图 5.12　人血液循环

1．心脏　人的心脏位于胸腔内，两肺之间，体中线正中偏左处。心尖向左前下方略倾斜，大小如本人拳头（图 5.13）。心脏是一个能自主搏动的器官。外围为心壁，由心内膜、心肌和心外膜组成。内、外膜都由单层鳞状上皮细胞和少量结缔组织构成。心肌是一类特殊的横纹肌（第三章第三节），在自主神经系统的调控下有规律地收缩与舒张。

心脏内分隔成以下各自独立的四个室。

（1）*右心房*　汇集全身各处回拢的缺氧血，通过三个尖瓣（图 5.14）将缺氧血注入右心室。

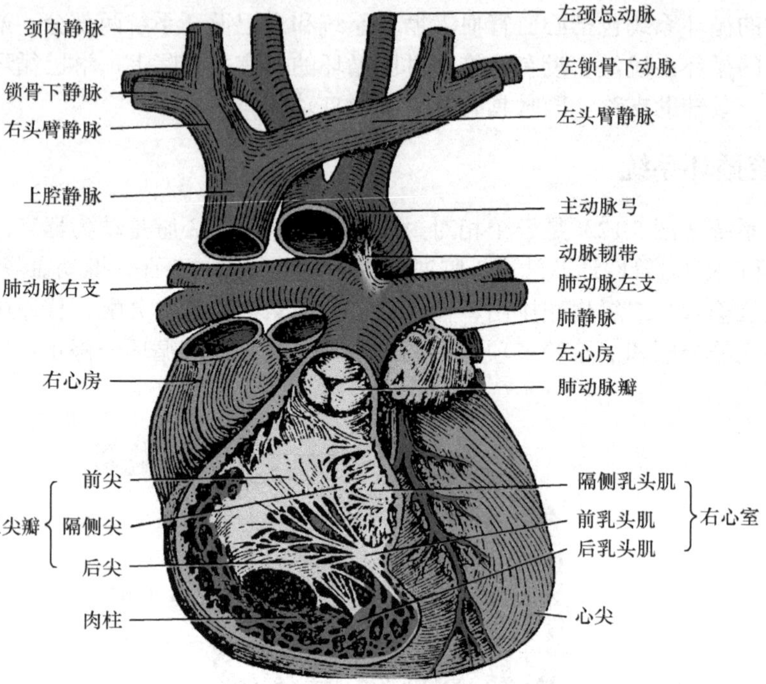

彩图

图 5.13 人心脏及近心血管（右心室剖视图）

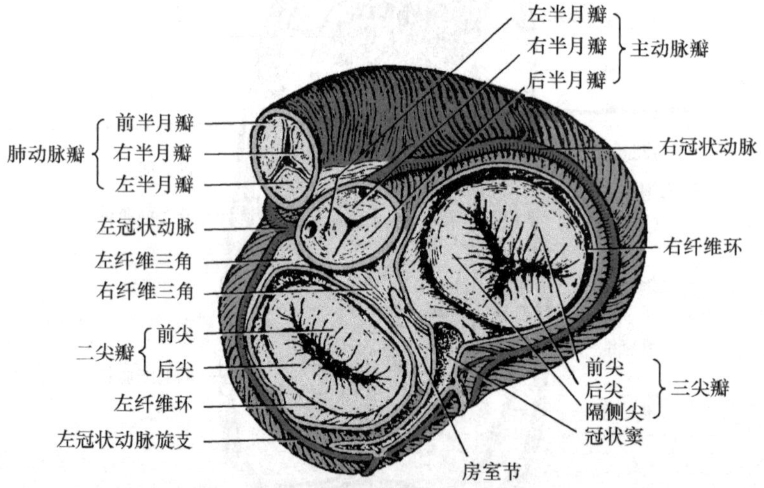

彩图

图 5.14 人心脏的瓣膜（心房已切除）

（2）*右心室* 心肌较发达，通过收缩使缺氧血冲开右心室通往肺动脉的三个半月瓣，往肺部进行气体交换（肺循环）。

（3）*左心房* 缺氧血在肺泡更新成富氧血后沿着肺静脉返回心脏，进入左心房。随着左心房的收缩，富氧血挤开左心房与左心室间的两个尖瓣，涌入左心室。

（4）*左心室* 左心室心肌十分发达。随着左心室强有力的搏动，房室间的两个尖瓣上举，关闭，富氧血被驱使着顶开左心室与主动脉弓接合处的三个半月瓣，进入主动脉，开始通向全身各处的体循环。

心脏是驱动血液循环的动力站，心脏的任何病变，如营养心脏本身的冠状动脉的痉挛或严重血栓形成，即出现心绞痛，都可能导致心肌坏死，危及生命。

2．动脉管　把血液从心脏输送到全身各处的血管叫作动脉管。直接起始于人心脏的动脉有两大主干：肺动脉和主动脉。前者将缺氧血送到肺部充氧，后者将富氧血输往全身各处。动脉管管壁较厚，含有较发达的平滑肌和弹性纤维，与动脉血血压较高、血流较快相适应。

3．静脉管　从全身各处将血液送回心脏的血管叫作静脉管。从肺部回来的富氧血分别经 4 条肺静脉进入左心房。汇集全身静脉血的上、下腔静脉各自与右心房相接。静脉血的血压较低。静脉管的管壁较薄，平滑肌和弹性纤维所占比例都较低。临床常见的抽血和输液（血）都通过静脉进行。直径较大的静脉管内常有半月形的内膜皱褶——静脉瓣，具有防止因血压低造成血液倒流的作用。

4．毛细血管（微血管）　毛细血管的平均直径只有 7～9μm，其管壁仅由单层内皮细胞构成。血液从小动脉流入毛细血管。由于毛细血管分支极多，在各个组织、细胞间形成十分密集的毛细血管网。据估计，每平方厘米的横纹肌横切面上，毛细血管的数量就超过 6 万条。一个人全身毛细血管的总面积可达 800～1000m^2（人体表面积还不到 2m^2）。血液在毛细血管中流速很慢，血压很低，血液中的营养物质和氧气可透过单层细胞管壁直接进入组织、细胞。细胞代谢的尾产物则通过毛细管运出。血液流经毛细管后，由小静脉汇集，经各级静脉流向心脏。部分血浆透过管壁成为组织液，它们是淋巴液的源泉。

显然，推动血液循环的主要动力是心室的收缩作用。一般所称“血压”是指大动脉的血压，常用上肢（右手）肱动脉测得的血压为代表。左心室收缩时产生的血压最高，称“收缩压”。正常成人的收缩压一般不超过 18.7kPa（140mmHg）；在心室舒张时所测得的血压为“舒张压”，正常成人的舒张压在 11.3 kPa（85mmHg）以下。超过这个范围，临床上将初步诊断为高血压症。

二、人血液组成与功能

人血液比重略大于 1，是人体极其重要的内环液，其总量约为体重的 1/13。

1．血浆　血液的液体部分叫作血浆，呈半透明淡黄色黏稠状，约占全血的 55%。血浆除去血纤维蛋白原后留下的胶状液体即血清。在机体受伤出血时，血纤维蛋白原具有协助凝血的作用。血清的成分相当复杂，它包括大量的水分及机体所需的各种无机盐，如 Na^+、K^+、Ca^{2+}、Mg^{2+}、Cl^-等，此外还有多种蛋白质（酶、抗体）、糖、脂类、维生素、激素和各种各样的代谢尾产物等。基于此，血浆的功能可归纳为以下四个方面：①维持酸碱平衡；②维持渗透压稳定；③作为物质运送的载体；④封堵血管伤口。

2．血细胞　血细胞（图 5.15）又称血球，即血液中的细胞，包括红细胞和白细胞两大类。

（1）红细胞（红血球）　由于含铁的血红蛋白占细胞内容物 95%以上，因此红细胞呈红色。人和哺乳动物的红细胞呈双凹面圆盘状。成熟的红细胞其细胞核退化、消失。正常成年男性每升血液中有红细胞（4.3～5.8）×10^{12} 个，女性有（3.8～5.1）×10^{12} 个。

（2）白细胞（白血球）　白细胞无色，有细胞核，能做变形运动，其能穿越毛细血管壁进入组织清除异物。正常成年人每升血液含白细胞（3.5～9.5）×10^9 个。身患急性炎症时，白细胞数量往往显著增加。白细胞有多种类型（表 5.5），功能各异。其中，嗜中性粒细胞和淋巴细胞发挥了特别重要的作用。前者能直接吞噬入侵的病毒、细菌等异物，后者可合成并

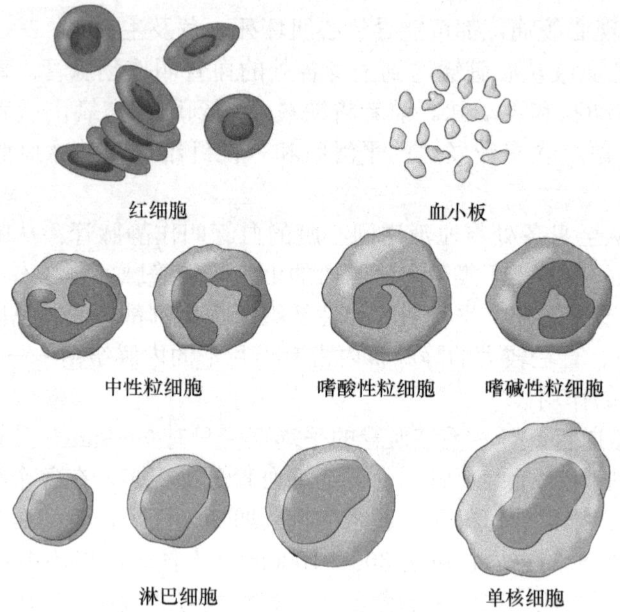

彩图

图 5.15　人的血细胞

分泌多种抗体和淋巴因子杀伤外源生物，进行免疫应答（本章第四节）。它们是人体免疫功能的重要组成成分。由于白细胞“作战繁忙”，因此它们的平均寿命只有 1～2 周。嗜酸性粒细胞内含嗜酸性颗粒（含有过氧化物酶等）和溶酶体（含组胺酶等），细胞表面具有表达补体受体（见下文）等成分，可通过这些受体与体内的寄生虫细胞表面的寄生虫-抗体/补体复合物结合，释放阳离子蛋白杀伤虫体。因此这类白细胞在抗寄生虫免疫中发挥了重要作用。嗜碱性粒细胞的胞质内含有嗜碱性颗粒，颗粒由大量肝素和组胺等物质组成，是导致人体超敏反应（又称变态反应或过敏反应，是机体对曾经接触过的某种抗原再次接触时所表现的异常增高的免疫应答，可导致机体生理功能紊乱或组织损伤）的重要角色。

表 5.5　人白细胞种类及功能

类别	名称	占白细胞比例/%	功能
有粒白细胞	嗜中性粒细胞	50～70	吞噬细菌等异己物
	嗜酸性粒细胞	0.5～3	与抗寄生虫免疫有关
	嗜碱性粒细胞	0～0.7	释放组胺等，与过敏反应有关
无粒白细胞	淋巴细胞	20～30	产生各种抗体、淋巴因子等
	单核细胞	3～8	吞噬细菌等异己物

3．血小板　血小板是血液中形状和大小都很不规则的非细胞无色小体，由骨髓中的巨核细胞碎裂而成。血小板的数量相当多，可达每升血液（1.25～3.5）$\times 10^{11}$ 个。它们富含凝血激活酶，在 Ca^{2+} 和维生素 K 的共同作用下，使血浆中的凝血酶原转变成凝血酶，促使血纤维蛋白原转变为血纤维蛋白，共同在封堵破损血管时发挥了关键的作用。

各种血细胞和血小板约占全血的 45%。它们最终都源自骨髓中的造血干细胞。

三、造血干细胞

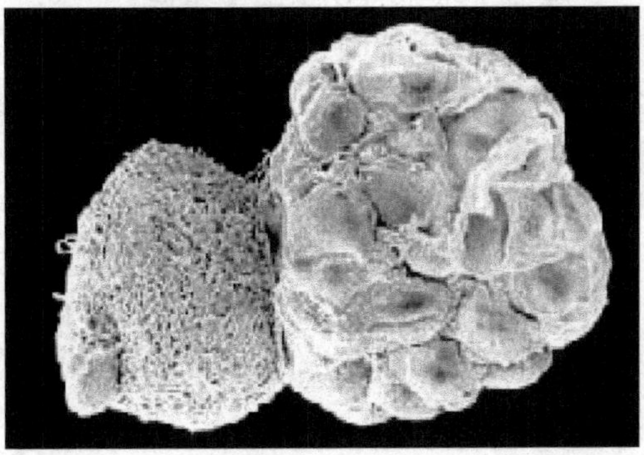

图 5.16 干细胞分裂

造血系统是体内高度活跃的进行新陈代谢的系统，其中造血干细胞扮演了核心角色。造血干细胞是一种充满活力的未分化细胞。它的基本特征是具有自我维持和自我更新的能力，即干细胞通过不对称性的有丝分裂，生成一个造血干细胞与一个造血祖细胞（图 5.16），造血祖细胞再增殖和分化成前体细胞，后者最终形成各种成熟的血细胞。这是补充和维持人体外周血细胞的基础。

造血干细胞表面都具有一种称为 CD34 的酸性糖基化蛋白。CD34 蛋白是个跨膜蛋白，胞外区 258 个氨基酸，跨膜区 23 个氨基酸，胞质区 73 个氨基酸，但其主肽区仅有 31 个氨基酸。CD34 蛋白是目前应用最广、被普遍认同的造血干细胞的表面阳性标志，随着细胞分化成熟，该蛋白逐渐减少直至消失。但 $CD34^+$细胞（含有 CD34 蛋白的细胞）不全是造血干细胞。现有人提出另一种新的造血干/祖细胞的表面标志——AC133 蛋白，它选择性地在 $CD34^+$造血干/祖细胞表面表达。因此，AC133 很可能将替代 CD34 而作为分选和移植的造血干/祖细胞的标志。

资料链接

骨 髓 库

建立骨髓库（或称造血干细胞捐献者资料库）是造血干细胞移植的必然需要。骨髓库里保存的是志愿捐献造血干细胞的人们的名字、年龄、性别、健康状况、详细地址、HLA 基因检查结果等，并非将志愿者的骨髓存入库中。建立骨髓库主要是检验志愿者的主要组织相容性复合体（major histocompatibility complex，MHC）。由于人的主要组织相容性复合体是首先在白细胞发现的，因此也称为人类白细胞抗原（human leukocyte antigen，HLA），以备日后与患者配型之用。如果有一个白血病患者需要做造血干细胞移植，患者的 HLA 基因与所有志愿者的 HLA 基因进行配对，配对相合，便通知该志愿者捐献造血干细胞。因此骨髓库参加的志愿者越多，库容量越大，患者找到相合捐献者的机会就越多。

2015 年，由世界骨髓捐献者协会（WMDA）倡议，在世界骨髓库（BMDW）和欧洲血液与骨髓移植学会（EBMT）的支持下，把每年 9 月的第三个星期六定为“世界骨髓捐献者日”。世界骨髓库（其中包括中华骨髓库）库容已超过 4100 万人份，已联网 51 个国家的含 72 种干细胞的 2170 多万份干细胞资料和来自 32 个国家的 58.8 万份脐血。

美国骨髓供者库是世界最大的骨髓库，已有注册志愿者 900 多万人，进行超过 4.5 万例造血干细胞移植，95%的患者能找到合适的配型。

1992 年，中国红十字会创建中华骨髓库。截至 2024 年 3 月底，中华骨髓库入库库容 345.1782 万人份，累计为临床提供造血干细胞达 17 232 例（含境外 376 例）。我国有大约 400 万名白血病患者等待合适的骨髓移植。

造血干细胞有以下三个来源。

1．骨髓干细胞 从胎儿发育第 4 个月开始至终生，骨髓是主要的造血器官。在正常骨髓中，$CD34^+$细胞占 1%～3%。造血干细胞仅占骨髓有核细胞的 0.5%左右。抽取骨髓的技术难度较大，还需麻醉。

2．外周血干细胞 获取外周血干细胞无需麻醉，采集方便，而且可重采，感染等并发症轻，混入肿瘤细胞的机会较少，重建造血功能快，免疫功能恢复早。但外周血干细胞仅占外周血有核细胞的 0.01%～0.1%，相当于骨髓干细胞数的 1%～10%，且操作较复杂，需配套专门的采集干细胞的仪器。如果给志愿者注射造血干细胞动员剂，将能明显提高外周血中造血干细胞的含量。

3. 脐带血干细胞 婴儿一出生，脐带往往就被遗弃。其实脐带中还含有 100～200mL 的血液，科学家在脐带血中发现了含量丰富的造血干细胞和（或）祖细胞（约 1%，与骨髓近似，为外周血的 12～16 倍）。脐带血干细胞的突出特点是免疫原（抗原）性较弱（主要含不成熟 T 细胞，受者产生的免疫反应较小），增殖快，细胞集落形成率较高，来源广泛。但由于造血干细胞的总量较少，一条脐带所得的造血干细胞只能帮助一位小孩进行骨髓移植。

血液具有如此众多而宝贵的功能，输血成了人们抢救危重患者的一种常用手段。这种方法时而成功，但更多的是失败。一直到 1900 年，医生才终于明白，原来血液有血型区分。ABO 血型系统是人们熟知的最重要输血常识，它由至少 7 个复等位基因决定了红细胞膜上由不同糖分子表现出的 A 型、B 型、AB 型及 O 型这四种主要血型和几十种亚血型。A 型或 B 型人血液中红细胞表面分别具有不同的糖分子，AB 型的人则两种糖分子都有，它们会触发免疫反应，而 O 型血中不包含任何这类“抗原”糖分子。ABO 血型及其匹配体见表 5.6 及图 5.17。

表 5.6 ABO 血型及其匹配体

血型名称	红细胞抗原	可输给血型	可接受血型
A	A	A，AB	A，O
B	B	B，AB	B，O
O	—	A，B，AB，O	O
AB	A，B	AB	A，B，AB，O

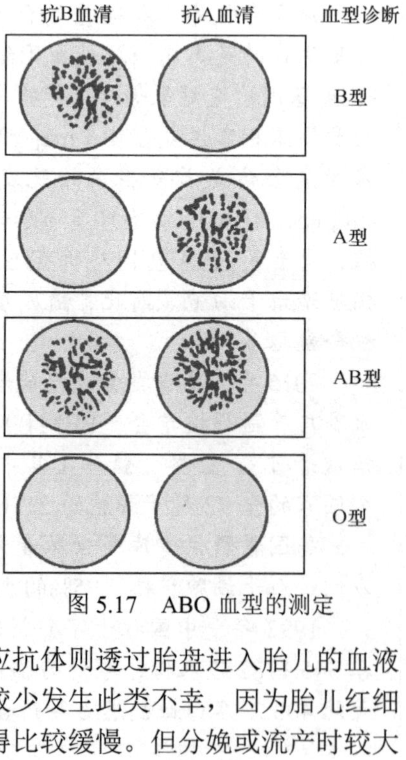

图 5.17 ABO 血型的测定

除此之外，科学家和医生还发现了 Rh、MN、D、K、L、P 等包括血小板和血清蛋白血型在内的超过 37 种血型系统。

Rh 是存在于红细胞膜上的另一种抗原，只有 Rh^+和 Rh^-两种血型。99%以上的汉族人为 Rh^+血型，仅不到 1%的汉族人为 Rh^-血型。值得注意的是，Rh 系统的抗体由于分子质量较小，能够透过胎盘。因此一旦 Rh^-血型的母亲怀上 Rh^+血型的胎儿，后者少量的红细胞或 Rh 系统的抗原可以进入母体。通过免疫反应，母体产生的相应抗体则透过胎盘进入胎儿的血液循环系统，严重时甚至可致胎儿死亡。不过怀头胎的母亲较少发生此类不幸，因为胎儿红细胞进入母亲体内的数量很少，且母体内相应抗体浓度提高得比较缓慢。但分娩或流产时较大量的胎儿红细胞可能进入母体内，导致这位母亲血液内具有较高浓度的相应抗体。如果她第二次怀有 Rh^{+}血型的胎儿，那么她体内高浓度的 Rh 抗体将通过胎盘进入胎儿，破坏后者的红细胞，很可能使胎儿夭折。

输血除了受血型不同的限制以外，还潜伏着感染艾滋病病毒、肝炎病毒等病原生物的危险；同时新鲜血液的有效储存期仅为 5～6 周。这些都给输血投上了不同程度的阴影，甚至导致一些大中城市出现“血荒”的现象。丹麦哥本哈尼大学教授亨利克·克劳森带领的国际科学家研究小组从 2500 多种真菌或细菌中发现两种细菌中有种蛋白酶具有剪除 A 型、B 型和 AB 型血中红细胞表面抗原的能力。他们将这种细菌蛋白酶分别置入 A 型、B 型或 AB 型血中 1h 后，红细胞表面的糖分子抗原就完全消失了。这种方法如果在临床中得到使用，将可以有效地改善血库的供血状况，提高患者输血治疗时的安全性。

资料链接

ABO 血型的发现

1818 年，英国妇产科大夫 J. Blundell 冒险为一位失血过多的产妇输血，成功挽救了产妇的生命。这是世界首例异体输血，震动了全欧洲。然而此后，许多输血的病例都失败了，原因何在？

早期的输血为什么失败？最初线索是出现凝块。当 19 世纪晚期的科学家把不同人的血液混合在试管中时，他们发现有时血红细胞会粘在一起，并推测这是由某种疾病造成的，不值得深究。

奥地利医生卡尔·兰德斯泰纳（Karl Landsteiner）则对这种现象产生了好奇心，并首先用自己和同事的血进行实验。1900 年，兰德斯泰纳发现，如果把几个人的血液交叉混合，会出现红细胞凝集现象，凝集的红细胞团足以堵塞血管致人死亡，但有些人的血液不出现这种情况。即便是健康血液混合在一起同样也会凝集。兰德斯泰纳敏锐觉察到人与人之间的血液可能有异，经大量调查和研究，终于发现人类血液的 A、B、O 血型。由于他的发现对人类安全输血意义重大，因此 1930 年被授予诺贝尔生理学或医学奖。

兰德斯泰纳把被试者分成了三组，他起了完全随意的名字 A、B、C。后来 C 被重命名为 O，几年之后其他研究者发现了 AB 组。

当兰德斯泰纳把不同人的血液混合在一起时，他发现会遵循几条特定的规律。如果他把来自 A 组的血浆与来自 A 组另一个人的红细胞混合在一起，血浆和红细胞仍然保持液体状态。这条规律同样适用于来自 B 组的血浆和红细胞。但是如果把来自 A 组的血浆和来自 B 组的红细胞混合在一起，那么血细胞就会凝集（反过来也一样）。

来自 O 组的人的血是不同的。当兰德斯泰纳把 A 组或是 B 组的红细胞与 O 组的血浆混合时，血细胞都会凝集。但是如果他把 A 组或是 B 组的血浆加到 O 组的红细胞中，则不会发生任何凝集反应。

后续科学家发现每一种血型的红细胞表面分子是不同的。每一种血型红细胞表面都有一种共同抗原，称为 H 型抗原。在 A 型血中，红细胞表面不仅具有第一层分子 H 型抗原而且还有第二层阁楼，上面的一层阁楼分子叫作 A 型抗原。B 型血的人的红细胞则以另外一种不同的形状来建造第二层“房子”。而 O 型血的人的红细胞只建一层楼的“牧场房”：它们只建造 H 型抗原，没有其他阁楼抗原。这也就是为什么 O 型血输给其他血型不产生凝血的原因是因为O型血只有H抗原，而这个抗原是大家共有的抗原，不产生排斥作用。

当时，兰德斯泰纳并不知道一种血型与另一种血型的区别到底是什么。兰德斯泰纳将研究结果以一篇简洁扼要的论文发表了，并以这样一句话轻描淡写结束了论文："应该指出的是，论文中提到的观察结果可能有助于解释输血疗法中出现的各种结果。"兰德斯泰纳的发现开启了安全的大规模输血方法，直至今日，血库仍然使用他的方法作为检测血型的一种快速可靠的方法。

四、淋巴循环

哺乳动物（人）的淋巴系统由淋巴器官、淋巴管和淋巴液组成（图5.18）。它是一种开管式的单向回心循行体系。如前述，血浆从毛细血管壁渗出就成了浸润于组织、细胞间的组织液。这些组织液流入淋巴毛细管，即称为淋巴液，淋巴循环从此开始。

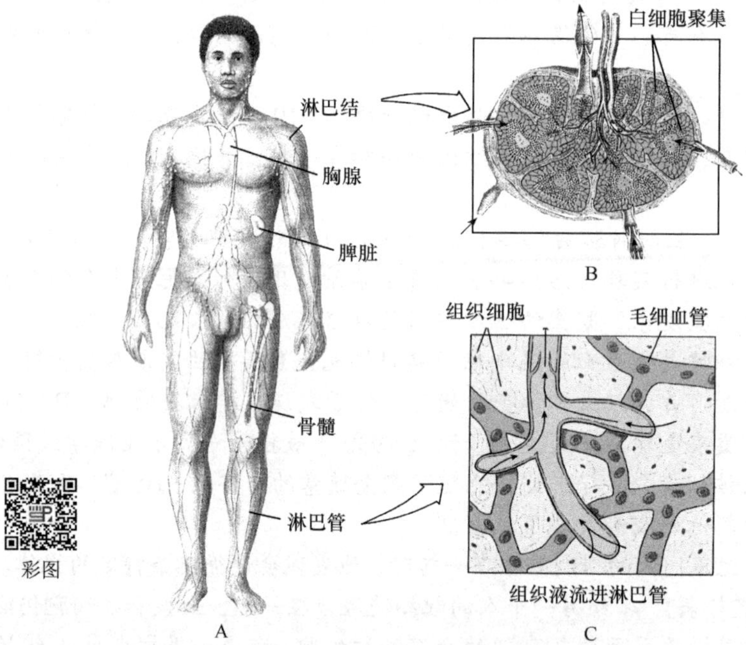

图5.18 人的淋巴系统

A. 淋巴系统；B. 淋巴结；C. 组织液流进

1. 淋巴器官 淋巴器官由含有大量淋巴细胞的网状结缔组织构成，包括胸腺、脾脏、骨髓、淋巴结和扁桃体。

（1）胸腺 发生于胚胎发育的第二个月。位于心脏上方，胸腔内上纵隔的前部，出生时仅10～15g，青春期达最高峰，重30～40g。能产生大量淋巴细胞，主要是T淋巴细胞，对提高自身的免疫能力，促进其他淋巴器官的发育具有重要的作用。青春后期胸腺逐渐退化、萎缩，最终大部分胸腺为脂肪组织代替，但仍有分泌胸腺素的功能。

（2）脾脏 卵圆形、暗红色，质软而脆，位于腹腔左上方，一般不超过肋下缘。脾外包有一层较厚的致密结缔组织被膜，脾髓由淋巴组织和脾窦组成。脾脏是人体最大的淋巴器官和重要的血液贮存场所。受抗原刺激后脾脏可产生大量的浆细胞、效应性T细胞和抗体引起免疫反应；脾脏含有大量巨噬细胞，能及时吞噬清除血液内的异物、抗原、衰老的红细胞和血小板等。此外它还有贮存血液的功能（人脾脏约可储血40mL）。出生后脾脏只能产生淋巴细胞，当严重缺血或在某些病理条件下，它还可以恢复造血功能。脾是人体唯一可被摘除的脏器。脾脏因故切除后，各淋巴结的功能得以代偿性提高。但由于缺乏“血库”，患者难以胜任重体力劳动或较激烈运动。

（3）骨髓　红骨髓中含有较多的造血干细胞，是各类血细胞，包括白细胞（淋巴细胞）和红细胞等的发源地，其重要性不言而喻。

（4）淋巴结　含有大量淋巴细胞、蚕豆般大小的腺样结构，大多集中于颈部、腋窝、腹股沟及肠系膜等易受微生物和其他抗原性物质入侵之处，全身有500～600个。淋巴结犹如一个个“兵站”，能产生淋巴细胞和多种抗体，阻截、清除病菌和毒素。

（5）扁桃体　黏膜下结缔组织集成的团块。依所在部位不同分为腭扁桃体、咽扁桃体和舌扁桃体。腭扁桃体最大，即常说的扁桃体，2个，位于咽部两侧，扁卵圆形。每个扁桃体每天排向咽腔的淋巴细胞大约1000万个，可消灭、吞噬外来病菌，是保护上呼吸道乃至整个机体免受病菌入侵的“前哨站”。

2．淋巴管　淋巴管的起始端是由单层扁平上皮细胞构成的无数毛细淋巴管。各毛细淋巴管逐渐汇成较大的淋巴管。与静脉管相似，淋巴管内有瓣膜，可防止淋巴液倒流。淋巴管在回心过程中集中成9条淋巴干。最后，下肢、腹部和左上半身的淋巴管汇入胸导管，右上半身淋巴管通向右淋巴导管。它们分别将淋巴液送入左、右锁骨下静脉。

3．淋巴液　组织液渗入淋巴毛细管形成淋巴液。除蛋白质较少外成分与血浆相近。淋巴液流经淋巴结后便带有淋巴细胞。因体位的不同，各处淋巴液的成分稍有差异。如小肠壁内的淋巴液由于含有从食物中吸收的脂肪，呈乳白色，则称“乳糜”。

总之，淋巴系统是血液循环的重要补充，它协助将大量组织液送回右心房，有利于机体新陈代谢的顺利进行。淋巴器官能产生大量淋巴细胞，因此淋巴系统又是人体一道十分重要的防御线。健康有效的淋巴系统和血液循环系统一道，能抵制并清除绝大多数病原侵染，清理体内代谢废物及衰老、破损细胞。反之，一旦机体的免疫功能下降，病原和肿瘤细胞的刺激将引起淋巴结肿大，淋巴系统成了它们在人及动物体内蔓延扩张的渠道。

第四节　免疫与传染病

我们生活在充满微生物（主要是细菌和霉菌）的世界里。我们的皮肤、口腔和肠道为微生物提供了很好的生活环境。大肠中的细菌种类和数量不计其数。在微生物的内外夹击下为什么我们并不经常生病呢？原来在我们体内有一套十分有效的免疫系统，它的功能包括内外两方面：①识别并清除入侵的抗原，如各种微生物及其产物及异体细胞等；②监视和清除机体自身衰老、破损及病变的细胞及其碎片，如受感染细胞、癌变细胞等。通常把机体识别抗原性异物并将它（们）清除以维持机体的正常生理状态的过程称为免疫。但广义上，机体的过敏反应及误击自体的自身免疫等都属于免疫的范畴。介导和参与免疫应答的器官、组织、细胞和分子构成了机体的免疫系统。与其他系统相比，免疫系统具有三大特点：①分布广泛，遍及全身；②能精确识别自身与异己物质；③有免疫记忆功能。

上节已经简要阐述了重要的免疫器官和组织的构成和功能（骨髓、胸腺、脾脏、淋巴结等），本节着重涉及与免疫相关的细胞和抗体分子。

一、免疫

哺乳动物（人）在千万年的进化历程中形成了以下三道对抗感染的免疫防线。

1．第一道屏障 体表及某些器官，如皮肤、呼吸道、消化道、生殖道和尿道等的表面，细胞排列紧密，形成病原体难以逾越的屏障。皮肤的角质层就是良好的自然屏障。体表细胞的正常分泌物，如皮脂腺分泌的脂肪酸可以抑制不少细菌的生长，甚至杀灭它们，是阻挡病原体侵入的有力武器。体表正常附生的微生物及其代谢产物也会对病原菌产生竞争性抑制作用。呼吸道表面的纤毛能够排除细菌。鼻腔和胃肠黏膜的分泌物、眼泪和唾液中的溶菌酶均有杀菌作用。此外，人体的血脑屏障和胎盘屏障也属于人体免疫防线的第一道屏障。血脑屏障可以阻挡病原体及其毒性产物从血流进入脑组织或脑脊液，以保护中枢神经系统。婴幼儿的血脑屏障发育不够完善，所以容易发生脑膜炎、脑炎等疾患。胎盘屏障主要是预防母体感染的病原体及其毒性产物通过胎盘屏障进入胎儿体内。但若在妊娠3个月内，此时胎盘结构发育尚不完善，则母体中的病原体等有可能经胎盘侵犯胎儿，干扰其正常发育，造成畸形甚至死亡。药物也和病原体一样有可能通过母体侵犯胎儿。因此，在怀孕期间，尤其是早期，应尽量防止发生感染，并尽可能不用或少用副作用较大的各类药物。

2．第二道屏障 先天性免疫即非特异性免疫是人体对抗病原体的第二道屏障。当病原体突破人体第一道屏障进入体内后，人体抵御外源生物（包括病原体）感染的第二道防线是某些白细胞和血浆蛋白。它们能识别外来异物并奋起战斗，直至将其清除干净。这种战斗并不针对某种病原体，因此称之为非特异性免疫。此类白细胞主要是嗜中性粒细胞和单核细胞（该细胞从血管进入组织即为巨噬细胞）。外源生物侵入后，白细胞迅速向侵入处集中，立即开战。若病原体突破本道防线，则进一步引发全身白细胞数增加、人体发烧及各种不适症状。血浆中还有一类称为"补体"的蛋白质（20余种具有某些酶活性的蛋白质），它们能嵌入病原体的细胞膜，造成病原体破裂、死亡，或直接附着在细菌的细胞壁上，成为异源生物的标志物，提高细菌被吞噬的概率。

干扰素（interferon，IFN）是一组具有多种功能的活性蛋白质（主要是糖蛋白），是一种由单核细胞和淋巴细胞产生的细胞因子。它们在同种细胞上具有广谱的抗病毒、影响细胞生长，以及分化、调节免疫功能等多种生物活性。干扰素并不直接杀伤或抑制病毒，而主要是通过细胞表面受体作用使细胞产生抗病毒蛋白，从而抑制病毒的复制，其类型分为三类，α-型（白细胞）、β-型（成纤维细胞）、γ-型（淋巴细胞）；同时还可增强自然杀伤细胞（NK细胞）、巨噬细胞和T淋巴细胞的活力，从而起到免疫调节作用，并增强抗病毒能力。IFN能诱导细胞对病毒感染产生抗性，它通过干扰病毒基因转录或病毒蛋白组分的翻译，从而阻止或限制病毒感染，是目前最主要的抗病毒感染和抗肿瘤生物制品。

资料链接

干扰素的发现和应用

1957年，英国病毒学家艾萨克斯（Alick Isaacs）和瑞士研究人员林登曼（Jean Lindenmann），在流感病毒研究时发现，在鸡胚中注射灭活流感病毒后，鸡胚细胞中生成了一种物质，这种物质可以反过来“干扰”（interfere）流感病毒的生长，于是就将这种物质称为干扰素。随着研究的深入，人们发现它是一个非常重要的细胞因子，不仅具有直接抗病毒作用，更重要的是它还具有免疫增强作用。在1966～1971年期间，美国医生Robert M. Friedman发现干扰素对病毒的抑制作用主要是干扰素干扰了病毒信使RNA功能，而抑制了蛋白的合成，揭示了干扰素的抗病毒机制主要通过干扰素同靶细胞表面干扰素受体结合，诱导靶细胞内2～5（A）合成酶、蛋白激酶PKR、MX蛋白等多种抗病毒蛋白，阻止病毒蛋白质的合成、抑制病毒核酸的复制和转录而实现。干扰素还具有多重免疫调节作用，可提高巨噬细胞的吞噬活性和增强淋巴细胞对靶细胞的特异性细胞毒等，促进和维护机体的免疫监视、免疫防护和免疫自稳功能。

早期的干扰素是从人体白细胞中通过纯化技术提取的，不仅量少，且含有很多杂质，作用有限。直到20世纪70年代中期，随着生物医学的发展和基因重组技术的出现，科学家们逐渐开始尝试通过基因重组技术合成干扰素。1978年，瑞士科学家帕斯特卡（Pestka）成功克隆了干扰素cDNA，为后来干扰素的工业化生产奠定了基础。1980～1982年，科学家用基因工程方法在大肠杆菌及酵母菌细胞内获得了干扰素，从每1L细胞培养物中可以得到20～40mL干扰素。从1987年开始，用基因工程方法生产的干扰素进入了工业化生产，并且大量投放市场。1990年，基因重组技术正式应用于干扰素的工业化生产。2005年，聚乙二醇干扰素α-2a通过美国食品药品监督管理局（FDA）批准，正式用于乙肝治疗。同一时期的我国著名病毒学专家侯云德院士在20世纪80年代开展重组干扰素的研发，并在国际上首次研制成功α1b型干扰素。国内公司特宝生物2016年底获批上市全球首个40kD聚乙二醇干扰素α-2b注射液，是治疗用生物制品国家1类新药。

人体第一道和第二道屏障是机体在长期进化过程中逐渐建立起来的，具有相对稳定性，能够遗传给下一代，因此也称先天性免疫。当病原体突破前面两道防线后，就需要身体启动第三道防线进行有效防御，该防线又称特异性免疫，也叫作后天性免疫和适应性免疫，特异性免疫只有脊椎动物具备这种防御功能。

3．第三道屏障　强有力的入侵者可以突破人体的前两道防线，随血液和淋巴液向身体纵深处进发。这时人体将紧急启动第三道免疫系统，即特异性免疫系统。特异性免疫是在特异抗原刺激下产生的、针对某一种病菌具有识别和杀灭作用的免疫体系，具有特异性和后天性两大特点，故又称获得性免疫。人体因某种病菌感染或者注射过某种疫苗而获得的免疫功能都是获得性免疫。

特异性免疫由免疫细胞来承担。免疫细胞泛指所有与免疫应答有关的细胞及其前身细胞，包括造血干细胞、淋巴细胞、单核/巨噬细胞、抗原呈递细胞及粒细胞等，其中淋巴细胞发挥主导作用。淋巴细胞是由多能造血干细胞分化为淋巴样干细胞后在不同的免疫器官分化成熟的、形态相似功能多样化的免疫细胞。

根据不同的功能，淋巴细胞可划分为T细胞、B细胞和自然杀伤细胞（NK细胞）三大类（图5.19）。如果淋巴细胞进入胸腺并在其中发育成熟，它们就是T细胞（T代表胸腺），人体的免疫系统中的T淋巴细胞又分三类：杀伤性T细胞、辅助性T细胞、调节性T细胞。另一些淋巴细胞则在哺乳类（人）的骨髓中逐步分化为B淋巴细胞（B代表骨髓）。它们都有各自独特的T细胞受体（TcR）或B细胞受体（BcR）。自然杀伤细胞也是来源于骨髓，并在骨

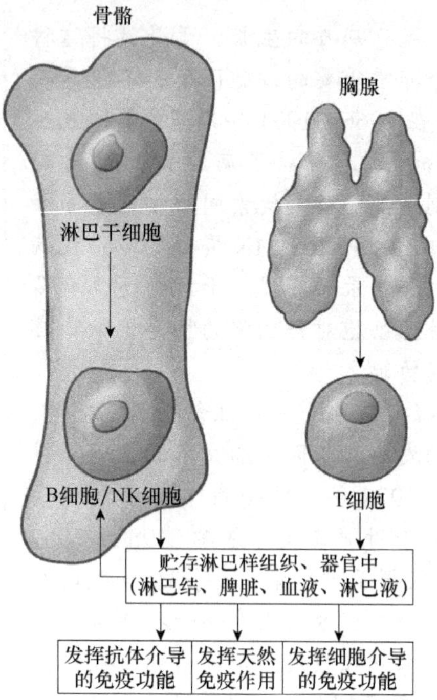

图 5.19　B 细胞、T 细胞和 NK 细胞的发育与功能

髓发育成熟，但它们缺乏 T 细胞和 B 细胞受体，无需抗原的激活就能直接、迅速地杀伤入侵的病毒、被病毒感染的细胞及肿瘤细胞，在机体的免疫监视和早期抗感染反应中发挥了重要作用。

特异性免疫应答具有两个显著的特点：特异性和记忆性。按其作用机理可将特异性免疫划分为两种类型：细胞介导的细胞免疫和抗体介导的体液免疫。由于 T 细胞通常不能识别天然蛋白抗原的决定簇，只有抗原被包括巨噬细胞在内的抗原呈递细胞（antigen presenting cell，APC）吞噬后，经过加工处理并呈递到细胞表面才能被 T 细胞所识别，并启动后续的细胞免疫和体液免疫。APC 细胞如何呈递抗原呢？我们以巨噬细胞为例说明抗原的摄取、加工及呈递过程。

非己抗原（如细菌抗原或可溶性抗原）以非特异性方式与巨噬细胞结合，后者借助吞噬、胞饮、吸附等调理作用摄取抗原。这个过程也称为内吞作用（endocytosis）。被 APC 摄入的天然抗原须在胞内通过代谢而修饰成能与 MHC-Ⅱ类分子结合的、具有强免疫原性的肽段，此过程称为抗原的处理（antigen processing）。被巨噬细胞摄入的抗原在胞内形成吞噬小体（phagosome），然后与溶酶体融合，形成吞噬酶体（phagolysosome）。后者是一种酸性的囊泡，天然抗原在其内受多种酸性水解酶作用，90%以上的成分被完全裂解为氨基酸并失去免疫原性，10%左右降解为具有 α-螺旋结构的免疫原性肽段。后者暴露出与 MHC-Ⅱ类分子具有特异亲和力的疏水性残基，并以抗原识别位（agretope）通过非共价键与 MHC-Ⅱ类分子肽结合区结合成稳定的螺旋结构。表达于巨噬细胞表面的多肽-MHC-Ⅱ分子复合物被呈递给 TH 细胞。供 T 细胞表面的受体 TcR 识别的先决条件是两种细胞的直接接触并相互作用。这种细胞间的相互作用同时还涉及 APC 与 TH 表面多种分子。由上可见，APC 呈递抗原供 TcR 识别并导致 T 细胞激活是一个受到严格调节的复杂过程。至此，通过以上复杂过程，APC 以 MHC-Ⅱ分子限制的方式将抗原递给辅助性 T 细胞（TH），从而激发后续增殖和抵御病原体的过程（图 5.20）。

彩图

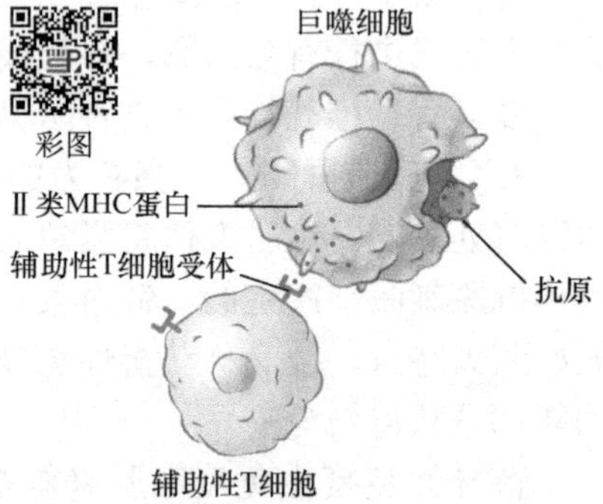

彩图

图 5.20　巨噬细胞加工处理抗原并呈递给辅助性 T 细胞过程

（1）*细胞免疫*　T 淋巴细胞占外周血淋巴细胞总数的 60%左右。它们不仅是细胞免疫的主角，而且在体液免疫诱导中均发挥重要作用。尚未接触过抗原的 T 细胞叫作初始 T 细胞。当包括巨噬细胞在内的具有抗原呈递功能的细胞吞噬了病原体后，经过体内加工过程，将病原体抗原通过呈递作用暴露在表面 MHC-Ⅱ上，形成复合体，辅助性 T 细胞通过与 MHC 复合体上的抗原特异性结合，受到抗原刺激后，初始 T 细胞在 IL-2 等细胞因子的作用下诱导细胞毒性 T 细胞发生增殖性克隆，即为活化的细胞毒性 T 细胞。此外，IL-2 同时反馈性地

对辅助性 T 细胞增殖发挥作用。活化细胞毒性 T 细胞通过释放穿孔蛋白在感染了病原体的靶细胞形成孔洞，细胞外液进入感染细胞，细胞膨胀、破裂，同时在各种细胞因子共同作用下，感染细胞破裂并抑制病原体繁殖和释放。细胞因子在其中发挥了积极的作用，如促进针对入侵者的辅助性 T 细胞和细胞毒性 T 细胞大量增殖，抑制性 T 细胞和 B 细胞也启动分裂，从而使细胞免疫和体液免疫两方面都投入了对病原生物的战斗。其中辅助性 T 细胞和抑制性 T 细胞在机体免疫平衡中相互拮抗达到平衡机体免疫系统功能，防止免疫机能低下和免疫过分亢进（图 5.21）。

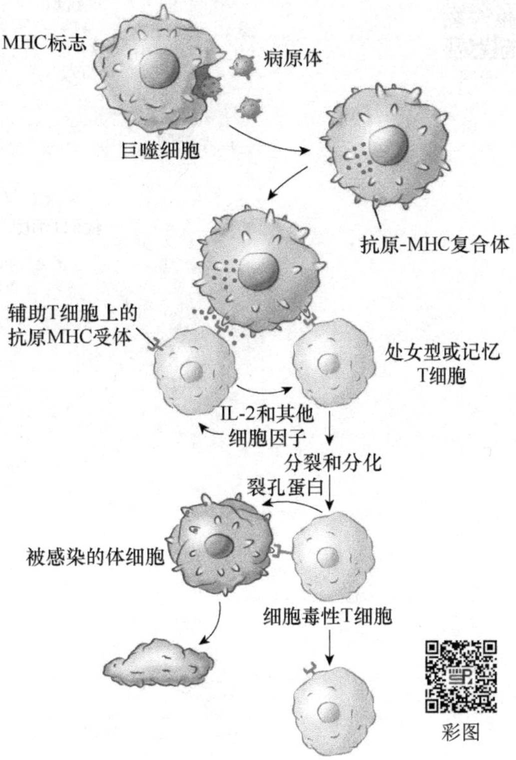

图 5.21　细胞介导的免疫应答

（2）*体液免疫*　外来抗原进入机体后诱导特异性抗体产生的过程称为体液免疫应答。

各类细胞、病毒的表面都含有其特定的蛋白质及多糖分子，病原体也不例外。凡是能够刺激机体免疫系统诱导免疫应答，并能与免疫应答的产物（抗体或致敏淋巴细胞）发生特异性结合反应的有机物（一般为蛋白质或多糖类大分子）叫作抗原。移植器官由于其细胞表面同样含有蛋白和多糖分子，因此它对受体来说也是抗原。抗原的分子量通常都在 10kDa 以上。在一定范围内，抗原的分子量越大，免疫原性越强。结构复杂的抗原（如细菌细胞表面抗原），对淋巴细胞的刺激也更强。

体液免疫的主角是 B 细胞。B 细胞占外周血淋巴细胞总数的 8%～15%。每个 B 细胞的表面都带有一种特异抗原的受体（BcR）。一旦抗原（细菌或病毒等，严格地说是指它们表面的特异分子）进入人体，带有能与该抗原配对的受体的 B 细胞立即与抗原结合，使其失活。同时，通过复杂的信号转导途径，细胞膜上的抗原信号被传到细胞核的相关基因，使这种 B 细胞转变成为致敏 B 细胞并迅速启动有丝分裂，导致在短时间内产生出大量的同类致敏 B 细胞克隆。之后，这些致敏 B 细胞逐渐走向分化。在淋巴结中多数致敏 B 细胞分化为浆细胞，其相关基因经一系列重组、转录和表达，成为专司合成、分泌抗体的细胞。这些抗体在组成和化学性质上完全一致，能与上述抗原特异结合并使之失活（图 5.22）。

抗体，也叫作免疫球蛋白，主要存在于体液中，所以将抗体介导的免疫称为体液免疫。此外，少数致敏 B 细胞转变成记忆 B 细胞。由于这些记忆 B 细胞的存在，一段时间后，当同样的抗原再次入侵时，记忆 B 细胞就能立即引起应激反应，细胞大量分裂并分泌针对性抗体，使得再次免疫反应在反应速度和反应强度两方面都显著超过初次反应（图 5.23）。这就是有些人工免疫，如乙肝疫苗、数种国产新冠疫苗等需要在一定时间间隔内注射 3 次的原因。

各种记忆 B 细胞在人体内存在时间的长短各异，短的仅几周，长的可达终生。如小时候染上腮腺炎，治愈后体内就产生了腮腺炎病毒抗体及其记忆细胞，患者（或是经人工免疫接种过腮腺病毒疫苗的人）一辈子不用再担心腮腺炎病毒会“卷土重来”。

彩图

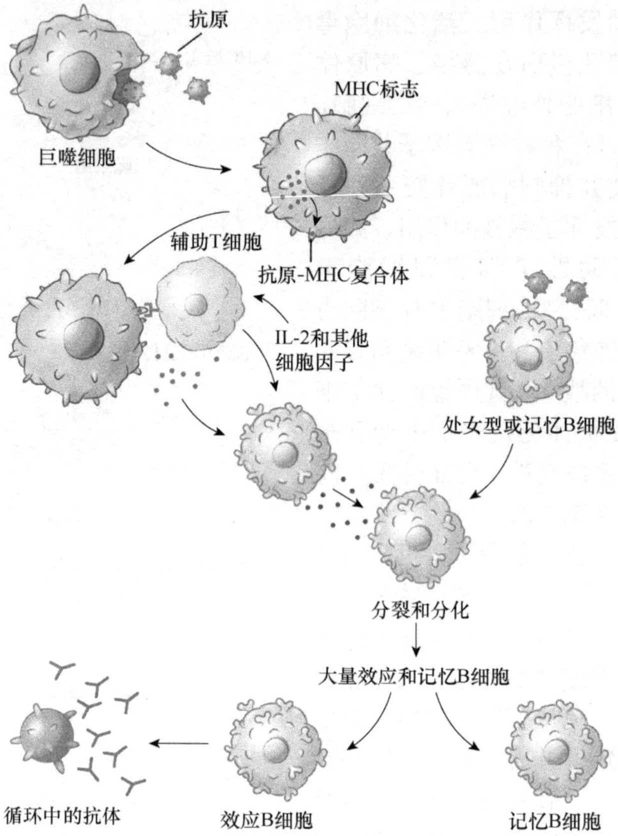

图 5.22　抗体介导的免疫应答

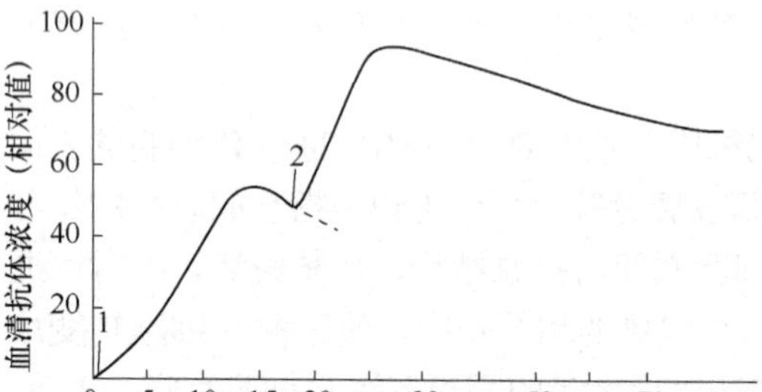

图 5.23　记忆细胞引发的再次免疫反应

1、2 分别代表接种次序

抗体包括两条相同的重链（长链）和另两条一样的轻链（短链），四条肽链以多个二硫键（—S—S—）连接，呈“Y”字形（图 5.24）。重链（H 链）由 450～550 个氨基酸残基组成，其上还结合着不同的糖分子。轻链（L 链）的氨基酸残基只有 214 个。在抗体肽链的 N 端（氨基端），包括 L 链的一半（107 个氨基酸残基）及约 1/4 的 H 链（107～130 个氨基酸残基）是抗体的可变区，也是结合抗原的区域。

由于抗原五花八门，因此可以想象，人体中的抗体必然极其多样，多达数百万计。如此之多的抗体是如何产生的呢？原来，在 B 细胞分化、发育过程中，决定抗体的基因之间经历了多次的基因重排过程。

在人的体细胞染色体中，编码抗体的各个基因彼此分开，分别位于第 2 号、第 14 号和第 22 号染色体上。在 B 细胞发育过程中，编码重链和轻链的基因经过多次的重排和转录后加工，从而使抗体的多样性理论上可高达 10^{14} 种。如此高的抗体多样性足以让机体在正常情况下防范自然界病原生物的侵害。

在特异性免疫反应中，细胞免疫和体液免疫既有区别又相互辅助，共同防御和消灭病原体。体液免疫和细胞免疫两者在清除物质、免疫细胞和免疫原理上都有所不同。一般情况下，细胞免疫清除的是寄主细胞内寄生的微生物，而体液免疫清除的是游离在寄主细胞外的抗原及其产生的有毒物质。当抗原物质进入细胞后，先进行体液免疫，如果体液免疫无法消除，这时就轮到细胞免疫。虽然在体液免疫过程中 T 细胞会传递一部分抗原给体液免疫，但这时的 T 细胞并没有起到细胞免疫的作用，细胞免疫是裂解宿主细胞的过程。因此体液免疫是先于细胞免疫的。

细胞免疫和体液免疫是息息相关的，细胞免疫起主要作用的 T 淋巴细胞，在体液免疫中起连接作用，它能呈递抗原到 B 淋巴细胞，使体液免疫起主要作用的 B 淋巴细胞发挥作用。细胞免疫后最终释放出来的抗原还是需要体液免疫来消灭。

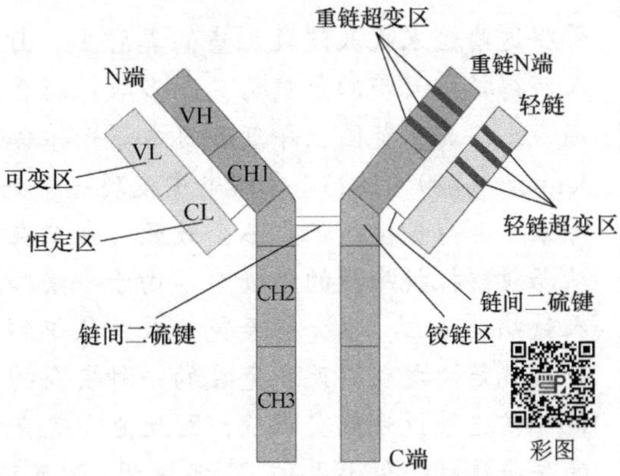

图 5.24　抗体结构示意图（改自曾常茜等，1994）

CH1：重链恒定区 1，具有同种异型氨基酸标志；CH2 和 CH3：重链恒定区 2、3，结合补体的部位；CL：轻链恒定区，具有同种异型氨基酸标志；VH：重链可变区，抗原结合部位；VL：轻链可变区，抗原结合部位；铰链区：富于弹性，利于结合抗原及补体的活化

特异性免疫可分成主动性免疫和被动性免疫两类。通过接种弱化（灭活或老化）的病菌或疫苗激活人体免疫系统、产生对应抗体的过程叫作主动性免疫，如接种乙肝疫苗、破伤风疫苗、狂犬病毒疫苗、数种国产新冠疫苗等。主动性免疫的应答需经历上述反应过程，因此速度较慢。但由于形成了一定数量的记忆细胞，其保护机制一般可维持较长的时间，甚至终生。自从人类发明天花疫苗并在全世界范围内坚持多年接种，作恶多端的天花终于被人类征服。1980 年，联合国宣布，天花病毒已经在自然界被消灭。被动性免疫是指直接注射含有所需抗体的免疫血清或免疫球蛋白。这样，虽然能使接受者迅速得到抗体的保护，但这种保护不是由本身免疫系统产生的，因此其作用周期短暂。2003 年春夏时节在我国发生的抗击“非典型性肺炎”（SARS）疫情的战斗中，曾经采用已康复患者的血清（内含抗 SARS 抗体）直接注射的方法，帮助患者康复，取得了较好的疗效。

二、疫苗

疫苗是将病原微生物（如细菌、立克次氏体、病毒等）及其代谢产物，如毒素等，经过人工减毒、灭活或利用基因工程等方法制成的用于预防传染病的主动免疫制剂。不过，在生物技术飞速发展的今天，疫苗的概念已经有所扩展（见下文）。

疫苗的发明可谓是人类发展史上具有里程碑意义的事件。因为从某种意义上来说，人类繁衍生息的历史就是人类不断同疾病和自然灾害斗争的历史。目前用于人类疾病防治的疫苗有 20 多种，根据技术特点分为传统疫苗和新型疫苗两大类。

资料链接

天花疫苗的发明

天花是由天花病毒引起的高致死率传染病。在宋真宗时期（公元 998～1022），我国就发明了接种人痘预防天花的方法。首先取下天花患者身上的痂皮研成粉末，然后用细管将这些粉末吹入健康儿童的鼻腔中。由于不少病毒毒性仍然存在，因此虽然有少部分人获得抵抗天花的免疫力，而多数人还是不幸染病。但是这个方法和思路逐渐传到俄罗斯、土耳其、英国、印度和日本等世界各地。十八世纪末，英国乡村医生詹纳（Edward Jenner，1749～1823）在调查中发现一个奶牛场的挤奶女工很少得天花，这是为什么呢？原来牛会得牛痘，但是不会致死，女工在挤牛奶的过程中会接触到这些牛痘的分泌物，从而获得抵抗牛痘的免疫力。由于牛痘和人痘具有类似的抗原，只是毒性很弱不会引起人致病和死亡，不会得天花。詹纳认识到如果以上推论和说法是正确的话，那么给人种牛痘就是使之获得天花免疫的一种安全的方法。他对这个问题进行了仔细的调查研究，他相信这种说法确实正确，因此他决定直接对它加以检验。1796 年，詹纳应用经过处理的牛痘接种一位小男孩，事实证明，该男孩不仅安全而且具备了抵抗天花的免疫力。1798 年，詹纳在《天花疫苗因果之调查》里公布了他的结果，使得接种方法被采用。他为人们接受接种而长年四处宣传。接种法迅速在英国传开，最终被全世界大部分地区采用。由于更多的人接种了牛痘，他们都幸运地战胜了天花，因天花而死的人数大大减少，并最终在自然界灭绝。詹纳因此被称为免疫学之父，并且为后人的研究打开了通道，促使巴斯德、科赫等人针对其他疾病寻求治疗和免疫的方法。

1．传统疫苗　国内医药界将疫苗分为以下三类。

（1）减毒活疫苗　将病原体在培养基上或动物细胞中反复传代，使其逐步失去致病力，但仍保留它的免疫原性。用这种方法制成的疫苗称为减毒活疫苗。如预防结核病的卡介苗、麻疹活疫苗、预防婴幼儿脊髓灰质炎的减毒活疫苗。

（2）灭活疫苗　将病原体大量培养后用各种理化方法将其灭活制得的疫苗。灭活疫苗由于免疫原性较弱，一般需数次接种，但其安全性较高，如百日咳疫苗及我国在抵御新冠疫情时大量使用的疫苗。但由于是全菌制备的疫苗，复杂的菌体成分偶尔也会引起局部副反应。20 世纪 80 年代，日本科学家研制成功无细胞疫苗，其抗原成分明确、具有良好免疫原性及保护效果且无毒副作用，获得了良好的效果。

（3）类毒素　提取细菌的外毒素，经 0.3%～0.4%的甲醛处理后制成具有免疫原性的类毒素。经接种后可诱导机体产生抗毒素，如破伤风抗毒素、白喉毒素等。

资料链接

“糖丸爷爷”顾方舟

小时候去卫生站打预防针的时候，医生会给一颗奶白色的糖给小孩子吃，奶白色的糖入口即化，吃起来甜甜的充满奶香味，那时候多希望医生能多给几颗糖吃。可是你知道那并不是普通的糖吗？那是一颗疫苗糖丸，它是一种口服脊髓灰质炎减毒活疫苗，简称 OPV（Oral Polio Vaccine）。糖丸外形像牛奶软糖，闻起来充满奶香味。糖丸是用奶粉、奶油、葡萄糖等材料作辅剂，将液体疫苗滚入糖中制作而成。

那你知道这个挽救了无数中国人的神奇的糖丸是由谁发明的吗？

是的，它就是由被称为糖丸爷爷中国脊髓灰质炎疫苗之父、著名病毒学专家顾方舟教授领衔主导成功制备的，顾方舟当年壮志雄心地为自己选择公共卫生专业解释道：“当医生一年才能救多少患者？做公共卫生一年能救成千上万的人！”当年顾方舟考医学专业，只是为了不用求别人，而做公共卫生家，已经把自己与国家心系在一起了。

1957年，顾方舟被任命为脊髓灰质炎研究室主任，专门攻克这那个时代犹如瘟疫一样可怕的疾病——由脊髓灰质炎病毒引起的脊髓灰质炎，俗称小儿麻痹症。顾方舟在综合考虑我国当时的实际情况，最后决定选择经济有效的脊髓灰质炎病毒活疫苗。活疫苗虽然经济、有效，但是在安全性方面与灭活疫苗相比存在一定危险性，顾方舟与同事们最后决定：自己先试用！经过大家试用后发现没有任何异常，解决了其中第一关，但是这个疾病的重点人群是免疫力比较弱的儿童人群，因此，针对免疫重点人群还无法证明疫苗的有效性。只有给儿童试用后仍安全，才能保证有效性。

问题来了，找谁的孩子进行试验？又有谁愿意把孩子拿去试验？万一有事，后果非常严重。顾方舟思来想去，自己做的药都不敢给自己的孩子吃，凭什么有资格给别的孩子吃？他毅然决定：让自己刚满月的儿子参加试验！同事们在他的感召下，纷纷给自己的孩子服用了疫苗。测试期慢慢过去了，好消息随之而来。顾方舟和同事们高兴极了：疫苗是安全的！第一期，他们制定了40万份疫苗在北京、上海等10多个城市投放。最后的结果显示，疫苗非常有效，绝大多数人都能产生脊灰抗体。

为了解决孩子们对药的口味不好产生抵触的情绪，顾方舟和同事们尝试用奶粉、奶油、葡萄糖等材料作辅剂，将液体疫苗滚入糖中制作成糖丸。这样服用者既容易接受，药丸又容易运输。这种味道甜甜的糖丸疫苗，一推出就受到了孩子们的喜爱。

疫苗的成功推广，使数十万儿童免于残疾。2000年7月，中国已经成功阻断了脊髓灰质炎病毒的传播，实现了无脊髓灰质炎的目标。

顾方舟多次说过：“我一生做了一件事，就是做了一颗小小的糖丸。”可就是这一颗糖丸，挽救了无数个可爱的孩子，更是祖国未来的希望。

2. 新型疫苗 如果从我国宋代发明接种人痘预防天花的方法算起，人类使用疫苗对付传染病已经有上千年历史了。即使从英国医生Jenner发明牛痘疫苗至今也已200多年了。随着现代生物化学和基因工程等领域的飞速发展，新型疫苗的研制进入了一个黄金发展时期，取得了显著的进展。尤其是在全球抗御新冠疫情时首次使用的mRNA疫苗挽救了无数人的生命。该技术创始人匈牙利科学家卡塔林·卡里科（Katalin Karikó，1955～）和美国科学家德鲁·韦斯曼（Drew Weissman，1959～）因此获得2023年诺贝尔生理学或医学奖。

（1）基因工程疫苗 20世纪70年代以来，生物学已经进入分子生物学的时代，建立在基因工程基础上的疫苗也就应运而生。

1）重组抗原疫苗。将克隆的抗原编码基因（1个或数个）与质粒载体（第八章第五节）连接，构成重组质粒，然后转化到原核生物（一般是大肠杆菌）或真核细胞（通常是单细胞酵母或中国仓鼠卵巢细胞）中。通过发酵罐大量生产这些转基因细胞，提取并纯化抗原编码基因的表达产物（即抗原），制备成针剂供注射。1981年，Edman等首先成功克隆了乙肝病毒表面抗原（HBsAg）基因并获得表达，1986年，Merck公司生产的基因重组乙肝疫苗（酵母表达系统）上市。目前市售的乙肝疫苗大多都是此类疫苗。经3次接种后能有效预防乙肝病毒的感染。

2）重组载体疫苗。将编码抗原的基因插入已减毒的病毒或致病菌的基因组中，扩大培养后注入人体中，人体随着疫苗株的增殖和抗原表达逐渐产生相应抗体。不过此类疫苗还存在已减毒的致病菌发生回复突变、“东山再起”的顾虑。

3）DNA 疫苗。把编码抗原的基因与质粒载体连接，构成重组质粒，然后将重组质粒直接注射人体。细胞摄取重组质粒后，这些抗原决定基因将在人体内得到一定程度的转录和表达，从而使机体产生特异性免疫应答。此类新疫苗制备简单，容易保存，免疫持续时间较长，还可以进一步研制成多价疫苗。但这些外源基因是否会趁机整合到人类染色体上从而引发各种突变，仍然是科学家关注的问题。

4）mRNA 疫苗。mRNA 疫苗是将含有编码抗原蛋白基因 mRNA 的特异脂质体注入人体，脂质体介导这些 mRNA 进入胞内直接进行翻译，形成相应的抗原蛋白，从而诱导机体产生特异性免疫应答，发挥抵御病原体的作用。mRNA 疫苗利用的是病毒的某段基因序列而不是病毒本身，因此没有感染风险。mRNA 疫苗是继灭活疫苗、减毒活疫苗、亚单位疫苗和病毒载体疫苗后的第三代疫苗，具有研发周期短、同时兼具体液免疫及 T 细胞免疫双重机制、免疫原性强、不需要佐剂及生产工艺简单、易于批量生产等优势。但经典的 mRNA 制剂稳定性较差，需要低温保存和运输（BNT162b2 存储运输条件为−80～−60℃，mRNA1273 为−20℃），严重限制了它们的应用范围。为了解决这一难题，科研人员独创了一种新的冻干技术，可以将 SARS-CoV-2 mRNA-LNPs 疫苗和 LyomRNA-Omicmon LNPs 分别在 25℃条件下储存 6 个月，其理化性质和生物活性均稳定不变，仍然显示出良好的免疫原性。

5）转基因植物疫苗。科学家已经在香蕉和番茄等可生食的植物中导入某些抗原决定基因，如狂犬病病毒基因、乙肝病毒表面抗原基因等，并使其在受体植物中得以表达。这样，这些转基因植物就成了能够抵抗相关疾病的疫苗。实验表明，尽管这些转基因植物表达的抗原（多肽）在动物（人）的消化道中将被部分降解，但仍有部分抗原能进入血液系统，引起免疫应答。也就是说，人们通过生食此类植物就可能获得相应的免疫能力。此外，此类疫苗不必冷藏，生产、运输、保存和推广都十分方便，价格也低廉。转基因植物疫苗的主要缺点是抗原的表达量还偏低，亟待解决。

（2）*寄生虫疫苗*　寄生虫是严重危害动物（人）身体健康的一类病原，仅血吸虫（扁形动物）和疟原虫（原生动物），全世界分别大约有 6 亿人和 2.3 亿人的健康受到它们的侵害和影响。由于寄生虫细胞的细胞膜上同样存在物种特异性多肽和糖蛋白，因此提纯这些物种特异物同样有望制备成寄生虫疫苗。研制疫苗防治寄生虫病已成为大势所趋。目前上市的寄生虫疫苗还很少，且多为活苗或弱毒化苗，价格较高，还有发病的潜在危险。基因工程疫苗将是下一代寄生虫疫苗的主流。

（3）*避孕疫苗*　免疫避孕疫苗具有潜在的独特优越性——抗生育但不干扰其他生殖生物学功能。避孕疫苗的基本原理是通过提取一种抗原成分制成疫苗给予受试对象，使其产生相应的免疫反应，从而阻止受孕。研究发现，与生殖有关的激素、精子、卵细胞都可作为抗原引起免疫应答，影响生殖过程的某些环节从而干扰和阻断妊娠，起到避孕作用。当前有希望发展成为免疫避孕疫苗的有抗精子抗原、抗绒毛膜促性腺激素抗原、抗孕酮抗体等。不过，避孕疫苗的研究虽然取得可喜的进展，但多数尚处在实验和研究阶段。

三、传染病

传染病是由某种特殊的病原体（如病毒、细菌、真菌或寄生虫等）所引起的、通过某种途径可以在易感个体之间传播的疾病。传染病的发生和流行由传染源、传播途径和易感人群三个环节构成。切断任何一个环节都可以使传染病终止流行。如不及时预防、隔离和治疗患者，就可能导致传染病迅速传播，严重威胁人们的健康甚至生命。

1989 年 9 月 1 日起实行的《中华人民共和国传染病防治法》（简称《防治法》）是我国经国家最高权力机关批准颁布的第一部针对传染病防治管理工作的卫生大法，从法律上对各种传染病的分类和防治作了明确规定，是国家对传染病实行预防为主的方针、保护人民健康的一部重要法律。《防治法》将传染病分为甲类、乙类和丙类。根据传染病发生和流行的形势，甲类传染病有：鼠疫、霍乱；乙类传染病有：病毒性肝炎、细菌性和阿米巴性痢疾、伤寒和副伤寒、艾滋病、淋病、梅毒、脊髓灰质炎、狂犬病、肺结核、新生儿破伤风和血吸虫病等（2004 年将传染性非典型肺炎、人感染高致病性禽流感列入乙类传染病并按照甲类传染病管理）；丙类传染病有：流行性感冒、黑热病、流行性和地方性斑疹伤寒等。2019 年骤发的新冠肺炎被归为乙类传染病，甲类管理。

以下仅择要列举痢疾、狂犬病、血吸虫病和艾滋病等传染病。

1. 痢疾　痢疾是由志贺氏痢疾杆菌（*Shigella* sp.）引起的乙类传染病，通过粪-口途径传染，即吃下痢疾患者和带菌者粪便污染过的食物就可能得痢疾。痢疾患者的粪便含有大量的痢疾杆菌，是痢疾的主要传染源。患者和带菌者的粪便可通过多种方式污染食物、瓜果、水源、玩具和周围环境。苍蝇在传播痢疾杆菌方面起了重要作用，因此夏秋季节痢疾的发病率明显上升。

痢疾的潜伏期长短不一，最短的数小时，最长的 8 天，多数为 2～3 天。由于临床表现和疾病经过不同，可将痢疾分为普通型痢疾、中毒型痢疾和慢性痢疾。绝大多数痢疾属普通型。因为痢疾杆菌可产生毒素，所以大部分患者都有中毒症状：起病急，恶寒、发热，体温常在 39℃以上，头痛、乏力、呕吐、腹痛和里急后重（常有便意，但排便量少且不净）。痢疾杆菌主要侵犯大肠，尤其是乙状结肠和直肠，所以右下腹疼痛明显，腹泻次数很多。各型痢疾患者排出的粪便在显微镜下检查可见大量白细胞、脓细胞、红细胞和吞噬细胞。绝大多数患者经过有效抗生素治疗，数日后即可缓解。急性期患者的餐具、衣被应煮沸消毒，尿粪等应加漂白粉（排泄物量∶漂白粉为 1∶10）搅拌后放置 2h 再弃去。急性期患者应卧床休息，饮食以流质、稀饭、面条为主，忌食生、冷、油腻及刺激性食物。腹泻量多导致失水者，应多饮水，口服盐溶液，严重脱水者考虑静脉补液。

2. 狂犬病　狂犬病是由狂犬病毒引起的一种急性传染病。病毒主要存在于病畜的脑组织及脊髓中，病犬的唾液腺和唾液中也有大量病毒。被带有狂犬病毒的狗、猫、狼咬伤后就可能被传染。该病潜伏期一般为 1～2 个月。发病初期患者出现周身不适、食欲不佳、低热、头痛等症状，接着出现恐惧不安。因为饮水可引起咽部和喉头痉挛，导致呼吸困难，所以又叫“恐水症”。少数患者还会出现精神失常、怪声尖叫、冲撞咬人等行为。狂犬病晚期患者往往全身瘫痪、瞳孔散大、血压下降，一般在 6 天内因心力衰竭和呼吸麻痹而死亡。历史上狂犬病席卷过世界 100 多个国家，夺走了数千万人的生命。虽然我国因感染狂犬病而死亡的人数逐年下降（2021 年死亡 150 人），但是与世界上无疫区的国家相比，情况还是不容乐观。其主要原因在于我国宠物狗的狂犬病疫苗接种率不到 20%，大量的流浪狗则几乎都没有接种过狂犬病疫苗。

狂犬病没有特效药可治，故重在预防。被狂犬（或怀疑狂犬）咬伤后，要先让局部出血，尽可能排出污染的病毒，然后立即用 20%肥皂水或 0.1%新洁尔灭溶液或碘伏彻底冲洗创口，接着用大量清水清洗，然后用 70%乙醇涂擦。创口不可缝合。此外还要及时接种狂犬病疫苗，使体内产生抗体，常可取得防治效果。另外，还要注射破伤风抗毒素预防破伤风。

法国微生物学家巴斯德 1885 年首先研制出减毒狂犬病毒疫苗，为人类战胜凶恶的狂犬病做出了历史性的贡献。

3．血吸虫病 血吸虫病是由血吸虫的成虫寄生于人体所引起的地方性疾病，目前主要流行于亚、非、拉美的73个国家，患病人数约2亿。本病在我国长江流域及其以南的十三个省市的广大水稻栽培地区，尤其是江苏、浙江、安徽、湖北、湖南、江西等省和上海市郊较为严重。1957年，国务院《关于消灭血吸虫病的指示》显示“血吸虫病在我国流行已久，对人民的危害是极其严重的。病害流行地区遍及十二个省（市）的三百五十个县（市），患病人数约有一千万，受到感染威胁的人口则在一亿以上。”1956年，毛泽东主席在前期充分调研了解血吸虫给人民带来无尽灾难情况下，在最高国务会议上发出“全党动员，全民动员，消灭血吸虫病”的战斗号召，成为全党全民向血吸虫病开战的动员令。在中国政府组织号召下，在血吸虫流行区，血防工作有针对性地抓住四大环节：控制粪便、消灭钉螺、管理疫水、治疗患者，使得血吸虫病流行的局面得到全面改观。1958年，我国的血吸虫病患者总数已由1000多万人下降到了80万人。当年夏天，毛泽东主席从《人民日报》上看到了江西省余江县已成功消灭血吸虫病的报道，兴奋提笔写下了《七律二首·送瘟神》。经过近70年的防治工作，血吸虫病患者数量显著下降，中国血吸虫防治取得了举世瞩目的成就。近年来，我国坚持科学防治，综合治理，实施阻断传播途径和传染源控制并重的防治策略，血吸虫病防治工作取得显著成效。截至2020年底，全国血吸虫病达到消除、传播阻断、传播控制的县（市、区）分别为337个、98个、15个。

彩图

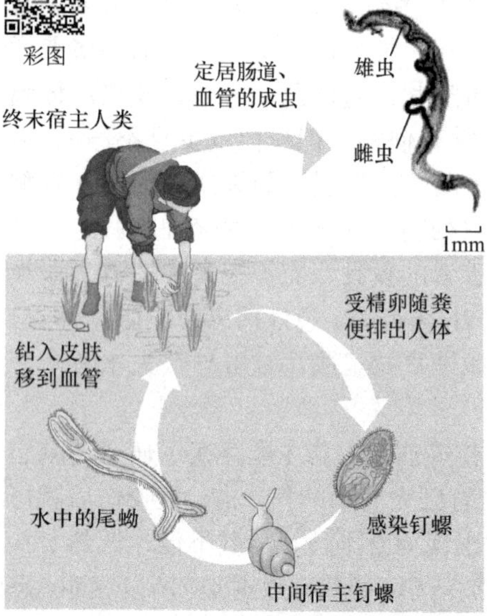

图5.25 日本血吸虫生活史

血吸虫病的传染源为血吸虫病患者粪便中的活虫卵，如果这些虫卵进入水中，则从中孵化出毛蚴。毛蚴钻入钉螺（中间宿主）体内，发育成母胞蚴，进行无性繁殖，产生子胞蚴。子胞蚴再经一次繁殖，产生大量尾蚴。尾蚴离开钉螺在水中自由游动。人们因生产劳动（如耕种水稻）、生活用水或游泳戏水等各种方式与含有尾蚴的水接触后，尾蚴便很快钻进人体皮肤，转变成童虫。经过一定时间的生长发育，童虫最终在肝、肠附近的血管内定居寄生，并发育成熟，成为成虫。雌、雄成虫结伴合抱，交配产卵，完成其生活史循环（图5.25）。

血吸虫病的初期患者常有咳嗽、胸痛、发热、拉稀，以后逐渐出现肝脾肿大、咳嗽、胸痛，血痰等症状。如果急性期未曾发现，未治疗或治疗不彻底，或多次少量重复感染等原因，本病将逐渐发展成慢性。到了本病的晚期，患者极度消瘦，出现腹水、巨脾等晚期严重症状。早发现早治疗对治愈血吸虫病尤其重要。

4．艾滋病 艾滋病是获得性免疫缺陷综合征（acquired immune deficiency syndrome，AIDS）的简称，是由人体免疫缺陷病毒（human immunodeficiency virus，HIV）侵入后破坏人体免疫系统，引起严重的人体免疫功能渐进式缺陷，致使人体发生多种感染和肿瘤及全身性的消耗，最后导致被感染者死亡。

1981年，美国疾病控制中心首次报道了5例男性同性恋者中出现的卡氏肺囊虫病和卡波济氏肉瘤（恶性肿瘤）。患者出现持续发热、体重减轻、食欲不振、淋巴结肿大、有鹅口疮，免疫功能极度低下。其实，HIV已经在这些人体内潜伏了数个月到10年以上的时间，并极有可能在此期间又传染给了他人。随后，HIV 感染者和艾滋病患者在世界多数国家和地区陆续被发现。

HIV 主要存在于患者和感染者的血液、精液、阴道分泌物、脑脊液、胸腹水、羊水和乳汁等体液中，其传播的主要途径有血液传播、性交传播和母婴传播三种。在我国，2006 年以前艾滋病传播主要以吸毒共用针头（血液传播）为主，2007 年以来已经转变为经性行为传播为主，特别是经男性同性性行为传播数明显增加。尽管已有一些药物和治疗手段能够延长艾滋病患者的生命，但至今尚无法有效战胜 HIV。

2023 年，联合国艾滋病规划署发布《2023 全球艾滋病防治进展报告——终结艾滋病之路》。报告显示，全球目前有 3900 万艾滋病病毒感染者，其中 2980 万正在接受抗逆转录病毒治疗。2022 年，有 130 万艾滋病病毒新发感染，63 万人死于艾滋病相关疾病。非洲是艾滋病泛滥的重灾区，全世界目前 3900 万艾滋病病毒感染者中有 2450 万人在撒哈拉沙漠以南非洲国家。在这些国家中，15 岁至 49 岁的人群中有约 10%的人感染艾滋病病毒，迄今已有约 1000 万非洲人被艾滋病夺去了生命。

该报告从政治承诺和资金投入为终结艾滋病指明了一条明确的道路，这条道路还将有助于防备和应对未来的大流行，并在实现可持续发展目标方面取得进展。许多国家正在这条路上奋力前行，有的已经取得一定成效。在全球范围内，博茨瓦纳、斯威士兰、卢旺达、坦桑尼亚联合共和国和津巴布韦已经实现了“95-95-95”目标。这意味着在这些国家，95%的艾滋病病毒感染者了解自己的感染状况，95%知道自己感染状况的人正在接受抗逆转录病毒治疗，95%接受治疗的人得到病毒抑制。另有 16 个国家也接近实现这一目标，其中 8 个国家位于撒哈拉以南非洲地区，该地区的感染者人数占全球人数的 65%。在消除儿童艾滋病方面，2022 年全球 82%的感染艾滋病毒的妊娠和哺乳期妇女获得了抗逆转录病毒治疗，远高于 2010 年的 46%。2010 年至 2022 年，儿童艾滋病病毒新发感染人数减少了 58%，达到了 20 世纪 80 年代以来的最低水平。全球接受抗逆转录病毒治疗的人数增加了 4 倍，从 2010 年的 770 万上升到 2022 年的 2980 万。

1985 年，我国首次在北京发现 4 例血友病患者因输入美国进口凝血因子制剂而感染 HIV。从那以后，我国 HIV 感染者和艾滋病患者的数量逐年快速增长。艾滋病在中国发现的这几十年，就已经蔓延到全国，31 个省（自治区、直辖市）无一幸免，其疫情已经从“散发期”转入“局部流行期”，进一步发展成“广泛流行期”。近年来，我国艾滋病防治工作取得明显成效，基本阻断了经输血和血制品传播，有效控制了经注射吸毒和母婴传播。自 2020 年起，我国经输血途径感染艾滋病病例呈零报告；2022 年，我国艾滋病母婴传播率下降至 3%；重点人群艾滋病防治知识知晓率达 90%以上；全国艾滋病治疗覆盖率、病毒抑制率均保持在较高水平，艾滋病救治及药品供应体系已覆盖 2517 个县（区、市）；抗病毒治疗覆盖比例超 90%，治疗有效率超 95%。我国艾滋病防治工作取得了显著成效，全国疫情持续控制在低流行水平。中国疾控中心发布的数据显示，截至 2022 年底，我国报告存活艾滋病感染者 122.3 万例，累计报告死亡病例 41.8 万例，感染率和死亡率均处全球较低水平。

虽然从总体上看我国艾滋病疫情仍呈低流行态势，但在特定人群和局部地区疫情仍处于上升阶段，正由吸毒、卖淫、嫖娼等高危人群向一般人群扩散。其突出表现在，15 岁至 24 岁的年轻人已占 HIV 新感染者的 40%左右。数据表明，我国每年约有 3000 例学生感染艾滋病，主要是经同性性传播途径感染。此外，我国 60 岁及以上的 HIV 感染者人数也呈现快速增长的趋势，占 2023 年新报告 HIV 新感染者的 25%。这“一小一老”两组数据令人揪心，它表明在这两个群体中艾滋病防控依然面临着严重的挑战。

总之，传染病是严重威胁人类健康的群体性疾病。作为历经自然选择存留至今的病原生物，它们已经与环境高度适应，人类要将它们“斩尽杀绝”是不可能的（至今仅有天花病毒例外）。但我们可以采取各种预防措施（如接种疫苗），创造不利于它们生存的条件，把病原生物的密度尽可能降低，为人类营造出良好的生活和工作环境。

科学进展

艾滋病 mRNA 疫苗进入临床

艾滋病是迄今仍不能治愈的疾病，其病原体 HIV 不仅能感染并杀死免疫细胞，包括 T 细胞和巨噬细胞，而且 HIV 基因组发生突变的频率极高，能轻易逃脱人体免疫系统的杀伤，进而诱导人体发生各种肿瘤，导致人体死亡。人类经过 30 多年的探索和实践，依然没有研发出有效的艾滋病疫苗，前期多种艾滋病疫苗的尝试都以失败而告终。

mRNA 疫苗概念在 20 世纪 90 年代就已经提出，但由于 mRNA 进入体内后易被核糖核酸酶降解，递送技术相对复杂，实际应用面临诸多技术挑战。mRNA 疫苗正式进入大众视野得益于卡塔琳·卡里科（Katalin Karikó）和德鲁·魏斯曼（Drew Weissman）两位科学家突破制备 mRNA 疫苗的瓶颈，即通过化学修饰，mRNA 疫苗在体内不仅不会被降解，同时还能高效表达编码的抗原蛋白，诱发保护性免疫反应（图 5.26）。2020 年新冠疫情暴发期间，莫德纳公司和辉瑞公司在该技术的支持下促成了 COVID-19 mRNA 疫苗在全球大量上市接种，展现了抗御新冠病毒的强大实力，这也为研制艾滋病疫苗带来了新的希望。

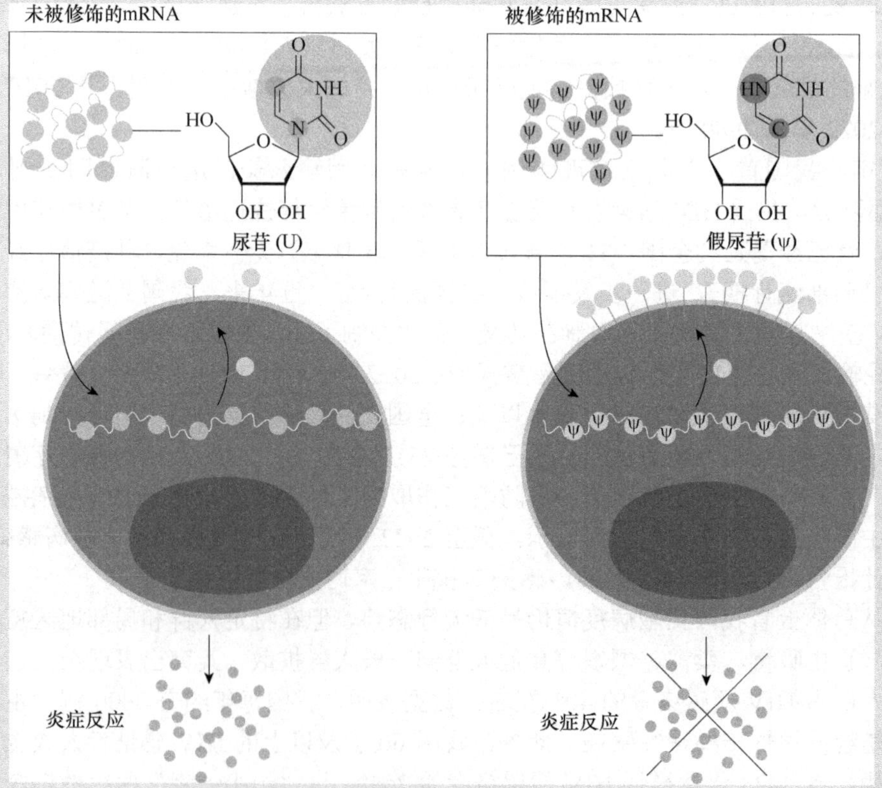

彩图

图 5.26 经过修饰的 mRNA 其炎症反应明显减少

此次临床测试的艾滋病 mRNA 疫苗包含两种组分：eOD-GT8 60mer mRNA（mRNA-1644）和 Core-g28v2 60mer mRNA（mRNA-1644v2-Core）。两种疫苗分别携带了不同的 HIV 膜蛋白抗原。临床试验就是为了测试上述两种 mRNA 疫苗在人体能否激发有效的免疫应答。48 名志愿者经过上述疫苗制剂免疫，其中有 47 人显示出初始 B 细胞的靶向水平，这对最终产生抗体至关重要。mRNA 技术成本低且效率高，相对而言，传统疫苗蛋白制造周期既长成本又昂贵。实验仍然在进行中，如果达到预期效果，人类将能够有效遏制艾滋病的流行，将大大造福人类。

第五节　呼 吸 系 统

如前述，有氧代谢可比无氧代谢获得高得多的能量，因此绝大多数生物以有氧代谢作为它们生存的基本依据也就不足为奇。单细胞生物具有相当大的比表面积（表面积与体积之比），它们通过细胞膜可以很方便地与外界进行气体交换。海绵动物外周有无数个水孔，水流的进入，既带来食物也送来水中的溶解氧。腔肠动物只有内、外两胚层细胞，身体中间是与外界直通的消循腔，它们都能直接与水体交换气体。扁形动物已有三个胚层，它们扁平的身躯可有效地扩大气体交换面积。线形动物和环节动物通过身体纵向大幅度延长，把体表呼吸的效率提高到相当高的水平。从软体动物开始，动物终于走出压平和拉长躯体的死胡同，演化出专司气体交换的呼吸器官，乃至呼吸系统。

呼吸器官实际上都是表皮的特化产物，它们都有巨大的气体交换面积。动物在与环境的适生演化中出现了两大类型呼吸器官。

1．鳃呼吸　与水生生活相适应，水生生物的呼吸器官是各种各样的外展型鳃，如河蚌等软体动物的片状瓣鳃，虾、蟹等水生节肢动物的分支状羽鳃，素有活化石美名的节肢动物鲎的书鳃及各种鱼类的鳃等（图 5.27）。许多水生动物离不开水的一个根本原因就在于这些鳃大多构造纤细柔软，一旦离开水，它们的鳃丝彼此贴合，导致气体交换面积骤减，生物因窒息而死亡。

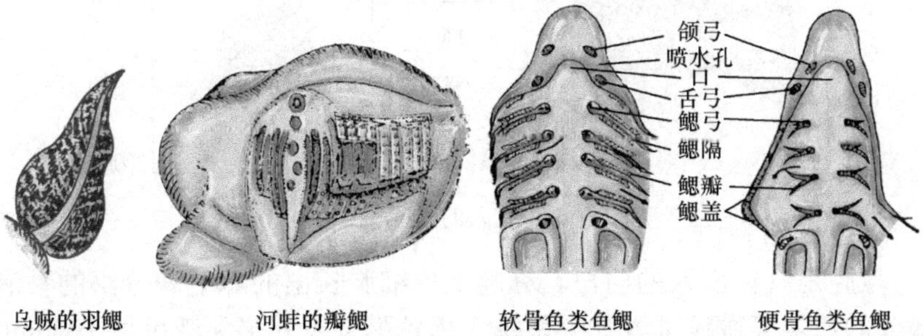

彩图

图 5.27　水生动物的呼吸器官

2．气管和肺呼吸　陆生动物的外环境是大气，它们的呼吸器官只能改外展型为内延型。它们的体内具有比体表大几十倍的气体交换场所，但仅以很小的孔道与外界相通。这样，陆生动物巧妙地解决了扩大呼吸面积与失水过多的矛盾。陆生动物呼吸器官主要有：蛛形纲动物的书肺，节肢动物常见的气管，肺鱼、总鳍鱼、两栖类和爬行类动物的囊状肺（图 5.28）

及哺乳类的实质性肺几种。

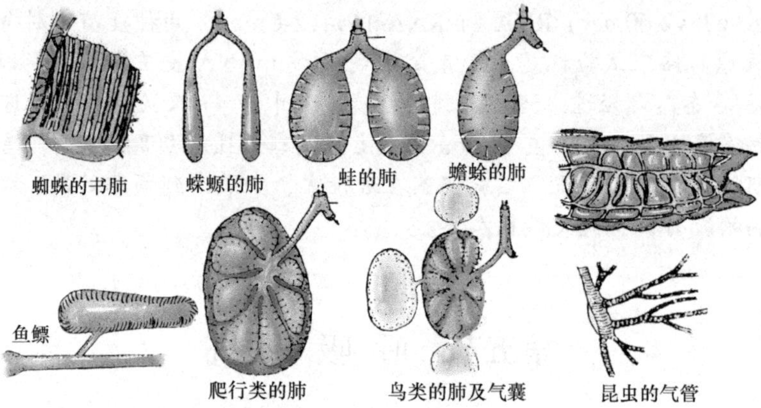

彩图

图 5.28 陆生动物的呼吸器官

一、人的呼吸系统

人的呼吸系统由上呼吸道和肺组成（图 5.29），在自主神经和大脑双重调控下工作。

（一）上呼吸道

人的上呼吸道包括鼻、咽、喉、气管和支气管（图 5.29）。

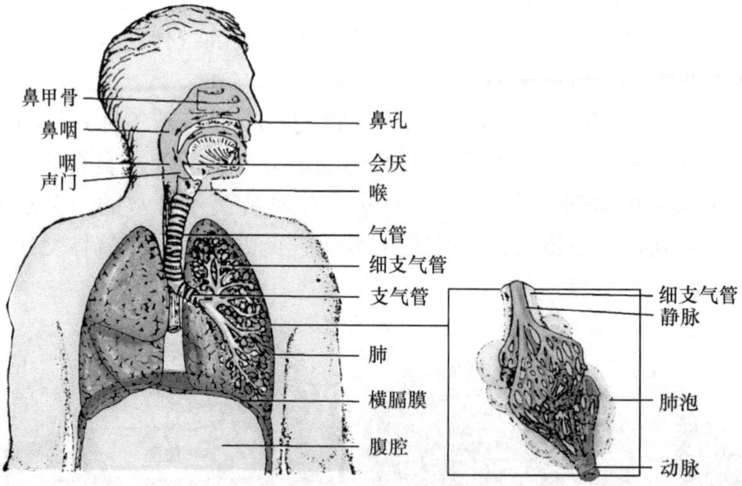

彩图

图 5.29 人的呼吸系统

1. 鼻 鼻腔是气体出入的门户。鼻腔上皮细胞长出的鼻毛和分泌的黏液能有效地阻拦空气中大部分的灰尘等微粒进入呼吸系统。鼻黏膜每天分泌黏液可达 1000mL，有效地湿润鼻腔。不过其中大部分水分很快变成水蒸气散失于空中。鼻子还有嗅觉的功能（本章第七节）。脊椎动物的鼻子最早只有嗅觉的功能，如鱼。鼻子的呼吸功能是后来才进化发生的。

2. 咽 咽是一个前后略扁的漏斗形管道，前方分别与鼻腔和口腔、下方和喉腔相通，是消化系统和呼吸系统的共同通道。

3. 喉 喉由软骨、肌肉、韧带和黏膜构成，位于颈前正中部。喉中还有声带肌，因此喉既是呼吸的通道也是发音的器官。

4．气管和支气管　气管长 9～13cm，由 15～20 个“C”形（有缺口的圆形）气管软骨组成。支气管左右各一支，分别与左、右肺叶相通。气管和支气管都能分泌少量黏液，可进一步清除随空气进入的尘埃、细菌等异物。同时每个上皮细胞表面还长有 150～300 根微细的纤毛，它们协同摆动，将上述黏附的异物推送至咽，经咳嗽排出体外，这就是痰。

（二）肺

肺有左、右两叶（图 5.30A）。左叶再分为上、下两小叶，右叶可见上、中、下三小叶。每叶肺都有支气管、肺动脉、肺静脉、淋巴管和神经干进出。肺由覆盖在外表面的浆膜和内部的肺实质构成。肺实质包括导管部、呼吸部和肺间质（肺泡间的结缔组织）三部分。

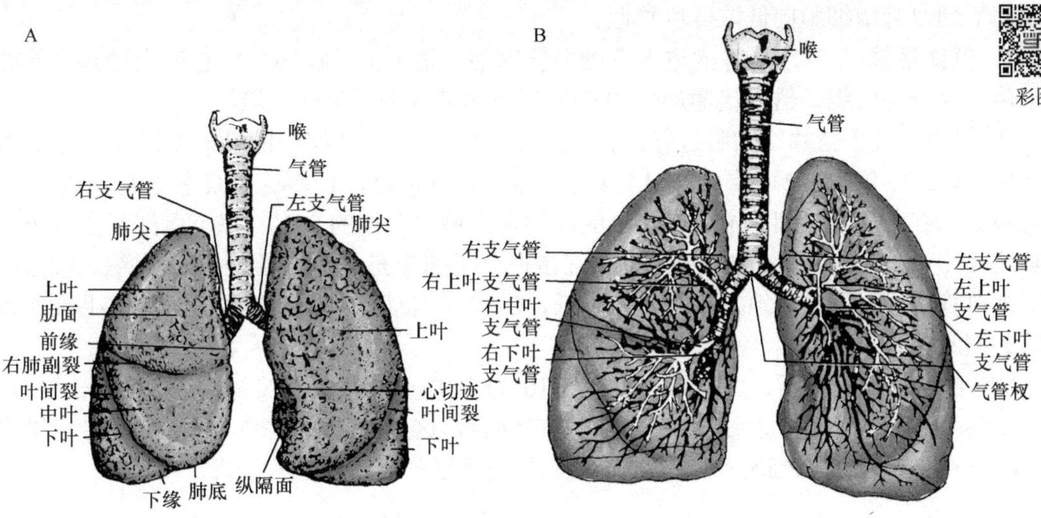

彩图

图 5.30　肺的构造

A．肺的外观；B．肺内支气管

1．导管部　肺的导管部即肺内各级支气管。这些支气管反复分支，平均分支达 22 次，越分越细。最后成为直径不足 1mm 的呼吸性细支气管，直接与肺泡相连，形成所谓的“支气管树”（图 5.30B）。小的支气管外有平滑肌分布。这些平滑肌受神经及激素双重调控。它们的收缩与扩张直接影响到支气管管腔的大小。

2．呼吸部　肺的呼吸部由呼吸性细支气管和肺泡组成。前者管壁极薄，兼具呼吸通道与气体交换的功能。呼吸性支气管壁的某些部位向外突出就形成由单层细胞包围成的肺泡。每个成年人有 3 亿～4 亿个肺泡，总面积可达 80～90m^2，而人外表皮的面积还不足 2m^2。肺泡与毛细血管网直接紧密贴合，体内外的气体交换就在这里进行。一位轻体力劳动者 24h 大约要吸入 1.5×10^4L 空气。

二、呼吸与气体交换

1．呼吸　呼吸是动物生存的前提，但如上述，肺本身并无横纹肌，不能进行主动的收缩和舒张。事实上，哺乳动物主要依靠胸廓的一张一弛带动肺部的伸缩进行呼吸。胸廓包括左右两边的肋骨及其内外肋间肌及胸腔与腹腔之间的横隔膜。人吸气时横纹肌收缩，隔膜向腹腔下沉。肋骨向后上方抬举。在这两个因素共同作用下，胸腔体积增大，气压降低，外界空气循呼吸道涌入肺泡。呼气时，横纹肌及肋间外肌自然松弛，胸腔复原；用力呼气时，肋间内肌兴奋、收缩，带动肋骨下垂；同时，腹肌收缩，横隔上举，导致胸腔变小，迫使肺实质收缩，排出废气。所谓肺活量即人尽力吸足气后，再倾其所能呼出的气体量。男子一般为3.5～4.5L，女子为3.0～4.0L。其实，此时肺中仍有约1.2L余气。

延脑（又称延髓，本章第八节）是自主调控呼吸和心跳的低级神经中枢。通过它全天候毫不懈怠地工作，保证了我们生存的基本需要。大脑皮层能综合身体各系统感官上传的信息，对延脑发出指令，调节后者的工作状态。测肺活量时的全力吸气与呼气就是大脑指挥的结果。

2. 气体交换 空气中的氧气（O_2）进入体内，体内代谢产生的二氧化碳（CO_2）排出体外，这种气体交换随时随地都在肺泡中进行。交换的动力取决于体内外这两种气体各自的分压差，或直观地称为浓度差。气体遵循分压差平衡的规则从高浓度区透过极薄的单层肺泡细胞和毛细血管壁细胞向低浓度区扩散。

3. 气体运输 O_2从肺泡进入毛细血管网后，需要有“载体”将它们运送到身体的各个角落。全身各组织、器官代谢产生的CO_2也得循某些渠道清除出境。

O_2的输入几乎全靠红细胞进行。O_2进入血浆后，它在血浆中的溶解度很低，每100mL动脉血的血浆中仅含溶解氧约0.3mL，约占全血运输O_2量的1.6%。血浆中过量的O_2将透过细胞膜进入红细胞。红细胞中血红蛋白的量约占细胞内含物的94%。每个血红蛋白分子可结合多达4个O_2分子。红细胞中无数个血红蛋白分子携带充足的O_2到达各个组织、细胞附近的毛细血管中。由于这些地方的氧分压很低，O_2分子自动从血红蛋白脱落，越过毛细血管壁扩散到细胞中。

CO_2的送出颇费周折。少量CO_2（5%～10%）可溶于血浆中直接传输，这是第一种方式；部分CO_2（约25%）能进入红细胞与血红蛋白结合，这是第二种方式；主要的CO_2运输方式（60%～70%）发生在红细胞中，但这时的CO_2需经过一番“改造”，即：

$$CO_2 + H_2O \xrightarrow{\text{碳酸酐酶}} H_2CO_3 \begin{cases} HCO_3^- \xrightarrow{+Na^+} NaHCO_3 \\ H^+ \longrightarrow \text{与血红蛋白结合} \end{cases}$$

CO_2与H_2O在红细胞中生成碳酸（弱酸）后，立即分解成带负电荷的HCO_3^-和带正电荷的H^+。前者穿出红细胞，与血浆中的Na^+化合成碳酸氢钠（$NaHCO_3$，弱碱性）；后者与具双向缓冲能力的血红蛋白结合，不引起红细胞及血浆的pH下降（变酸）。CO_2以这种形式运送到肺泡外的毛细血管后，由于该处的CO_2分压很低，上述反应逆转，CO_2重新以气体的形式出现，并经肺泡扩散到大气中去。

呼吸系统是动物赖以生存的支撑体系之一。人的大脑皮层只需缺氧数分钟就将造成神经细胞不可逆转的坏死。减少大气污染，远离烟草毒害，将能明显地提高呼吸系统的工作效率。

第六节 排 泄 系 统

生物之所以能生生不息，其核心就在于分秒不停地进行新陈代谢。新陈代谢既产生中间代谢物、释放能量，同时也产生不少机体所不需要的代谢尾产物。这些代谢尾产物以气态、液态或固态的形式出现，大多对生命体具有各种有害作用，因此必须及时将它们排出体外或禁锢于生物体的某个区域中。这种把生命体新陈代谢的终产物及对机体不需要或有害的物质送出体外的过程叫作生物的排泄作用。

植物大多缺乏专门的排泄系统，这与它们的排泄问题远不如动物那样重要直接相关。植物代谢以糖类为中心，它所产生的含氮废物比动物的蛋白质代谢少得多；植物往往能充分利用 H_2O 和 CO_2 这样一些代谢尾产物，大大减轻了排泄压力；此外植物排泄的绝招还包括将浓缩的代谢废物以结晶的方式从体液或细胞质中逸出、贮于液泡或无生命活性的心材中，或高浓度地集中于落叶、枯枝之中等。

一、动物的排泄系统

动物都有发达的排泄系统。原生动物虽是单细胞生物，但也都有一至数个能作节律性收缩的伸缩泡，不断把渗入的水分及代谢尾产物（液态）排出胞外。腔肠动物的消循腔本身就兼具排泄的功能。生活于水中的扁形动物率先在动物界进化产生了专门化的排泄系统（图 5.31）。这是一种构造简单的原始肾管式排泄系统，一个焰细胞就是一个基本的功能单位。通过细胞膜的渗透作用，焰细胞将身体中的多余水分、废液收集入胞内，然后流入收集管，送到身体两侧的排泄管排出体外。

昆虫（节肢动物）大多生活于陆上、空中，它们在排泄的同时必须解决好失水的问题。昆虫的排泄器官是马氏管。蝗虫的马氏管有 12 束，每束约 25 条（图 5.32）。昆虫的血液循环是开管式循环，即部分血液潴留于体腔中。马氏管就是浸浴于这些血液中的小盲管。它们从血液中收集代谢废液。废液中的水分等有用物质经小管初步回收，尿酸及其他尾产物及部分水分不是被排出体外，而是通入肠道中进一步吸收。最后结晶状的尿酸等物随粪便排出。排泄物十分干燥。

图 5.31～图 5.33 彩图

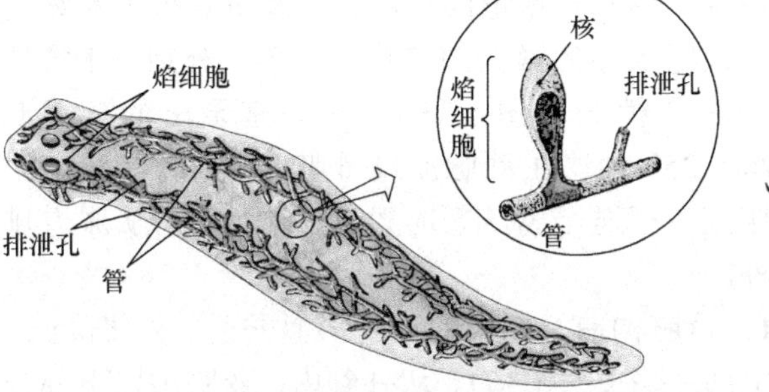

图 5.31　涡虫（扁形动物）的排泄系统

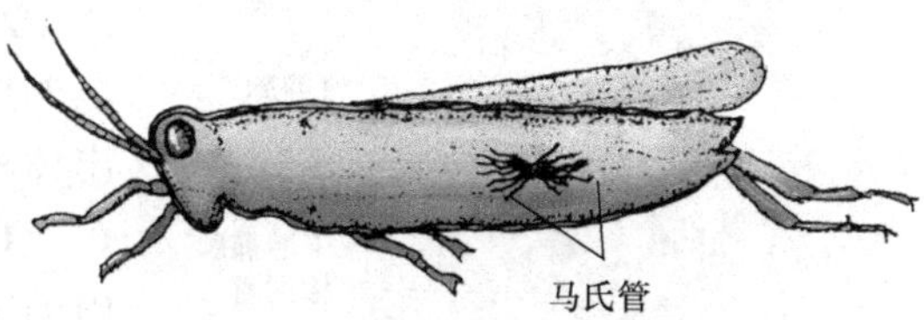

图 5.32　蝗虫的排泄器官

蚯蚓（环节动物）拥有相当先进的后肾式排泄系统——肾小管与微血管网紧密结合的高效排泄系统。蚯蚓有数种肾小管，最典型的隔膜肾小管如图 5.33 所示。在每节的体腔内都有由 10～12 个细胞组成的漏斗形肾口，体腔液由此进入位于下一体节的肾小管中。盘转曲折的肾小管大量吸收体液中的水分及其他可用成分，然后将它们送入包围在肾小管外部的毛细血管网。肾小管的远端膨大，形成一个暂时贮存废液的结构，即膀胱。膀胱中的废液从位于蚯蚓腹面的肾孔排出。

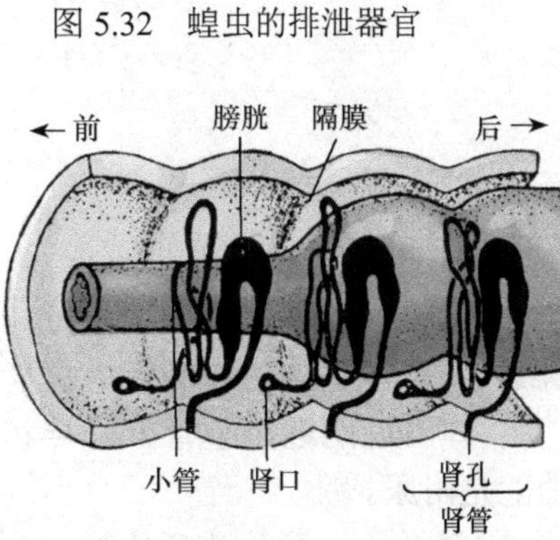

图 5.33　蚯蚓的排泄系统

脊椎动物的排泄系统经历了前肾、中肾和后肾三个阶段的演化（图 5.34）。少数圆口纲动物及鱼纲和两栖纲动物的胚胎中可以见到前肾。前肾位于身体前端，由许多肾小管组成，肾小管的游离端直接开口于体腔。开口处膨大成漏斗状，其上周生纤毛，称为肾口。肾口附近有微血管形成的血管球，血液经此滤过成体腔液。肾口从体腔液中收集代谢废液，经排泄管输出体外。中肾见于多数圆口类及鱼类和两栖类。它在体腔中的位置稍后于前肾，且肾小管有分叉。它们的肾口或开口于体腔，或被封堵失效，或膨大成囊状，与附近的毛细血管球紧密结合形成肾小体，尿液基本上由肾小体分泌产生。后肾为爬行类以上动物的排泄器官，位于体腔后部。它的肾口已完全退化消失，肾小体、肾弯管及周围的毛细血管网构成了高效泌尿的基本单位——肾单位。人肾即是一种典型的后肾。

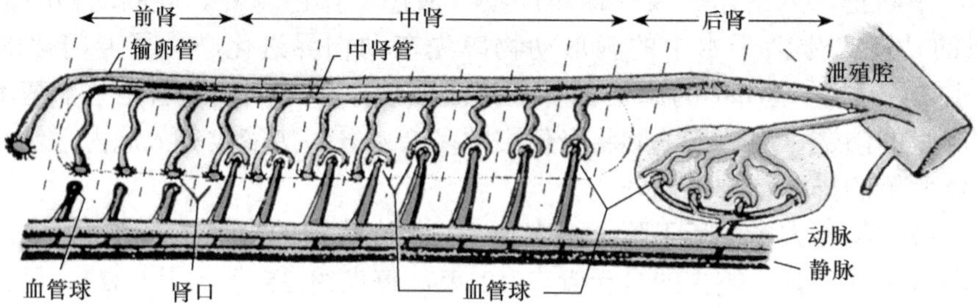

彩图

图 5.34　脊椎动物排泄系统比较示意图

图中左侧为虚拟动物体腔的前端，右侧为体腔的后端

二、人肾脏的构造与功能

人和哺乳动物的排泄系统包括肾脏、输尿管、膀胱和尿道四个部分。肾脏是排泄系统的核心。人肾大小如紧握的拳头，两个，分别位于脊柱两侧，右肾稍低（图 5.35）。左心室泵出的富氧血的 20%～25%经腹主动脉流过肾脏。输尿管将肾脏泌出的尿液下行送至膀胱暂时贮存。尿液最后从尿道排出体外。

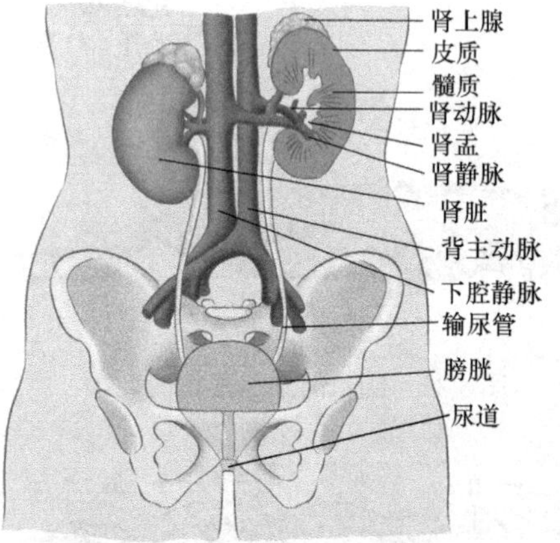

图 5.35　人的排泄系统

1. 肾脏构造　人的肾脏形似蚕豆，外缘隆凸，内侧中部凹陷（图 5.36）。从外到内，肾脏由以下部分构成。

（1）被膜　一层包在肾脏外的致密结缔组织。

（2）皮质　位于肾脏外层，由于富含血管而呈深红色。每个肾的皮质由 100 万～150 万个肾单位组成。

彩图

肾单位（图 5.37），即构成肾脏的基本单位，包括肾小体和肾弯管两部分。肾小体由肾小球（毛细血管缠绕成的微血管小球）和包裹在肾小球之外的肾小囊（肾小管末端的膨大部分）组成。肾弯管包括盘曲在肾小体附近的近曲小管、髓袢和远曲小管，它们都被毛细血管网紧密包围着。皮质的基本功能是泌尿。

（3）髓质　位于皮质内侧，由 15～20 个略呈三角形的肾锥体及肾锥体间的间隔——肾柱构成。部分肾弯管亦伸入髓质之中。

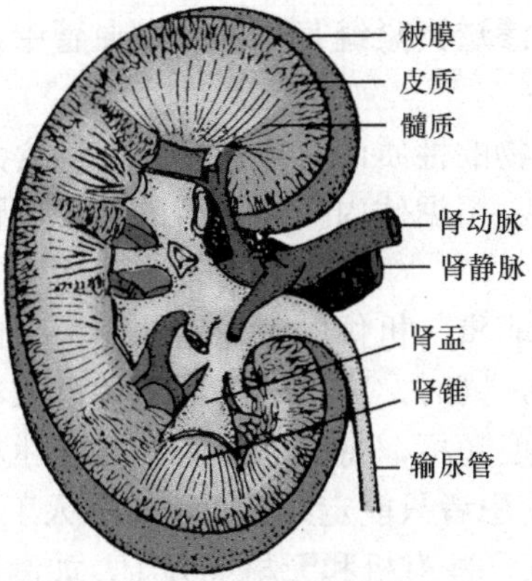

彩图

图 5.36 人肾纵剖图（模式图）

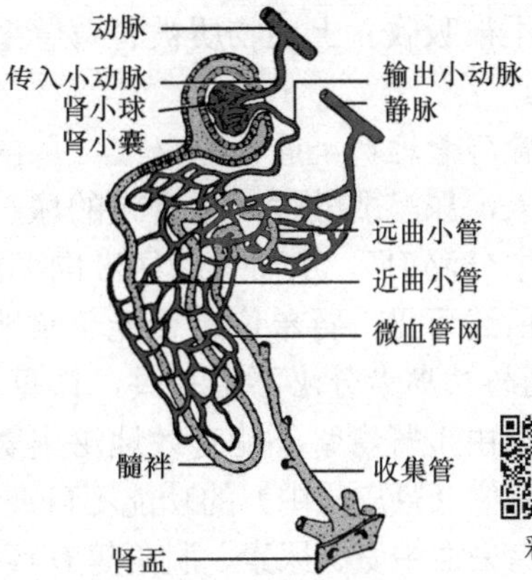

彩图

图 5.37 一个肾单位

（4）肾盂　位于肾脏的中心部分，白色，由肾小盏和肾大盏等组成。它们和肾髓质一道，主要发挥集尿的功能。肾盂肾炎是泌尿系统中常见的感染性疾病，主要由病原菌从尿道经膀胱和输尿管逆行向上而引起。因为女性的尿道较短，且尿道口、阴道口和肛门的解剖学位置比较接近，如果在性交时或月经期不注意外阴部卫生，很容易将外阴部和阴道内细菌带进尿道，故罹患本病者女性多于男性。

（5）肾门　位于肾脏内凹侧中部，是肾动脉、肾静脉、输尿管、淋巴管和神经进出的门户。

2. 尿液生成　大量血液流经肾脏，在肾单位错综复杂、卓有成效的工作下，正常人每天生成 1～2L 尿。泌尿过程可以人为地划分成以下三个阶段。

（1）原尿生成　肾小球的毛细血管壁是生成原尿的关键场所。这是一层极薄的半透性管壁，它允许水、各种无机盐、氨基酸、葡萄糖及尿素、肌酐等氮代谢尾产物顺畅透过。在正常情况下，各类血细胞、血小板及蛋白质都被拦截在毛细血管之内不能透出。因此原尿实际上就是血浆扣除了蛋白质的产物（表 5.7）。此后，原尿进入肾小囊，并沿肾弯管流下。在此过程中，原尿还经历了被重吸收和肾弯管对它的再分泌过程。

表 5.7　血浆、原尿和终尿组成比较　　（单位：g/100mL）

成分	血浆	原尿	终尿	成分	血浆	原尿	终尿
水	90～93	97～98	95～96	K^+	0.02	0.02	0.15
蛋白质	7～9	（氨基酸）微量	—	NH_4^+	0.001	0.001	0.04
葡萄糖	0.1	0.1	—	Ca^{2+}	0.008	0.008	0.015
尿素	0.03	0.03	2	Mg^{2+}	0.0025	0.0025	0.006
肌酐	0.001	0.001	0.075	Cl^-	0.37	0.37	0.6
肌酸	0.004	0.004	0.05	PO_4^{2-}	0.009	0.009	0.15
Na^+	0.32	0.32	0.35	SO_4^{2-}	0.002	0.002	0.18

（2）肾弯管重吸收　原尿中有许多对机体十分重要的有机或无机小分子，它们分别被肾弯管吸收。氨基酸和葡萄糖的吸收率达 100%，因此正常人的尿中未能检出糖类。除了其他原因以外，肾弯管重吸收功能障碍是导致罹患糖尿病的重要因素。H_2O、Na^+、K^+、Cl^-等被大部分吸收。原尿中将近一半的尿素和少量的尿酸也伴随上述离子被回收，而毒性较大的肌

酐则完全不被吸收。上述物质被肾弯管壁重吸收后，渗透到紧缠其外的毛细血管中，然后经静脉回收。

（3）肾弯管远曲小管的分泌　尿的酸碱度随食物的性质而有所改变。以肉食为主及荤素杂食的人，尿呈弱酸性；素食人的尿一般为弱碱性。根据体内代谢调节的需要，肾弯管亦可向原尿中分泌 H^+，从而引起尿液向弱酸性转变。

综上所述可见，肾单位是否能正常地履行自己的职责与机体的健康密切相关。血糖过高（血糖过高与胰岛素分泌不足有关，详见本章第十节），同时，肾小球壁通透性过大，将导致尿糖出现；由于肾弯管不能有效地泌出氨致使血氨浓度超标，将引起患者中毒昏迷。所谓肾衰竭即肾单位（肾皮质中）的功能不可逆地逐渐衰退。患者只能定期到医院依靠人工肾——血液透析仪除去血中氨、尿素、肌酐等有毒代谢尾产物（一些有机和无机小分子，如激素、氨基酸和多种无机离子等也同时丢失）以维持生命。肾移植是他们可指望的另一项选择（见下文）。

尿的生成和排出途径可归纳如下：

小动脉→肾小球→原尿→肾小球囊→肾弯管 —吸收→ 微血管→静脉→（回收）

肾弯管 —分泌→ 尿液→收集管→肾锥体→肾小盏→

肾大盏→肾盂→输尿管→膀胱→尿道 —括约肌→ 体外

总之，肾的功能是：①排泄代谢终产物及其他机体不需要的可溶性物质；②调节机体内环液中水、无机盐及酸碱度的平衡。

尿量的调控（人为因素除外）受肾上腺皮质分泌的利尿激素（减缓水分吸收）和脑下垂体产生的抗利尿激素（也称加压素，使肾弯管加强对水分吸收）的双重调控。

第七节　感 受 器 官

动物与植物的重要区别之一就是多数动物能主动趋利避害，积极取食，善于逃生。具有发达的感受器官和灵敏的神经系统是上述反应的基本前提。许多单细胞生物已能感知外界化学与物理因子的变化从而做出趋向或避开的选择。如单胞间核生物（又称介核生物）眼虫（又称裸藻，第九章第六节）已在胞内分化出了专司感光作用的眼点。两胚层的腔肠动物（如水螅、水母等）已特化出专门的感觉细胞。三胚层的扁形动物（如涡虫）已具备多细胞的眼点。软体动物已有眼睛、触角、平衡囊等多种十分灵敏的感受器，其中墨鱼和章鱼等头足纲软体动物眼睛的构造与功能已相当发达，与脊椎动物的眼睛没有本质的区别。蝗虫等昆虫的感受器包括触角和眼睛。触角位于头部的最前端，可近距离发挥触觉的作用。触角上还分布着许多嗅觉器，能敏锐地感觉化学物质的气味，协助发现食物、寻找配偶及选择产卵场所等。许多雌性昆虫在性成熟时能分泌出具特殊气味的性外激素，吸引数百米外的雄虫前来交尾。多数昆虫具有复眼 2 个和单眼 2～3 个，视觉相当灵敏。此外听觉也在生活中发挥重要的作用。总之，在无脊椎动物，主视觉、触觉、听觉和平衡觉的感受器官陆续出现。到了脊椎动物，它们的嗅觉、听觉和视觉都进化到很高的水平。以下择要讨论人类的重要感受器。

一、皮肤感受器

皮肤表层分布着多种感受器。它们有的是一些特化的裸露神经末梢，有的是神经末梢与某些组织共同形成的特异小体（图 5.38）。刺激克劳氏球，产生冷觉；通过梅氏球获得触觉。

巴氏球受到挤压即引起压迫感。神经末梢若直接受到刺激则令人感到疼痛难忍。

人的皮肤上还有汗腺。人体全身约有汗腺 230 万个，在手掌、足底、额面、腋下和背部的汗腺较多。人类通过发汗途径可以有效地降低体温。

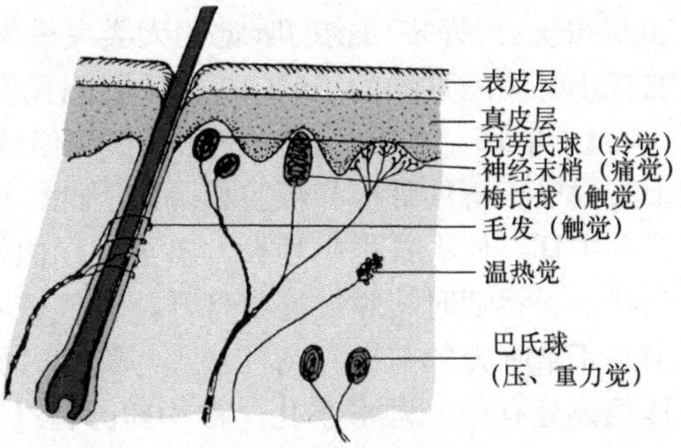

图 5.38　皮肤感受器

二、化学感受器

化学感受器由某些特殊的感觉细胞和神经末梢构成，主要有味觉感受器和嗅觉感受器两大类（图 5.39）。

彩图

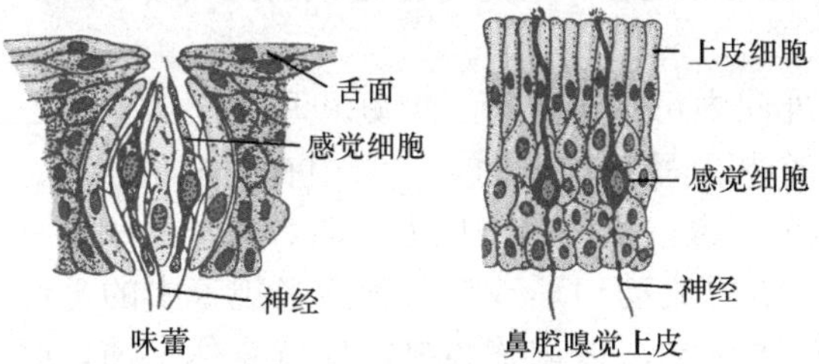

图 5.39　人的化学感受器

人的味觉感受器官称味蕾，它们位于舌面密布的乳头状突起中。味蕾近椭圆形，每个味蕾由约 50 个特化的上皮细胞构成。细胞底部与感受神经纤维紧密连接。这些上皮细胞受刺激后产生的生物电诱发神经纤维产生冲动向大脑报告，使人感受到各种味觉。

彩图

鼻腔顶端黏膜称嗅黏膜，其中的嗅细胞是嗅觉感受器，它的基部与嗅神经相连。嗅细胞的表面具 500～1000 个由特殊蛋白质构成的嗅觉响应器。各种嗅觉响应器分别由大约 300 个氨基酸构成。这些氨基酸的组成大同小异。它们对每种气味分子的反应强度明显不同，由此组成了每种气味分子特异的“指纹”，并刺激嗅细胞将信息传入大脑，形成记忆。大脑借此辨别各种各样的气味。感冒流鼻涕时之所以嗅觉迟钝，就因为大量的鼻黏液覆盖在嗅黏膜上，阻断了嗅细胞与外界联系的通道。

三、声位感受器——耳

耳朵接收声波，许多动物借助听觉寻觅食物、逃避敌害、相互联络、邂逅配偶。蝙蝠在双眼被蒙蔽的情况下仍能准确地捕食蚊虫，在密布悬铃的暗室中自由飞翔而不撞到铃上，完全归功于双耳能准确接收它嘴中发出的高达 0.4～3MHz/s 的超声波撞击物体后的反射波，并迅速作出反应。海龟、海豹、海豚、鲸和鼠等也有类似的功能。

人耳由以下三部分构成（图 5.40）。

1. 外耳　外耳包括最外侧的耳廓、外耳道及外耳道终端的鼓膜。耳廓可汇聚声音。外耳道光滑，有利于传声送息。鼓膜是一层极薄的椭圆形半透明膜状物，位于外耳与中耳的交界处。声波入耳道撞击鼓膜，只要鼓膜的振幅达到 6.0×10^{-10}mm（约为氢原子直径的 1/10），就能引起听觉细胞兴奋，产生声觉。人耳能感知的声频从 16～

彩图

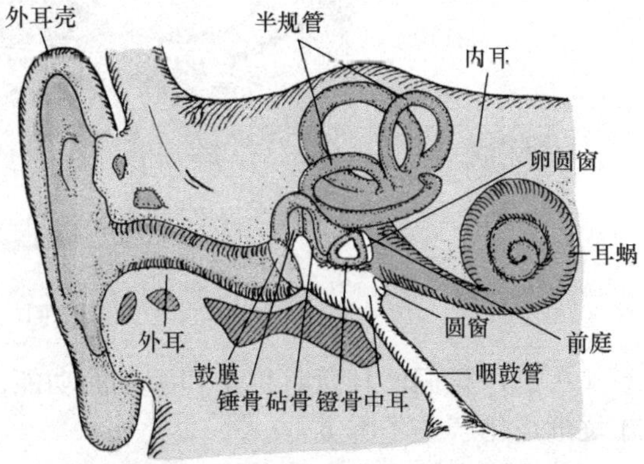

图 5.40　人右耳构造示意图

20 000Hz/s。许多动物的听觉比人类灵敏得多。由于人类能准确地察觉出声源分别到达双耳的极小时间差，约为 1.0×10^{-4}s，因此我们可以比较准确地明辨声源的方位。

2．中耳　中耳由鼓室和咽鼓管组成。鼓室为一小空腔，前方经咽鼓管与鼻咽相通，上方仅以很薄的骨板和颅腔相隔。因此，由于感冒等引起鼻咽炎时，病菌有时可通过咽鼓管侵入中耳，使人罹患中耳炎，甚至能侵蚀骨板殃及颅内。咽鼓管近咽端有瓣膜，平时处于关闭状态。吞咽时该膜被连带打开，空气进入中耳的鼓室，从而维持鼓室内外压力平衡，这是维系正常听力的前提。飞机起飞与降落时旅客应多作吞咽动作道理就在于此。鼓室内侧与内耳相连处有一椭圆形小孔，称为卵圆窗（前庭窗）；在卵圆窗后下方有一正圆形小孔，叫作圆窗（蜗窗）。卵圆窗和蜗窗连线之后为内耳。鼓室内有三块紧密相连的听小骨，从外到内依次是锤骨、砧骨和镫骨。锤骨前接鼓膜，镫骨后贴前庭窗。通过相互连锁的三块听小骨，声波引起的振动被从外耳传到内耳。

3．内耳　内耳构造复杂，又称迷路，由外向内可见半规管、前庭和耳蜗三部分。三个半规管各呈半圆形，里面充满淋巴液，位于三个相互垂直的平面上，管中有毛细胞。

前庭位于半规管与耳蜗之间，有一大一小两个小囊，囊中具淋巴液、$CaCO_3$耳砂和毛细胞。每当头部或身体作各种直线或旋转移动时，淋巴流动和耳砂牵引刺激半规管中的毛细胞，引起神经冲动，并向中枢神经报告，使人产生位觉，以调整姿势，保持身体平衡。晕车、晕船造成的身体不适乃至出汗、呕吐等反应则是小脑反应过激的结果。可见，内耳是位觉感受器。

耳蜗为膜性管道，充满淋巴液，围绕涡轴盘旋两圈半。在其横切面上可以看出，它由三根并排的管构成（图 5.41）：左上方为前庭阶，下方为鼓阶，它们分别通过卵圆窗和圆窗与中耳连通。中右侧为蜗管。管中有声音感受器——柯蒂氏器。柯蒂氏器中的毛细胞感受到淋巴液传来的振动后，立即兴奋，并将这种兴奋转化成与之紧密相连的听神经末梢的冲动。最终经听神经将生物电传递到大脑皮层，形成听觉。

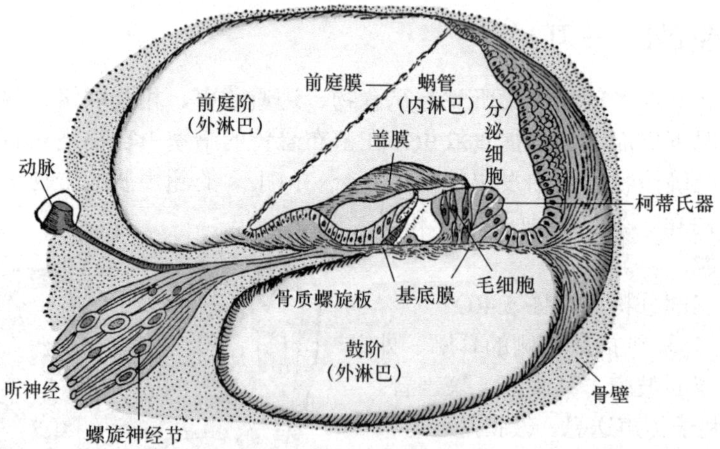

图 5.41　耳蜗横切面

可见，我们的耳兼具位觉和听觉的功能。脊椎动物的耳原来只有位觉——平衡觉，后来才逐渐进化产生了听觉。

值得注意的是，有些药物对前庭和耳蜗有一定的毒性，如庆大霉素、链霉素、氯霉素、红霉素和新霉素等。8 岁以下的儿童对此类抗生素尤其敏感，应慎用或不用。据不完全统计，全国约有 100 万聋哑儿童是因为在婴幼儿时滥用了耳毒性抗生素。

四、光感受器——眼

视觉对动物来说实在是太重要了，很多低等动物早就陆续进化产生了感光细胞、眼点乃至眼睛。它们从仅仅能感知光线的强弱发展到眼中成像，即能看到周围的物体。从只有黑白之分进化到明察五颜六色的大千世界。眼睛是进化的产物。反过来，眼睛的出现又极大地推动了动物进化的历程。

1．人眼的构造　人的眼球构造包括眼球壁和内容物两大部分（图 5.42）。

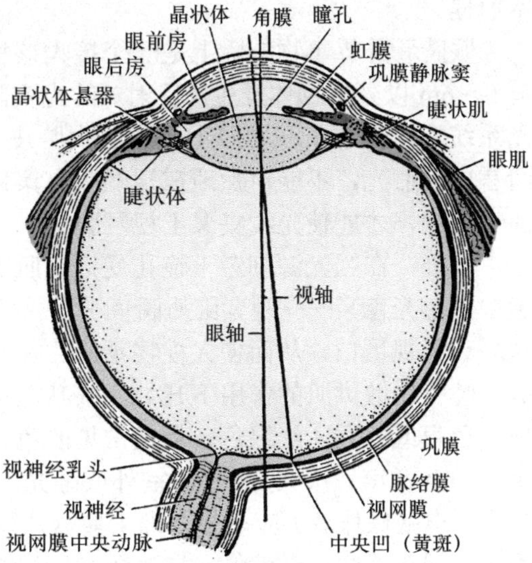

图 5.42　人眼球构造

眼球壁由外膜、中膜和内膜组成。外膜的前端是由无色透明的结缔组织构成的角膜，具有透光和保护眼球的作用。外膜的后部叫作巩膜，为白色厚膜，俗称眼白，位于眼窝中，保护眼球并使之维持圆球形。

中膜包括虹膜、睫状体和脉络膜。虹膜圆盘状，其色彩因人种而异。黄种人的虹膜呈棕褐色，白种人为蓝色、绿色和灰色等色调。虹膜的作用与照相机或显微镜上的光圈相当。它的中央有一圆孔称瞳孔，是光线进入眼球的通道。瞳孔的散大和缩小分别受散大肌（扩瞳肌）和括约肌（都是平滑肌）控制。外界光线强弱的变化刺激眼睛引起相应交感神经和副交感神经自动调控散大肌和括约肌的收缩和扩张。瞳孔散大且丧失对光的反射机能是患者临床病危的重要信号。

彩图

睫状体前接虹膜，后续脉络膜。睫状体中有睫状肌（平滑肌）与晶状体相连，通过睫状肌的收缩与舒张直接调控晶状体的曲度，即与视觉清晰度有关。

脉络膜接于睫状体后部，其中分布着许多血管，可为眼球提供充足的营养；脉络膜上还有大量色素，因此呈棕黑色，它能吸收眼球内多余的散射光线，减少视觉干扰。

眼球内膜即视网膜，衬于脉络膜内面，是眼球壁的最内层。视网膜的后方有一小片称为黄斑的区域，它的中央部分细胞层较薄，形成中央凹。视网膜由视锥细胞和视杆细胞构成，它们都是特化的神经元。视锥细胞每眼约有 650 万个，主要分布在中央凹及其周围区域。它们主要接受强光及红、绿、蓝三种不同波长的光波刺激，可在白天强光下视物及分辨高达 17 000 种色彩。视杆细胞数量较多，每眼多达 1.25 亿个，主要散布在中央凹以外的区域。视杆细胞在弱光条件下达到最佳工作状态。

眼球的内容物有房水、晶状体和玻璃体三部分。在角膜与虹膜之间及虹膜与晶状体之间都有一定的空间，它们分别被称为眼前房和眼后房。房水是一些在眼前房和眼后房中不断循环的透明液体，其成分类似血浆，但蛋白质略少。房水与光线的折射和维持一定的眼压有关。

晶状体为扁圆形双凸面体，晶莹剔透，位于虹膜与玻璃体之间。晶状体周边与睫状体相连。晶状体富有弹性。在睫状肌的调控下晶状体的曲度可发生变化，从而能看清远近物体。

可见，晶状体具有透光、聚光的作用。

玻璃体为透明半固体状物质，填充于晶状体和视网膜之间，是光线穿过晶状体到达视网膜的光路介质，同时还有支持眼球成形的作用。

眼球除了上述构成成分以外，眼球后部靠鼻侧处还有由大约90万根视神经组成的视神经丛与脑相连。

2．眼睛怎样看东西 角膜、房水、虹膜（瞳孔）、晶状体和玻璃体组成了光线到达视网膜必经的通道（折光系统）。上述光介质具有完全一致的折光系数，是眼睛看清外物的基本前提。

眼睛看外界事物实际上是一个接收该物体发生或反射出的光线并在脑中成像的过程。眼前5～6m以外的物体发生（反射）的光实际上相当于一束平行光。它们经过正常人眼球的折光系统后，聚焦于视网膜上，通过大脑皮层成像（图5.43）。但近处物体发出的光相对眼睛而言成散射光，不能自然地在视网膜上聚焦。这时由于睫状体中睫状肌收缩，晶状体凸起，曲率增加，才能使光线集聚于视网膜上。

此外，在强光源刺激下瞳孔受括约肌支配，孔径缩小，进入的光量减少。强光使视杆细胞中的感光色素——视紫红质瞬间分解成视黄醛和视蛋白，视锥细胞中的视紫蓝质降解为视黄醛和光视蛋白，从而使人视物不清。在暗处或弱光时，视紫红质和视紫蓝质又能可逆地合成，瞳孔在散大肌的作用下开大，眼睛又可看清物体。视锥细胞分化、发育不好或不全，则使人色盲或色弱。红绿色盲是最常见的色盲，由性染色体（X染色体）上的隐性致病基因决定（第八章第六节）。经常在室外或强光下工作（如电焊）及长时间用眼的人群（如教师、学生、电脑操作者）应多补充维生素A，因为视黄醛是维生素A氧化的产物。维生素A供应不足，视黄醛生成量偏低，导致弱光下视物不清，即所谓的夜盲症。一分子β-胡萝卜素经体内代谢可分解成两分子维生素A。胡萝卜、番茄、辣椒及各种橙黄色新鲜蔬菜中都含有较丰富的β-胡萝卜素。多食这些植物能有效地防治夜盲症。动物肝脏中维生素A含量也很高。

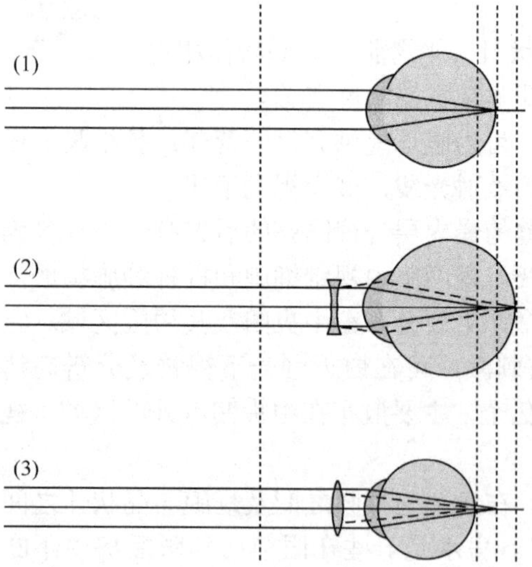

(1) 正常眼，(2) 近视眼，(3) 远视眼
—— 矫正前折射情况
- - - - 矫正后折射情况

彩图

图5.43 眼睛如何视物

3．眼疾 眼睛是生物亿万年进化的结晶。眼睛是一台精密的“仪器”，需要使用者对它倍加呵护；眼睛是生物机体的元件，它会随着生物的衰老逐渐失去昔日的风采。常见的眼疾有以下数种。

（1）近视 由于眼球前后轴较正常值为长，或因折光系统折光力过强，较远物体发出（反射出）的平行光线聚焦于视网膜前，因此只能在视网膜上形成模糊的影像。看近物时光线则可聚焦于视网膜上，从而形成近视（图5.43）。近视患者只好戴上凹透镜加以矫正。近视的形成，虽然有先天遗传因素的影响（在15号染色体上发现了与白种人、黄种人近视相关基因 *RASGRF1* 和 *CTNDD2*），但主要是由于后天不科学用眼所致。在光强适中的条件下看书写字，注意保持视物的距离在33cm以上；长时间（如1h）用眼后应停下让眼睛休息片刻，眺望远方山水、树木、天空，能有效地预防近视。

（2）远视　随着年龄的增长，不仅眼球前后径逐渐短缩，而且由于折光系统折光力过低，使远方来的平行光线聚焦在视网膜之后，同样也导致视物不清。同时，人到45～50岁后，晶状体的弹性减弱，难以在睫状肌调控下将晶状体的曲度调整合适，这样一来使人难以看清1m以内物体的细节。这就是人们常说的“老花”。青少年时期患近视的人到中老年后虽然他们的视力会由于眼球前后径的缩短而得到一定的补偿性提高，但他们晶状体的“变硬”则使他们戴上凹透镜后看远不看近，看近物只得取下眼镜。戴上凸透镜——“老花镜”即可使远视眼看清近物。

（3）白内障　晶状体由于各种原因逐渐趋于混浊，引起患者视力下降，严重者将失明。这就是老年人常见的白内障眼疾。白内障的起因还不十分清楚，可能与常受强烈阳光（尤其是其中的紫外线）照射有关。以人工晶状体更换已失去作用的晶状体可使白内障患者重见光明，但难以准确地使患者的视力完全恢复正常。

五、本体感受器

本体感受器包括肌梭感受器、腱梭感受器和关节感受器等与肌肉、肌腱和关节的张力和运动相关的感受器。肌纤维与特化的神经末梢紧密结合形成肌梭，它能感知肌肉收缩与伸展的应力变化。腱梭能感觉连接横纹肌与骨骼的肌腱的伸缩情况。关节感受器主要报告关节韧带的运动状况。本体感受器都较灵敏。它们能向大脑皮层持续不断地反馈信息，指导相关组织和器官正常工作。人们闭上眼睛仍能正确地穿衣系带，许多人在黑暗中仍能准确无误地刷牙、洗脸、进食，这一切无不归功于本体感受器默默无闻的工作。

六、内脏感受器

内脏感受器是一些与内脏和血管等紧密结合的特化感觉（传入）神经。感受器一般都不将内脏活动上报大脑皮层，只在这种活动达到相当程度时才引起感觉神经的兴奋，大脑才有所知觉。例如膀胱充盈后才引起便意，胃排空后收缩才使人产生饥饿感。不少人胃出血仍没有明显的痛觉等等，就是这个道理。另外，内脏感受器的传入神经往往容易与其他神经发生突触联系。因此内脏的痛觉一般比较难以准确定位，甚至会被误认为是某些体表部位的疾患。

第八节　神 经 系 统

神经系统（nervous system）在人体各生理系统中发挥主导作用，它调节各器官系统的生理活动以适应体内外环境的各种变化。

在两胚层的腔肠动物（如水螅、水母等）已特化出专门的感觉细胞和网状神经系统（图5.44）。三胚层的扁形动物（如涡虫）形成梯形神经系统（图5.45）。环节动物（如蚯蚓）开始出现雏形的“脑”——膨大的咽上神经节和中枢神经——腹神经索（图5.46）。软体动物已有集中分布的神经节和神经索。蝗虫等昆虫的脑已分化出前脑、中脑和后脑。总之，在无脊椎动物，方向性不强的网状神经逐渐集中成由多个神经节组成的腹神经索，即中枢神经，其他的神经细胞构成外周神经系统。腹神经索前端的大型神经节就是脑的雏形。在动物进化的过程中这个雏形脑渐次分化为各种脑。

脊椎动物反其道而行之。它们从实心的神经索演化成中空的神经管。这样既改善了血液供应的环境，又增大了中枢神经干的容积和表面积。同时神经管也从腹侧移到了背侧。

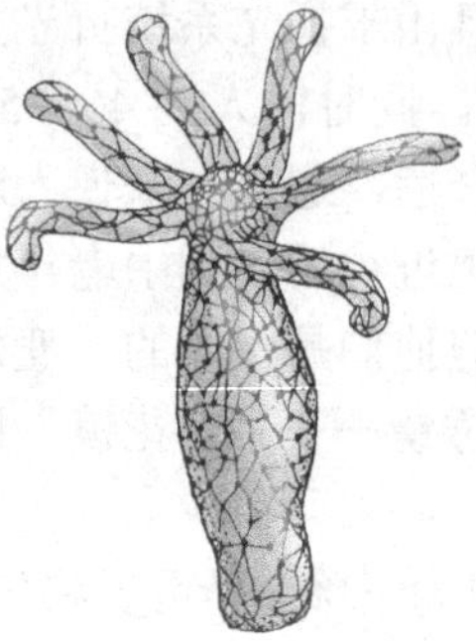

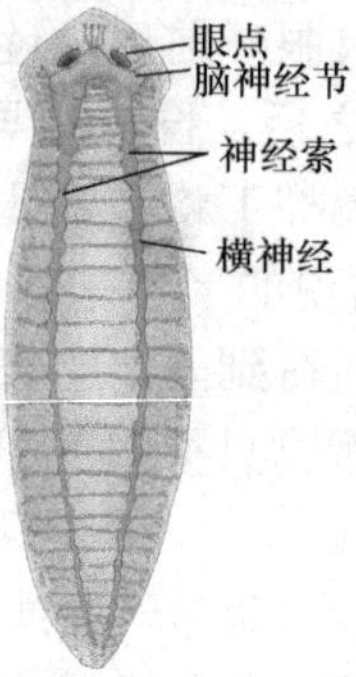

图 5.44～图 5.46 彩图

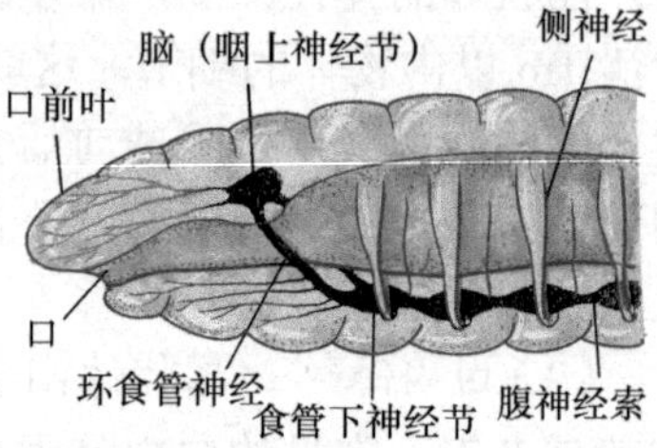

图 5.44　水螅的网状神经系统　图 5.45　涡虫眼点及梯形神经系统　图 5.46　蚯蚓的脑及链状神经系统

（一）神经系统基础

1．神经元　又称神经细胞（第三章第三节），是神经系统的构成单元。神经元除具细胞核等真核细胞的细胞器以外，有两个区别于其他细胞的显著特征：一是细胞本体内含有大小不一的嗜碱性小体，即尼氏小体。它能合成蛋白质营养神经元。二是细胞形状极不规则。细胞形成许多突起，包括接受刺激的树突和传出冲动的轴突（图 5.47）。神经元的这种形态使它们能胜任信息传导的功能。通常，神经元可分为感觉（传入）神经元、运动（传出）神经元和联络神经元（在脑及脊髓中）三类。

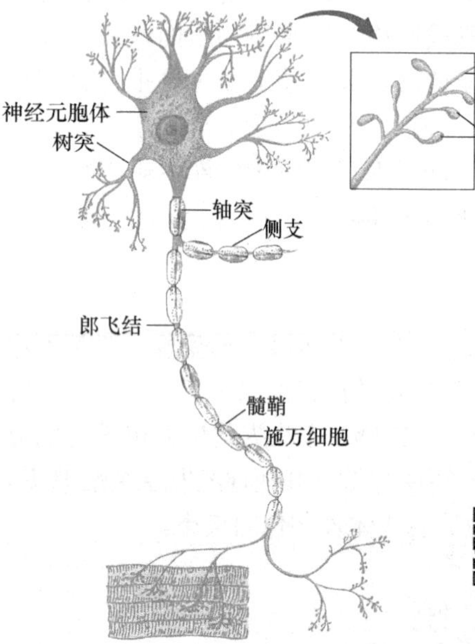

彩图

图 5.47　神经元模式图

神经冲动沿神经元轴突作长距离、迅速有效地传输有赖于神经细胞轴突外包被的保护。有些神经细胞轴突外形成由磷脂和蛋白质组成的髓鞘，髓鞘外还有由施万细胞构成的神经膜包被，这类神经叫作有髓神经，如脑神经和脊神经。有的轴突外无髓鞘，仅有神经膜包绕，称无髓神经，自主神经（植物性神经）的节后神经多属此类。

2．神经冲动　神经细胞（纤维）在静息（不受刺激）时，胞外 Na^+的浓度是胞内的 70 倍，而胞内的 K^+浓度是胞外的 30 倍，这样的内外离子浓度差是由细胞膜上的 Na^+-K^+泵耗能维持的，由此形成细胞膜“外正内负”的电位差。人神经细胞内外的电位差是 70～90mV。神经细胞受到刺激时，Na^+和 K^+分别顺着浓度梯度内流和外逸，导致出现“外负内正”的反极化现象，这称为动作电位，也就是产生了神经冲动。随着这个冲动在神经纤维上迅速传导，产生一连串的连锁反应，神经细胞受到的刺激信号借此传向远方。冲动过后，在膜上 Na^+-K^+泵的工作下，膜内外电位恢复正常。

对于具髓鞘和神经膜的神经纤维，纤维（轴突）外周的大部分已被髓鞘和施万细胞包裹。神经冲动经施万细胞间的郎飞结快速跳跃前进，速度高达每秒近 100m。无髓神经纤维冲动的传导速度仅为 0.5～2.0m/s。

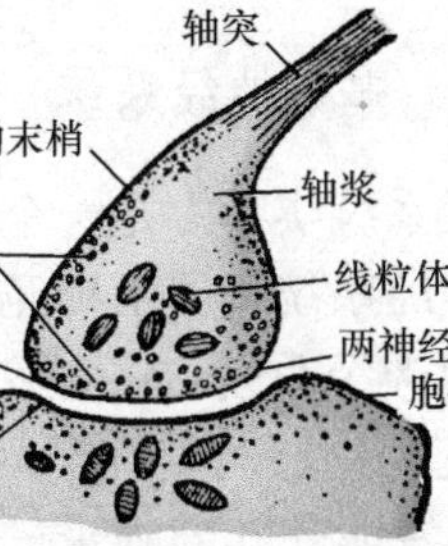

彩图

图 5.48 神经突触模式图

3. 突触 前一个神经元的轴突末梢与下一个神经元本体或树突末梢相结合的部位叫作突触（图 5.48）。在脑中，任一神经元可与多达 1 万～10 万个神经元形成突触联系。在脊椎动物绝大多数突触中，前后两个神经元并不直接接触，它们之间留有一条细细的宽 20～50nm 的缝隙。神经冲动的生物电以极高的速度传到该处后，电刺激被转换成化学信号，轴突末梢中的突触小泡受刺激释放出乙酰胆碱等神经递质。这些递质与突触后膜上的神经递质受体结合，促使突触后膜产生动作电位从而出现新的神经冲动，并使该冲动沿下一个神经细胞传开去。乙酰胆碱随后即被乙酰胆碱酯酶降解。值得注意的是，突触小泡只存在于轴突末梢，而神经递质受体又仅见于突触后膜。突触的这种特殊装置决定了冲动传递的单向性，即从轴突传向树突。逆向不能传导。每个冲动通过突触平均被延误 0.3～0.5ms。许多神经细胞长得很长，十分有利于提高神经冲动传送的速度。

4. 反射弧 反射弧是动物反射活动的解剖学基础（图 5.49）。反射弧一般包括感受器、传入（感觉）神经、联络神经、传出（运动）神经和效应器 5 个环节。感受器感受刺激后发出神经冲动。该冲动沿传入神经（神经元本体在背根附近的脊神经节）到达脊髓。脊髓是低级反射活动的处理中枢。冲动从脊髓的背侧（背根，后根）输入，经过联络神经元的传递，神经冲动激起传出（运动）神经的兴奋，并使该兴奋沿着脊髓腹侧（腹根，前根）伸出的传出神经到达效应器（肌肉、脏器等），从而引起效应器对刺激做出适应性的应答，如瞳孔在强光下收缩，牙刷或手指触喉引起呕吐等等。各个反射弧的神经通路是先天建成的，因此由反射弧引起的反射活动不学自会而且“永生不忘”。

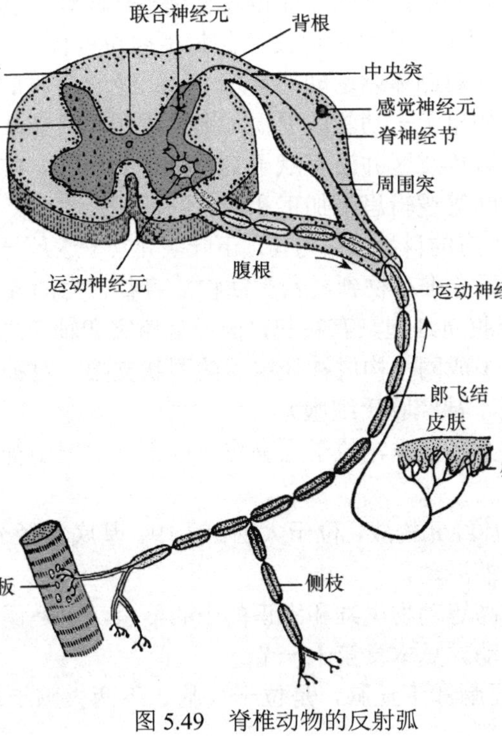

彩图

图 5.49 脊椎动物的反射弧

（二）中枢神经系统

神经系统实际上是一个不可分割的完整网络，但为了阐述的方便，它往往被人为地划分为中枢神经系统和周围神经系统两大部分。

中枢神经系统包括脑和脊髓，是脊椎动物神经活动和生理代谢调控的中枢。脑是人和其他哺乳动物胚胎期和婴幼儿期发育最快的器官之一。出生时，人脑已具备大多数的脑神经元；两岁婴幼儿的脑量已达成人的3/4；四岁幼儿的脑量已与成人无异，平均达1400cm^3。人若在这个敏感的时期罹患大病或营养不良，必将对脑的发育乃至他的智力造成难以估量的损失。虽然一个人脑的重量仅为他体重的2%～2.5%（约1.3kg），但人在平静状态下脑的血流量却占心脏搏出血液量的15%，脑的氧消耗量更高达全身耗氧量的20%。脑中葡萄糖的氧化率比其他组织高出约10倍，脑力工作者尤甚。可见，脑细胞，主要是神经细胞的代谢十分活跃。

人脑包括大脑、小脑、间脑、中脑、脑桥和延脑若干个部分（图5.50）。以下逐一简介中枢神经系统各部分的主要功能。

1．大脑　大脑由左右两个大脑半球组成，两半球间由极多的神经纤维构成的胼胝质相互联系。每个大脑半球包括以下组成部分。

（1）大脑皮质　这是神经元本体集中的区域，呈灰色。人大脑皮质平均厚度仅2～3mm，表面多沟、回，从而使大脑皮质的总面积高达0.5m^2。大脑皮质由860亿个神经元本体构成，理论上可以贮存5亿多本书的信息。它们之间形成突触的数目繁多。正是这些神经元及其相互之间的联络构成了高等动物和人进行各种活动及语言、思维、条件反射等高级神经活动的生理学基础。

大脑皮质是人体的最高司令部，它的功能极其复杂多样。划分功能区是大脑皮质既高效工作又“不出乱子”的基本保证，这是大脑皮质的机能定位（图5.52）。如中央沟前侧（中央前回）的体躯运动中枢，为对侧体躯运动的管理中心；位于皮质后部的视觉中枢负责视神经传入信息的处理成像等。如果某一功能区受损，则发生相对机能缺陷或丧失。从图中还可以看出，有比例相当大的大脑皮质区并没有赋予某种特定的功能。实际上它是人类想象、推理、演绎、综合、归纳、判断等逻辑思维加工和产生的场所。

爱因斯坦为何聪明过人？有的科学家认为其顶下叶区异常发达是一个重要原因（图5.51）。但瑞士研究的人员发现，从无脊椎动物到灵长类动物，随着智力的提升，神经胶质细胞对神经元的比例也会上升。神经胶质细胞具有突起，但没有树突和轴突之分。它的数量比神经元多，分布在神经元周围，交织成网，构成神经组织的网状支架，对神经元起着支持、营养和修复等作用（施万细胞也属于神经胶质细胞）。

（2）大脑髓质　又称大脑白质，位于大脑皮质以下，主要由神经纤维构成，是神经冲动传导的通路。

（3）基底神经节　由神经元构成，位于大脑白质中。基底神经节是较高级的运动中枢，辅助大脑皮质协调肌肉的收缩活动。

总之，大脑是人和其他高等动物思维和意识的中心器官，也是调节体内生理活动的最高中枢。大脑的思维及学习活动详见本章第十一节。

2．间脑　间脑包括丘脑和下丘脑，是位于大脑之下两大脑半球之间的灰质团。来自

彩图

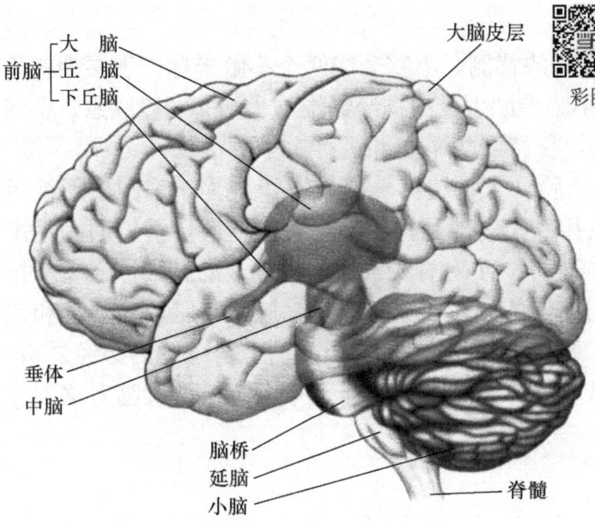

图 5.50　人脑正中矢切面

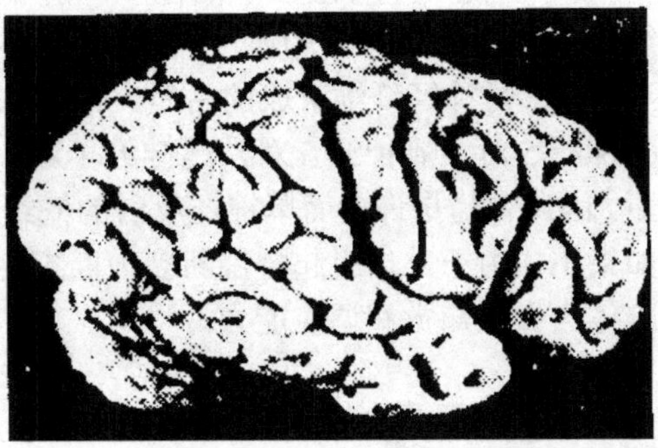

图 5.51　爱因斯坦的大脑

比常人宽 15%，大脑后上部主视觉空间、认知、数学思维和运动想象力的顶下叶区异常发达，且缺乏普通人中常见的横贯顶下叶区的皱沟

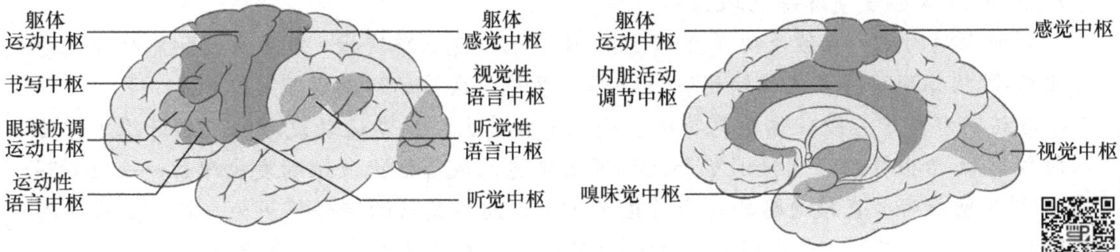

彩图

图 5.52　大脑皮质背外侧面的机能定位

A．大脑半球背外视图；B．大脑半球剖面图

全身各处感觉器官的传入神经纤维（除嗅觉外）都在丘脑更换神经元，并经初步分析与综合后上报大脑皮质。因此，丘脑是大脑下的较高级感觉中枢。下丘脑为丘脑前下方的灰质团，是自主神经的高级调控中心，与各脏器的生理机能密切相关。下丘脑的底部与垂体相连。垂体是重要的内分泌腺（本章第十节）。

3．脑干　脑干位于大脑和间脑之下（有人把间脑也归入脑干），小脑的腹侧，包括中脑、脑桥和延脑三部分。

（1）中脑　上承丘脑，下连脑桥。中脑是视、听反射的中枢，又与肌张力和身体姿势的维持及肢体运动的协调有很大关系。

（2）脑桥　接于中脑下方，背联小脑。脑桥中容纳大量水平走向的神经纤维，与左、右小脑半球紧密联系；脑桥中还有许多纵向分布的神经纤维束，是脑与脊髓联系的重要通路。

（3）延脑　脑干的末段，下接脊髓。除了许多神经纤维经延脑上达大脑以外，延脑还发出舌咽神经、迷走神经、副神经和舌下神经等四对脑神经。因此延脑是重要的呼吸、心搏反射中枢，又称活命中枢。

总之，脑干既是沟通大脑、间脑、小脑和脊髓的神经通道，又是多数（第 3 至第 12 对）

脑神经反射活动的中枢。

4．小脑　小脑位于大脑的后下方，脑干的背侧。小脑分成两个小脑半球，表层为灰质神经元本体，内部主要是白色的神经纤维。小脑借助大量的神经纤维与大脑和脊髓联系。小脑的主要功能是协调横纹肌的收缩与舒张运动，保持身体平衡并进行有效的活动。

5．脊髓　脊髓位于椎管中，前端接延脑，末端达第一腰椎下缘，为一扁圆柱形神经组织。脊髓的构造与大脑、小脑的基本构成相反，内部是神经元集中的灰质，横切面为蝴蝶形；外部是神经纤维组成的白质。脊髓向全身发出 31 对脊神经（颈神经 8 对，胸神经 12 对，腰神经 5 对，骶神经 5 对，尾神经 1 对）到全身各处，支配各肌肉、腺体和脏器的活动和代谢。因此脊髓是许多简单神经反射的低级处理中枢，同时也是神经冲动上传下达的必经之路。如果不慎由于外伤引起脊髓断裂，断裂点以下的神经反射将不能上报大脑，即大脑对这部分肢体失去了知觉和调控能力。

资料链接

帕金森病与基底神经节

基底节是大脑皮质下的一组灰质核团，由纹状体（壳核、尾状核）、苍白球、丘脑底核和黑质组成。在人、猴等高等动物，基底节对运动功能的调节主要是通过与大脑皮质-基底节-丘脑-大脑皮质环路的联系而实现。

帕金森病的主要病理改变是黑质-纹状体多巴胺能通路变性。黑质多巴胺能神经元通过黑质-纹状体通路将多巴胺输送到纹状体，参与基底节的运动调节。

在这一环路中，纹状体（尾状核、壳核）接受大脑感觉运动皮质的投射纤维（即传入纤维），其传出纤维经直接通路和间接通路抵达基底节传出纤维的发出单位——内侧苍白球/黑质网状部。直接通路的综合作用为抑制，间接通路的综合作用为兴奋。直接通路起到放松绳子的作用，易化运动；间接通路起到拉紧绳子的作用，抑制运动。

在直接通路中，多巴胺与纹状体上的 D1 受体结合，激活直接通路（进一步放松绳子）；在间接通路中，多巴胺与纹状体上的 D2 受体结合，抑制间接通路（协调绳子不要拉得太紧，一样是放松绳子）。简化来说，就是黑质致密部释放多巴胺，放松绳子（通过直接、间接环路都起到抑制 Gpi/SNr 的作用，兴奋丘脑），引起运动。

由上面的原理可以知道，在帕金森患者中，黑质-纹状体多巴胺能减少，引起直接通路抑制、间接通路兴奋，最终引起绳子越拉越紧（丘脑抑制），从而引起少动、强直等运动减少的症状。

帕金森病病因目前尚未彻底明确，但可能与下列因素有关。

第一，年龄因素。帕金森病主要发生于五十岁以上的中老年人，四十岁以前很少发病，六十五岁以上发病明显增多，提示年龄因素可能与发病有关。

第二，环境因素。某些除草剂、杀虫剂可能与帕金森病的病因有关，长期接触或生活在上述相关环境中，帕金森病的发病率高。而吸烟、喝茶、喝咖啡者发病率较低。

第三，遗传因素。帕金森病患者中绝大多数为散发病例，我国广东地区流行病学调查发现，有 8.9%的患者有阳性家族史，家族性帕金森病患者多具有常染色体显性遗传和隐性遗传特征，有多代多个家庭成员发病。

第四，氧化应激。氧化过盛和抗氧化功能不足，细胞处于抗氧化应激状态产生过多氧自由基，进一步影响线粒体功能，最终导致多巴胺能神经元受损死亡。

第五，线粒体功能缺陷。多项研究表明，线粒体功能异常，在帕金森病发病机制中起重要的作用。

第六，泛素蛋白酶体功能异常。多项研究证明，泛素蛋白酶体功能异常在帕金森病发病机制中起重要的作用，其中基因突变、蛋白异常聚集与氧化应激、线粒体损伤等，可能互为因果关系。

综上所述，帕金森病的发病绝非单一因素，可能是遗传易感性、环境因素和衰老几种因素共同作用的结果。

（三）周围神经系统

周围神经系统是动物和人神经系统的重要组成部分。它沟通中枢神经系统和各个感受器、腺体及器官的联系，保证机体各项机能的正常运转。从解剖学的角度看，人的脑部发出12对脑神经（表5.8），脊髓发出31对脊神经。周围神经由这43对神经及其众多的分支构成。

表5.8　脑神经分布及功能

名称	性质	发出部位	分布	功能
嗅神经	感觉神经	大脑嗅叶	鼻腔、鼻黏膜	嗅觉
视神经	感觉神经	间脑	视网膜	视觉
动眼神经	运动神经	中脑	眼睛大部	上眼睑提起，眼球运动，缩小瞳孔，晶状体调节
滑车神经	运动神经	中脑	眼上斜肌	眼球向外下方转动
三叉神经	混合神经	脑桥	脸及口腔	面部感觉、咀嚼运动
外展神经	运动神经	脑桥	眼外直肌	眼球外转
面神经	混合神经	脑桥	面部表情肌 舌前2/3黏膜	表情肌活动 味觉
位听神经	感觉神经	脑桥及延脑	内耳	传导听觉、位觉
舌咽神经	混合神经	延脑	舌后1/3黏膜，咽、颈动脉	味觉，咽部感觉
迷走神经	混合神经	延脑	咽，大部分内脏及腺体	咽感觉及活动，内脏及腺体的感觉和活动
副神经	运动神经	延脑	胸锁乳突肌，斜方肌	头转向对侧，提肩
舌下神经	运动神经	延脑	舌肌	舌活动

从机体生理功能的角度，周围神经系统可以划分成感觉神经和运动神经两大部分。感觉神经通过感受器接收刺激信号，将冲动传入中枢神经（脊髓）。脊髓一方面将信息上报，另方面经过分析与综合，通过运动神经传出信号，支配肌肉或内脏、腺体作出应答。支配横纹肌（骨骼肌）的神经叫作躯体运动神经，这是一些能被我们的主观意志支使的神经，由此可让我们的躯体四肢随意活动。我们体内还有另一类运动（传出）神经，叫作自主神经系统（有人叫作植物性神经系统）。这是一些控制内脏和腺体的复杂神经系统。它能在大脑的远程调控下相对自主地调整器官的工作状态，以适应内外环境的变化。

自主神经系统可分为交感神经和副交感神经两部分（图 5.53）。

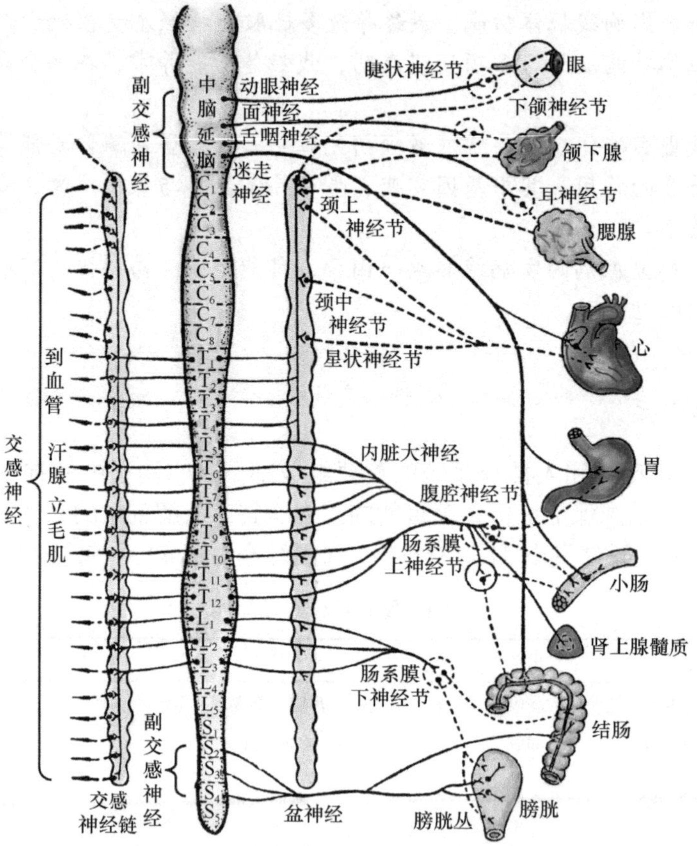

彩图

图 5.53　人自主神经系统分布示意图

1．交感神经　交感神经主要由交感神经元、交感神经干及其他的交感神经节和神经丛组成。交感神经中枢位于脊髓第 1～12 胸节（T1-T12）和第 1～3 腰节（L1-L3）内。交感神经元自脊髓两个前根（腹根）发出神经纤维（轴突）至位于脊柱两旁的交感神经干。交感神经干是由交感神经节上下连接而成的节链。从交感神经元发出至交感神经干的这段神经纤维叫作节前纤维。多数交感神经在交感神经节换神经元后，新的神经元发出节后纤维历经曲折直达各脏器、汗腺和血管等；少数节前纤维穿过交感神经干时，不换神经元，而是到腹腔中的交感神经节才更换神经元，进入各内脏。

大部分交感神经的节后纤维以释放肾上腺素和去甲基肾上腺素的方式支配内脏的活动。同时，由于一个交感神经的节前纤维一般都与多个神经节内的几十个神经元发生突触交接，因此交感神经系统的活动通常比较广泛，涉及面较大，使动物能在环境骤变时动员身体各方面的潜能进行应答。

2．副交感神经　副交感神经中枢位于中脑、延脑及骨髓的第 2～4 骶节（S2～S4）内。副交感神经在颅内经动眼神经、面神经、舌咽神经和迷走神经离脑，至所支配的器官附近或器官壁内的副交感神经节换神经元。第二个神经元发出节后纤维进入并支配器官。副交感神经的节后纤维末梢通过释放乙酰胆碱使被支配的多数器官兴奋性降低，如心搏减缓，呼吸放慢、血管舒张等，产生与交感神经相拮抗的结果。多数器官正是在交感神经和副交感神经一张一弛的双重调控下处于正常的工作状态。

资料链接

阿尔茨海默病

德国医生 Alois Alzheimer 在 1907 年报道了一名 56 岁女性的病例。这是一种起病隐匿的进行性发展的神经系统退行性疾病，临床上以记忆障碍、失语、失用、失认、视空间技能损害、执行功能障碍及人格和行为改变等全面性痴呆表现为特征。后人将此病称为阿尔茨海默病（Alzheimer's disease，AD）。65 岁以前发病者，称早老性痴呆；65 岁以后发病者称老年性痴呆。阿尔茨海默病具有进行性和不可逆性，只能用药延缓病情进展，一旦发展为中度、重度，将对患者和家人的生活造成严重危害。随着人均寿命的增加，AD 已成为常见的痴呆类型，约占全部痴呆患者中的 50%。65 岁以上老年人中，AD 的年发病率约为 1%，随着年龄的增加患病率增高，年龄每增加 5 岁，AD 的患病率约增加 1 倍。本病常散发，女性多于男性，女性患者的病程常较男性患者长。随着人口的老龄化，AD 的发病率逐年上升，严重危害老年人的身心健康和生活质量，给患者造成深重的痛苦，给家庭和社会带来沉重的负担，已成为严重的社会问题，引起各国政府和医学界的普遍关注。

研究人员发现，牙周疾病尤其是致病菌诱发的炎症反应可能是导致 AD 的重要诱因之一，他们发现 AD 患者常常都有比较严重的牙周疾病，同时在病变的脑组织中发现了牙周病细菌或其成分。研究发现，龋病、牙周病等细菌感染性口腔疾病和阿尔茨海默病的发病机制均涉及多种炎症介质参与的炎症反应，这表明口腔致病菌可能参与了阿尔茨海默病的病理过程。其中一项研究发现，牙周致病菌诱发的脑外炎症组织产生的脑老年斑成分——淀粉样蛋白 β（Aβ）会输入脑内，而超 80%的阿尔茨海默病患者的脑血管周围有 Aβ 积累，最终可能导致 AD。既然口腔疾病可能是引起阿尔茨海默病的原因之一，而 AD 目前尚无明确治疗方法，只能通过预防措施降低 AD 发生概率。因此注意口腔护理减少炎症，不仅可以保持洁白美观健康的牙齿，同时对预防阿尔茨海默病也有益处。

第九节 运动系统

运动系统由骨骼和肌肉两部分构成，在神经系统的调控下对外界信息做出适当的反应。由于异养生活的需要，动物不得不一生奔波，找食物、占地盘、争配偶、逃敌害。谁拥有高效有力的运动系统，谁就能在“物竞天择”的竞争演化中赢得自己的立锥之地。

一、运动系统的演化

很多原生动物已经发展出了胞内与胞外主运动的细胞构造。它们在胞内都有微丝、微管和中间纤维等微梁系统（第三章第二节）。有的原生动物在胞外长出专司运动的鞭毛或纤毛，有的已能利用伪足进行运动和摄食。

腔肠动物首先产生了将表皮细胞和肌肉细胞合一的外皮肌细胞和内皮肌细胞。扁形动物首次进化发生了专门的肌肉组织。软体动物具有十分坚固的钙质外骨骼——贝壳。较高等的软体动物，如乌贼（墨鱼），它们发展出轻巧的内骨骼——海螵蛸。软体动物的肌肉组织还首先出现了平滑肌——专司内脏器官收缩、舒张的肌肉组织。

节肢动物以薄而轻又不失坚硬的几丁质外壳替换下了钙质贝壳。不仅如此，节肢动物还发展出了能高效运动的横纹肌——受意识支配的肌肉组织。这两项“利器”的出现为节肢动物进军水、陆、空三域奠定了坚实基础。

由于内骨骼不仅能有效地支撑动物的躯体，而且不影响动物身体的发育生长（节肢动物需“蜕皮”才能长大），因此脊椎动物进一步发展了体内的骨骼系统。脊椎动物的内骨骼系统由众多骨骼有规律地构成，身体因而能活动自如。此外，脊椎动物还发展出了专司心脏搏动的心肌——具有横纹但不受意识控制，仅由自主神经支配的肌肉组织。

二、人的骨骼系统

人的全身骨骼共有大小 206 块，其中头颅骨 29 块，躯干骨 51 块（包括脊柱：椎骨 24 块＋骶骨 1 块＋尾骨 1 块及 12 对肋骨和 1 块胸骨），四肢骨 126 块（上肢 64 块，下肢 62 块）（图 5.54）。

1．骨骼类型 根据骨骼的形态，哺乳动物和人的骨骼可以分为长骨、短骨、扁骨和不规则骨四类。长骨主体呈长管形，内有髓腔，两端膨大处为骨骺，分布于四肢，如尺骨、股骨等；短骨形体小，如指骨、髌骨等，多见于手、足等构造较复杂的部位；扁骨板状，主要构成骨性保护层，如颅盖骨和肋骨等；不规则骨如椎骨、颞骨等。

2．骨的构成 骨骼是动物及人体的活性构成成分。每一块骨骼的构造从外到内都由骨膜、骨质和骨髓三部分构成（图 5.55）。

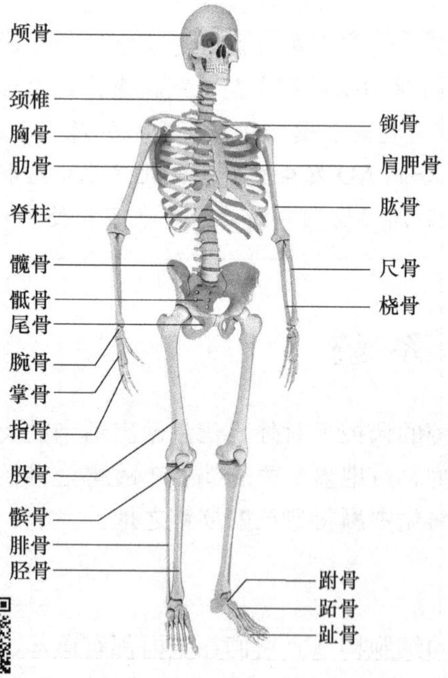

彩图

图 5.54 人全身骨骼

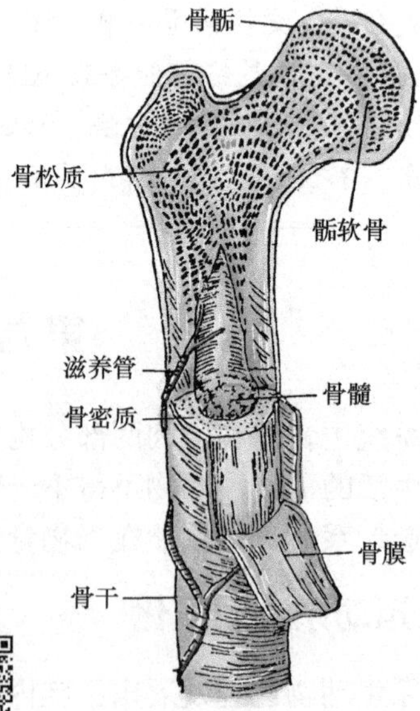

彩图

图 5.55 长骨的构造

骨的外层是由致密结缔组织组成的骨膜，富含神经和血管，可对骨骼起营养的作用。人和动物幼年时的骨膜积极参与骨的生长；成年后虽然骨膜的代谢处于相对不活跃状态，不过一旦骨骼受损，如骨折，骨膜中的成骨细胞随即恢复活力，促使骨骼愈合。

骨质是骨的主要成分，是体内最坚硬的结缔组织，由骨基质（细胞间质）和骨细胞构成。骨基质包括无机物（主要是磷酸钙和碳酸钙，呈细针状，沿胶原纤维的长轴排列）和有机物（主要是由骨细胞分泌产生的胶原纤维，其余为中性或弱酸性的胺多糖组成的凝胶）两类。前者约占 2/3，后者约为 1/3（随年龄增长而变化）。两者有机结合，使骨骼既有较高的硬度又有较强的韧性。青少年时期骨中有机质含量较高，骨骼韧性大；中老年人骨中无机物比例较大，骨质疏松，易骨折，且不易愈合。由于结构不同骨质可分为两种：一种叫作骨松质，由薄骨板即骨小梁互相交织构成立体海绵状骨质。另一种由骨基质形成的多层薄板状紧密排列的骨板构成，叫作骨密质。骨板上分布着无数个同心圆式的哈弗斯系统（图 5.56）。在哈弗斯系统中有许多称为骨陷窝的小腔同心排列。骨陷窝内许多外形具突起的细胞，主要是骨细胞成环形排列。哈弗斯系统内有血管，为供应骨组织营养的通路。此外含有造骨细胞和破骨细胞，它们位于骨质靠近骨膜的边缘部分。骨质疏松症是破骨细胞和造骨细胞数量比例失衡所致。在脊椎动物中，破骨细胞不断将骨质分解，而造骨细胞则不断制造新骨补充。一旦造骨速度慢于骨质分解速度，就会发生骨质疏松症。

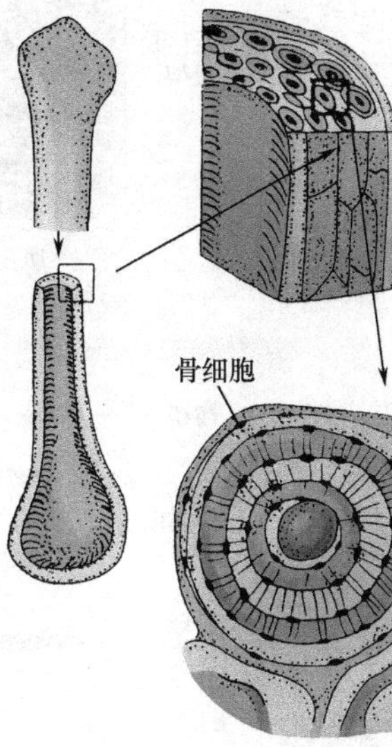

彩图

图 5.56　骨板上的哈弗斯系统

三、肌肉与肌肉收缩

所谓的肌肉都由许多肌束外包结缔组织构成，而肌束则是无数肌细胞的集合体。肌细胞的形状细长，呈纤维状，故肌细胞也称为肌纤维。如果按形态来分，肌肉可分为长肌、短肌、扁肌和轮匝肌。按结构和功能的不同分可以分为平滑肌、心肌和骨骼肌三类。

骨骼肌又叫作横纹肌，由于此类肌纤维（肌细胞）经染色后在显微镜下可见到由肌动蛋白和肌球蛋白组成的明暗交错带而得名。骨骼肌附着在骨骼上且成对出现：一块肌肉朝一个方向牵引某块骨骼，另外一块肌肉朝相反方向使力。这些肌肉通常可随动物（人）的意志收缩，所以又称随意肌。通常每块肌肉可划分为具有收缩功能、富有弹性的肌腹和没有收缩功能、由致密结缔组织组成的肌腱两部分。肌腹位于肌肉中部，鲜红色；肌腱分布在肌肉两端，白色，十分坚韧。肌肉以其肌腱附着于两块或两块以上的骨骼表面，在运动（传出）神经的支配下进行收缩和舒张运动。

人全身有 600 多块骨骼肌，约占体重 40%。男性肌肉所占的比例高于女性，体力劳动及经常进行体育锻炼的人肌肉也比常人发达。在大脑的统一指挥下，通过中枢神经系统和周围神经系统，以骨骼为支撑和杠杆，以骨骼肌的收缩为动力，人和动物就可以对由内、外感受器接收、经感觉神经传入的信息做出适应性的应答。

骨骼肌是由许多肌细胞（肌纤维）组成的，肌纤维中又含有许多肌原纤维（图 5.57）。肌原纤维由粗肌丝和细肌丝有规律地重复排列组合构成。细肌丝由肌动蛋白组成，透光度高，染色后在显微镜下呈明带，其中央称 Z 线，两侧细肌丝固定其上。粗肌丝由肌球蛋白组成，分布的区域透光性差，显微镜视野下为暗带，其中央有 H 带（图 5.58）。相邻两条 Z 线之间的一小段肌原纤维（即 1/2 明带＋1 个暗带＋1/2 明带）称肌小节，是肌原纤维结构和功能的基本单位（图 5.59）。

彩图

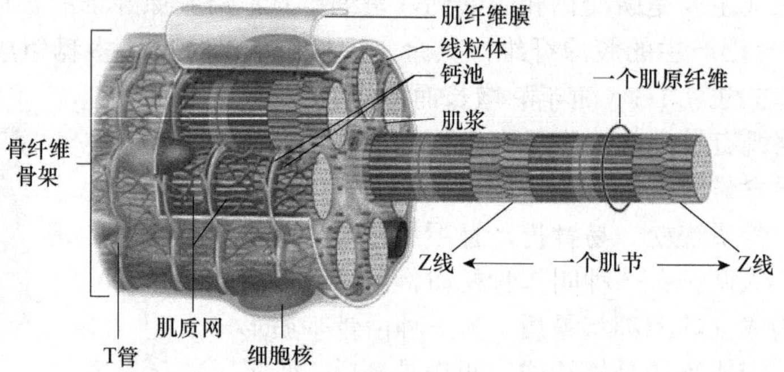

图 5.57　骨骼肌超微结构示意图

彩图

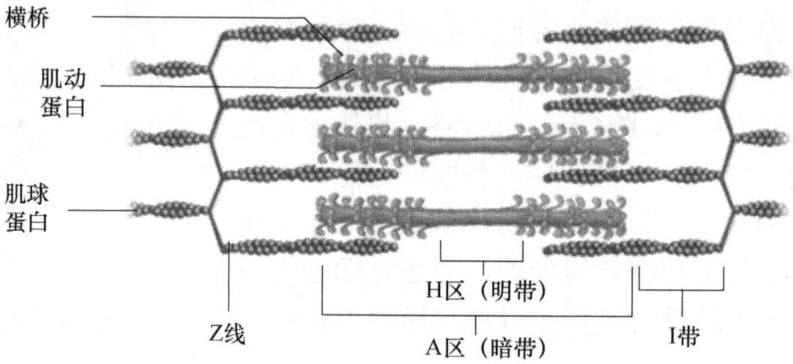

图 5.58　肌原纤维结构示意图

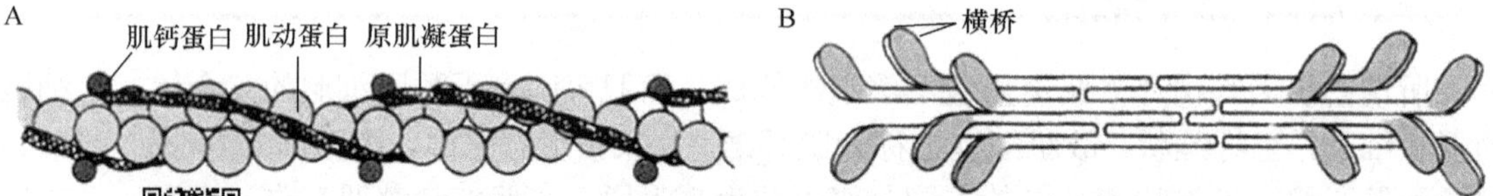

彩图

图 5.59　肌丝蛋白分子结构示意图

A．细肌丝；B．粗肌丝

骨骼肌的收缩是肌小节中粗肌丝和细肌丝在神经调控下相互滑行的结果，引起肌丝滑行的结构是从粗肌丝上突起的横桥。当横桥与细肌丝的结合位点结合时并发生摆动，推动细肌丝使之滑行。目前多数生理学家比较认可的肌肉收缩机理是肌丝滑行学说，即骨骼肌的收缩是肌小节中粗肌丝和细肌丝相互滑行的结果。这是需消耗 ATP 获取能量的过程。其基本过程是：当肌浆中 Ca^{2+}浓度升高时，Ca^{2+}即与细肌丝中的肌钙蛋白相结合而发生构形的改变，进而引起原肌凝蛋白的构形发生改变，致其双螺旋结构发生某种扭转而暴露出与横桥结合的位点，通过激活横桥 ATP 酶，分解 ATP 获得能量，出现横桥向 M 线方向的扭动，拖动细肌丝向暗带中央滑动。粗、细肌丝相互滑行，肌小节缩短，明带变窄，肌肉收缩。当肌浆网上钙泵回收 Ca^{2+}时，肌浆中 Ca^{2+}浓度降低，Ca^{2+}与肌钙蛋白分离，使原肌凝蛋白又回到横桥和肌纤蛋白分子之间的位置，阻碍它们之间的相互作用，出现肌肉舒张。

平滑肌存在于消化系统、血管、膀胱、呼吸道和女性的子宫中，通常不被人的意识所察觉。平滑肌能够长时间拉紧和维持张力。这种肌肉不随意志收缩，由神经系统自主调控，又称非随意肌。神经系统过于兴奋或抑郁都可能对它们产生影响。

心肌只存在于心脏，也和骨骼肌一样在显微镜下可见到横纹，它最大的特征是耐力和坚固。它可以像平滑肌那样有限地伸展，也可以像骨骼肌那样收缩，但是不能够随意控制活动。心脏的收缩和舒张受一种特化的心肌细胞又称自律细胞来控制，自律细胞能够按照自身固有的规律即自律性，不断产生兴奋并将兴奋传导给普通心肌细胞，刺激其收缩和舒张。

第十节　内分泌系统

内分泌系统由各个内分泌腺和某些器官中专司分泌功能的特定细胞集群组成。这些内分泌腺没有导管，它们所分泌的各种激素直接渗入血管或淋巴管，经血液循环和淋巴循环输送到全身，分别调节各自靶的器官的生理活性，从而对个体的生长、生活和生殖产生明显的调控作用。

激素是由内分泌腺或特定细胞群合成并通过血液输送的微量且有显著调控效应的有机物。每种激素在 100mL 血液中的含量仅几个微克，甚至更低。以下根据各内分泌腺在人体中的解剖学位置（图 5.60）逐一进行扼要介绍。

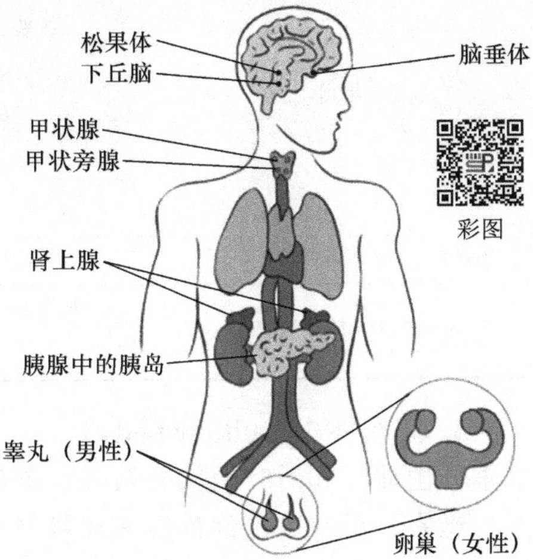

图 5.60　人体主要内分泌腺

一、内分泌腺（endocrine glands）

1．松果体（pineal body）　松果体也叫作松果腺，形似小松果，长约 1cm，重 0.1～0.2g，与丘脑相连。人的松果体能分泌褪黑激素（黑色紧张素）。它既抑制垂体促性腺激素的分泌，防止性早熟，又能适当抑制中枢神经的兴奋性，让人适时进入睡眠。松果体在人 7～10 岁时开始钙化，逐渐萎缩。与此同时人步入青春期，性腺开始逐渐发育。至 40 岁时，褪黑激素的分泌量仅为儿童时期的 30%，60 岁时更低至 7%左右。褪黑激素在夜晚大量合成，白天又急剧下降，这个现象说明松果体的功能调控与视觉关系密切。

2．下丘脑（hypothalamus）　下丘脑即丘脑的下部，无疑是中枢神经系统的重要组成部分，但同时下丘脑前部的某些神经元又具有分泌的功能，能产生并向外（主要向脑垂体前叶）输出一些具有较强生理作用的激素，称为神经激素，促进或抑制脑下垂体前叶合成某些激素，从而实现对远程器官的调控。因此，实际上下丘脑身兼神经中枢与内分泌调控中心两项十分重要的功能，也是神经调控与内分泌调控完美结合的典范。

下丘脑分泌的神经激素约有 10 种（表 5.9）。

表 5.9　下丘脑与脑垂体产生激素一览表

内分泌腺	激素	性质
下丘脑	促甲状腺激素释放因子	3 肽
	生长激素释放因子	10 肽
	生长激素释放抑制因子	14 肽
	促肾上腺皮质激素释放因子	多肽

续表

内分泌腺	激素	性质
下丘脑	卵泡刺激素释放因子	糖蛋白
	黄体生成素释放因子	10 肽
	催乳素释放因子	多肽
	催乳素释放抑制因子	多肽
	黑色素细胞刺激素释放因子	5 肽
	黑色素细胞刺激素释放抑制因子	3 肽
脑垂体前叶	促甲状腺激素	糖蛋白
	促肾上腺皮质激素	39 肽
	卵泡刺激素	糖蛋白
	黄体生成素	糖蛋白
	生长激素	191 肽
	促乳素	199 肽
脑垂体后叶（中间部）	黑色素细胞刺激素	N-乙酰基-5-甲氧基色胺，分子量 232.27
脑垂体后叶（神经部）	加压素（抗利尿激素）	9 肽
	催产素	9 肽

3．脑垂体（pituitary body） 悬垂于下丘脑底部的卵圆形小体，重仅 0.5g（图 5.61）。脑垂体由前叶和后叶两部分组成。前叶（或称前部或腺垂体）是上皮细胞的集合部，可分泌多种激素。后叶（也称神经部或神经垂体）由源自下丘脑的众多神经纤维和胶质细胞构成，

彩图

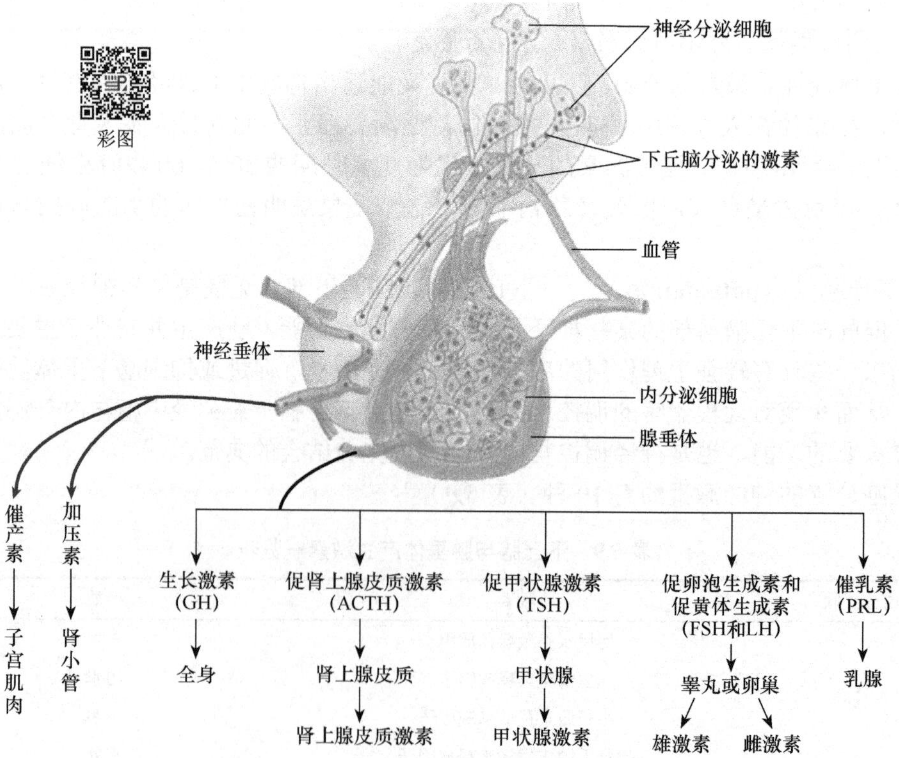

图 5.61 垂体结构及分泌激素对靶器官作用（引自吴庆余，2002）

实际上属于神经组织。后叶生成的两种激素（加压素和催产素）都是九肽。虽然它们的差异仅为两个氨基酸，但功能却完全不同。

脑垂体实际上是内分泌系统的中级调控中枢，它们分泌的激素作用于靶的器官或组织，而它们本身的活性又受控于内分泌高级中枢——下丘脑（图 5.62）。

下丘脑分泌		脑垂体分泌		靶的器官		产物
促甲状腺激素释放因子	促进	促甲状腺激素	促进	甲状腺	分泌	甲状腺素
生长激素释放因子	促进	生长激素	促进	肝脏	分泌	生长调节素
生长激素释放抑制因子	抑制	生长激素	抑制	肝脏	分泌	生长调节素
促肾上腺皮质激素释放因子	促进	促肾上腺皮质激素	促进	肾上腺皮质	分泌	肾上腺皮质激素
卵泡刺激素释放因子	促进	卵泡刺激素	促进	卵巢、睾丸	分泌	雌、雄激素
黄体生成素释放因子	促进	黄体生成素	促进	卵巢、睾丸	分泌	雌、雄激素
催乳素释放因子	促进	催乳素	促进	乳腺	分泌	乳汁
催乳素释放抑制因子	抑制	催乳素	抑制	乳腺	分泌	乳汁
黑色素细胞刺激素释放因子	促进	黑色素细胞刺激素	促进	黑色素细胞	分泌	酪氨酸酶
黑色素细胞刺激素释放抑制因子	抑制	黑色素细胞刺激素	抑制	黑色素细胞	分泌	酪氨酸酶

图 5.62　下丘脑调控内分泌系统示意图

在这个激素调控系统中，最终血液中各种激素浓度的高低又反馈作用于下丘脑（远程调控）、脑垂体（中程调控）和靶的器官（短程调控），从而实现体内各种激素水平的自动调控。

4. 甲状腺（thyroid gland）　甲状腺由左右两叶组成，两叶间有一狭窄部连接，重 20～30g，位于咽下气管两侧，是人体最大的内分泌腺（图 5.63）。甲状腺主要由无数个围成圈的腺泡构成。这些细胞分泌甲状腺素和三碘甲腺原氨酸，两者都是酪氨酸的碘化物。它们都能提高物质与能量的代谢率，特别对青少年神经及智力发展、骨骼和运动系统及生殖系统的发育具有明显的促进作用。缺碘将导致上述两种激素合成量不足，引发一系列代谢疾病。食用碘盐，常吃海带可预防缺碘症。反之，甲状腺机能亢进则使人多饮多食多汗，易激动，出现粗脖子、凸眼睛等表征。

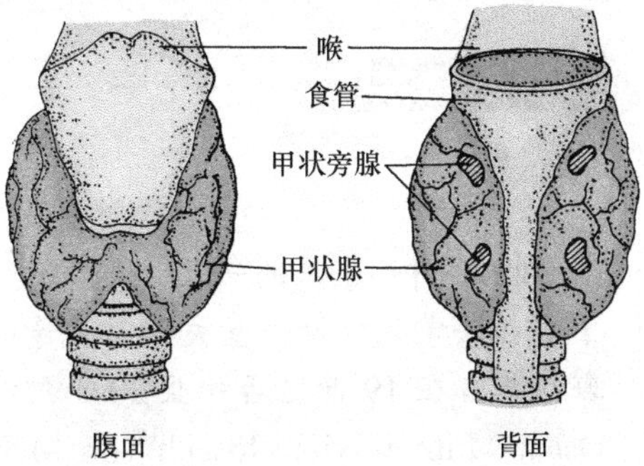

图 5.63　人甲状腺和甲状旁腺

彩图

在腺泡细胞及腺泡间还有少量较大型的细胞称腺泡旁细胞（亦称 C 细胞），它们分泌降钙素——一种 32 肽的激素。降钙素能降低血钙浓度、抑制破骨细胞形成、促进骨骼中钙盐的沉积，阻止肾对钙离子的再吸收，促使血液中钙离子浓度下降，是一种重要的治疗骨质疏松、变形性骨炎和骨痛等症的多肽药物。据统计，我国成人的骨密度比西方人低约 8%，我国 60 岁以上老年人骨质疏松的发病率达 60%左右，每年因骨质疏松而发生骨折的患者约占老年人的 9.6%。治疗骨质疏松不仅要补钙，必要时还要在医生指导下补充降钙素。

5. 甲状旁腺（parathyroid glands）　甲状旁腺包括 4 粒黄棕色椭圆形米粒状小体。每粒仅重约 30mg，贴于甲状腺的背侧（图 5.63）。

甲状旁腺虽然与甲状腺紧密相连，但实际上它们起源不同，功能各异。甲状旁腺分泌单一种激素，即由 84 个氨基酸残基组成的甲状旁腺素。甲状旁腺素促使骨质溶解释出钙盐，促进小肠和肾弯管对钙的吸收，从而使血液中钙离子浓度上升。

6．胸腺（thymus） 胸腺左右两叶，位于气管腹面，心脏上方。人出生后至幼年期，胸腺逐渐增大，至青春期达到 30～40g 后，胸腺逐渐衰退。胸腺实际上是一个淋巴样器官，由上皮网状细胞和淋巴细胞构成。前者能合成和分泌胸腺素，一种由 29 肽组成的激素。胸腺素能将骨髓产生的造血干细胞改造成 T 淋巴细胞，参与机体细胞免疫作用。胸腺萎缩是中老年人免疫功能下降的重要原因之一。

7．胰岛（pancreas islets） 胰岛是分散在胰腺腺泡间的细胞群，由 α、β 和 δ 三种细胞组成。人胰腺中的胰岛多达 100 万个之巨。

α 细胞分泌胰高血糖素，这是一种 29 肽的激素。它能使肝糖原降解为葡萄糖，脂肪水解并转化为葡萄糖，从而推动血糖浓度上升。β 细胞产生胰岛素，这是由两条肽链共 51 个氨基酸残基构成的激素。它的主要作用是提高细胞氧化、吸收葡萄糖的能力，并迅速将其转化为糖原或脂肪。1965 年，我国科学工作者用化学方法在世界上首先合成了具生物活性的胰岛素。我们血液中的血糖无论在饱餐后或饥饿时一般都能保持在 3.9～6.1mmol/L 的水平，主要依赖于胰高血糖素和胰岛素的相互作用。糖尿病患者大多由于胰 β 细胞活力下降或失活，造成体内胰岛素含量不足，从而引起血糖升高。当血糖浓度超过肾小管对葡萄糖的吸收能力时，尿中即可检出葡萄糖，此即糖尿病。这种患者典型的临床表现是“三多”：多饮、多尿、多食。长期坚持肌注胰岛素可帮助不少患者缓解症状。

胰岛中第三种细胞 δ 细胞分泌只由 14 个氨基酸残基组成的生长激素抑制素，它对胰高血糖素和胰岛素的产生都有明显的抑制作用。

资料链接

发现胰岛素

1920 年 10 月的一天，加拿大外科医生班廷（Frederick Banting，1891～1941）为了准备给学生讲授一堂关于糖代谢的课他翻阅了好几本教科书和相关文献。阅读过程中，班廷知道在 19 世纪后叶至 20 世纪初许多学者推测糖尿病与胰腺激素有关系，1889 年，Oscar Minkowski 和 Joseph von Mering 在狗的胰脏移除实验中发现，其尿液中会出现糖分，从而首次将胰脏与糖尿病联系在一起。1910 年，英国生理学家 Edward Albert Sharpey-Schafer（1850～1935）经过研究，提出糖尿病患者是缺乏胰腺在正常状态下分泌的一种物质所致，他将这种物质命名为 Insula。但口服动物胰脏治疗糖尿病无效。他推想，口服动物胰脏后，其中的激素可能在胃中为胰蛋白酶所破坏，因此治疗糖尿病无效。他在查阅文献时看到的一份病例报告引起他的极大兴趣，病例记载一个患者因为胰脏导管被结石堵塞，分泌消化酶的消化腺萎缩，但胰岛细胞依然存活良好并发挥功能，即不得糖尿病。班廷因此受到启发，他大胆推测如果我们用手术结扎动物导管，等到消化腺萎缩后，岂不是就可以提取具有活性的胰岛素了。即通过结扎动物胰管使产生胰蛋白酶的细胞萎缩而产生胰岛素的细胞不受影响，如果将胰腺提取物注射到糖尿病患者，应当会发挥降低血糖治疗糖尿病的作用。

1921 年 5 月，班廷和贝斯特（Charles Best）在多伦多大学开展胰岛素提取实验。然而，在实验的初始阶段，班廷和贝斯特遭遇了巨大的打击，研究工作几乎毫无进展。他们从实验用狗的胰腺里制备出胰岛素的粗制品，将其注射到患糖尿病的实验狗（事先摘除了胰腺）体中。两个月过去了，19只实验狗中，因感染死了14只。这样的感染在抗生素发现之前，几乎无法避免。实验室条件很差，闷热潮湿。班廷昼夜工作，废寝忘食，周围的人对他的工作均表示怀疑的态度，谈了许久的女朋友也同他分手。到了8月，实验终于初见成效。他们在后续的10只糖尿病狗身上，共注射了75次提取液，收到了降低血糖和尿糖的效果。其中有两只狗，一只活了20天，另一只活到了70天。在维持注射时，糖尿病狗能像正常狗一样生活；当停止注射时，糖尿病症状就很快出现。如此反复试验多次，胰岛提取液的治疗效果显而易见了，这使班廷和贝斯特兴奋不已（图5.64）。最后在麦克列德和柯利普博士（Dr. James Bertram Collip）参与下提取了更纯的胰岛素，并且注射到患者体内，患者的血糖和尿糖明显降低，并且其他症状也随之消失。这是人类历史上第一次发现胰岛素的作用并用于治疗患者。被公认为现代医学伟大的成就之一。班廷和麦克列德因此获得了1923年的诺贝尔生理学或医学奖。

图5.64 班廷和贝斯特成功治疗患糖尿病的第一只狗

8. 肾上腺（adrenal glands） 位于肾脏上方，左右各一。左肾上腺为半月形，右肾上腺为三角形，各重10～15g。

肾上腺包括被膜、皮质和髓质三部分。

（1）被膜 这是一层结缔组织包被。

（2）皮质 肾上腺皮质源自中胚层的体腔上皮，是构成肾上腺的主体，黄红色。至今已从肾上腺皮质部分离提取得到30余种激素类化合物，主要可归纳成以下两大类。

1）糖皮质激素类，包括可的松、氢化可的松及皮质酮等。它们能加速蛋白质的分解，促使氨基酸转化成葡萄糖和糖原，同时提高肾弯管吸收葡萄糖的速率。因此它们具有提高血糖的综合效应。同时，较大量的糖皮质激素能降低淋巴组织的活性，减少血液中淋巴细胞总量，减轻机体的过敏性反应，但同时也使机体的免疫机能下降。

2）盐皮质激素类（醛甾酮、醛固酮），能使肾弯管加速对Na^+和H_2O的重吸收，促使K^+大量排出，从而提高血压，为人（或动物）应对外界紧急事变作好准备。一旦盐皮质激素分泌过量，将可能引起全身水肿。人们早已经知道，盐皮质激素的分泌量会随年龄的增加而上升，成为中老年人血压上升和记忆力衰退的重要原因。

此外，肾上腺皮质还分泌少量雌、雄性激素，主要是雄性激素。

（3）髓质　肾上腺髓质与神经系统同源，都是外胚层（第七章第六节）演化的产物。肾上腺髓质实际上直接受交感神经节后纤维支配。交感神经兴奋时，受控的髓质分泌出肾上腺素和去甲基肾上腺素，与交感神经释出的激素完全一致（本章第八节）。

综上述可见，肾上腺髓质和皮质产生的激素在动物（人）处理环境因素引发的紧急状态（如野兔遇到狐狸，人见到蛇）时发挥了重要的作用。通常在这种情况下，肾上腺髓质在交感神经节后纤维的迅速调控下立即释出肾上腺素和去甲基肾上腺素，机体进入应急状态，如心跳加快，血压上升等。同时，这两种激素随血液循环至下丘脑，激发下丘脑→脑下垂体前叶→肾上腺皮质的系列反应，最终使肾上腺皮质分泌出糖皮质激素和盐皮质激素。这两种激素虽然比神经反射来得迟些，但它们通过调节组织、器官的代谢途径，持久、有力地支持了动物（人）对付外界事态的挑战，发挥了主力军的作用。

9．性腺（sexual glands）　性腺包括雄性腺和雌性腺。雄性动物（男人）的性腺叫作精巢（睾丸），由它产生雄性激素和精子（第七章第五节）；雌性动物（女人）的性腺是卵巢。卵巢除了孕育卵子以外，可分泌雌激素和孕激素。雌雄性腺构成与机能的详细描述见第七章第五节。事实上，由于肾上腺皮质等还能分泌少量雌、雄性激素，因此每位男性血液内都含有少量雌激素，反之每位女性的血液中也有微量的雄性激素。女性血睾酮（主要的雄性激素）是卵巢、肾上腺分泌及在外周由其他雄激素转化而来的，其水平大约是男性的 1/10（女性 25～100ng/mL，男性 250～1200ng/mL）。女性绝经后卵巢合成雌激素的水平大幅度下降。与雌激素相反，此时雄激素水平并无明显下降，由此导致有些女性患上更年期综合征，多发生于 45～55 岁之间。这是女性在绝经期前后因卵巢功能逐渐衰退或丧失，以致雌激素水平下降所引起的以自主神经（植物神经）功能紊乱和代谢障碍表现为主的一系列综合征。主要表现在：月经周期紊乱、潮热出汗、失眠、情绪、性格改变，易发脾气、抑郁多疑、疲乏和性欲低下乃至丧失等。比较严重的更年期综合征需要接受治疗。男性睾丸功能的丧失是一个渐进的过程，通常不出现明显的更年期综合征。

10．消化道分泌的激素　早在 1902～1905 年，贝利斯（Bayliss）和斯塔林（Stalling）已发现小肠受食物刺激能分泌一种激素。后来知道这是一种 27 肽的激素，并被命名为肠促胰激素。从那以后，科学家发现的消化道激素不下三四十种，如胃泌素，17 肽；抑胃素，43 肽；胆囊收缩素，33 肽；以及肠抑胃素、十二指肠泌素，促肠液素、黑色紧张素等。这些消化道分泌激素的分子量都较小，由分散于消化道黏膜上皮细胞间的特殊细胞分泌至血液中。消化道分泌的激素除了大多与消化功能有关外，还有一些，如舒血管肽、生长激素释放抑制素等，能调控其他器官的生理机能。

二、激素作用机制

上文简要介绍了人体内各种重要激素。从化学的角度看，可以把这些激素划分成脂溶性类固醇激素和水溶性含氮激素两大类。它们的作用机制归纳如下。

1．受体在靶细胞表面的二次激发作用　水溶性的含氮激素，如下丘脑和脑下垂体分泌的激素、胰高血糖素和肾上腺素等，分子质量一般较大，且由于与磷脂的不亲和性，此类激素不能直接进入靶细胞，在细胞膜上与各自特异的受体结合，从而激活了膜上的腺苷酸环化酶，该酶使 ATP 转化成环一磷腺苷（cAMP）。如果把各种激素称为第一信使，把腺苷酸环化酶的激活当作第一次激发的话，那么 cAMP 可以认为是第二信使，由它陆续启动后续一系列将无活性的酶原转变成活性酶，完成包括改变膜透性、合成某些组分、释放能量等系列细胞生理反应，因此也可称之为第二次激发反应。在含氮激素中，胰岛素的作用比较特殊。胰岛素与膜上受体结合后导致胞内 cAMP 含量下降，环一磷鸟苷（cGMP）量上升，从而阻止糖原水解成葡萄糖，血糖含量则下降。而肾上腺素与肝细胞表面特定的蛋白质受体结合，通过 G 蛋白作为媒介，激素受体复合物激活了腺苷酸环化酶，将 ATP 转化为 cAMP，cAMP 将处于非活性状态下的蛋白激酶 A 激活，后者催化糖原转化为葡萄糖，使血糖升高。其作用示意图如图 5.65。

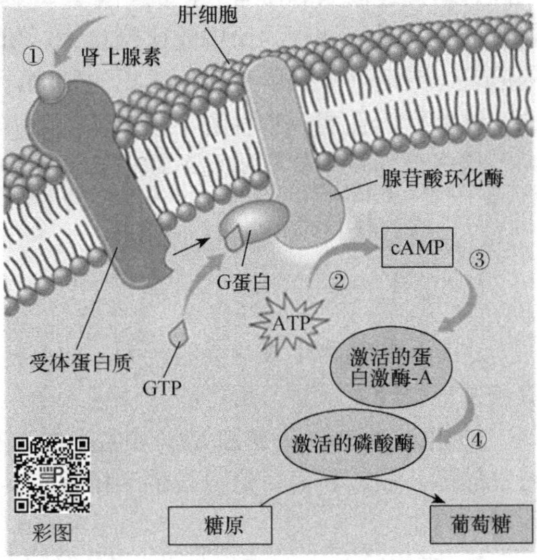

图 5.65　肾上腺素对肝细胞的作用
（引自谢莉萍，2008）

2．受体在靶细胞内的活化激发作用　甲状腺素、肾上腺皮质激素及雌雄性激素等脂溶性类固醇，分子质量都较小，亲脂性，较容易透过靶细胞的细胞膜，在细胞质或细胞核内与各自特异受体结合，形成激素与受体的复合体。这种特异性复合体进入细胞核，与染色体的特定片段结合，活化并打开染色体的高级结构，激发相应基因转录出新的 mRNA，从而导致新的蛋白质（多肽、酶）的合成，进而影响组织分化与个体发育。类固醇激素的作用机制见图 5.66。

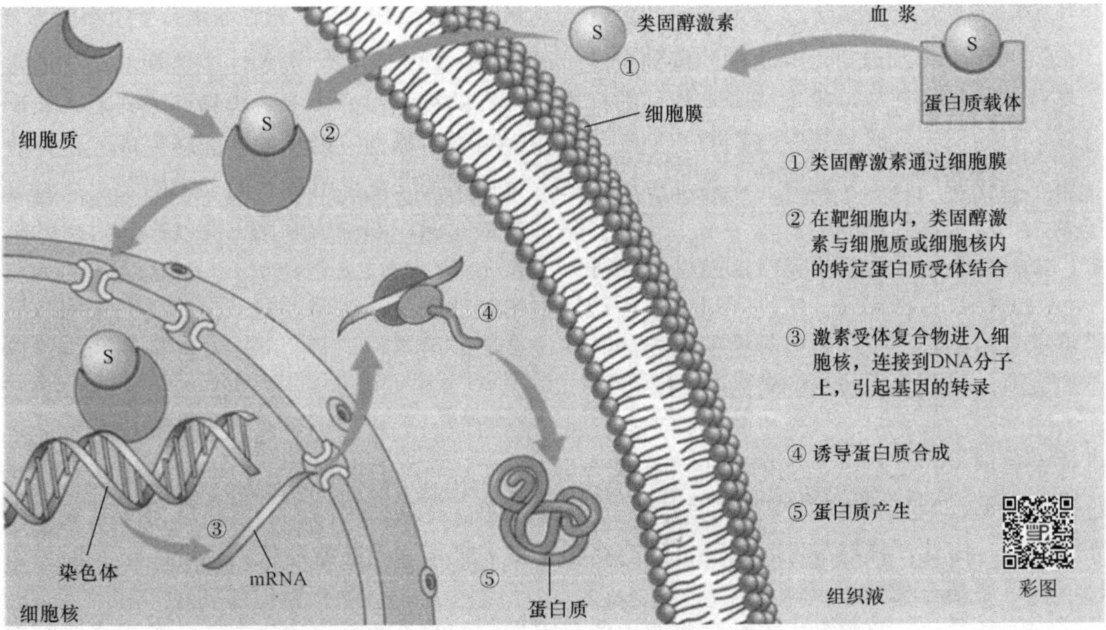

图 5.66　类固醇激素的作用机制图（引自谢莉萍，2008）

第十一节　行为与通讯

动物体接受内、外源信息的刺激后，在神经系统和内分泌腺的调控下，运用其运动系统（内外骨骼和肌肉）表现出的有规律适应性反应叫作动物行为。动物有100多万种。经过自然选择保存并发展下来的动物行为更是不计其数。动物的行为有明显的规律性，这是由于它们固有的神经联系和激素分泌的结果。动物的行为又表现出具有某种程度的灵活性，而且动物愈高等，灵活性行为所占的比例愈大。所谓灵活性行为是动物经过“思考”后对刺激做出的应答。灵活性行为既受遗传本质的制约，又与个体所处的环境及个体的素质关系密切。因此，这类行为在同一物种的不同个体间可有比较大的差异。本节简介动物界几大类适应性行为、这些行为发生的机制及动物个体间和种群内个体相互联络的种种方式。

一、行为类型

（一）先天性行为

这是一些动物生来就会的行为。如果初生或幼年动物不能很好地完成这些行为，它们在成长过程中经简单学习后将能很快进入角色。

1．索食行为　进食是动物生存的前提。素食动物或以草为食或树栖为生，它们都有特殊的齿、颚或其他口器与其生活相适应。肉食动物往往是尖牙利爪，能奔善跃，以捕获其他动物为生。

2．求生行为　求生是动物存活的基础，弱小的动物尤其如此。拟态、伪装、隐匿、假毙、逃遁或喷出特殊的气体、液体等，都是动物常见的求生行为。

3．传种行为　传种是雌雄两性动物相互激发共同完成的系列生殖行为，通常包括以下几种。

（1）两性相互识别　动物发育到一定阶段才进入性成熟期。进入性成熟期的动物通常都具有一些可经视觉、嗅觉或听觉识别的标志。鸟类的视觉很好，多数雄鸟性成熟后都长出斑斓多彩的羽毛；雌狒狒发情期臀部呈红色；在生殖季节雄性三棘鱼的腹面转变成红色，雌三棘鱼则怀卵满腹。如此等等，都是可被动物视觉识别的交配信号；有的动物能发出声音进行求偶，如雌蚊和雄蛙；有些动物主要依靠嗅觉寻觅配偶，如不少雌昆虫能分泌性引诱外激素，雄鼠能嗅出动情雌鼠尿液的特殊气味等。

（2）雄性占据空间　许多以独立活动为主的雄性动物往往要占据一定的活动空间，这既是觅食的要求，也是吸引异性的需要。有些雄鸟还能用各种艳丽的羽毛及其他东西装饰自己的领地，以此获得雌鸟的青睐。

（3）求偶与交配　经过相互识别后，处于动情期的雌雄动物相遇时，雄性动物大多要进行求偶展示，如展现美丽的羽毛（孔雀开屏），送上可口的食物等。如果多个雄性动物同时在场，那么则必须遵循动物们的规矩，逐一进行争斗比武，最终胜利者将取得交配权或优先交配权。由此，体格最健壮的雄性动物将获得更多把基因遗传给后代的机会，这无疑对该种群的兴盛是有利的。

（4）筑巢　筑巢是大多数鸟类的本能，因为它们产下的受精卵只有经过孵化才能发育成雏鸟。筑巢通常由雄鸟在自己的领地内选定，但也有由雌雄鸟共同商定的。不少体内受精的动物，如昆虫纲的蜂、蚁，爬行类的蛇，哺乳类的鼠、兔、狼等，都要求有自己的巢穴，这有利于它们保护新生的生命。有些体外受精动物，如蛙类和软体动物，它们有自己的藏身之地，但并不抚育下一代。因此它们后代的死亡率很高。

（5）孵卵与育雏　多数鸟类要孵卵，而且以雌鸟孵卵常见，雄鸟则担负饲喂雌鸟、保卫巢穴的重任。有些鸟则实行“轮班制”。如鸵鸟，白天由雌鸟孵，夜晚则由雄鸟代劳。澳大利亚有种大型鸟类，将卵产于林下落叶中，再用树叶覆盖，依靠树叶的自然发酵使卵孵化。鸟类与哺乳类的出生率都不高，但它们出生后一般都能得到亲代（大多是母亲）的精心呵护，从而保证了较高的存活率。

4. 生物钟（节律）行为　生物钟是什么？这是一个不容易回答清楚的问题。究其实质，生物钟其实是“生理钟”，是一种建立在生化反应基础上的生命活动过程的内在节律性。这种节律性不少是建立在物种千万年进化的基础上，具有近乎铁打的规律性。如有些松鼠，即使将它们饲养在人工照明恒温的人工气候室中，它们也将按时入冬眠。不过，有些生物（包括人）的节律又具有一定的灵活性，即可进行一定的修改。如从东半球飞往西半球，或反过来，旅客要经过几天的生物钟调整期才能与当地的生活节律相适应。其次，这个“生理钟”在很大程度上实际上是由下丘脑和松果体“调拨”的。如前述，下丘脑是神经中枢的组成部分，又是内分泌系统的最高调控中心（本章第八节、第十节）。外环境的昼夜、光照、温差及湿度等因素的变化，都通过感受器将信息报告至下丘脑等神经中枢。在下丘脑的统一协调下，神经系统及内分泌腺协同运作，终使生物表现出以下种种节律性行为。松果体与视神经相连，因此松果体分泌褪黑激素的多寡是与自然界的昼夜轮转密切相关的。

（1）昼夜节律行为　与地球自转同步的节律行为。多数鸟类、哺乳类、昆虫及少数两栖类和爬行类，善于白天活动，它们是昼行性动物。多数两栖类和爬行类，部分哺乳类（包括虎、狮等）、昆虫及少数鸟类（如猫头鹰）是夜行性动物，它们白天休息或睡觉，夜晚活动。还有一些动物的活动未见明显昼夜节律性，如蚂蚁及多数在土壤中钻营的生物。

（2）潮汐节律行为　这是不少海洋生物特有的节律行为。亿万年来潮起潮落，许多潮间带生物，如牡蛎、海葵、滨螺等，它们大多利用涨潮的时机进行觅食。北美洲有种鲈鱼，每年5月月圆以后的一次最大潮时，它们随海浪冲上沙滩产卵，年年如此。

（3）季节节律行为　由于地球的南北极与地球绕太阳公转的黄道平面成23度26分夹角，因此在地球温带地区，一年四季变化明显。其他地区也都能觉察出以年为单位的光、温、水等多项自然指标的变化。春繁、夏蛰、秋徙、冬眠，正是一些动物季节性行为的真实写照。

5. 定向行为　定向是动物凭借感官的指引沿着一定路线到达目的地的行为，包括以下几种。

（1）化学定向　小小蚂蚁远离巢穴觅食却从不迷路，靠的是它们的腹部沿途施放一种特殊分泌物作为指路的路标。鲑鱼（大麻哈鱼）在生殖季节洄游上千千米，最终溯河回到原产地产卵，靠的也是嗅觉——化学定向。如果把它们的鼻孔塞住，鲑鱼只能作毫无目的的漫游。狗和猫也是以化学定向的方法找回主人家。

（2）视觉定向　在全世界已知的9000多种鸟类中，有将近一半鸟类是候鸟，即它们将在每年的特定时间内作长距离迁徙，变更栖息地区。家燕每年春分前后飞来我国南方交配产卵育雏，秋风初起它们又携老带幼迁往远在2500km之外的印度尼西亚、马来西亚等东南亚国家越冬。北极的燕鸥竟能飞到14 500km之遥的非洲东南部。

为什么这些候鸟长途飞行却极少迷失方向？科学研究表明，不少候鸟采用视觉为主的多项综合措施进行定向。白天，以太阳定位，山川江河为参照物；晚上以星辰为坐标，确定自己的位置和方向。更有些候鸟能借助人类肉眼看不到的特殊偏振光和紫外光作为定向识途的坐标。很可能，在漫长的进化历程中，自然天体发出的各种辐射源都已被候鸟所利用了。

（3）*磁场定向*　有的鸟类，如家鸽，还能利用地球磁场定向。如果在它们身上缚上一小块磁块，它们就会迷路难以飞回原巢。原来这是由于在它们上喙皮肤内层有少量铁的氧化物结晶，分布成三维模式，构成特殊的微型磁场传感器，帮助它们感知地磁场，从而确定飞行的方向。

（4）*听觉定向（回声定向）*　蝙蝠是少数几种能飞的哺乳动物。飞翔显然不是它们的强项。如果白天外出，它们很容易成为其他动物的口中美餐，因此它们只能晚出早归。鼠辈，形单体弱，天敌实在太多，外出盗窃食物只好安排在人家看不见的时候进行。鲸类和海豹的天敌虽少，但漫长的极夜却使它们的眼睛毫无用武之地。在这些情况下，有些生物演化出了以回声定位为主的听觉定向系统。上述几种动物它们都能从口中发出一定频率的声波，并以耳朵接收回声，据此捕猎食物、回避障碍物。

6．社群行为　同种生物个体聚集一处形成一个群体，群体中各个个体具有明确的分工合作，这样的群体就叫作社群。社群的组成也有临时性与永久性之分。永久性的社群常见有以下三种集群方式。

（1）*配偶式*　这是由性成熟的雌雄个体组成的最小社群，大多由一雌一雄构成。

（2）*家庭式*　以家庭为单位形成的小社群，通常以雌性主母为核心，外加它的子代（有时还有它的配偶）组成。这种家庭式的小社群使亲代能细致地呵护子代，子代具有较高的成活率。

（3）*集群式*　这是一个由血缘相近的个体组成的动物大集团，包括一定数量的性成熟雌雄个体及较多的未成年后代。在集群式社群中，由于个体数可能多达数以万计（昆虫），这些动物在社群中形成了一套等级分明、分工明确的“管理制度”，主要有以下两种。

1）首领制。在哺乳动物的集群中，雄性动物由于身强力壮，往往成了集群中的主导力量。雄性动物通过竞争、打斗等角逐，最终胜利者成了这一集群的首领。首领在取食、交配等方面享有绝对优先权，但同时首领亦能“身先士卒”奋勇抗击入侵者，保卫领地。其余雄性个体则依其实力高低取得在集群中的相应等级。雌性个体多数不分级别或仅有不很明确的等级。未成年个体的地位处于集群的最低级。黑猩猩、猩猩、狒狒、海豹、海豚及各类猴群，都是以首领制的集群方式生活。

2）母后制。昆虫大多是一些弱小的生命，尽可能多地繁育下一代是它们的“头等大事”。在这种集群中，一般只有一只能育的雌性个体，由它产下的子代组成了这个集群的主体。如蜜蜂，每个蜂群只有一只蜂后，若干只雄蜂。蜂后的任务是产卵，它有两种繁殖方式：产生未受精的卵，将来发育长成雄蜂（n=16，单倍染色体为 16 条，雄蜂为单倍体生物）；产出的受精卵将发育为雌蜂（$2n$=32，二倍染色体 32 条）。这些刚长出的小雌蜂如果仅被喂食 2～3 天的蜂王浆（工蜂头部特殊腺体分泌的易消化食物），它们就只能发育成工蜂（生殖腺不发育）。小雌蜂享用 5 天以上的蜂王浆，生殖系统才能正常发育，长成新的雌蜂。

白蚁的集群里通常有一对蚁王、蚁后及它们繁殖的无数工蚁和少量兵蚁。工蚁没有生育能力，它们负责寻觅食物、照料蚁王、蚁后及陆续出生的小白蚁。它们的活动井井有序，犹如一个完善的“母系氏族”社会。

纵观以上种种社群行为可以看出，社群有利于同种动物个体间的分工协作，有利于保护种群中体质较弱的母幼，有利于种群中的优势者繁衍更多的后代。总之，社群行为有助于使该物种在严酷的自然选择中争得生存与发展的空间。

上述各种先天性行为，实际上可以归纳为两大类，一是反射性行为，二是本能行为。反射性行为是先天性行为的基础，其使用的神经通路是生来就有的。而且这类行为大多由外因诱发，每个行为都相对独立。第一，本能行为比反射行为复杂得多，它由多个反射行为按一定顺序连锁发生，构成一连串“可遗传的复杂反射”。第二，本能行为可由动物的生理因素（内因）与变化的外环境共同决定，也可以只因动物的某种生理需求而引发，如饥饿寻食、昏昏欲睡、母性行为、抱窝行为等等。第三，有些本能行为并不是动物生来就会的反射行为，而是待动物发育至一定阶段后这些行为才表现出来，这是特定基因按序活化的外在表现，如传种行为。第四，有些本能行为似乎难度较大，动物长成之后表现出的这类行为完成得不甚出色。这时如果有亲代的示范与教养，它们将能较好地完成这种本能行为。如鸟类的“歌唱”，有无亲鸟调教效果大不一样。

（二）后天性行为

先天性行为实际上是在进化中产生并固定下来的与个体生存、物种繁衍密切相关的反射性行为，是一些一成不变的无需思考的行为。随着动物的进化，大脑逐渐发达，各种各样后天性行为相继出现，而且动物越高等，后天性行为所占的比重越大（图 5.67）。

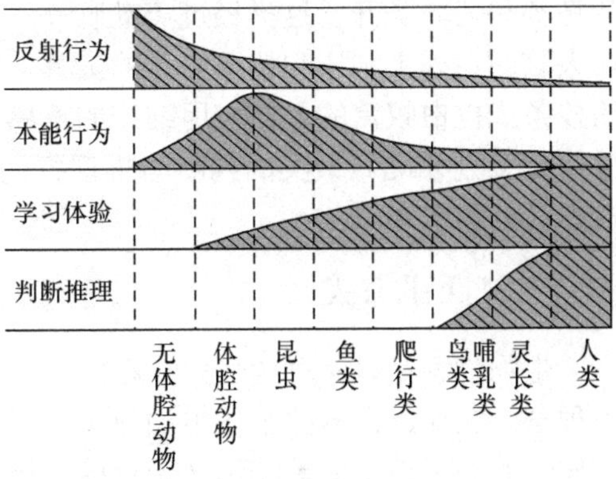

图 5.67　各类行为在各级动物生活中所占比重
（由黄厚哲提供）

1. 模仿行为　模仿行为是最简单的后天学习行为，具有示教者是学习者模仿、学习的前提。经狼群养大的“狼孩”，不会说话只会嚎叫，不能直立行走只能以四肢爬行就是明证。

2. 尝试与矫误行为　动物和人的学习行为都不可能一帆风顺。学不好，做不当，可以矫正后再试试，一直到学成为止。在这种情况下学得快慢往往与个体的智力因素有关。任何人学做事情，几乎都有一个尝试与矫误的过程。所谓失败乃成功之母，吃一堑长一智，都是这个道理。

3. 条件反射行为　条件反射相对于非条件反射（即反射）而言，指的是动物通过后天的锻炼（训练）与学习，把原本无关的刺激与直接刺激联系在一起，引起动物应答的过程。这是一类建立在非条件反射基础上的高级神经活动。所谓直接刺激，是指直接由外界因素引起的非条件反射。如食物入口引起唾液泌出，这是一个非条件反射，食物就是一个直接的刺激因子。铃声或灯光本来与唾液的分泌无关，但只要在给动物喂食的同时响起铃声或亮起灯光，数回之后，原本与食物无关的这两个刺激源就逐渐与“进食”的信号联系在一起了。此时即使食物没有出现，只要有铃声或灯光，动物仍能流出唾液。这就是俄国科学家巴甫洛夫所进行的条件反射实验。巴甫洛夫把这种由具体的外因引起的条件反射称为第一信号系统。为什么原本无关的两个刺激源这时能引发同一个应答呢？原来，第一信号系统的反应中枢在大脑皮层。任何信息传入大脑皮层的相应部位即形成一个兴奋域（点）。当两个或两个以上信息同时在皮层中形成兴奋域时，它们之间即可通过千丝万缕的神经网络相互联通，犹如一条电话线连着几个分机那样。经过反复多次的锻炼，这条线路逐渐成了“热线”，“热线”两端的两个兴奋域自然就能几乎同时对某一刺激起反应了。

上述例子所代表的反射实际上是一类较低级的条件反射，它以外界一种具体的客体（物、声、味、光等）为刺激源。人在4岁以前仍以非条件反射和这种低级的条件反射（第一信号系统）为主进行生活和初步的学习。人类并没有在此踯躅不前。在数百万年的劳动和社会生活中，人类逐渐形成了自己特有的高级条件反射，即第二信号系统的条件反射。这是一种通过语言、文字等抽象概念的信号所进行的条件反射，它建立在第一信号系统的基础上。如人们在谈论汽车（语言），老师在黑板上写出“汽车”两字（文字）时，就能使见过汽车的人在脑中出现汽车的形象，这就是一种第二信号系统的反射。然而如果对一个从未见过汽车模样的人讲述汽车，即使讲解者口若悬河，听讲者还是难以在脑中形成汽车的模样。这是他缺乏第一信号系统反射的缘故。

4．判断与推理行为 这是利用以往学习的知识，积累的经验（包括成功的体验和失败的教训）来分析动物（人）当前所处的环境与形势，并采取相应措施达到一定目的的行为。从鸟类和哺乳类开始这类经过“动脑筋”的行为初显端倪，高等哺乳类——灵长类已经能够在大脑的指挥下制作和使用简单的工具。黑猩猩是人类的近亲，它们在野生状态下能用较粗的枝条撬挖白蚁窝的入口，用细细的草棒钓吃穴里的白蚁，甚至还有人见过黑猩猩折下小树枝作牙签剔牙呢。人类的判断与推理行为已达到动物界的顶峰。“会动脑的动物”是对人类恰如其分的描述。

二、通讯方式

生物物种是以种群的形式存在的。一个种群可能包括多个集群，而一个社群则相当于一个种群。在如此众多的个体中如何协调大家的行为是维系这个种群生存的基本前提。由于身体构造的局限性，低等动物（无脊椎动物）的通讯方式大多依赖嗅觉和视觉；而高等动物，包括人类，则以视觉和听觉为主，即所谓的“百闻不如一见”。

1．声音 许多动物拥有各式各样的发声器官。这种器官发出各种频率的声波借空气传播开来。只有同种个体才能听懂此类信号的含义。日落后，很多雄蛙凭着它们颌下的两个大鸣囊争相嚷出那仅有一个音符的“呱呱”歌，只有本种即将产卵的雌蛙懂得它的含义，如期而至。几乎所有的哺乳动物都能以声音进行联络，但它们基本上以单音为主，不构成完整的句子。不少雄性动物还以嚷叫声宣布自己是某片领地的占有者。

2．气味 许多动物，包括人，都能发出各种各样的挥发性化合物飘逸空中或标示于物体之上，成为彼此识别、联络的信号或警示物。不少昆虫能向外界分泌气态或液态易挥发性物质，包括性信息素、追踪信息素、聚集信息素及警示信息素等。把已用过的蜜蜂螯针放在蜂巢附近，蜂群立即惊恐万状就是一个明证。气味还是许多蚁类和蜂类鉴别来者的“身份证”。松鼠甚至还能用鼻子辨别它的亲属间亲缘关系的远近。人的腋臭在现代人看来令人不快，但在人类演化的早期可能成为不同氏族或人群相互识别的化学信号。

3．姿态 身体的各种姿态、身体或身体的局部表现出来的动作方式都可能代表某种动物的“哑语”。蜜蜂能跳数种“舞蹈语”（图5.68），这是奥地利生物学家弗里茨揭示的。如果蜜源离蜂巢不远，首先发现蜜源的工蜂回巢后就跳圆圈舞；如果蜜源远在100m之外，这只工蜂则改跳轮摆舞，一种类似“8”字形的舞蹈，以轮摆舞的“中轴线”指向蜜源，以在单位时间内跳轮摆舞的频率高低代表蜜源的远近（距离越远，频率越低）。

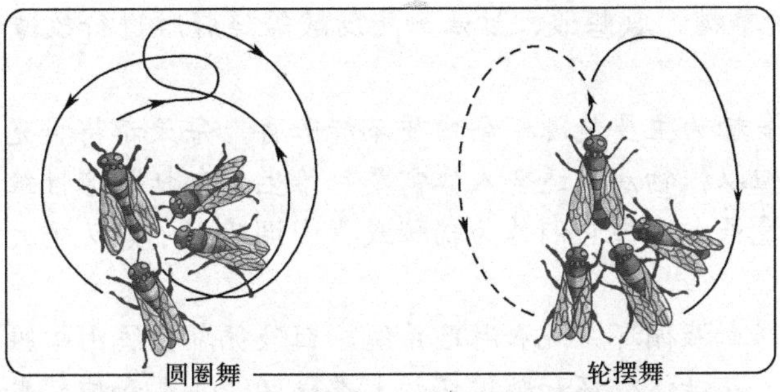

图 5.68　蜜蜂的圆圈舞（左）和轮摆舞（右）

4．接触　我们时常可以看到，在采食的路上，蚂蚁来去匆匆，它们照面时总得相互碰碰触角，意在传递“自己人”“有食物”之类信息；黑猩猩、猴子和狒狒等哺乳动物经常相互捋毛，这是亲热、友好的表示。同种动物身体或身体的局部相互接触通常是友好的表示，犹如人类的握手、贴脸和拥抱那样。有时，雄性动物为了占有领地、配偶而进行争斗，也会“拳打脚踢”，如袋鼠、黑猩猩、狒狒等，但一般不将对方置于死地。

5．颜色　有的动物色盲，它们看外界事物只有黑白之分。许多动物能区分出自然界的多种色彩，某种颜色对它们来说已经成了某个特定的信号。公鸡美丽的羽毛，母猩猩臀部红色的性皮，都是它们性成熟可以交配的特征。如果雄性知更鸟胸部的羽毛转变成红色，这对于雌知更鸟来说是个求偶的指征，而在其他雄知更鸟眼中则成了攻击的目标。老虎和牛也把红色当成挑衅的信号而奋起攻击。

6．发光　能发光的生物充分利用自己的长处发出“光语”求偶。在牙买加盛夏之夜，成千上万只萤火虫聚集在棕榈树上同群星争辉；在泰国，数以百万计的萤火虫以每秒 2 次的节律同步发光，形如夜空闪电，蔚为壮观。

总之，动物之灵性在于“动”。既要行动免不了要相互联络。生物界 100 多万种动物，它们创造的“语言”的种类不计其数，但每种语言的“词汇”却极其贫乏。联络的方式也只有数种。唯有人类的语言内涵达到了极其丰富的程度，且仍处于不断发展之中，这可能是促进人类进化的重要因素之一。

其实，除了上述六种动物间的通讯联络方式外，应当承认，人类对动物王国这方面的奥秘知之甚少。庞然巨兽之鲸集体搁浅海滩，悲壮而惨烈；万千只鼠辈横尸庭院田野，暴毙岸边水库，令人震惊之余是困惑不解。它们为何要自杀？它们以何种方式“通令”如此之众统一行动？这些都尚待科学家去探讨、去研究。

小　　结

高等动物是体制结构复杂，组织、器官显著分化，具有脊椎的动物。

哺乳动物的消化系统由消化道和消化腺组成。消化道从口腔开始，包括咽、食道、胃、小肠和大肠。消化腺主要有三对唾液腺、胰腺、肝脏和胆囊。口腔中的牙齿主咀嚼。胃分泌盐酸和胃蛋白酶对食物进行初步消化。小肠接受胰腺分泌的含蛋白酶、淀粉酶等多种酶的胰液和胆汁，对食物进行消化和吸收。大肠的主要功能是吸收水分，形成并暂时储存粪便。草食动物的盲肠中共生着无数的细菌和原生动物，有利于纤维素的分解。肝脏是一座“生化工厂”，经消化、吸收的单糖、氨基酸、甘油和脂肪酸等经肝脏进行改造和重新分配。肝脏还有贮糖、解毒等功能。

人类营养以淀粉多糖为主要能源。蛋白质不能贮存，每天都得补充。脂类既是能源，又是细胞的构成成分，但以植物油更适合人体需要。维生素包括脂溶性维生素与水溶性维生素两大类。维生素所需量虽少，但它们作为辅酶或代谢调节因子意义重大。维生素缺乏将产生相应症状。

人的循环系统包括血液循环系统和淋巴系统。血液循环系统由心脏、动脉、静脉和毛细血管（微血管）组成，包括体循环和肺循环两大类循环。鸟类和哺乳类的心脏有二心室和二心房。血液中一半多是红细胞、白细胞和血小板，其余为血浆。红细胞主要输送氧气。白细胞能抵御各种异物入侵。血小板有助于在破损伤口处封堵血流。血浆的主要成分是水，此外还有各种营养物、激素、中间代谢物、代谢终产物、无机盐等。淋巴系统是回心血循环的补充系统。淋巴液成分与血浆相近。

呼吸系统的核心是肺，肺实质包括导管部、呼吸部和肺间质三部分。气体交换在呼吸部中的肺泡进行。氧气输送基本上靠红细胞中的血红蛋白进行。二氧化碳的运送有三种方式，但大部分仍经过红细胞改造运行。

哺乳动物的排泄系统由肾脏、输尿管、膀胱和尿道四部分组成。肾脏的功能单位叫作肾单位。肾单位由肾小体和肾弯管组成。肾小体包括肾小球和肾小囊。肾小球泌出原尿。肾小囊接收原尿后将它排入肾弯管。肾弯管包括近曲小管、髓袢和远曲小管。原尿经过肾弯管的重吸收和重分泌成为终尿。

感受器是一些特化的神经末梢或神经末梢与某些组织（细胞）共同组成的特殊小体。感受器可以依作用的部位和作用的机理分成皮肤感受器、化学感受器、声位感受器、光感受器、本体感受器和内脏感受器六大类。

脊椎动物的神经系统由中枢神经系统和周围神经系统构成。中枢神经系统包括大脑、小脑、间脑、中脑、脑桥、延脑和脊髓。周围神经系统既有感受（传入）神经，又有运动（传出）神经。后者又可分成主管横纹肌的躯体运动神经和调控内脏机能的自主神经（植物性神经）。自主神经通过交感神经使脏器紧张与兴奋，通过副交感神经使脏器放松、恢复原状。

人有206块骨。每块骨都有骨膜、骨质和骨髓三部分。骨质由骨基质、骨细胞和纤维构成，是骨的主要成分。在神经系统的指挥下，以骨为支撑和杠杆，相关横纹肌进行适应性收缩与扩张，产生动作或运动。骨髓是产生血细胞的场所。

内分泌系统由各个内分泌腺和某些器官中专司分泌功能的特定细胞群组成。激素是由内分泌腺或特定细胞群合成并通过血液输送的微量但有显著调控作用的有机物。人的内分泌系统包括：松果体、下丘脑、脑垂体、甲状腺、甲状旁腺、胸腺、胰岛、肾上腺、性腺等腺体及消化道和某些器官中能合成、分泌激素的特定细胞集群。激素的作用机制主要有两类：受体在靶细胞内的活化激发作用和受体在靶细胞表面的二次激发作用。

动物（人）的行为受神经系统和内分泌腺的共同调控。动物的行为基本上是先天性不学而能的行为，包括：索食行为、求生行为、传种行为、生物钟行为、定向行为及社群行为。鸟类和哺乳类具有比较明显的后天学习能力。人的行为以后天性行为为主，包括模仿行为、尝试与矫误行为、条件反射行为和判断与推理行为。动物通讯的方式多种多样，主要有声音、气味、姿态、接触、颜色和光线六种。

复习思考题

1．消化系统由哪些消化道和消化腺构成？

2．人类为什么要天天补充蛋白质？蛋白质如何消化吸收？

3．红细胞是一种什么样的细胞？它在 O_2 和 CO_2 输送过程中充当什么作用？

4．何为肺循环？肺泡在肺循环中充当什么作用？

5．肌酐、尿酸、尿素等氮代谢尾产物都不宜在体内久留，简述其从血液排到尿液的过程。

6．眼睛是重要的感受器，试述外界物体如何在视网膜上成像。

7．什么是反射？反射弧由哪些要素组成？

8．何为自主神经？它如何调控脏器的活动？

9．试述骨的基本构造。

10．为什么说下丘脑是调控内分泌腺的最高中枢？

11．激素如何激发靶的细胞的应答？

12．动物的行为可分成哪几大类？

13．有匹马戏团中的马，当驯养员举起红色写有“1＋2”的牌子时，它能用前肢击地三下。若也任你挑选一匹马，你如何训练它做出上述表演？

14．从班廷和贝斯特发现胰岛素的科学探索过程中，你能够获得什么样的启发？

15．沃伦和马歇尔发现幽门螺杆菌及它的致病机制，这说明开展科学研究需要什么样的科学精神？了解了幽门螺杆菌危害后平时应该注意什么？医学诊断感染了幽门螺杆菌的原理是什么？

第六章　高等植物的结构、功能和调控

提要　本章着重阐述被子植物（包括单子叶植物和双子叶植物）根、茎、叶的构造与功能，以及五大类植物激素的作用，此外还简要讨论了植物的向性活动、感性活动和植物对草食动物和病原体的防御等内容。

高等植物指的是那些具有胚胎发育且一般还有根、茎、叶等器官分化、具维管束的植物。它们包括苔藓植物、蕨类植物和种子植物三大类。苔藓植物尽管十分羸弱，但由于它们在个体发育过程中出现了胚胎发育，因此还是把它们归入高等植物的范畴。蕨类植物和种子植物不仅具胚胎发育，而且还拥有维管束结构及发育良好的根、茎、叶等器官。此外，种子植物进化产生了种子及更为完善的维管构造，使得种子植物后来居上，成为最高等的植物类型。

第一节　根的结构与功能

在大约 14 亿年前的元古代中期，真核生物出现不久，真核单胞绿藻就在原始海洋中诞生。它们漂浮在水中，还没有组织、器官的分化。少数大型藻类，如长达百米的巨藻、平时常见的海带，细胞都已略有分化，长有功能类似根的固着器。但它们还不是根，因为它们还没演化出维管束的构造。

苔藓植物在植物界中首先拥有了“根”这种兼有固着和吸收水分功能的器官，因此苔藓首先登陆成功。但苔藓植物中尚未出现维管束，这种“根”输送水分的能力很差，只能称为“假根”。所以苔藓植物只能在潮湿的环境中生存。蕨类以上的植物始见维管束，根、茎、叶方能发达、挺立。尤其是被子植物，它们的维管束相当完善，无论在结构上还是在功能上都达到了很高的水平。

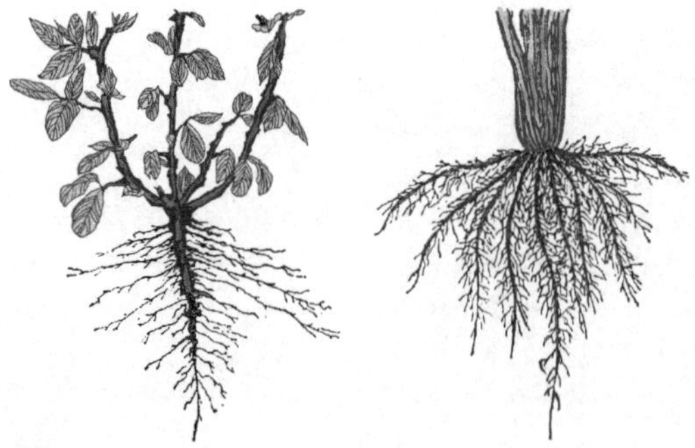

彩图

图 6.1　植物的根系

A. 蚕豆的根系；B. 水稻的根系

一、植物的根系

植物的根往往不只一条。一般把植物地下部分大大小小所有根的总体称为根系（root system）。根据根系的来源和形状，可以把根系大体划分为直根系和须根系两大类型。

1. 直根系　种子萌发，往往是胚根首先从萌发孔长出，扎入土壤。以后胚根逐渐长大成主根。同时主根从中柱鞘（有的植物内皮层也参与）分生出侧根，并可一再分生，但主次依然分明（图 6.1A）。绝大多数双子叶植物和裸子植物都形成直根系。换句话说，多数木本植物的根都是直根系。这种根系入土扎得深，既能从较深层的土壤中汲取水分和无机盐，也有利于根深叶茂、植株挺拔。特别是旱生植物，它们的根都很发达，与干旱的环境相适应。如节藜属和碱蓬属植物，它们的直根系可长达4～5m。一种牧豆树属骆驼刺（*Alhagi maurorum*）的根竟深入地下达20m。

2．须根系　在许多单子叶植物，它们的胚根发育迟缓，或主根长成后不久即死亡。与此同时，从胚轴（亦称下胚轴，为子叶着生点与胚根之间的连接部分）或茎下部长出不定根。这些根彼此独立、略有分支、大小相当，这种根系称为须根系（图6.1B）。须根系入土不深，因此具有须根系的植物基本都是草本植物。须根系的根有效总表面积比直根系大，因此实际上草本植物生长往往比木本植物快速。

资料链接

变　态　根

有些植物可从其根系或根系的一部分发育、演变成适应各种环境、具有某方面突出功能、形态各异的变态根，它们包括以下几种类型。

1）贮藏根：也叫作肉质根、块根，它们的薄壁组织部分常有超常的次生生长，膨大并特化成为贮藏淀粉等营养物质的根，如胡萝卜、甘薯（地瓜）和甜菜等。

2）气生根：有些植物，如南方的榕树，常从较下部的茎长出一些须根，飘逸空中，从大气中吸取少量的水分。这些根落地后可长成新根。

3）呼吸根：某些水生植物的根系长年浸泡水中，氧气供给不足。它们的部分根能背地向上生长露出水面，借此获得必需的氧气，这种根叫作呼吸根。生长在热带及亚热带海岸泥滩上的常绿灌木和小乔木红树型植物，均有呼吸根。

4）支柱根：有些单子叶植物，如玉米、甘蔗等，能从基部茎节长出不少根扎入地下，具支持植物抗倒伏的功能，这些根叫作支柱根。

5）板状根：在热带和亚热带木本植物中，常见有些树从树干基部斜向下生出薄板状的大型木质根，叫作板状根，如榕树和木麻黄，它们能强有力地撑立植物。

6）光合根：有些水生植物的根具光合作用的功能，称为光合根，如菱。某些附生兰科植物也有光合根。

7）寄生根：虽然绝大多数植物都行自养生活，但也有极少数例外，如无根藤和桑寄生。它们的根不入土，而是钻入其他植物体内直接吸取有机物，这类根叫作寄生根。

8）菌根：某些土壤真菌能与特异植物的根系共生结合生成某种实体，即菌根。真菌可将土壤中的无机盐和含氮有机物转变成植物能吸收的形式，并能分泌维生素、酶和抗生物质，促进根系生长；植物为真菌提供了生存的空间和必需的营养物质。两者相辅相成，相得益彰。

二、根的分区

一条幼根，从根尖开始，可以依其功能的差异划分为以下五个小区（图6.2）。

1．根冠区　位于根的最前端，细胞大型且不规则。根冠细胞一方面向外分泌大量的粘液——果胶质，有利于减小根在土壤中穿插的阻力；另一方面，作为根在土壤中的“开路

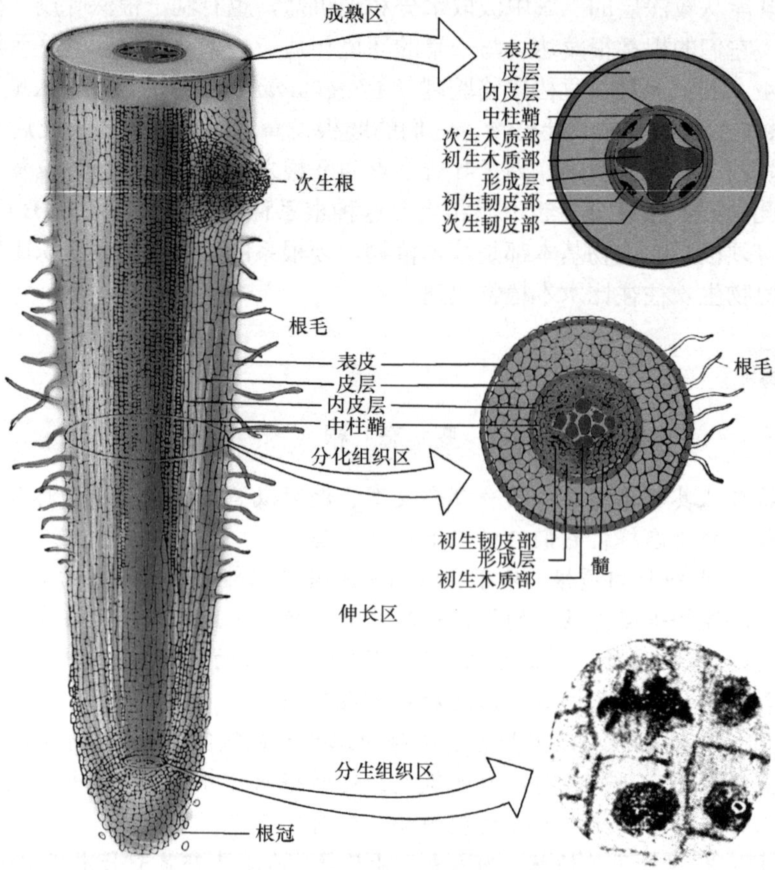

彩图

图 6.2　根尖纵切示意图

先锋”，根冠细胞经常受损、破裂、脱落，从中流散出的细胞质与果胶质一道形成了包在根端四周的润滑剂，大大减少了根与土壤间的摩擦力。可见，根冠区具有重要的保护功能。

根为什么会向地生长？这个困扰科学家多年的问题现在才有了初步的答案。如果切除根冠，根虽能继续生长，但却明显失去了定向向下伸生的习性，发生无定向生长的现象。显然根冠还具有控制根“向地性”的作用，详见本章第六节。

2．分生区　位于根冠区之后的是根的生长点——分生区。该区细胞小而密集，近正方形，细胞质浓稠，细胞核在细胞中所占比例较大。从外观上看，分生区只是根尖（根冠）之后 1～2mm^3 的乳白色小块。在这个区域内，各细胞交替进行旺盛的有丝分裂。分生区成了观察细胞有丝分裂的理想材料。分生区是根活力的核心区，分生区受损，这条根就很可能衰亡。

3．伸长区　分生区之上是伸长区。新生细胞在生长、成熟过程中纵轴逐渐拓伸，细胞长成长方形。同时吸收大量水分，使得伸长区看似半透明状。本区是一个娇嫩的敏感区域，根对重力及生长素的应答反应就发生在该区细胞内。同时，本区细胞已开始初步分化，根外层是表皮组织，表皮以下为大量长方形薄壁组织。

4．根毛（分化）区　细胞经过生长进入分化期。此时根的表皮细胞陆续向外突出，形成无数肉眼可见的根毛，本区因此得名。根的表面积借此大大扩展，吸收水分及水溶性无机盐的能力大为增强。与此同步进行的是在根的中央区演化出了中柱，纵向输送水分、无机盐和有机物的输导组织开始形成（见下文），因此该区也叫作分化区。

5．成熟区　根毛区以上的细胞功能分化已经完成，细胞逐渐进入成熟期。此时各类细胞或者处于代谢不活跃状态，或者原生质趋于瓦解，仅留下管状细胞壁充当物质运输的管道。成熟区构成了根的主体，主要履行支持与输导的功能。

根是植物体重要的基础器官，它在内外因支配下逐渐生长。上述各个区的划分也不是一成不变的，它们随着根的伸长不断向前推进。

三、根的初生结构

根的初生结构是指直接由根尖分生组织经细胞有丝分裂和分化形成的各种组织。在根分化区的横切面上，可以清楚地看到根的初生结构包括以下三个部分（图 6.3）。

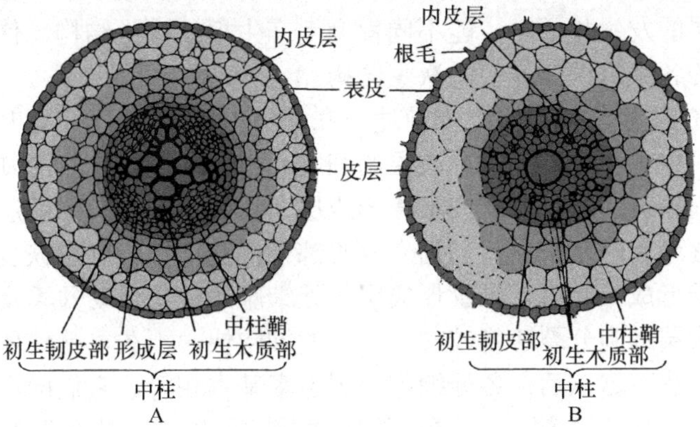

彩图

图 6.3　幼根分化区横切面示意图

A．双子叶植物；B．单子叶植物

1．表皮　表皮（epidermis）是包围在根表面的单层细胞。细胞近似长方形，长径与根长轴基本平行。细胞排列紧密，无胞间隙。细胞壁薄，内多含大型液泡。分化区的多数表皮细胞都向外突出形成或长或短的根毛，可达到每平方厘米几百条之多。因此，表皮具有保护和吸收的功能。

2．皮层　皮层（cortex）由多层大型薄壁细胞组成，位于表皮与中柱之间。皮层细胞排列疏松，细胞间隙较大。因此，从根毛等表皮细胞吸收进来的水溶液可经相邻细胞之间的共质途径（胞间连丝）或细胞缝隙的质外体途径而向中柱传输。此外，皮层薄壁细胞内常见有许多淀粉粒和其他营养物质，因此它们还具有贮藏营养的功能。

3. 中柱　皮层以内的各种组织构成了根的圆柱状中心结构，即中柱（vascular cylinder），也称维管柱。它包括以下三个部分。

（1）中柱鞘　中柱外周紧挨着内皮层的一、二层薄壁细胞称为中柱鞘。中柱鞘细胞具有在一定条件下恢复分生能力的潜能。由它可以形成侧根、不定芽及部分植物的形成层和木栓形成层等组织。

（2）初生木质部　初生木质部一般位于中柱的中心，由导管、管胞、木纤维（细胞）和薄壁细胞组成。它的主要功能是经由导管和管胞向上输送水溶液。初生木质部在形成过程中往往依种性的不同分化出若干个初生木质部束（元），以至在横切面上呈现出星芒状（图 6.3）。例如，萝卜、油菜、番茄为二元型，紫云英为三元型，蚕豆为四元型等。根的初生木质部在发育过程中是由外向内渐次产生并逐渐成熟的。最初形成的外侧导管口径较小，稍后产生的中心导管口径渐宽，初生木质部的这种生成方式叫作外始式。

（3）*初生韧皮部*　初生韧皮部由筛管、伴胞、韧皮纤维（细胞）和薄壁细胞组成，担负输送水溶性有机物的任务。初生韧皮部与初生木质部相间排列，因此它们的数目相同，初生韧皮部的发育方式也是外始式。

此外，少数单子叶植物如玉米、高粱等，它们根的中心部分往往被贮存有机物的薄壁细胞填满，形成髓部（pith）。木质部和韧皮部则相间排列于中柱的外周。

四、根的次生结构

多数单子叶植物和生活期较短的一年生草本双子叶植物，它们的根中未分化产生形成层。因此，根的初生结构一直维持到植物死亡。裸子植物和多数双子叶植物的根在建成初生结构后，由于形成层的发生与活动，能不同程度地产生根的次生结构，使根逐渐加粗。这种由次生生长所产生的各种组织叫作根的次生结构。

1．维管形成层的发生与活动　如前述，在幼根中初生木质部和初生韧皮部相间排列。它们之间的薄壁组织中有一列称为原形成层的细胞。在某些内外因素的刺激下，这些原形成层细胞的有丝分裂程序被启动，转变成维管形成层（图 6.4）。维管形成层最初出现在初生韧皮部的内侧，以后逐渐向两侧扩展。当初生木质部外侧的薄壁细胞也恢复分生活动后，星芒状的维管形成层终于形成。此时，维管形成层各处细胞的分生活动并不是等速的。初生韧皮部内侧处的维管形成层细胞分裂速度较其他部位的细胞快，不久，就使原本星芒状的维管形成层变成等径的圆形状。这以后，各处细胞分裂速率基本相等。它们向内分裂、分化形成次生木质部（以区别于初生木质部）。这样，次生木质部就以“内始式”的方式（有别于初生木质部的“外始式”）不断扩充，占据中柱的核心，并最终取代初生木质部成为根的主体。同时，形成层向外周分裂的细胞演化成次生韧皮部，即次生韧皮部以“外始式”扩展。此外，横贯于次生木质部与次生韧皮部之间还常常出现一些由薄壁细胞径向紧密排列组成的所谓维管射线，从中柱的内部辐射状通向外周。它们具有横向输导与物质贮存的功能。

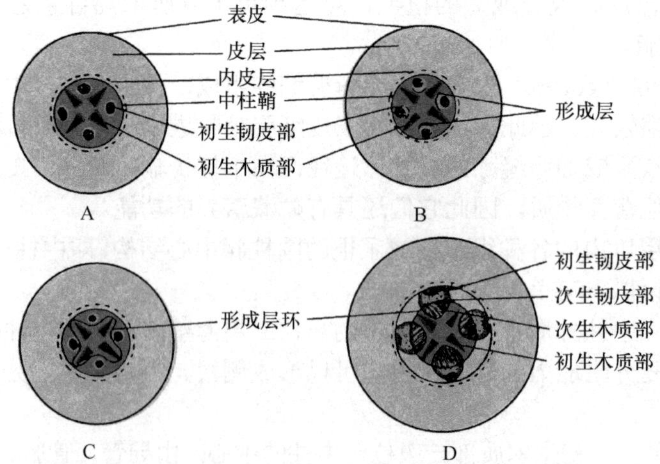

彩图

图 6.4　根维管形成层发生图解

A．形成层尚未发生；B．初生韧皮部内侧形成层首先发生；C．星芒状形成层出现；D．圆周状形成层出现

2．木栓形成层的发生与周皮形成　由于维管形成层的次生活动，迫使维管束鞘、皮

层和表皮不断向外扩展。这种压力既造成了皮层和表皮的破裂，也诱使中柱鞘细胞开始细胞分生活动，即转变为木栓形成层并开始细胞分裂。

木栓形成层同样可向内外两个方向进行平周分裂。向外分裂产生多层扁平木栓细胞。这些细胞成熟后，原生质解体，细胞壁内充填大量树脂、单宁及空气，从而隔绝了中柱与皮层的物质流通，造成皮层与表皮细胞逐渐死亡与脱落。木栓形成层向内分生出若干层活细胞，称栓内层。中柱内的营养透过栓内层滋养木栓形成层。栓内层、木栓形成层和木栓层合称周皮，由它替代表皮和皮层行使保护根的功能。

五、根的功能

俗话说，根深才能叶茂，这句话形象地道出了根在植物中的关键性作用。

1．吸收与输导　根系能从土壤中吸收水分、溶于水中的无机盐及像尿素这样的可溶性有机氮。水溶液经根毛等细胞吸收，先经共质体和质外体途径横向输送到中柱，再经木质部中的导管和管胞（裸子植物无导管）纵向经植物地上部分输导。据研究，植物迫使水往高处流的动力来自两方面：①植物地上部分，主要是叶片蒸腾作用产生的对根部水溶液的抽吸力；②分化（根毛）区细胞原生质与土壤溶液的渗透压差形成的促使水溶液沿木质部导管上涌的根压。前者是主要的动因。

2．固着与支持　无论是直根系还是须根系，它们都与土壤颗粒紧密贴合，形成强大的固着力。尤其是粗壮的直根系为茎叶挺立上举提供了必不可少的坚实根基。

3．贮藏　根的薄壁细胞是贮藏营养物的场所。尤其是膨大的肉质根，营养贮存十分丰富。

4．合成　实验证明，根能合成不少氨基酸、激素、植物碱及有机氮等有机物。这些有机物可通过筛管输送到植物的地上部分加以利用。

5．无性繁殖　有些植物的根在适宜的条件下可直接分化出不定芽，并进而长成植株，具有繁殖的作用，如木麻黄和桑等。

总之，根是植物之本。根的主要功能是吸收、输导与固着、支持。发育良好的根系是植物茁壮生长的前提和保证。

第二节　茎的结构与功能

维管植物（蕨类和种子植物）体轴的地上部分称为茎。种子植物的茎可分成节与节间两部分，叶着生在节上。有的单子叶植物的节特别明显，如竹、稻、麦、玉米等。许多种子植物的节主要根据叶着生的部位来判别。

根据功能的区划，茎一般可以划分为以下三个区（图 6.5）。

1）分生区：这是顶端分生组织，能旺盛地进行细胞有丝分裂，外围一般有鳞片或幼叶包裹。在分生区的基部，可见若干个将发育成枝和叶的腋芽原基和叶原基。

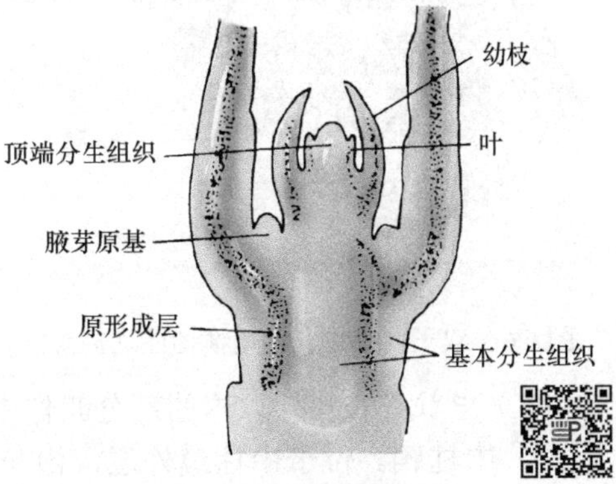

彩图

图 6.5　幼芽纵剖示意图

2）伸长区：细胞纵轴明显伸长，各种组织和枝、叶等器官逐渐分化。

3）成熟区：各种输导组织等发育成熟，枝、叶已完全展开。

一、茎的类型

植物的茎根据其木质部（主要是次生木质部）发达与否，或者质地的软硬程度，基本可以分为以下两种类型。

（1）木质茎　这种茎不仅具初生木质部和初生韧皮部，而且还有很发达的次生木质部和次生韧皮部。因此这种茎坚硬挺拔，枝繁叶茂。多年生裸子植物及双子叶植物常具有此类茎，如松、柏等木本植物。

（2）草质茎　这类茎一般仅有初生木质部和初生韧皮部，不出现次生结构或次生结构欠发达。一二年生草本植物通常具有这种柔嫩的茎。

另外，如果参照植物茎的生长习性，可将茎划分为以下几种类型。

（1）直立茎　次生木质部发达，茎能自立，挺拔，如乔木和某些灌木。

（2）攀缘茎　由于茎中机械组织（厚壁细胞、厚角细胞等）欠发达，茎不能自立。与此相适应，茎节上的部分叶子特化成具攀缠作用的卷须，如葡萄、豌豆等。常青藤（爬山虎）的卷须末端形成吸盘，可直接吸附于岩石或树干上。

（3）缠绕茎　同是柔软而不能直立的茎，缠绕茎以茎本身缠绕在直立茎或其他物体上，如菜豆、牵牛花等。

（4）匍匐茎　亦是柔软草质茎，平卧地面而生。节不仅向上长叶，还向下长根，如草莓、甘薯等。

（5）变态茎　有相当多的类型，主要有球茎（甘蓝）、鳞茎（百合、洋葱、水仙）、块茎（马铃薯）和肉质茎（仙人掌）等。

二、双子叶植物茎的结构

双子叶植物茎的节大多不甚明显，茎的中心有髓，维管束在茎的外周成圈排列，维管束中一般有形成层（图 6.6）。

彩图

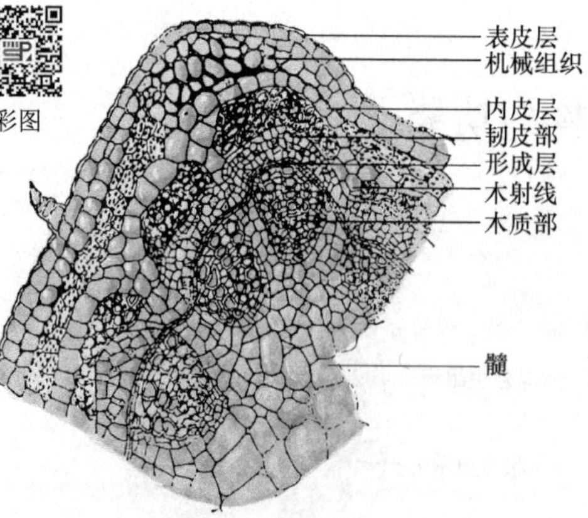

图 6.6　双子叶植物苜蓿茎横切图（局部）

1．初生结构　双子叶植物茎的初生结构包括以下几个部分。

（1）表皮层　为单层扁平状细胞，排列紧密。表皮细胞外一般有角质层覆盖。表皮层常向外长出表皮毛，且有气孔分布，有利于茎内外水、气的交换。

（2）皮层　由若干层薄壁细胞（有些植物还有厚角细胞）构成，细胞间隙大。近外层细胞常因含叶绿体而呈绿色。多数植物内皮层不很明显。皮层具有贮藏、支持及光合作用等功能。

（3）中柱　皮层以内的部分叫作中柱，由以下几个部分构成。

1）中柱鞘。位于中柱最外层，由一至数层细胞组成。很多木本植物茎的中柱不存在中柱鞘，或中柱鞘很不明显。

2）维管束。一般为椭圆形的维管束，通常沿着中柱的周边排列成环形。每个维管束由向内的初生木质部、向外的初生韧皮部及居中的一二层束内形成层构成。初生木质部包括导管、管胞、木纤维（细胞）和薄壁细胞。初生韧皮部由筛管、伴胞、韧皮纤维（细胞）和薄壁细胞组成。

3）髓部。茎的中心部分是由众多大型薄壁细胞形成的髓部，往往成了植物营养的储存库，如油菜、莴苣（莴笋）。

4）髓射线。由相邻维管束之间的薄壁细胞群组成，内连髓部，外接皮层，构成了茎内物质横向运输的桥梁，兼具贮存的功能。

2．次生结构 和根的次生结构类似，茎的两类次生活动分别由形成层及木栓形成层引发并生成相应的组织。不过，这些次生活动以双子叶木本植物和裸子植物较为常见。

（1）*形成层的发生及活动* 由茎尖发生并分化产生上述新生结构后，在适当的时候维管束内的形成层细胞和髓射线中与束内形成层毗邻的细胞几乎同步恢复分生能力。它们彼此连接形成大体与表皮共轴的同心环，即形成层。此后，形成层向内分裂产生次生木质部，向外则产生次生韧皮部。年复一年，由于大量次生木质部的挤压和侵蚀，初生木质部和髓部细胞逐渐死亡、瓦解，因此多年生木本植物的心材几乎都源于次生木质部。同时，由于在温暖多雨的春夏季节，次生木质部细胞长得大、分裂快，到了寒冷干旱的秋冬季，细胞长得小、分裂慢，甚至进入休眠状态，这样在茎的横断面上就出现了一圈圈规律性变化的同心圆，这就是树木的年轮。通常每年一轮。科学家不仅可以通过年轮的数目直接读出该树木的年龄，更为重要的是，依据年轮的宽窄变化能令人信服地推测出当年的水文、气温等方面的参数。

（2）*木栓形成层的发生与活动* 随着维管束形成层的活动，木本植物的表皮、皮层或次生韧皮部的薄壁细胞（因种而异）逐渐分化为木栓形成层。它向内分裂产生数层栓内层细胞，向外分裂生成排列整齐的木栓层细胞。和植物根中的木栓层细胞一样，它们死后形成不透水、不通气、有一定弹性、质地轻的木栓，即软木。木栓层、木栓形成层及栓内层合称周皮，代替茎表皮行使保护的功能。树皮通常指的是周皮及与之紧密贴生的次生韧皮部。将树干的树皮环剥一圈将危及这棵树的生存，因为叶片合成的有机物未能通过该缺口营养伤口以下的组织和器官，整个根系不久将死亡。

三、单子叶植物茎的结构

单子植物茎一般分节明显，在节的基部有居间分生组织，可由此生叶长根。茎中大多无各种形式的形成层，因此也没有次生结构。它们的维管束不像双子叶植物那样基本成轮状分布，而是在茎中大体随机散布（图 6.7）。

1．表皮与下表皮 表皮细胞单层，排列紧密，细胞外壁常角质化。下表皮由表皮层以内数层厚壁细胞（机械组织）组成，对茎的挺立抗倒伏发挥了重要的作用。

2．基本组织 在下表皮以内直到茎的中心区都分布着以薄壁细胞为主体的基本组织，并没有较明显的中柱分界。有些单子叶植物茎中心薄壁细胞消失，形成中空的髓腔，如稻、麦、竹等植物。基本组织的外几层细胞含有叶绿体，使得茎呈绿色。因此，基本组织能进行一定程度的光合作用，还具有贮藏及横向运输的功能。

3．维管束 单子叶植物的维管束外有维管束鞘，内有木质部和韧皮部，但无形成层，犹如一个个椭圆形的孤岛，大多随机散布在基本组织之中。但也有一些植物，如水稻、小麦，它们的维管束沿着茎的外周基本排成两列。

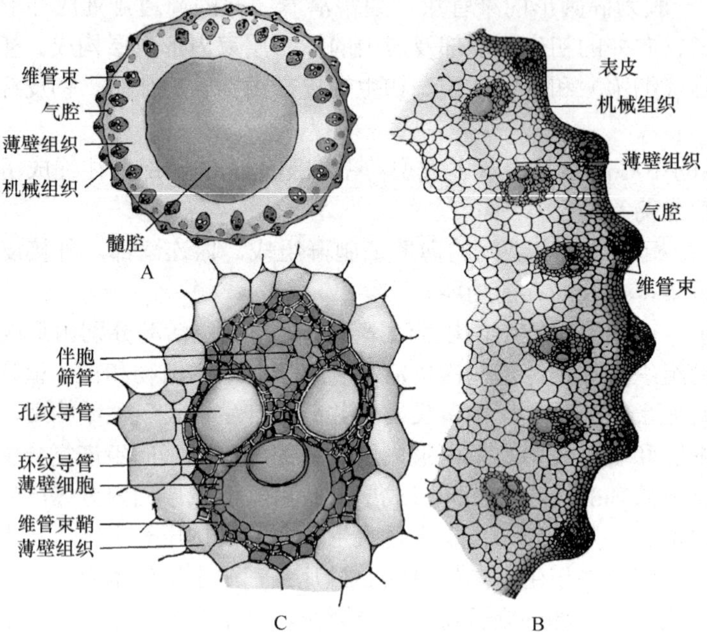

彩图

图 6.7 单子叶植物水稻茎的横切图（局部）

A. 横切面示意图；B. 横切面局部；C. 一个维管束的构造

四、茎的功能

植物的茎大多挺立在地面之上。它上面托起绿叶、鲜花、硕果，下面连接四通八达的根系，发挥着承上启下的重要作用。它的主要生理功能包括以下几个方面。

1．支持 主要依靠次生木质部（木本植物）或下表皮和维管束鞘（单子叶植物）厚壁细胞的支撑与加固作用。

2．输导 根系吸收的水分、无机盐及自身合成的有机物等可溶性物质要通过茎向上输送；叶片合成的有机物（主要以蔗糖的形式）要经茎进行分配和贮存。维管束中的导管、管胞及筛管、伴胞是输导功能的主要承担者。

3．贮存 茎的皮层及维管束中有大量的薄壁组织，植物光合作用产生的化学性质稳定的有机物，如淀粉，可以暂时或长期地在薄壁组织中贮藏。

4．光合作用 由于幼茎皮层的外几层细胞大多含有叶绿体，因此幼嫩的地上茎往往也有一定的光合作用功能。

5．繁殖 有些植物的茎在一定条件下可形成不定根和不定芽，如红薯、草莓，具有无性繁殖的功能。

第三节 叶的结构与功能

叶（leaf）是维管植物着生在节上的同化器官，由茎尖分生区的细胞向外分裂并分化形成。通常在叶的着生处长有腋芽。

一、叶的构成与形态

一片完全叶由叶片、叶柄和托叶三部分构成(图 6.8)。绝大多数种子植物的叶都有叶片和叶柄，很多植物的叶无托叶。有的植物既无托叶也无叶柄，只有叶片，如莴苣。仙人掌的刺是叶退化的产物。

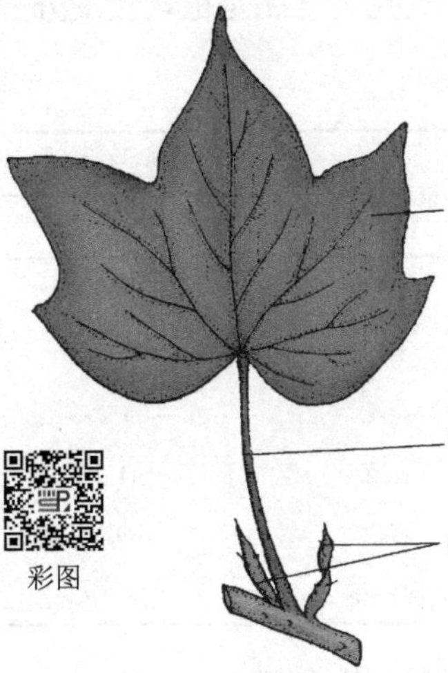

彩图

图 6.8　棉花的叶子

叶在茎上的排列方式有以下三种。

（1）互生叶序　　每节长一叶，每叶在茎上的着生点呈螺旋上升之势。

（2）对生叶序　　每节生两叶，着生于茎的对侧。

（3）轮生叶序　　每节有叶三枚或三枚以上，在茎的外周作辐射状排列。

叶片基本为扁平状，有利于植物获得充足的光照。根据叶片构成的繁简程度，可以把叶大体分为以下两类。

（1）单叶　　叶柄上仅着生单片叶片。

（2）复叶　　在叶柄或叶轴上生长若干小叶的叶，每一小叶完全独立，甚至还有各自的小叶柄。根据小叶的排列方式，复叶可细分为三出复叶、掌状复叶，以及二、三、四回羽状复叶等。

叶片上可见各种走向的叶脉，其实它就是贯穿于叶片之中的大大小小维管束，通过叶柄与茎中维管系统相接。叶脉按其分出的级序和粗细可分成主脉、侧脉和细脉三类。根据叶片上叶脉分布的走向，常见的脉序有以下四种。

（1）平行脉　　包括直出平行脉、侧出平行脉和射出平行脉，以单子叶植物多见。

（2）弧形脉　　各种脉由叶基出发，作稍弧形，最后都集中于叶尖，如车前草等。

（3）网状脉　　包括羽状网脉和掌状网脉，为多数双子叶植物的脉序。

（4）叉状脉　　各种脉均作两分叉状，为较原始脉序，如铁线蕨和银杏叶的脉序。

二、双子叶植物叶片的构造

双子叶植物叶片的横切面一般由以下几部分组成（图 6.9）。

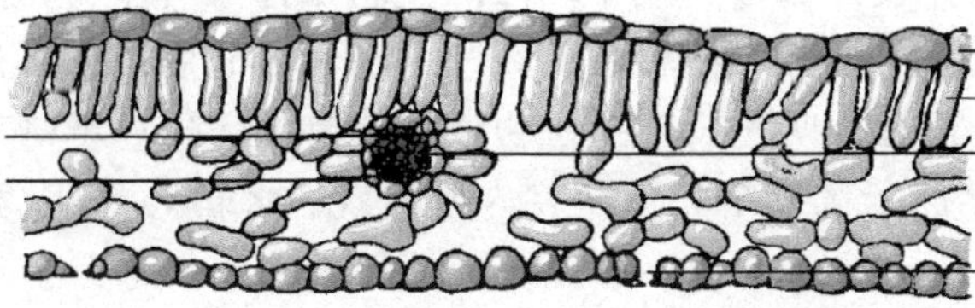

彩图

图 6.9　双子叶植物叶片横切面模式图

1. 上下表皮　　上下表皮细胞多为不规则多边形，排列紧密，不留间隙。除气孔的保卫细胞外，表皮细胞均不具叶绿体，呈透明状。表皮细胞能向叶片外侧分泌蜡质形成角质层。它们既能保护叶片又可防止水分蒸发。陆生双子叶植物叶下表皮密布气孔（表 6.1）。气孔由具叶绿体的两个肾形保卫细胞合围而成，它是气体（O_2和CO_2）及气态水进出叶片的门户。保卫细胞中叶绿体是否受光照进行光合作用，决定了保卫细胞的伸张或收缩，即气孔的张开或关闭。气孔的开闭是植物接受外界信号（阳光）的刺激所发生的应答反应。

表 6.1　一些植物气孔的分布及密度

植物名称	气孔数/（个/mm^2）		植物名称	气孔数/（个/mm^2）	
	上表皮	下表皮		上表皮	下表皮
小麦	33	14	番茄	12	130
玉米	52	68	菜豆	40	281
燕麦	25	23	马铃薯	51	161
甘蓝	141	227	苹果	0	400
苜蓿	169	138	莲	46	0
向日葵	58	156	美人蕉	0	25

科学进展

气孔功能新发现

1000多年前人类就发现，特定的声音可以使某些草本植物“舞动”，但其原理一直是个不解之谜。近年来（2001）中国科学家发现，向一些作物播放一定波长的声频，如高低不同的风笛声，可以扩张某些植物的叶面气孔，促进其对CO_2的吸收和O_2的排放，在一定程度上刺激它们加快生长，甚至其抗病虫害的能力也有所提高。如是，农民在田间耕作时也可以边欣赏音乐了。

2005年，中国科学院东北地理与农业生态研究所研究人员经过近两年的研究，发现了燕麦的气孔排盐现象。这是植物气孔功能的新发现，也是植物适应盐碱逆境机制研究领域的重大进展，为今后耐盐碱植物的筛选及植物耐盐碱育种提供了借鉴和可供参考的依据。

2006年9月，美国东兰辛市密歇根州立大学的科学家将拟南芥的叶片暴露在细菌下，植物的气孔在1h内便自动闭合了。即使是无害的细菌，叶片上的气孔依然会持续关闭8h。但是令研究人员感到吃惊的是，当面对一种真正的植物病原体——铜绿假单胞菌时，这些原本闭合的气孔在3h后又重新开放了。实验发现，其奥秘在于铜绿假单胞菌包含有一种名为冠菌素的类植物激素，它能促使植物开放气孔。不含冠菌素的变异铜绿假单胞菌虽然不能使植物气孔开放，但是如果将其注入植物体内依然能够导致植物患病，这表明冠菌素的唯一作用就是“撬开”植物的气孔。这个巧妙的实验使我们了解了细菌病原体入侵的内部小环境，同时表明气孔还是植物抵御细菌入侵的重要门户。

2019年，中国科学院微生物研究所研究人员发现，水稻Osaba1突变体对水稻白叶枯病菌（*Xanthomonas oryzae* pv. *oryzae*，*Xoo*）的广谱抗性，是由于气孔开放程度（气孔导度）的增加引起的。人为降低该突变体的气孔导度，可部分恢复其对白叶枯病菌的感病性。通过药物或环境因子诱导野生型植物气孔的开放，也能增强水稻对白叶枯病菌的抗性。与之对应，水稻气孔导度增加的突变体es1-1也同样表现出对白叶枯病菌的极强抗性。有趣的是，Osaba1和es1-1突变体对水稻细菌性条斑病菌（*Xanthomonas oryzae* pv. *oryzicola*，*Xoc*）也具有很强的抗性。进一步研究表明，开放的气孔赋予水稻对病原细菌的侵入产生抗性，而这种抗性可能是气孔开放造成植物叶片水势降低导致的。

中国科学家的这项研究以封面文章的形式发表在 *Molecular Plant-Microbe Interactions* 杂志上。这项工作揭示了一个新的气孔参与植物免疫的方式，为研究植物、病原与环境三者互作提供了一个新的视角。*MPMI* 杂志认为，该研究“揭示了叶片水分状况在植物抗病中发挥重要作用，将为未来植物病害的控制提供新靶标”。

2．叶肉　双子植物叶肉组织也叫作同化组织，由紧贴上表皮的栅栏组织和位于栅栏组织与下表皮之间的海绵组织构成。栅栏组织细胞排列成整齐、紧凑的一至两列，每个细胞内含叶绿体可多达几十个。海绵组织细胞不规则且随机分布，胞内叶绿体较少。它们既能进行光合作用，又有利于水、气的流通与交换。

3．叶脉　叶脉的主要成分是维管束。它的外周以薄壁细胞围成维管束鞘。多数物种的维管束鞘细胞没有叶绿体或仅有少量叶绿体。但起源于热带、亚热带高温、干旱地区的一些“C_4 植物”（第四章第二节），它们的维管束鞘细胞具有众多线粒体、叶绿体等细胞器，能进行光合作用。此外，“C_4 植物”维管束外还常有海绵组织的细胞成圈围绕。较大的维管束由木质部、木纤维、韧皮部、韧皮纤维及薄壁细胞构成。最小的维管束也有木质部和韧皮部两部分。木质部位于维管束的上半部（靠近栅栏组织），韧皮部位于下半部。

三、单子叶植物叶片的构造

单子叶植物的叶片常呈狭窄剑形，不少植物的叶柄或叶片基部特化成叶鞘包于茎节上。单子叶植物的叶片虽然也由上表皮、下表皮、叶肉和叶脉构成，但其构成方式与双子叶植物略有差异（图 6.10）。

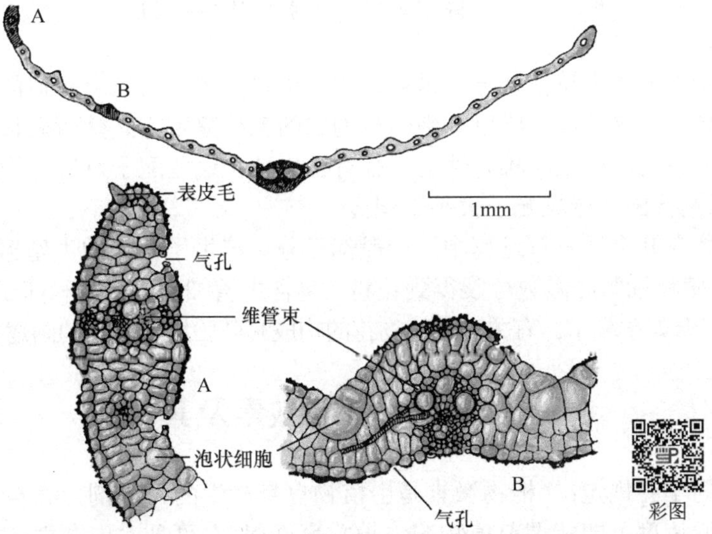

图 6.10　单子叶植物叶片横切面

1．上下表皮　单子叶植物叶片的上下表皮也由薄壁细胞紧密排列构成。不过，它们外侧面不仅角质化而且还常硅质化，这有助于叶片坚挺。有些表皮细胞还向外侧突起，形成表皮毛。许多单子叶植物叶片的上下表皮上都有气孔分布。此外，多数禾本科植物叶片的上表皮还有规则地分布着一群群泡状细胞（运动细胞），它们失水后明显萎缩，从而引起叶片纵向卷缩。

2．叶肉 与双子叶植物叶片明显不同的是，单子叶植物叶片中的叶肉组织一般很少出现栅栏组织与海绵组织的分化，即它们是等面叶，叶肉组织的薄壁细胞中布满叶绿体。多数单子叶植物的叶肉组织中可见较发达的厚壁组织，它们位于维管束之外或表皮之下，具支持作用。

3．维管束 单子叶植物叶片上的维管束一般为平行排列，其中也有木质部和韧皮部，但缺少形成层，维管束只能作有限生长。

四、叶的功能

叶的主要功能包括以下几个方面。

1．光合作用 植物叶肉组织及“C_4 植物”的维管束鞘中含有大量的叶绿体，因此叶的基本功能就是进行光合作用，将 CO_2 还原成糖并转化成各种有机物。

2．蒸腾作用 水分以气体的形式从活体植物的体表挥散到大气中的现象称为蒸腾作用。气孔蒸腾是植物蒸腾作用的主要方式。由于水的高汽化热（2.5kJ/g，25℃），从植物体散失的水分可以带走大量的热量，从而保证植物在烈日暴晒下叶面温度不致上升过高。

3．叶面吸收 透过角质层，叶片仍可吸收少量水分及溶于水溶液中的无机营养盐、农药和小分子有机物（如尿素）。

4．无性繁殖 少数植物的叶具无性繁殖的功能，如景天科的落地生根（*Bryophyllum pinnatum*）及秋海棠科的秋海棠（*Begonia evansiana*）等。

第四节 植物的繁殖

繁殖是生物的基本特征之一。借助繁殖，生物产生出与自身相似的个体。

低等植物，如绿藻，一般以细胞一分为二的无性繁殖方式繁衍后代。时机合适时有些种的细胞也出现分化，产生雌雄有性配子行有性生殖。这些配子可以是同配（雌雄配子大小相同），也可以是异配（雌雄配子大小不同）。

高等植物在其个体发育过程中，一般都已分化产生了特化的生殖器官——花（雌雄同花或异花）。生殖母细胞经减数分裂得到花粉（包含生殖细胞精子）和卵子，精卵结合后，一个新的生命体又开始孕育了。有关高等植物花的构成和胚胎发育过程的阐述详见第七章第三节。

第五节 植物激素及其作用

国际植物学会规定：“植物激素是由植物自身产生的调节剂，它自产生部位移动到作用部位，且在低浓度下即能调节植物的生长发育过程。”可见，内源性、流动性和高效性是植物激素的三大特征。到目前为止，植物激素共有五大类，即生长素、赤霉素、细胞分裂素、脱落酸和乙烯。本节将分别对它们的来源、性质和作用逐一进行扼要介绍。

一、生长素（auxin）

19 世纪下半叶，英国人达尔文在研究生物进化理论的同时和他的儿子 F. 达尔文共同发现，一种叫作金丝雀虉草（*Phalaris canariensis*）的禾本科植物在窗台上单侧照光 8h 后，幼嫩的胚芽鞘（成筒状包在幼苗外面的第一片子叶）会向光弯曲。达尔文父子在 1880 年出版的《植物运动的本领》一书中推测，该芽尖产生了一种可向下传递的物质，由此造成向光面和背光面细胞生长速度的差异，导致幼苗向光生长（植物向光弯曲生长的机理讨论见本章第六节）。在此之后的几十年时间里，经过许多科学家的苦心探索，终于在 1946 年从菠萝嫩枝及燕麦胚芽等高等植物器官中分离出生长素，并获得正式鉴定。原来这是一种叫作吲哚-3-乙酸（IAA）的小分子化合物，分子式为 $C_{10}H_9O_2N$。现在已经清楚，高等植物中普遍存在生长素，在植物的根、茎、叶、花、种子和胚芽等处都可发现它的踪迹，但它主要在植物的顶端分生组织（芽尖、根尖）及旺盛生长的组织、器官，如形成层、嫩叶、发育中的种子、受精后的子房中合成，然后输送他处。内源生长素既可以在薄壁组织中通过细胞与细胞间的胞间联丝直接进行传输，也可以沿着韧皮部中的筛管向植物的下端进行主动运输。

生长素对植物具有多方面的生理作用。

1．促进细胞分裂和植物生长　生长素能明显地提高植物细胞的同化代谢速率，促进细胞分裂。同时，生长素也能显著推动细胞和营养器官的纵向伸长。不过，生长素对不同器官的最适作用浓度是不相同的。根最敏感，芽次之，茎（主芽）对生长素具有较高的耐受性，这就是许多植物的主芽能保持顶端优势向上生长并抑制或延迟侧芽萌生的基本原因。茶树打顶、果树矮化等园艺措施都是去除顶芽优势促进侧芽生长的实际应用。将茎切段，在适当浓度的生长素中预处理后再进行扦插，能十分显著地刺激根的产生，提高存活率。

2．促进果实发育和无籽果实的形成　植物双受精后，子房即进入活跃的代谢状态，种子也迅速发育，它们都能合成较大量的生长素，加速果实的发育、成熟。基于上述原理，有些植物甚至无需授粉，只要在雌蕊发育的适当时机喷施一定量的生长素，就能使子房发育成单性无籽的果实，如西瓜、番茄、胡椒及黄瓜等。

3．抑制离层形成，减少落叶、落花、落果　若生长素合成量不足，往往将使叶柄、花柄、果柄及枝条连接处加速形成一至数层的离层细胞，导致叶、花、果的早衰而脱落，严重影响座果率。外施适量生长素可明显抑制离层形成，减少落叶、落花和落果，提高产果量。

生长素在植物体内含量极微，提取成本高昂。科学家在探明它的化学结构式后，现在已经能用人工合成的方法大量生产生长素——吲哚乙酸（IAA）及其类似物，如吲哚丁酸（IBA）、α-萘乙酸（NAA）和 2,4-二氯苯氧乙酸（2,4-D）等。这些人工合成的类激素有机化合物统称为植物生长调节剂。它们具有与生长素相似的促进生根、多开雌花、高座果率、高无籽率的效果。

二、赤霉素（gibberellin）

早在 1890 年，日本人最早发现了水稻恶苗病。这种病苗瘦高细长，易褪绿倒伏死亡。1926 年，日本科学家黑泽英一（E. Kurosawa）证明，水稻恶苗病是由赤霉菌（真菌）的分泌物引起的。1938 年，薮田贞次郎（Yobota）和住木（Sumiki）提取出了这种分泌物的结晶，并命名为赤霉素。后来科学家终于发现，赤霉素实际上是一大类含有赤霉烷的结构近似的有机物，至今已在真菌和高等植物中发现 100 余种。

赤霉素在种子植物的未成熟种子、萌发中的胚、幼芽、幼叶及幼根等幼嫩组织、器官中合成，可通过木质部和韧皮部上、下运输到生长最旺盛的部位发挥作用。

赤霉素的生理作用有以下几方面。

（1）促进细胞有丝分裂及茎的伸长　赤霉素能促进 DNA 复制，缩短细胞分裂间期，从而加快了分生细胞有丝分裂的速率，植株得以快速生长。同时，赤霉素还能显著地刺激细胞纵向伸长，使因突变形成的矮化植株的茎增长，但不向光弯曲。

（2）诱导种子水解酶的合成，促进种子萌发　许多植物的种子成熟后，往往要经过一段或长或短的休眠期。赤霉素能打破许多种子的休眠，诱导细胞合成并释放出 α-淀粉酶和蛋白酶等多种水解酶，有效促进种子的萌发。

（3）促进某些植物开花　有些植物只有经历低温和长日照处理后才能开花，喷施赤霉素能在很大程度上推动植物开花的进程。

（4）促进座果和单性结实　在苹果、梨或棉花等作物的盛花期喷施赤霉素（10～40μg/mL），可显著减少落花、落铃，提高座果率和结实率，棉花可增产 1～2 成。此外，开花后一周用赤霉素（200～500μg/mL）喷施葡萄等植物的花穗，能使其单性结实（无籽）率达 60%～90%。

综上所述，赤霉素与生长素的作用在某些方面是相似或重合的。事实上，赤霉素既能解除对编码 α-淀粉酶基因的阻遏作用，诱导新的 mRNA 的转录，又能通过促进生长素的合成，加速细胞分裂和伸长，达到调节体内代谢途径、协同作用的成效。

三、细胞分裂素（cytokinin）

1941 年，美国植物生理学家范·奥弗比克（J. van Overbeek）首先发现，椰子的胚乳液（椰乳）能促进某些植物幼胚的发育。此后他将该发现成功地应用于组织培养。1955 年，美国人斯库格（Skoog）和米勒（Miller）等偶然发现鲱鱼精子 DNA 的降解物中含有促进植物愈伤组织迅速生长的物质。1964 年，澳大利亚科学家莱撒姆（Letham）从未成熟的玉米种子中分离得到一种能促进细胞分裂的物质。经分析，他们确定了该物质的化学结构，并命名为玉米素。现在已知，细胞分裂素是一类能促进细胞分裂的腺嘌呤衍生物，至少有十几种，如激动素和 6-苄基氨基嘌呤等。玉米素仅是其中一种。

细胞分裂素在根部细胞中合成，从木质部的导管向上运输，主要集中在生长旺盛的组织、器官中，如芽、未成熟的种子等。它们的主要生理功能包括以下几个方面。

（1）促进细胞分裂，增大细胞体积　细胞分裂素能显著地促进细胞的有丝分裂，主要是增加了与有丝分裂相关的蛋白质的合成。由细胞分裂素推动的细胞有丝分裂并不引发茎的向光弯曲，而是诱导细胞增大体积，使茎的直径加大。

（2）诱导芽的分化　在植物组织培养时人们发现，细胞分裂素与生长素之间的适当比值决定了愈伤组织是保持未分化状态还是分化成芽和根。对某些植物而言，培养基中细胞分裂素含量高而生长素含量低时，愈伤组织或枝条趋向于被诱导长出新芽和嫩叶；反之，则有利于初生根的出现。

（3）延缓器官衰老　由于细胞分裂素能促进 RNA 和蛋白质的合成，使器官保持较旺盛的生命力，因此可用于果蔬收藏后的保鲜处理。

四、脱落酸（abscisic acid）

1963 年，美国艾迪科特（Addicott）和沃平格（Warping）等分别从脱落的棉铃和黄色羽扇豆的花果中分离出具有生物活性的化合物。后经证明，他们获得的是同一种物质。1967 年，该物质被正式命名为脱落酸。

脱落酸是由叶片中的叶绿体和其他质体合成的 15 碳小分子化合物（$C_{15}H_{20}O_4$），经木质部、韧皮部和薄壁细胞运送到叶、芽、果等器官。它的生理功能主要有以下几个方面。

（1）抑制营养生长，诱导芽体休眠　植物自身合成的脱落酸能抑制根、茎、叶等营养器官的生长，同时也诱导芽体进入休眠状态。这种代谢水平很低的生存状态，有利于植物经受高温、干旱、严寒等不良环境因子的考验，保存种质。

（2）促进器官脱落　脱落酸可以加速成熟果实的果柄、衰老的叶柄（片）和花柄（朵）与枝条连接处的离层细胞（一至数层）的分化形成，从而引起这些器官的脱落。

（3）提高植物抗逆性　研究表明，许多植物处于逆境时（盐胁迫、干旱、高温等），体内能合成较大量的脱落酸，从而引起气孔关闭或缩小、代谢率下降、合成某些（种）特异蛋白等系列反应，提高了植物的抗逆性。因此，脱落酸含量的高低常常被作为评价某种植物抗逆能力强弱的重要指标。

五、乙烯（ethylene）

前人早就发现，采摘下的果实（如香蕉）放在米缸中能被催熟。1934年，英国人盖恩（Gane）首先证明植物能合成并释放出乙烯（$CH_2=CH_2$）。1965年，乙烯被确认为植物激素。

植物各个器官都能合成乙烯，但以茎尖的合成量为最高。换言之，植物合成乙烯与合成生长素的部位几乎是重合的。事实上，生长素正是诱导茎尖生成乙烯的主要因素，后者产生的时间滞后于前者30～60min。乙烯主要有以下作用。

（1）对果实具有明显的催熟效果　果实渐熟时，乙烯合成量骤增，致使细胞吸收作用增强，原生质膜通透性提高，水解酶源源不断外渗，有机物大量转化为糖和蛋白，果实终于成熟。

（2）对根、茎、芽的生长具有抑制作用　在一定浓度范围内，乙烯对根、茎、上胚轴及芽伸长的抑制作用随浓度的上升而增大。茎伸长被抑制的同时，往往出现茎直径增大的现象。

（3）具有促进组织器官老化、脱落的作用　在乙烯和脱落酸等激素的联合作用下，叶柄、果柄等处的离层迅速形成。同时，细胞分泌纤维素酶和果胶酶，水解细胞壁及果胶质，引起叶片、果实脱落。

（4）对植物开花有调控作用　乙烯抑制多数植物开花，但却能促使芒果、菠萝等提早开花。

以上简要介绍了五大类植物激素的生理功能。虽然它们的作用形式多种多样，但量微效应大则是它们的共同特点。其实，除了上述五大类激素外，科学家还发现了光敏色素、香豆素、多胺、油菜素内酯、茉莉酸、咖啡酸、反-肉桂酸、水杨酸及酚类化合物等多种植物内源性生长调节物质。由于篇幅所限未能一一介绍。

应当指出，在讨论激素促进细胞分裂、提高作物产量等作用的时候，不应把植物激素当成万能的“增产灵”，一喷就增产。事实上，唯有在水、肥、阳光等条件具备，植物健康、健壮的情况下科学施用激素，才可能发挥激素的最大效益，收到事半功倍的成果。相反，舍本求末，只管用激素而不问植物的内、外因素是否跟上，很可能会适得其反，施了激素，毁了植物。

第六节　植物的感应活动

感应活动泛指生物对内、外因的刺激所引发的规律性应答反应。这种反应可以是微观水平的代谢活动，也可能表现为外表可见的生物器官的回应，或者是这二者兼而有之。植物没有神经系统，因此它们“感知”内外信息并进而做出反应的速度大多较迟缓，其中有些器质性的感应在刺激源消失后未能使器官恢复原状。本节择要概述植物感应活动中的向性活动和感性活动。

一、向性活动

植物以局部器官向环境中具一定方向的刺激源转动或逐渐接近的活动叫作向性活动。这种活动一般以体内微观的化学或/和细胞学变化为基础，并以器官趋向这种方向基本恒定的外因而表现出来。植物向性活动最明显的例子莫过于向光性和正、负向地性了。

向光性反应是一个相当复杂的代谢调整和细胞分裂活动过程。从 19 世纪中叶达尔文父子发现植物向单侧光弯曲以来的几乎一个世纪里，不少人推测在植物的背光侧可能分布着较多刺激细胞分裂的物质。后来经分析认为这种物质就是生长素。

但是到了 20 世纪 70 年代，随着分析测试手段精确度的提高，科学家终于发现，实际上生长素在植物向光侧和背光侧的分布是基本相等的。植物受单侧光诱导后之所以会向光弯曲，原来是生长抑制剂在向光侧分布较多的缘故。现在已知，这些抑制剂的种类有多种，但都不是脱落酸类化合物。而且由于物种及器官的差异，引起应答的抑制剂类型也有所不同。植物向光弯曲之谜的世纪难题终于取得了重要的突破。但辨明抑制剂的种类、阐明它们产生的机理、运输的方式及作用的机制等深层次的本质问题，还有待生物学家进一步努力。

植物的根深入地下（向地性、向重力性），植物的茎却向上生长（负向地性，负向重力性）。将植物水平放置一段时间后，植物的根和茎能分别向下和向上生长，这是什么原因呢？目前已知，在多数植物中根和茎细胞中的一些“平衡石”——淀粉体在引导根、茎向地或背地生长方面发挥了重要的作用。植物根尖的每个细胞中都含有 4～12 个淀粉体，每个淀粉体中各有 1～8 个淀粉粒。这些淀粉体可以在地球重力的作用下顺重力方向移动。在自然状态下，淀粉体位于根冠细胞下侧，“指引”根尖向下生长。若将根横置，即与重力方向垂直，则淀粉体顺重力方向移至细胞向地侧的胞壁上（图 6.11），继而激发了一系列复杂的反应，可能包括启动或抑制某种（些）激素的合成、钙离子和电化学信号的传递等，从而导致主根顺着重力方向，即向地性生长。

彩图

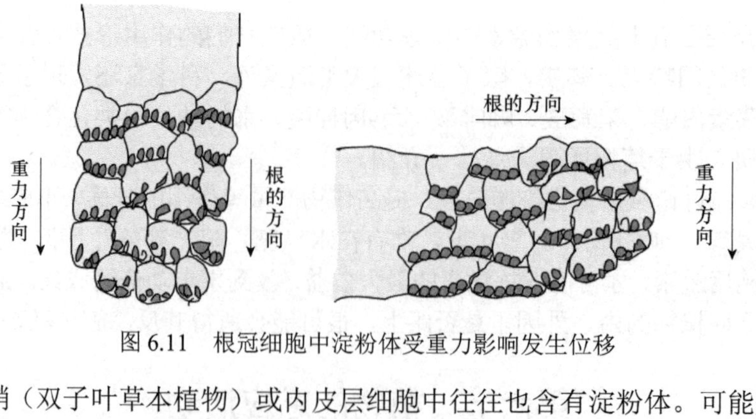

图 6.11　根冠细胞中淀粉体受重力影响发生位移

茎的淀粉鞘（双子叶草本植物）或内皮层细胞中往往也含有淀粉体。可能是淀粉体刺激了水平放置的茎的下侧细胞合成较多的生长素或导致生长素在下侧的积累，从而使细胞加速分裂，茎则背地生长。

植物除了上述向光性和向地性以外，它们的根还能向肥料、水分和空气较充足的区域生长，这种现象分别被称为向化性、向水性和向气性。所有这些趋向性生长都是各种植物在自然选择的压力下长期进化形成的，对物种的生存和发展具有重要的适应性意义。

二、感性活动

植物以局部器官或细胞的有规律生理活动对外界无一定方向的刺激因素做出适应性应答的过程称为感性活动。

有一类感性活动比较简单，基本上以单个细胞对刺激发生反应，如植物气孔的保卫细胞。两个肾形保卫细胞围成一个气孔。保卫细胞外侧细胞壁薄、内侧壁厚。保卫细胞照光后，细胞中的叶绿体开始进行光合作用合成有机物，引起胞内渗透压上升并吸水膨大，从而把细胞向外拱出，气孔亦随之张开。太阳下山，光合作用停止，反应逆转，气孔则关闭。

另一类感性活动较复杂，涉及系列细胞、组织乃至器官的综合反应。含羞草的感震活动就是一个实例。含羞草是豆科植物的一种，最早生长在南美洲，后来被人们带到世界各地，含羞草为羽状复叶，叶片及小叶的叶柄基部都有所谓的叶褥细胞。上、下两侧叶褥细胞的细胞壁、细胞膜及细胞间隙不尽相同。在小叶，上侧叶褥细胞壁较薄，细胞膜对机械刺激较敏感，细胞间隙大，下侧细胞则相反。当平展的小叶受到触动等机械刺激时，上侧细胞对水的透性增大，部分细胞液（主要是水分）排入细胞间隙，细胞胀压下降。这时下侧的叶褥细胞仍保持坚挺状态，于是将小叶从水平状态竖起，成对合拢。叶片的叶褥上下侧细胞的结构与小叶正好相反，所以受到较重的机械刺激后叶片整片下垂而不是上举。

含羞草的感震运动可能有以下几个生理作用。

（1）防御　当含羞草的小叶闭合时，暴露出茎上和小枝上的尖刺，这样可以抵挡一些食草动物或昆虫的攻击。同时，也可以减少表面积，降低被发现和捕食的可能性。

（2）保水　当含羞草的小叶闭合时，可减少水分蒸发，在干燥或高温的环境中更有利于生存。

（3）通气　含羞草的小叶闭合的同时气孔受控张开，可以加速氧气和二氧化碳的交换，在缺氧或高浓度二氧化碳的环境中更有利于呼吸。

可见含羞草并不是真正意义上的“害羞”，而是通过一种巧妙的方式来应对外界的变化，从而保证其自身的生存和发展。含羞草的感震运动是植物界的一种奇迹，也是经大自然选择的结果。

含羞草感震活动还有一种令人困惑不解的现象，即只要受到稍强的机械刺激，不仅受触动的小叶成对并拢，而且其前后的小叶也会“收到”这个信息，依次合起，甚至整叶垂下。已经有学者通过实验提出一些理论试图解释这个问题。早期，有人认为这种细胞胀压的变化是通过细胞间的连丝而直接传递的；后来有学者提出，感震后的植物产生了特异的动作电位，并以电传递的方式引起连锁反应；此外，还有一些生物化学家从感震后的叶褥组织中分离出一些能诱使叶褥细胞膨胀的称为膨压素的化合物，并认为膨压素沿着维管束输送到其他小叶发挥作用。由此可见，揭开此类感震活性传递的奥秘还有待科学家的进一步探索。

总之，感性活动一般都是以胞内外的膨胀压改变为基础的非生长性活动，细胞、组织或器官在构造上的非对称性是这种变化的前提和基础。而向性活动通常是一些生长性活动，是由器官（茎、根）两侧细胞分裂速率不等引起的曲度变化。如果切除其敏感区域（分生区和伸长区），这类活动将不会发生。

第七节　植物对草食动物和病原体的防御

植物在自然环境中会遇到生物胁迫，比如食植动物和各种病原微生物的入侵，即便是高等植物都没有像高等动物那样进化出比较完善的免疫系统来防御各种病原菌的感染和入侵。但是，植物在进化过程中同样也演化出能够有效预防草食动物和病原体的多种物理和化学防御机制。

植物防御生物胁迫的防御机制一般分为组织型防御和诱导型防御。

一、组织型防御

组织型防御是指植物本身固有的能够阻碍昆虫取食或病原菌浸染的物理或化学防御性状。物理防御包括叶面的蜡质状、种子或水果的壳、植物茎上的刺等，植物可以利用这些有效防御植食性动物的侵害，又称为结构性防御。比如，玫瑰长刺属于植物防御生物胁迫中的物理防御，睡莲宽大的叶子具有蜡质层可以防御植食性动物的侵害，也属于物理防御的范畴。

化学防御是指植物体内本身存在着抗菌的物质可以杀伤微生物和抑制微生物的繁殖，或者本身含有有毒物质，受到攻击时释放。植物化学物质主要包括初级代谢产物和次级代谢产物。前者主要参与植物的生长发育和繁殖，如糖类、蛋白质和核酸。次级代谢产物一般不直接参与生长繁殖，但常常参与植物防御，如萜类、酚醛和生物碱类。

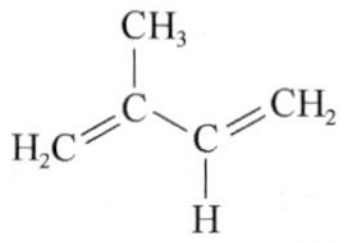

图 6.12　异戊二烯

萜类是植物中种类最多的次级代谢产物，异戊二烯是其中最简单的一种（图 6.12），它在光合作用过程中从叶片中大量释放出来，具有防御高温和强光损伤的作用。植物产生的精油通常对昆虫具有毒性作用，其中许多还能在一定程度上抵御某些真菌和细菌的侵袭，如薄荷植物产生的薄荷醇和薄荷酮等。除虫菊是菊花合成的萜酯，目前农业和卫生行业广泛使用的广谱除虫菊酯实际上包括两大类，一类从除虫菊属的植物中提取，另一类为人工合成化合物，它们都是高效的杀虫剂。松树树脂产生的大量类单帖，是强力驱蚊剂。酚类物质，如黄酮、花青素、植物干扰素、单宁、木质素和呋喃香豆素等，是另一类重要的次级代谢产物，具有抵御病毒的作用。

此外，化学防御类物质还包括氮化合物和蛋白质及酵素等。

二、诱导型防御

诱导型防御包括两个方面：植物遭受昆虫啃食的同时，产生并分泌防御性蛋白或有毒次级代谢物，直接导致昆虫死亡或发育不良，即为直接防御；如果在昆虫啃食的同时，受害植物通过释放挥发性物或产生蜜露以吸引该虫的天敌进行捕食或寄生，这种方式称为间接防御。比如，伞形科植物释放特殊气味吸引胡蜂捕食其体上的毛毛虫属于间接防御。植物和植食性昆虫在数万年的历史长河中，通过不断变异形成了实质性协同进化的关系。

在自然环境条件下，寄主植物-媒介昆虫-微生物三者间相互作用更是复杂多元。近年来，越来越多的研究表明，微生物与昆虫常常可以形成互惠关系从而协作危害植物，包括昆虫通过与其携带的病毒、细菌及其他微生物的互利合作，抑制植物防御反应，从而提高其个体或种群适合度。比如，科学家们发现当烟粉虱携带番茄斑驳病毒（Tomato mottle virus，ToMoV）取食番茄 *Lycopersicon esculentum* 后，能诱导植物致病相关 PR 蛋白的强烈表达，且在感染

ToMoV 植物上烟粉虱的产卵率更高、若虫发育更好，这表明 ToMoV 有助于提高烟粉虱的种群密度。

目前，在预防植物害虫侵害和病原菌感染方面，除了直接利用杀虫剂防治，通过诱导植物增强免疫力也是其中一个重要途径。比如，植物杀菌剂中针对“病毒病”的杀菌剂，有些重要成分是以氨基寡糖素、香菇多糖、吗啉胍等为主，其中氨基寡糖素为“植物诱抗剂”，顾名思义，就是诱导植物增加抗性，施用后能提高作物自身的免疫力和防卫反应，对番茄病毒病有较好的预防效果。

资料链接

模式植物——拟南芥

拟南芥（*Arabidopsis thaliana*），十字花科二年生草本植物，高 7～40cm。基生叶，有柄，呈莲座状，叶片倒卵形或匙形。茎生叶无柄，披针形或线形。总状花序顶生，花瓣 4 片，白色，匙形。长角果线形，长 1～1.5cm，花期 3～5 个月（图 6.13）。

图 6.13　拟南芥

拟南芥植株小，成熟时间短（从发芽到开花不超过 6 周），种子多（每棵植物可产数百粒种子），生命力强。拟南芥的基因组是目前已知植物基因组中最小的。每个单倍染色体组总长只有 7.0×10^7bp，即只有小麦染色体组的 1/80，这就使克隆它的有关基因相对比较容易。拟南芥是自花授粉植物，基因高度纯合，用理化因素处理突变率很高，容易获得各种代谢功能的缺陷型和变异株。由于有上述优点，拟南芥已成为植物分子遗传学、分子生物学研究首选模式植物，被科学家誉为“植物中的果蝇”。它们还伴随神舟十五号飞船奔赴中国空间站问天舱生命生态实验柜的通用生物培养箱中，成了圆满完成从种子到种子生命周期的第一种高等植物。

小　结

植物有两类主要的根系：直根系和须根系。一条初生根从根尖开始依次可划分为根冠区、分生区、伸长区、分化区（根毛区）和成熟区五个区。在分化区的横切面上可见表皮、皮层和中柱三种主要构成部分。双子叶植物和裸子植物根还有次生活动。根的主要功能是吸收、输导、固着、支持、贮藏、合成及无性繁殖。

茎一般可划分为三区：分生区、伸长区和成熟区。茎和根类似，在双子叶植物茎的横切面可见表皮、皮层和中柱。此外双子叶植物和裸子植物的茎还有次生活动。单子叶植物茎无次生活动，其横切面由表皮和下表皮、基本组织及众多独立的维管束组成。支撑起枝、叶、花、果，输导水溶液和有机物，贮存营养物，进行一定的光合作用及无性繁殖等是茎的主要生理功能。

一片完全叶由叶片、叶柄和托叶三部分组成。双子叶植物叶片包括上下表皮、叶肉（栅栏组织、海绵组织）和叶脉（维管束）三部分。单子叶植物叶片虽然也由以上三部分组成，但它的上表皮多有泡状细胞，叶肉中不分栅栏组织和海绵组织。叶主要进行光合作用、蒸腾作用，还能吸收少量水分、无机盐，此外少数叶还有无性繁殖的功能。

满足以下三个条件的有机物才称为植物激素：植物产生的（内源性）、合成与作用部位不同（移动性）和能有效调节植物生理过程（高效性）。植物激素包括生长素、赤霉素、细胞分裂素、脱落酸和乙烯五大类。植物的感应活动主要有向性活动和感性活动两类。

植物防御反应主要分为两种：组成型和诱导型。植物为适应环境不停地进化出一系列的抗虫防御反应，而植食性昆虫也在不断适应植物的防御反应过程中协同进化。

复习思考题

1．种子植物的根系可分为哪两大类？它们各有哪些优缺点？

2．在根毛区的横切面上可以看到哪些构造？

3．列表比较双子叶植物茎与单子叶植物茎结构上的异同点。

4．列表比较双子叶植物叶片与单子叶植物叶片结构上的异同点。

5．什么是植物激素？重要的植物激素有哪些？

6．许多植物受单侧光照射一段时间后都会向光源方向弯曲或倾斜，为什么？

7．植物有哪两类主要的感应活动，它们各有哪些特点？从含羞草的感震活动谈谈它是如何适应自然环境的。

8．举例说明植物对植食类昆虫和病原体的防御性反应的类型。

第七章　生物的生殖与发育

提要　本章简介生物界的各种繁殖方式，包括无性繁殖和有性生殖方式；阐述精（卵）母细胞减数分裂的过程，探讨被子植物花的构造与功能，介绍哺乳动物（人）雌雄生殖系统的构成；阐述双子叶植物特有的双受精现象、胚胎发育及果实形成；简介高等动物（人）的受精、胚胎发育和个体发育过程；此外，还专门讨论了人类辅助生殖及哺乳动物体细胞克隆等社会及生物学热点问题，探讨了衰老的原因、人类自然寿龄及抗衰老等热点和进展。

第一节　生物繁殖概述

繁殖，泛指生物生长到一定阶段后产生出与自身相似的个体的现象。虽然生物的种类可能超过 200 万种，但它们的繁殖方式却只有无性繁殖和有性生殖两大类。

1．无性繁殖　由亲体的一个至几个细胞或个体的一部分直接经细胞分裂和分化长成新一代个体的过程，包括以下几种方式。

（1）裂殖　单细胞生物以均等分裂的方式增殖种群，如细菌和衣藻、盐藻等。

（2）芽殖　小芽体从母体上长出，稍大后即脱离或不脱离母体长成独立生活的个体，如酵母和水螅、珊瑚等。

（3）孢子繁殖　由亲体产生单细胞的孢子，孢子成熟后离开母体自由生活，如青霉和曲霉等各种真菌。

（4）营养体繁殖　脱离亲体的营养器官或亲体的一部分经去分化后直接长成新的个体，如植物枝条的压条、扦插、嫁接，马铃薯块茎繁殖等。植物外植体（植物器官的切段）的组织培养即是用现代化手段促进植物营养体繁殖。

（5）单性繁殖　包括孤雌繁殖和孤雄繁殖，指由雌性或雄性生殖细胞未经受精而独立发育成新个体的现象，以无脊椎动物常见。如蜜蜂未经受精产下的卵都发育成雄蜂。有些蚜虫在春夏条件适宜时亦行孤雌繁殖（图 7.1），其子代全是雌虫。甚至瘿蚊科童瘿蚊属的幼虫及摇蚊科长胫摇蚊的蛹，尚未成熟、不经受精即能繁殖。此外，人工诱导也能促使海胆及青蛙等动物未受精的卵发育成个体。

（6）克隆繁殖　特指以人为的手段取出动物体细胞或胚胎细胞的细胞核并将其植入去核未受精卵中，经适当处理后诱导该异核卵经正常妊娠发育成一只完整动物的过程。

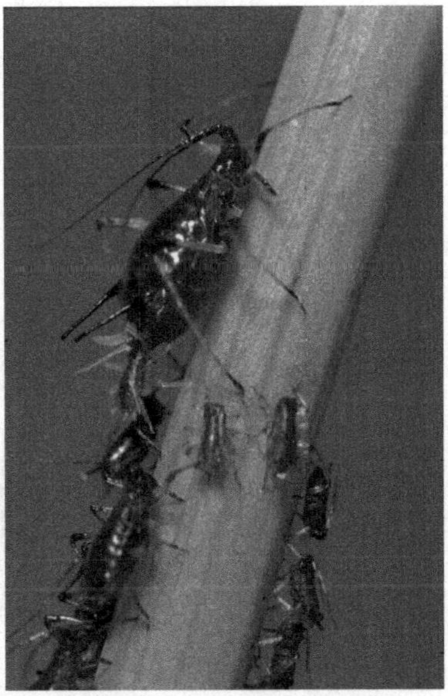

图 7.1　蚜虫无性繁殖

总之，无性繁殖是一种未经两性配子结合直接由母体增殖子代的繁殖方式。它的突出优点在于能最大限度地保存亲本的基因资源和各种性状，同时能迅速增加种群的个体数量，在农林业上具有广泛的实用价值。不过，这种繁殖方式也有其局限性。它们未经双亲遗传资源的整合，亲本基因没有得到更新的机会，长此以往将可能导致该物种种质性状的衰退。

2．有性生殖　通过两性生殖细胞的结合形成新个体的繁殖方式。以前科学家普遍认为，有性生殖的方式最早出现在大约5亿年前。1999年，我国天津地质矿研究所的科学家在河北兴隆-宽城地区发现地球上最早的生物有性生殖器官——红藻的精子囊和囊果化石，其中的精子和卵子清晰可见。这块化石的年代在18亿年以上。可见，有性生殖出现的年代远比前人估计的要早得多。有性生殖的方式主要有以下三种。

（1）接合生殖　两种不同性别的细胞彼此靠拢，或直接以细胞膜（壁）相互紧贴（草履虫），或各自向对方长出特异的“接合管”（真菌、水绵），随后细胞膜（壁）化解，双方的细胞核（DNA）接合，彼此交换部分遗传物质后，在细胞分裂时，这两个细胞核（DNA）分开。原核生物，如细菌，也被发现存在准有性生殖方式的接合生殖。

（2）配子生殖　雌雄两性个体或细胞都特化产生出专司生殖功能的雌性或雄性配子（单倍体），再由雌雄配子结合产生新一代个体的过程。生物经配子生殖，其子代不仅继承了亲代双方的遗传素质，而且由于染色体重组可能产生极多新的遗传组合，因而可能产生具有比亲代更强的生命力和更高的环境适应能力、更富有竞争力的子代（当然也可能出现遗传素质低下的个体，但这样的个体必然被自然界所淘汰）。因此，绝大多数生物以配子生殖的方式繁衍后代也就不足为奇了。

（3）世代交替　指在生物的生活周期中，无性世代个体（也称孢子体世代，两套染色体，$2n$）和有性世代个体（也称配子体世代，单倍染色体，n）交替出现的现象，以植物常见。蕨类植物具有典型的世代交替繁衍过程（图7.2）。阴湿的树干上、墙体上随处可见的蕨

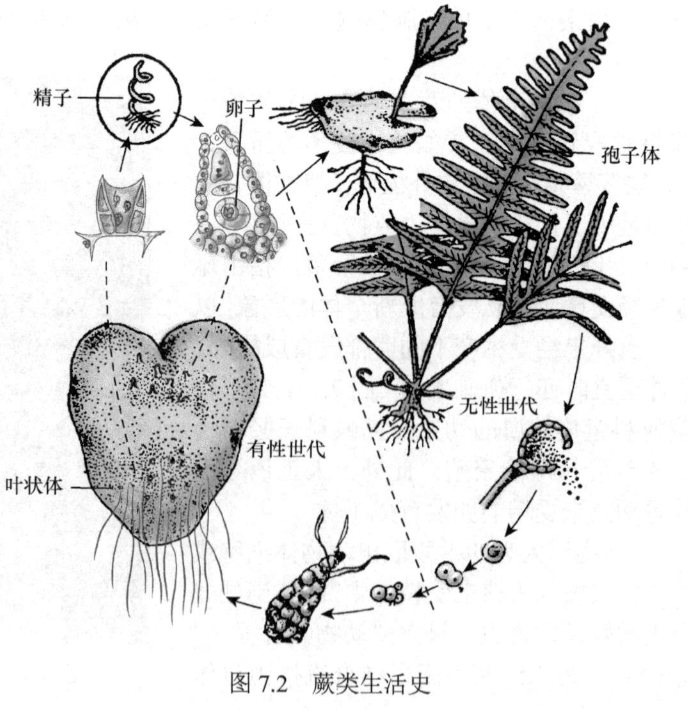

彩图

图7.2　蕨类生活史

类是它们强壮的孢子体（无性世代，2*n*）。它们的配子体（有性世代，*n*）尽管羸弱，仅约 1cm^2 大小，但仍具叶绿体、假根和雌雄配子形成器官，也能独立生活。无性世代和有性世代个体都能独立生活是判断该生物具有世代交替的关键。由于植物的无性世代（我们常见的植物体）通常都能独立生活，因此其关键就在于了解清楚该植物的配子体是否能够独立。具有独立生活的配子体，即可基本判断它们具有世代交替的生活史。

动物界的世代交替较少见，海生腔肠动物中的薮枝螅（*Obelia* sp.）可谓一枝独秀（图 7.3）。树枝状的水螅群体（2*n*）能捕食和生长，具无性出芽的繁殖方式；在适当的时候它们又能分化出特有的生殖体，成熟后释放出半球形的仅 1～2mm 的雌、雄水母芽（*n*）。这些芽体都能独立生活，并以有性生殖的方式重新产生出薮枝螅的营养体（无性世代）。

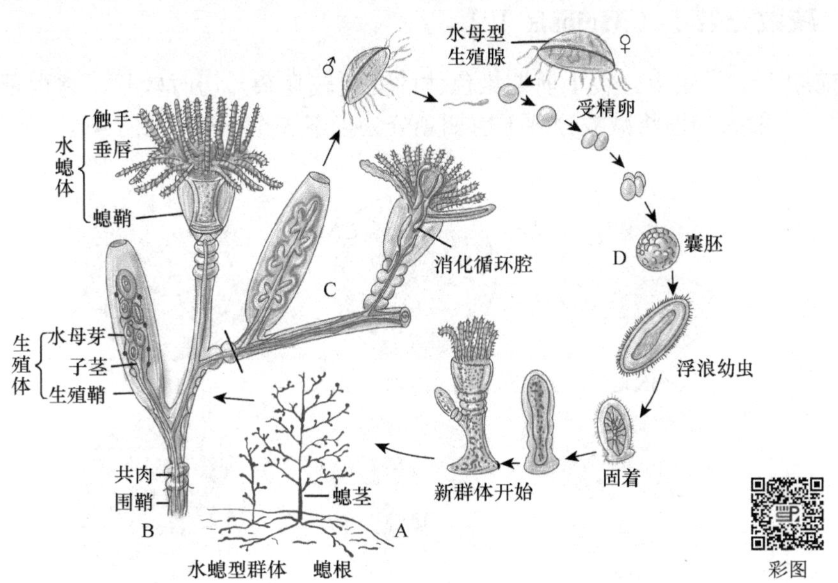

图 7.3　薮枝螅生活史

A．群体；B．部分放大；C．剖面观；D．生活史

世代交替实际上是特化的配子生殖方式。配子体能独立生活是这种生殖方式的显著特征。但配子体毕竟是单倍体世代，生活力较低，因此在植物进化过程中，从苔藓植物到种子植物，其配子体世代所占时间的比例明显缩小。种子植物的配子体——雄蕊中的花粉和雌蕊中的胚囊已不能独立生活，退化成为孢子体上专司生殖功能的器官。由于配子体阶段是单倍体时期，DNA 易受外因影响发生突变，因此配子体世代的日益萎缩对保持物种的遗传稳定性具有十分重要的意义。

第二节　减 数 分 裂

生物之所以能生生不息，除了维持生命活动的新陈代谢以外，持续不断地繁衍生息是保证物种延续的基本手段。原生生物、真菌，某些植物的根、茎、叶等营养器官及少数低等动物可经无性繁殖的途径增殖生物个体。该途径的核心是经细胞有丝分裂后的细胞分化。此外，细菌和蓝藻等原核生物可经无丝分裂进行快速繁殖（有人认为，高等动物包括人的部分组织和器官在受伤时，有些细胞也能进行快速的无丝分裂）。如前所述，无性繁殖的最突出优点就是能最大限度地传承母本的遗传资源。因此，它已成为名贵花卉和林木传种的有效手段。

虽然无性繁殖功不可没，但它毕竟未经双亲遗传信息的结合与重组，未能发挥胚胎发育的更新与复壮的作用。很自然地，大多数生物“选择”了以生成雌雄配子为特征的有性生殖方式进行传宗接代。

生物的生殖器官是产生雌雄配子的“工厂”，它们经精母细胞和卵母细胞的减数分裂，分别生成精子和卵子。

减数分裂是成熟的精母细胞或卵母细胞经 S 期染色质复制加倍成四倍体后连续进行的两次细胞分裂。生殖母细胞经减数分裂最终形成仅具单倍染色质的雌雄配子。减数分裂的主要过程如下。

一、减数分裂Ⅰ（Meiosis Ⅰ）

1．前期Ⅰ　减数分裂Ⅰ前期染色体的变化较复杂，历时较长，它也是减数分裂最重要的时期。一般人为地将减数分裂Ⅰ前期划分为以下 5 个小期（图 7.4）。

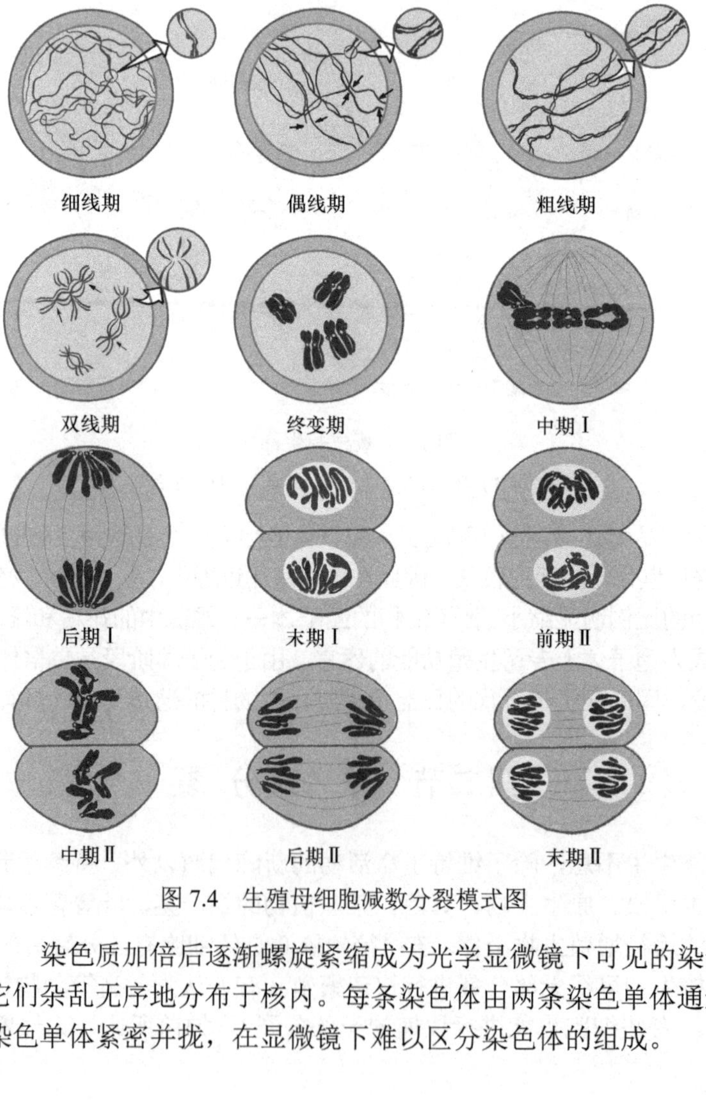

彩图

图 7.4　生殖母细胞减数分裂模式图

（1）细线期　染色质加倍后逐渐螺旋紧缩成为光学显微镜下可见的染色体。由于染色体还比较细长，它们杂乱无序地分布于核内。每条染色体由两条染色单体通过着丝粒连接而成。但由于两条染色单体紧密并拢，在显微镜下难以区分染色体的组成。

（2）偶线期　这是同源染色体配对时期。但实验表明，大约还有 0.3%的 DNA 是在本时期合成的。染色体配对往往从染色体的一个端点逐渐展开，有时也可见多点同时配对，及至同源染色体完全、准确地配对，这个过程称为联会。由于多对染色体的配对端经常同时依附在核膜的某个区域上，因此构成了类似“花束”或“礼花”状的图形。

（3）粗线期　同源染色体配对完全后使染色体显得比较粗实，即进入粗线期。此时由于同源染色体紧密贴合，“合二而一”，核内染色体的数目似乎减少了一半。其实，每条粗线期染色体都由两对同源染色体（4 条染色单体）组成，因此也叫作四分体。由于染色体的并合及紧缩，四分体显得较粗大且僵硬。而且，密切绞缠的非姐妹染色单体之间可能发生染色体片段的多点交换（尤其是较长的染色体）。这种交换就是基因重组并导致子代不成为某个亲本复制品的根本原因。

（4）双线期　由于四分体中的染色单体彼此紧缠，它们间的交换实际上是在双线期同源染色体彼此分离并出现染色体交叉时才得以证实的。交叉出现的多少一般与染色体的长短成正比。因此“油条”形的染色体上显出“8”形的圈圈就成了本时期的标志。此外，在双线期，有时可见从染色体主轴中散出舒展开的螺线体，在染色体外形成大大小小的所谓“灯刷环”，它们是正在旺盛地进行 RNA 转录的活性基因区段，与胞内蛋白质的积累有关。这种现象在两栖类、爬行类和鸟类卵母细胞中尤其显著。

（5）终变期　随着同源染色体间交叉的端移及染色体持续地螺旋紧缩，最终形成只在少数位点或染色体两端相联接的“T”形、棒形或圆形同源染色体对。染色体收缩至最短最粗，核膜破裂，核仁消融。

与此同时，在前期Ⅰ，细胞质中逐渐形成纺锤体；动物生殖细胞的中心体复制后移向两极，星体形成。

2．中期Ⅰ　同源染色体终于完全分开，游散于细胞质中。在纺锤丝微管的作用下，所有染色体都向细胞赤道区集中。此时染色体组的侧面观呈“一”字形摆开，但它们的极面观（从细胞的两极观察染色体组）则为相当规则的圆菊花形。这是染色体计数及核型分析的最佳时期。着丝粒不分裂是减数分裂中期Ⅰ与有丝分裂中期的最本质区别。

3．后期Ⅰ　两组染色体在纺锤丝牵引下分别朝细胞的两极移去。各染色体都包含两条染色单体。

4．末期Ⅰ　到达两极后染色体的行为因种而异，从完全不松懈（某些昆虫）到几乎全都解旋且核膜重新形成（玉米等植物）。对多数生物而言，末期Ⅰ似乎只是染色体形变的暂停期。在任何物种中都没有发现此期有 DNA 合成。

在此期间，星体（动物细胞中）分裂，原有纺锤体在原细胞两极重组成两个纺锤体。在两个子核间形成细胞膜，生成两个子细胞。

二、减数分裂Ⅱ（Meiosis Ⅱ）

减数分裂Ⅱ实质上是一次平常的有丝分裂。经过简短的甚至根本就不存在的间期，两个子细胞的前期Ⅱ开始。若染色体在末期Ⅰ并没解旋，则直接进入中期Ⅱ；反之染色质须重新形成染色体。中期Ⅱ，染色体集中在赤道区，着丝粒分裂，每条染色体各有一个着丝粒。后期Ⅱ，纺锤微管带着各染色体迁向两极。这时每组染色体已是单倍体。末期Ⅱ，到达两极后各染色体逐渐解旋成染色质，核膜、核仁重建。纺锤体解散。

综上所述，正常二倍性的精（卵）母细胞在 DNA 复制后经连续两次分裂，产生了 4 个染色体数减半的单倍性生殖细胞。减数分裂复杂而严格的染色体迁移、演变机制保证了生殖细胞中染色体数目准确减半，这是物种稳定遗传的大前提。此外，经雌雄配子结合后，子代个体的染色体数不仅恢复了正常二倍体，而且由于组合了双亲的遗传素质，子代一般都具有更强的生命力，能更好地适应环境。这就是绝大多数高等动、植物都以减数分裂的方式产生配子、繁衍后代的根本原因。

第三节 被子植物两性花的结构与功能

姹紫嫣红、千姿百态的花是种子植物特有的适于生殖的变态短缩枝。广义的花除了常见的被子植物色彩斑斓的各种花朵外，还包括裸子植物的大、小孢子叶球果，但它们无花被，仅有雄蕊群或雌蕊群。有的花为单生花，花柄直接着生于枝条上。有的花为簇生花。就花在轴上的着生方式而言，可分为无限花序和有限花序两大类。如果位于花轴下部或外围的花先开，渐及顶端或中心，而且花轴能继续伸长并不断分化出新的花芽，这种花序称为无限花序。反之，从花轴顶端或中心开始，花朵陆续绽开，及至下部或外围，花轴不能继续生长，此类花序叫作有限花序。无限花序包括总状花序、穗状花序、柔荑花序、伞形花序、伞房花序、肉穗花序和头状花序等；有限花序可分为单歧聚伞花序和二歧聚伞花序等（图 7.5）。花开之后，花粉落于同种花的柱头上进行受精，果实和种子随后逐渐发育成熟。

彩图

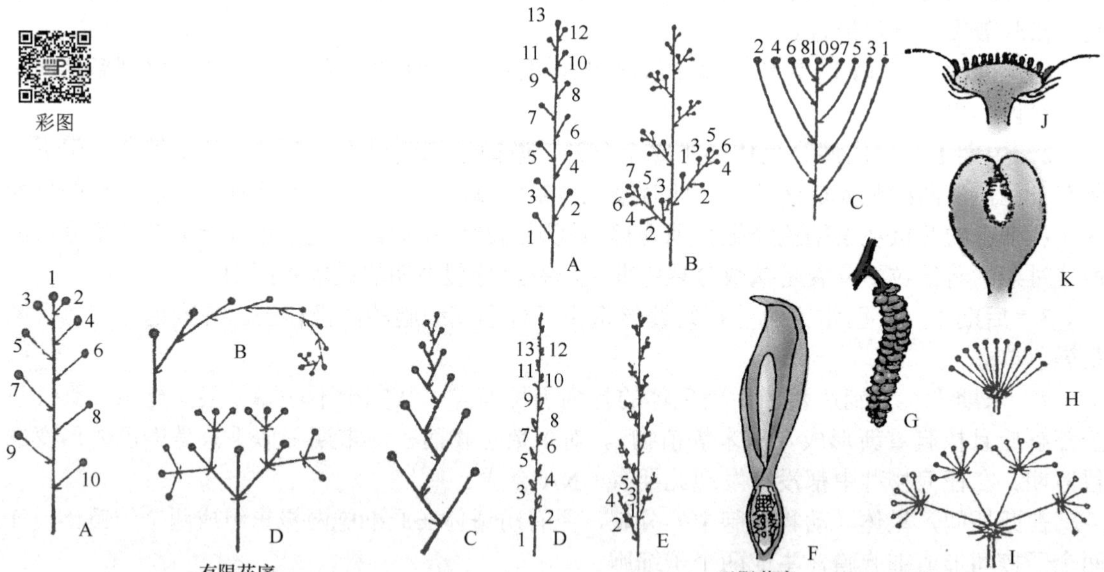

有限花序

A．单歧聚伞花序；B．螺状聚伞花序；
C．蝎尾状聚伞花序；D．二歧聚伞花序
（图中1、2、3…表示开花的顺序）

无限花序

A．总状花序；B．复总状花序；C．伞房花序；
D．穗状花序；E．复穗状花序；F．肉穗花序；G．柔荑花序；
H．伞形花序；I．复伞形花序；J．头状花序；K．隐头花序
（图中1、2、3…表示开花的顺序）

图 7.5 植物主要花序图解

典型的被子植物两性花由花柄（梗）、花托、花被（花萼和花瓣）、雄蕊和雌蕊几个部分构成（图 7.6）。

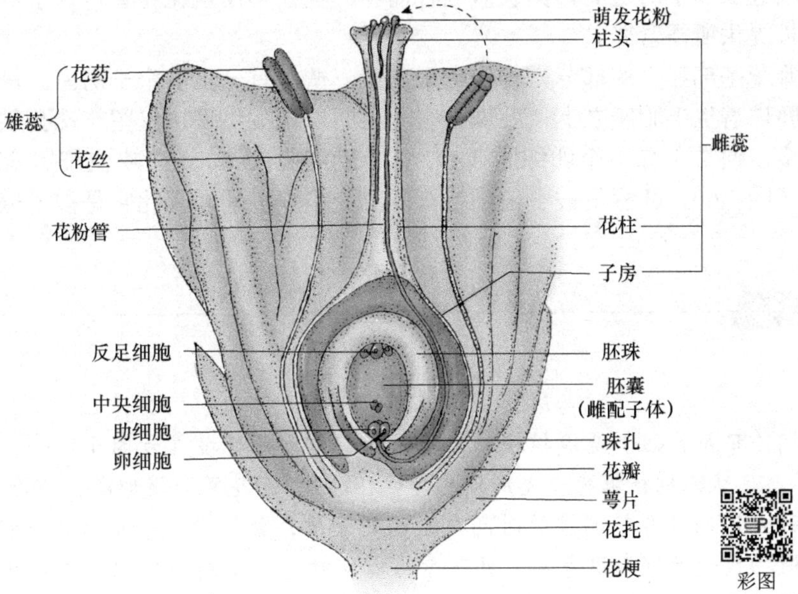

图 7.6　被子植物两性花结构图解

1．花柄（梗）和花托　花柄是营养枝的末端，也是花与果的营养输送通道与支持者。花柄的顶端叫作花托，花被和雌、雄蕊着生其上。

2．花被　花被即花的包被，包括花萼和花冠两部分，它们都是花的附属物。从形态及解剖学的角度考察，花被实质上是一些变形的叶子。它们有表皮层、表皮毛和气孔。不过它们的维管束明显简化，叶肉中的细胞大多疏松排列，很少分化成栅栏组织和海绵组织。花萼位于花的最外层，大多革质，具保护作用。有些花萼细胞含有叶绿体，呈绿色，能进行光合作用。花冠位于花萼内侧，由若干片纤嫩的花瓣构成。花瓣常有颜色，并能产生、释放出挥发性芳香油，有利于吸引昆虫传粉。此外，花冠还具保护雌雄蕊的功能。风媒花的花冠多退化，便于花粉随风飘散。

3．雄蕊　雄蕊是被子植物花冠内侧能产生花粉的变态叶，是花的重要组成部分之一。一朵花中常有多枚雄蕊，形成雄蕊群。

雄蕊由花丝和花药两部分组成。花丝着生于花托或花冠基部，顶端托起花药，是植物向花药提供营养物质的通道。风媒花的花丝一般较长，花丝末端的花药悬挂在花冠之外。花药是花丝顶端明显膨大的部分。外观上大多可见花药由两个长筒状药室构成。显微镜下还能发现每个药室中具一或两个花粉囊，内有众多的花粉。

4．雌蕊　雌蕊位于花的中央，是花的核心部分。多数花只有一个雌蕊，少数较原始的被子植物可有多个雌蕊。

构成雌蕊的心皮实际上是一种变态的叶。它在特化成雌蕊的过程中形成了柱头、花柱和子房三个部分。

柱头高居雌蕊上端，往往外展成各种形状，柱头的表面积得以增大。多数风媒花的柱头甚至长成羽毛状，大大提高了从空气中截获花粉的机会。柱头的表面能分泌出水分、各种糖类、脂类、激素、蛋白质和酶等物质。因此，柱头不仅能承接花粉，而且可保证同种花粉的识别及花粉管的萌发。

花柱位于柱头和子房之间，其长短因种而异。花柱不仅是花粉管进入子房的通道，还能为花粉管伸长提供所需营养。

子房是雌蕊基部膨大的部分，外周为子房壁，壁内有一至多个子房室。每一室由胚珠和胎座构成，胚珠着生于胎座之上。胚珠外有一至两层珠被包裹，仅留一珠孔供花粉管穿入。胚珠内有胚囊，通常含有 1 个卵细胞（n）、2 个助细胞（n）、1 个中央细胞（$2n$）和 3 个反足细胞（n）（图 7.6）。胚囊是被子植物特有的双受精发生处，因此它是被子植物有性生殖的核心部位。

资料链接

植物开花的秘密

光周期（日照长短）是调控植物开花时间最重要的环境信号因子之一。早在上世纪初，科学界就已认识到植物感受光周期的部位在叶片，而花的分化形成在植物的顶端组织。为解释这种光周期对开花调控的时间与空间的矛盾，曾假设植物中存在一种物质——开花素，当植物接受光周期诱导后，开花素可以从叶片移动到顶端组织诱导开花。

据美国科学家 W. J. Lucas 等报道（2007），通过研究一种野生短日照南瓜，他们发现在叶子中有一种被称为 FT 的蛋白本质上是植物的开花素，它通过植物韧皮部传送到生长点来触发植物开花。Lucas 等首先克隆了编码 FT 蛋白的基因，然后将该基因插入感染南瓜的病毒的基因组中。如果用这种重组病毒感染野生短日照南瓜（日照短时才开花），它们只特异性地存在于转基因南瓜的叶子和茎中，而且受感染的转基因南瓜的开花变得和一般南瓜一样不受日照长短的影响。一旦将转基因南瓜嫁接到尚未开花的普通南瓜上，后者很快就开花了，而且在韧皮部中发现了 FT 蛋白。由此可见，FT 蛋白在转基因南瓜的叶片上合成后，已经通过茎中的韧皮部转移到普通南瓜上并促使后者开花。

第四节 植物胚胎发育与果实形成

配子生殖方式有利于产生更能适应环境的后代，绝大多数高等动物和高等植物都行配子生殖。一旦精卵结合形成受精卵，下一代胚胎发育也就开始了。所谓胚胎发育，是指从一个受精卵开始，经过细胞多次分裂、反复分化、相互诱导，最终形成与亲代相似的雏形生物的过程。在植物，胚胎发育导致种子生成。在动物，胚胎发育刚完成，早熟型的动物幼体就破壳而出独立生活了，如绝大多数昆虫。但对于多数迟熟型哺乳动物，包括人，胚胎发育完成后，幼体还十分嫩小，他们得留在子宫内再经历一段或长或短的胚后发育后才出生。个体诞生后它的一生经历了幼年期、性成熟期、衰老期，直至死亡。这就是生物的个体发育过程。以下就植物和动物的胚胎发育分别进行讲述

植物长大后在各种外因（很多植物主要是日照长短）的影响下逐渐进入花芽分化期，分别产生雄蕾和雌蕾。雄蕾的花药中蕴含无数的花粉，一旦花粉落到同种成熟雌蕾的柱头上，授粉也就开始了。

1. 授粉　花药中的花粉母细胞经减数分裂形成四个小孢子（单倍体，n），称为四分孢子。这些小孢子继续发育，进行 DNA 复制、有丝分裂和不均等分割，出现一大一小的营

养细胞和生殖细胞，外面以共同的花粉壁包裹。大多数被子植物成熟的花粉粒以这种 2 细胞的状态出现。少数植物如水稻、小麦、玉米等，它们的生殖细胞还需再进行一次有丝分裂（这是单倍体细胞特殊的有丝分裂，形成两个单倍体细胞），生成两个精细胞，这时花粉才成熟，它们被称为 3 细胞花粉。这种 2 细胞或 3 细胞的花粉粒就是被子植物极为退化的不能独立生活（只能在花粉囊中得到滋养）的雄配子体世代。

成熟花粉的生活力因种而异差别很大。自然状态下，多数禾本科植物（单子叶植物）花粉的存活期不超过一天。木本植物花粉大多可存活 10 天以上。它们借风力或昆虫的传播落到柱头上后，若错遇异种柱头，花粉壁表面的糖蛋白未能与柱头分泌物中的蛋白正确识别，导致花粉不能萌发或花粉虽能萌动但花粉管的长度达不到珠孔，精子无法进入胚囊。这是物种在长期进化过程中形成的生殖隔离。若花粉粒被同种柱头截获，经过识别作用，花粉粒大量吸收柱头上的水分，内质网合成蛋白质的功能显著增强，高尔基体亦活跃地产生众多含多种酶及果胶质等构成细胞壁物质的小泡向外分泌。花粉管终于从萌发孔突出，并沿花柱向下延伸，到达珠孔。这时往往营养细胞的细胞核在管中先行，2 个精细胞随后（3 细胞花粉）；2 细胞花粉中的生殖细胞此时才经有丝分裂产生 2 个精细胞（n）。花粉管从珠孔进入胚囊。此时卵细胞两侧的 2 个助细胞中有 1 个先退化。花粉管进入这个助细胞，释出 2 个精细胞、1 个营养核及其他内容物。营养核很快被降解。1 个精细胞与卵细胞结合，形成合子（$2n$），植物胚胎发育从此开始。另一个精子与中央细胞的极核（$2n$）融合，生成三倍体的胚乳细胞，并逐渐发育成营养物质丰富的胚乳供种子萌发和幼苗成长需要。有些植物的胚乳在种子形成过程中营养耗尽，将营养转存于子叶中，形成肥厚的子叶。这就是被子植物特有的双受精过程。双受精后，助细胞和反足细胞一般都退化消失（图 7.7）。

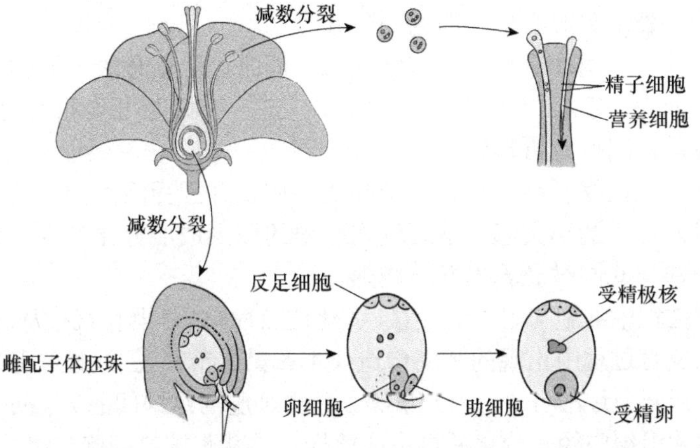

彩图

图 7.7　被子植物雌雄配子体的形成和双受精作用

双受精的出现，意味着植物界在其进化的历程中跃上一个新的高度。它一方面通过精卵的结合使后代秉承双亲的遗传素质，同时还出现一定的新杂交组合；另一方面由于胚乳细胞的出现和旺盛分裂积累大量有机物作为营养储备，从而使被子植物在自然界的竞争中处于十分有利的地位。

2．双子叶植物的胚胎发育　卵细胞受精后产生的合子一般都要经过或短或长的休眠期，从几小时到几个月不等。这时的合子虽不进行细胞分裂，但代谢活动已大为增强，多数合子形状变长，细胞核移向顶端，即合子呈明显极性化。

从合子开始的双子叶植物胚胎发育通常经历以下几个阶段（图 7.8）。

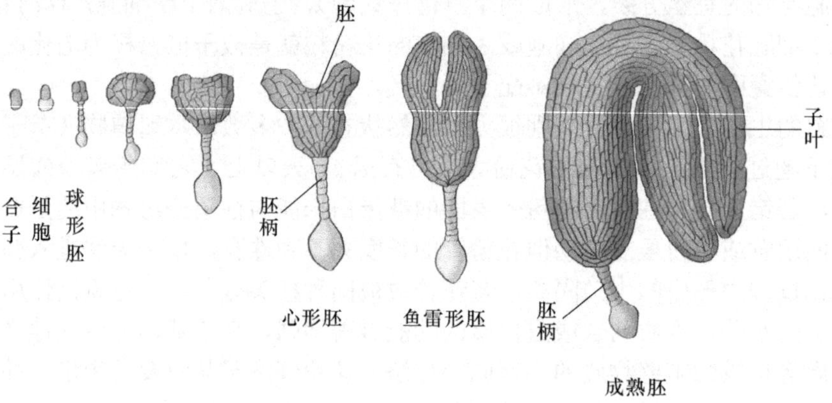

彩图

图 7.8 双子叶植物胚发育

（1）球形胚期　休眠后，合子的第一次有丝分裂往往是横裂，生成一个顶细胞和一个基细胞。这两个细胞今后的发展方向迥然不同。顶细胞持续进行纵向和横向分裂，逐渐形成圆球形胚，各细胞间尚未出现明显的分化。与此同时，基细胞连续进行多次的横裂，形成胚柄。胚柄最末端细胞常膨大成泡状。胚柄细胞能吸收周围组织的养分供胚生成，并对胚体的生长具支持和固着作用。此外，胚柄细胞还能合成和分泌某些激素调节胚体的早期发育。因此胚柄是植物胚胎发育过程中的重要调节者。植物胚胎发育成熟后，胚柄即逐渐退化消失或仅留残迹。

（2）心形胚期　胚上部两侧的细胞团首先加速分裂生长，逐渐向上突起，形成大小相仿的两团雏形子叶，外形类似心形，即为心形胚。

（3）鱼雷形胚期　两片雏形子叶持续生长。同时，胚柄顶端与胚体相接的那个称为胚根原的细胞也不断分裂、分化，纵向形成胚根，并且进一步在胚根与胚芽之间分化形成胚轴。这时期的胚形似鱼雷，叫作鱼雷形胚。

（4）成熟胚期　植物胚继续生长，子叶明显伸长并因受阻而向下弯曲；两子叶间的顶端分生组织（胚芽）呈半圆形突起，下胚轴和胚根的原形成层分化产生。这时的胚已基本长成，称成熟胚。通常与此同时胚乳也发育成熟。

植物胚胎发育过程中细胞与组织的迁移、变化比较简单。各器官直接从胚性组织分化长成，没有形成动物胚胎发育过程中出现的胚层构造（本章第二节）。因此植物胚胎发育历时较短，从十几天（水稻）到一个月左右（玉米）不等。它们细胞与组织间的分化亦不甚深刻，比较容易从已分化的细胞和组织中经去分化后再生成植株。这就是植物细胞与组织培养的基本依据。

3．种子与果实的形成　被子植物经双受精后，受精卵发育成胚；中央细胞受精后逐渐长成胚乳。与此同时，胚珠的珠被细胞加速分裂和分化，形成包在胚和胚乳之外的种皮，种子遂告建成。

在种子形成过程中，由于吲哚乙酸等植物激素的大量合成，促使子房壁等花器迅速吸收营养，发育成为包裹在种子外围的具滋养与保护作用的器官，即果皮。果皮不是一层皮，它一般分为外、中、内三层。由果皮保护种子，果实也就形成了（图 7.9）。如果仅由子房壁发育成果皮，这类果叫作真果，如桃、稻、麦等的果实。除了子房壁以外，有些植物的果皮还由花的其他部分（主要有花筒、花托）参与甚至为主构成，如梨与苹果的可食部分。这种果实称为假果。

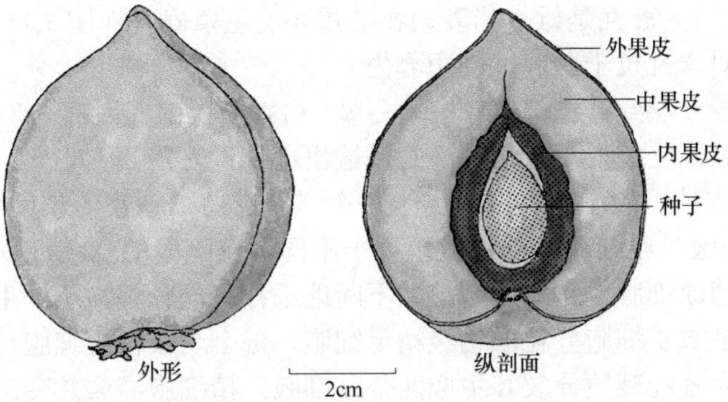

彩图

图 7.9　桃果实纵剖图

在自然或人为处理的情况下，有些植物不经受精作用的刺激，子房壁亦可发育成果皮，这种现象叫作单性结实，形成无籽果实。人们获得无籽果实主要经生理和遗传两条途径：以10mg/L 的萘乙酸（NAA）喷施葡萄花序，或以 30～100mg/L 的吲哚乙酸（IAA）或 2,4-D 喷施西瓜和番茄等即将绽开的花蕾，都能得到无籽果实；以四倍体植株的花粉对同种正常二倍体植株的柱头授粉，由于形成的三倍体合子呈高度不育性，果实中也将无籽或少籽。香蕉是一种天然三倍体植物，从未有种子，只能以无性增殖的方式进行繁殖。

第五节　哺乳动物生殖系统

能繁衍下一代是生物的基本特征之一。高等动物都以有性生殖的方式进行繁殖。有性生殖涉及雌雄两性生殖系统，其核心是两性生殖上皮母细胞的减数分裂（本章第二节）、配子形成和雌雄性激素的产生和维持。

一、雄性生殖系统

哺乳动物（包括人）雄性生殖系统（图 7.10）由阴囊（内含睾丸和附睾）、输精管、射精管、精囊腺、前列腺、尿道球腺和阴茎组成。阴囊和阴茎位于腹腔外，也称为外生殖器。

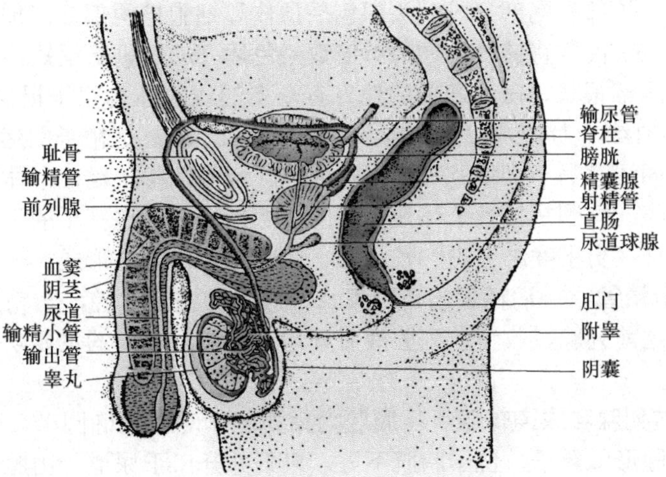

彩图

图 7.10　男性生殖系统

1．睾丸与附睾 睾丸是雄性哺乳动物最重要的生殖器官（图 7.11）。多数雄性哺乳动物（包括人）的一对睾丸位于腹腔外的阴囊内。

睾丸表面覆盖着一层致密结缔组织——白膜。白膜深入睾丸内部，将睾丸分成许多小叶。小叶内充满曲细精管。它们最后汇集成十几条输出小管进入附睾。

曲细精管是生成精子的场所。成年男子每个睾丸内曲细精管的长度可达 200m，每天产生 5000 多万个精细胞。曲细精管的管壁由处于不同发育阶段的生殖上皮细胞和支持细胞构成。管壁最外层是精原细胞。精原细胞持续不断地进行有丝分裂，所产生的子细胞除部分保留为精原细胞外，多数子细胞分化成初级精母细胞。每个初级精母细胞经减数分裂 I 产生两个次级精母细胞。后者经减数分裂Ⅱ生成四个精细胞。精细胞经成熟变态形成蝌蚪状的精子（图 7.12）。精细胞和精子经输出小管输入附睾，在那里进一步成熟后暂时贮存。

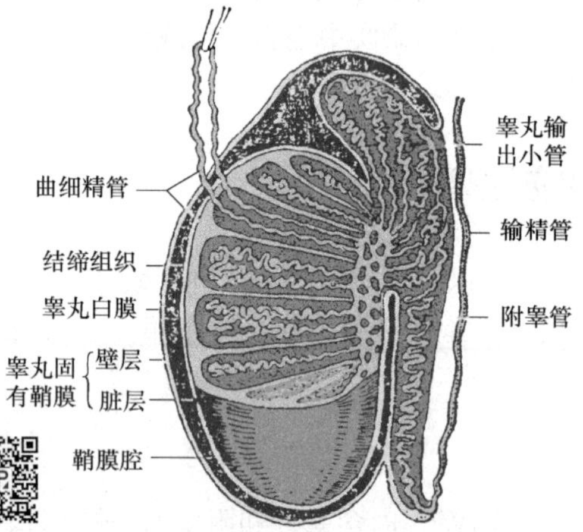

彩图

图 7.11 睾丸与附睾的构造

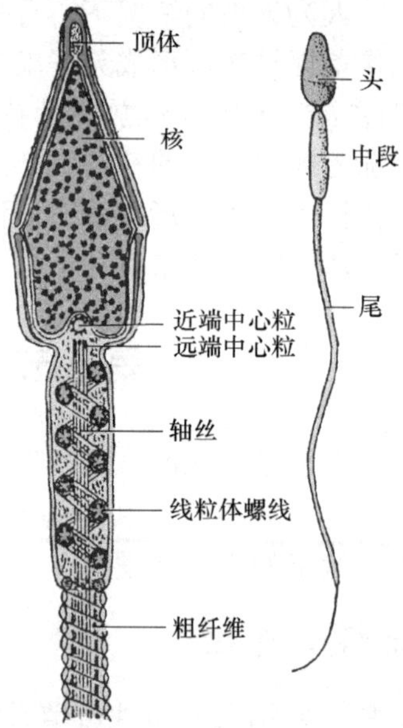

彩图

图 7.12 哺乳动物精子构造

精子分为头部、颈部和尾部三段。头部包括顶体和细胞核两部分。顶体中含透明质酸酶等水解酶类。细胞核中仅含有该种生物的单倍数染色体（n）。颈部很短，仅由近端中心粒和远端中心粒构成。尾部很长，在近颈部的地方有众多的线粒体为精子提供泳动所需的能源。尾部的主要成分是轴丝，为“9＋2”结构（第三章第二节），是精子的运动器。

睾丸曲细精管间还有另一类细胞——间质细胞。这些细胞在雄性个体性成熟后能分泌雄性激素，主要是睾酮。睾酮是雄性个体最重要的性激素，它促进精子的生成，维持雄性性器官的功能和第二性征（男子喉结突出、长胡须、肌肉发达等）的形成。

2．输精管与射精管 输精管出自附睾，经腹股沟进入盆腔，与精囊腺的排泄管汇合成射精管。后者穿过前列腺，收集前列腺液后开口于尿道。它们的主要功能是输送精子，排出精液。

3．精囊腺、前列腺和尿道球腺 腹腔内精囊腺一对，长椭圆形，位于膀胱后方，与输精管相通。前列腺形似栗子，位于膀胱下方，包裹并开口于尿道，由腺体及平滑肌构成。尿道球腺一对，豌豆状，位于前列腺下方，与尿道相通。这三种腺体都分泌白色弱碱性液体，不仅为精子供给营养，而且为它们提供具有适宜的 pH 和一定渗透压的泳动介质。这些液体与精子汇合后形成精液。

4．外生殖器　雄性哺乳动物（人）的外生殖器包括阴囊和阴茎。阴囊是皮肤性的囊袋，内包睾丸、附睾和输精管前端。阴茎内有两条阴茎海绵体和一条尿道海绵体。性兴奋时这三条海绵体可由于充盈血液而勃起。尿道从这三条纵行的海绵体中穿过，兼有解尿和排精的功能。

成年雄性哺乳动物（人）性兴奋后，勃起的阴茎插入雌性生殖道并来回抽动，刺激精子从附睾流入输精管和射精管，与精囊腺、前列腺和尿道球腺分泌的液体混合成精液，后者经尿道射出体外。正常青壮年男子每次射精排出精液 2～5mL，每毫升含精子 1.0 亿～1.5 亿个（现代男子不少人精液中的精子含量已经低于这个数字，见本章第八节），精子畸形率低于 15%。如果精子的数量降到每毫升 2000 万个以下则难以使卵子受精。

二、雌性生殖系统

雌性哺乳动物担负着排卵、受精、孕育胎儿、哺育婴儿等多项与生殖有关的分工，因此它们的生殖系统比雄性动物复杂得多。雌性哺乳动物（人）生殖系统，包括：卵巢、输卵管、子宫、阴道和外阴（图 7.13），此外还有乳房。

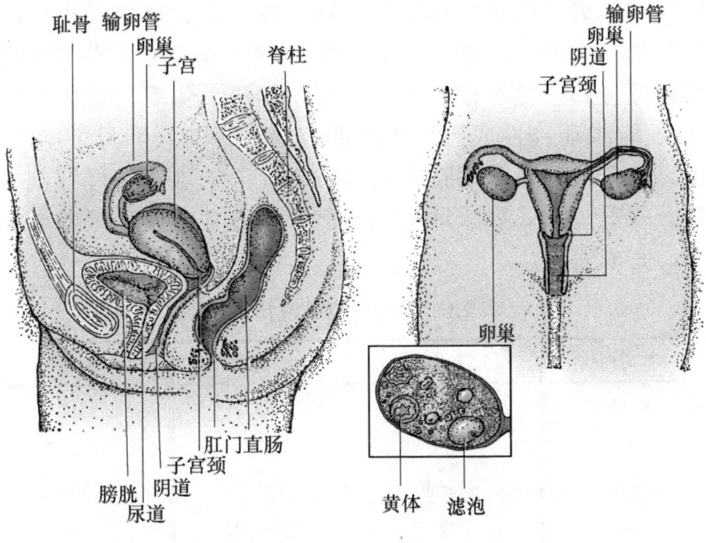

彩图

图 7.13　女性生殖系统

1．卵巢　卵巢呈扁卵圆形，左右各一，位于盆腔内子宫两侧，是女性产生卵子、分泌雌激素的重要器官。

卵巢表面为单层生殖上皮，上皮以下是致密结缔组织形成的白膜。白膜以内即卵巢的实质，包括含有众多处于不同发育阶段卵泡的皮质和主要由血管、淋巴管和神经细胞构成的髓质两部分（图 7.14）。每一个初级卵泡由卵原细胞及其周围的卵泡细胞构成。卵泡细胞既护卫卵原细胞，又有分泌雌激素的功能。

在女性的一生中，她的卵巢中的卵原细胞数呈现随年龄增大而递减的规律。在胚胎发育至第 5 个月的女胚中，她此时拥有的未成熟生殖细胞最多，可达 600～700 万个。之后，生

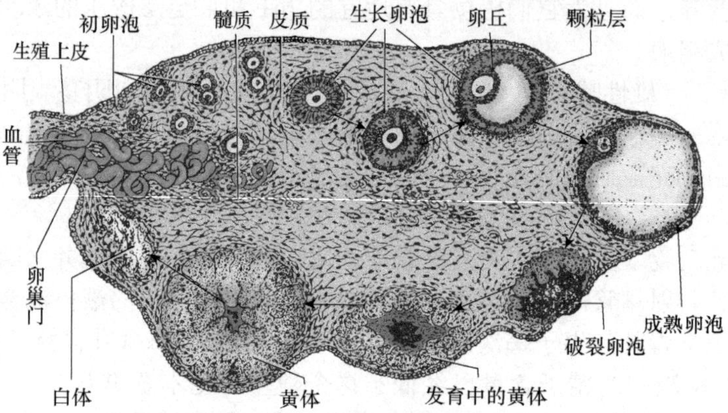

图 7.14　卵巢构造模式图

箭头表示卵泡发育的过程

殖细胞数量逐渐减少。出生时，两侧卵巢中的卵泡降至约 70 万个。至青春期，只余数万个卵泡。其实女性一生中两个卵巢排出的卵母细胞数不过 300～400 个。这似乎是个极大的浪费。不过它也许是人及其他哺乳动物在进化过程中经历了鱼类、两栖类（体外受精，排卵量巨大，成活率低）至爬行类、哺乳类（体内受精、排卵量少、成活率高）的一个缩影。

卵泡发育成熟后陆续离开卵巢叫作排卵。猪、狗、兔、鼠等动物一次可排多个卵同时受精。人一般每次只排一个卵。动物一般处于发情期才能交配。有的动物甚至在发情交配后才排卵，这样可以保证卵子具有很高的受精率，如猫、兔等。多数动物根据发情周期自发排卵（表 7.1）。一般脊椎动物性成熟后排出的卵仍处于初级卵母细胞阶段，在卵巢外（人在排卵前 36～48h）完成初级卵母细胞减数分裂 I，形成次级卵母细胞（图 7.15）和第一极体，并进入减数分裂 II 中期。如果适逢精子刺入，这才激发次级卵母细胞完成减数分裂 II，放出第二极体，完成受精。

表 7.1　几种动物的发情周期

动物	发情周期/d	动物	发情周期/d	动物	发情周期/d
大鼠	4～5	猪	21	猕猴	24～26
小鼠	5	牛	21	黑猩猩	35～37
豚鼠	15～16	亚洲象	21	狗	约 120
羊	16	马	21～27	猫	约 180

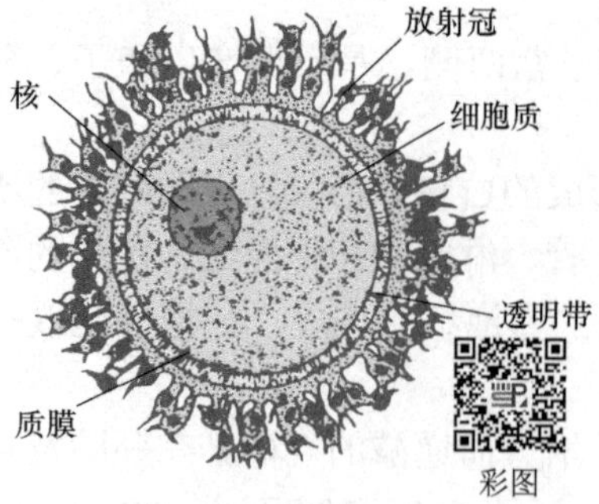

图 7.15　离开卵巢的人次级卵母细胞

排卵后，卵巢内残余的卵泡塌陷，余下的卵泡细胞在脑垂体前叶分泌的卵泡刺激素和黄体生成素的共同作用下迅速分裂形成黄体。黄体能分泌孕激素（黄体酮）和雌激素。如果排出的卵能成功受精并着床，则黄体继续发育并持续分泌上述激素至妊娠 5～6 个月后才萎缩退化，由胎盘取代黄体的功能。如果未能妊娠，排卵两周后黄体萎缩成白体，其余初级卵泡继续发育。

2．输卵管　输卵管是一对由平滑肌构成的小管道，位于卵巢与子宫之间，负责将卵母细胞向子宫方向输送。排入雌体内的精子经常在此处与卵母细胞相遇并使其受精。

避孕是通过人为手段干预、阻止精卵结合或使受精卵难以着床的方法。人类避孕的手段基本上可以分为三类：器具避孕，药物避孕及其他避孕方法。器具避孕包括男性使用安全套、女性放置节育环和子宫帽等；药物避孕主要适用女性，如口服避孕药、外用避孕药（女性用药膏、药膜）、女性皮下埋植避孕剂、打避孕针等；其他避孕方法还有男子输精管结扎、体外排精、女子输卵管结扎、安全期避孕等。一般认为，避孕药在一定程度上干扰了女性的正常生理代谢，服用须十分谨慎。

3．子宫　子宫两侧与输卵管相接，下口通向阴道，略呈倒置的梨形，由外膜、丰厚的平滑肌层和内膜构成。子宫是受精卵着床、胎儿发育的场所。育龄女子子宫内膜受卵巢分泌激素变化的影响，表现出明显的周期性脱落和修复现象，即月经周期。

4．阴道　阴道为肌性管道，上接子宫，下通外阴，是交媾的器官和经血排出、胎儿逸出的通道。

5．外阴　外阴是雌性生殖系统暴露于体外的部分，包括阴蒂和大、小阴唇等皮肤隆褶和腺体，尿道亦开口于此。

雌雄生殖系统的功能都直接受控于脑下垂体前叶分泌的卵泡刺激素和黄体生成素的共同作用。睾丸和卵巢是这两种激素的靶的器官。它们分别产生雄性激素和雌性激素。去势（阉割）即割舍睾丸，将使动物（人）雌性化。女运动员服用类似雄性激素的类固醇药物，将使她们肌肉发达，体毛增多，实际上扰乱了体内正常生理代谢，对健康十分有害。

生生不息是生物的基本特征之一。生物的繁衍依赖于雌雄两性的配合。雄性动物总是趋向于和更多的雌性动物交配，这样它的基因就有更多的机会流传下去。对于雌性动物而言，交配和产仔虽然可以让自己的基因传给下一代，但也增加了生存的危险系数。雌性哺乳动物在漫长的怀孕期间，由于行动不便，被天敌捕食的概率大大上升了。因此，多数动物仅在一年中的某个时期发情、交配，或者采取群居的生活方式以保护母幼不受天敌的伤害。

资料链接

性病及预防

性病，即以性接触为主要传播方式的一组疾病。原国家卫生部制定的《性病防治管理办法》中确定的性病为 8 种，即艾滋病、淋病、梅毒、软下疳、性病性淋巴肉芽肿、非淋菌性尿道炎、尖锐湿疣、生殖器疱疹。

随着经济的发展和国际交流增多，性病在我国死灰复燃且有年轻化的趋势，其中门诊中发现尖锐湿疣、梅毒甚至艾滋病的大学生越来越多，而且男男同性恋占到了很大一部分比例。这和大学生们处于刚刚开始进入半社会性质的成年人生活中，来自各方面关于性生活的约束不再明显，对正确的性观念和性保护知之甚少有很大关系。所以大学生们应该了解正确、健康的性知识，知道如何保护自己。

1988 年，世界卫生组织在总结了预防性病和艾滋病经验的基础上，提出了预防性病、艾滋病的“ABC”原则。A，abstinence，禁欲，如果人不进行性活动，感染性病、艾滋病的危险就大大降低，坚持洁身自好，遵守社会道德规范；B，be faithful，忠诚，也就是性伴侣要专一，避免婚外性行为；C，condom，安全套，指使用安全套能有效预防性生活中性病和艾滋病的传播。近年来又提出了：D，drug，药物，指发生高危性行为后72小时内可以服用阻断艾滋病病毒感染的药物（但阻断药的副作用比较大，也并不是百分之百能阻断传播）；E，end，即终止行为的意思。如果以上几点都做不到的话，很可能会感染艾滋病病毒。因此，青年人应该将主要精力放在学习上，恋人之间应相互忠诚。爱情固然美好，预防艾滋病更应放首位。

第六节　高等动物胚胎发育

自从生物在18亿年前萌发了有性生殖器官后，绝大多数多细胞动物都以特化的雌雄配子结合成受精卵的方式作为胚胎发育的起始点，也是个体发生的出发点。胚胎发育是从一个受精卵发育成雏形生物的过程。个体发育包括一个个体从胚胎发育到生老病死跌宕起伏的一生里程。它们互为因果。生命正是在这种“因”与“果”的相互转换中流传百世，生生不息。

许多小卵型动物一完成胚胎发育便匆匆破壳而出。这是由于卵（蛋）中母亲为之贮备的养分已耗尽。这时，如果没有亲代的呵护，它们的死亡率是很高的。

胎生动物整个胚胎期都在母亲子宫中度过，既安全又舒适。当这个小生命已建成各种雏形器官，胚胎发育已经告成时（人胚在妊娠8周后），绝大多数小生命还在子宫中进行胚后发育。待到它的营养及运动器官都发育较健全时才出生，而且诞生后还受到母亲乃至整个种群的精心呵护，因此这些小动物的自然成活率很高。

一、受精

受精是雌雄两性配子的结合，是胚胎发育的起点。由于受精的具体方式与机理错综复杂，本节只就其基本模式作一概要介绍。

1．精子获能　精子受雌性生殖管道（主要是输卵管）中的某些化学物质的作用而发生形态上和生理上的变化过程称为精子的获能。许多哺乳动物（包括人）的精子必须经过获能才能使卵子受精。精子获能的主要变化在顶体。它使顶体膜容易破裂以释放出其中的透明质酸酶等水解酶类，从而有利于精子穿过卵子的放射冠和透明带。精子获能是精子成熟的最后阶段。

2．受精　除了精子的获能与卵子的成熟以外，哺乳动物受精能否成功取决于两个“一”：专一性受精与单一性受精。解决同种精卵相互识别并排斥异种精子的进入是保持物种稳定的基本前提。原来，在哺乳动物卵子的表面都有由糖蛋白构成的本种特异受体蛋白（受精素）ZP_1、ZP_2和ZP_3。ZP_3是主要的能识别本种精子的特异蛋白质。它不仅“审查”到来的精子的“身份”，而且能粘在同种精子的头部之上，引起顶体破解，放出其中的透明质酸酶等蛋白酶和糖苷酶。接着，精子的顶体犹如一杆特异的“化学钻头”，在透明带上“打”（消化）出一个小孔。不断转动的精子借此通道穿过透明带直抵卵膜。随着各种水解酶的释出，顶体内层的结合蛋白（抗受精素）终于暴露在精子顶端。通过结合蛋白与卵子受体蛋白的识别偶联，精卵细胞膜得以融合。精子的头部连同中心粒和线粒体一同被卵子吞没（图7.16）。精子线粒体连同其中的DNA不久即被降解，所以线粒体DNA为母系遗传。这就是哺乳动物在分子水平识别并保证专一性受精的基本过程。

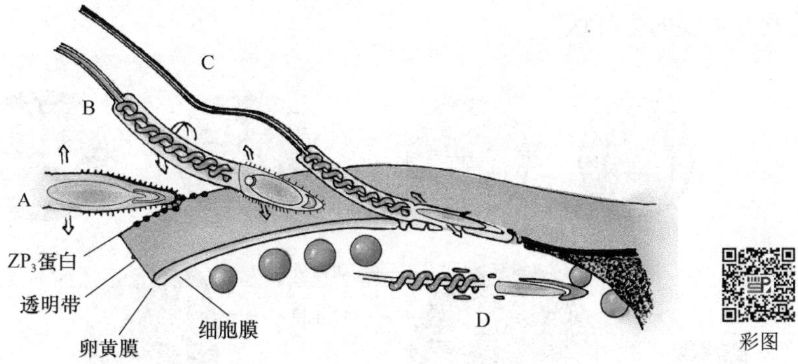

图 7.16　哺乳动物卵细胞受精示意图

精子顶体与卵膜（透明带）上的 ZP_3 蛋白接触，导致顶体膜穿孔，放出透明质酸溶解酶，消化出一条裂缝。精子沿裂缝与卵接触，精卵膜融合，精子入卵。A、B、C、D 代表精子入卵的先后顺序

雄性个体每次射出的精子数量巨大。如何使最健康的精子“脱颖而出”获得单一受精的机会对于物种的繁衍无疑事关重大。通常这主要依靠“一快二变三阻拦”的方式实现。“一快”指的是泳动快，最先到达的精子无疑是最强壮的精子，它优先受精。第一个精子头部刺入卵后（尾部留在卵外），外界的 Na^+随即大量渗入，卵内胞质 pH 升高，造成膜内外电位剧变。这种去极化波迅速传遍卵子表面，立即使电压依赖性受体蛋白变构，从此卵子不再能识别和接受迟到的精子，这是“二变”。与此同时精子提供的激活因子作用于内质网，触发后者以正反馈的方式爆发性地一次释放出大量的 Ca^{2+}。卵膜下数以千计的颗粒受钙离子激活陆续破裂，放出凝胶状黏多糖和破坏受体蛋白的过氧化物酶等酶类。这些黏多糖部分与卵黄膜结合形成韧性的受精膜，从根本上阻止了后续精子的进入。部分黏多糖大量吸收水分使受精膜与卵膜分离并鼓起，成为卵子受精的重要标志。有此多重保障，其余的精子只能被阻拦于受精卵之外。

精子头部入卵后经过一番复杂的改造，形成雄性原核。与此同时，精子的刺入激活了次级卵母细胞，促使后者完成减数分裂Ⅱ，排出第二极体。雌性原核终于准备就绪。之后，雄性原核在中心粒的带引下向雌性原核靠拢，最终导致两原核融合成一个二倍体细胞核。一个受精卵（合子）就此诞生。一个新的生命即将开始它的征程。

二、胚胎发育

各种脊椎动物的卵不仅大小不一，而且它们所含卵黄的量与分布状态也大不相同。由于蛙卵易得，青蛙的养殖也比较容易，因此蛙的胚胎发育被研究得最充分。以下以蛙胚发育为例说明脊椎动物胚胎发育的过程。

蛙胚胎发育经历了卵裂与囊胚期、原肠胚期、神经胚期及器官建成期四个主要阶段。

1. 卵裂与囊胚期（图 7.17）　　雌蛙在雄蛙抱持的刺激下将卵产于水中。蛙卵的体积比一般体细胞大 160 万倍，卵内含大量胚胎发育所需的卵黄等营养物质。蛙卵的上部称动物极，含许多蛋白质和色素颗粒，因此呈黑色。此外细胞核亦位于卵的上方。卵的下部叫作植物极，由大量的卵黄蛋白组成，颜色较淡，比重较大。蛙卵的“赤道”附近似乎是一片极具诱惑力

的区域，精子往往从此处成功刺入。随着精子的闯入，皮层反应立即发出，同时导致卵子表面色素重新分布。在精子进入点的对侧，由于色素减少出现了一条狭长如镰刀形的灰新月带，它是胚胎发育重要的先行区。

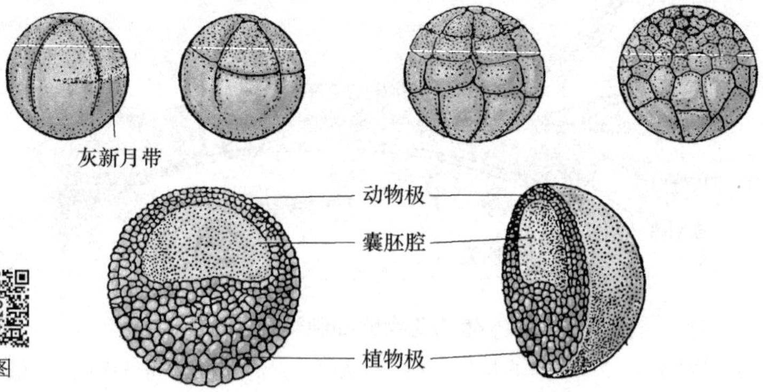

彩图

图 7.17　蛙胚的卵裂和囊胚形成

蛙卵受精后 24 小时开始卵裂。第一次卵裂是从动物极向植物极的纵裂。1h 后，第二次卵裂启动。这一次也是纵裂，但与第一次卵裂面相互垂直。接着，这 4 个细胞各进行一次横裂，其分界处位于“赤道”偏上方，即动物极细胞小些，植物极细胞大些，成为 8 细胞胚。在上下两层细胞间出现了细胞空隙，即分裂腔。紧接着蛙胚连续进行细胞纵裂、横裂、纵裂，达到 64 细胞期。动物极细胞一直分裂较快，植物极细胞分裂较慢，这导致动物极细胞成层向外凸起。此时在球形蛙胚内部靠原动物极的方向出现了明显的空腔，即囊胚腔，腔中充满液体。从此蛙胚进入囊胚期（桑椹胚期）阶段。

从图 7.17 可以看出，蛙胚进行细胞分裂时，总是趋向于将分裂球分成相等的两部分；同时，新出现的分裂面总是与上次分裂面基本垂直。这就是所谓的胚胎发育时细胞分裂的萨氏法则（Sach’s Law）。虽然这种卵裂本质上与细胞的有丝分裂无异，但由于卵裂时细胞并不吸收外界营养，因此随着一次次卵裂的进行，细胞逐渐变小，趋于正常，形成胚胎表面可见的一个个小突起，形如桑椹。因此有人将这个时期也叫作桑椹胚期。哺乳动物胚胎发育至囊胚期时植入子宫中。哺乳动物体细胞克隆也是在体外诱导胚胎发育至卵裂期或囊胚期时将其植入同步发情的代孕母畜子宫中。

细胞尚未深刻分化是胚胎发育至囊胚期时最显著的特点。经典的胚胎发育学认为，在本阶段细胞核中的各种遗传信息尚未启动、发放，各细胞的代谢活动仍由母源的 mRNA 指导。如果在本阶段将各细胞无损伤分隔开，每个细胞都可能独立发育成一个个体。这在动物养殖业具重要意义。囊胚期胚胎中的干细胞是非常宝贵的，它们可以在适当的条件下分化成人体组织的各类细胞。

2．原肠胚期（图 7.18）　囊胚形成之际，动物极细胞由于含卵黄量较少，细胞分裂速度较快，形成许多小细胞。此后，这些动物极细胞逐渐向灰新月带迁移。灰新月带区域作为蛙胚发育分化的“领头羊”率先向囊胚内部陷入。在灰新月带的带领下，上有动物极细胞、下有植物极细胞一同向囊胚内延伸。进入囊胚中的原植物极细胞一方面持续前伸，另一方面沿着囊胚的两侧向上包卷，最终形成一个封闭的腔，即原肠腔（消化道的雏形）。与此同时，原有的囊胚腔逐渐被挤压、变小，最终消失。

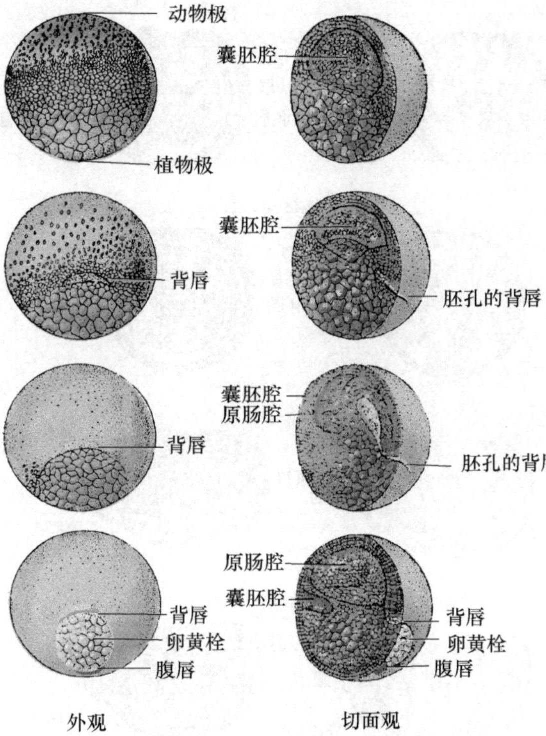

彩图

图 7.18　蛙胚原肠胚期

值得注意的是，从灰新月带背侧卷入原肠的原动物极细胞位于原肠背侧，并逐渐分化成一条棒状结构——蛙胚的脊索（神经管形成的重要诱导者）；从灰新月带两侧内迁的原动物极细胞这时分布于脊索两旁，形成中胚层，并渐次分化出一对对分节排列的细胞团——体节。未迁入内部的动物极细胞分布于蛙胚的表面，成了外胚层。在外观上，由于灰新月带的内陷，起初在蛙胚表面出现一道新月形浅沟。以后这道凹沟的两侧逐渐向下弯曲，最终合拢成一个圆形胚孔。胚孔的上部称背唇，两边称侧唇，下方是腹唇。由于最终暴露于胚孔外面的是植物极富含卵黄的细胞，因此把这些内凹的胚孔细胞叫作卵黄栓。胚孔最终成为蛙（以及其他脊椎动物）的肛门。

至此，蛙胚建成了三个胚层，这是胚胎发育的决定性阶段。从此各个胚层按照物种固有的程序，一步步发育、分化出各个器官、系统（基因在不同时空的按序表达）。内胚层形成肝、胰及消化道、呼吸道、尿道和膀胱上皮；中胚层产生脊索（脊柱）等骨骼、结缔组织、肌肉组织、循环系统、排泄系统和生殖系统；外胚层演化出感受器及神经系统、表皮及其附属物等。

从原肠胚开始，父源基因陆续被活化，转录出新的 mRNA，出现新的蛋白质。父母双方的基因相互协调，细胞分化日益深刻，形成三个胚层并进，出现各种器官、系统，每个细胞成了机体中执行某一特殊功能的一分子。

3. 神经胚期（图 7.19）　　原肠胚后期胚体及其背侧的脊索沿着体轴逐渐伸长。与此同时，脊索释放出某些化合物诱导紧贴其外表面的外胚层细胞迅速分裂、分化，出现扁平状的神经板。尔后，神经板两侧逐渐隆起成神经褶，神经板下沉形成“U”形神经沟。接着两侧神经褶持续上长，终于在神经沟顶端包绕封口，生成中空的神经管。神经管是神经系统的雏

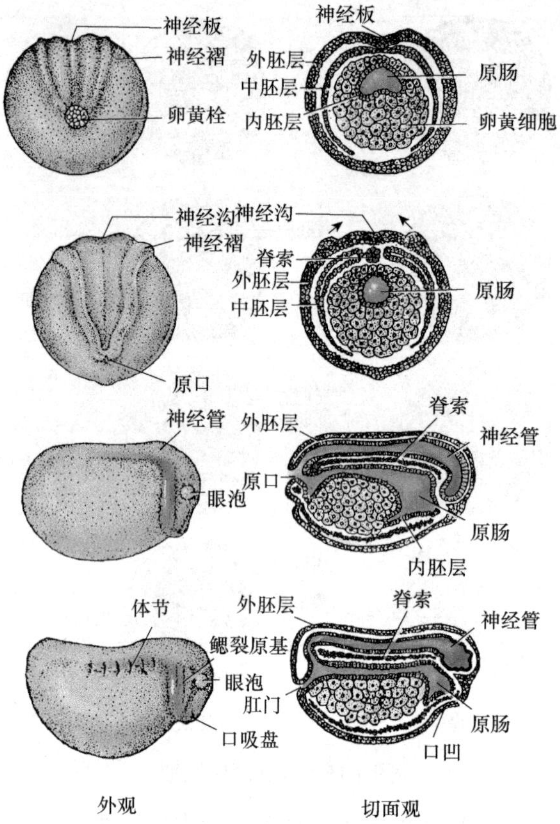

彩图

图 7.19 蛙胚神经胚期

型。随着胚胎的发育，神经管前端膨大成脑，其余部分演变成脊髓等中枢神经系统。同时棒状不分节的脊索逐渐转变成由脊椎骨构成的脊柱，各器官原基——形成未来器官的特定细胞群在脊索-脊椎两侧一一生成。动物前后背腹分化明显，胚孔成了肛门。可见，神经胚期是原始神经系统出现、动物器官原基分化的关键时期。胚胎发育若稍有差池，将造成胚胎残疾甚至死亡的严重后果。

4．器官建成期 在此阶段，各个器官原基按照既定程序进行快速的细胞分裂与分化，同时对周围组织发出诱导因子，积极诱发它们一起协调地建成各种器官。换言之，如果说前三个时期是胚胎根据各物种的遗传指令勾勒建成胚胎的蓝图的话，那么本期就是按照蓝图施工添砖加瓦的阶段。一旦雏形器官建成，胚胎发育即告结束。

综上所述，动物胚胎发育是严格按序进行的，这个“序”实际上就是细胞核中的基因组在各种调控因子的作用下依次转录并发放信息的过程。这个过程来不得半点的马虎与差错；其次，胚胎发育的健康发展还有赖于器官间的层层诱导，就像脊索诱导神经管生成那样。

器官建成后，卵生动物的营养贮存（主要是蛋黄）已经耗竭，许多早熟型的动物，如鸡、鸭、蛙、鱼及各种昆虫，已经具备独立生活的能力。它们纷纷打破卵（蛋）壳的禁锢，成为大自然的又一茬新客人。哺乳动物卵子虽小，但由于胚胎发育所需的营养是通过胎盘从母体中摄取的，因此绝大多数哺乳动物育成的胎儿总不急于出世，而是继续在子宫内滞留一段或长或短的时间进行胎后发育，这对弱小生命的成长显然是有利的。

资料链接

模式动物新宠——斑马鱼

斑马鱼（*Brachydanio rerio*），又名蓝条鱼，鲤科短担尼鱼属，原产于印度、孟加拉国。斑马鱼长 4～6cm，体呈纺锤形，其背部为橄榄色，体侧从头至尾布满多条蓝色条纹，雄鱼为深蓝间柠檬色条纹，雌鱼为蓝色间银灰色条纹，故得名。4 月龄鱼进入性成熟期，一年可产卵 6～7 次。水温 28℃时，受精卵经 36h 孵出仔鱼。

斑马鱼的胚胎发育是在体外完成的，透明可见，24h 内发育成形，这不仅使科学家很容易得到胚胎，而且还能在显微镜下直接观察斑马鱼胚胎发育的过程。2008 年，美国科学家理查德·怀特等利用杂交技术获得了成鱼也完全透明的斑马鱼，人们可以直观地看见斑马鱼体内的各个器官（图 7.20），甚至还可以适时观察斑马鱼体内的癌细胞生长过程。据此生物学家很容易观察到药物对其体内器官的影响。因此斑马鱼成为可用于人类疾病研究的非常重要的模式生物。此外斑马鱼与人类同为脊椎动物，斑马鱼基因与人类基因的相似度达到 87%，斑马鱼共享了人类 70%蛋白编码基因，而且人类 84%的疾病基因能够在斑马鱼找到对应的基因，这意味着在其身上做药物实验所得到的结果在多数情况下也适用于人体。令人惊奇的是，这种生活在热带的鱼还能够“再造”被部分切除的器官，从而为从事器官再生的研究人员打开了方便之门。目前斑马鱼的细胞标记技术、组织移植技术、突变技术、单倍体育种技术、转基因技术、基因活性抑制技术等已经成熟。斑马鱼已经成为最受重视的脊椎动物发育生物学模式物种之一，是研究胚胎发育分子机制的优良资源。此外在人类疾病、遗传学、肿瘤学、药物学、毒理与环保等学科的研究方面也显示很大的潜力。2013 年在朱作言院士和孟安明院士等号召下，来自全国 24 家机构的 30 多名斑马鱼学者成立“斑马鱼 1 号染色体全基因敲除联盟”（Zebrafish All Genes KO Consortium for Chromosome 1，ZAKOC），启动“斑马鱼 1 号染色体全基因敲除计划”。2019 年，该团队在 *Genome Research* 杂志上发表文章“Systematic genome editing of the genes on zebrafish Chromosome 1 by CRISPR/Cas9”，公布了“斑马鱼 1 号染色体全基因敲除计划”的主要研究成果，这是国际上首次大规模的斑马鱼反向遗传学突变体库构建和遗传筛选计划。在该项研究的所有的突变基因中，约 1/4 与人类疾病密切相关，因此该计划为生命科学和医学科学领域提供了大量可供研究和筛选的斑马鱼人类疾病模型。

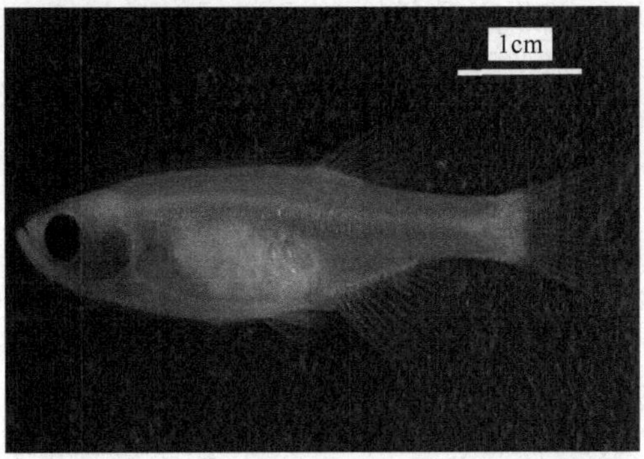

图 7.20　身体完全透明的斑马鱼

彩图

第七节　胚后发育

有些学者把动物（人）出生后的发育称为胎后发育，似乎不妥。广义地说，胚后发育是指动物（人）完成胚胎发育后至逐渐衰老整个生命过程中的生理变化现象。绝大多数哺乳动物的胚胎发育早在出生以前相当长一段时间已经完成，显然胚后发育不能从出生时算起。

一、胚后生长

这是动物（人）在完成胚胎发育之后留在卵内或子宫内进行的初期幼体生长。这时随着幼体长大，各个器官、系统的功能逐渐加强、趋于完善，为出生后的独立生活做好准备。

如前述，人胚在妊娠8周左右已完成胚胎发育进入胚后生长期。这时胎儿尽管体重仅1g，身长只25mm左右，但已是五脏俱全，四肢成形。再经过7个多月的胚后生长，初生儿一般已达3～4kg，体长约500mm。

并不是所有动物的发育都要经历胚后生长的阶段。迟熟型动物（见下文）胚后生长期很短或根本没有。

二、幼体生长

动物（人）出生后至性成熟期这段时间内所进行的生长称幼体生长。幼体生长是动物（人）在形态和体质上长成与亲代近似的个体、性腺发育趋于成熟的阶段。根据幼体生长所需时间与动物自然寿命两者的比值，可以将动物分为以下三种类型。

1．早熟型　许多大卵型动物，如鸡、鸭、鸵鸟等，它们卵内营养丰富，卵内胚后生长时间相对较长。这类动物出生后一般都能自行觅食，生长迅速，较快达到性成熟期。饲养一两个月的鸡鸭即能交配、产卵就是常见的例子。

2．中熟型　哺乳动物在母体内的胚后生长期不很长，出生后加速生长所占用时间的比例较大，成熟期适中。如人要长到十几岁才发育基本成熟。

3．迟熟型　多数小卵型动物，如软体动物、节肢动物及燕、雀等，它们卵小营养少，卵内胚后生长的时间很短，甚至完全没有。它们只能用个体生长的大部分时间进行幼体生长，性成熟期较迟。

在幼体生长的过程中，昆虫的变态值得重视。有一种变态叫作完全变态，如苍蝇和果蝇。它们幼虫的形态与成虫完全不同。从卵中孵化后，幼虫迅速生长并经三次蜕皮。此时肥大的三龄幼虫改变生活习性，爬到较干燥的地方，不吃也不动，转变成蛹。经过几天貌似平静实际剧烈的代谢途径转变，幼虫的性腺等器官成熟，长出足与翅膀，变为成虫。成虫又可交配产生下一代。

另一种变态叫作不完全变态（渐变态），如直翅目中的蝗虫等。这些昆虫幼体刚从卵中孵化出的时候，其模样就基本与成虫相似，只是翅膀尚未长成，性腺有待发育。此类幼体叫作若虫。若虫经生长即成为能飞翔并交尾产卵的成虫。

这两类变态都是由昆虫分泌的保幼激素和蜕皮激素共同调控的。人为喷洒这两种激素将干扰昆虫的繁殖周期，达到降低某些农业、林业昆虫虫口密度的目的。

三、成熟发育

幼体发育至一定阶段则逐渐走向成熟，个体根据预定的程序，启动性腺发育。雌、雄性腺的功能逐渐表达，外在特征（第二性征）日益显露。男子长出胡须、喉结，声音变沉，肌肉发达，身强力壮；女子乳房发育，髋骨增大，体态丰满。动物（人）进入能够产生配子并交媾产生下一代的时期，即成熟发育阶段。对于早熟和中熟型动物，它们的成熟发育可维持相当长的时间。对人来说，十几岁开始的成熟发育，女子可陆续排卵三十几年，男子甚至可以终生产生精子。性成熟期相当于人类的中青年时期，也是学习和工作的最佳时期，每个人都面临着学业、事业和婚姻、家庭等几方面错综复杂的压力与挑战。年轻人只有趁精力充沛的青年期努力学习和工作，才能为今后一生奠定良好的基础。过早地走入婚姻的殿堂，生儿育女，未必是人生的上策。当然，过迟生育出现先天缺陷后代的概率将明显上升（见第八章第四节）。

四、衰老与死亡

衰老是什么？这是一个难以回答的问题。不过衰老的现象常常可以一眼看出：须发逐渐变白，脂竭色素在皮肤中聚集成“老年斑”，表皮松弛，牙齿松动，反应迟钝等。或许可以说，衰老是生物体随着年龄的增长在结构和功能上表现出的规律性持续衰退现象。一个多世纪来，科学家提出的探讨衰老的机理不下几十种，归纳起来主要有以下内容。从内因入手，认为细胞和机体本身具有一定的“死亡程序”，生命从诞生的第一天起就意味着一天天循序渐进走向发育、衰老和死亡。最有代表性的工作是 20 世纪 60 年代美国人海弗利克（Hayflick）和摩尔海德（Moorhead）培养人胎儿肺部成纤维细胞的实验。他们在体外无论提供多好的条件，这些细胞在分裂约 50 次后则逐渐趋于死亡，无法挽救。而从成人肺部得到的成纤维细胞离体传代只能 20 次。另一些科学家认为，不良外因，如药物、农药、工业及生活污染物，以及各种射线和辐射波可能影响核酸、蛋白质等生命关键大分子的正常构型和代谢，从而引起细胞一步步走向衰老和死亡。其实，也许可以这样认为，细胞及个体的衰老和死亡是一种自然的过程，而某些不利因素的“推波助澜”更加快了这个进程的发展。一个内因，一个外因，两者就这样获得了统一。人是具有高级思维的动物。对于人类来说，还有另一类因素，即精神健康与否与人体健康密切相关。生活、工作过于紧张，阴阳两面，斤斤计较，焦躁不安，脾气暴躁等都将催人变老，青春不再；而心胸开阔，随遇而安，善于待人，心平气和的人则可能鹤发童颜，寿比南山。

一般认为，人的衰老是一个渐进的、不可逆的但却是可以延缓的过程，从 30 岁左右就开始了。例如，耳膜和听小骨的弹性开始减弱，听力走下坡路；眼球逐渐变化，最终出现老花；大脑细胞陆续死亡，整个大脑的重量持续减少，甚至导致老年痴呆症；肌肉每年以 5%～10%的速度递减等。

毋庸置疑，有些单细胞生物在满足其生存的条件下的确能永生，如细菌、草履虫、酵母、衣藻、盐藻等，举不胜举。癌细胞在体内外都具有近乎无限的分裂能力，令人深思。此外，人体中的造血干细胞、皮肤中的基底细胞及小肠上的陷窝细胞等都能伴随人生分裂不已。科学已证明，无论是癌细胞还是人类正常的分生细胞，它们都具有相当高的端粒酶活性。从端粒酶入手能否为研究延缓衰老打开一条新路？有些科学家正在努力探索之中。

那么，人到底能活多久？据考证，北京猿人的平均寿命只有 14.6 岁。公元 8 世纪的唐代，当时的中国人平均寿命约 27 岁。1949 年后，我国人均寿命逐年提高（表 7.2）。2000 年，第五次全国人口普查资料显示，我国男性预期寿命为 69.63 岁，女性达 73.33 岁，平均为 71.48 岁，比新中国建立时人均增寿一倍，比世界平均水平高 5 岁，但比发达国家和地区还低约 5 岁。“人生 70 古来稀”已经成为历史。2024 年，我国人均预期寿命达到 79 岁。这种“天增岁月人添寿”的潮流在世界各地同样大量涌现。中国政府印发的《“十四五”国民健康规划》提出，到 2025 年，中国的人均预期寿命在 2020 年基础上继续提高 1 岁左右，展望 2035 年，人均预期寿命达到 80 岁以上。

表 7.2　我国人均预期寿命逐年提高

年份	1949	1981	1990	2000	2010	2023
人均寿命/岁	35	67.89	68.55	71.48	74.80	78.3

那么推动这股浪潮持续发展的力量是什么呢？笔者认为，最根本的动力来自生产力提高、科学发达和社会进步三个基本方面。生产力提高了，人们的物质生活才有保障；科学发达了，医疗保健等事业才能蒸蒸日上；社会制度日益完善，我们的生活质量才会日臻美满。显然，上述“三要素”都是变量，它们总是不断地从低级向高级发展，永远也不会停止在某一个水平上。因此建立在这“三要素”基础上的人均预期寿龄显然也将逐渐延长。

现在我们回首讨论前段提出的人的寿命到底有多长的问题。以上曾提及美国细胞学家海弗利克通过研究体外培养的人成纤维细胞的分裂极限后，推测人类的寿命应在 120 岁左右。布丰等根据对哺乳动物的观察提出，动物的自然寿命是它完成生长期所需时间的 5～7 倍。人类在 20～25 岁不再长大，所以人类的自然寿命可望达到 100～175 岁。另有一些学者则认为，哺乳动物的最高寿命相当于它们达到性成熟期所需时间的 8～10 倍。人类的性成熟期在 14～15 岁（现在已经提前 1～2 岁），据此人们有希望活到 110～150 岁高龄。

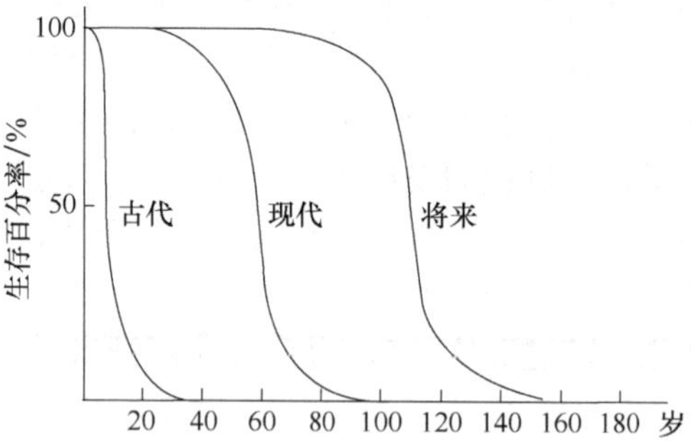

图 7.21　人类平均寿命曲线

因此可以认为，随着生产力、科学和社会三要素不断地从低级向高级发展，我们的生活质量步步提高，图 7.21 中的曲线也将伴随着时代的脉搏逐渐向右移行，人均寿和人寿极限逐渐延长。

死亡是生命的终结，是生命来于自然回归天地的必然结果。高等动物的身体构造十分复杂，个体死亡往往先从个别要害器官（如心、脑、肺）功能丧失开始，逐步波及全身。神经细胞代谢十分活跃，对氧供应非常敏感，只要缺氧数分钟就能造成大脑细胞不可逆死亡。

死亡是生命不可逆地逐渐终止新陈代谢的过程。判断死亡的关键在于死亡的标准。早期，人们认为一个人、一只动物，只要受刺激后未见明显反应，这就表明他（它）已经死亡。后来人们发现，处于上述状态的人或动物，有的还有一定程度的心跳和呼吸。于是长期以来医学界把心跳或呼吸停止当成人死亡的标准。目前我国临床上仍采用这个标准。在执行这个标准的过程中医学界发现，有相当部分危重患者尽管他们依然维持着微弱的心跳、呼吸，但经多方抢救后患者还是抢救无效而死亡。究其原因，大多由于患者早在心跳、呼吸停止之前，脑已经由于缺氧、外科损伤或其他病理原因受到了无可挽回的损害。鉴于此，1968 年，哈佛大学的科学家提出“脑死亡才是真正死亡”的观点立即受到医学界的重视。1971 年，另两位美国颅脑外科医生进一步用“脑干死亡”的概念阐明和充实脑死亡的含义和内容。所谓“脑死亡”具有明确的概念，它是指“包括脑干功能在内的全脑功能不可逆和永久的丧失”。如前述（第五章第八节），脑干中的延脑是主管心跳和呼吸的反射中枢。脑干死亡，自主性心跳、呼吸节律随之消失。因此以脑干死亡而不是以心跳或呼吸停止作为判断人体死亡的标准，更加准确、更为合理。

必须注意区分的是，完全丧失自我意识和自主肌肉活动的植物人，虽然它们的大脑皮层已经受到严重损伤，但脑干功能依然正常或基本正常，由脑干调控的心跳和呼吸持续自主进行，他们不是脑死亡者。

资料链接

癌症成为人类首要死因

2010 年 8 月，国际抗癌联盟第 21 届世界抗癌大会在中国召开。国际抗癌联盟发布数据表明，2008 年全球有 1270 万人患癌，死亡人数达 760 万，超过艾滋病、疟疾和结核病死亡人数总和。2020 年更是达到 1929 万人患癌，死亡病例 996 万例。中国 2022 年的数据表明，每年有 400 多万人患癌，其中 300 多万人死亡。

癌症有 100 多种，身体的任何部位均可能受到侵袭。造成男子死亡的 5 种最常见癌症为肺癌、胃癌、肝癌、结直肠癌和食管癌。造成妇女死亡的 5 种最常见癌症为肺癌、乳腺癌、胃癌、结直肠癌和宫颈癌。约有 1/5 的癌症是由慢性病毒感染引起的，如人乳头状瘤病毒引起宫颈癌和乙肝病毒引起的肝癌。

肺癌是第一致死癌症。数据显示，每天约有 350 人死于肺癌，几乎是第二大致死癌种（结直肠癌）死亡人数的 2.5 倍。

中国医学科学院肿瘤医院院长赫捷院士表示，"癌症的发病增加，最关键的因素是人口老龄化造成的，第二个原因才是个人生活习惯和环境的问题。癌症患者发现得越早，治疗得越早，治疗效果越好，要想从根本上解决癌症患者生存率的问题，必须从早诊早治开始"。

世界卫生组织提出三分之一的癌症完全可以预防，三分之一的癌症可以通过早期发现得到根治，另外三分之一的癌症，可以运用现有的医疗措施，延长生命，减轻痛苦，改善生活质量。

以美国为例。从 1999 年到 2018 年之间，美国所有种族、男性和女性的癌症的死亡率下降了 31%左右。这得益于吸烟率的下降、某些癌症的早期发现（早筛）及治疗方法的改进。

不吸烟、健康饮食、运动和防止造成癌症的感染，可预防 40%的癌症发生。所以，面对癌症，我们能做的就是好好生活、远离不良的生活和饮食习惯、定期进行相关的防癌筛查，做到早预防、早发现、早治疗三管齐下。此外，通过接种疫苗能够有效预防癌症的发生。目前有两种疫苗，乙肝疫苗和人乳头状瘤病毒（HPV）疫苗可以分别有效预防乙肝病毒和 HPV 病毒的感染，大大降低了肝癌和宫颈癌的发生率。

第八节　人工辅助生殖

近年来，人类生殖能力日益下降的趋势引起不少人的忧虑。研究表明，世界许多国家成年男子的生殖能力与社会文明发展的程度成反比。1992 年丹麦科学家报道，统计数字表明，从 1940 年到 1990 年的半个世纪中，该国男性的精子数量明显减少。芬兰的相关研究指出，20 世纪 90 年代该国成年男性平均每毫升精子数已降至 6000 多万个。英国科学家发现，英国男子的精子数年递减率已达 2%。如果这个趋势继续发展下去的话，60 年后出生的男孩可能会丧失生育功能。中国的现状亦不容乐观。最新的统计数字表明，我国大陆每 7～8 对夫妇中就有一对存在生育问题（12%～15%）。人群中无精子症的发生率大约 1%。我国台湾地区成年男性的平均精子数，已从20世纪40年代的每毫升1.12亿个下降到20世纪90年代的6500万个。

不育不孕比例的升高与现代人某些不良生活习惯及环境污染有直接关系。紧张的学习、工作、生活节奏，迟睡、睡眠不足、吸烟、酗酒、性病、家用电器及现代通讯工具的电磁波污染，大气、水源、食物中几乎无所不在的化学物质（包括干扰激素合成及发挥作用的各类化合物）的污染等，都是导致人类不育不孕症的直接或间接原因。

人工辅助生殖是指以人为的手段为不孕夫妇提供生育服务的技术。婚后3年（有人主张1年）虽然夫妻间有正常的性生活，或性生活发生障碍，导致未能受孕，即称为不育。不育的原因包括男女双方的遗传、生理和器质性障碍，此外还有精神方面的因素。不孕夫妇应该先到正规医院经医生诊察清楚原因后才能“对症下药”，克服生育障碍，得到自己的宝宝。

图 7.22　罗伯特·爱德华兹和第一例试管婴儿路易斯·布朗

1978年7月25日，世界第一名母体外授精的试管女婴路易斯·布朗在伦敦诞生了（图7.22）。女婴之母莱斯莉·布朗因患输卵管堵塞无法生育。英国妇产科医生罗伯特·爱德华兹（Robert G. Edwards，1925～2013）于1977年11月16日从莱斯莉体内取出一个卵子，在试管内使其受精后重新植入她的子宫，结果成功受孕。这是人类凭借先进的技术手段繁衍后代的首例。爱德华兹教授也因此被称为“世界试管婴儿之父”，并获2010年诺贝尔生理学或医学奖。路易斯·布朗的妹妹，也是同样借助试管婴儿技术出生的纳塔莉·布朗后来还成了世界上第一位当母亲的试管婴儿。这一切都表明，通过试管授精技术养育婴儿这一过程，对胚胎发育和人体生长并没有什么不良影响。面对不孕不育高发的窘境现在英国每年大约实施4万例人工授精。1988年3月10日8时56分，中国第一例试管婴儿诞生于北京大学第三医院，重3900克，身长52cm，身体各项指标很正常。这是由中国辅助生殖技术领头人张丽珠教授接诊实施的中国大陆第一例试管婴儿。

为适应不孕不育人群日渐增多的需要，1981年我国在湖南长沙建立了全国第一个人类精子库——中信湘雅人类精子库。至2022年，我国已有27个人类精子库。全球经人工辅助生育出生的人数已达到八百多万。

一、体外授精与试管婴儿

如果女方生殖系统正常（可以正常排卵，输卵管通畅，子宫正常），男方少精或是生殖障碍（如阳痿），则可以用导管将优选的精子输入到女性生殖道内（一般是输卵管内），以达到受孕的目的。根据所选用精液的来源，分为丈夫精液人工授精和供精者精液人工授精两类。

1．丈夫精液人工授精　适应证：①男方不育：精子过少、精子活动力弱、精液液化不良（精液射出几分钟后应自行液化）和逆行射精等；②宫颈性不孕，如子宫颈狭窄，严重子宫颈糜烂等；③免疫性不孕：宫颈黏液和精液中存在针对精子的抗体等；④某些原因不明性不孕。

2．精子库提供精液进行人工授精　适应证：①男性不育，如无精症、死精症及严重少精症；②丈夫患顽固性不排精症；③男方携有不良遗传因素（如精神病，癫痫病）或严重的遗传性疾病；④夫妇间特殊的血型或免疫不相容因素所致的不孕，且已治疗无效者，如Rh

或 ABO 型不相容、精子抗体等。

接受供精的女方年龄在 35 岁以下为宜，不宜超过 45 岁，其生育力应完全正常，包括卵巢功能自然生长发育至足月分娩。该过程称为体外授精与胚胎移植，又称“试管婴儿”培育。

二、卵浆内单精子显微注射

男性不育者中有相当一部分表现为少精（精子数少于 100 万个/mL）、无精（精液中未发现精子）、弱精（精子活动力弱）、畸形精子及输精管梗阻性无精症。只要能从附睾或睾丸获取几十个活精子（甚至是单个精子），就可借助显微操作将精子直接注射入卵细胞中使其受精。其前提是患者精子内含有正常的染色体（染色体数正常，染色体未发生变异）。

三、卵质置换

如果母亲年龄偏高，卵子难以受孕，还可以用年轻女性的卵浆（细胞质）置换高龄女性卵子的卵浆，促使其“焕发青春”，获得怀孕的机会。

四、早期胚胎遗传学诊断

胚胎着床前遗传学诊断是产前诊断的一个非常早期的形式。它运用显微操作技术从早期胚胎中取出个别细胞或受精前后排出的第一、第二极体进行基因和/或染色体分析。由于取样细胞处于胚胎发育的极早期或是极体，并不影响胚胎发育。检测判别基因或染色体正常后才将胚胎移植到子宫腔内。这样在早期胚胎阶段便淘汰了携带有严重遗传病的胚胎，可以达到优生优育的目的，对有原因不明流产史的夫妇开展本诊断尤有必要。

第九节　哺乳动物体细胞克隆

科学家已进行了半个多世纪的细胞核全能性研究。利用动物未成熟胚胎的细胞核已克隆出猴、猪、羊、牛、兔等哺乳动物。但是，1997 年 2 月 27 日，英国罗斯林（Roslin）研究所的维尔穆特（I. Wilmut）在《自然》杂志撰文宣布，他们用成年绵羊乳腺细胞的细胞核克隆成功了一只称为“多莉”（Dolly）的小羊（图 7.23），消息传出，全球轰动。该实验之所以如此引人注目，是由于他们采用的是早已分化的体细胞（乳腺上皮细胞）而不是胚胎细胞的细胞核进行移核发育，并长成一只在遗传素质上与细胞核供体完全一致的个体。多年来人类梦寐以求的无性繁殖哺乳动物的夙愿终于获得重大突破。这项创新也因而登上《科学》杂志评出的 1997 年十大科学发现之首。

图 7.23　《自然》杂志 1997 年 2 月 27 日封面

那么，“多莉”是如何克隆的呢？现简介如下。

首先取出白脸母羊乳腺上皮细胞，将其置于 0.5%血清中培养；与此同时获取黑脸母羊的卵细胞并去除其细胞核。两者经电击形成融合细胞。将此融合细胞在体外进行早期胚胎发育后再植入另一头处于假孕状态（经激素处理）的黑脸绵羊子宫内，经自然分娩产下“多莉”（图 7.24）。

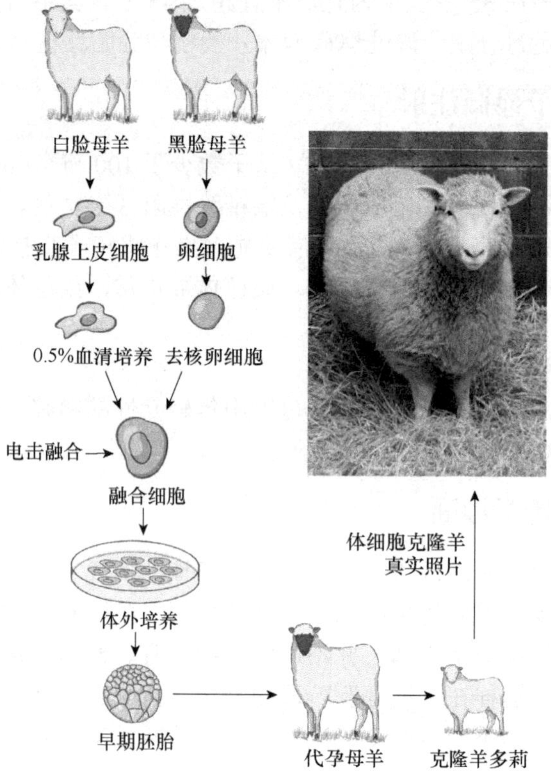

彩图

图 7.24 克隆“多莉”示意图

上述过程看似简单，其实仅将乳腺上皮细胞与去核卵细胞电击融合就重复了 277 次；培养这些宝贵的易核卵时，仅有约十分之一（29 个）能生长到胚胎发育的桑椹期或囊胚期；把这 29 个幼胚分别植入 13 只代孕母羊子宫中，最终仅产下一羔——“多莉”。

图 7.25 克隆小马驹“克莱顿”和它的主人

“多莉”的降生，极大地激发了人类克隆哺乳动物的热情。仅仅过了一年半，两头用输卵管细胞的细胞核克隆的牛犊就顺利在日本出生。几乎与此同时，一组科学家在檀香山宣布，他们已用克隆鼠再克隆出了第三代小鼠。当年年底（1998），克隆牛“乌希”成为克隆动物家族新成员，这是德国慕尼黑大学沃尔夫教授的研究成果。1999 年元旦刚过，一头用耳细胞克隆的体重为 42 千克的荷兰良种奶牛又在日本北海道降生。2001 年 12 月 22 日，第一只克隆猫在美国得克萨斯农业机械大学诞生。从此以后，该大学陆续克隆出了猪、羊、鹿和马等 6 种哺乳动物。法国 Cryozootech 生物技术公司 2006 年 6 月 2 日克隆出一匹小马驹“克莱顿”（图 7.25）。小马的“父亲”是一匹 20 岁的成年赛马，曾两次获得世界超越障碍马术比赛冠军。遗憾的是，由于 3 岁时按照惯例被实施阉割手术，它无法正常生育。这匹克隆小马的主要任务是替

"父亲"延续后代。2003 年 8 月 6 日，意大利科学家宣布以自体克隆的方式克隆出一只小母马。小母马的"妈妈"也是其"姐姐"，也是"自己"（图 7.26）。2003 年 9 月，巴西科学家用意外死亡奶牛的卵泡中的颗粒细胞克隆出正常奶牛；美国爱达荷大学的研究人员进行了 305 次尝试，终于在 2004 年 2 月 15 日获得 3 只克隆骡子。2005 年 4 月，韩国科学家黄禹锡宣布克隆出狗"斯纳皮"（Snuppy），一只阿富汗小猎犬（图 7.27）。这是难度很大的一次克隆。实验者制作了 1095 个重组胚胎，最终只克隆成功一只"斯纳皮"小狗，成功率只有 0.09%。2005 年 10 月 29 日，意大利克雷莫纳繁殖技术研究中心一次性成功地克隆出了 14 只小猪仔。经过技术改进，日本理化学研究所若山辉彦团队（2013）在一项持续 7 年连续 25 次实验中，史无前例地克隆出一只鼠的 581 只"复制品"。

图 7.26　自体克隆的小母马 Prometea 及其"母亲"

图 7.27　韩国科学家克隆的"斯纳皮"（Snuppy）

看来，克隆同种哺乳动物的技术已经初见成效，但很低的成功率表明克隆仍带有很大的盲目性。中国科学家奋起直追，在克隆哺乳动物方面取得了丰硕的成果。

科学中国

中国的"多莉"

我国科学家在克隆哺乳动物领域已经达到世界先进甚至领先水平。2000 年 6 月，西北农林科技大学培育的克隆山羊"元元"和"阳阳"先后降生。2001 年 11 月，我国首例和第二例体细胞克隆牛"康康""双双"在山东莱阳农学院诞生。2002 年初，由中国科学院生殖生物学国家重点实验室牵头组织的体细胞克隆高产奶牛，成批产下 14 头克隆牛犊，5 头存活。2002 年，中国农业大学成功克隆冀南牛。同年，内蒙古大学郭继彤等用成年山羊耳细胞克隆出了山羊。2003 年，中国农业大学获得世界上第一头转编码人岩藻糖转移酶基因的体细胞克隆牛，之后又陆续成功培育出转人乳铁蛋白基因、人溶菌酶基因、人乳清白蛋白基因等的转基因体细胞克隆牛，部分基因的表达量达到国际领先水平。此后，我国科学家还陆续克隆了大鼠、加拿大顶级公牛、猪，甚至异种克隆成功亚洲黄羊（图 7.28）。

科学家们利用体细胞克隆技术不仅得到了包括马、牛、羊、猪和骆驼等在内的大型家畜，还得到了包括小鼠、大鼠、兔、猫和狗在内的多种哺乳动物。克隆与人类最密切

图 7.28　异种克隆的亚洲黄羊（左）与普通山羊

相关的灵长类实验动物（猴）的难题首先被中国科学家突破。2018 年初，中国科学院上海神经科学研究所传出“石破天惊”的声音：两只经由体细胞核移植克隆的长尾猕猴“中中”和“华华”已经诞生。这项由中国科学家独立完成的科研成果，发表在国际期刊《细胞》（*Cell*）上，被誉为“世界生命科学领域里程碑式突破”，也被国内外主要媒体争相报道。该成果之所以能引起如此大的轰动，是因为非人灵长类动物在基础研究和生物医药研究领域都有重要的地位。相比于大小鼠等啮齿类哺乳动物，非人灵长类与人类有着更多相似的生物学特征，被认为是研究高等认知及脑疾病的理想的模式动物。一年之后的 2019 年，同一个团队的科研人员进一步通过体细胞克隆技术，成功获得了 5 只 *BMAL1* 基因敲除的克隆猕猴。这是国际上首次成功构建一批遗传背景一致的生物节律紊乱猕猴模型，意味着克隆基因编辑猴技术由此从理论层面迈向了实践层面，中国正式开启了批量化、标准化创建疾病克隆猴模型的新时代。

既然克隆哺乳动物，包括灵长类已经实现，那么克隆人是否也能做到呢？答案是肯定的。不过，在克隆哺乳动物“五高”（流产率高、难产率高、畸形率高、围产期死亡率高、幼年死亡率高）及缺乏法律规范的背景下，草率开展克隆人是极不负责任的、有悖于人类基本道德的行为。2002 年，美国麻省理工学院的 Yenes 同夏威夷大学的柳町隆藏用基因芯片观察了克隆鼠的上万个基因，发现有高达数百个基因不正常。这个发现较好地解释了许多克隆动物在出生前和出生时非正常死亡的原因。2003 年 2 月，英国罗斯林研究所（克隆“多莉”的单位）证实，“多莉”由于患进行性肺炎已经被实施了“安乐死”。据分析，绵羊通常能活到 11～12 岁，肺炎是老年绵羊常患的疾病。“多莉”1996 年 7 月出生，未足 7 年就已老态龙钟。它的死亡进一步加深科学家关于克隆哺乳动物早衰的担忧。在这种情况下进行人类的克隆不仅不科学，而且是不道德的。

潘多拉盒子再次被打开，人类又一次得到了一把双刃剑。克隆人是一个有关人类社会伦理、道德、法律等重大观念的问题，应该以法律的手段来约束和规范科学家的行为。1998 年 9 月，欧洲 19 国签署了一项严格禁止克隆人的协议。中国政府的态度也是明确的，即不赞成、不支持、不允许、不接受克隆人研究。还应指出，每个人都是生物人和社会人的有机统一体。即使有一天克隆人终于诞生，他（她）也只是提供细胞核的个体的生物复制品。上下两代人的生活环境、社会经历、人际关系、思维方式、性格作风等社会人的属性绝不可能相同。可见，克隆出两个在生物属性和社会秉性都完全相同的人只能是科幻作家笔下的作品而已。

小　结

生物繁殖包括两大类：无性繁殖和有性生殖。前者由亲体的一个至几个细胞或个体的一部分直接经细胞分裂和分化长成新一代。其繁殖方式有裂殖、芽殖、孢子繁殖、营养体繁殖、单性繁殖和克隆繁殖6种。它的突出优点在于能最大限度地保存亲本的基因资源和各种性状，同时迅速增加种群的个体数量；后者需分别经精（卵）母细胞的减数分裂产生精子和卵子，再通过精卵的结合形成新个体。有性生殖的方式主要有三种：接合生殖、配子生殖和世代交替。生物经配子生殖，子代继承了亲代双方的遗传素质，同时染色体重组还可能产生极多新的遗传组合，使子代比亲代具有更强的生命力和更高的适应环境的能力。

减数分裂是成熟的精母细胞或卵母细胞经S期染色质复制加倍成四倍体后连续进行的两次细胞分裂。生殖母细胞经减数分裂最终形成仅具单倍染色质的雌雄配子。减数分裂按其发生顺序被人为地划分为两个阶段：减数分裂Ⅰ和减数分裂Ⅱ。每个阶段还可以再分成前期、中期、后期和末期四个时期。减数分裂Ⅰ的前期染色质逐步螺旋紧缩为染色体，发生一系列配对、联会、互换和分离等复杂的变化。因此本期还进一步细分为五个小期：细线期、偶线期、粗线期、双线期和终变期。减数分裂Ⅱ实际上是一次普通的有丝分裂。减数分裂复杂而严格的染色体迁移、演变机制保证了生殖细胞中染色体数目准确减半，这是物种稳定遗传的大前提。雌雄配子结合后，子代个体的染色体数不仅恢复了正常二倍体，而且由于组合了双亲的遗传素质，子代一般都具有更强的生命力，能更好地适应环境。

花是变态的叶，也是植物的生殖器官。典型的被子植物两性花构造由以下部分组成：花柄（梗）、花托、花被（花萼和花瓣）、雄蕊和雌蕊。雄蕊和雌蕊是花的核心部分。雄蕊中的花药含有众多的单倍体花粉。子房是雌蕊基部膨大的部分，胚珠位于子房内。胚珠内有胚囊，通常含有1个卵细胞（n）、2个助细胞（n）、1个中央细胞（$2n$）和3个反足细胞（n）。被子植物特有的双受精就在胚囊中进行。因此胚囊是被子植物有性生殖的核心部位。

高等动物几乎都是雌、雄异体动物。雄性哺乳动物的生殖系统由睾丸、附睾、输精管、射精管、精囊腺、前列腺、尿道球腺和外生殖器（阴囊和阴茎）组成。睾丸产生精子和雄性激素。雌性哺乳动物生殖系统包括：卵巢、输卵管、子宫、阴道和外阴，此外还有乳房。卵巢产生卵子和雌激素。子宫是孕育胚胎及胎儿的场所。

人工辅助生殖是指以人为的手段为不孕夫妇提供生育服务的技术。常见的人工辅助生殖手段有人工授精、试管婴儿及卵浆内单精子显微注射等方式。

哺乳动物体细胞克隆的基本程序如下：取出体细胞，获取成熟卵细胞并除去细胞核，电击或用化学试剂促使形成重构卵；在体外培育早期胚胎，然后将此胚胎植入经诱导处于发情期的同种（或近缘种）雌性哺乳动物子宫中，任其自然分娩或人工剖宫产生下克隆幼畜。克隆哺乳动物已经取得了突破，但成功率还很低，相关技术尚待完善。

复习思考题

1. 生物繁殖有哪两类方式？它们各自的优缺点是什么？它们各包含哪几种方式？
2. 试述减数分裂Ⅰ前期五个小期染色体的变化特征。
3. 简述被子植物两性花的构造。
4. 阐述哺乳动物（人）雌雄生殖系统的构成。
5. 人类辅助生殖的主要手段有哪些？目前进展如何？
6. 克隆哺乳动物一般要经历哪几个阶段？你认为克隆哺乳动物有何意义？

第八章　遗传与变异

提要　本章概述分离定律、自由组合定律和基因连锁与交换定律这三条经典遗传学的基本定律，并对性别决定和伴性遗传的基本原理给予必要的阐述；同时扼要介绍了什么是基因、基因突变和染色体变异。本章还涉猎基因工程的原理、方法和主要成果及人类基因组计划所取得的成就。

种瓜得瓜，种豆得豆，这是中国农民早在几千年前就明了的农事法则，是由物种遗传的稳定性决定的。可是，种出来的瓜有大有小，长出来的豆圆瘪不一，这就是变异的问题——一种似像非像的普遍现象。许多科学家都曾对物种遗传的稳定性和可变性进行过研究，试图探索其中的奥秘所在。奥地利科学家孟德尔（G. J. Mendel，1822～1884）开创性的工作阐明了遗传学的两大基本定律，在遗传学领域树起了两座光辉的里程碑。

图 8.1　孟德尔

孟德尔出生于奥地利摩拉维亚的海钦多夫村（现在捷克境内）一户农民家中。他从小刻苦好学，在经济条件十分困难的情况下完成了学业，并于 1843 年 10 月进入布隆城的奥古斯汀修道院，成为一名修道士（图 8.1）。

1855～1863 年，孟德尔在任牧师期间，在修道院内的一小块土地上进行豌豆杂交试验，写成了论文《植物杂交试验》，并于 1865 年 2 月 8 日和 3 月 8 日在小城布隆“自然研究协会”召开的两次会议上宣读了他的工作成果。1866 年，这篇 77 页的文章刊登在布隆“自然研究协会”的杂志上。遗憾的是，由于孟德尔的研究成果超出了当时人们普遍能理解的范畴，这篇文章几乎未受到科学家们应有的重视。

1900 年三位生物学家，荷兰人弗里斯（de Vries）、奥地利人丘歇马克（S. Tschermak）和德国人科伦斯（Correns）不约而同地在历史文献中发现了遗传学先驱孟德尔的论文。孟德尔发现的遗传学基本定律终于被重新发掘出来并受到了世人的一致肯定。

1903 年，美国人萨顿（W. S. Sutton，1877～1916）发现，染色体与孟德尔所说的遗传因子具有类似的遗传行为，因此萨顿提出染色体是遗传物质载体的假说，并逐渐发展成了染色体遗传学说。1909 年，丹麦科学家约翰逊（W. L. Johannsen，1857～1927）把这些孟德尔“因子”称为基因。摩尔根（T. H. Morgan，1866～1945）是 20 世纪最重要的生物学家之一（图 8.2）。

图 8.2　摩尔根

1908～1909 年前后，摩尔根开始养殖、研究果蝇。1910 年，摩尔根在众多的果蝇群体中发现了一只白眼雄蝇。经过他和他学生缜密的研究，摩尔根认定，决定果蝇眼色的基因位于其性染色体（X 染色体）上，从而在世界上首次揭示出某个遗传特性与某条特定的染色体直接有关。1910 年 7 月，他发表关于果蝇的第一篇论文，以后两年又发表了 13 篇有关果蝇性连锁突变的文章。摩尔根从小小的果蝇（图 8.3）中获得了许多意义重大的发现。1915 年和 1926 年先后出版的《孟德尔的遗传学原理》及《基因论》，就是摩尔根和他的学生们对遗传学做出的突出贡献的总结。

图 8.3 模式生物果蝇

左为雌性，右为雄性

1927 年，穆勒（H. J. Muller，1890～1967）发表了一篇题为《基因的人工蜕变》的论文，报告以 X 射线照射果蝇精子大大提高了果蝇的突变发生率。这是人类首次以外因诱发生物发生突变的实例。

1944 年，埃弗里（O. T. Avery，1877～1955）以确凿的证据表明，基因的实质就是 DNA。从此全世界多数遗传学家都把目光盯在 DNA 上。基因已经是一个实体，而不是飘渺不定的推测物。

1953 年，沃森（J. D. Watson，1928～）和克里克（Francis Harry Compton Crick，1916～2004）在英国剑桥卡文迪许（Cavendish）实验室发表的《核酸的分子结构》一文，篇幅虽短（仅 2 页），但他们所阐明的 DNA 双螺旋构造揭示了生命现象的分子本质，极大地推动了整个生命科学的发展。同时这篇论文也宣告生命科学从此进入了微观分子生物学的时代。

1970 年，史密斯（Hamilton O. Smith，1931～）和内森斯（Danien Nathans，1928～1999）等率先从流感嗜血杆菌中分离、鉴定出了第一种限制性内切酶。随后 1973 年，柯恩（Stanley Cohen，1922～）成功地进行体外 DNA 重组并转化大肠杆菌。这些成就标志着基因工程的新纪元已经到来。1990 年，美国国会正式批准启动美国“人类基因组计划”，计划至 2005 年完成人类全基因组的测序任务，以后日、德、法、英、中等国相继加入该计划。2000 年 6 月 26 日，这六国的科学家同时公布了人类基因组“工作框架图”（草图）；2003 年 4 月 14 日，美、英、日、法、德、中六国首脑同时宣布：六国科学家已经完成人类基因组测序（其实仍有约 8%，1.51 亿个碱基对未被测序，功能未知）。2022 年 3 月 31 日，一个大型国际团队在《科学》杂志上发表的一篇论文中揭示了人类基因组的最后 8%序列，工程浩大的人类基因组测序工作才终于完成，人类进入了从基因层次深刻认识自我的新时代。

资料链接

模式动物——果蝇

黑腹果蝇（*Drosophila melanogaster*）在分类学上属于昆虫纲双翅目。雌果蝇背面可见五道黑纹，个体比雄果蝇稍大。雄果蝇是两道黑纹外加尾部一块大黑斑，该黑斑延伸到腹面。因此从腹面看，雌果蝇呈淡白色而雄果蝇在腹部末端有一黑斑（图 8.3）。雄果蝇第一对附肢的第一节上还有一排排列整齐的黑色短刺，称为性梳。

果蝇是典型的全变态昆虫，生活周期包括卵、幼虫、蛹和成虫四个发育阶段，其中幼虫又分为一龄、二龄及三龄三个时期（每蜕一次皮增加一龄）。从初生卵发育至新羽化的成虫为一个完整的发育周期，在 25℃、60%相对湿度条件下，大约只需 10 天。通过控制养殖的温度，可以加速或减缓果蝇的发育。果蝇个体很小，幼虫在三龄时达到最大，约 2mm，成年果蝇也仅为 2～3mm。新羽化的雌性成虫 8～10h 之后即可进行交配，交配之后大约 40h 开始产卵。较短的生命周期及较强的繁殖能力使科学家能够在短时间内繁殖出大量特定品种的果蝇。由于它们繁殖迅速、唾液腺细胞染色体巨大，易于进行基因定位，因此自 1909 年摩尔根将之用作研究遗传变异和染色体关系的材料之后，果蝇就成为经典的遗传学家揭示遗传规律的一张王牌。1970 年开始，科学家发现果蝇的胚胎发育模式具有特殊优点：它由 14 个体节构成的躯干完全对称，一套基因控制了这些体节从上到下的发生过程。后来的研究证明，这套基因普遍存在于从昆虫到人的基因组中，是决定机体左右对称布局的最基本因素。由此，果蝇再次引起人们的高度兴趣。历经世界各国科学家一个世纪的全方位研究，果蝇在发育生物学、生物化学、分子生物学和神经生物学等领域都占据了不可替代的位置，成为一种理想的模式生物。

第一节　分离定律与自由组合定律

孟德尔虽然是个牧师，但他或许是受家庭的影响，从小喜欢植物学，学习果树的嫁接方法。在大学他还进修了农业、园艺和葡萄种植等课程。在他当牧师的第二年，还同时兼任中学教师，讲授数学、拉丁文等课程。所有这些经历都为他从事豌豆遗传学研究奠定了良好基础。

1855 年，孟德尔着手进行豌豆杂交实验时，他已经注意到种质的纯正问题。他从种子商手中买了 34 个品种的豌豆，栽培了两年。从中挑选出性状稳定的 22 个品种，即纯合种作为实验出发株，这是他成功进行实验的前提和保证。此外，孟德尔对豌豆的各种质量性状分别逐一进行考察，在大量实验的基础上耐心细致地进行统计和分析，找出其中的规律，从而提出令人信服的结论。孟德尔的理论建立在严谨工作和缜密推理的基础上，经受住了历史的检验，成为公认的指导遗传学研究和工作实践的基本定律。

一、分离定律

豌豆是严格自花授粉的植物。孟德尔选择了具有明显质量性状差异的豌豆品种分别进行人工去雄和授粉杂交，以观察亲代（P）与子一代（F_1 代）之间性状的遗传变化情况。然后他让 F_1 代自交（自花授粉），再将长出的子二代（F_2 代）的性状分离情况与亲代和 F_1 代进行比较和分析，从中找出规律性的法则。孟德尔的上述工作结果可以归纳成表 8.1。

表 8.1　孟德尔豌豆杂交实验结果

亲代杂交性状	F_1 代性状	F_2 代性状				
		显性性状	数量/粒	隐性性状	数量/粒	显隐性比例
种子圆形×种子皱形	种子圆形	种子圆形	5474	种子皱形	1850	2.96∶1
子叶黄色×子叶绿色	子叶黄色	子叶黄色	6022	子叶绿色	2001	3.01∶1
花瓣红色×花瓣白色	花瓣红色	花瓣红色	705	花瓣白色	224	3.15∶1
豆荚胀鼓×豆荚瘪扁	豆荚胀鼓	豆荚胀鼓	882	豆荚瘪扁	299	2.95∶1
豆荚绿色×豆荚黄色	豆荚绿色	豆荚绿色	428	豆荚黄色	152	2.82∶1
叶腋开花×株顶开花	叶腋开花	叶腋开花	651	株顶开花	207	3.14∶1
植株长茎×植株短茎	植株长茎	植株长茎	787	植株短茎	277	2.84∶1
总计			14 949		5010	2.98∶1

从表 8.1 可以看出，孟德尔十分细心，不厌其烦地考察计数了 7 个杂交组合近 2 万个 F_2 代的性状。他发现，这 7 对性状的杂交，F_1 代总是只表现其中一方的性状；F_1 代自交后，在 F_2 代中原亲代双方的性状分别都得到显现，但它们之间的比例都是一个几乎相同的比值，即 3∶1。这是什么原因呢？孟德尔提出他的假说。

孟德尔认为：①生物的每对性状（每种特征）都受一对遗传因子控制，其中一个因子来自父本，另一个因子来自母本；②生殖细胞成熟时，成对遗传因子彼此分离，分配到配子（花粉/卵子）中；③受精后产生的合子其遗传因子又恢复成对配置。虽然它们具有显隐性之分，但彼此相互独立，互不侵染。隐性一方虽不表现但仍独立存在。

例如，孟德尔进行的第一个豌豆杂交实验“种子圆形×种子皱形”。F_1 代种子都是圆形。皱形性状虽然没有表现，是一种隐性性状，但决定该性状的遗传因子并没被破坏或丢失，而是“默默地”存在。这可以从 F_1 代自交后 F_2 代中重现“种子皱形”的事实得到证明。

现在，如果以 R 表示圆形种子，r 代表皱形种子，那么孟德尔的上述实验可以简单地表示为图 8.4。

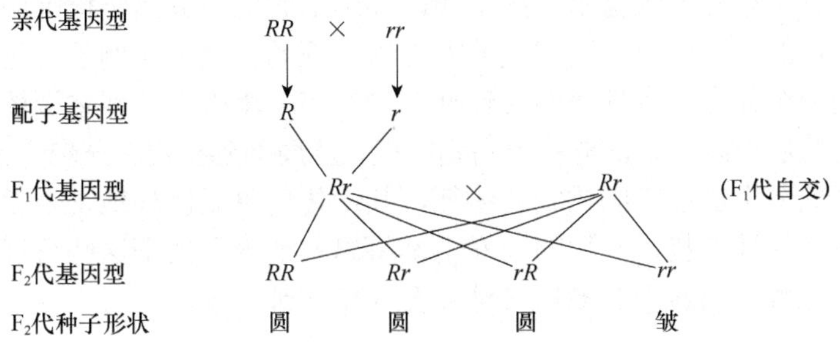

图 8.4　孟德尔分离定律示意图

用现代语言来说，R 代表决定种子圆形的基因，r 代表决定种子皱形的基因。F_1 代中，这两种基因同时存在。R 为显性，使种子表现圆形；r 为隐性，虽未表现但仍独立存在。在 F_2 代，终于有 1/4 的概率出现 rr 基因组合。在这种纯合隐性基因的情况下，种子皱形的性状才获得表现，这也是为什么在 F_2 代显性性状与隐性性状之比总是 3∶1 的原因。

隐性基因虽未表达但仍与显性基因共存，其检测方法除了上述 F_1 代自交法外，还可以将这种杂合个体与双隐性个体（包括双隐性亲本）进行杂交。如果杂交后代为显性个体与隐性个体各占一半，则可回推该被测个体为杂合基因型个体。这种检测个体基因型的方法叫作测交（图 8.5）。如果将杂种一代（F_1 代）回头再与其亲本之一进行杂交（交配或授粉），这种杂交方式称为回交。显然，回交也可能是一种测交。而一旦杂合个体与双隐性亲本进行杂交，这种杂交方式既是回交，也是测交。

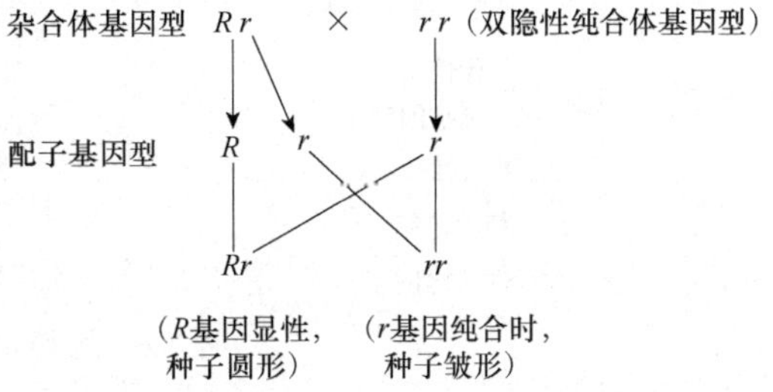

图 8.5　测交原理（以圆形与皱形表型的基因为例）

实际上，孟德尔所说的“一对遗传因子”就是现代遗传学指出的“等位基因”—— 一对同源染色体上同一位置上的基因，即同一种基因由于突变造成的不同形式。在一个物种的群体中，若在同一个染色体位点上的基因有两个以上的不同形式，则把这些基因统称为“复等位基因”。

在孟德尔的划时代论文于1900年被重新发现之后，许许多多的学者在他们的工作中都验证了孟德尔分离定律的正确性，但也有少数例外。归纳起来主要有以下几种情况。

1. 不完全显性——半显性 不同肤色的人种婚配后所生子女，他（她）们的肤色与双亲都不相同，介于两者之间。这是由于双方决定肤色的基因相互牵制，彼此都不能完全表达的结果。

2. 共显性 人类决定ABO血型的三种基因I^A、I^B和i构成一组复等位基因，它们位于9号染色体长臂3区4带（9q 3.4）上。如果A血型的人和B血型的人结婚，他们子女的血型可能有AB型、A型、B型和O型4种，其中的AB血型就是因为I^A基因和I^B基因同时表达的缘故。这种一对等位基因同时在一个个体内表达的现象称为基因的共显性。

3. 超显性 在遗传育种实践中科学家们还发现一种奇特的现象，即杂交子代出现超过双亲本的突出性状。例如，株高1ft（1ft＝0.3048m）的矮豌豆与6ft高的豌豆杂交，后代出现少量6～7.5ft高的杂种。目前科学界对这种超显性现象还没有令人满意的解释，推测很可能与相关基因的调控有关。

上述三种现象似乎有悖于孟德尔分离定律，实际上它们与分离定律阐明的一对基因的遗传行为本质上是一致的，这可以借助测交的方法给予证明。从上述例子可见，基因表达的内涵相当复杂，它们受个体内在生理条件（包括激素）和环境因素的多重调控。从孟德尔理论到现代生命科学的发展，科学家正是从个别到一般、从局部到全局，一步步揭开生命的奥秘。

人身上也有些受单个显性基因控制的体征，其遗传现象无例外地符合孟德尔分离定律。只要双亲之一为纯合显性性状，他们的子女也都将忠实地表现出来这些特征，如右发旋、有耳垂、长睫毛、褐色眼、侧卷舌、多指（趾）及并指（趾）等。

二、自由组合定律

孟德尔在研究了一对基因的遗传现象并提出分离定律之后，紧接着再进一步探讨具有两对及两对以上不同性状的豌豆杂交后的遗传效应，进一步归纳总结出遗传学的第二条定律——自由组合定律，见图8.6所示实验。

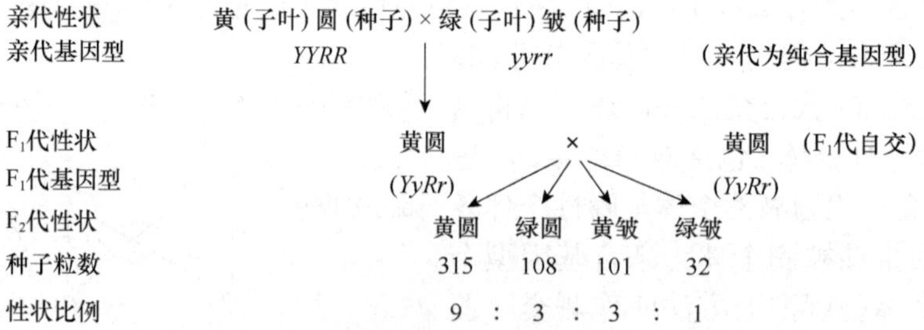

图8.6 孟德尔自由组合定律示意图

图8.6演示了以豌豆为材料考察黄子叶（显性）圆种子（显性）植株与绿子叶（隐性）皱种子（隐性）植株杂交后子代中上述两种性状的遗传变化情况。从图8.6可见，杂交F_1代只有黄子叶圆种子一种表型，其中的隐性基因（y和r）都被掩盖而未能表达。F_1代自交后，在F_2代中，除了保留亲代原有的“黄圆”和“绿皱”两种性状外，还出现了“绿圆”和“黄皱”两种新的性状，而且新性状的数量比是1∶1（108∶101）。这是什么原因呢？

首先，如果把上述两种性状分别统计就会发现，原来它们各自的显隐性性状数量之比都是 3∶1。例如，黄子叶苗的总数为：315＋101＝416；绿子叶苗的数量：108＋32＝140，二者之比为 3∶1。同理，圆形种子和皱形种子的比值也是 3∶1。由此可见，图 8.6 所示的两对性状杂交，其实质是两个彼此独立的分离定律现象的重叠。

其次，图 8.6 中新出现的两种性状“绿圆”和“黄皱”是怎样产生的呢？其实只要假设决定子叶颜色是黄或绿色的基因与决定种子外观是圆或皱的基因分别位于不同的同源染色体对上，问题也就迎刃而解了。在精（卵）母细胞减数分裂时（第七章第二节），各同源染色体经复制后，在减数分裂 I 的中期着丝粒不分裂。然后，后期 I 开始，复制后的染色体在着丝粒的牵引下向细胞的两极移去。这时，如果载有决定绿色基因（*y*）的染色体与载着决定种子圆形基因（*R*）的染色体一起移向细胞的同一极，那么减数分裂后将产生带有 *yR* 基因（决定子叶绿色和种子圆形性状）的配子（花粉或卵细胞）（图 8.7）。如果此类配子与同样带有 *yR* 或 *yr* 基因的配子结合，它们组成的合子就含有 *yyRR* 或 *yyRr* 基因，成株后则表现出绿子叶圆种子的外观。同理也可出现带有“黄子叶皱种子”性状的豌豆新变种。

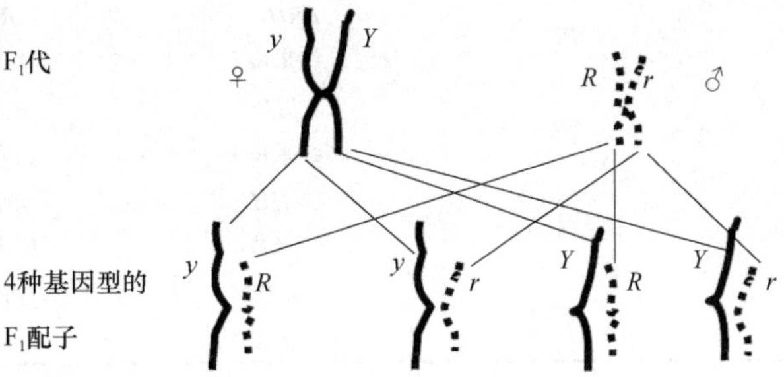

图 8.7　自由组合定律原理

这样，事情已经很清楚，所谓自由组合定律指的是分别位于不同的同源染色体对上的两对或两对以上基因随染色体在形成配子时随机排组而形成新的基因组合的过程。可以看出自由组合定律的核心问题有二：①它适用于指导、预测两对或两对以上基因进行杂交后可能出现的结果；②这两对或两对以上的基因必须位于不同的同源染色体上，否则这些基因的遗传方式将不符合自由组合定律而服从于下文将探讨的连锁与交换定律。

既然自由组合定律实际上是分离定律的扩充和发展，那么自由组合定律的数学表达式也可以从分离定律的 3∶1 演绎而来。两对基因的杂交，F_2 代的性状分离可表示为（3∶1）^{2}，即 9∶3∶3∶1（图 8.7）。具双显性性状的个体占 F_2 代的 9/16，两种重组性状各有 3/16，双隐性个体最少，仅为 1/16。若三对基因杂交，则可按（3∶1）^{3} 的式子展开，即（9∶3∶3∶1）×（3∶1），F_2 代的性状分离可呈现 27∶9∶9∶9∶3∶3∶3∶1 的比例。更多对基因的杂交结果预测以此类推。

正如分离定律在实际应用中会出现某些比较复杂的、不完全非此即彼的情况那样，两对基因杂交的子二代有时也会发现一些由于基因互作而影响预期表型比例的情况，如 15∶1、9∶7 等都是自由组合定律的特殊表示方式。请看以下分析。

水稻米皮的颜色（红色）是由基因 *R* 和 *H* 共同控制的，即只有显性的 *R* 基因和显性的 *H* 基因都同时存在时该品种的水稻米皮才呈红色，如果仅有一个显性基因（*R* 或 *H*），或没有显性基因，只有隐性基因（*r* 和 *h*），该品种水稻的米皮就表现出常见的白色。有两种白米皮的水稻杂交，其 F_1 代全是红色米皮。可见两亲本应分别是 *R* 基因纯合和 *H* 基因纯合，即（*RRhh*）和（*rrHH*）。F_1 代这两对等位基因通过自由组合分别产生 4 种雌雄配子（图 8.8）。F_1 代自交则产生 16 种组合，其中 9 种组合同时含有 *R* 和 *H* 基因，因此它们的米皮为红色，其余组合的米皮则为白色。这就是杂交 F_2 代性状出现 9∶7 比例而不是 9∶3∶3∶1 的原因。如果杂交 F_2 代性状出现 15∶1 的情况，则是由于两对基因都是纯隐性的组合表达一种特性，而另外 15

种基因组合中都至少含有一个显性基因，它们都表现出另一种特征的缘故。

亲代　　白米$_1$（*RRhh*）× 白米$_2$（*rrHH*）

↓

F_1代　　红米（*RrHh*）（F_1代自交）

↓

		雄配子			
		RH	*Rh*	*rH*	*rh*
雌配子	*RH*	*RRHH*（红米皮）	*RRHh*（红米皮）	*RrHH*（红米皮）	*RrHh*（红米皮）
	Rh	*RRHh*（红米皮）	*RRhh*（白米皮）	*RrHh*（红米皮）	*Rrhh*（白米皮）
	rH	*RrHH*（红米皮）	*RrHh*（红米皮）	*rrHH*（白米皮）	*rrHh*（白米皮）
	rh	*RrHh*（红米皮）	*Rrhh*（白米皮）	*rrHh*（白米皮）	*rrhh*（白米皮）

图 8.8　杂交F_2代特征出现 9∶7 分化的原因分析

此外，现代遗传学的研究表明，基因的表达与调控是一个相当复杂的过程，“一因一效”的学说并不适用于所有的基因。现在已知，某些表型的形成，是许多基因不同程度“合力”调控的成果。例如，野生型果蝇眼睛的颜色是红色，红颜色的形成至少受到 40 个不同位点的基因的影响；果蝇长成正常的翅膀与 40 多个基因有关等。在这种情况下杂交F_1代往往表现出显性不完全的特点。对于一对基因的杂交来说，在这种情况下，其F_2代就不表现出 3∶1 的显隐性比例，而是成为 1∶2∶1 的正态分布。对于两对以上所谓“多因共效”的杂交，其F_2代的特征一般可按（1∶2∶1）^{n}的式子展开（*n* 为基因的对数）。这就是数量性状遗传的基本原理。在两个极端性状之间分布着一系列中间过渡类型，表现为典型的钟形正态分布曲线。人的身高就是一种数量性状遗传。任一人群的身高统计数字都表现出一条正态分布曲线。近 30 年来，随着营养条件和各方面因素改善的影响，中国人平均身高显著增长。其中，19 岁男性从 168.2cm 增至 175.7cm，女性从 157.6cm 增至 163.5cm（图 8.9）。

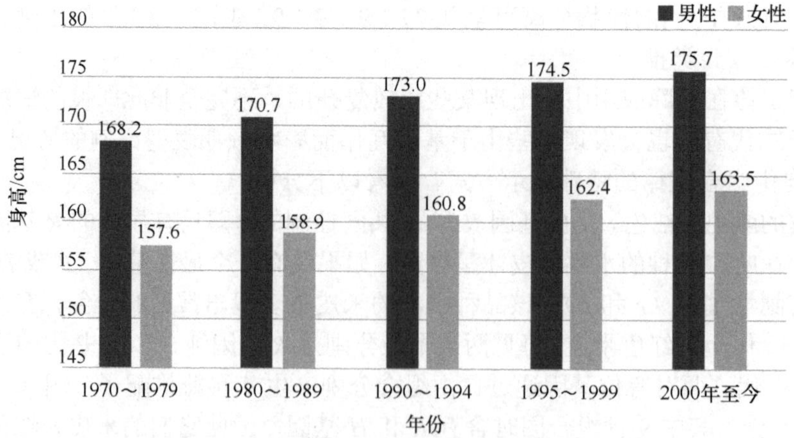

图 8.9　近 30 年来中国 19 岁男性和女性身高变化（图源：NCD RisC）

资料链接

遗传学之父——孟德尔

孟德尔，奥地利籍生物学家，遗传学的开创者。他在 1865 年的讲座及 1866 年发表的论文中，首次向大家介绍他的豌豆杂交实验，该实验极富启发性，至今仍被用来教授遗传学。孟德尔以极简单的方式对实验进行了描述。他观察到两个不同表型的父母本正反交时，F_1 代表现出来的表型一致。因此孟德尔着力研究 F_2 代及后代的组成。孟德尔描述了 7 对常用的豌豆性状：花的颜色、成熟豆荚的形状、未成熟豆荚的颜色、花的位置、茎长的差异、种子的颜色（黄色与绿色）和形状（圆形与皱纹）。

在长达 8 年的实验中，孟德尔开展了大规模的研究，至少种植了 24 000 株植物。孟德尔对豌豆 7 对性状进行分析，得出了在 F_2 代中显性性状和隐性性状分离比总是接近 3∶1 这个重要的结论。其他研究人员也分析过豌豆的种子颜色和形状，但他们都没有揭示出 3∶1 的分离比率。孟德尔充分利用了实验测量和组合理论，尤其重要的是孟德尔的成功与他对数字的敏感度及一丝不苟、不厌其烦的工作精神有密切关系。

将数学应用到遗传学在当时被认为是完全不可能的事情，因此，孟德尔遗传规律在问世之初一直被科学界质疑。孟德尔的遗传学研究成果当时之所以没有被重视，一方面与那个时代大家正在热衷于达尔文的进化论有关；另一方面可能孟德尔的理论以确凿的实验数据推翻了当时颇受热捧的“融合遗传”理论，不被普遍看好有关。不过是金子总是会发光的。1900 年，即孟德尔去世 16 年、他的论文发表 35 年后，荷兰、德国和奥地利的三位科学家经过各自的实验，分别重新证实了孟德尔定律，世界终于认识到了孟德尔领先时代几十年发现的划时代科学意义，这使他成为无可争辩的遗传学创始人。

第二节 连锁与交换定律

1906 年，英国生物学家贝特森（William Bateson，1861～1926）和潘乃特（R. C. Punnett）用香豌豆的两对性状（紫花、长花粉和红花、圆花粉）进行杂交时发现，这两种性状总是形影不离，一同传给子代，没有出现符合自由组合定律的实验结果。

摩尔根对上述“意外”的现象十分重视。同时他注意到，在他的果蝇实验中也出现类似的情景。于是摩尔根对这个“反常”现象进行了深入的研究，终于发现了遗传学的第三条基本定律——连锁与交换定律（图 8.10）。

野生型果蝇身体略呈灰色，翅长超过腹部末端。摩尔根选用两种各带一个突变性状的果蝇——灰身残翅果蝇（GGll）与黑身长翅果蝇（ggLL）杂交。已知决定灰身的基因（*GG*）对决定黑身的基因（*gg*）显性，长翅基因（*LL*）对残翅基因（*ll*）显性。杂交的结果，F_1 代全是灰身长翅果蝇（*GgLl*）。如果将这些杂种 F_1 代灰身长翅雄果蝇与双隐性纯种黑身残翅雌果蝇（*ggll*）杂交，根据自由组合定律，所得 F_2 代果蝇中，灰身长翅、灰身残翅、黑身长翅和黑身残翅 4 种性状之比应该相等，但实际上只出现具灰身残翅和黑身长翅这两种亲本性状的后代。反之，一旦把杂种 F_1 代的灰身长翅雄果蝇换成雌果蝇，让它与双隐性纯种黑身残翅雄果蝇杂交（注意：这一次进行测交的是雌果蝇），那么产生的 F_2 代果蝇中除多数表现出双亲的性状（灰身残翅与黑身长翅果蝇各有 41.5%）外，还出现了灰身长翅和黑身残翅这两种

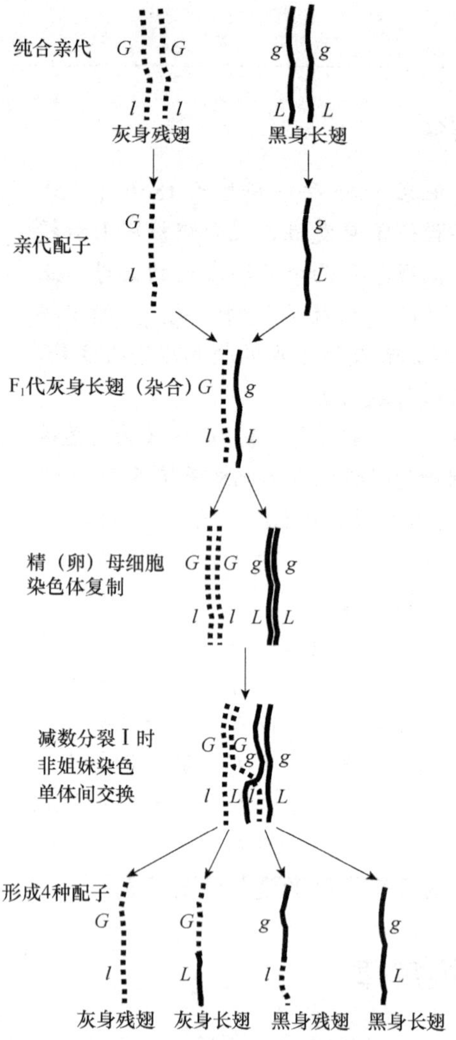

图 8.10　连锁与互换定律图解

G：决定身体灰色的基因　*L*：决定长翅的基因
g：决定身体黑色的基因　*l*：决定残翅的基因

非亲本性状，而且这两种新性状出现的概率相等，都是 8.5%。为什么前一次实验只出现两种性状的 F_2 代，而后一次实验却新增两种非亲本性状，且 4 种性状果蝇的数量比不是 1∶1∶1∶1 呢？

摩尔根是位才识广博的学者。他认为，决定身体颜色和翅膀长短的基因如果位于同一条染色体上，那么它们将处于“连锁”状态，在配子形成时一般将随这条染色体分配到同一个配子中，这就是子代性状与亲代完全一致的细胞学基础。至于新产生的两种非亲本性状，摩尔根结合当时刚发现不久的精母细胞同源染色体的非姐妹染色单体间在减数分裂Ⅰ前期的双线期出现了交叉的现象（其实它们间的交换已在粗线期完成）提出，在少数情况下，由于复制后的同源染色体紧密配对，它们间的非姐妹染色单体可能发生交叉和交换。如果这种交换发生在决定身体色彩的基因（*G* 或 *g*）与决定翅膀长度的基因（*L* 或 *l*）之间（图 8.10），那么就将出现原来所没有的新遗传性状组合，即重组。事实证明，摩尔根的推理是正确的。重组概念的提出和建立，不仅使遗传学工作者可以计算出两对基因间的重组频率，更为重要的是能够借助同一条染色体上诸基因重组频率的高低确定基因在染色体上的线性排列顺序，即勾画出染色体的基因图谱。摩尔根的学生斯特蒂文特把杂交子代中出现 1%重组体的两个基因之间的距离定为一个图距单位。上述实验中出现 17%的重组体（8.5%＋8.5%），因此，*G*（*g*）基因与 *L*（*l*）基因的距离为 17 个图距单位。后来有人又将一个图距单位称为一个分摩或一厘摩（centimorgan，cM），以纪念首先提出交换概念的摩尔根。

假设有另一个基因 *A*（*a*），它与基因 *G*（*g*）的距离为 6 个图距，与基因 *L*（*l*）距 9 个图距，那么则可以断言，该基因 *A*（*a*）一定位于基因 *G*（*g*）与基因 *L*（*l*）之间且靠近基因 *G*（*g*）的一侧。这就是最早用于测定基因在染色体上定位的三点杂交法。

由此可见，位于一条染色体上的所有基因构成了一个遗传学上的连锁群。在形成配子时，这个连锁群上的各个基因一般都将一同传到下一代，这种现象叫作连锁遗传。这时位于同一连锁群上的两个或两个以上基因的遗传行为将不符合自由组合定律而服从于连锁与交换定律。如果同源染色体间不发生染色体片段的交换而原原本本地将原有遗传信息传给子代，这种情形就叫作完全连锁，如摩尔根上述实验中以 F_1 代的雄果蝇进行的杂交那样；如果同源染色体在减数分裂期间出现染色体片段的交换，这就是不完全连锁。染色体的不完全连锁将直接导致重组体的出现。以上用雌果蝇代替雄果蝇的实验就是一例。而且，如果两对基因在同源染色体上的位置距离越远，那么它们之间的重组值就可能越大，反之则越小。为什么雄果蝇的染色体为完全连锁，而雌果蝇的染色体则是不完全连锁？这是生命科学中的又一个未解之谜。类似的情况在其他生物中也有所闻。例如，家蚕中，雌家蚕染色体为完全连锁，而雄家蚕则不是。

有一个问题常常使人百思不得其解，即孟德尔以豌豆为材料进行了那么多的杂交实验，怎么就没发现连锁与交换定律呢？不少人说，孟德尔是非常幸运的，他研究的 7 个“因子”（基因）恰好位于豌豆的 7 条染色体上，当然不会出现基因连锁的情况。如果他再多探究 1 个基因，他必将遇到麻烦。这似乎把问题简单化了。现代遗传学已查明，孟德尔探讨过的 7 个“因子”（基因），有 3 个在 4 号染色体上，2 个在 1 号染色体上，此外在 5 号和 7 号染色体上还各有 1 个（表 8.2）。乍一看来，至少有 4 个基因是连锁的（*a-i*、*v-fa*、*v-le*、*fa-le*）。但是，经数百个杂交所得到的豌豆遗传图谱显示，1 号染色体上的 *a* 基因和 *i* 基因相距甚远，在正常情况下是难以发现它们之间呈连锁关系的。4 号染色体上的 *v* 和 *fa* 基因也类似如此。唯有 *v* 和 *le* 基因似应表现出遗传连锁。也许孟德尔没有同时进行这两个基因的分离实验，恰巧未陷入基因连锁的迷雾中，同时也错过了发现连锁与交换定律的机会。

表 8.2 孟德尔研究过的豌豆特征与染色体的对应关系

豌豆特征	孟德尔成对因子	等位基因	染色体
种子颜色	黄色-绿色	*I-i*	1
种皮和花色	有色-白色	*A-a*	1
成熟豆荚	饱满光滑-皱缩	*V-v*	4
花序	腋生-顶生	*Fa-fa*	4
株高	约 1m-约 0.5m	*Le-le*	4
未成熟豆荚颜色	绿-黄	*Gp-gp*	5
成熟种子外形	光滑-皱缩	*R-r*	7

注：引自 Klug and Cummings, 1997

第三节 性别决定与伴性遗传

自从约 18 亿年前生物发展出有性生殖方式以来，同一个物种雌、雄两性个体间的外在差别与内在差异往往十分明显，甚至会被认为分属不同物种（也有少数物种雌雄个体外观差别不显著）。人也是如此。为什么会出现这些差异？由哪些因素决定动物雌、雄性状的发育？性染色体的作用是什么？这些都是令人感兴趣的问题。

一、动物性别决定

决定动物性别的因素多种多样，如下所述。

有种海产蠕虫后螠（*Bonellia viridis*），它的幼虫如果一直独立生活、长大，那么它就是雌虫；一旦该幼虫落入雌虫吻部并进入雌虫体腔或子宫中，则发育成雄虫。雌、雄成熟个体大小差别十分悬殊。

蜜蜂的蜂后经卵母细胞减数分裂后排出卵子。若该卵未受精，则发育成雄蜂（n）；若蜂后与雄蜂交配，则受精后产下的合子（$2n$）经发育后都长成雌蜂。但这些雌蜂大多仅被喂食几天的蜂王浆，性腺未能发育，因而长成工蜂；仅极少数雌蜂被特殊照顾而发育成蜂后。

我国黄海、渤海，以及欧洲的红海中有种红鲷鱼（加吉鱼），浑身红色，稍带蓝斑，肉味鲜美。在每群 20 余尾红鲷鱼中，仅有一尾雄鱼。若雄鱼不幸死去，则雌鱼中的最强壮者幡然改性，雄性腺发育，变成雄鱼。

有一种蛙，它们的蝌蚪如果在20℃发育，则成蛙雌、雄各半；如果在30℃发育，则全部都发育成雄蛙。

松狮蜥（*Pogona vitticeps*）是一种生活在干旱炎热的澳大利亚内陆的爬行动物。2007 年，澳大利亚堪培拉大学的生态学家 Alexander Quinn 和他的同事通过在不同温度下孵化松狮蜥的蛋发现，当孵化温度在 22～32℃时，孵出的雌性和雄性松狮蜥的数量几乎相等；而当孵化温度超过 34℃时，35 只被孵化出的松狮蜥中只有 2 只是雄性。经染色体检测，更让人惊讶的是，其中有 17 只本该是雄性的松狮蜥变成了雌性。

有些环境因子也能干扰雌雄异花植物的雌花生成比例，从而影响产量。例如，对黄瓜适当缩短光照时间，或多施氮肥，都能有效地提高雌花的数量。

还有些动物，它们的性别决定看来与外因没什么直接的联系。例如，常见的蝗虫（东亚飞蝗等），无论春暖夏热，它们交配后产下的子代都是雌雄各半。哺乳动物（人）是恒温动物，从未见过环境温度影响性别比例之类的报道。

那么，动物的性别是如何决定的呢？

1）由环境决定性别。上述多数例子都可说明，不少动物的性别决定与它们各自所处的环境直接有关。

2）由受精与否决定。从蜜蜂的例子可见，单倍体蜜蜂长成雄蜂。另有一些行孤雌生殖的昆虫（第七章第一节），其单倍体个体都呈雌性。

3）由性染色体的类型决定。性染色体类型有两种：ZW 型和 XY 型。

在许多鸟类和蛾类，它们的雄性个体具有两个同型的性染色体，称为 ZZ。它们精子中一般都含有单个 Z 染色体（偶见含有 ZZ 性染色体或无性染色体，记为 O）。雌性个体的性染色体为异型，即 ZW。它们子代的性别则因卵子所含性染色体的类型而定。含有 Z 染色体的卵子受精后长成的个体为雄性（ZZ），含有 W 染色体的卵子受精后长成的个体为雌性（ZW），即缺 W 染色体的受精卵将发育成雄性（表 8.3）。文中的 Z、W 字样只是为了与下文 X、Y 体制的染色体相区别，并非染色体呈 Z、W 形。

表 8.3　性染色体在性发育中的作用

生物	性染色体构成	性别
果蝇	XX	雌性
	XY	雄性
	XXY	雌性[a]
	XO	雄性[b]
人类	XX	女性
	XY	男性
	XXY	男性[c]
	XO	女性[d]
鸟类	ZW	雌性
	ZZ	雄性

注：a. 此类雌果蝇对果蝇来说是正常可育的；b. 此类雄果蝇除了不育外一切正常；c. 克兰费尔特（Klinefelter）综合征男性（精细管发育不全）；d. 特纳（Turner）综合征女性（性发育不全）

与此相反，德国科学家 H. Henking 在 19 世纪末研究一种昆虫生殖细胞形成时注意到，在雄性，有一半的精子携带一种在另一半精子中不存在的染色体，他称这种特殊的染色体为“X”，因为他没有把握确定这是个染色体。后来，C. E. McClung 证实，这个“X”因子的确是一个染色体。他还进一步证明，当卵子被一个含有“X”因子的精子受精后就产生雌性后代，而没有“X”因子的精子受精后只会得到雄性个体。对这种昆虫而言，X 染色体是性遗传的基础。其实，多数昆虫（如蝗虫），雌性个体的性染色体都是两个 X 染色体，缺了一个 X 染色体的个体就变成雄性。在 XO 个体，不是特异基因存在与否，而是 X 染色体上一个或多个特殊基因产物的水平决定受精卵是发育成雌性还是雄性。XO 个体中特殊基因产物的水平只有 XX 个体的一半，它们就成为雄性。在这种情况下子代的性别取决于雄性个体的精子类型。

Y 染色体则是因与 X 染色体对应而沿用开来。对于绝大多数哺乳动物来说，细胞中具有 XX 性染色体的个体是雌性，而细胞中可见 XY 性染色体的个体则成为雄性。换句话说，具有同种性染色体的个体是雌性，而性染色体各异、不能配对的个体是雄性。

人类从哺乳动物脱颖而出，女性具有 XX 性染色体，男性性染色体为 XY。虽然人的性别取决于受精瞬间是带着 X 染色体还是 Y 染色体的精子进入卵内，但事实上在胚胎发育至 5～6 周性始基（今后将发育成性器官的原始细胞团）出现时，该器官原基兼容了卵巢（性始基皮质）和睾丸（性始基髓质）的特征。这也许是生命演化早期出现的雌、雄同体生物所具有的原始特征遗迹。此后，如果该胚胎胞内具 Y 染色体，该染色体上的 *SRY* 基因被启动，紧接着 *MIS* 基因开始工作，激发了其他引起性腺发育成睾丸的基因的表达，之后睾丸分泌的雄激素进而影响内部和外生殖器的发育，胚胎终于发育成男性；如果缺乏 Y 染色体，胚胎则长成女性。不过 2001 年美国科学家发现，他们敲除了小鼠受精卵的成纤维生长因子 9（fibroblast growth factor 9，*Fgf 9*）基因，结果长成的雄鼠虽然带有 Y 染色体，却在体内拥有雌性生殖系统，睾丸和前列腺未长出。该发现对以往教科书中认为人类的 *SRY* 基因决定男性的学说提出了挑战。

不少人认为，人类的性别是由性染色体决定的。此话只说对一半，即 Y 染色体上有决定男性化的相关基因。X 染色体是科学家最早研究的染色体（从果蝇开始）。人类的 X 染色体是被研究最深入、已定位基因最多的染色体。尽管如此，科学家还是未能在 X 染色体上发现与决定女性有关的任何基因。因此 X 染色体与性别决定的关系至今还是一团迷雾。不过一组由英国、法国和瑞士科学家组成的团队 2023 年 11 月在《科学》杂志上发表的论文证明，一个叫作“肾母细胞瘤基因 1”（Wilm's tumor gene 1）的基因（人类该基因位于 11 号染色体上）是小鼠卵巢发育的早期决定因子。

正常男性有一个 X 染色体，而正常女性有两个 X 染色体。那么，那些位于 X 染色体上的基因，如 *Cd*（绿色盲）、*Cp*（红色盲）和 *HA*（血友病 A）等，在女性中的表达量是否等于男性的 2 倍呢？检测结果揭示，这些基因在男女中的表达活性几乎无异，这是什么原因呢？1949 年，美国学者巴尔（M. I. Barr）注意到雌猫神经细胞核中有一个染色较深的小体而雄猫细胞中却没有。后人将这个小体称为巴氏小体。以后科学家才发现，巴氏小体可在雌性哺乳动物的大部分细胞中看到，人也如此。例如，女子口腔黏膜细胞中的巴氏小体大小约 1.2μm×0.7μm，而男子细胞中缺乏这种结构（图 8.11）。为什么会出现这种十分明显的差异呢？原来，在每个人的体细胞中，除了一个 X 染色体外，其余的 X 染色体从胚胎发育的第 16 天起，其基因的活性即受抑制，呈现一种失活的异固缩状态，即所谓的巴氏小体。失活的 X 染色体可能来自父本，也可能来自母本，随机发生。巴氏小体的检测在运动员性别检验、性畸形鉴别及性染色体的进化和细胞分化过程研究等方面都具重要意义。

彩图

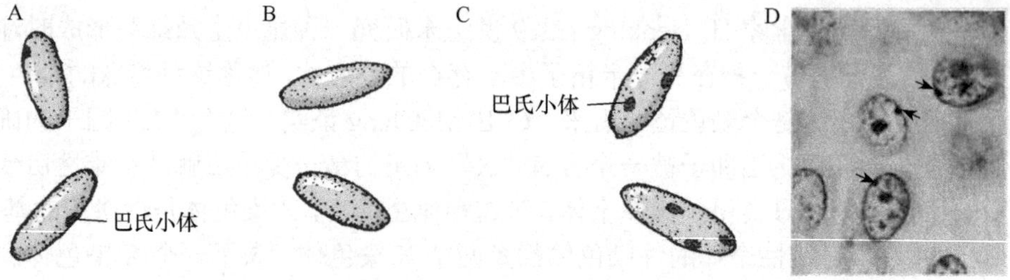

图 8.11 人成纤维细胞间期细胞核中的巴氏小体

A. XX 女性，一个巴氏小体；B. XY 男性，无巴氏小体；C. XXXXY 男性，三个巴氏小体；D. 显微镜图片（箭头所指）

二、伴性遗传与性染色体

（一）伴性遗传

伴性遗传是指性染色体上的基因伴随着一定性别表现的生物学现象。由于 X 染色体上的基因缺陷（突变）比较容易在雄性个体上显现，因此多数伴性遗传的研究是以 X 染色体进行的。摩尔根等定位的第一个基因也是在 X 染色体上。

以下以果蝇杂交为例探讨位于性染色体上的基因是如何遗传的。

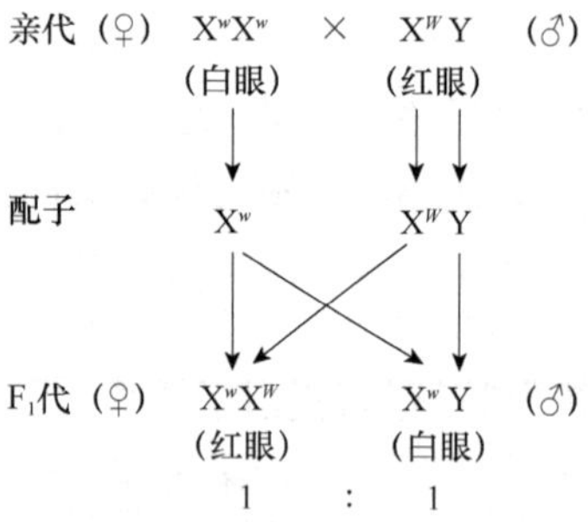

图 8.12 果蝇伴性遗传实验（白眼遗传）示意图

w：白眼基因（隐性） *W*：红眼基因（显性）

果蝇与人一样，雌性的性染色体是 XX，雄性的是 XY。野生型果蝇的眼睛为红色，决定眼睛颜色的基因位于 X 染色体上。摩尔根首先在他饲养的果蝇中发现一只白眼雄果蝇。由于雄果蝇的 X 染色体仅一个，因此 X 染色体上决定眼色的基因一旦发生突变就能表现出来。经过摩尔根的反复杂交，终于获得白眼雌果蝇。以白眼雌果蝇进行杂交能很好地说明伴性遗传的规律（图 8.12）。

从图 8.12 中可见，白眼雌果蝇仅产生单种配子，其性染色体（X 染色体）上含有决定白眼的基因。通过交配，雌果蝇性染色体上的白眼基因传给 F_1 代雄果蝇。与此同时，雄果蝇 X 染色体上的红眼基因传到 F_1 代雌果蝇身上。由于红眼基因（X^W）对白眼基因（X^w）显性，因此尽管本实验中 F_1 代雌蝇为 X^WX^w 杂合体，但仍表现出红眼性状。这种雄性子代的性状像母本，雌性子代的性状像父本的现象称为交叉遗传，这是伴性遗传的一种重要现象。

这种现象的原因在于：①X 染色体在上下两代不同性别个体间的交叉遗传；②所考察基因是隐性基因。

对人而言，最常见的伴性遗传是同位于 X 染色体上的红绿色盲和血友病遗传，它们明显地表现出父传女，母传子的特点。由于女性具两条 X 染色体，而且这两种基因都是纯合隐性基因时才表现患病，因此女性发病人数大大低于男性。红绿色盲是由于 X 染色体上位点十分靠近的两个决定眼睛辨色的基因发生突变导致未能正确分辨色彩，尤其是红绿色的现象。红绿色盲的发生率具有人种的特异性，白种人高达 8%～9%，黄种人的色盲发生率在 4%～7%（中国汉族为 4.78%），黑种人仅为 1.7%～4%。红绿色盲的人平时未见有任何异常表现，但不能从事交通、摄影、生物、医学等多种需要明辨色彩的工作。

血友病是由 X 染色体上的隐性致病基因（X^h）引发。男性只要有单个 X^h 即发病，女性

因不易出现 X^hX^h 的纯隐性组合而不易患病，有时成为 X^HX^h 血友病基因携带者。因此血友病患者几乎都是男性，约占人群的万分之一。血友病患者由于血浆中缺乏抗血友病球蛋白凝血因子，因此稍有伤口即流血不止，大多夭折。出生于 1819 年，在位 63 年，被称为“欧洲祖母”的血友病基因携带者英国维多利亚女王与表哥阿尔伯特结婚后生下 4 男 4 女，其中四子为血友病患者，二女和四女为血友病基因携带者，从而导致血友病基因在英国王室及与其联姻的欧洲其他王室中传播开来。

（二）X 染色体

2005 年 3 月 17 日，《自然》杂志公布了由英国桑格实验室的马克·罗斯领导的人类X染色体测序结果（图 8.13）。X 染色体总长 155Mb，发现了 1098 个编码基因，其中只有 54 个基因可以在 Y 染色体上找到有相应功能的等位基因。

研究人员还将人类的X染色体与田鼠、大鼠和狗的X染色体进行了比较。结果表明，自哺乳动物出现后至今，X染色体就没有发生过太大的变化。从序列图看，人类X染色体上有许多片段与鸟类常染色体上的片段具有一致的序列，从而证明了X染色体的“非性”起源。其实早在 1967 年就有科学家提出，X与Y这两个染色体是从生活在 3 亿年前脊椎动物的一对常染色体进化而来的（图 8.14）。

图 8.13　2005 年 3 月 17 日《自然》杂志公布 X 染色体测序结果

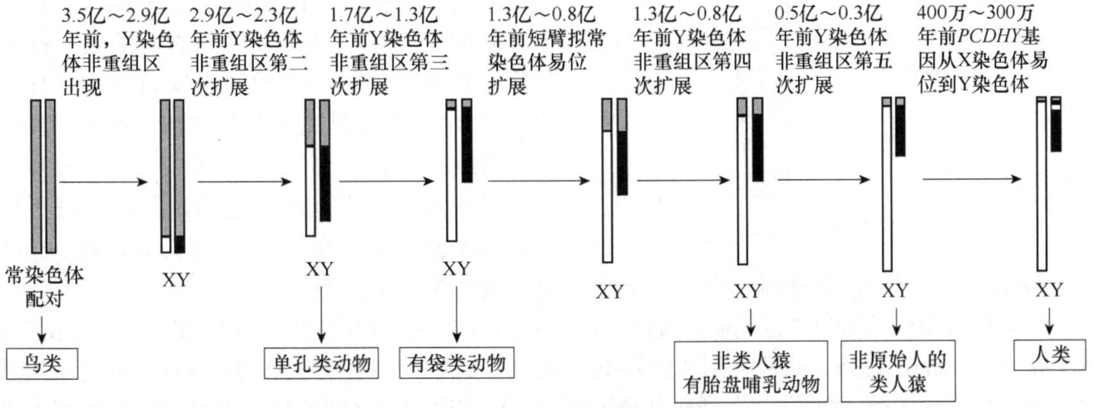

图 8.14　人类性染色体演化略图

灰色代表可以自由重组的区域，黑色代表 Y 染色体特异区，白色代表 X 染色体特异区

绘制出 X 染色体基因图的重要意义还在于，让我们知道了有 132 种（另一种说法为 197 种）疾病与 X 染色体有关。除了我们熟知的红绿色盲和血友病外，还有孤独症、肥胖、白血病、智力发育、免疫控制、癌症、迪谢内肌营养不良（Duchenne muscular dystrophy，这种病轻则令男人丧失工作和生活能力，重则死亡）及与谢顶有关的基因等。2005 年，德国波恩大学研究人员分析比较了 95 个德国家族的男性谢顶情况（都至少有两个兄弟在 40 岁以前开始谢顶），辨认出 X 染色体携带的变异男性激素受体基因是与男性谢顶相关的关键基因。可能是男性激素受体基因变异导致男性激素活动增强，引起谢顶。

从科学角度上分析，这些疾病或生理特征之所以“光顾”男性的概率比女性高得多，原因就在于男性没有另一条健康的X染色体可以"补偿"X染色体上的缺陷。X染色体携带了我们生存必需的基因，没有了X染色体人类无法生存。从遗传模式、独一无二的生理特性及与人类疾病关联等方面来看，X染色体堪称人类基因组中最不同寻常的染色体。

科学家此前曾推断，在女性两条X染色体中，其中有一条X染色体上的基因都处于"沉默"状态，没有任何功能。美国宾夕法尼亚州立大学的Laura Carrel等对40位女性"沉默"的X染色体进行了研究，发现所谓"沉默"的X染色体上只有大约65%的基因处于"休眠"状态，20%的基因仅在部分女性身上"休眠"，还有大约15%的基因处于某种程度的活跃状态，而且每位女性细胞中的活跃基因各不相同。这也许能够解释女性多样性的心理和生理差异，以及女性与男性在心理和性格上的差别。

（三）Y染色体

大约在3亿年前，两栖类和爬行类的祖先陆续出现时，它们有两条配对的X染色体（即都是常染色体），没有Y染色体，它们的性别是由温度等环境因素决定的（如上述）。在那之后，一条X染色体上的基因多次发生突变，形成*SRY*等基因，这条染色体逐渐变成了Y染色体，但失去了像其他染色体那样能够修复损坏 DNA的机能，逐渐短缩成今天这个模样（图8.14）。整条Y染色体仅有约5%的片段可以和X染色体相配对。在亿万年漫长的岁月里原始Y染色体或基因又发生多次重复、断裂、缺失、翻转和倒位连接等变异，导致科学家对其测序异常困难（2003年6月完成对它的初步测序，2023年才得到其完整序列）。人类Y染色体是极端退化的最小的近端着丝粒染色体，其长度在不同种族或民族人群中变异很大，为5100万～6000万个碱基对，仅有78个基因，为决定男性性别的染色体，父系遗传。

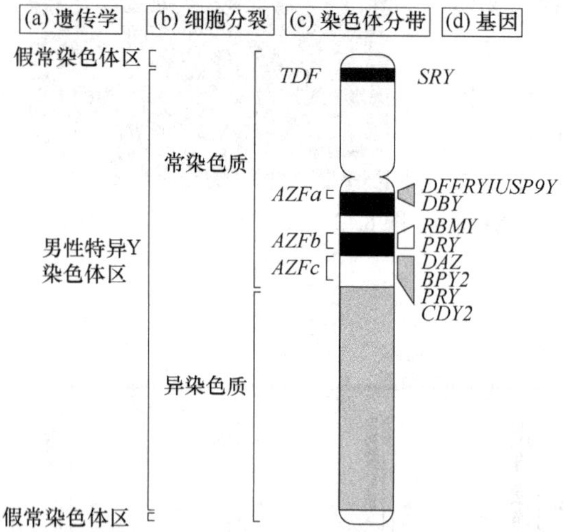

图8.15　Y染色体在不同层次上的构成

Y染色体由假常染色体区（pseudoautosomal region，PAR）和男性特异区（male-specific region of Y chromosome，MSY）组成（图8.15）。PAR极小，包括PAR-1和PAR-2，仅约300万个碱基对，分别位于Y染色体两端。在减数分裂过程中，只有这两个区域可与X染色体发生配对和重组（因它们源自远古祖先共同的常染色体）。其余绝大部分区域（95%）为MSY，含有睾丸决定基因（*TDF*，位于Yp11.3区域）及精子发生基因等。减数分裂时该区不能与X染色体配对和重组。MSY由三组常染色质（大约23Mb，短臂8Mb、长臂14.5Mb）和一段异染色质构成。这三组常染色质是：X染色体易位段（X-transposed），长约3.5Mb，位于Y染色体短臂。该段与X染色体长臂正中的Xq21区段的序列99% 相同，其实这是400万～300万年前从X染色体易位到 Y 染色体上的片段；X 染色体退化段（X-degenerate），分散跨越Y染色体的长短两臂，长约7.3Mb，这是古代常染色体退化的残留物；重复段（amplicons），同样分散跨越Y染色体的长短两臂，长约10.2Mb。该段约占MSY的30%，是MSY中一些大段重复的序列。这些重复序列彼此相似率高达99.9%，即几乎完全一致，组成8个"回文序列"，其中存在至少6个与睾丸相关的基因。所谓"回文结构"是指DNA排列顺序正反向均相同的序列。当某个"回文结构"从中间对折时，序列两端正好一一配对，如同普通染色体的配对、重组过程一样。在这种情况下，发生突变的基因可以被相对应的正常基因所替代。Y 染色体可能就是借助这种近乎自配、自救的方式才延续至今。不过，这种特殊的基因自我修复功能一旦发生错误时，染色体就会删除伸展的不配对 DNA。它的直接后果就是导致男性不育症。这三组常染色质共含有 156 个转录单位，其中有 78 个编码蛋白质的基因，包括编码 27 种特异蛋白的基因。异染色质位于 Y 染色体的长臂，32～40Mb，包含至少 6 个特异区段，每一区段都由大段同源序列依次排列构成。

2004 年 5 月，《自然》杂志发表了我国科学家参与完成的人与黑猩猩比较基因组学研究取得的成果。科学家发现，人与黑猩猩 DNA 序列差异为 1.44%。研究人员还发现，黑猩猩的 Y 染色体中不存在基因 *CD24L4*，这一基因指导合成人类免疫细胞表面的蛋白质。也许正是由于黑猩猩的免疫细胞表面缺乏这种蛋白质才使它们不容易遭受人类免疫缺陷病毒（HIV）的攻击。

由于 Y 染色体仅在雄性个体中遗传，因此 Y 染色体上的基因也只能在父子间代代相传，这种现象叫作限雄遗传。例如，有的家族的男性成员耳朵上簇生长毛（图 8.16），女性成员无此表征。

综上所述，所谓伴性遗传有两种情景：对于 X 染色体，伴性遗传是一种伴随着 X 染色体的遗传，往往呈现上下代之间不同性别的交叉遗传；对 Y 染色体而言，伴性遗传是一种伴随性别（其实仅伴随男性）的遗传。这两种类型应区分清楚。

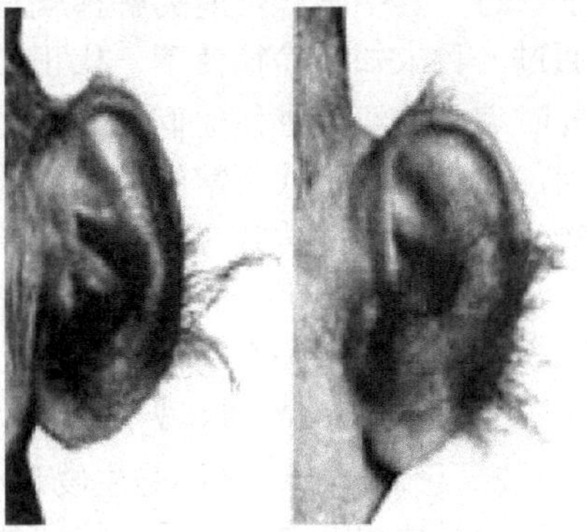

图 8.16 限雄（男）遗传：耳道长毛症

第四节 基因结构与表达调控

除极少数生活于极端环境中的古细菌外，生物界主要有两大类生物：原核生物和真核生物。它们细胞中的基因分别称为原核基因和真核基因。在细胞-个体的生长发育过程中，基因组各个基因的信息严格受控，分期分批有序转录、表达，指导细胞-个体完成整个生命周期。以下简要探讨其中的奥秘。

一、基因的基本特征

1．基因是什么 基因的概念是随着科学研究步步深入不断发展的。早在 1865 年，孟德尔就提出了植物中存在“遗传因子”的推测。1909 年，丹麦遗传学家约翰逊将“遗传因子”称为基因（gene）。1915 年，摩尔根在《孟德尔的遗传学原理》一书中阐明，基因是线性排列在染色体上的颗粒或位点，是遗传信息交换和突变的基本单位。1944 年，埃弗里等终于查明，基因的化学本质是 DNA 而不是蛋白质或其他的物质。现代遗传学家普遍认为，基因是具有特定核苷酸序列的 DNA 片段，是贮存某种遗传信息的功能单位，是一个遗传连锁群——染色体的核心组成部分。

不过，随着分子生物学研究的深入发展，基因是 DNA 序列上的一条片段，能够转录成 mRNA，再以此为基础合成蛋白质的传统的观点正受到越来越强烈的冲击。

2005 年，美国科学家 Thomas Gingeras 研究了人类 10 条染色体上基因转录的情况后发现，并不是各个基因全都分别产生各自的 mRNA，一条 mRNA 可以由两条 DNA 链转录而来，甚至来自没有编码蛋白质的序列。科学家还得知，转录可以从编码某个蛋白质的序列开始一直进入到编码另一个蛋白质的基因，即产生所谓的融合转录。许多科学家开始认识到，在DNA中有些蛋白质编码是没有界限的，它可能进入下一个乃至再下一个开读框（编码结构基因的序列）。Kapranov及其同事报告说，许多证据表明，编码蛋白质的外显子（基因中编码蛋白质的序列）能与隔着几十万个碱基对（若干个基因）的另一处外显子接合。Richard Flavell甚至证明了人的免疫基因被另一条染色体上的调节区域控制的现象。

此外，近年来发现的若干个遗传信息不依赖DNA而从父母传递到子女的事例令科学家困惑不已。法国科学家Minoo Rassoulzadegan等报道，小鼠中只要*Kit*基因突变成*kit*基因（显性）就能使其尾巴和脚出现白斑。奇怪的是，部分遗传了双亲*Kit*基因的小鼠竟然还是长出了白斑。其中唯一可能的解释就是，假设*kit*基因转录的少量mRNA积聚在精子或卵子里，通过一种未知的途径使下一代正常的*Kit*基因沉默。同样，Robert Pruitt及其同事在拟南芥研究时遇到的意外也使他们十分错愕：部分杂交子代不是表现其父母拥有的*HOTHEAD*突变基因，而是以其祖代正常的基因取代了异常的序列。看来，可能有一些非传统意义上的转录产物承担了这种遗传效应。

后来，有25位知名分子生物学家花了两天时间讨论，才达成一个能为大家基本接受的基因定义：基因是一个与调控区域、转录或功能序列相关的、在基因组序列中可以找到的、对应于一个遗传单位的区域。

2．密码子 基因是生物遗传信息的载体。这些信息被转录成mRNA后，mRNA上的核苷酸排序也就具有一系列特定的含义。mRNA上每3个核苷酸的组成决定了蛋白质多肽链上的某一个氨基酸，这3个核苷酸就叫作一个密码子（codon）。密码子（包括起始密码和终止密码）共有64个，而多肽上的氨基酸只有22种（包括新发现的硒半胱氨酸和吡咯赖氨酸）。因此，多数氨基酸的密码子不止一个，这叫作密码简并（表8.4）。

表8.4 通用遗传密码及其相应氨基酸

第一位核苷酸（5′端）	第二位核苷酸				第三位核苷酸（3′端）
	U	C	A	G	
U	UUU UUC 苯丙氨酸 UUA UUG 亮氨酸	UCU UCC UCA UCG 丝氨酸	UAU UAC 酪氨酸 UAA UAG** 终止符	UGU UGC 半胱氨酸 UGA*** 终止符 UGG 色氨酸	U C A G
C	CUU CUC CUA CUG 亮氨酸	CCU CCC CCA CCG 脯氨酸	CAU CAC 组氨酸 CAA CAG 谷氨酰胺	CGU CGC CGA CGG 精氨酸	U C A G
A	AUU AUC 异亮氨酸 AUA AUG* 甲硫氨酸	ACU ACC ACA ACG 苏氨酸	AAU AAC 天冬酰胺 AAA AAG 赖氨酸	AGU AGC 丝氨酸 AGA AGG 精氨酸	U C A G
G	GUU GUC GUA GUG 缬氨酸	GCU GCC GCA GCG 丙氨酸	GAU GAC 天冬氨酸 GAA GAG 谷氨酸	GGU GGC GGA GGG 甘氨酸	U C A G

*当AUG在mRNA首位时，是肽链合成的起始密码子；**硒半胱氨酸；***吡咯赖氨酸

mRNA 上的密码子在核糖体上被翻译时，一般从起始密码子 AUG 开始，因此，多肽链的第一个氨基酸往往是甲硫氨酸。翻译从 mRNA 的 5′端向 3′端进行，直至遇到终止符（UAA、UAG 或 UGA）为止。

3. 基因结构 迄今为止，分子生物学家已发现了两类型基因：原核基因和真核基因，它们分别编码原核生物和真核生物遗传信息。

（1）原核基因 原核基因由启动子、转录区（基因编码区）和终止子三部分组成（图 8.17）。启动子位于基因的“上游”，是 DNA 上一段供 RNA 聚合酶识别、结合和启动 RNA 转录的核苷酸序列。转录区是基因的主体，是每个物种遗传密码的编码区。原核生物中，若干个在功能上密切相关的基因往往聚集在由某个启动子调控的基因编码区内，但每个基因都有其独立的起始密码和终止密码。基因的“下游”是终止子，一段非编码的短核苷酸序列，RNA 转录至此结束。

（2）真核基因 虽然真核基因也包括启动子、转录区和终止子三个区段（图 8.18），但与原核基因相比，真核基因在结构上具有以下三个明显的特点。

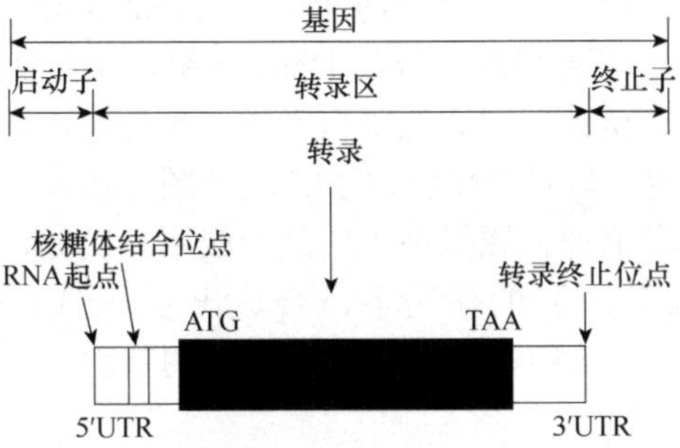

图 8.17 原核蛋白质编码基因结构示意图

黑色区为基因编码区，其两侧是转录而不翻译的序列

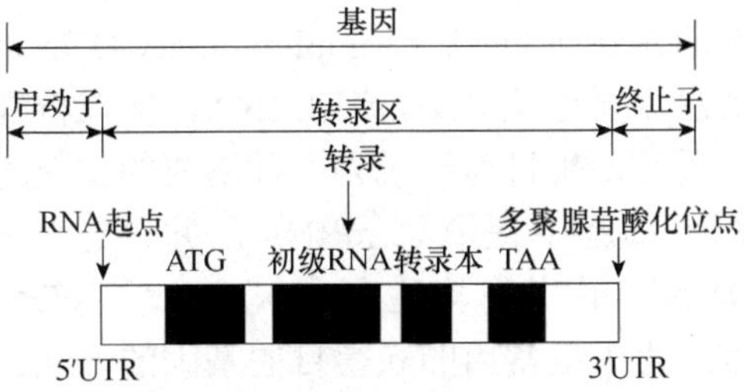

图 8.18 真核蛋白质编码基因结构示意图

图中黑色部分为外显子，空格部分为内含子

1）启动子通常包含“GC 框”“CAAT 框”和“TATA 框”等数个保守序列，而且彼此间有分隔区。

2）转录区中除编码序列（称外显子或表达子）外，一般都有一至多个非编码间隔序列，叫作内含子。真核细胞中转录下来的 mRNA，只有经过特异核酸内切酶的剪切及连接酶的连接，才能获得成熟的 mRNA 以指导多肽的翻译。

3）基因内包含另一个基因的序列，是指两个或两个以上基因共有一段 DNA 序列，或指一段 DNA 序列成为两个或两个以上基因的组成部分。重叠基因中不仅有编码序列也有调控序列，说明基因的重叠不仅是为了节约碱基、能经济有效地利用 DNA 遗传信息量，更重要的可能是参与对基因的调控，一个基因编码一个蛋白的传统说法受到了巨大的挑战。

纵观从原核生物到真核生物、从低等生物到高等生物的进化历程可以看到，总体上，基因构成的复杂度在提高，物种基因的数量在增长，但基因平均长度的变化似乎更为显著。例如，一种致病的单细胞钩端螺旋体，它平均 1kb（千个碱基对）就有一个基因，整个基因组由大约 500 万个碱基对组成，有 5000 余个基因。酵母是真核细胞，它的基因长度为 5～10kb。果蝇的基因长度已达到 10kb 以上了。人类 31.647 亿个碱基对中，基因数有 2.5 万～3 万个，平均 100kb 才有一个基因。可见，在基因编码区之外，与生物发育和组织特异性表达相关的调控序列大大增加了。

二、遗传信息流从 DNA 到 RNA 到蛋白质

DNA 作为生物的遗传物质已经得到大家的公认。任何一个生物体的基本属性之一，就是要有一套完整的遗传物质用于该物种传宗接代，俗话说“龙生龙凤生凤，老鼠的儿子会打洞”就是这个道理。严密准确的 DNA 复制系统是保持物种稳定传代的基础。

沃森和克里克 1953 年建立的 DNA 双螺旋半保留复制模型阐明，在 DNA 复制过程中各以其中一条链为模板合成其互补链，新生的 DNA 链总是按 A—T、G—C 的碱基配对规律与原链互补，新生 DNA 链的单核苷酸由 DNA 聚合酶加在这条新生链的 3′-OH 末端，新生的互补链与母链构成子代 DNA 分子。这一假说 1957 年被 Matthew Meselson 和 Franklin Stahl 设计的实验所证实。遗传信息记载在 DNA 中，但是遗传信息的传递需要将记载在 DNA 中的遗传信息经过转录成为 RNA，然后由 RNA 翻译成蛋白质才能够发挥其在生命活动中的遗传指令功能。这就是 1957 年克里克提出的遗传信息传递的中心法则。

随着研究的深入，后续科学家在一些致癌 RNA 病毒中发现了一种特殊的反转录酶，该酶以 RNA 为模板、dNTP 为底物、tRNA（主要是色氨酸 tRNA）为引物，在 tRNA 3′-OH 末端上，根据碱基配对原则，按 5′→3′ 方向合成一条与 RNA 模板互补的 DNA 单链，这条 DNA 单链叫作互补 DNA（complementary DNA，cDNA）。至此，中心法则得到进一步补充，即遗传信息主要是从 DNA 流向 RNA，但在特殊情况下也可以从 RNA 流向 DNA（图 2.18）。

反转录酶目前已成为一种重要的工具酶，在基因工程领域得到了广泛的应用。例如，从组织或细胞中提取总 mRNA，并以它为模板在反转录酶的作用下，合成出互补的 DNA（cDNA），由此可构建出 cDNA 文库（cDNA library），从中筛选所需的特异目的基因。这是基因工程中最常用的获得目的基因的方法。

三、基因表达调控

一个个体或个体中的组织、器官在个体发育和组织分化过程中，并不是所有基因同时被启动表达。至于哪些基因被表达，哪些基因被沉默，或者是哪些基因表达量上调，哪些基因下调表达，这些都涉及机体对基因表达的调控过程。基因表达调控是生物体内基因表达的调节控制，是细胞中基因在时间、空间上的有序表达，并对环境条件变化作出反应的复杂过程。基因表达调控可在多个层次上进行，包括基因水平、转录水平、转录后水平、翻译水平和翻译后水平的调控等。基因表达调控是生物体内细胞分化、形态发生和个体发育的分子基础。要了解动植物生长发育规律、形态结构特征及生物学功能，就必须厘清基因表达调控的时间和空间概念。掌握了基因调控机制，就等于掌握了揭示生物学奥秘的金钥匙。

基因表达调控主要表现在以下几个方面：①转录水平上的调控；②mRNA 加工、成熟水平上的调控；③翻译水平上的调控。原核生物中，营养状况、环境因素对基因表达起着十分重要的作用；而真核生物尤其是高等真核生物中，激素种类及其浓度、不同的发育阶段等都是基因表达调控的主要因素，营养和环境因素的影响则为次要因素。以下简要分述原核基因和真核基因的表达调控。

（一）原核基因表达调控

大肠杆菌是科学家研究最透彻的原核生物，其中的基因表达和调控也是人类最先掌握的基因奥秘之一。法国巴斯德研究所科学家 Jacob 和 Monod 在实验的基础上，于 1961 年提出

的大肠杆菌乳糖操纵子学说至今仍是原核基因表达调控的经典范例，以下加以阐述。

在大肠杆菌细胞的3000～4000个基因中，并非所有基因都同时表达。那些以恒定的非控制的水平表达的基因称为组成型，其余的则会受到各种机制调节，以不同水平进行表达。其中一个重要经典的例子是乳糖操纵子。调控操纵子表达的“开”或“关”状态有负调控和正调控2种机制。

大肠杆菌乳糖操纵子由以下三个结构基因及其调控序列组成。

1．结构基因　能通过转录、翻译使细胞产生一定的酶系统和结构蛋白，这是与生物性状的发育和表型直接相关的基因。乳糖操纵子包含3个结构基因：*lacZ*、*lacY*和*lacA*。*lacZ*编码β-半乳糖苷酶，将乳糖降解为葡萄糖和半乳糖。*lacY*编码乳糖透性酶，将环境中的乳糖转移入细胞内。*lacA*编码β-硫代半乳糖苷转乙酰基酶，将乙酰辅酶A上的乙酰基转移到β-半乳糖苷上。

2．调控序列　在结构基因上游有操纵基因*O*，负责结构基因转录的开启和关闭，其本身不能转录成mRNA。因此，操纵基因*O*并非真正意义上的基因，而是一段调控序列，也有人称其为操纵序列。它是阻遏蛋白（调节基因*I*转录合成产物）的结合位点。此外，在操纵基因*O*的上游还有启动基因*P*，也不能转录成mRNA，有人称其为“启动子”，是RNA聚合酶的结合位点。它的作用是发出mRNA合成是否开始的信号。

调控序列上游还存在一个调节基因*I*，能转录出mRNA，并合成阻遏蛋白，可调节操纵基因*O*的活动。

启动基因、操纵基因和结构基因共同组成一个单位——操纵子（operon）（图8.19）。调节乳糖催化酶产生的操纵子就称为乳糖操纵子。其调控机制简述如下。

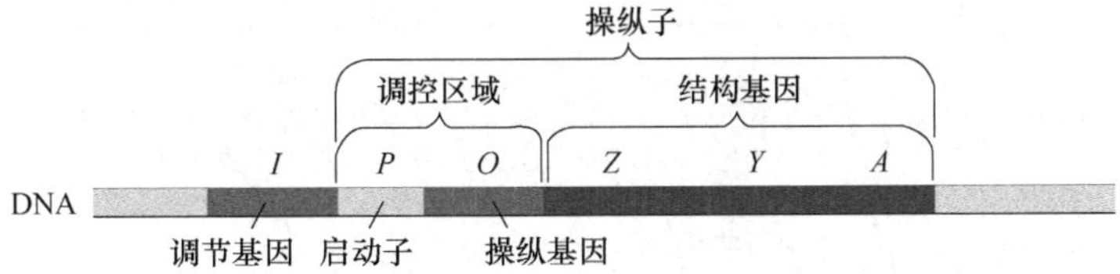

彩图

图8.19　原核基因操纵子模型

（1）抑制作用　调节基因转录出mRNA，合成阻遏蛋白，当培养基中没有乳糖时，阻遏蛋白因其构象能够识别操纵基因并结合到操纵基因上，因此RNA聚合酶就不能与启动基因结合（图8.20），结构基因也被抑制，结果结构基因不能转录出mRNA，细胞无法产生乳糖代谢所需要的酶。

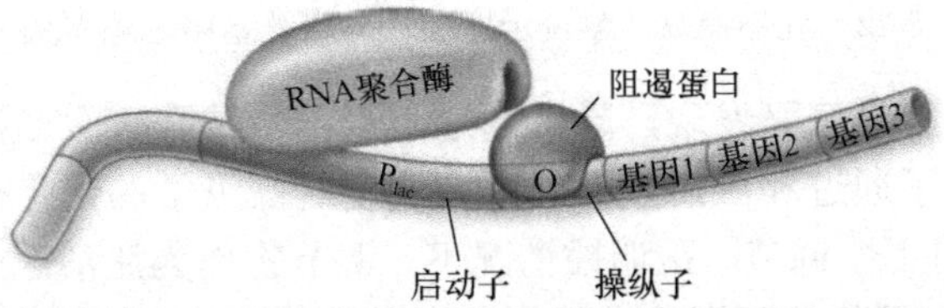

彩图

图8.20　阻遏蛋白与操纵基因结合，使RNA聚合酶无法与启动子结合，结构基因被抑制

（2）诱导作用　当有乳糖存在的情况下，乳糖代谢产生别乳糖（allolactose），别乳糖能和调节基因产生的阻遏蛋白结合，使阻遏蛋白改变构象失活，与操纵基因解离，失去阻遏作用，结果RNA聚合酶便与启动基因结合（图8.21），并使结构基因活化，转录出mRNA，翻译出酶蛋白。

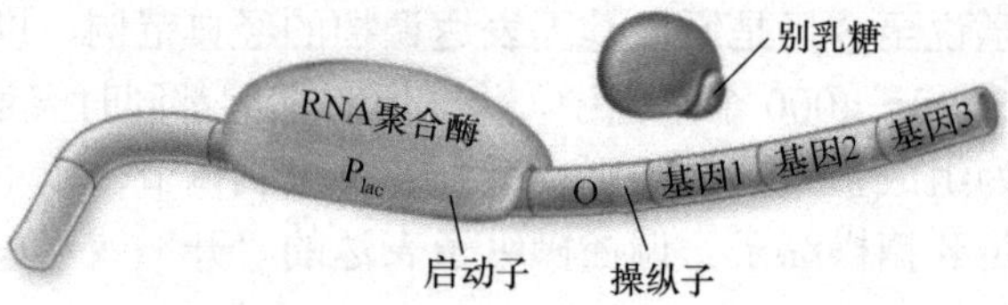

彩图

图 8.21　阻遏蛋白被乳糖诱导变构，与操纵基因解离，促进 RNA 聚合酶与启动子结合，结构基因被转录

当细胞质中有了β-半乳糖苷酶后，便催化分解乳糖为半乳糖和葡萄糖。乳糖被分解后，又造成了阻遏蛋白与操纵基因结合，使结构基因关闭，从而避免了基因表达的浪费。这种基因表达调控方式称为负调控。可激活操纵子转录的乳糖称为小分子诱导物。从小分子乳糖对操纵子的作用效果看，乳糖操纵子也可以称为一种可诱导的操纵子（图 8.22）。

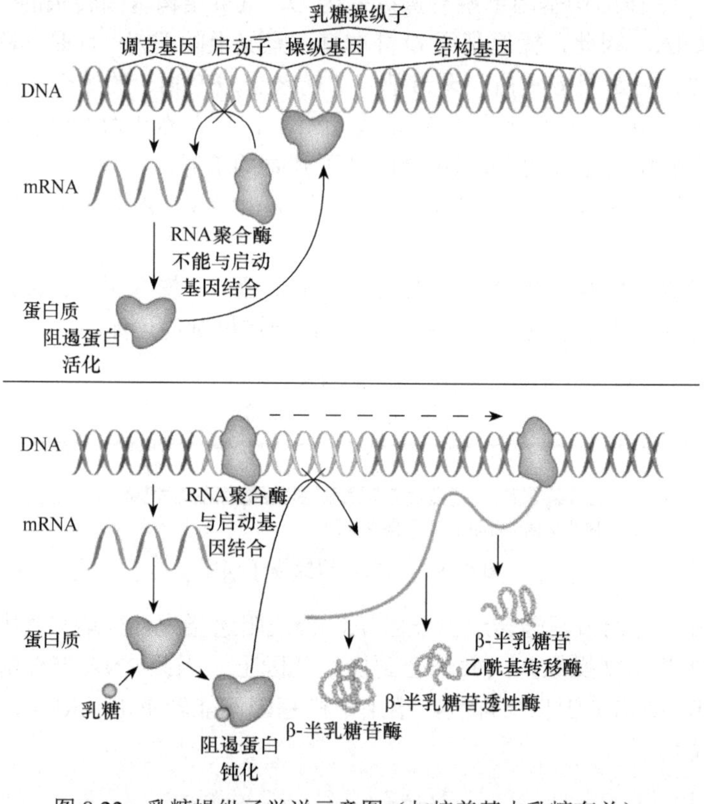

彩图

图 8.22　乳糖操纵子学说示意图（与培养基中乳糖有关）

随着科学的发展，科学家又发现，除了通过阻遏蛋白结合来激活操纵子转录（负调控）之外，还有一种是小分子通过和激活蛋白结合来实现对操纵子的诱导作用，这种调节方式称为正调控，又称 CAP 的正性调节。正调控情况下，调节物作为激活因子作用于操纵子，从而增加酶活的标准合成，而不是像阻遏蛋白那样阻遏基因的表达。正调控典型例子是 CAP 蛋白，它是一种被称为分解代谢物基因激活蛋白。在环化腺苷酶（cAMP）的存在下，激活分解敏感型操纵子转录。一种被称为分解代谢物基因激活蛋白 CAP 是同二聚体，在其分子内有 DNA 结合区及 cAMP 结合位点。当没有葡萄糖及 cAMP 浓度较高时，cAMP 与 CAP 结合，这时 CAP 结合在乳糖启动序列附近的 CAP 位点，可刺激 RNA 转录活性，使乳糖降解酶转录

水平提高 50 倍；当葡萄糖存在时，cAMP 浓度降低，cAMP 与 CAP 结合受阻，因此乳糖操纵子表达下降。由此可见，对乳糖操纵子来说，CAP 是正性调节因素，乳糖阻遏蛋白是负性调节因素。两种调节机制根据存在的碳源性质及水平协调乳糖操纵子的表达。而大肠杆菌则根据碳源性质选择代谢方式。有葡萄糖存在时，细菌优先选择葡萄糖供应能量。葡萄糖通过降低 cAMP 浓度，阻碍 cAMP 与 CAP 结合而抑制乳糖操纵子转录，使细菌只能利用葡萄糖。在没有葡萄糖而只有乳糖的条件下，阻遏蛋白与 O 序列解聚，CAP 结合 cAMP 后与乳糖操纵子的 CAP 位点，激活转录，使得细菌利用乳糖作为能量来源（图 8.23）。

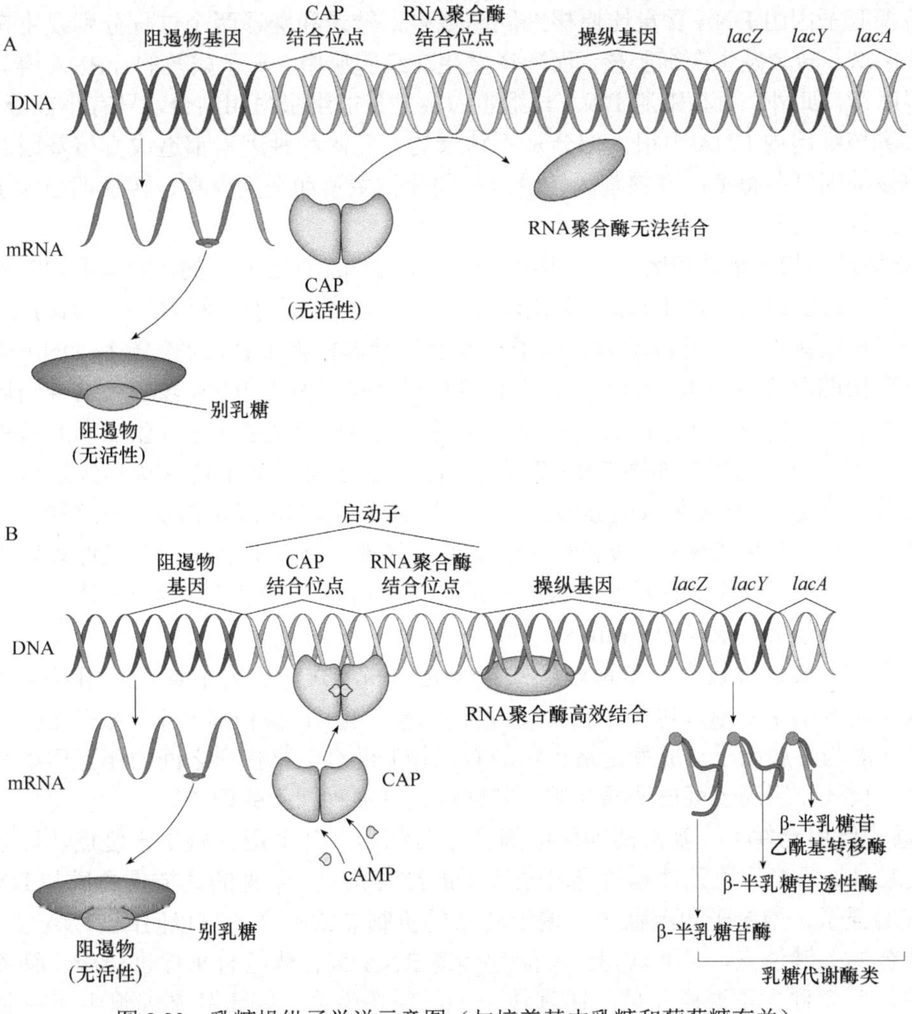

图 8.23　乳糖操纵子学说示意图（与培养基中乳糖和葡萄糖有关）

A．有乳糖且有葡萄糖；B．有乳糖但无葡萄糖

彩图

（二）真核基因表达调控

真核基因表达调控与原核基因有很大的差异。原核生物主要为单细胞生物或细胞群体，它们每个细胞都和外界环境直接接触，主要通过基因的转录调控，以开启或关闭某些基因的表达来适应环境条件（主要是营养水平的变化），故环境因子往往是调控的诱导物。而大多数

真核生物，基因表达调控最明显的特征是能在特定时间和特定的细胞中激活特定的基因，从而实现“预定”的、有序的、不可逆的分化和发育过程，并使生物的组织和器官在一定的环境条件范围内保持正常的生理功能。真核基因表达调控据其性质可分为两大类：第一类是瞬时调控或叫作可逆调控，相当于原核生物对环境条件变化所做出的反应。瞬时调控包括某种代谢底物浓度或激素水平升降时及细胞周期在不同阶段中酶活性和浓度调节。第二类是发育调节或称不可逆调控，这是真核生物基因表达调控的精髓，因为它决定了真核生物细胞分化、生长和发育的全过程。真核基因调控按发生时间的先后次序，又可将其分为转录水平调控、转录后的水平调控、翻译水平调控及蛋白质加工水平的调控。

真核细胞基因组 DNA 含量比原核细胞高很多，转录和翻译两个过程分别发生在两个彼此分开的区域：转录发生在细胞核，而翻译发生在细胞质中。一条成熟的 mRNA 链只能翻译出一条多肽链。此外，真核细胞 DNA 与组蛋白及大量非组蛋白相结合，只有小部分 DNA 是裸露的。真核细胞内 DNA 中很大部分是不转录的。凡此种种因素都造成真核基因的表达调控远比原核基因复杂得多。真核基因转录水平的调控主要和基因自身、转录调控因子和染色质结构等因素密切相关。

1．真核细胞的转录调控因子　所有细胞中的 DNA 都是一样的，但基因调控保证了每种细胞的特异性蛋白质会在正确的时间出现在正确的地点，即每个基因的表达有时空特异性。控制这个过程的蛋白质就是转录调控因子。通过转录调控因子直接调控靶标 DNA 表达是最简单和最直接的改变转录水平的方法。真核细胞转录的前提是 RNA 聚合酶结合到启动子上才能够引发后续的转录，而这两者的结合就需要一系列转录调控因子（蛋白质）预先结合到启动子上，形成一个指导并加固 RNA 聚合酶结合的复合体，才能够完成后续过程。基因或染色体上某些特定的 DNA 区域能够通过自身的序列合成 RNA 或蛋白质，且这种合成作用只在该区域上进行，这些 DNA 片段就称为顺式作用元件。常见的顺式作用元件有启动子、增强子等。能够与顺式作用元件结合并调控基因转录表达的蛋白因子称为反式作用因子。常见的反式作用因子包括转录因子、miRNA 等。

真核生物的转录调控大多是通过顺式作用元件和反式作用因子复杂的相互作用而实现的。反式作用因子主要通过以下不同的途径发挥调控作用：蛋白质和 DNA 相互作用，蛋白质和配基（能与金属离子形成稳定络合物的有机物）结合，蛋白质之间的相互作用及蛋白质的修饰等。反式作用因子可被诱导合成，其活性也受多种因素的调节。

2．顺式作用元件　基因的编码区周围通常都具有几个蛋白质结合位点，具有调节转录的特定功能。顺式作用元件是特异转录因子的结合位点。常见的调控蛋白质与 DNA 结合的位点有增强子、绝缘子和沉默子。调节转录的机制非常多样，可以阻断 DNA 上与 RNA 聚合酶结合的关键位点，也可以充当激活剂辅助 RNA 聚合酶结合来促进转录。前者称为负调控元件，后者称为正调控元件。在真核生物、原核生物及病毒的基因组中存在着调控基因表达的顺式作用元件，原核生物的顺式作用元件包括启动子、操纵子和其他 DNA 序列，而真核生物中的顺式作用元件包括启动子、增强子、沉默子这些调控序列。它们有一个共同特点，都与所调控的靶基因位于同一条 DNA 分子上，一般位于靶基因附近或内含子中，并且具有远距离调控功能。它们虽然与基因一样由核苷酸组成，但是这些序列本身并不表达（不转录、不翻译），而是只能够以 DNA 的形式在原位发挥作用。这样的调控序列称为顺式作用元件。

（1）启动子　启动子是一段位于结构基因 5′端上游区的 DNA 序列，能活化 RNA 聚合酶，使之与模板 DNA 准确结合并具有转录起始的特异性。多细胞真核生物基因的启动子中大部分都带有一段被称为 TATA 框的序列，一般为 TATAAA。位于转录起始位点上游 20～25bp 处，由许多亚基组成的转录因子结合在短的 TATA 序列上，如果这个序列发生突变，转录效率就会明显降低。该结合位点是一种关键蛋白质因子的结合位点，其他的细胞因子随后一个接一个地结合，组装成一个大而复杂的转录复合体。这个复合体具有俘获 RNA 聚合酶的能力。

（2）增强子　在细胞中，DNA 被转录成为 RNA，用于蛋白质的生物合成。大多数基因组被转录成 RNA，但是只有一小部分 RNA 是来自基因组的蛋白质编码区。非编码区无法转录成 mRNA，进一步翻译成蛋白质，但是它们却能够起到调控遗传信息表达的功能。因此，这些非编码区虽然不能够编码蛋白质，但是对遗传信息的表达是不可或缺的。增强子就是其中一个重要的部分。

1981 年，Benerji 在 SV40 病毒的 DNA 中发现一个 140bp 的序列，如果将该序列共价结合到克隆化的 β-兔珠蛋白基因上，再转染 HeLa 细胞，珠蛋白基因的表达可提高 200 倍。这是发现的第一个增强子。它位于 SV40 早期基因的上游，由两个正向重复序列组成，每个长 72bp。发现的增强子多半是重复序列，一般长 50bp，通常有一个 8～12bp 组成的“核心”序列，如 SV40 增强子的核心序列是 5′-GGTGTGGAAAG-3′。

增强子是 DNA 上一小段可与蛋白质结合的区域，与蛋白质结合之后，基因的转录作用将会加强。增强子可能位于基因上游，也可能位于下游。且不一定接近所要作用的基因，这是因为染色质的缠绕结构，使序列上相隔很远的位置也有机会相互接触。增强子可分为组织和细胞专一性增强子和诱导性增强子两类：①组织和细胞专一性增强子。许多增强子的增强效应有很高的组织和细胞专一性，只有在特定的转录因子（蛋白质）参与下才能发挥其功能。②诱导性增强子。这种增强子的活性通常要有特定的启动子参与。例如，金属硫蛋白基因可以在多种组织细胞中转录，又可受类固醇激素、锌、镉和生长因子等的诱导而提高转录水平。

（3）沉默子　与增强子作用相反的是某些基因含有负调节元件，称为沉默子，当其结合特异蛋白因子时，对基因转录起阻遏作用。沉默子最早在酵母中被发现，以后在 T 细胞的 T 抗原受体基因上也被发现。沉默子的作用可不受序列方向的影响，也能远距离发挥作用，并可对异源基因的表达起作用。沉默子是一段能够结合转录调节因子的 DNA 序列，这种转录因子称为阻遏蛋白。与增强子对 DNA 转录的加强作用相反，沉默子会抑制 DNA 的转录过程。DNA 上的基因是 mRNA 合成的模板，而 mRNA 最终被翻译成蛋白质。当沉默子存在时，阻遏蛋白结合到沉默子 DNA 序列上，会阻碍 RNA 聚合酶转录 DNA 序列，从而阻碍 RNA 翻译为蛋白质的过程。因此，沉默子可以阻碍基因的表达，是其中的一种负调控元件，它能够同反式作用因子协同作用，抑制靶基因的转录活性，在基因表达调控中发挥重要作用。

绝大多数真核转录调节因子由某一基因表达后，通过与特异的顺式作用元件相互作用反式激活另一基因的转录，故称反式作用因子。有些基因产物可特异识别、结合自身基因的调节序列，调节自身基因的开启或关闭，这就是顺式作用。具有这种调节方式的调节蛋白称为顺式作用因子。

3. 染色质结构对转录调控的影响 除了上述顺式作用元件与反式作用因子的作用完成基因表达调控外，基因在转录水平上的表达调控还有一个重要因素——染色质结构。染色质是由细胞核中的双螺旋 DNA、碱性组蛋白、少量的 RNA 和酸性蛋白构成的。其中，8 个组蛋白分子（H2A、H2B、H3、H4 各 2 个）紧密聚合成圆球状，然后由大约 146 对脱氧核糖核苷酸（DNA）在组蛋白外绕 1.75 圈，即形成染色质的基本结构单元——核小体。相邻核小体间以 50～60 对脱氧核糖核苷酸连接。此外，在进出核小体的 DNA 位点上还结合一个由 220 个氨基酸构成的 H1 组蛋白进行加固。而染色体是染色质的高度螺旋紧缩状态（见第三章第二节）。

（1）核小体封闭了启动子 核小体的结构决定了它可以利用结构中的组蛋白阻塞转录因子复合体的装配，使得转录因子无法与启动子结合，从而阻止转录的开始。但是，核小体并不抑制激活蛋白质和 RNA 聚合酶。而激活蛋白与增强子相互接触的调节又能够使阻碍启动子的组蛋白产生移位。这种组蛋白的移位及激活蛋白与启动子的结合，正是组配转录因子复合体所必需的。转录一开始，RNA 聚合酶就将组蛋白推到一边，开启 DNA 的转录过程。

真核细胞的染色质分为两部分：一部分为固缩状态，如间期细胞着丝粒区、端粒、次缢痕，染色体臂某些节段部分的重复序列和巴氏小体均不能表达，通常把该部分称为异染色质。另一部分是与异染色质相反的活化的常染色质。真核基因的活跃转录是在常染色质进行的。转录发生之前，常染色质往往在特定区域被解旋或松弛，形成自由 DNA，这种变化可能包括核小体结构的消除或改变，DNA 本身局部结构的变化，如双螺旋的局部去超螺旋或松弛、DNA 从右旋变为左旋，这些变化可导致结构基因暴露，RNA 聚合酶能够发生作用，促进了这些转录因子与启动区 DNA 的结合，导致基因转录。

（2）表观遗传调控 人的身体是由数以万亿计的细胞组成的，所有的细胞一起工作，形成一个有功能的有机体。然而，每个人一开始都只是一个受精卵细胞。要成为一个完整的人，这个单细胞必须迅速繁殖，在正确的地方形成所有正确的器官。这一发育过程取决于成千上万的基因在正确的时间和地点被激活。基因的激活/失活是由所谓的表观遗传修饰控制的，即附着在 DNA 及其相关蛋白质上的化学基团，它们的作用就像交通信号灯一样，可以开关基因。

所谓表观遗传学，就是不改变基因的序列，通过对基因的修饰来调控基因的表达。所以，基因表达的表观遗传学调控，就是通过各种表观遗传的修饰方式来对基因进行调控。现在已经知道，DNA 和组蛋白上某些特定的功能基团可能被修饰，从而局部改变染色质的结构，影响基因的表达，成为表观遗传标记。这种调控被称为表观遗传修饰。目前，已知的表观遗传现象有 DNA 甲基化、基因组印记、母体效应、基因沉默、核仁显性、休眠转座子激活和 RNA 编辑等。其中，DNA 甲基化是真核细胞基因组重要修饰方式之一。DNA 甲基化通过与转录因子相互作用或通过改变染色质结构来影响基因的表达，在生物生长发育过程中起着重要的作用。植物 DNA 甲基化还参与了环境胁迫下的基因表达调控过程。DNA 甲基化可以称作是细胞记忆的一种机制，是表观遗传学研究的“主角”，其中 5′胞嘧啶甲基化是真核生物 DNA 甲基化的主要形式。在 DNA 甲基转移酶（DNMTs）的作用下使 CpG 二核苷酸 5′端的胞嘧啶转变为 5′甲基胞嘧啶（m^5C），这种 DNA 修饰方式并没有改变基因序列，由于甲基化 DNA 不容易被转录，因此 DNA 甲基化被认为在发育的时序上限制获得可转录基因。DNA 甲基化参与了基因表达、生长发育、逆境胁迫应答等过程。

DNA 甲基化是生物关闭基因表达的一种有效手段，也是印记遗传的主要机制之一；DNA 去甲基化可能使印记丢失，造成基因过度表达，甚至引起肿瘤或癌症的发生，如促肿瘤生长因子 *IGF2* 基因过度表达引发大肠癌。

组蛋白化学修饰是另外一种基因表达调控的机制，在哺乳动物基因组中，组蛋白可以有很多修饰形式。一个核小体由组蛋白组成的八聚体和缠绕在外面的 DNA 组成。组成核小体的组蛋白的核心部分状态大致是均一的，游离在外的 N 端则可以受到各种各样的修饰，该区域通常会暴露在核小体结构外面，组蛋白化学修饰通常发生在这个区域。常见的修饰包括组蛋白在相关酶作用下发生甲基化、乙酰化、磷酸化、腺苷酸化、泛素化、ADP 核糖基化等，这些修饰都会影响基因的转录活性。

以组蛋白乙酰化为例。组蛋白乙酰化主要发生在 H3、H4 的 N 端比较保守的赖氨酸位置上，是由组蛋白乙酰转移酶（HAT）和组蛋白去乙酰化酶（HDAC）协调进行的。组蛋白乙酰化呈多样性，核小体上有多个位点可提供乙酰化位点，但特定基因部位的组蛋白乙酰化和去乙酰化是以一种非随机的、位置特异的方式进行。乙酰化可能通过对组蛋白电荷及相互作用蛋白质的影响来调节基因转录。早期对染色质及其特征性组分进行归类划分时就有人总结指出：异染色质结构域组蛋白呈低乙酰化，常染色质结构域组蛋白呈高乙酰化。最近有研究发现，某些 HAT 复合物含有一些常见的转录因子，某些 HDAC 复合物含有已被证实的阻遏蛋白。这些发现支持了高乙酰化与激活基因表达、低乙酰化与抑制基因表达有关的看法。

资料链接

表观遗传学

近年来逐渐兴起的表观遗传学（epigenetics）是指基于非基因序列改变所致的可遗传的基因表达或细胞、个体表现型的变化，这种变化甚至可遗传给下一代。通俗地说即基因序列不变而细胞甚至个体的功能和表型发生变化的现象。表观遗传学研究的内容包括 DNA 甲基化、组蛋白修饰、染色体重塑和非编码 RNA 调控等，主要通过对基因转录或翻译过程的调控，影响其功能和特性。表观遗传学三大核心研究内容如下所述。

（1）DNA 甲基化。DNA 甲基化是指在 DNA 甲基化转移酶的作用下，在基因组 CpG 二核苷酸的胞嘧啶 5′碳位共价键结合一个甲基基团。由于 DNA 甲基化与人类发育和肿瘤疾病的密切关系，特别是 CpG 岛甲基化所致抑癌基因转录失活问题，DNA 甲基化已经成为表观遗传学和表观基因组学的重要研究内容。大量研究表明，DNA 甲基化能引起染色质结构、DNA 构象、DNA 稳定性及 DNA 与蛋白质相互作用方式的改变，从而控制基因表达。

（2）组蛋白修饰。组蛋白修饰是指组蛋白在相关酶作用下发生甲基化、乙酰化、磷酸化、腺苷酸化、泛素化、ADP 核糖基化等修饰的过程。乙酰化是这些修饰中研究最多的。组蛋白乙酰化与基因活化及 DNA 复制相关，组蛋白的去乙酰化与基因的失活相关。乙酰化转移酶主要是在组蛋白 H3、H4 的 N 端尾上的赖氨酸加上乙酰基，去乙酰化酶则相反。

（3）RNA 干扰编辑。RNA 干扰（RNA interference，RNAi）是指在进化过程中高度保守的、由双链 RNA（double-stranded RNA，dsRNA）诱发的同源 mRNA 高效特异性降解导致基因沉默的现象。基因沉默，主要有基因转录沉默（TGS）和转录后基因沉默（PTGS）两类。

表观遗传学与经典遗传学相比，两者的主要区别包括以下内容。

（1）表观遗传现象包括DNA 甲基化、RNA 干扰、组蛋白修饰等。表观遗传学主要研究这些“表观遗传现象”建立和维持的机制；而经典遗传学以研究基因序列影响生物学功能为核心。

（2）表观遗传学指基因组相关功能改变而不涉及核苷酸序列变化。这些变化可能通过细胞分裂而得以保留，并且可能持续几代。这些变化都仅是非基因因素导致的生物体基因表现的不同。经典遗传学涉及基因的核苷酸类别，基因重组和变异均会对核苷酸序列产生影响。

（3）表观遗传学在真核生物中主要表现在细胞分化过程，而真核细胞的经典遗传学主要体现在有丝分裂过程中发生染色体重组和 DNA 复制过程中的变异等。

19 世纪初，法国博物学家拉马克曾提出过著名的“获得性遗传”学说，认为生物由于环境变化影响器官的功能并导致器官的进化。20 世纪中叶，苏联植物育种学家米丘林发现经持续不断的诱导，苹果的耐寒性可以在一定范围内逐步提高。而且获得的高耐寒性还可以传代。但生不逢时的是，当时全世界科学家都在为孟德尔遗传规律的重新发现和摩尔根基因论的提出激动不已，米丘林有关环境因子促使生物性状改变的观点不久也偃旗息鼓了。现在科学家在深入研究表观遗传学后才终于为拉马克和米丘林学说的要义提供了应有的地位。这种一个倾向掩盖、另一种倾向得出的教训很值得我们深思。

4. 转录后水平的调控 真核生物基因转录在细胞核内进行，而翻译则在细胞质中进行。在转录过程中真核基因有插入序列，结构基因被分割成不同的片段，因此转录后的基因调控是真核生物基因表达调控的一个重要方面，首要的是 RNA 的加工、成熟。各种基因转录产物 RNA，无论 rRNA、tRNA 还是 mRNA，必须经过转录后的加工才能成为有活性的分子。

（1）*初级转录物的加工* 大多数真核细胞的基因都由若干小的编码序列（外显子）散落在一长串不编码序列（内含子）当中而组成。以真核细胞为例，初级转录物的加工包括以下几个步骤。

1）在鸟苷酸转移酶的催化下，在核内不均一 RNA（hnRNA）的 5′末端加上 1 分子鸟苷酸残基，然后对该残基进行甲基化修饰，使其成为 7-甲基鸟苷酸，这种结构称为“帽”。帽的结构可以使 mRNA 免遭核酸酶的破坏，同时也有助于 mRNA 与核糖体结合，启动蛋白质合成。

2）在多聚腺苷酸聚合酶的催化下，以 ATP 为底物，在 hnRNA 的 3′端接上一段多聚腺苷酸，其长度约为 200 个腺苷酸，称为 mRNA 的“尾”［多（A）尾，poly（A）］。poly（A）的长短和有无，是维持 mRNA 作为翻译模板的活性及增加 mRNA 本身稳定性的重要因素。

3）剪接。将 hnRNA 中的内含子剪除，然后将各个外显子部分再连接起来。形成成熟的

mRNA 分子，一种称为核小核糖核蛋白颗粒（small nuclear ribonucleoprotein particle，snRNP）的微粒参与了 RNA 剪接。通过剪接 RNA 前体有可能出现多种不同的剪接方式，从而根据不同组织、不同细胞形成不同 mRNA，最终翻译成不同的蛋白质产物，增加了蛋白质产物的多样性。这种调控方式又称为 RNA 的选择性剪接。

4）碱基的修饰。mRNA 分子内的某些部位常存在 N^6-甲基腺苷，它是由甲基化酶催化产生的，也是在转录后加工时修饰上的。

（2）加工过的转录物运出细胞核 转录物通过核孔进入细胞质是一个主动过程，需要转录物被连接在核孔中的受体所识别。转录物的特定部位如 poly（A），可能就在这种辨认中发挥重要作用。如果在转录物中仍然还有与剪接相关的酶连接，转录物就不能够通过核孔，这个机制保证了还没有完成加工的转录物是无法运输进入细胞质的。

（3）进入细胞质的 mRNA 哪些会被成功翻译 进入细胞质的 mRNA 并不是都会被成功翻译，或者不是马上被翻译，其中受到多种因素影响，有些 mRNA 会被一种称为微 RNA（microRNA，miRNA）的小分子调控。miRNA 和特定蛋白质结合形成一种复合物，通过碱基配对原则寻找细胞质中与之匹配的 mRNA 并调控其表达，包括引起与之完全匹配的 miRNA 降解，从而达到该基因进一步翻译的效果。

5. 翻译水平上和翻译后的调控 蛋白质合成翻译阶段的基因调控有三个方面：①蛋白质合成起始速率的调控；②mRNA 的识别；③激素等外界因素的影响。蛋白质合成起始反应中要涉及核糖体、mRNA、蛋白质合成起始因子、可溶性蛋白及 tRNA，这些结构和谐统一才能完成蛋白质的生物合成。mRNA 则起着重要的调控功能。

真核生物 mRNA 的“扫描模式”与蛋白质合成的起始。真核生物蛋白质合成起始时，40S 核糖体亚基及有关合成起始因子首先与 mRNA 模板近 5′端处结合，然后向 3′端方向移行，发现 AUG 起始密码子时，与 60S 亚基形成 80S 起始复合物，即真核生物蛋白质合成的“扫描模式”。

mRNA 5′端的帽子与蛋白质合成的关系。真核生物 5′端可以有 3 种不同帽子：0 型、Ⅰ型和Ⅱ型。不同生物的 mRAN 可有不同的帽子，其差异在于帽子的碱基甲基化程度不同。帽子结构与 mRNA 的蛋白质合成速率之间关系密切：①帽子结构是 mRNA 前体在细胞核内的稳定因素，也是 mRNA 在细胞质内的稳定因素，没有帽子的转录产物会很快被核酸酶降解；②帽子可以促进蛋白质生物合成过程中起始复合物的形成，因此提高了翻译强度；③没有甲基化（m^7G）的帽子（如 GpppN-）及用化学或酶学方法脱去帽子的 mRNA，其翻译活性明显下降。

此外，成熟的 mRNA 进入翻译前还涉及一个称为翻译因子的蛋白质复合体。以铁蛋白产物的翻译为例，乌头酸酶能够与铁蛋白 mRNA 起始端的一个 30 个核苷酸序列结合，形成一个稳固的环使得核糖体无法结合。当细胞中还有铁时，铁会与乌头酸结合，使乌头酸从铁蛋白 mRNA 上脱离下来，导致 mRNA 被翻译，结果是铁蛋白产物增加 100 倍以上。以上的乌头酸酶被称为翻译阻遏蛋白。

基因转录和翻译完成后，蛋白质产物的翻译后调控即为基因表达调控的最后环节。该环节主要包括产物的活性和稳定性。许多蛋白质需要经过进一步加工和化学修饰的过程，mRNA 的先导序列可能是翻译起始调控中的识别机制。可溶性蛋白因子的修饰对翻译也起着重要的控作用。很多蛋白质在完成合成后是没有活性的前体，必须经过特定的蛋白酶进行切割后才能够被激活。例如，刚合成的人类胰岛素原含有 86 个氨基酸残基，经过加工处理切除 35 个氨基酸残基后才能够成为有功能的胰岛素，该胰岛素由两条肽链构成，两条肽链之间由二硫键连接在一起。蛋白质的磷酸化和去磷酸化也是蛋白质活性调控的一个重要机制，一般磷酸化是激活功能，而去磷酸化是降低活性。激酶和磷酸酶分别负责向蛋白质添加和移除磷酸基团来调控蛋白质的活性。蛋白质的磷酸化和去磷酸化对细胞的调控发挥着重要作用，因此，被生动形象地描述为细胞生理活动的分子开关。当细胞中的激酶和磷酸酶的活性受到抑制或者过表达，就会引起细胞内磷酸化水平紊乱从而诱发疾病。阿尔茨海默病是一种常见老年病，研究发现，患者脑中的TAU蛋白在病理条件下异常磷酸化修饰，每分子蛋白质所含有的磷酸基团是正常人的4～5倍。

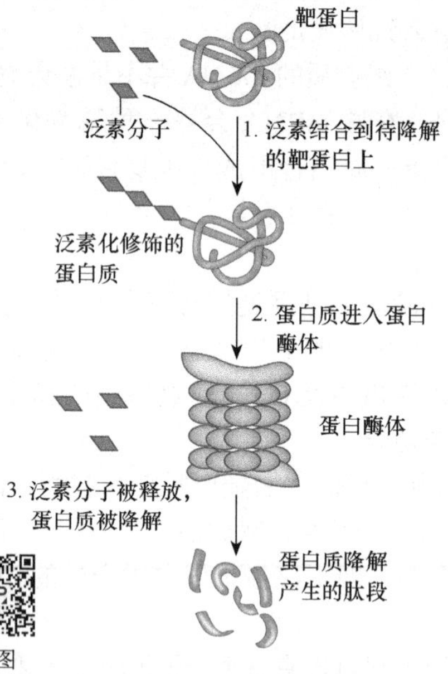

彩图

图 8.24　泛素化过程示意图
（引自 Solomon et al.，2019）

泛素化修饰是指通过一系列的酶发挥作用，使得一个或者多个泛素分子与底物蛋白质分子发生共价结合的一种蛋白质翻译后修饰过程。泛素-蛋白酶体系统能够迅速降解那些不正常的蛋白质，还有那些短暂控制一系列基本细胞生命活动的调节蛋白，这个系统是具有高度特异性的，它是通过给需要降解的蛋白质加上泛素这种标签，继而被识别降解。蛋白质的泛素化修饰是生物体内重要的翻译后修饰之一，在蛋白质降解、DNA损伤修复、细胞自噬、胞吞作用、炎症反应等众多生物学过程中均发挥重要调控作用（图8.24）。

蛋白质翻译后修饰存在于一个复杂的调控网络中，不同修饰之间可以相互作用和影响。这种调控网络的破坏与疾病的发生和发展密切相关。因此，对蛋白质翻译后修饰调控网络的深入理解可以为疾病的诊断和治疗提供新的思路和靶点。

资料链接

microRNA 成果获 2024 诺贝尔奖

细胞中染色体存储的信息可以比作所有细胞的使用手册，每个细胞都含有相同的染色体，因此每个细胞都含有完全相同的一组基因和完全相同的一组指令，但不同类型的细胞（如肌肉细胞和神经细胞）具有不同的特征。安布罗斯和鲁夫昆毕生致力于研究这些差异是如何产生的。答案在于基因调控，它允许每个细胞只选择相关的指令，这确保了每种细胞类型中只有正确的一组基因是活跃的。

microRNA（miRNA）是一类非编码的小RNA分子（18～25个核苷酸）。miRNA及miRISCs（miRNA诱导的沉默复合体）在动物和植物中广泛表达。因具有抑制靶mRNA转录、翻译或者能够剪切靶mRNA并促进其降解的功能，miRNA被认为在调控发育过程中有重要作用。

miRNA基因通常是在核内由RNA聚合酶Ⅱ（polⅡ）转录的，最初产物为大的具有帽子结构（m^7GpppG）和多聚腺苷酸尾巴（AAAAA）的初始微RNA（pri-miRNA）。pri-miRNA在核酸酶Drosha和其辅因子Pasha的作用下被处理成70个核苷酸组成的pre-miRNA。RNA-GTP和exportin 5将pre-miRNA输送到细胞质中。随后，另一个核酸酶Dicer将其剪切产生约为22个核苷酸长度的miRNA: miRNA*双链。这种双链很快被引导进入RNA诱导的沉默复合物（RISC）中，其中一条成熟的单链miRNA保留在这一复合体中。成熟的miRNA结合到与其互补的mRNA的位点，通过碱基配对调控基因表达。

与靶mRNA不完全互补的miRNA在蛋白质翻译水平上抑制其表达（哺乳动物中比较普遍）。如果miRNA与靶位点完全互补（或者几乎完全互补），那么这些miRNA的结合往往引起靶mRNA的降解（图8.25）。目前已知人类基因组编码了超过1000种miRNA。miRNAs调节了细胞生长、组织分化，因而与生命过程中的发育、疾病有关。通过对基因组上miRNA的位点分析，显示其在发育和疾病中发挥了非常重要的作用。miRNA的异常调控可能导致癌症和一些疾病的发生。2024年诺贝尔生理学或医学奖授予维克托·安布罗斯（Victor Ambros）和加里·鲁夫昆（Gary Ruvkun），以表彰其“发现microRNA（miRNA，即微RNA）及其在转录后基因调控中的作用”的重要贡献。

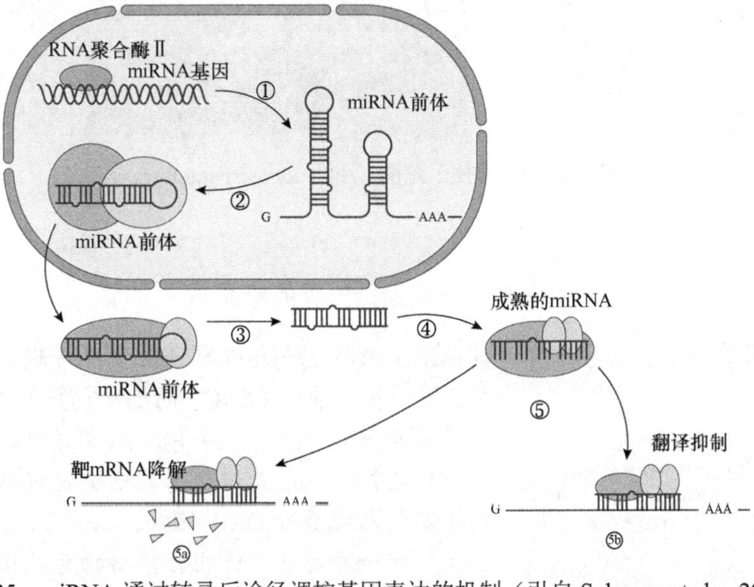

彩图

图8.25 miRNA通过转录后途径调控基因表达的机制（引自Solomon et al.，2019）

综上所述，蛋白质翻译后修饰是蛋白质调控的关键机制之一。研究人员通过追踪和定量蛋白质翻译后修饰，揭示了这一过程的复杂性和重要性。未来的研究将进一步拓展对蛋白质翻译后修饰的了解，以揭示更多蛋白质调控的奥秘。总之，真核细胞基因转录水平调控主要与基因自身、转录调控因子和染色质结构等因素密切相关（图8.26）。

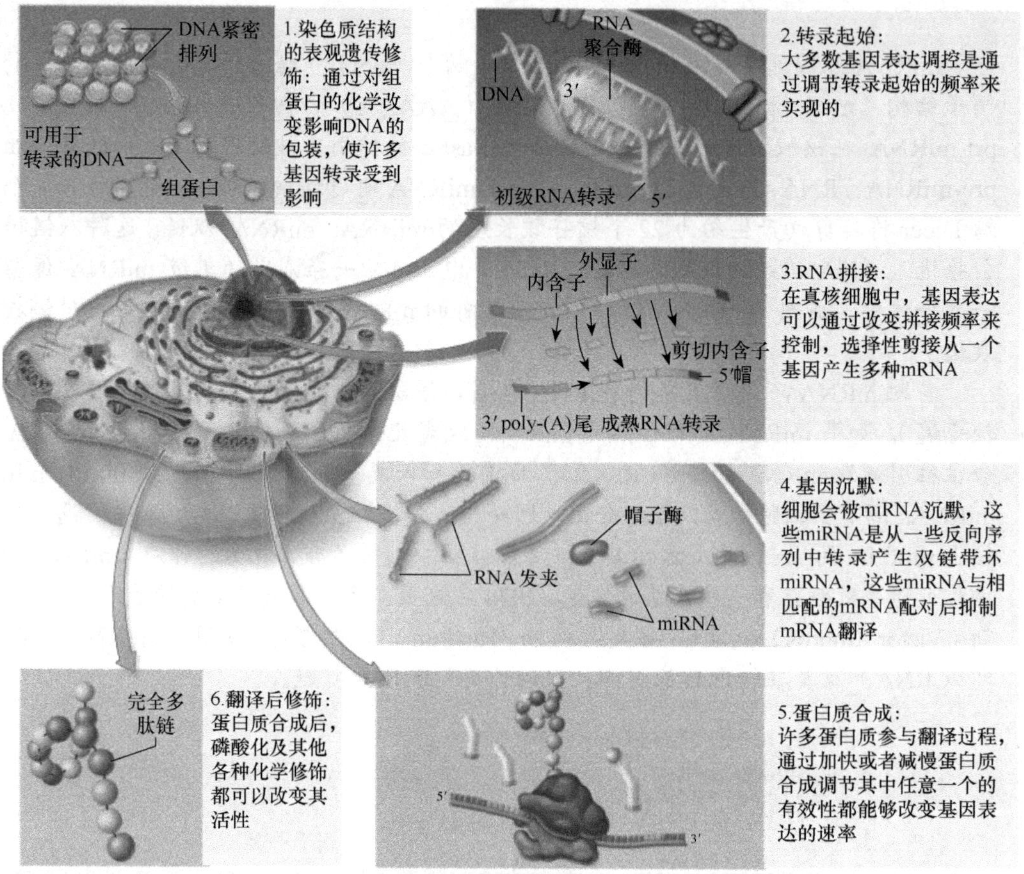

彩图

图 8.26　真核基因表达调控示意图（引自 Johnson and Bergh，2024）

科学进展

脊椎动物表观遗传学界的新突破

德国美因茨分子生物学研究所（IMB）教授 Christof Niehrs 团队发现，一种被称为5-甲酰基胞嘧啶（5-fC）的 DNA 修饰起着激活表观遗传开关的作用，在早期胚胎发育中启动基因表达（图 8.27）。5-fC 是继甲基胞嘧啶发现后，第二个被证实的表观遗传 DNA 修饰。

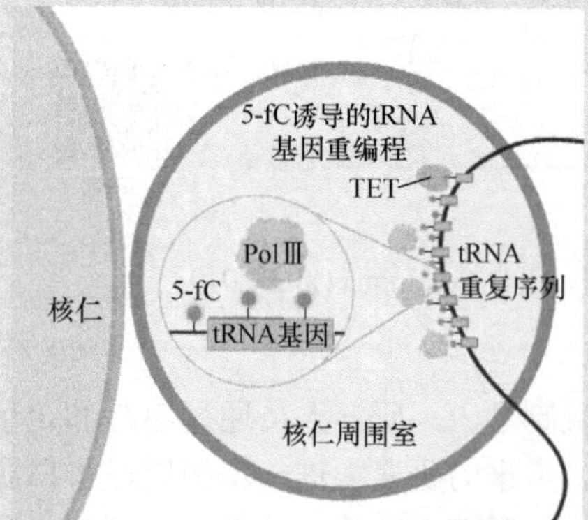

图 8.27　5-fC 作为一个指导性标记促进 RNA Pol Ⅲ转录（引自 Eleftheria et al.，2024）

这一发现首次证明脊椎动物有不止一种类型的表观遗传 DNA 标记，并为基因在发育的早期阶段是如何被调节提供了新线索。他们的研究结果发表在《细胞》杂志上。

科学家们认为脊椎动物的 DNA 只有一种表观遗传修饰，称为胞嘧啶甲基化，5-甲基胞嘧啶（m^5C）这与基因沉默有关。10 年前，在脊椎动物 DNA 中又发现了其他几种化学修饰，但由于它们的数量非常少，

彩图

科学家们不确定它们是否是功能性表观遗传标记。Christof Niehrs 团队首次证明了其中一种修饰，5-甲酰基胞嘧啶参与了早期发育过程中激活基因的过程。

为了证明 5-fC 是一种激活的表观遗传标记，科学家们通过基因操纵动物胚胎中的酶来增加或减少 DNA 上 5-fC 的数量。增加 5-fC 导致基因表达增加，而减少 5-fC 则导致基因表达减少，这表明 DNA 上确实存在 5-fC 激活基因。

最后，科学家们还观察到了小鼠胚胎中的 5-fC 色中心。实验表明 5-fC 可能在哺乳动物和青蛙中都起到激活表观遗传标记的作用。5-fC 是 DNA 上的一种激活表观遗传调节剂，通过对其作用机制的研究，进一步发现 5-fC 是通过促进 pol Ⅲ募集的调控标记来调控 tRNA 表达水平。与此同时，tRNA 转基因的 5-fC 修饰增强了其在体内的表达。因此，5-fC 是 *pol Ⅲ*基因合子重编程过程中的激活表观遗传标记表达式。

这一发现引发了许多问题，如它究竟是如何起作用的，以及它在早期合子基因组激活之外的作用。尤其是，癌细胞可以含有大量的 5-fC。需要对 5-fC 进行更多的研究来回答这些问题，这可能最终帮助我们更好地理解人是如何发育的，以及基因调控是如何在疾病中被破坏的。

科学进展

组蛋白乳酸化

乳酸（lactic acid）是哺乳动物糖酵解代谢中的主要产物，在肿瘤、败血症、自身免疫性疾病等病理状态下显著增多，其生物学功能因肿瘤细胞中存在的“瓦尔堡效应”（Warburg effect）而得到关注。“瓦尔堡效应”源于 20 世纪 30 年代德国生物化学家奥托·瓦尔堡的一项发现，瓦尔堡发现：肿瘤和正常成体组织存在着代谢差异，它们通过糖酵解产能，并产生大量的乳酸。这种代谢性质使得肿瘤细胞的耗糖速率远大于正常细胞。这种肿瘤细胞对糖酵解通路产能依赖增强的现象，被称为“瓦尔堡效应”。该效应会极快地促进细胞增生和肿瘤生长。

2019 年，美国芝加哥大学教授 Yingming Zhao 团队发现哺乳动物细胞内的乳酸可驱动形成新型组蛋白翻译后修饰（PTM）——赖氨酸乳酰化（Kla），进而发挥重要的基因转录调控功能（图 8.28），从而为乳酸的非代谢功能提出了全新见解。Yingming Zhao 在《自然》杂志发表了一篇题为“Metabolic regulation of gene expression by histone lactylation”的论文，将组蛋白乳酸化修饰带入了我们的视野。组蛋白乳酸化成为表观修饰新热点。

肿瘤组织中的细胞糖代谢水平比正常组织明显升高这是科学界公认的事实，其中糖酵解是肿瘤的重要特征之一，糖酵解过程中产生大量的乳酸，这为组蛋白的乳酸化修饰提供了充足的物质保障。

近年来，科学家还发现乳酸可以将瘤内的巨噬细胞从抗癌型变成促癌型，可以增强调节性 T 细胞的免疫抑制功能，甚至还能导致程序性死亡受体 1（PD-1）抑制剂变成促进免疫抑制的“毒药”。中国科学家在乳酸修饰方面也取得了重要成果，苏州大学周芳芳团队发现，乳酸会以乳酸化的形式导致抑癌蛋白 p53 失活，进而促进癌症的进展。此外，中山大学附属第七医院张常华、何裕隆，中山大学孙逸仙纪念医院尹东，以及英国癌症研究院 Axel Behrens 组成的联合团队，在《自然》上发表了一项重磅研究成果，研究结果表明，肿瘤可以利用乳酸帮自己抵挡放化疗的伤害。即乳酸可以促进癌细胞修复断裂的DNA，维持癌细胞基因组的稳定，导致通过扰乱癌细胞基因组杀死癌细胞的放化疗失效。

大量基础研究显示，肿瘤产生乳酸，乳酸在肿瘤发生和进展中扮演了重要角色。

彩图

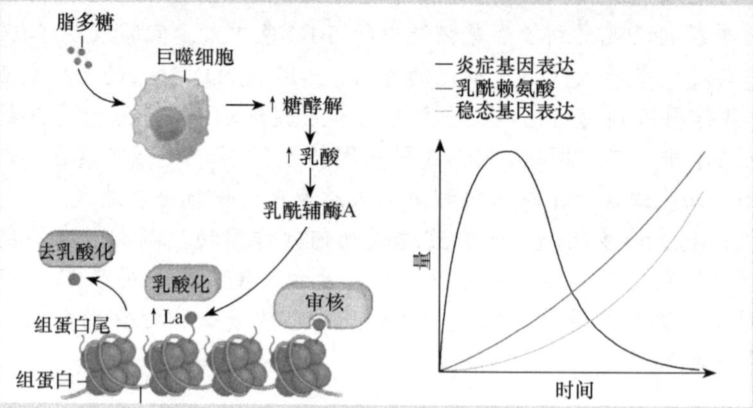

图 8.28　表观遗传调控新发现——组蛋白乳酸化修饰（Zhang et al.，2019）

第五节　基因突变与染色体变异

上下两代个体之间既相像又不全像。相像，是由物种在长期进化过程中所形成的保守性决定的。而不全像的原因则是多方面的，主要有：①由于营养条件和/或环境因素的作用，子代和亲代发育出现生理性差异，这些差异是不可遗传的。②多数生物都具两套染色体（二倍体生物），每套染色体少者 2 条（马蛔虫），多者可达几十条（人为 23 条）。据此，每种生物配子中的染色体组合类型为 2^n 种（n 为单倍染色体条数）。如此之众的染色体组合必然令子代与亲代不尽相同。这种组合对原有基因不构成损害，但也没有新基因的产生。③由于各种原因，使配子的基因发生突变，染色体出现畸变，甚至全套染色体产生倍性变化等。

以下对这些原因进行简要的探讨。

一、基因突变及类型

基因内部核苷酸及其顺序的变更称为基因突变。基因突变可以是单个核苷酸的点突变，也包括基因内一段核苷酸序列的插入、重复、缺失、倒位及易位等变异。有的突变对生物的生存不造成明显的影响，而有的突变的正效应或负效应却十分显著。

突变（mutation）的概念最早由荷兰植物学家休戈德·弗里斯（Hugo de Vries）提出。现在已知，基因突变主要有以下两种类型。

1．碱基置换　这是一种由于基因中个别脱氧核糖核苷酸被置换而产生的突变，包括转换和颠换两类。同类碱基核苷酸，如腺嘌呤核苷酸和鸟嘌呤核苷酸、胞嘧啶核苷酸和胸腺嘧啶核苷酸之间的相互置换叫作转换；不同类，即嘌呤核苷酸与嘧啶核苷酸互相替换的方式叫作颠换。碱基置换如果发生在基因之间的所谓“垃圾 DNA”区或真核基因的内含子（见下文）区中，它的生物学效应几乎可以忽略不计（近年来已经有一些分析指出，所谓“垃圾 DNA”可能是一些我们尚未认识其功能的调控序列）。一旦这种置换在编码区中出现，则可能使原有的遗传密码被更改（由于遗传密码具有简并性，核苷酸置换也可能不会改动遗传密码），产生相当明显的遗传学效果。非洲黑人中普遍发生的镰状细胞贫血，就是由于编码血红蛋白 β 链的基因中某个腺嘌呤核苷酸被胸腺嘧啶核苷酸置换，致使该链第 6 个氨基酸由谷氨酸转变成缬氨酸的缘故。2003 年科学家报道，25 年前传播疟疾和西尼罗河病毒的蚊子之所以对杀虫剂产生抵抗力，是由于在其体内乙酰胆碱酯酶对杀虫剂（有机磷酸酯和氨基甲酸盐）变得不敏感造成的。这种不敏感性是由该酶第 247 号位置的甘氨酸密码 GGC 被置换成 AGC（仅置换 1 个核苷酸），从而翻译成丝氨酸的缘故。

2．移码突变　在一个基因的任何位置中，如果增加或减少一对或几对核苷酸，将造成这一位点之后的一系列密码发生错读，这种现象叫作移码突变。移码突变的结果往往相当严重。如果恰巧增减一个密码子（三个核苷酸），则转录翻译后，仅增减一个氨基酸。这是插入或缺失的特例，通常不称为移码突变。

二、基因突变的特点

由于基因突变是一种自然现象（人为诱发突变除外），因此基因突变有以下三个突出的特点。

1．随机性与多向性　基因突变可能发生在哪个位点，基因突变后将会产生什么效果，此类问题都是难以预料的。科学家在 1972～2001 年这 30 年内，对一个达尔文当年曾考察过的 Galagoe 小岛上山雀的体型、喙的大小和形状的变化进行统计和分析。他们吃惊地发现，岛上 2 个山雀种群在短短 30 年间就分别发生了 7 次和 8 次的突变。人们完全不可能对这些突变的方向作出预测。

2．稀有性　由于每个物种都天然地具有自我保护的完善机制，因此在一般自然条件下基因发生突变的概率是很低的，通常在万分之一以下。但由于每个物种繁衍至今至少已经历了数十万年到数百万年，在每个个体上积累了突变位点及其效应已达到不可忽视的程度（见下文分析）。

3．可逆性　基因可以发生突变，也可能由于某种原因该突变又被修复，称为回复突变，如用紫外线对生物进行诱变需在全黑暗的条件下进行。诱变后 24～48h 内若被诱变生物暴露在光照下，则很可能产生称为光修复的回复突变，大大降低突变发生率。之所以把回复突变的箭号画得很小，是为了直观地表达回复突变的概率小得多。

三、基因突变的诱变剂

引发基因突变的诱变剂不外下述三类。

1．物理因子　主要是多种射线，包括紫外线、X 射线、β 射线、γ 射线及中子流等。它们大多能破坏 DNA 中的某些化学键，使 DNA 长链发生断裂或空间立体构型发生改变，从而引起突变。

2．化学因子　自从工业革命以来，人类已生产了成千上万种非天然化合物。有些化合物，如 5-溴尿嘧啶，它们的化学结构式与胸腺嘧啶很接近，在 DNA 复制时很容易“鱼目混珠”，以 5-溴尿嘧啶置换胸腺嘧啶与腺嘌呤配对，这叫作类似物置换。有的化合物由于自身的特点，容易插入 DNA 中造成移码突变，这种突变方式称为化学物嵌入，如吖啶类染料等。有些化合物的化学性质活泼，可能对核苷酸上的碱基进行化学修饰，导致突变发生。在我国民间传统的腌菜、泡菜、腌肉、腌鱼等制作过程中，常产生相当量的亚硝酸和亚硝胺。不新鲜的蔬菜，久储的生活用水中，亚硝胺也很常见。它们都可能将胞嘧啶氧化成尿嘧啶，致使遗传密码发生改变。

3．生物因子 有些“温和”的病毒或噬菌体，如乙肝病毒，侵入细胞后能直抵细胞核，嵌入染色体中，随细胞的复制而复制。它们的插入可能引起基因突变和移码突变，导致癌变。此外还有一些能在染色体中经常变更位置的 DNA 片段叫作转座子，或跳跃基因。它们常引起各种表型可见的突变，如玉米粒颜色的改变等。

众所周知，绝大多数生物都是具有两套染色体的二倍体生物。一对同源染色体上同一位置上的基因称为等位基因。如果这对等位基因的任何一方发生了突变，则将形成在这个位点上的遗传非纯合状态。如果在同一个遗传位点上发生两次或两次以上突变，由此所得到的多个在化学构成及生物学功能上基本类似的基因彼此称为复等位基因。在每种生物、每个个体中都不可避免地具有相当多的非纯合或复等位基因。由于正常的基因构成受到一定程度的修饰或损害，因此这些突变基因对生物本身可能产生不利的、中性的或有益的生物学效应（第十一章第四节）。所幸的是，绝大多数突变基因都是隐性基因（显性突变的有害基因带给生物不利的影响，在进化的长河中大多已被淘汰），因此对于某个生物群体来说，罹患基因疾病的个体毕竟还是少数。由于我国人口基数大，估计现有各类遗传病人数已超过 5000 万。据 1993 年人类基因组织制图国际会议报告，人类单基因突变遗传病已超过 6457 种，至今此类疾病已逾万种，但严重危害人类健康的仅千余种。多基因遗传病，如高血压、糖尿病、冠心病等有百多种，它们都是遗传与环境共同作用的结果（图 8.29）。

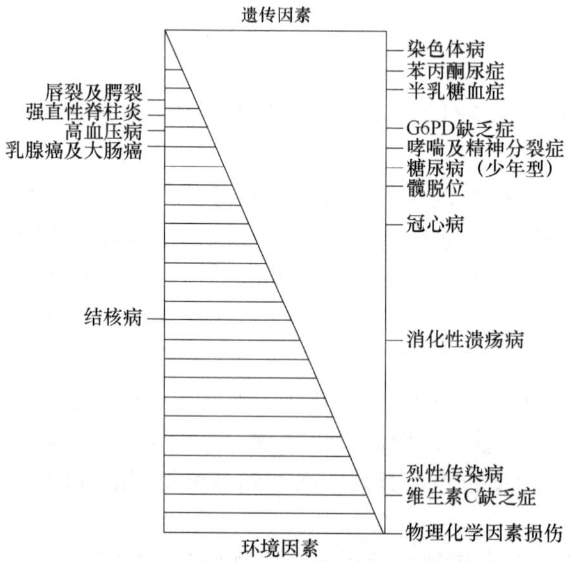

图 8.29　遗传因素与环境因素在某些疾病中相互作用示意图

在一个家族中，人们源自同一祖宗，个体之间彼此的基因具有较大的同源性，或称相似性。例如，父母与子女的遗传相似性为 1/2，祖父母（外祖父母）与孙辈的遗传相似性为 1/2×1/2＝1/4，堂（表）兄妹的遗传相似性为 1/2×1/2×1/2＝1/8（图 8.30）。可见，人类传统意义上“亲上加亲”的堂（表）兄妹结婚大大增加了出现纯合隐性致病基因的机会，危害是十分明显的。因此《中华人民共和国婚姻法》中明令禁止三代以内血亲通婚。

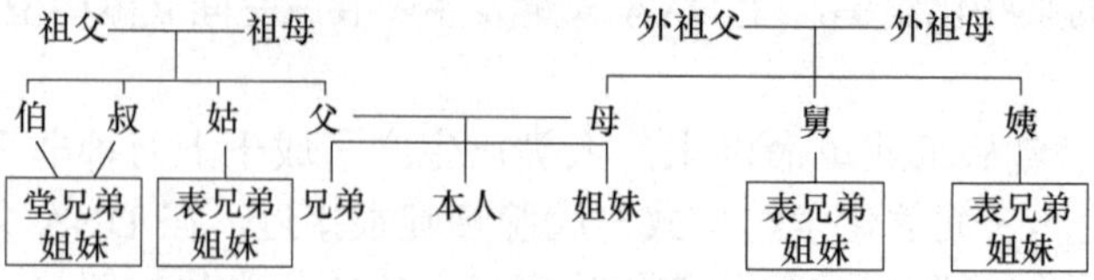

图 8.30　直系血亲和三代以内旁系血亲示意图

科学中国

中国太空生物育种

航天太空育种，就是将农作物种子或试管种苗送到太空，利用太空特殊的、地面无法模拟的环境，如高真空、微重力、宇宙高能离子辐射等的诱变作用，使种子产生变异，再返回地面选育新种子、新材料，培育新品种的作物育种新技术。航天育种具有有益的变异多、变幅大、稳定快，以及高产、优质、早熟、抗病力强等特点。其变异率较普通诱变育种高3～4倍，育种周期较杂交育种缩短约一半，由8年左右缩短至4年左右。世界上只有美国、俄罗斯和中国成功地进行了卫星搭载太空育种。

太空育种首先要选择种子，那么，什么样的种子才能获得太空之旅的入场券？被选中的种子一般要具备两个条件：一是遗传性稳定，二是综合性状好。因此，能够获得太空之旅资格的种子可谓“天选之种”。

与传统育种技术相比，它能在较短的时间内提高农产品的品质，创造出许多新品种，在现代农业的快速发展中发挥重要作用。从1987年开始，我国科学家利用返回式卫星、神舟飞船和高空气球先后进行了多次涉及1200多种生物材料（包括种子植物、藻类、微生物、昆虫、动物细胞等）空间搭载试验，取得了世界先进水平的研究成果。超市常见的太空椒便是太空育种的成功品种。

自1999年11月神舟一号首飞及其后各次的载人飞船中，累计为国内400余家科研机构和高等院校搭载航天育种实验项目3000多项，创制出4万余份空间诱变种质材料，育成水稻、小麦、玉米、大豆、棉花、油料、南瓜、水稻、番茄，还有魔芋、辣椒、棉花，甚至处于休眠状态的乌鸡蛋等。目前，已在千余种植物中培育出700余个航天育种新品系、新品种。累计种植面积1.5亿亩（1亩≈666.7m^2），产业化推广创造经济效益2000亿元以上。2022年神舟十四号航天员在空间站开展的国际首次成功的水稻和拟南芥从种子到种子全生命周期培养实验，水稻和拟南芥种子经历了120天的空间培育生长，完成了从种子到种子的发育全过程，在国际上首次在轨获得水稻种子。由于水稻是人类主要的粮食作物，养活了世界上近一半的人口，也是未来载人深空探测生命支持系统的主要候选粮食作物。中国首次在太空获得水稻种子及其变异基因，意味着我们抢占了新的科学高地，对人口多、耕地少的中国家来说意义重大。

在安全性方面，经严格的专业检测，太空搭载返回的种子，其放射性元素没有增加，没有外来基因的加入，只是自身基因发生了突变，因此太空生物育种是安全的。

四、基因治疗

既然基因突变可能引发某些严重的疾病，那么能不能从矫正致病基因入手，在基因水平进行治疗呢？早在1968年，美国科学家迈克尔·布莱泽在《新英格兰医学报》上发表了《改变基因缺损：美好医疗前景》的文章，首次在医学界提出了基因治疗的概念。

基因治疗是指通过操作遗传物质来干预疾病的发生、发展和进程，包括替代或纠正人自身基因结构或功能上的错乱、杀灭病变的细胞或增强机体清除病变细胞的能力等，从而达到治疗疾病的目的。

迄今为止试行的基因治疗类型基本上有两大类：一类是从生殖细胞，特别是从卵细胞和受精卵入手进行治疗。一旦治疗成功，受精卵发育成的个体所有细胞都成为遗传改性细胞，该个体完全摆脱了此类致病基因的羁绊。但由于卵子及受精卵不易获取，对单细胞的处理难度较大，且经基因治疗后的受精卵是否会影响胚胎的正常发育还是个有待论证的问题，因此本类治疗已基本被禁止。另一类是对患者，主要是幼年患者和晚期肿瘤患者进行表型治疗。由于受术者所拥有的体细胞已在2万亿个（婴儿）以上，因此这类基因治疗方法虽然易于施行，但充其量也只能达到对部分或局部细胞、组织进行基因矫正或功能补偿的目的。

进行基因治疗的方法大体有以下几种。

1）将正常的目的基因与反转录病毒重组后包装，注入体内，让它们转染进入受体细胞。

2）把正常的目的基因直接注射入体（细胞）内（不与载体结合），可能会有少数目的基因随机整合到受体细胞的染色体上。外源正常基因进入细胞核后，可以整个地替代突变基因，使突变基因永久地得到更正，这叫作基因置换。由于真核生物基因内部都有若干插入片段（内含子），基因分子质量较大，因此全基因置换难度很大；多数突变基因只是由于个别或少数碱基发生了突变，因此可以只纠正这少数突变了的碱基，而基因其余未突变的正常部分予以保留，这种技术叫作基因修正。无论是基因置换还是基因修正，外源遗传物质都要准确插入到染色体的正确位置，否则不能达到基因治疗的目的。外源遗传物质一旦插入有误（这是时有发生的事），将可能导致移码突变（上文），甚至细胞癌变。因此，目前的转基因技术主要采取基因修饰的策略，即借助载体把正常基因导入宿主细胞核内（不进入或进入染色体），利用该基因的表达产物来改变宿主细胞的功能，或使原有功能得到加强。

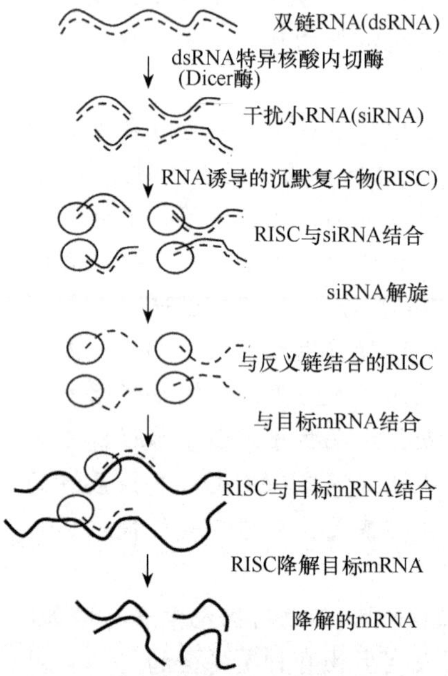

图 8.31 RNA 干扰原理示意图

细实线：正义 RNA 片段；虚线：反义 RNA 片段；粗实线：目标 mRNA 片段

3）在体外培养经上述两条途径已获转基因的细胞，回注患者体内，希望有部分转基因细胞能在一定时期内滞留体内并正常转录，翻译出目的基因产物。这种手术（注射）须每隔一段时间，如几周就进行一次。

4）“反义技术”，即根据碱基互补原理，人工合成或生物合成与突变基因或其转录的 mRNA 互补的 DNA 或 RNA 片段，用于抑制或封闭该基因或其转录产物的活性，然后再通过各种途径将它们输入人体内（图 8.31）。该技术的试验结果令人感到鼓舞。

未来，基因治疗的主要目标是发展安全和高效的基因导入系统，争取将外源遗传物质靶向性地导入到特异的染色体区段中发挥作用。

资料链接

基因治疗“打摆子”

基因治疗往往是针对那些体内的某一功能基因发生了病变（基因突变）丧失正常的功能引起病变的患者，用“正常基因”替代发生病变的基因，从而使患者的细胞能够行使正常功能，达到治疗疾病的目的。

基因治疗除了正常基因外，还需要一个将正常基因带入人体的载体。这样的载体通常有两类：一类为慢病毒载体，是由 HIV 改造而来的，其带入的“正常基因”可以整合到宿主细胞的染色体 DNA 上；另一类为腺病毒载体，由腺病毒改造而来，其带入的“正常基因”可以在宿主细胞内稳定表达蛋白质，但是不会整合到染色体 DNA 中。基因治疗又分为体内和体外两种途径进行。体外的方式是把带有“正常基因”载体在体外培养的条件下导入患者自身或异体细胞（或异种细胞），随后对这些细胞进行增殖，产生大量的带有“正常基因”的细胞，最终将这些细胞输回患者体内，起到治病的作用，如地中海贫血症等。体内的方式是将带有“正常基因”的载体直接注射导入患者体内，在患者体内载体再把“正常基因”带入到细胞中，起到治疗的作用。这种方式可以对遗传性视网膜变性进行治疗。

1990 年，美国的 Freuch Anderson 等开始了世界上第一例真正意义上的临床基因治疗。他们用腺苷脱氨酶基因（*ADA*）治疗一位因 *ADA* 基因缺陷导致重症联合免疫缺陷（severe combined immunodeficiency，SCID）的 4 岁女孩，并获得了初步成功，使她能走出无菌隔离室。1993 年 5 月，同样罹患 SCID、出生仅 5 天的安德鲁·戈比成了第一个接受基因疗法的新生儿。美国洛杉矶医院的医生在他出生后就从胎盘血液中分离出了生成血细胞的母细胞——造血干细胞，将 *ADA* 基因转入造血干细胞，体外增殖这些转基因造血干细胞几天后，将它注射入婴儿体内。手术仅用了 2min。2000 年，法国巴黎内克尔（Necker）儿童医院同样使数名 SCID 的婴儿基本恢复了免疫功能，取得了基因治疗开展 10 年来最大的成功。该技术就属于体外途径。2004 年 1 月，深圳赛百诺基因技术有限公司将世界上第一个基因治疗产品重组人 p53 腺病毒注射液正式推向市场。2012 年 11 月，欧盟批准西方国家第一个基因治疗制剂 Glybera 上市，用于治疗遗传性脂蛋白脂肪酶缺乏症。2016 年，欧洲和美国的药品管理局批准了 6 项基因治疗的产品，其中有 2 项用于 B 细胞肿瘤治疗，另外 4 项用于单个基因病变引发的疾病治疗，包括地中海贫血症、进行性假肥大性肌营养不良（DMD）、遗传性视网膜变性等。目前，全球估计还有 800 种基因疗法正处于研发阶段。

客观地说，基因治疗还是忽冷忽热很不成熟，并且还一度中断。1999 年，患有严重遗传病鸟氨酸氨甲酰转移酶缺乏症的 18 岁少年 Jesse Gelsinger，在接受宾夕法尼亚大学人类基因治疗研究所所长 Jim Wilson 教授主导的腺病毒基因治疗临床试验后，发生严重免疫反应后死亡，成为第一个因基因治疗去世的人。分析其主要原因是腺病毒载体引发的免疫反应造成多器官功能衰竭。后续 Wilson 教授进一步探索寻找更安全的载体，腺相关病毒（adeno associated virus，AAV）应运而生。AAV 具有安全性好、宿主细胞范围广和在体内表达时间长等特点，因此成为目前最有前景的基因治疗载体。2020 年 6 月，Audentes Therapeutics 公司在应用 AAV 进行基因治疗后，两名患有罕见神经肌肉疾病的儿童在接受高剂量基因疗法的临床试验后死亡。2022 年 10 月，一位名叫 Terry Horgan 的 27 岁 DMD 患者在接受重组腺相关病毒 9 型（rAAV9）载体递送的成簇规律间隔短回文重复（CRISPR）基因编辑治疗后不幸去世，高剂量 rAAV9 引起的强烈先天性免疫反应引发了急性呼吸窘迫综合征（ARDS），导致患者死亡。

基因治疗安全性问题仍然有待于深入探讨。需要从这些失败教训中找到问题所在，以开辟前进的道路。此外，现在科学家开展的大多是单基因缺陷的尝试治疗，对多基因疾病等复杂病症的治疗尚有待时日。

五、染色体变异

染色体是基因的承载者。一条染色体上可能有成百上千个基因。染色体一旦发生变异，它所产生的遗传学生物学效应是十分显著的，甚至将危及生命安危。染色体变异划分为以下两种类型。

1. 染色体畸变　由于某种原因造成染色体上遗传物质发生结构上的变化现象叫作染色体的畸变，它包括以下几种类型。

（1）缺失　由于各种射线或其他因素的作用，染色体（大多为常染色体）的某个片段从染色体上断落（通常好发于染色体末端），致使该染色体丢失部分基因，这种现象即为染色体缺失，也叫作部分单体综合征。较大片段染色体或重要基因的缺失将造成个体在胚胎或婴幼儿期死亡。反之，缺失较小，所产生的效应一般也较轻。部分染色体缺失征的发病率虽不高，但种类繁多。人类有种“猫叫综合征”，就是因为5号染色体缺失一短臂所致。患者头小，眼距宽，斜视，生长迟缓，婴儿期哭声酷似猫叫，智力低下，常伴有免疫球蛋白缺乏征。患者常早年夭折。

（2）重复　某个染色体片段从染色体上断开后，连接到另一条染色体上。后一条染色体因此增加了一条或长或短的染色体片段，这叫作染色体重复。这是生物增加其基因量的一种方式。如果这种重复片段较短，它所产生的遗传学效应一般较缓和；如果重复的片段较长，其上较多的基因在新的细胞和个体中可能会对原有基因的表达带来某些负面影响。例如，果蝇X染色体上若增加一段被记为“16A”的横纹，它的圆形复眼则发育成狭形棒状眼。

（3）倒位　染色体的某个片段从染色体上断落后，在细胞内修复体系的帮助下接回原先断落的位置时，该片段颠倒了方向，造成了染色体的局部倒位。如果这种倒位发生在染色体的中部或近中部，那么在减数分裂I前期的偶线期到粗线期，它将导致同源染色体配对时形成所谓的倒位环（图8.32）。倒位环的出现将使同源染色体配对不完全，同时造成同源染色体难以正常分离，产生畸形的或有遗传缺陷的配子，生物学效应往往十分严重。

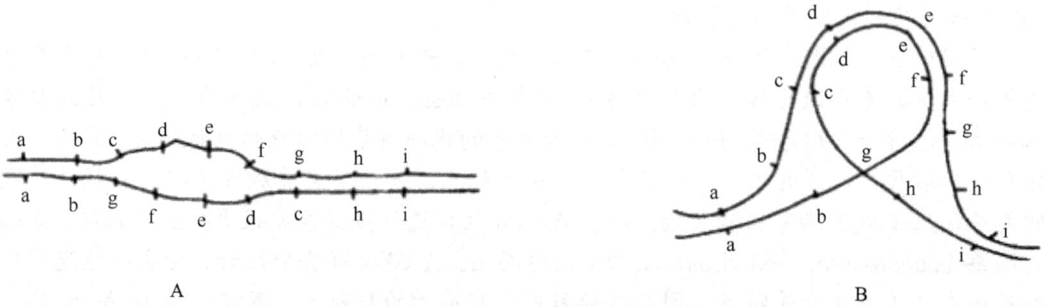

图8.32　染色体畸变形成倒位环

A. 同源染色体局部不能配对；B. 同源染色体因局部倒位配对成倒位环

（4）易位　易位有两种可能：如果染色体上的小片段断裂后在原染色体的其他部位重新逆向或顺向插回，这种易位称为染色体内易位；如果断落后的染色体片段接到非同源染色体上，或者在非同源染色体之间相互交换等长或不等长的染色体片段，此类易位叫作非同源染色体间的易位。易位破坏了染色体上原有基因的连锁群，可能造成配子的某些基因失活从而导致不育症或其他严重疾病。例如，人22号染色体某段易位到9号染色体的长臂上，引发了严重的粒细胞白血病——血癌。

总之，染色体畸变是发生在细胞之核心——染色体上的突变，其结果往往十分严重。在世界的许多地方，由于人类的生存环境趋于恶化，由各种物理的、化学的因素引起的染色体畸变率呈明显上升趋势。这个与人类自身繁衍生息密切相关的重大问题应当受到政府和全体公民的高度重视，采取切实措施加以解决。

2．染色体组变异

一个物种所特有的整套（一套）染色体称为该种的染色体组。每个物种的配子中都含有该物种的全套染色体组。染色体组的变异包括染色体组的倍性变化及非整倍性变化两类。

（1）染色体组的倍性变化

1）单倍体。细胞核中只有一套染色体的生物叫作单倍体生物。许多低等生物，如真菌、藻类和原生动物是单倍体生物。多数生物是二倍体生物，但某些具有世代交替的生物，如苔藓类、蕨类植物和腔肠动物薮枝螅等，它们的配子体世代是单倍体世代（第七章第一节）。单倍体生物由于细胞核中只具有一套染色体，一旦受各种因素影响发生基因突变或染色体畸变，由于缺乏等位基因的掩盖、修饰作用，这些突变或畸变的效应将悉数得到表达。因此单倍体生物或生物的单倍体阶段一般都处于一种遗传性质不甚稳定的状态中，且个体通常较小，形单体弱。不过，鉴于各种隐性基因都能在单倍体生物中获得表达，在作物栽培和组织培养实践中，科学家往往利用单倍体生物的上述特点，以花药或花粉培育出单倍体植株，用于检出植物中具有某种优良品质（性状）的基因。一旦发现符合要求的基因和性状，即可用人工加倍染色体的方法获得该基因的纯二倍体，使目的基因得到正常表达。

2）三倍体。细胞核中具有三套染色体的生物叫作三倍体生物。通常三倍体生物由二倍体配子与正常配子结合而成。二倍体配子或者来自四体生物（通常是植物）正常的减数分裂，或者由于某种（些）原因使姐妹染色单体在减数分裂Ⅱ中期着丝粒不分裂而出现二倍体配子。三倍体的个体长成后，在它们生殖细胞减数分裂时，由于三套染色体不可能对等地分配到两个配子中去，因此三倍体生物总是高度不育的。无籽西瓜、香蕉都是三倍体生物。

3）四倍体。四倍体生物由双方都是二倍体的配子结合而成，包括同源四倍体和异源四倍体两种类型。前者双方的 $2n$ 配子来自同一个物种，后者则由不同物种的 $2n$ 配子受精长成。由于自然因素，如低温，配子的染色体加倍偶尔可见。以适当浓度的秋水仙素处理，染色体加倍效果也很明显。四倍体生物与同种正常二倍体生物相比，往往株高、叶大、果硕，不过生长期会稍长。

（2）染色体组非整倍性变化　　在精（卵）母细胞减数分裂时，如果某对姐妹染色单体不能分开，则将形成其 $n+1$ 和 $n-1$ 两种非整倍染色体的配子。经此类配子受精后可能产生含 $2n+1$ 和 $2n-1$ 条染色体的受精卵。由于减少一条染色体所产生的生物效应十分显著，因此拥有 $2n-1$ 条染色体的受精卵一般不能正常发育成个体。而对于具有 $2n+1$ 条染色体的受精卵，如果它们所增加的那条染色体是较小的染色体，如人的 13 号、18 号或 21 号染色体，那么它大多不致造成致死的生物学效应。带有一条多余染色体的生物叫作三体生物，它所附加的那条染色体必须以数字标出，如三体 13、三体 18 或三体 21 等。

21-三体综合征又称唐氏（Down's）综合征，是 1959 年由法国医生丁·勒热纳首先报道的。该病在初生活婴中的发生率约为 1‰。此类患者眼距宽，两眼常向中部凝视，内眦赘皮，舌有纵沟，常张口弄舌；掌纹为通贯手，第五指短而弯；耳小，有棱角；男性患者常伴有单侧睾丸未降，智商低。值得指出的是，唐氏综合征的发生率与母亲和父亲的年龄之间呈密切相关性（表 8.5）。

表 8.5 双亲年龄与唐氏综合征发生的关系

母亲年龄/岁	唐氏综合征发生率	父亲年龄
<25	1∶1800	24～74 岁的父亲，每增加 10 岁，其子女患唐氏综合征的概率就增加大约 11.4%
25～29	1∶1500	
30～34	1∶800	
35～39	1∶250	
40～44	1∶100	
≥45	1∶50	
平均	1∶750	

第六节 基因工程

基因工程是一种重组 DNA 技术。它将特定的目的基因（组）整合到载体上，并将这种重组载体转移到受体细胞中，使之增殖和表达，从而获取基因表达的产物。基因工程诞生于 20 世纪 70 年代。今天，它已是科学家认识世界、改造世界、深入开展生命科学各领域研究的重要手段。

开展基因工程研究，一般要经历以下几个阶段。

1．制备目的基因 我们需要的目的基因大多是一些具有实际应用价值的基因，如抗虫基因、抗病基因等。获取目的基因是实施基因工程关键的第一步，其技术路线常见的有以下三种。

（1）构建基因组文库 用重组 DNA 技术，将包含某种生物基因组全部遗传信息的 DNA 片段随机连接到基因载体上，然后将这些重组载体转化到一种受体菌的群体中。通过细胞增殖获得的这种众多无性繁殖系（克隆）就称为一个物种的基因组文库。如果已知所需目的基因的序列（前人已经研究过），则可以人工合成一小段与该基因中某一片段互补的序列，并制成探针（一小段标记过的短 DNA 序列），然后即可从构成基因组文库的成千上万个克隆中将目的基因探查出来。这是在已知基因序列（至少已知部分序列）的前提下制备目的基因的经典策略。

（2）聚合酶链反应法 近年来，从生物体中获取已知序列（或近似序列）的基因的工作已经易如反掌，这是由于一种被称为聚合酶链反应（PCR）所带来的革命性结果。在这个反应体系中，只要加入模板——极微量的含目的基因的 DNA 片段（如一个细胞的 DNA）、引物——分别与该基因两端已解旋的单链配对的 20 个左右脱氧核糖核苷酸、耐热 DNA 聚合酶（*Taq* 酶）及反应材料——4 种脱氧核糖核苷酸和含 Mg^{2+}的适当缓冲液，经过 25～30 次变性（加热到 95℃让双链 DNA 解旋成单链）——退火（降温到 40～50℃以便引物与目的基因配对结合）——延伸（升温至 72℃让 *Taq* 酶沿单链 DNA 催化目的基因序列的合成）的反复循环，目的基因可被扩增到几十万到百余万份，收获该基因十分方便。

（3）差异显示反转录 PCR（DDRT-PCR）法 众所周知，每种生物，无论其生活周期长短，在生命的各个时期总要表现出各种特征。对于多细胞生物而言，构成机体的各种组织细胞、各个器官，尽管都由完全相同的 DNA 构成，但每种组织和器官却都有各自的形态和功能。这些特征与功能等方面的差异是生物有选择地表达其基因组的结果。现在，分子生物

学家已能够提取同种生物或同一个体在各个时期或各种组织、器官所转录的mRNA，再经反转录酶的催化，合成与这些mRNA配对（互补）的短链DNA，即cDNA。这些代表各个时期、各种组织、器官特征与功能差异的cDNA片段，其本身的分子量大小也不尽相同。经过PCR扩增和DNA电泳分析，就可以发现上述差异cDNA片段，进而以这个（些）差异片段为探针，从该物种的基因组文库或cDNA文库中将所需的目的基因钓出。

2．选择适当载体 获得目的基因后，要将该基因与一定的基因载体连接，构成重组载体，才能使基因进入受体细胞并得以表达。目前常用的基因工程载体有以下三类。

（1）质粒 质粒是染色体外细胞质中能进行相对自主复制的遗传单位，是最常用的基因载体。它们大多为裸露不与蛋白质结合的、首尾相连的双链DNA分子，约有数千至数万个核苷酸对。多数质粒中含有若干个基因。

（2）噬菌体或病毒 由于它们都能侵入各自的宿主，甚至整合到宿主细胞的染色体上，因此可在一定范围内作为基因载体使用，但一般都要经过删除其致病基因的改造。

（3）转座子（易位子） 这是由美国女科学家麦克林托克（B. McClintock）在20世纪40年代研究玉米遗传规律时首先发现的、染色体上能改变自身位置的一类较短的DNA序列，即它们可以从染色体上脱落下来，又随机插入到原染色体或其他染色体上。如果能将目的基因与易位子连接，则可能随之进入染色体中，完成基因的转移。

通常，天然载体需经人为改造，使之拥有某种可供筛选的标记基因，如能降解某种抗生素的基因（也称报告基因）。这样当该载体携带目的基因进入受体细胞时就可以用含有这种抗生素的培养基进行筛选，使用非常方便，具有很好的应用价值。

3．构建重组载体 为了将目的基因导入受体细胞（生物），就必须将目的基因插入到基因载体中，构成所谓的重组载体。限制性内切核酸酶和连接酶是重组基因载体必备的两类工具酶。

（1）限制性内切核酸酶 这是一大类分别能识别DNA中各个特异位点并将DNA从该位点切断的核酸酶（简称限制酶）。限制酶都有各自识别的内切位点（即一段短核苷酸序列，大多为6个核苷酸）。自20世纪70年代以来已发现千余种限制酶，但常用的仅几十种。被切开的DNA断端有两种情况：一种是在被限制酶识别的序列区内切出平齐末端（图8.33A）；另一种是切成不整齐的末端，即DNA双链中其中一条链比另一条链多出一至若干个核苷酸，称为黏性末端（图8.33B）。

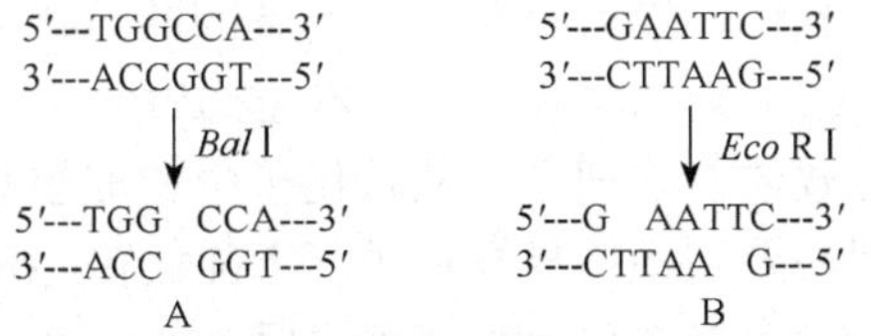

图8.33 核酸内切酶切开DNA双链示意图

A．被核酸内切酶*Bal* I切成平齐末端；B．被核酸内切酶*Eco* R I切成黏性末端

（2）连接酶 这是在两个DNA片段之间催化建立起磷酸二酯键的酶。在连接酶的作用下，可以把已获得的目的基因，包括具平齐末端或黏性末端的目的基因（通常是具有黏性末端的基因），与基因载体连接成一个重组载体（图8.34）。借助重组载体这只“舟”，目的基因才得以进入受体细胞。

4．转化受体细胞 原则上一切动物细胞、植物细胞、微生物细胞都能被用作重组载体的受体细胞。将外源DNA通过细胞膜（壁）直接导入细胞的过程称为转化。原核细胞结构简单，生长迅速，常被用作基因工程的受体菌，如大肠杆菌（*E. coli*）。但由于原核细胞大多具有坚硬的细胞壁，因此在转化前受体细胞往往要经过预处理。例如，以$CaCl_2$和零上低温处理大肠杆菌，使之成为敏感的感受态细胞。植物细胞分化程度低，易于从细胞或组织长成

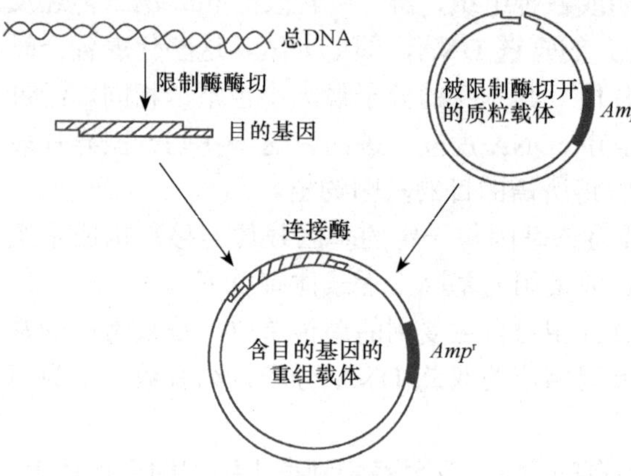

图 8.34 构建重组载体示意图
Amp^r：抗氨苄青霉素基因（报告基因）

一株完整的植株，而且植物与人类的衣食住行密切相关，因此植物细胞作为基因工程受体细胞受到越来越多的关注。植物细胞都有以纤维素为主要成分的细胞壁包裹。早先，科学家只得先去掉其以纤维素为主要成分的细胞壁，制得原生质体或原生质球（还带有少量细胞壁的原生质体），再以聚乙二醇（PEG）等为介质，将外源 DNA 转化进入植物细胞中。后来，人们发现可以利用一种能高效侵入双子叶植物的致瘤农杆菌导入目的基因。现在，转化植物细胞的方法已有多种，包括微弹轰击法（基因枪法）、电击穿孔法、激光穿孔法、花粉管注入法、显微注射法及脂质体介导法等。

动物细胞分化程度较高，转基因动物的研究远远落后于转基因植物。目前，转基因动物的研究主要以受精卵为材料，用显微注射法进行。现在科学家正热衷于进行转基因体细胞克隆哺乳动物的研究。他们先取出供体哺乳动物体细胞的细胞核，然后移植到去核同种成熟的卵细胞中，电击或化学刺激使核、质融合形成异构卵。抓紧这个机会显微注射目的基因，再令转基因异构卵在体外进行早期的胚胎发育后移入同期发情的同种母畜子宫内，有望产下转基因幼畜。

5．筛选转化细胞 科学技术的发展已经使外源基因转化受体细胞成为一种常规操作。基因转化是否成功主要依据筛选结果进行判断。通常可以从以下几个层次进行筛选和确认。

（1）*根据重组载体上的报告基因进行筛选* 这些报告基因大多是各种抗逆基因，如抗氨苄青霉素基因（Amp^r）、抗除草剂基因等。只要在筛选培养基中加入一定浓度的报告基因编码的产物（酶）的作用底物，如氨苄青霉素或除草剂，即可在这类培养基上筛选得到含有重组载体，也就是含有目的基因的转化子——初步转化成功的受体细胞。

（2）*如果转化子中含有重组载体即可基本认为转化成功* 对于在细胞质中独立复制的重组载体，须把它们从转化子中提取出来并经电泳加以确认；对于可能嵌入染色体中的目的基因，要制备特异探针进行 DNA 杂交探查。

（3）*以转化子中稳定出现新蛋白质（酶）作为基因已真正转移成功的标志* 将基因转入受体细胞中大多是为了使受体细胞能转录、翻译和获得该基因的表达产物——新蛋白质或酶。只有经连续多代证明转化子不仅有报告基因的活性，还有目的基因表达产物的存在，才能最终表明基因转移工程已经获得成功。

资料链接

蓝白斑筛选

蓝白斑筛选（图 8.35）是一种基因工程常用的细菌重组子的筛选方法。野生型大肠杆菌产生的β-半乳糖苷酶可以将无色化合物 5-溴-4-氯-3-吲哚-β-D-半乳糖苷（X-gal）切割成半乳糖和深蓝色的物质 5-溴-4-靛蓝。5-溴-4-靛蓝可使整个菌落产生蓝色变化。在经人工插入外源基因后，突变型大肠杆菌的β-半乳糖苷酶基因被插入的外源基因切断，无法形成完整的

β-半乳糖苷酶，故不能对无色化合物 X-gal 进行切割，菌落呈白色。蓝白斑筛选是重组子筛选的一种方法，是根据载体的遗传特征筛选重组子，主要为α-互补与抗生素基因。

一些载体（如 PUC 系列质粒）带有β-半乳糖苷酶（lacZ）N 端α片段的编码区，该编码区中含有多克隆位点（MCS），可用于构建重组子。这种载体适用于仅编码β-半乳糖苷酶 C 端ω片段的突变宿主细胞。因此，宿主和质粒编码的片段虽都没有半乳糖苷酶活性，但它们同时存在时，α片段与ω片段可通过α-互补形成具有酶活性的β-半乳糖苷酶。这样，*lacZ* 基因在缺少近操纵基因区段的宿主细胞与带有完整近操纵基因区段的质粒之间实现了互补。由α-互补而产生的 $LacZ^+$ 细菌在诱导剂异丙基硫代-β-D-半乳糖苷（IPTG）的作用下，在生色底物 X-gal 存在时产生蓝色菌落。而当外源 DNA 插入到质粒的多克隆位点后，几乎不可避免地破坏α片段的编码，使得带有重组质粒的 $LacZ^-$ 细菌形成白色菌落。这种重组子的筛选，称为蓝白斑筛选。蓝白斑筛选是在指示培养基上，未转化质粒的菌落因无抗生素抗性而不能生长，重组质粒的菌落是白色的，非重组质粒的菌落是蓝色的，以颜色不同为依据直接筛选重组克隆的方法。

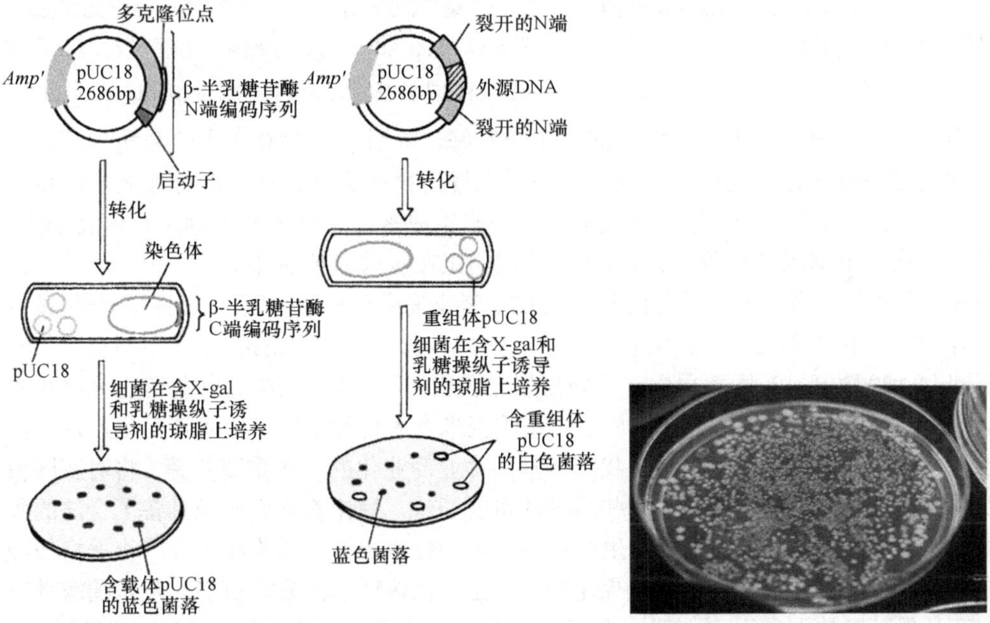

彩图

A B

图 8.35 β-半乳糖苷酶法筛选转化子（蓝白斑筛选）

A．示意图；B．蓝白斑照片

基因工程作为一门年青的学科，从 20 世纪 70 年代诞生至今已经成为生命科学领域中进展最为迅速、取得成果最为辉煌的屈指可数学科之一。鼠、鱼和人生长激素基因的克隆、转化和表达，鲑鱼抗冻基因，苏云金杆菌毒蛋白基因及抗除草剂基因的克隆和转化，已经在养殖业和种植业产生了巨大的经济效益。中国科学院院士、中国科学院水生生物研究所研究员朱作言团队早在 1985 年就发表了世界首批转基因鱼培育成功的论文，比西方同行领先 3 年以上。后来他们将草鱼编码生长因子的基因植入黄河鲤，成功培育出转基因冠鲤（图 8.36）。

AquAdvantage 三文鱼是一种转基因大西洋鲑（图 8.37），也是目前唯一获得美国 FDA 批准用于食用的转基因动物，由位于美国马萨诸塞州的 AquaBounty Technologies 公司研发，于 2019 年正式批准上市。普通的大西洋三文鱼，一般在温暖水流中发育生长，需要 2～3 年才能长大成熟。研究人员将两种基因，一种是大鳞大麻哈鱼（又称帝王鲑、奇努克三文鱼）的生长激素基因，另一种是可以在冰封的寒带海域生存的大洋鳕鱼的抗冻蛋白编码基因转入普通的受精卵中。经多次失败后他们终于获得转入了这两种基因的大西洋三文鱼，该转基因三文鱼即便在寒冷水域中也能快速生长，只要 18 个月就能长大上市，而且长成的个体也要比一般三文鱼大，它的营养成分和口感与一般三文鱼没有差别，因而能更快、更多地满足人们的消费需求。

图 8.36 转基因冠鲤

图 8.37 AquAdvantage 转基因三文鱼（较大者）和相同年龄的非转基因大西洋鲑（引自 Marris et al.，2010）

此外，由于基因工程药物价廉质优，前景十分看好，吸引了无数有实力的公司、厂家投入巨资竞相逐鹿这块蕴含无数商机的处女地。基因工程药物成了增长最快的行业之一。目前全世界已有 α 干扰素、重组乙肝疫苗、胰岛素、红细胞生成素等 100 多种基因工程药物面市，还有 400 多种药物处于临床试验阶段，2000 多种试剂正在实验室研制中。

转基因应用和推广最多的要数转基因作物。2021 年我国启动转基因玉米、大豆产业化试点工作，2023 年进一步扩大到河北、内蒙古、吉林、四川和云南 5 省（自治区），取得良好的结果。在此基础上，2023 年 12 月 7 日农业农村部发布公告，正式批准 37 个转基因玉米品种和 14 个转基因大豆品种，并向 26 家企业发放了转基因玉米、大豆种子生产经营许可证。这是我国转基因技术发展的一个重要成果，也是我国转基因种业商业化的一个重要步骤，将对我国粮食安全和农业竞争力产生深远的影响。这些品种的审定通过，意味着它们已经具备了合法的种植资格，可以正式进入市场，为我国粮食生产提供更多的技术支持。国家相关部门将严格按照安全标准配备专业监测机构进行监管，确保生产、加工、销售环节的安全可靠。凡是国家批准的转基因农产品尽可以放心食用。据估计，这些品种的商业化种植，可以为我国每年节省约 100 亿元的农药和除草剂费用，农民增加约 200 亿元的收入，减少二氧化碳排放约 3000 万 t。

科学进展

基因编辑——分子手术刀

基因编辑是一种对靶基因或转录产物进行敲除、插入和定点突变等精确修饰的基因工程技术。目前最有应用前景的要数成簇规律间隔短回文重复（clustered regularly interspaced short palindromic repeat，CRISPR）基因组编辑技术，CRISPR/Cas9 系统是应用最广泛的基因编辑工具。

该系统由两部分组成：一部分是具有双链切割活性的核酸内切酶 Cas9，另一部分是人为合成的特异短单链引导 RNA（single guide RNA，sgRNA）。该 sgRNA 拥有两个特性，其 5′端可精确识别靶序列的 20 个核苷酸并与之结合，3′端有被 Cas9 识别的双链发夹结构，即可与核酸内切酶 Cas9 结合。

CRISPR/Cas9 系统实际操作分为以下 4 个步骤。

（1）设计 sgRNA：sgRNA 必须与目标 DNA 序列互补匹配，才能将核酸内切酶 Cas9 引导到目标位点。

（2）Cas9 与 sgRNA 结合：Cas9 与设计好的 sgRNA 结合形成 Cas9-sgRNA 复合物。

（3）Cas9-sgRNA 复合物识别和切割 DNA：Cas9-sgRNA 复合物寻找目标 DNA 序列，并在特定的位点切开 DNA 双链。这种切割激活了细胞的 DNA 修复机制。

（4）DNA 修复：细胞内的 DNA 修复机制修复断裂的双链，最常见的是非同源末端连接和同源重组。

CRISPR/Cas9 系统可使用两种方式提供 RNA 引导序列，最常用的是 sgRNA，该 sgRNA 与 Cas9 酶形成复合物后可以直接寻找靶序列进行切割（图 8.38）。

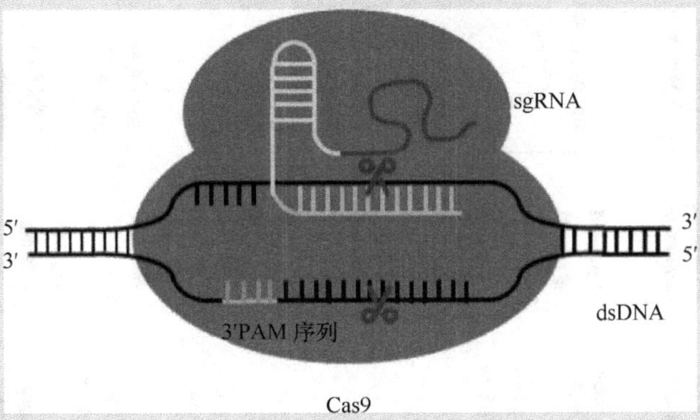

彩图

图 8.38　CRISPR/Cas9 系统工作示意图

大量的基于 CRISPR/Cas9 系统的实验方法和治疗方法被开发出来，强有力地促进了现代医疗和生物学研究的发展。目前，基因编辑已经开始应用于基础理论研究和实际应用中，包括研究植物和动物的基因功能及人类的基因治疗。

CRISPR/Cas9 技术操作简便、高度精确和高效率。它在基因组编辑、基因功能研究、疾病模型构建和基因治疗等方面具有广泛的应用潜力。然而，CRISPR/Cas9 技术也存在一些挑战和限制，如离靶效应和导致不可预测的基因组改变等。因此，对于使用 CRISPR/Cas9 进行基因编辑的研究和应用，需要进行严格的设计和验证，并遵守相关的伦理规范。

基于该项技术研究成果的重大意义，瑞典皇家科学院将 2020 年诺贝尔化学奖授予美国加州大学伯克利分校的生物化学家杜德娜（Jennifer Anne Doudna）和德国汉诺威医学院/赫尔姆霍茨感染研究中心的法国生物化学家卡彭蒂耶（Emmanuelle Marie Charpentier），以表彰她们在“具有潜在革命性 DNA 编辑工具——CRISPR/Cas9 技术发明中的重要贡献”。此外，美国麻省理工学院华裔科学家张峰在该领域也具有突出贡献。

第七节　人类基因组计划

美国于 1975 年投巨资启动的“肿瘤十年计划”基本上以失败告终。1985 年，美国能源部在加利福尼亚州的圣克鲁兹会议上主持讨论“人类基因组计划”的意义与前景，对“测定人类基因组全序列”的意义和可能性进行了认真研讨，形成了“人类基因组计划”（Human Genome Project，HGP）草案；1986 年 3 月 7 日，美国诺贝尔奖获得者 Dulbecco 在《科学》杂志发表题为《肿瘤研究的转折点——人类基因组研究》的文章，指出：这个世界上发生的一切事情都与这一人类的 DNA 序列息息相关，应当从整体上研究和分析人类基因组及其序列。此文一出，立即引起美国上下热烈讨论。同年 5 月美国能源部宣布开始实施“人类基因组计划”，提出测定人类细胞染色体组中全部约 30 亿个核苷酸对序列的设想（图 8.39）。1988 年 4 月，在 V. MaKusick 等科学家的倡导下成立了国际人类基因组组织（Human Genome Organization，HUGO），主要负责协调各国科学家共同完成 HGP。1990 年 10 月 1 日，美国国会正式批准美国 HGP，计划投入 30 亿美元，到 2005 年完成人类基因组（22 条常染色体和 X、Y 性染色体）的全序列测定。

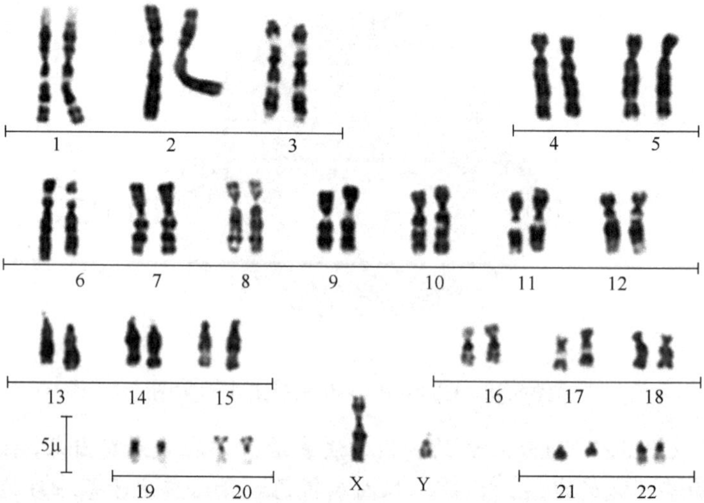

图 8.39　人类细胞核型（染色体组）

在 Dulbecco 短文的影响下，整个欧洲都行动起来了。意大利（1987 年）、英国（1989 年）、法国（1990 年）、德国（1995 年）都启动了各自的 HGP。1990 年 6 月，欧共体投票通过了“欧洲人类基因组计划”，资助 23 个实验室开展工作。此外，丹麦、日本、韩国、俄罗斯和澳大利亚也纷纷加入人类基因组研究的行列。

资料链接

人类染色体数发现史——一位华裔科学家对权威的挑战

1956 年 12 月，一位名叫蒋有兴（1919～2001）的华裔科学家在《遗传》（*Genetics*）杂志上发表了一篇论文——《人类的染色体数》（“The chromosome number of man”），其结论震惊了整个细胞遗传学界。这一新的结论很快得到了其他实验室的验证，结束了在细胞遗传学界统治长达 30 多年的“人类染色体数为 48 条”这个错误认知。

这个突破性成果的产生给我们两个重要的启发。

第一，得益于研究方法的改进。蒋有兴使用了一种改进的显微技术，可以把细胞压成一层，而不是把组织切成薄片。此外，以往学者们对细胞的处理都用的是等渗的培养液，而蒋有兴从莱文（1905～1998）实验室掌握了应用低渗溶液预处理样品的技术，应用该方法有一个明显的优点，就是可以让细胞膨胀，使样本中的小染色体更容易分散开，并且让染色体更容易分离且不易破碎，在显微镜下更容易看清和计数染色体的条数。

第二，敢于向权威挑战。在蒋有兴发表论文之前的 30 多年里，关于人类染色体数目一直引用的是美国细胞遗传学家佩因特（1889～1969）1923 年得出的人类染色体数是 48 条的结论。随后，48 这个数字就逐渐奠定了它在整个细胞遗传学界长达 30 多年无人质疑的统治地位，即便是 1950 年以后随着实验技术的改进，已经有部分科学工作者在实践中不止一次观察到与佩因特的结论不一致的染色体数，却没人能将观察结果公开发表，提出质疑。虽然观察到不同的结果，但他们都没有打算去推翻那个根深蒂固、大家都认同的权威结论。在科学权威和科学证据面前，人们选择继续相信前者。似乎每一位科学家，面对整个细胞遗传学界，或者面对佩因特这样的科学权威，集体缺乏质疑的动力，丧失了质疑的勇气，最终选择了集体沉默。直到蒋有兴用他科学的真实数据颠覆了这个结论。他共观察了来自 4 个不同人类胚胎组织的细胞，得到了 261 个细胞的染色体数据，几乎所有的观察数据都清楚地表明：人类胚胎细胞染色体为 46 条。获得确切的结果后他毫不犹豫地将结果发表。这一勇敢的壮举预示着旧的错误结论被推翻，新的科学认识被建立，人类细胞遗传学终于翻开了新的一页，蒋有兴因此被誉为人类细胞遗传学的开拓者。

中国的 HGP 始于 1994 年，是在吴旻、强伯勤、陈竺、杨焕明等科学家的倡导下启动的。在国家自然科学基金委员会和 863 计划的支持下，先后启动了“中华民族基因组中若干位点基因结构的研究”和“重大疾病相关基因的定位、克隆、结构与功能研究”。1998 年 3 月，由陈竺院士挂帅成立上海人类基因组中心，10 月改名为中国南方人类基因组中心。同时，决定成立由国家卫生部牵头的若干个中国人类遗传资源保护中心。1999 年，由强伯勤院士牵头在北京先后成立了中国科学院北京人类基因组中心和北方人类基因组中心。1999 年 9 月 1 日在第五次人类基因组测序战略会议上，参与 HGP 的五国一致批准中国成为 HGP 的第六个参与国，承担 3 号染色体短臂约 3000 万个核苷酸的测序任务（约占人类基因组全序列的 1%）。2000 年 4 月，中国科学家圆满地完成该测序任务，中国也就成了 HGP 中唯一一个发展中国家。中国开展基因组研究的实力借此跃居世界前列。

一、HGP 如何实施

从上述分析可见，狭义的 HGP，或者说 HGP 的核心内容是构建 DNA 序列图，其实质就是一个测序计划，即测出我们基因组中所有染色体上各个核苷酸的排列顺序。由于研究工作的难度及全核苷酸序列中隐含巨大且难以读懂的信息，因此有人把这种基因组核苷酸的排序称为“天书”。写出“天书”只是理解人类自身奥秘的第一步，最重要的是读懂、解析“天书”中所蕴含的无穷信息。

那么，如何测定一条染色体上的核苷酸序列呢？即使是人类很小的染色体，21 号染色体，其序列也有大约 45Mb，当代测序技术是无法一次性从染色体的一端直测到另一端的。在这种情况下，科学家们只得把一条条染色体化整为零，利用各种限制酶（能够识别 DNA 双链上的特异序列并将其切断）把长长的染色体细切成极多的（4 万多个）、相互间部分重叠的、具有界标的 DNA 片段，即构成一些所谓的 DNA 连续克隆系。用得最多的克隆载体是细菌人工染色体（BAC），每个 BAC 可以插入 100kb 多的 DNA。然后把这些克隆一个个挑选出来后再进行亚克隆（切成更小的片段），这些亚克隆就可以测序了。这样当我们依次分别测出这些重叠片段的序列后再将它们依据重叠的部分连接起来，就可以重新组合成忠实于原来染色体生命信息的核苷酸序列，这就叫作图。实际上这就是物理作图法（图 8.40），也是六国 HGP 所采取的测序策略。

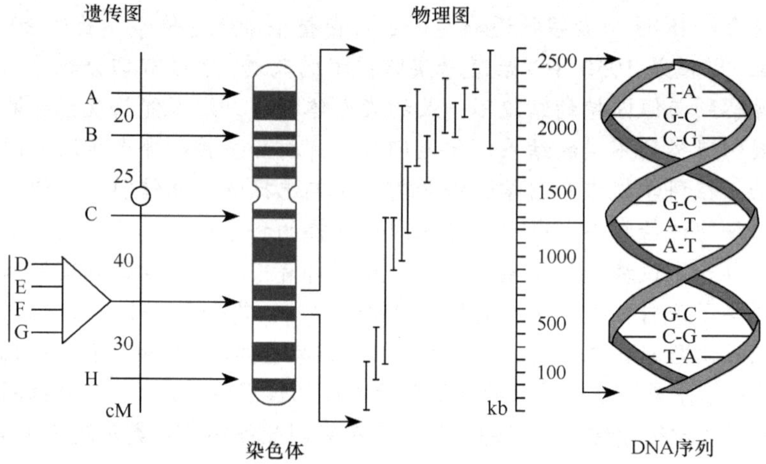

图 8.40　遗传和物理作图、测序

美国私营赛莱拉（Celera）公司采用“全基因组鸟枪法”，即直接将各染色体分解成随机小片段并立即进行测序，然后利用超级计算机对已测出的部分重叠序列进行首尾连接和组装，研究进展很快，仅用 3 年，到 2001 年就赶上了六国 HGP，基本完成人类基因组的测序工作。

此外，HGP 还利用遗传学作图，即借助遗传学的各种标记来确定 DNA 片段间的相对距离。

二、人类基因组所取得的成就

HGP 完成图显示，人类基因组有 31.647 亿个碱基对。庞大的人类基因组似乎只包含 2 万～2.5 万个基因，大大少于此前估计，只比果蝇多大约 1.3 万个基因；基因在染色体上不均匀分布，有些区域基因较密集，还有大片的染色体区段像“荒漠”，基因很少；35.3%的基因组包含重复的序列；不同种族的个人 99.99%的基因是相同的，人与人之间的变异仅约为万分之一，并不比同一种族不同个体之间基因的差异大。

我国科学家 2007 年 10 月 11 日宣布，已经绘制完成第一个完整中国人基因组图谱（又称“炎黄一号”），这也是第一个亚洲人全基因序列图谱。该项目是我国科学家继承担国际 HGP1%任务、国际人类单体型图谱 10%任务后，用新一代测序技术独立完成的 100%中国人基因组图谱。这项里程碑式的科学成果，对中国乃至亚洲人的 DNA、隐性致病基因和流行病预测等领域的研究具有重要作用。

2022 年，《科学》杂志同时发表了 6 篇文章，并以封面形式介绍了 HGP 的最新成果。这也是时隔 20 多年后 HGP 的全新里程碑：一份更完整的人类基因组。20 多年前完成的 HGP，其实遗漏了大约 8%的 DNA 序列。这些遗漏的部分，主要是 DNA 序列高度重复的染色体中间部分的着丝粒、末端的端粒（在很大程度上之前被视为垃圾）。20 多年来，研究人员认为，这些区域可能在进化和疾病中发挥关键作用。在这次发表的最新成果中，由大约 100 名科学家组成的团队首次完成了对整个人类基因组的完整测序，并将完整结果发表在《科学》杂志上。完成完整的人类基因组测序是一项重要科学成就，为了解人类 DNA 提供了首个全面视角。这些最基本的信息将增进对人类基因组所有细微功能差别的了解，促进对人类疾病的基因研究。

人类基因组测序是理解人类疾病、健康和进化的关键。通过将个体基因序列与参考基因组进行比对，科学家可以找到与疾病相关的基因，进而为个体提供更精准的诊断和治疗方案。随着测序技术的突飞猛进和测序成本的直线下降，在不久的将来，许多人将可能人手一份“基因身份证”，里面记录了只属于自己的遗传信息。特别是某些遗传病缺陷会被及早发现、及早治疗，祖辈许多不幸的遗传病将因此而不会在自己身上重演。未来有了临床基因测序技术后，我们可能要先做个基因常规检测，把最主要的遗传信息与疾病的关系、药物的禁忌都先了解清楚，医生再对症下药。因此，基因组测序将对整个人类，尤其是对了解我们自身的健康起到非常重要的作用。

小　结

经典遗传学包括分离定律、自由组合定律和连锁与交换定律三条基本定律。分离定律指出，如果以含有一对显隐性等位基因的同种亲本进行杂交，它们的 F_1 代将只出现一种显性性状。若让这些 F_1 代自交，F_2 代可见显性和隐性两种性状，它们的数量比为 3∶1。如果两对显隐性等位基因不分布在同一对同源染色体上，含有这两对基因的亲本杂交后，它们的 F_1 代虽然也都是只见显性性状，但自交 F_2 代都可见 9∶3∶3∶1 四种性状的分离，即 $(3:1)^2$。这就是自由组合定律。反之，一旦两对或两对以上等位基因位于同一对同源染色体上，它们的遗传行为就不符合自由组合定律而服从于连锁与交换定律。染色体互换率的高低取决于被测试基因在染色体上线性距离的远近。

不少生物的性别决定与性染色体类型有关，但也有些生物由环境或受精与否决定性别。对人及其他的 XY 体制决定性别的生物而言，X 染色体上的基因往往出现交叉遗传的现象，即父传女、母传子，这叫作伴性遗传。Y 染色体只传男性，叫作限雄遗传。

基因是具有特定核苷酸序列的 DNA 区段，是储存某种遗传信息的功能单位。基因一般由启动子，转录区（基因编码区）和终止子三部分组成。真核基因中大多还有不编密码的间隔区——内含子。mRNA 的编码区中，每 3 个核苷酸决定多肽链上的一个氨基酸，这 3 个核苷酸叫作一个密码子。密码子有简并现象。密码子全生物界通用。

染色体的畸变包括重复、缺失、倒位和易位四种。基因突变有碱基置换（包括转换和颠换）和移码突变两类。它们都可能造成严重的甚至是致死的生物学效应，但它同时也是产生新基因、推动生物进化的源泉之一。

实施基因工程首先得获取目的基因，然后将目的基因与适当载体连接构成重组载体，将后者导入受体细胞中，让目的基因在受体细胞（组织、个体）中表达，获得转基因生物（细菌、真菌、动物和植物）。最后还需从 DNA 和蛋白质等多角度验证转基因是否成功。

转基因植物是农作物改良的重要途径，在推广应用前应经国家主管部门的严格审定。对转基因植物的过分苛求是没有必要的。

狭义的人类基因组计划就是测定人类各条染色体中各个核苷酸的排列顺序，查出其中的功能基因。该测序计划已经完成，功能基因的确定还在进行中。

复习思考题

1．什么是分离定律？它与自由组合定律有何异同点？

2．为什么位于一对同源染以体上的 2 个基因在生物形成配子时不能自由组合？

3．为什么说伴性遗传不等于性状伴随着性别遗传？

4．染色体畸变有哪几种？

5．基因突变包括哪两类？哪些因素能引起基因突变？

6．基因是什么？原核基因和真核基因的特点各是什么？

7．什么是密码子？起始符和终止符各有什么意义？

8．开展基因工程一般要经过哪几个阶段？

9．基因治疗可以从根源上治疗疾病，请从你了解该技术的进展谈谈基因治疗遇到哪些困难，还需要解决哪些技术上的瓶颈？

10．试对转基因植物的利弊做出你的分析。

11．人类基因组计划的主要内容是什么？你认为该计划有何重大意义？

12．举例说明我国的转基因产品获得了哪些突破和成就，根据你所掌握的知识谈谈你对转基因产品安全性的评价。

13．虽然孟德尔于 1865 年充分利用生物学和数学统计知识，以豌豆为研究对象发现了遗传学上重要的分离规律和自由组合规律，但直到 1900 年才最终被三位科学家从不同方面给予证实。你从这个漫长的历史进程中可以得到什么启发？

第九章 生命体的多样性

提要 本章简要介绍林奈双名法命名原则及生物分类法研究进展，同时概述了生物分类的“三域学说”、四界系统及各界生物的主要特征和重要类群。

第一节 生物分类与物种命名法

五彩缤纷的生物界自古以来就是与人类关系最密切的大自然的组成部分。认识生物、栽培植物、捕猎和驯养动物逐渐成了人类祖先生存的需要。欧洲工业革命后，商贸及人员交往频繁，迫切需要对动植物有个统一的命名法。1735 年，瑞典植物学家林奈出版了《自然系统》一书，建立了以纲、目、属、种为框架的生物分类系统，提出了生物命名的二名法。后人接受了他的二名法，并把生物分类系统扩展为界、门、纲、目、科、属、种 7 级。此外还可在每一级（界除外）之上加超级（super.）或级之下设亚级（sub.）。这就构成了当今世界通用的生物分类系统。

生物命名法规定，每种生物的学名由两个拉丁字或拉丁化的词组成。第一个单词是该种所在属的属名，其第一个字母要大写；第二个单词表示该种的主要特征或产地。在学名之后应写上命名人的姓氏或其缩写。有时种以下，如各种家犬、家鸽、水稻出现某些（个）较显著的特征，这时可在种名之后写上 sub.（亚种）或 var.（变种）字样，然后再加上一个反映它们主要特性的拉丁词即可，此即生物命名的三名法。还应注意的是，学名都应以斜体字打印出，手写时应在学名之下画横线表示，如人的学名 *Homo sapiens* L.，即智人（L.为林奈的缩写）。

生物界沿用至今的分类法基本上以宏观外部特征为分类依据，在此过程中难免受到各种主观因素的干扰。有些生物的外形尽管十分相似，却不是相同物种，如有些鸟类；有的生物个体外形差异颇大，却属于同一物种，如人类。

特别是对于微小的生物，如细菌、单胞动植物及线虫等，这种分类方法几近束手无策。分类学家后来发展了生理生化分类法。他们依据对若干个实验的不同反应，如能否利用乳糖作为唯一碳源进行生长，或者某种生物大分子的含量，命名这些经显微观察依然难以相互区别的生物。虽然生理生化分类法比宏观分类法更深入生命本质，但由于实验者素质及实验条件的波动性，这类实验结果有时难以准确重复，影响了它的可靠性。近年来，分子生物学技术深入到传统的生物分类领域。科学家们通过提取生物的遗传物质 DNA，进行限制性酶切片段长度多态性（RFLP）、随机扩增多态性 DNA（RAPD）、核糖体 DNA 内转录间隔区（ITS）及 16S rDNA（编码 16S 核糖体的 DNA）的研究和分析，已经能在 DNA 水平为区分十分相近的种或亚种提供可重复的依据，开创了分子分类学的新时期。不过，也正是由于上述手段十分精细，很容易让人误入“只见树木不见森林”的迷雾之中不能自拔。事实上，只有将两种以上的检测方法联合运用，才可能真正发现各物种之间的本质差别。

第二节　生 物 界 别

人类对生物的认识随科学的发展步步深入。我国3000多年前出版的《诗经》已将生物分成动物、植物和蕈类三大类。1578年，李时珍的《本草纲目》按植物、动物和人三部分编撰。亚里士多德和林奈都只把生物划分为动物和植物二界。但是有些动物不大活动，如海绵、珊瑚，有些植物却善于游动，如衣藻、盐藻。因此，1866年德国博物学家海克尔（E. H. Haeckel，1834～1919）提出三界系统，把所有单细胞生物和某些多细胞动植物归入一个新的界——原生生物界。随着电子显微镜的发明和应用，科学家们发现，细菌和蓝藻与其他生物的细胞结构差异十分显著。1956年，美国生物学家科普兰（H. F. Copeland，1902～1968）据此发表四界分类体系，将原核生物独立成原核生物界，把海克尔的原生生物界改名为原始有核界，包括多种藻类、原生动物和真菌等类。此外还有后生植物界和后生动物界。把原核生物独立成界是科普兰的一个贡献，但真菌与低等藻类和原生动物相去甚远，同归一界失之偏颇。因此，1969年美国康奈尔大学的魏泰克（R. H. Whittaker，1924～1980）主张把真菌独立成界，提出了五界分类系统，即原核生物界、原生生物界、真菌界、植物界和动物界。尽管魏泰克的五界分类系统目前已经被生物学界广泛接受，不过，魏泰克建议的原生生物界中，囊括了所有的单细胞藻类和原生动物，不尽合理。1974年黎德勒（C. F. Leedle）认为，取消原生生物界，把它们分别归到植物界和动物界将更能反映各类生物的内在联系，即四界系统更为合理（图9.1）。1977年，我国生物学家陈世骧提出一个由三总界构成的六界系统，即无细胞总界（病毒界）、原核生物总界（细菌界和蓝藻界）和真核生物总界（真菌、动物、植物三界），第一次提出了病毒在生物界中的地位。1993年美国伊利诺伊大学的Carl Woese等发现，在原来被称为真细菌的原核生物中，有些生活于极端环境中（如缺氧、高温、高盐）的细菌其细胞结构和某些代谢途径与真细菌大不一样，于是他们在魏泰克的五界分类系统上提出六界学说，即将这些生活于极端环境中的原核生物独立为古细菌界。同时他们还建议在“界”这个生物分类阶元之上新增“域”（domain）这个概念，即所谓“三域学说”（表9.1，图9.2），将原来的“原核生物界”提升为“细菌域”，另立“古细菌域”，所有的真核生物统归“真核生物域”。

表9.1　三域生物重要特征比较

特征	细菌域	古细菌域	真核生物域
细胞壁肽聚糖	有	无	无
膜脂	无分支碳氢化合物	有分支碳氢化合物	无分支碳氢化合物
核膜	无	无	有
膜系构造细胞器	无	无	有
核糖体	70S	70S	80S
操纵子*	有	有	无
内含子**	无	某些基因有	有
RNA聚合酶	一种	数种	三种
蛋白质合成起始氨基酸	甲酰甲硫氨酸	甲硫氨酸	甲硫氨酸
质粒	有	有	少数有
对链霉素和氯霉素的反应	生长受抑制	生长不受抑制	生长不受抑制

* 操纵子是指由操纵基因及紧接着的若干结构基因所组成的功能单位；** 内含子是指基因中的未编码部分

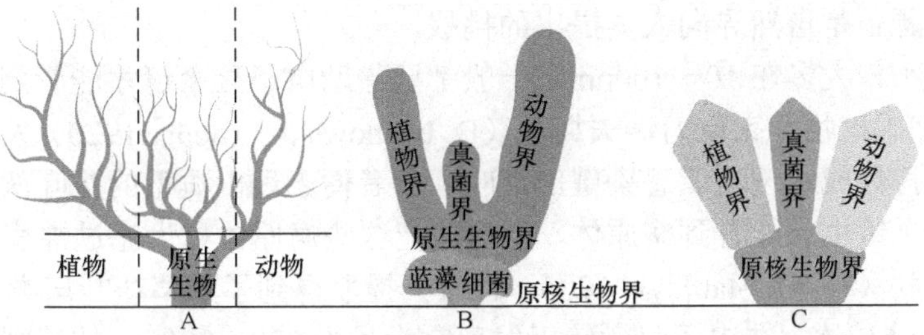

彩图

图 9.1 生物分界图

A. 海克尔的三界系统图；B. 魏泰克的五界系统图；C. 黎德勒的四界系统图

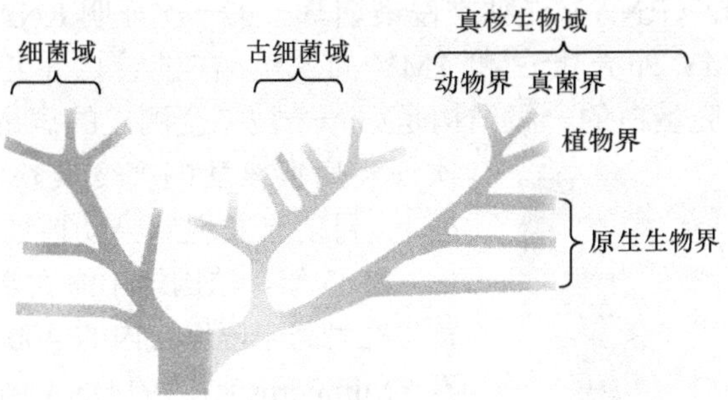

彩图

图 9.2 生物三域学说

从上面的简要回顾可见，生物分类学家对于在最高阶元（界）层面上如何对林林总总 200 多万种生物的区分还存在较大分歧。这是很正常的现象。依笔者之见，由于病毒具有生命体的重要特征（见下节），它们与人类和其他生物的关系十分密切，给它们以正名，另立“病毒界”有其合理之处，不过有关生命的定义将不得不重新修定；极端环境中生存的原始细菌具有十分突出的特征，将它们独立为“古细菌界”是可以成立的；不过魏泰克五界系统中的“原生生物界”把自养单细胞藻类和异养原生动物等同看待，难以苟同，似以舍弃本界为上。这样，把生物界划分为病毒界、原核生物界、古细菌界、真菌界、植物界和动物界六个界可能更符合生物界内各类生物之间的演化关系。随着科学和技术手段的发展，生物界各物种之间的相互关系及其分类体系的研究必然从宏观进入微观。在宏观和微观两类研究手段结合下，更为合理的生物分类系统将能被广大科学工作者所接受。

本章将主要根据黎德勒的四界系统逐界介绍各界的主要特征和主要门类。虽然根据第一章第三节“生物的基本特征”中的讨论，病毒不能完全划入生物的范畴，但病毒毕竟载有与生物一致的遗传密码，能在生物体内繁殖，具有明显的变异性，因此本章还是特设一节专门讨论病毒。

第三节 病毒、类病毒与朊病毒

一、病毒

什么是病毒（virus）？有人说它们是退化了的专性寄生物，有人则认为它们是潜入细胞内生活的原始生命形式，目前更多的人倾向于病毒是细胞的一部分遗传物质的观点。由于它们可能是细胞的一个组分，而且具有生物界通用的遗传密码，因而带有某种意义上的生命气息；但它们缺乏独立的遗传信息库和完整的酶系统，离开了细胞就纯粹是一些化学分子。这种似是而非的问题正是自然界向人类提出的挑战。

病毒十分微小，大多在10～100nm，一般都要借助电子显微镜才能看到它们。最早的病毒是1892年由俄国植物学家伊万诺夫斯基（D. Iwanowski，1864～1920）发现的。他把患烟草花叶病的病叶捣烂成汁过滤后感染健康烟叶，后者便表现出典型的花叶病。但即使用当时最先进的光学显微镜也未能看到病原体，于是他把这些病原体称为滤过性病毒。43年后，美国病毒学家斯坦利（W. M. Stanley，1904～1971）提取得到了烟草花叶病毒（tobacco mosaic virus，TMV）的结晶体，在电子显微镜下发现它为长为200～300nm的规则长棒状。这是人类首次发现病毒的原形。后来，科学家通过研究进一步证实结晶物为核酸与蛋白质所构成的核蛋白，从而揭露了病毒的本质。1939年首次在电子显微镜下看到TMV是杆状颗粒。1956年证明TMV的核糖核酸（RNA）能独立侵染烟草，第一次证明RNA也是遗传信息的载体。20世纪60年代将TMV外壳蛋白和TMV的RNA在试管内重组成完整的、有侵染性的TMV颗粒。TMV外壳蛋白的一级结构是第一个被完全测定的病毒蛋白。利用TMV第一次证实病毒核酸的突变反映在外壳蛋白的氨基酸序列上。目前已发现感染动植物的病毒多达2000余种。

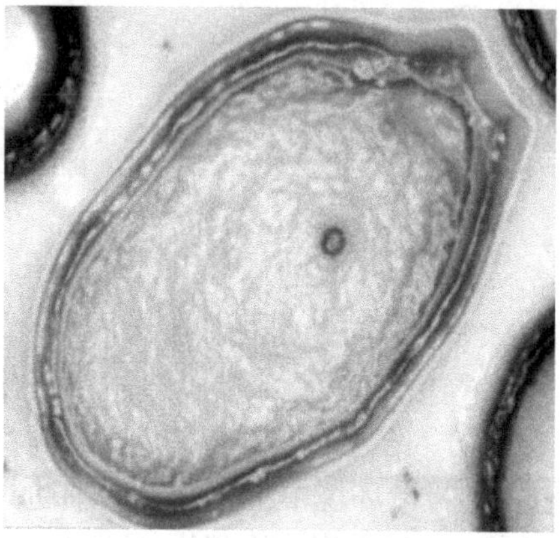

图9.3 潘多拉病毒

2003年，法国地中海大学的微生物学家发现一种寄生在棘阿米巴原虫内的400nm特大病毒——米米病毒（Mimivirus）。它的DNA由80万个碱基对（bp）组成，拥有大约1260个基因。2013年法国科学家Nadège Philippe及其同事报道在智利和澳大利亚找到两种比米米病毒还大2倍多的潘多拉病毒（Pandoravirus）。它们的基因组分别为190万个碱基对及250万个碱基对，其长度大约为1μm，可在普通光学显微镜下观察到（图9.3）。该病毒只有6%的基因与地球上其他生物的基因类似。据统计，自从进入到21世纪之后，人类在北极已融化的冰原中已陆续发现了200多种远古病毒。

病毒没有细胞结构，都是由核酸芯子和蛋白质外鞘构成，其大小、形态和结构也各不相同。一般动物病毒呈球形、卵圆形或砖形。植物病毒多呈杆状或者丝状，少数呈球状。而细菌病毒多为蝌蚪形，也有微球形及丝状（图9.4）。由于病毒为非细胞结构，因此它们的核酸很容易受环境因素，如各种辐射和各类化学物质的诱变。此外，2005年美国宾夕法尼亚州立大学的研究人员报告，他们对1999～2004年在纽约流行的156种流感病毒的基因组进行了分析，发现流感病毒还可以通过遗传重组的方式获取另一种病毒的基因。快速变异的流感病毒使人类的免疫系统难以适从，对它们的疫苗和治疗药物也就随之失去功效，从而引发较大范围的流感流行。近年来禽流感、甲型H1N1流感和新冠病毒感染相继在世界各地发生。尤其是2019年全球暴发的新冠病毒感染造成全球大流行，给全世界人民造成严重的公共卫生灾难，同时对全球经济造成重大影响。

病毒核酸可以是DNA，也可以是RNA；有的是双链，有的为单链。它们的遗传信息一般仅有几个至十几个基因，又缺乏细胞外被，因此它们在生物体（细胞）外不能独立生活，但如果条件合适它们可以像一般的核酸或蛋白质那样长期保存。病毒的侵染通常具有很强的专一性，它们主要是依靠其外鞘上的特殊因子识别特异性细胞的表面蛋白质。一旦侵入寄主细胞后，病毒就表现出遗传、变异、共生、干扰等生命现象。有些“温和”病毒可将其核酸插入

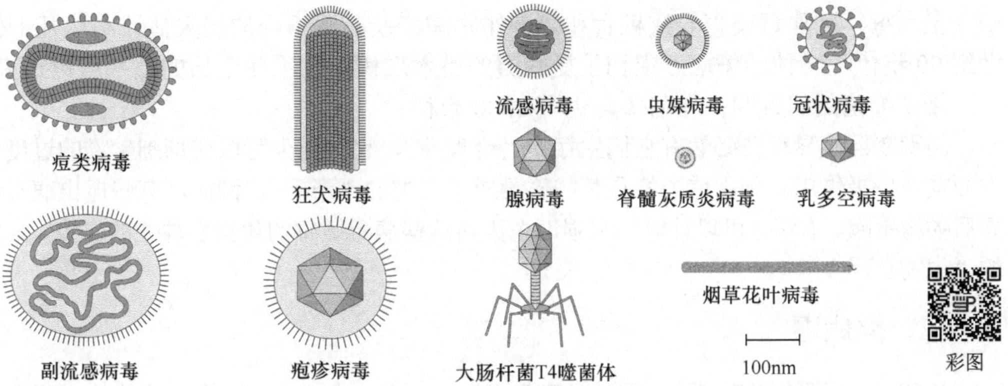

图 9.4　几种病毒的形态结构

宿主细胞的染色体中，随染色体的复制而复制，长期存留在细胞中，如乙型肝炎病毒（HBV）；某些“烈性”病毒将接管宿主细胞的代谢系统，为其生产大量的病毒核酸和蛋白质外壳。经装配后，几十至上百个新一代的病毒又诞生了。此时细胞破裂，释出的病毒又可感染其他细胞。

病毒与人类健康密切相关。历史上，穷凶极恶的天花病毒曾经夺去了数亿人的生命。由于天花疫苗的发明和人类持续不断地大规模坚持免疫接种，1981 年，联合国宣布在全世界范围内自然界中的天花病毒已经被完全根除。艾滋病是一种人类和灵长类动物获得性免疫缺陷型严重疾病，由人类获得性免疫缺陷病毒（HIV）感染引起。2023 年 7 月，联合国艾滋病规划署发布的《2023 全球艾滋病防治进展报告——终结艾滋病之路》报告显示，全球目前有 3900 万 HIV 感染者，其中 2980 万正在接受抗反转录病毒治疗。

病毒增殖过程分为吸附、穿入、合成、装配与释放 4 个阶段。病毒核酸上的基因数有限，不足以独立复制，只有寄生在其他生物的活细胞中才能进行生命活动，从而实现大量繁殖。病毒进入宿主的活细胞后，利用宿主细胞内的代谢系统生成自己的核酸和蛋白质成分，以自我复制的方式进行增殖，即以病毒基因组核酸为模板，在 DNA 或 RNA 多聚酶及其他必要因素作用下合成子代病毒的核酸和蛋白质，再装配成完整病毒颗粒，细胞破裂后释放到细胞外。

科学进展

首次证实 HIV 起源于非洲黑猩猩

美国、法国和英国的科学家组成的科研小组，历时 7 年，深入非洲西部的喀麦隆丛林，采集了 1300 多份野生黑猩猩的粪便样本进行检测。研究发现，个别种群黑猩猩感染猴免疫缺陷病毒（SIV）的现象非常严重，甚至高达 35%，其他种群的黑猩猩可能十分健康，没有一只患病。

科学家们通过研究这些黑猩猩的粪便发现，黑猩猩感染的 SIV 和 HIV 基因高度相似。正是这一突破性的发现令科学家相信，人类感染的 HIV 就是来自这些非洲的野生黑猩猩。人们推测，当年生活在喀麦隆的居民不幸被黑猩猩咬伤或者在宰杀黑猩猩时感染了其体内的 SIV。于是 SIV 在人体内变异、演化成 HIV 并传染给他人，然后再通过人与人之间的接触传播，逐渐扩散到世界各地。为什么 HIV 对人类非常致命，对黑猩猩却问题不大？科学家们希望了解黑猩猩等灵长类动物能够与体内的 SIV 病毒“和平共处”的真相，找到治愈艾滋病的方法。

全国每年因病毒侵害导致粮食和经济作物减产及品质下降的损失估计高达几十亿元。20世纪90年代，一种环斑病毒横扫了夏威夷的番木瓜树，几乎使全岛的番木瓜树毁灭殆尽。

侵染细菌的病毒叫作噬菌体，也有1000余种。

病毒在自然界存在必然有它们生存的“合理性”，它们至少可以在抑制生物的过度生长繁殖方面发挥积极作用。利用这个特点某些病毒成了人类的“帮手”。例如，有些昆虫病毒经大量培养后喷施果园、农田，可以针对性很强地杀灭对这些病毒敏感的危害农林业的昆虫，成为环保型的“生物农药”。

二、类病毒

1969年，美国植物病毒学家迪纳(T. O. Diener)发现了另一类结构更简单的类病毒(viroid)。它们仅是一些RNA分子，无蛋白质等组成的外鞘，目前最小的病毒比它大近百倍。例如，造成马铃薯严重减产的纺锤块茎类病毒，只是一个由359个核苷酸组成的环形RNA分子。它们都严格寄生，能引起寄主生病或死亡。目前还只发现植物有类病毒寄生，有十几种。

三、朊病毒

1985年4月，英国某农场有些牛出现一些奇怪的病症，恐惧不安，对触摸、光照、声音等反应过敏，具攻击性，肌肉震颤、运动失调等，并通常在发病半年至1年内死亡。解剖发现，病牛的大脑呈海绵状空泡变性，遂被科学家命名为海绵状脑病，俗称“疯牛病”。人吃病牛肉也可能患病死亡。科学家最后终于搞清楚了，其病原是一种被称为朊病毒（prion）的只含蛋白质、没有核酸的分子。这种病毒没有核酸还能传染，有悖于遗传信息存在于核酸的传统理论。朊病毒如何遗传？它们又是怎样使人和动物感染？科学家大惑不解。1997年，美国科学家斯坦利·普鲁西纳（S. B. Prusiner，1942～）因发现朊病毒的本质和传染原理而荣获诺贝尔生理学或医学奖。

200多年前，人们就发现有些羊患一种“羊瘙痒病”，病羊出现兴奋、瘙痒和瘫痪等症状，最后病死。20世纪20年代，由Creutzfeldt和Jokob两位神经病理学家首先描述和报道了被称为“早老性痴呆”的克-雅病，其临床症状包括肌肉震颤和广泛的大脑机能障碍。1957年，美国国立卫生研究院的盖达塞克（Gajdusek）等首先发现在大洋洲巴布亚新几内亚的一个叫Fore的部落里，许多妇女和儿童由于宗教习俗在吮食死者大脑5～30年后，出现了震颤、发音障碍、失语直至完全不能运动等症，不到一年即死亡。此病被称为“库鲁（Kuru）病”。这些病的症状都彼此类似。科学家为寻找其病原体进行了长达几十年的不懈努力。

首先，这些病是不是传染病？1965年，盖达塞克等将库鲁病患者的脑组织悬液接种至大猩猩脑内，大约20个月之后，大猩猩出现了和库鲁病患者一样的症状，初步证实库鲁病是由传染性的致病因子引起的。按常理推论，致病因子或许为病毒、细菌或真菌。但即使在电子显微镜下也看不见病毒颗粒或其衣壳和核酸芯子。那么，这个神秘的致病因子到底是什么？

随后，英国放射生物学家阿尔卑斯（T. Alpers）用能破坏DNA和RNA的射线处理病羊的感染组织，发现其仍然保留感染性。因此他大胆推测“羊瘙痒病”的致病因子可能是一种蛋白质，没有核酸。可惜的是，由于这一假说违背了当时普遍认为的病原体需要有自身的DNA或RNA的常识，因而被搁置一边，无人问津。

1974年，普鲁西纳开始使用多种核酸酶（专一降解DNA的酶）处理患“羊瘙痒病”的病变脑组织，均不能降低其感染力。难道该病原体是RNA病毒吗？羟胺是一种与RNA高度亲和的化合物，能灭活许多动植物病毒和噬菌体，但是即使羟胺浓度高达 0.5mol/L 也不能改变“羊瘙痒病”病原体的感染能力。虽然一定浓度的 Zn^{2+} 能将 RNA 完全降解为单核苷酸，也能在相当程度上降解 DNA，但却不能使“羊瘙痒病”病原体丧失感染能力。此外，“羊瘙痒病”病原体还对紫外线辐射、电离辐射、超声波等因素表现出非凡的耐受力。总之，用多种破坏核酸的药物或因子处理“羊瘙痒病”病原体，结果都为阴性。相反，如果使用影响蛋白质的药物或因素（如蛋白酶和蛋白质变性剂等）处理，均能减弱或灭活该病原体的感染能力。

根据大量的实验结果，普鲁西纳等认定，人的克-雅病与“羊瘙痒病”类似，是同一种病原体所致。这种病原体的本质是蛋白质，只有 30～50nm 大小。为了把它与细菌、病毒等已知病原体区别开来，他们将这种蛋白质致病因子命名为 prion。

研究表明，朊病毒和一般病毒一样具有遗传性和侵染性。朊病毒蛋白是由动物细胞的正常基因编码。在人类该基因称为 *Prn-p*，位于 20 号染色体短臂上。在正常情况下该基因表达的朊蛋白称为细胞朊粒蛋白（PrPc），不具致病性。致病性朊病毒蛋白是正常朊蛋白的异构体，称羊瘙痒病朊粒蛋白 PrPsc，两者的差别在于它们的构象差异（第二章第二节）。正常 PrPc 的 α 螺旋为 42%，β 折叠仅为 3%，而致病性 PrPsc 的 α 螺旋为 30%，β 折叠高达 43%。可见，PrPsc 是 PrPc 发生蛋白质错误折叠，一些 α 螺旋变构为 β 折叠，三维构象发生变化所致。

朊病毒的增殖是一个自我催化、指数式增长的过程。首先一个 PrPsc 与一个 PrPc 结合，形成杂合二聚体，然后 PrPsc 以自身为模板，将 PrPc 转变成 PrPsc；这 2 个 PrPsc 又可以去结合 2 个 PrPc，形成 4 个 PrPsc。周而复始，产生愈来愈多的可致病 PrPsc。

人的朊病毒病有库鲁病、克-雅病（也有人称为早老性痴呆）、睡眠窒息综合征、格斯特曼综合征（又称脑软化病）。

动物的朊病毒病有以下几种：牛海绵状脑病、紫貂脑病、猫海绵状脑病、羊瘙痒病、大耳鹿慢性消耗病、雪貂白质脑病等。

第四节　原核生物界

原核生物（prokaryote）包括细菌、放线菌、蓝藻（蓝细菌）和原绿藻四大类。它们都由原核细胞（第三章第二节）构成，绝大多数为单细胞生物，以一分为二的无丝分裂方式进行细胞分裂。它们是生物界的最低级类型。证据表明，地球上第一批出现的生物为原核生物。

一、细菌

1683 年，列文虎克用自制的简单显微镜首先发现了细菌（bacteria）。从形态上，细菌可分为球形、杆形和螺旋形（弧形）三种类型（图 9.5）。细菌的种类很多，已知的种类已超过 1500 种，实际数目远不止于此。

细菌很小，都是单细胞生物，大多为 1～10μm（图 9.6），仅有个别例外。例如，1999 年，德国海德·舒尔茨在靠近纳米比亚海岸的海床沉积物中找到了一种以硝酸盐来氧化硫化物的巨型细菌——纳米比亚嗜硫珠菌（*Thiomargarita namibiensis*）（图 9.7）。这些菌的大小为 100～750μm，长成串珠状，肉眼清晰可见。2022 年，美国劳伦斯伯克利国家实验室等机构组成的研究小组在位于加勒比海的法属海外省瓜德罗普一处红树林中，发现了最大长度可达 2cm 的巨大细菌——华丽硫珠菌（图 9.8）。通常细菌的长度只有 1/500mm 左右，但该细菌

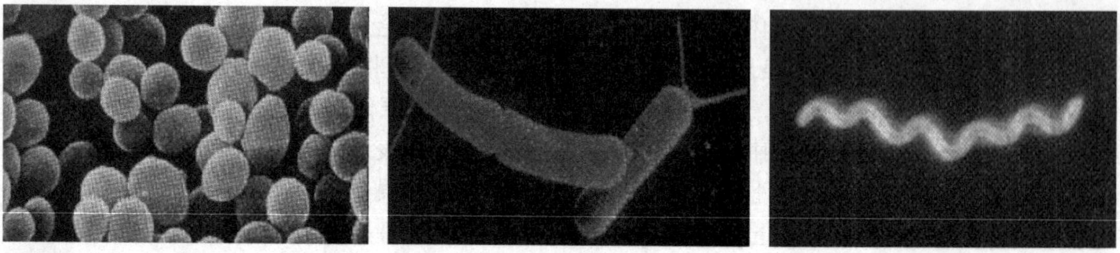

球菌　　杆菌　　螺旋菌

彩图

图 9.5　三种形态的细菌

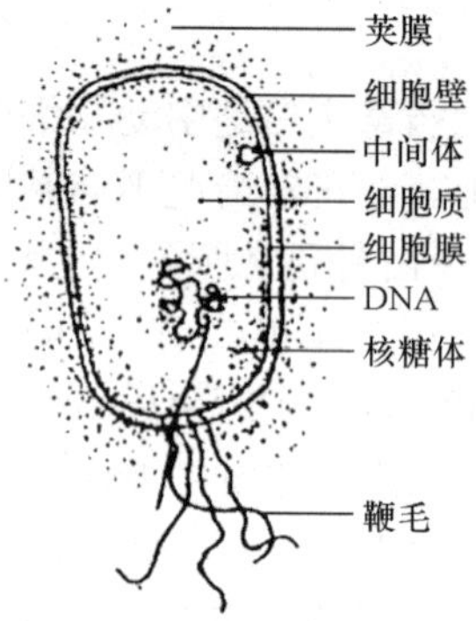

图 9.6　细菌

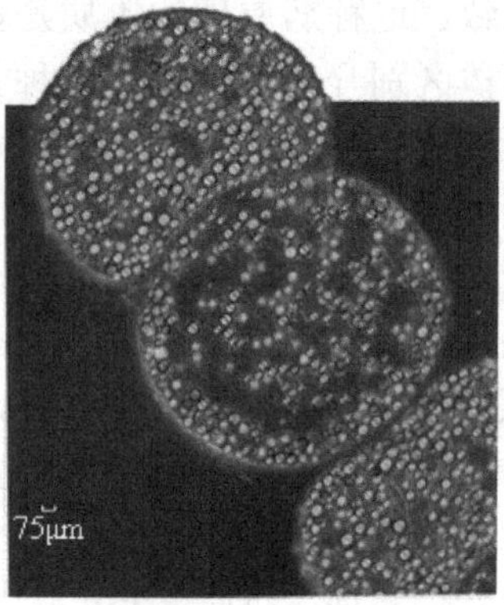

彩图

图 9.7　“纳米比亚嗜硫珠菌”的巨型细菌

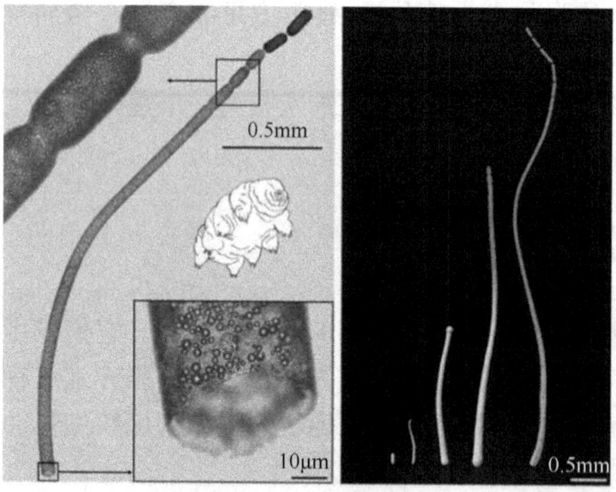

图 9.8　华丽硫珠菌

却肉眼可见，形状和长度与人类睫毛相似，是目前已知“个头”最大的细菌。该团队表示，这一发现“颠覆了传统的细菌概念”。对这一生物进行了基因测序，发现它们有 1100 万个碱基，包括 11 000 个能够清晰区分的基因。而普通细菌平均只有 400 万个碱基和 3900 个基因。

细菌的细胞膜外都有一层主要由肽聚糖（革兰氏阳性菌）或脂多糖（革兰氏阴性菌）构成的坚韧细胞壁。细胞膜上有 1 至数个内凹细胞膜小囊叫作中间体，是细菌进行氧化磷酸化产生能量的小区。细胞质中散布着众多的 70S 核糖体（S 是物质在离心场中的沉降系数，通常颗粒越大，在离心场中沉降越快），是细菌合成蛋白质的场所。细菌没有细胞核，只有由一条首尾相连不与蛋白质结合的 DNA 形成的核区。1999 年，以色列科学家发现，当细菌处于恶劣的环境时，原有裸露悬浮于细胞质中的环状 DNA 能够和一种被称为 Dps 的蛋白质紧密结合，DNA 转变成晶体结构，从而有效地保护自己遗传信息的稳定性。有的细菌在胞外还有荚膜或鞭毛，前者主营养、保护作用，后者司运动。有些细菌逢逆境时还能在胞内生成细胞壁极厚的芽孢，以渡过难关。由于裸露于细胞质的单倍 DNA 易受内外因素的影响产生各种突变，以及上述种种保护机制，细菌几乎是无孔不入，能适应各种环境也就不足为奇了。

细菌的分布范围很广，不少细菌具有耐受极端恶劣自然环境的特殊能力。无论是在几十千米的高空还是在 11km 深的洋底，不管是在地球最寒冷的南极，与世隔绝百万年之久、厚达 3600m 的南极冰川之下，还是在水深 2500m、水温 300℃以上的海底排硫热泉口，都能发现各种细菌的踪迹。

绝大多数细菌行化能异养代谢，即它们从有机物的分解（降解）获得能量和碳、氮源。仅有极少细菌进行光能异养（以阳光为能源从有机物的降解获得能量和碳、氮源）、化能自养（以氧化无机物获得能量并自己制备有机物）和光能自养（以阳光为能源合成自身所需的有机物）。

有些细菌，尤其是革兰氏阳性菌（经结晶紫等染色呈蓝紫色的细菌）的细胞壁含有大量的肽聚糖等生物高聚物，其分子中含有螯合能力很强的羟基和乙酰胺基，能与金、钴、铀、铅、铬等重金属形成稳定的螯合物，从而能十分有效地从环境中富集各种金属，在探矿、生物冶金及污水治理等方面正在发挥越来越大的作用。

还有一些原核生物比细菌更小、更简单，介于细菌和病毒之间，包括支原体、衣原体和立克次氏体。它们基因组小，代谢系统不完整，主要营胞内寄生，甚至是专性寄生，对其他生物包括人类构成威胁，乃至危及生命。它们染色为革兰氏阴性。

1．支原体　支原体直径仅有 150～300nm，约为细菌的 1/10，光学显微镜下勉强可见，可以通过细菌滤器。细胞膜因含甾醇而显得更坚韧。无细胞壁，形态易变，对渗透压敏感。对青霉素（抑制细胞壁合成）不敏感，对四环素、红霉素（抑制蛋白质合成）和两性霉素、制霉菌素（破坏含甾醇的细胞膜）很敏感。支原体是能在无生命培养基中在有氧或无氧条件下生长繁殖的最小细胞，以二分裂和出芽等方式繁殖。菌落小，直径 0.1～1.0mm。

多数支原体由于营寄生生活而成为不少生物，包括人的病原体。人被支原体感染大多表现为呼吸道或泌尿道病征。症状有发热、头痛、咽痛、咳嗽、流涕和乏力，或尿急、尿频、排尿刺痛，女性子宫颈疾患等。

支原体的传播途径包括：直接接触（飞沫、口鼻分泌物、人体接触），性接触，母婴传播，间接接触传播等。

2．衣原体　衣原体是一类在真核细胞内营专性寄生的小型革兰氏染色阴性原核生物。曾长期被误为是“大型病毒”。直至 1956 年，我国著名微生物学家汤飞凡（1897～1958）等从人类沙眼中首次分离到病原体后才证实它是一种独特的原核生物。衣原体有基本的细胞结构，有细胞壁，但壁上缺肽聚糖。缺乏产能酶系，只能依靠宿主细胞供能。以二分裂或出芽的方式繁殖。对阿奇霉素、左氧氟沙星等药物敏感。能用鸡胚卵黄囊膜、小白鼠腹腔等活体培养。在无菌培养基中呈多形性生长，包括球形、杆状及丝状等多种形态。

衣原体包括肺炎衣原体、沙眼衣原体、鹦鹉热衣原体与家畜衣原体 4 种。

衣原体传播的途径与支原体类似，包括直接传播（飞沫传播）、间接传播（接触到被感染者使用过的物品，如毛巾、衣物等）、性接触传播、母婴垂直传播和医源性传播。

3．立克次氏体　立克次氏体是美国医生立克次（H. T. Ricketts，1871～1910）于 1909 年在研究落基山斑疹伤寒时首次发现的。不幸的是第二年他即被该病原菌夺去生命，后人遂以他的姓命名。立克次氏体专性寄生于真核细胞内。它与支原体的区别在于有细胞壁、不能独立生活，与衣原体的区别在于细胞较大，细胞大小为（0.3～0.6）μm×（0.8～2.0）μm，光学显微镜下明显可见，不能通过细菌过滤器。存在不完整的产能代谢系统。以二分裂方式进行繁殖，大多数不能用人工培养基培养，须用鸡胚、敏感动物及动物组织细胞来培养。均在真核细胞内营专性寄生，宿主一般为虱、蚤等节肢动物，并可传至人或其他脊椎动物。

立克次氏体可引起人与动物患多种疾病，如立氏立克次氏体可引起人类患落基山斑点热、普氏立克次氏体可引起人类患流行性斑疹伤寒、穆氏立克次氏体可引起人类患地方性斑疹伤寒、伯氏考克斯氏体可引起人类患 Q 热、恙虫热立克次氏体可引起人类患恙虫热等。

立克次氏体对一般消毒剂及四环素、氯霉素、红霉素和青霉素等抗生素敏感。

二、放线菌

放线菌（actinomyces）无真正细胞核。多数放线菌长成纤细菌丝状，无细胞分隔，可分为基内菌丝（长在营养物或培养基内）和气生菌丝（长在空中）两部分（图 9.9）。由于在琼脂培养基上长成较密实的向各方生长的小菌落而得名。往往在气生菌丝末端分化产生各种类型的孢子。随着孢子的扩散，放线菌随处飘散，广泛分布于肥沃的土壤中，腐生，在自然界物质循环中扮演重要角色。有相当多的放线菌能合成一些次级代谢物——抗生素，如青霉素、庆大霉素、链霉素、金霉素等。现在临床使用的抗生素中，2/3 以上为放线菌产生。目前仍有不少国家还在投入大量人力、财力从各种较特殊的环境，如海底滩涂中分离放线菌，筛选抗菌、抗肿瘤抗生素及其他生物活性物质。对已知放线菌的遗传改造工作也在积极进行中。

彩图

图 9.9　放线菌

遗憾的是，许多医生并不遵循“最小有效剂量、最短必须疗程”的抗生素使用原则，不是首选对致病菌有效的窄谱抗菌药物，而是青睐各种广谱抗菌药，甚至多种抗生素联用。据不完全统计，我国医院内抗生素的使用率高达 67%～82%，而世界卫生组织推荐的医院内抗生素使用率仅为 30%。实际上，各种抗生素都有其特定的作用对象。滥用抗生素不仅浪费了大量钱财，而且客观上筛选出了经自发突变产生的越来越多的“强悍”对手——耐药菌。人体内有些器官中栖居着一些固有菌群，与人体相安无事，甚至有益，能阻止病原菌的侵染。如果滥用抗生素，则会使正常菌群失调，病原菌趁机“兴风作浪”，发生所谓“内源性感染”。

三、蓝藻

蓝藻（cyanophyta）是原核单胞或多胞藻。蓝藻细胞中除含有叶绿素 a 和类胡萝卜素外，还有藻蓝素，因此以前也叫作蓝绿藻，但蓝藻缺叶绿素 b。部分蓝藻还有藻红素。蓝藻细胞内还未出现叶绿体，它们以较原始的类囊体（两片光合片层叠合而成）进行光合放氧代谢（图 9.10）。有些多胞蓝藻，如项圈藻和念珠藻已分化出专司固氮作用的异形细胞。因此即使在十分贫瘠的地方，如岩石表面，只要有水分，蓝藻就能生长。由于蓝藻裸露环状的 DNA 构成，70S 的核糖体及细胞壁组成等都与细菌类似，因此不少科学家也把蓝藻称为蓝细菌（cyanobacteria）。

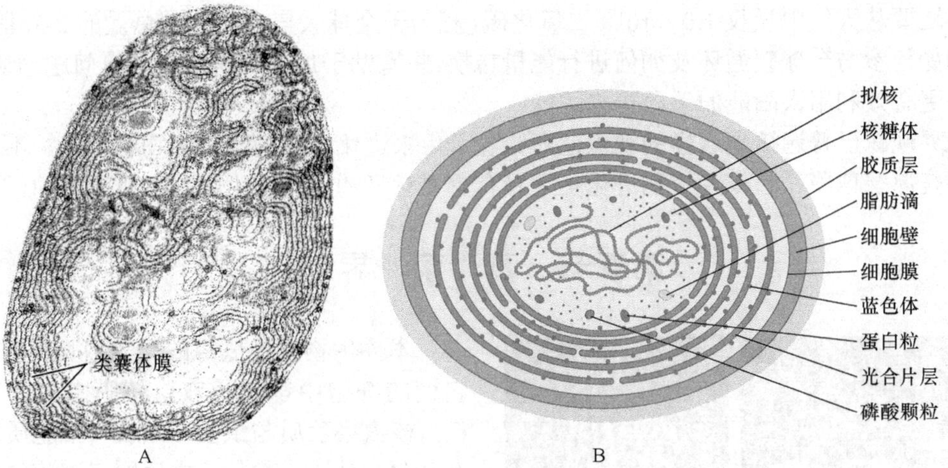

彩图

图 9.10　蓝藻（蓝细菌）

A．蓝藻细胞透射电镜照片；B．蓝藻细胞模式图

螺旋藻是一种较大型多胞蓝藻，其蛋白质含量可高达藻干重的 55%～70%（表 9.2），且人类所需氨基酸成分齐全。虽然螺旋藻在地球上已生存 35 亿年之久，被非洲、南美洲当地一些居民食用也有近千年的历史，但由于培养、加工技术及商业利益等方面的限制，其作为优质食品和药物资源的价值一直未能得到广泛关注。直到 20 世纪 70 年代，全球范围内的人口和粮食危机日益加剧，螺旋藻才又以其极高的营养价值和独特的医疗保健功能，逐渐受到世界许多国家和国际组织的重视。世界卫生组织称螺旋藻为“21 世纪最理想保健品”；1993 年，在摩洛哥召开的首次世界螺旋藻大会上，螺旋藻被一致公认为“人类最佳保健食品”。

表 9.2　螺旋藻的主要组成成分

成分	蛋白质	碳水化合物	脂类	矿物质	水分
含量/%	55～70	15～25	5	7	3

四、原绿球藻

1975 年，美国藻类学家勒温（R. Lewin）在墨西哥的下加利福尼亚发现一种生长在复海鞘上的含叶绿素 a 和叶绿素 b 的原核藻类，即原绿球藻（Prochlorophyta）。我国资深藻类学家曾呈奎院士等 1980 年 3 月在西沙永兴岛的一种黏性动物上也发现了原绿球藻。厦门大学焦念志院士等对东海进行了大范围采样，并以流式细胞仪进行研究发现，原绿球藻在东海大量存在。每毫升海水中的原绿球藻多达 1 亿个。这是一种翠绿色单细胞绿藻，直径 8～12μm，无细胞核、线粒体、叶绿体等膜系构造细胞器，只有不结合蛋白质的 DNA、70S 核糖体和单条状或垛叠状的类囊体。英国和美国的科学家发现，原绿球藻仅有约 170 万个碱基对，构成约 1700 个基因；原绿球藻具有与植物界完全一致的光合色素。不仅含有叶绿素 a，还有叶绿素 b 和 β-胡萝卜素，不含藻蓝素，叶绿素 a 和叶绿素 b 的平均比值为 5.6～6.0，约是其他绿藻类的 2 倍。它们原生质体明显地分为两部分：无色的中央区和翠绿色的周围区。以一分为二的无性繁殖方式进行增殖。

尽管原绿球藻非常小，但它们在海洋上层随海浪浮动，承担了海洋中近一半的光合作用。在海洋生态系统的光合作用、碳循环及食物链中扮演着举足轻重的角色。原绿球藻放出大量的氧气，为地球大气层的氧气含量做出了重要贡献，也为许多生物的生存提供了重要保证。

它们每年还要从大气中吸收 1.0×10^{10}t 二氧化碳，相当于全球大气二氧化碳总量的 2/3。因此，搞清它们如何参与全球碳循环及如何进行能量转换，将有助于加深对全球变暖等问题的认识，并为寻找更有效利用太阳能的手段带来可能。

科学界现在已普遍接受这样的观点，即绿藻及后来进化产生的陆生植物的祖先，不是蓝藻而应该是原绿球藻。它作为植物进化史上具有重要意义的代表性生物是毋庸置疑的。

第五节 真 菌 界

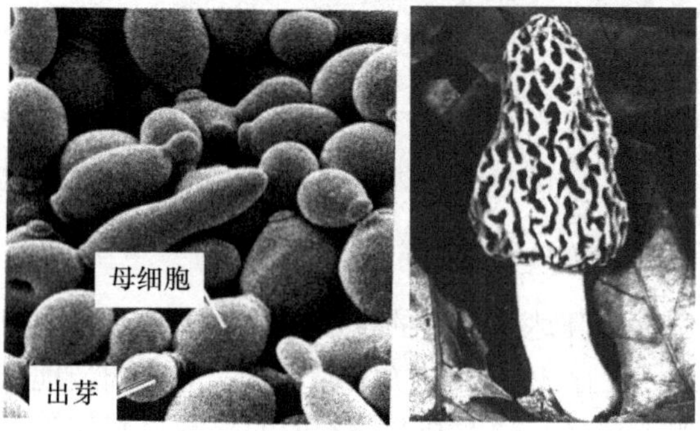

A B

图 9.11 两类真菌

A．单细胞酵母的扫描电镜照片；B．菌丝编织成的大型真菌

本界生物都是低等的异养型真核生物。它们的细胞中都有由双层核膜围成的细胞核，核内染色质与组蛋白结合，细胞质内还有高尔基体、线粒体、内质网、溶酶体等复杂的膜系构造细胞器。多数真菌（fungus）由多细胞的菌丝编织而成，细胞间只有简单分化，如香菇、蘑菇、木耳等；少数真菌为单细胞生物，如各种酵母菌（图 9.11）。除黏菌以外，真菌一般都具有以几丁质为主要成分的细胞壁。真菌的生活方式可分为腐生和寄生两种。无论哪种方式，它们都必须向胞外（体外）分泌大量的多种水解酶，把大分子有机物分解，方可获得营养。我们的祖先早已利用它们的这些特点制酱、酿酒做腐乳。近 20 年来，我国农民在专家等的指导下，利用农村大量的林木野草及农作物秸秆等下脚料，成功大规模培养了多种食用及药用真菌，甚至已达到了一年四季常年工业化、集约化的高水平生产。这不仅丰富了国内市场，而且还远销欧、美、日、东南亚等国家和地区，取得了很可观的经济效益。世界食用菌看中国，中国食用菌看古田。福建古田县已经成了名副其实的食用菌生产大县。

青霉素（真菌青霉菌产生）被发现 100 年来，由于其强有力的广谱抗菌作用，拯救了无数人的生命。

真菌有无性繁殖与有性生殖两种方式，以无性孢子繁殖为主，有性生殖为辅（图 9.12）。

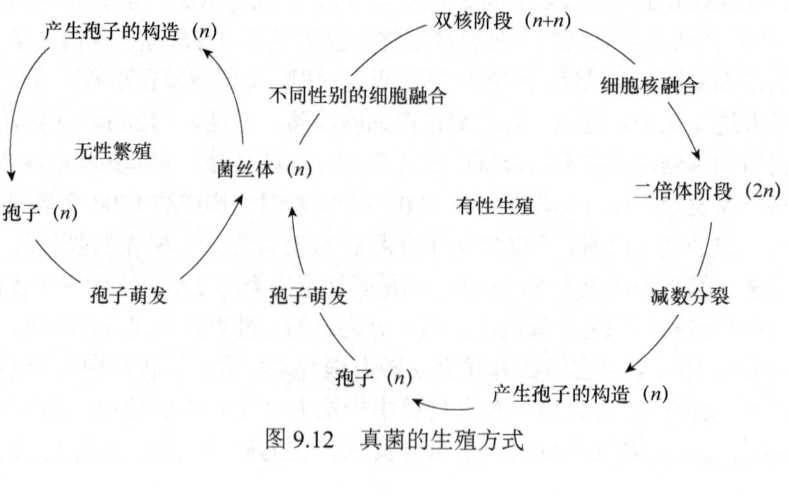

图 9.12 真菌的生殖方式

有些真菌的有性生殖一直未被发现，人们称它们为半知菌类。真菌能十分有效地分解多种有机物，在自然界中充当重要的分解者角色。正是由于它们的作用，大大加快了物质循环的速率，在茂密的原始森林和广袤的大草原尤其是这样。不过，真菌也是造成人类食物霉变，甚至直接侵染人身的重要病原体之一。白念珠菌是引发老年人肺炎的元凶，脚癣更是令人叫苦不迭。80%的植物病害也是真菌造成的。

第六节　植　物　界

植物界（Plantae）包括藻类植物、苔藓植物、蕨类植物和种子植物四大类群。它们的共同点是：真核细胞，具纤维素为主要成分的细胞壁，质地较坚韧；叶绿体的类囊体上含有叶绿素 a、叶绿素 b（硅藻、褐藻除外）、类胡萝卜素等光合作用色素，行光合自养生活；缺乏感觉器官、神经系统和运动器官，大多不能运动。各类植物连同蓝藻（原核生物）一起，将太阳光的能量通过光合作用转化为化学键的键能，为地球上所有异养生物提供了生存的能源。因此可以将植物称为生物圈的原始生产者。

一、藻类植物

藻类植物包括绿藻、金藻、红藻、褐藻、裸藻、甲藻、硅藻（图 9.13）等门类。藻类为单细胞或多细胞群体，没有根、茎、叶的分化，生长不经胚胎发育过程。繁殖以细胞一分为二的裂殖或特化的配子结合等方式进行。因此藻类是只能生长于水中或湿处的低等植物。地球上 3/4 以上的有机物是由藻类合成的。

图 9.13　藻类植物

绿藻可以说是藻类植物的代表。它们都是单倍体生物，叶绿体中含有与高等植物完全相同的叶绿素 a、叶绿素 b 和类胡萝卜素，因此高等植物很可能起源于远古时期的绿藻。不少绿藻含有丰富的人类需要的有机物。例如，在高盐环境中生长的杜氏藻（*Dunaliella* sp.），胞内可积累高达干重 30%以上的蛋白质和 8%以上的 β-胡萝卜素。

金藻由于含有较多的岩藻黄素和胡萝卜素而得名，此外还有叶绿素 a 和少量叶绿素 c。

以紫菜为代表的红藻门藻类富含藻红素及叶绿素 a、β-胡萝卜素和藻蓝素。海带则是一种典型的褐藻，由于能在胞内合成大量的岩藻黄素而呈褐色。红藻和褐藻基本上都是较大型的海藻，已分化出行固着作用的假根。由于特殊的色素使它们能够生活在较深的低潮区及潮下带。它们细胞中蛋白质和碘的含量都比较高，常食用对预防和治疗碘缺乏症（如甲状腺亢进）大有裨益。

裸藻（门）和甲藻（门）是一类在生物进化史上具重要地位的低等生物（图 9.14）。它们都是单细胞，具叶绿体、线粒体、高尔基体和内质网等细胞器，主要进行光合自养生活。它们有成形的细胞核，因此被划入真核生物。但它们核内 DNA 却是裸露的，不与组蛋白结合，而且首尾连接成环形。DNA 的这种特征与原核细胞无异。显然它们是一些刚刚晋级的真核生物，还带着明显的原核生物特征。

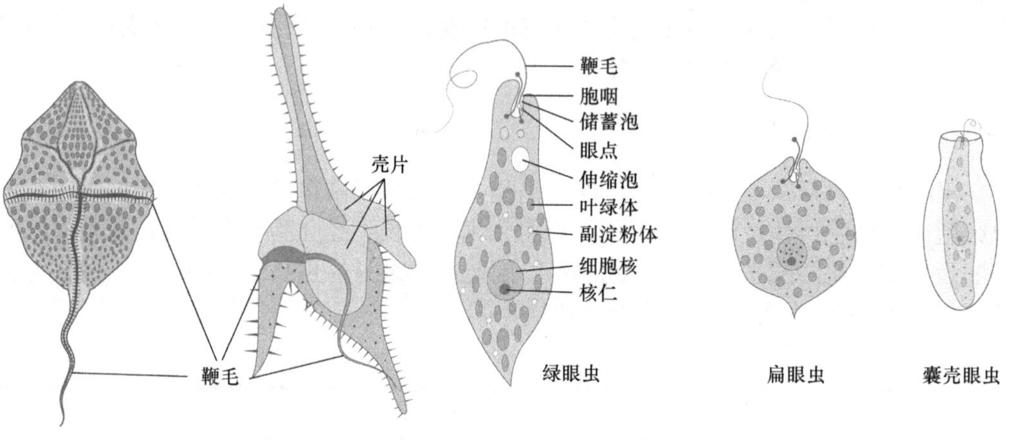

彩图

图 9.14　甲藻和裸藻

此外，动物学家把裸藻又称为眼虫。这不仅因为它们没细胞壁，细胞前端具红色眼点能感知光强变化，具鞭毛主运动，还因为它们胞内有另一异养代谢系统。在完全无光的条件下，眼虫可以凭借其前端的胞咽吞食细菌及有机物块，或借助细胞膜的胞吞、胞饮作用直接吸收环境中的有机物。

由此看来，裸藻和甲藻之类的生物是介于原核生物与真核生物、动物与植物之间的进化过渡型生物。以此类生物为模型深入探究真核细胞的起源，培育绿色动物，或许会受益匪浅。

硅藻种类多、数量大，多数为单细胞，有些形成各种群体。细胞壁富含硅质，且硅质壁上常具有排列规则的花纹（图 9.15），成为坚硬的壳体。壳体由上下两个壳（上大下小）套合而成。硅藻是海洋有机物的主要生产者之一，是海洋初级生产力的重要组成成分，它们的主要储存物是油脂类。许多海洋动物及其幼体直接或间接以硅藻为食，所以海洋中硅藻的数量和分布将直接影响海产鱼类的分布，从而影响渔获量。有些硅藻还是海洋赤潮藻，它们的泛滥生长给近岸海洋生态造成毁灭性的灾害。

图 9.15　扫描电镜下的几种硅藻（由高亚辉提供）

科学中国

第一种可以固氮的真核生物

传统概念认为，生物固氮只发生于细菌和古菌中。固氮细菌是能进行生物固氮的各种原核生物的通称，一般情况下它可分为自生固氮菌、共生固氮菌和联合固氮菌三类。2024 年 4 月，美国加利福尼亚大学圣克鲁兹分校 Jonathan P. Zehr 团队在《科学》杂志发表了一项研究新成果，发现了第一种能够固氮的真核生物，贝氏布拉藻（*Braarudosphaera bigelowii*），它们能通过一种名为硝化质体（nitroplast）的新型细胞器来固定氮气（N_2）。早在 2012 年，Jonathan P. Zehr 团队就发现贝氏布拉藻与一种名为 UCYN-A 的细菌密切互动，这种细菌常生活在该藻类的细胞内或表面。UCYN-A 将氮气转化为藻类生长所需的氨，作为回报，藻类为其提供生长所需的碳源。现在他们通过两个关键标准判断这个 UCYN-A 已经成了藻体内的细胞器，而不是一种独立的生物。一是该细胞结构必须通过宿主细胞世代相传，二是该结构必须依赖于宿主细胞提供的蛋白质。他们通过藻细胞分裂过程发现，存在于藻类的 UCYN-A 与其他细胞器一样对等分裂成两份到新的子细胞中。此外，研究人员发现，占每个宿主细胞体积 8%以上的 UCYN-A 缺乏光合作用和制造遗传物质所需的关键蛋白质，它必须从藻类细胞中获得生长所需的蛋白质。研究表明，UCYN-A 已经紧密整合到藻类细胞结构和细胞器分裂的机制中，并且导入了藻类基因组编码的蛋白质，而这些正是细胞器的特征，也足以表明 UCYN-A 已经超越了内共生关系，并作为早期进化阶段的固氮细胞器或硝化质体发挥作用。因此，研究人员认为 UCYN-A 是在 1 亿年前，该细菌与藻类从开始的共生关系，最终演变成了藻类细胞中的一个专门用来固氮的细胞器，并将其命名为——硝化质体（图 9.16）。

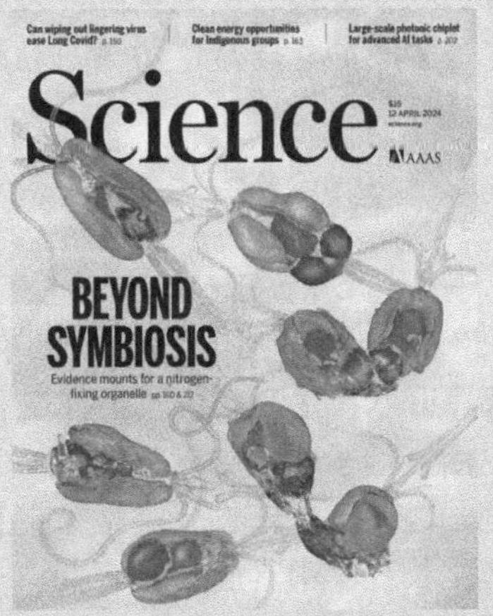

图 9.16　《科学》杂志封面文章：第一种可以固氮的真核生物

这一发现意义重大，它有助于促进对植物的基因工程改造，设计出能够自行固氮的作物，从而提高作物产量，减少对化肥的需求，降低对环境的污染。此外该研究成果，从理论上为内共生学说提供了新的证据。UCYN-A 在漫长的进化过程中，与贝氏布拉藻之间超越了内共生，成为了其一种处于早期进化阶段的细胞器。这为从内共生体到真正细胞器的转变提供了一个新视角。

附：地衣

在裸露的岩石及树干上，常常可以见到灰绿色的近圆形斑块紧贴其上，这就是地衣（lichen）——藻类和真菌的共生体。根据外部形态，地衣可以分成三类：壳状地衣、叶状地衣和枝状地衣。地衣除了纵横交错、疏密有序的无色真菌菌丝以外，中间还有藻层，由藻类细胞组成。地衣从下层伸出成束的假根，它没有真正的根、茎、叶等器官。真菌的菌丝牢牢地吸附在岩石或树干上，吸取其表面的小分子无机物。藻类着生于真菌菌丝编织成的密网中，利用其中的水和无机盐进行光合作用。藻类合成的有机物为真菌的异养生长提供了必不可缺的物质基础。地衣能分泌地衣酸腐蚀坚硬的岩石，使后者逐渐风化成沙土。所以，地衣是生态圈中初级演替的开路先锋。

科学中国

中国发现 6 亿年前的地衣

科学界以前认定，最古老的地衣化石出自苏格兰，距今 4 亿年。2005 年 5 月，《科学》杂志发表了中国古生物学家袁训来、肖书海和美国科学院院士、古植物学家托马斯·泰勒的报道，他们发现发掘自贵州省瓮安磷矿的 3 块化石在显微镜下呈现出令人惊奇的网格状地衣剖面，许多蝌蚪状真菌丝状体环绕着球状蓝藻，部分丝状体还与梨形的真菌孢子相连，整个形态结构与现代地衣非常类似。这是目前已知最早的原始陆生生物。

中国和美国科学家的发现，使已知最早的地衣化石的地质记录提前了整整 2 亿年。地衣是海洋生物进军陆地的先遣部队。6 亿年前，地球表面很可能像现在的火星表面一样，一望无际、毫无生机。在浅海中繁衍的地衣逐渐登上陆地，它们产生的地衣酸分解了岩石中的矿物质，为高等植物在陆地的生长提供了土壤。

二、苔藓植物

苔藓植物门（Bryophyta）由苔纲和藓纲组成，共 4 万余种。它们构造简单，尚未出现维管束（由纤维细胞和输送水分、有机物的特化管状细胞构成），因此个体羸弱；它们的受精作用离不开水；生活史中具世代交替的现象（第七章第一节），只有配子体（单倍体世代）能独立生活，孢子体（二倍体世代）寄生在配子体上。但是它们的个体发育过程已出现胚胎形成时期，因此现代植物分类学家把苔藓植物也归入高等植物的范畴。所谓高等植物是指那些在个体生长过程中具胚胎发育期，一般还有根、茎、叶分化，生殖器由多细胞构成的植物。苔纲植物通常扁平状，呈匍匐生长；藓纲植物一般略呈直立状。它们都有假“根”“茎”“叶”的初步分化（图 9.17），不过其中都无维管束。

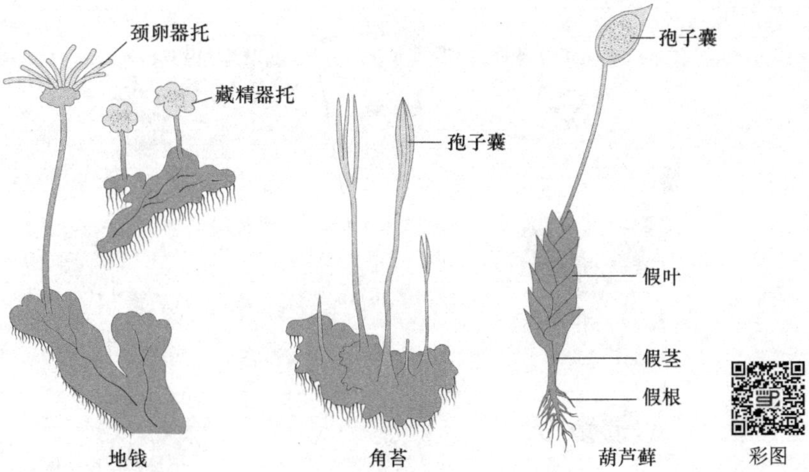

图 9.17　苔藓植物

三、蕨类植物

蕨类植物门（Pteridophyta）从 4.25 亿年前的古生代志留纪开始出现，经过很长时间的繁盛，直到 2.8 亿年前的古生代二叠纪才逐渐衰落，现存 1 万余种。我们现在发掘的煤炭，有很多是当年蕨类植物因地壳运动被埋藏到地层深处形成的。

2004 年，科学家们在广西凭祥发现了大片享有“现代蕨类植物之王”美誉的活化石、国家一级珍稀濒危保护植物桫椤（图 9.18）。桫椤起源于古老的冰川前孑遗植物，为白垩纪时期遗留下来的珍贵树种，距今约 3 亿年，比恐龙的出现还早 1.5 亿余年。桫椤又名树蕨、蕨树，生长在热带亚热带森林中，是现存世界上最高大的蕨类植物。

图 9.18　活化石蕨类桫椤

蕨类植物之所以能在一段历史长河中成为大面积覆盖地表的优势植物，除了当时气候温暖湿润外，还与它们组织结构和生活史两方面的重大演变密不可分。蕨类植物开始出现维管束（尽管还不很完善），分化出了含维管束的真正根、茎、叶，使得蕨类植物的根可以扎入较深的土壤中吸收水分和无机盐，茎和叶高举能更好地进行光合作用。此外，蕨类植物具典型的世代交替现象，配子体世代和孢子体世代都能独立生活，进行光合作用。与苔藓植物不同的是，蕨类植物生活史中以二倍染色体的孢子体世代为主，配子体退化成贴地生长的宽不过 1cm 的心形原叶体（图 9.19）。不过，蕨类植物的受精作用仍需在有水的条件下进行，它们的维管系统还不够完善（高效输水的导管还未出现），世代交替中的配子体世代生活力十分脆弱，孢子及合子由于营养缺乏而成活力不高。如此种种，蕨类植物最终只能让位于后起的种子植物。

四、种子植物门

种子植物门（Spermatophyta）各种植物的维管系统进一步完善，它们的根、茎、叶等营养器官系统更加发达，孢子体成了这类植物的生长方式。配子体已经退化成了孢子体上周期

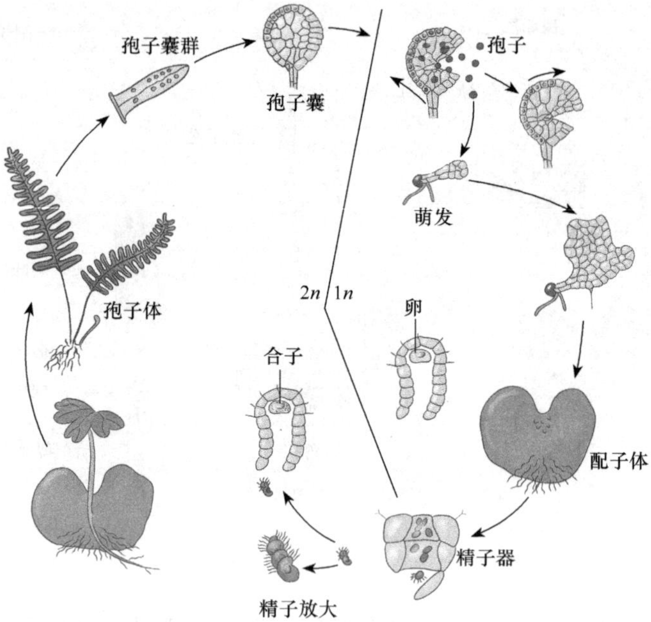

彩图

图 9.19　蕨类植物生活史

性出现的生殖器官，即大孢子和小孢子。大孢子从不离开母体，由它萌发形成的雌配子体依附于胚珠的珠心（大孢子囊）内。小孢子在花粉囊中形成花粉粒。经传粉作用，花粉粒落到同种雌蕊的柱头（被子植物）或胚珠（裸子植物）上，萌发出花粉管，将精子送达卵子附近。完成受精作用后，受精卵经分裂和分化长成胚，胚珠发育成种子（第七章第四节）。可见，形成花粉管和出现种子是种子植物最显著的特征。

种子植物可分为裸子植物和被子植物两个亚门。裸子植物早在 4.3 亿年前的古生代志留纪就开始出现，到中生代的侏罗纪已繁茂成林。裸子植物都是单性花，雌配子体位于裸露的胚珠内，顶端多生有颈卵器。花粉经风传于珠心后，萌发的花粉管中生殖细胞分裂成两个精子，但仅一个精子与卵结合成合子。合子发育成胚。与此同时单倍性的胚乳逐渐长成，珠被形成种皮。裸子植物不具子房，种子裸露，因而得名。此外，裸子植物的木质部没有导管，只有较低级的管胞；韧皮部中只有筛管没有伴胞，导致水分及有机物的输导效率较低。与之相适应，裸子植物的叶长成针形、条形或鳞片状，可耐受比较干旱的环境。由于上述特征，裸子植物普遍生长缓慢。在优胜劣汰自然法则的支配下，昌盛达 3 亿年之久的裸子植物终于在 1.4 亿年前的中生代白垩纪逐渐衰退，让位于后起之秀——被子植物。

图 9.20　最早的被子植物——辽宁古果化石

裸子植物现仅存 800 余种，多为乔木，分属于铁树目、银杏目、松柏目和麻黄目。我国特有的银杏、银杉、水杉及苏铁等活化石即是亿万年沧海桑田巨变的见证。

1998 年，中国科学院南京古生物研究所的科学家在我国辽宁省北票地区发现了世界上最早的被子植物化石——辽宁古果（图 9.20），它将被子植物起源时间上溯至侏罗纪晚期，即距今约 1.45 亿年前。

被子植物具有由花萼和花冠构成的花被。胚珠的外部有子房包被。花粉经风媒或虫媒传落至雌蕊的柱头上后，长出花粉管。管内的生殖细胞分裂成两个精子，顺管而下，进入胚珠，达到胚囊，进行种子植物特有的双受精。此后受精卵发育成胚，受精极核长成胚乳，珠被形成种皮，种子遂告生成。子房壁则发展成包在种子外面的果皮，为种子提供理想的营养和保护作用。此外，被子植物的输导组织进一步完善，木质部出现了大口径的导管，韧皮部分化出伴胞，大大提高了输送水分、无机盐和有机物的效率。这些都为被子植物经受严酷的自然竞争迅速扩展其生存领域、广布世界各地奠定了坚实的生物学基础。时至当代，被子植物已发展到约 25 万种之巨。

被子植物分化成两大分支，双子叶植物和单子叶植物。两类植物的主要特征比较见表 9.3。

表 9.3　双子叶植物和单子叶植物主要特征比较

器官	双子叶植物	单子叶植物
胚	具两枚子叶	具一枚子叶，常变形
根	有形成层，能逐年加粗。多为直根系，主根粗大、发达	无形成层，多数为须根系，根浅且多，吸收面积大
茎	维管束排列成环形，有形成层，可连续长粗，形成年轮	维管束星散排列，无形成层，茎增粗不明显
叶	网状脉	平行脉或弧形脉
花	萼片与花瓣一般可分，花瓣数一般以 4 或 5 为基数	萼片与花瓣难分，花瓣数一般以 3 为基数

从表 9.3 可知，双子叶植物不少是多年生木本植物，根深蒂固，枝繁叶茂；而单子叶植物则多为一、二年生草本植物，根细且多，表面积大，发育至成熟期的周期短，能更迅速、更多地产生出种子，有利于种群的繁衍。因此一般认为单子叶植物比双子叶植物在生物进化上更高一筹。

第七节　动　物　界

动物界（Animalia）是真核细胞、营异养生活、无细胞壁的一大类生物的总称。动物界进化曲折，分支繁多，繁衍至今的动物估计超过 150 万种。

依据构成动物体是单细胞还是多细胞的标准，将动物界划分为原生动物和后生动物两大类群。原生动物是单细胞动物，一个细胞就是一个个体。后生动物在漫漫数亿年的演化历程中，首先出现了胚胎发育，分化出了胚层，从两胚层的动物演进到三胚层动物。体腔也随之产出，从假体腔发展到真体腔。低等动物都是无脊椎动物。高等动物逐渐在体内背侧长出脊索，以后被更为先进的脊柱取代。以下根据进化顺序扼要介绍 10 个较重要的门类。

一、原生动物门

原生动物门（Protozoa）动物都是真核单细胞动物（图 9.21），以单个细胞完成生命活动所需的摄食、消化、排泄、应激和繁殖等各项功能。原生动物早在十七八亿年前的元古代即作为真核细胞的先驱出现在地球上。现在它们多数营自由生活，以伪足和胞吞方式摄入微生物或有机物块进行动物性营养，在有机物丰富的水体及湿地很容易发现它们的踪迹。少数原生动物生活在人或动物的体内或体表，除了主要通过细胞膜选择性掠取寄主营养物质，破坏寄主细胞的寄生生活以外，还可与寄主形成共栖或共生的关系。牛、马、羊等反刍动物之所以能以草为食，并不是它们自己能消化这些以纤维素为主的食物，而是依靠它们瘤胃中亿万个纤毛虫把纤维分解成葡萄糖而吸收的。

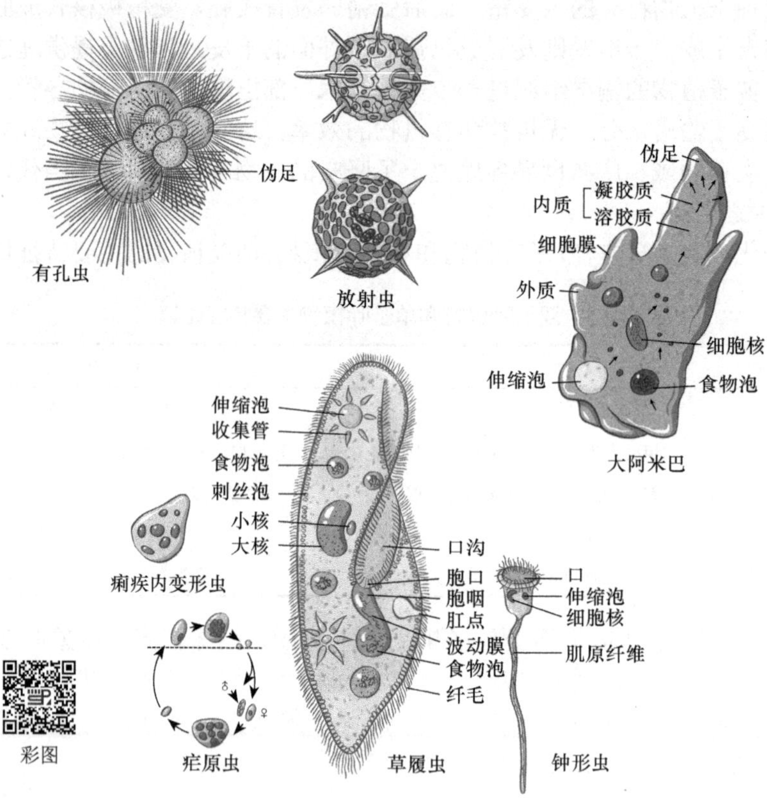

图 9.21　原生动物

原生动物的繁殖以直接分裂的无性繁殖方式为主，有性接合生殖为辅。

原生动物包括以下四种主要类型。

（1）纤毛纲　细胞外着生大量纤毛，大多自由生活，如草履虫。

（2）鞭毛纲　细胞外具少量鞭毛，自由生活或寄生、共生生活，如白蚁消化道中的长发虫。

（3）肉足纲　以伪足司运动和摄食，多数自由生活，如变形虫、有孔虫。有种喜群居生活的变形虫“阿米巴”（*Dictyostelium discoideum*）能够在常见的单细胞生物形态和多细胞形式两种形态之间进行转换。这意味着，关于真核生物起源和分化的问题也许可通过其基因组来进行研究。

（4）孢子纲　全部寄生，成体无伪足、鞭毛、纤毛，具世代交替现象，如疟原虫。

二、海绵动物门

海绵动物（Spongia）为后生动物最原始的一类，在动物进化史上实现了从单细胞动物向多细胞动物的飞跃。不过海绵动物毕竟是最低级的多细胞动物，它们主要生活在海水中，几乎都营水生固着生活，只有极少数能缓慢移动。全世界海绵有 1 万～2 万种，形状有各种不规则的球状、管状、瓶状和树枝状等（图 9.22）。

海绵动物体内中空，有细胞分化，但是没有明确的胚层分化，体壁由两层细胞和中胶层构成，没有形成真正的器官、系统和明确的组织。它们由于胚胎发育的“逆转现象”故不能称为内外胚层，只能称为胃层和皮层。海绵动物既无神经细胞也无肌肉细胞。位于皮层的众多孔细胞上的鞭毛来回摆动，驱使外周水流入体内，经体内空腔后从个体的游离端排出。水中的食物即被胃层中的领细胞截获，行胞内消化、吸收，以这种独特的滤食方式获取食物。

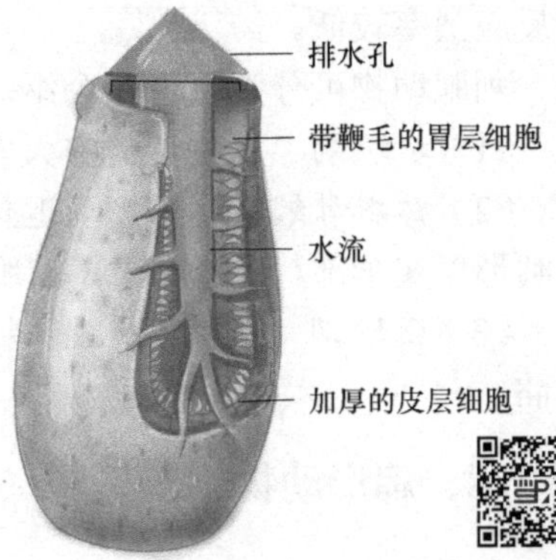

图 9.22　海绵动物

海绵有无性繁殖和有性生殖两种繁殖方式。无性繁殖包括出芽和形成芽球两种方式。雌雄同体或异体。精卵结合后发育成幼虫才从母体游出，不久即固着发育为成体。海绵动物与腔肠动物以上的其他动物的一个根本区别是它的形态与发生演化比较特殊，因此又称其为侧生动物。

三、刺胞动物门

刺胞动物（Cnidaria）除极少数种类生活在淡水中（如水螅）外，绝大多数种类生活在海洋中，多数分布在浅海，少数分布在深海，现存已知的有 11 000 余种，分属水螅纲、钵水母纲和珊瑚纲 3 个纲（图 9.23）。

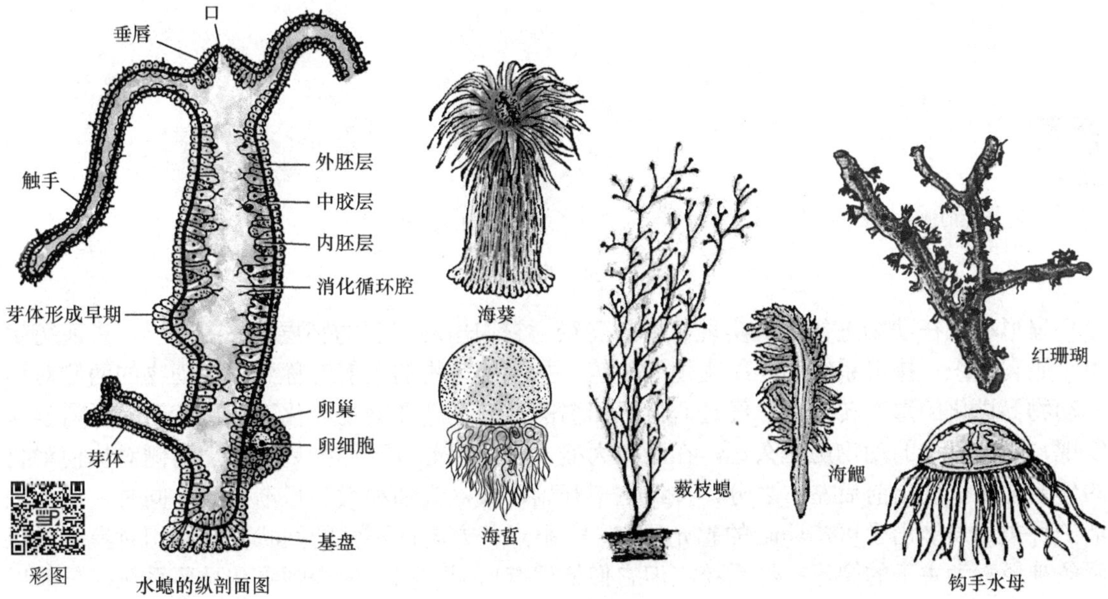

图 9.23　腔肠动物

从刺胞动物开始，动物界进入了胚层分化、组织发生及器官建成的重要阶段。刺胞动物首先出现了真正的内、外两胚层，建成了维持动物生存最基本的器官——口、触手和消循腔（刺胞动物尚未出现专门的循环系统，由消化道兼营运送营养物质和排出废物的功能），分化产生了皮肌细胞、腺细胞、刺细胞、雌雄生殖细胞及网状神经系统。不过刺胞动物有口无肛门，食物残渣仍经口吐出；生物电（信息）在网状神经系统中传导方向性不强，对环境刺激的反应效率较低。

刺胞动物可分为以下三个纲。

（1）水螅纲　　生活史中大多有水螅型和水母型的世代交替现象。

（2）钵水母纲　　水螅型退化，水母型发达。其中海蜇经加工处理后的蜇皮，即海蜇的半圆形厚实伞部，营养丰富，清脆可口，含蛋白质、维生素 B_1 和维生素 B_2 等，为上乘食品。

（3）珊瑚纲　　只有水螅型，没有水母型。珊瑚礁就是它们群体死亡后留下的石灰质骨骼。

四、扁形动物门

扁形动物（Platyhelminthes）背腹扁平，前后端明显，两侧对称（图 9.24），可分自由生活和寄生生活两种类型，13 000 余种。自由生活者分布于海水、淡水和潮湿土壤中，寄生生活者则寄生于动物的体内或体外。

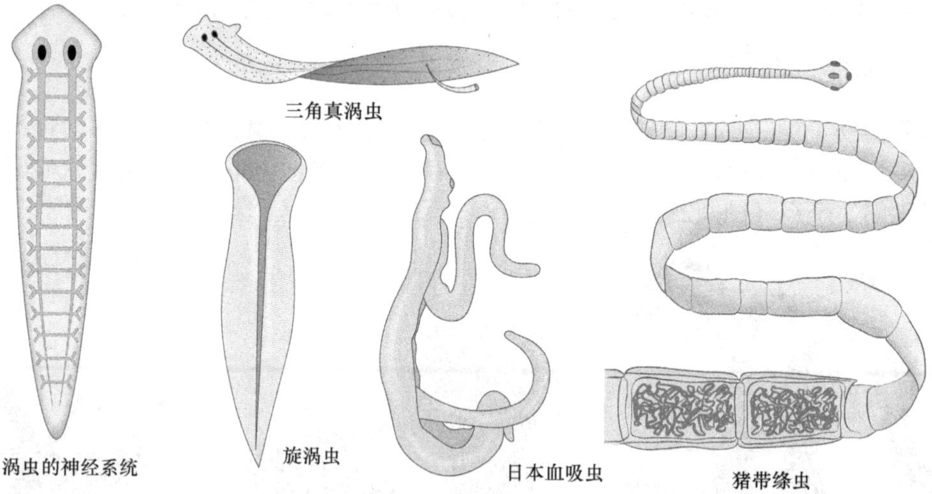

彩图

图 9.24　扁形动物

扁形动物在动物进化史上实现了新的飞跃。它们出现了新的胚层——中胚层，进而衍生出了肌肉组织、排泄系统和雌雄生殖系统等。从刺胞动物的辐射对称到扁形动物的两侧对称是动物界进化的重要转折点。经过对世界闻名的云南“澄江动物群化石”进行研究后科学家发现，两侧对称的动物历史久远，在距今大概 5.8 亿年前就已经大量出现。两侧对称使动物的体躯逐渐呈现出前后左右之分，神经主干开始形成，头部和大脑日渐明显。同时，自由生活的种类还发展出了可辨明暗的感光器官——眼点。方向性不强的网状神经已相对集中成以两条神经索为主干的梯形神经系统。但它们依然有口无肛门，缺少呼吸和循环系统，只能以体表进行气体交换，靠肠支（一再分支的肠道）将营养物运送至全身。

扁形动物可分为以下三纲。

（1）涡虫纲　　多数自由生活，感官较发达，如真涡虫。

（2）吸虫纲　　具吸盘，全为内、外寄生。感官消失，消化系统退化，生殖系统发达，如日本血吸虫。

（3）绦虫纲　　全为内寄生。身体前端有一个特化的头节，上有吸盘、吸沟和小钩等适应寄生生活的器官。感官及消化系统全消失，生殖系统高度发达，如猪带绦虫等。

五、线形动物门

线形动物（Nemathelminthes）体形大多细长，横切面近圆形，因此又称圆形动物。线形动物可自由生活于海水、淡水和土壤中，或寄生于人及多种动、植物体内。线形动物种类估计超过 12 000 种。

线形动物首先出现了假体腔（也称原体腔、初生体腔）。假体腔是胚胎发育时囊胚腔的遗迹，是位于体壁与肠（脏）壁之间充满体腔液、不与外界相通的盲腔；在体壁中胚层与肠壁内胚层之间无体腔膜；体壁上有肌肉而肠壁上缺肌肉层（图 9.25）。充满液体的体腔既是器官与体壁之间的软垫，也为其他器官的演进留下了一定的空间，同时也代行循环系统的部分功能。

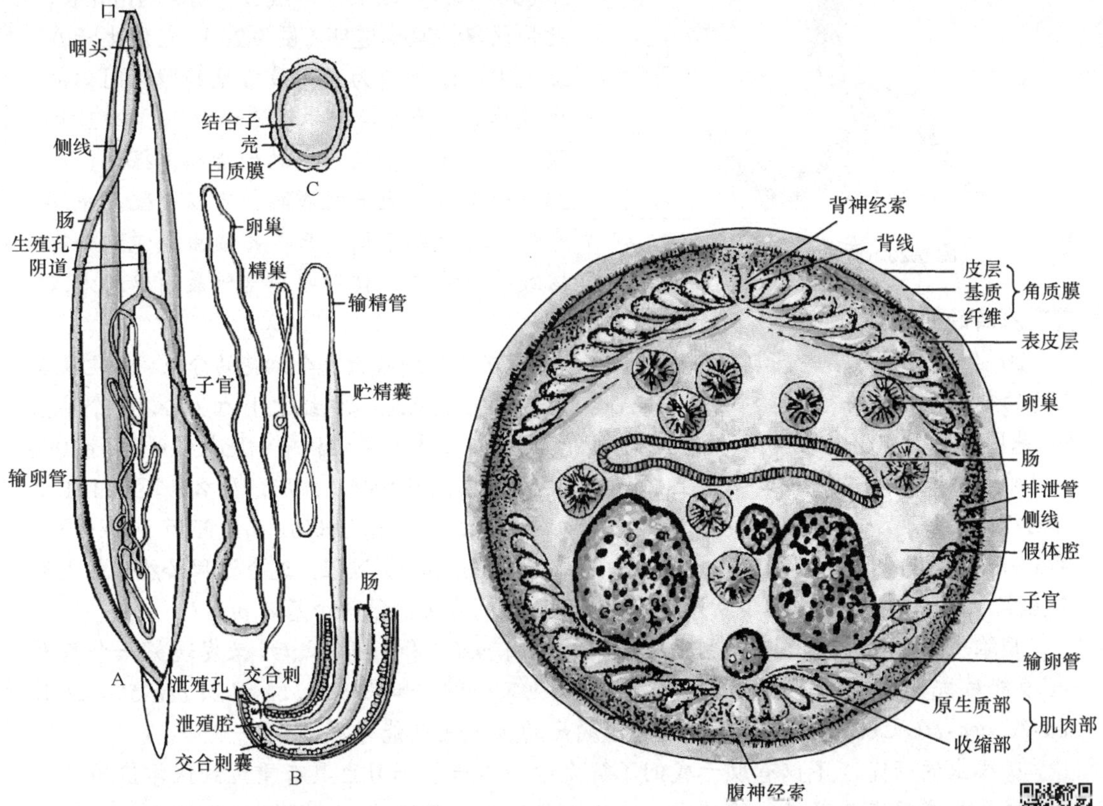

蛔虫内部解剖

A．雌虫；B．雄虫；C．虫卵

蛔虫的横切，示角质膜和内部结构

彩图

图 9.25　线形动物蛔虫

此外，由外胚层内褶形成了后肠及肛门，使食物在消化道内单方向下行，促使消化系统日臻完善。

很多植物都不同程度遭受线虫侵害。我国近年来大面积松树林遭受松材线虫的严重感染，导致松树成片死亡。蛔虫则是寄生于多种动物和人小肠中的常见线虫。有的线形动物十分微小，要在显微镜下才原形毕露。

资料链接

小线虫与诺贝尔奖

2002 年 10 月 7 日，瑞典诺贝尔奖评审委员会将当年诺贝尔生理学或医学奖授予英国西德尼·布雷纳（Sydney Brenner，1927～）、美国罗伯特·霍维茨（H. Robert Horvitz，1947～）和英国约翰·苏尔斯顿（John E. Sulston，1942～）三位科学家，以表彰他们不但发现在生物的器官发育过程中存在细胞程序性死亡，而且阐明了其中基因调控的规律。

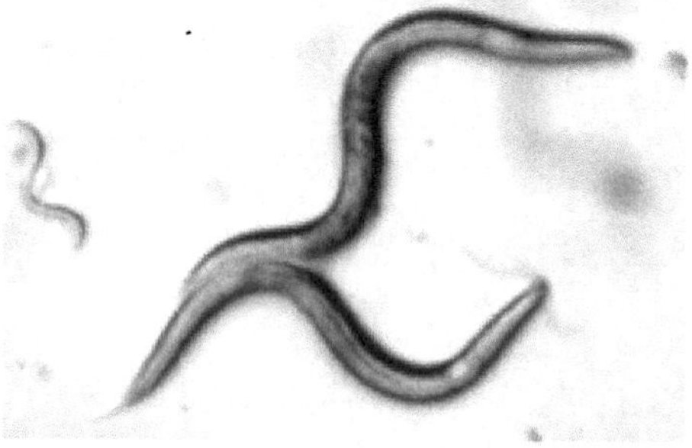

图 9.26　秀丽隐杆线虫

他们上述开创性的研究是建立在一种新的模式生物秀丽隐杆线虫（*Caenorhabditis elegans*）的基础上。该线虫只有约 1mm 长，结构简单，通体透明（图 9.26）。它们生活在土壤中，以细菌为食。最常见的雌雄同体成虫成熟后含有 959 个体细胞和 2000 个生殖细胞，可以自我繁殖。它的生活周期很短，在 25℃出生 1.5 天就性成熟，可以交配，平均寿命只有大约 2 周。只要把线虫浸泡到含有核酸的溶液中，就可以用这种最简单的方式实现基因的转化。

20 世纪 70 年代后，科学家终于完整地记录了它从卵到成虫每个细胞的分裂、分化及其最终的命运。2002 年完成了对它的 DNA 全序列测定，发现它基因组大小为 9.7×10^7 个碱基对，基因组序列 40%与人类同源。观察发现，秀丽隐杆线虫发育过程中细胞最多时达到 1090 个（雌雄同体个体）。然而，事实上，完全成熟的成虫只有 959 个细胞。那么，还有 131 个细胞到哪里去了？布雷纳等证明，这 131 个细胞的死亡并不是随机的，而是经历了一种被精确控制的、称为“程序性细胞死亡”的细胞凋亡（apoptosis）过程。这个过程必然有基因参与调控。沿着这条思路，苏尔斯顿发现了与细胞凋亡有关的第一个基因 *nuc-1*。

霍维茨发现了两个真正控制细胞死亡的基因 *ced-3* 和 *ced-4* 之后，又发现另一个基因 *ced-9* 能对抗 *ced-3* 和 *ced-4*，保护细胞。后来他又查明，如果 *ced-1*、*ced-2*、*ced-5*、*ced-6*、*ced-7*、*ced-10* 及 *ced-12* 基因发生突变，濒死的细胞便可能死里逃生。

对线虫的研究，不仅有助于我们了解生命的本质，而且也具有重大的医学价值。人类的发育同样存在程序性细胞死亡。这个过程如果出现失误，该凋亡的细胞不被异化和清除，该正常工作的细胞却“苟延残喘”，就会导致疾病发生，催生个体的衰老和死亡。

六、环节动物门

环节动物（Annelida）因其身体分成多个体节而得名（图 9.27）。分节既有利于运动，又可在各节容纳各种不同的器官，是身体特化的开始。环节动物约有 35 000 种，分布于海洋、江湖等水域及陆地，大多自由生活。从环节动物开始，动物界出现了一系列较先进的结构特征。

1. 真体腔（也称次生体腔）　由中胚层细胞分别向内外迁移后留下的空腔，因此在肠壁和体壁上都有肌肉层和体腔膜，而且真体腔还有孔道与外界相通（图 9.28）。

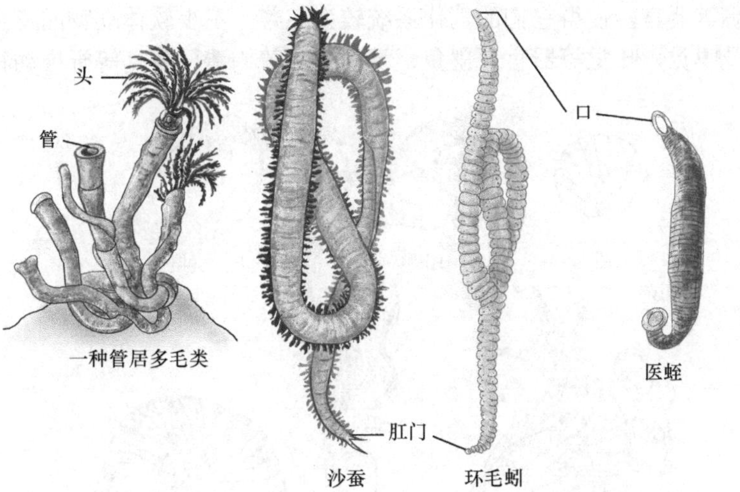

彩图

图 9.27　环节动物

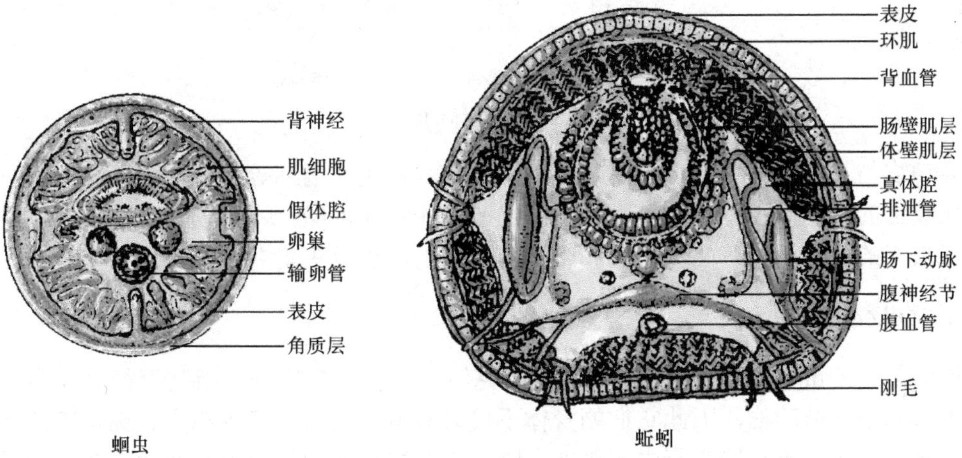

彩图

图 9.28　真体腔与假体腔比较

2. 闭管式循环系统　血液始终在血管中流动而不进入组织中，是先进的血液循环方式。不过它们的“心脏”往往只是稍稍膨大的能跳动的血管弧。甚至有数对“心脏”。

3. 脑及中枢神经系统　动物界首次出现的脑由较大型的咽上神经节组成。梯形神经系已合并成一条腹神经索。神经调控更为准确，反应活动更加迅速。

此外，环节动物还出现了利于运动的刚毛或疣足，以及由后肾管（小肾管外由众多毛细血管包围）组成的较高效排泄系统。

七、软体动物门

软体动物（Mollusca）不仅身体柔软，它们多数还背负由外套膜分泌成的坚硬贝壳（图 9.29）。本门动物有 8 万余种，是动物界第二大门类。它们多数水生，少数陆生或寄生。软体动物之所以能一改前几门动物扁化或长化躯体的趋势而将身体收拢相对集中，是因为它们率先演化出了专司呼吸的器官——鳃，或陆生种类的简单肺囊。它们开始形成了真正意义上的心脏，且具一心室两心耳或四心耳，但多数种类却行开管式循环。多数软体动物具有唾液腺、胰腺、肝脏等器官，使得它们的消化系统较为完善。不少软体动物的感觉器官相当发达，常有眼、触角及嗅觉、味觉等器官。墨鱼、章鱼的眼睛构造已与高等脊椎动物的眼球相似。

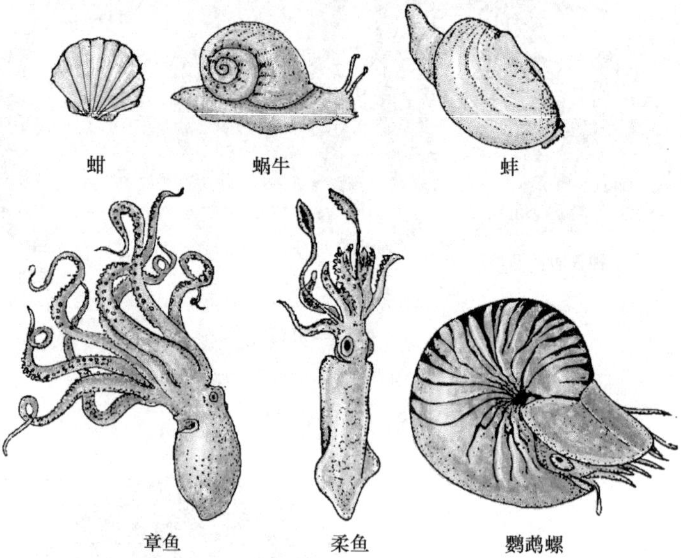

彩图

图 9.29　软体动物

软体动物与人类的关系相当密切，牡蛎、墨鱼、鲍鱼、缢蛏等是人们的美味佳肴。钉螺是日本血吸虫的中间宿主，蜗牛等为害蔬菜，船蛆能蛀穿木船。本门动物最重要的 3 纲是：具螺旋形贝壳的腹足纲，有两片贝壳和瓣鳃的瓣鳃纲，以及头足并联的头足纲。

八、节肢动物门

节肢动物（Arthropoda）因其特有的活动灵便、功能繁多的分节附肢而得名。由于节肢动物可能起源于环节动物，因此它们的身体不仅有分节，而且还演进成头、胸、腹三部分。发达的大脑及感觉、摄食器官集中于头部；胸部主支持和运动，是附肢及翅膀的支撑部位；腹部则主营养代谢和生殖，体现了从同律分节向异律分节的飞跃。

节肢动物具有鳃、气管和书肺（书页状薄片肺叶，蛛形纲动物特有）等多样化的呼吸器官，因此它们能广泛分布到水、陆、空三界及地球的各个角落，与人类的关系也十分密切。节肢动物的体表被覆着既坚韧又轻巧的几丁质外骨骼。这层“外壳”不仅保水，而且为首次演化出的高效横纹肌提供了坚实的支撑面。节肢动物的感觉器官十分发达，除了单眼和复眼外，还有各种触觉、嗅觉、味觉、听觉及平衡器官。它们的生殖方式也十分多样。

可见，节肢动物是一个高度适应自然环境的最为发达的无脊椎动物门类。

据不完全统计，节肢动物的种类估计超过 1 000 000 种（图 9.30），约占动物界总数的 85%，其个体数更是天文数字。自由生活是它们主要的生活方式，仅少数种类营体内外寄生生活。有些种类早已是人类的美味佳肴，如虾和蟹等；昆虫作为药物治病在我国已有 2000 多年的历史。据西周时期的《周礼》记载，“五药，草木虫石谷也”。可见古代人们已认识到“虫”是药材之一。《神农本草经》列出的虫药就有 29 种。明代名医李时珍的《本草纲目》将虫药扩充到 106 种。到目前为止，我国中医的药用昆虫达 300 种之多，如蚂蚁、蜜蜂、蟑螂、蝉壳、斑蝥、螳螂、家蚕和苍蝇等。但也有不少节肢动物是人们讨厌的昆虫，如蚊、蝇、蝗虫等。

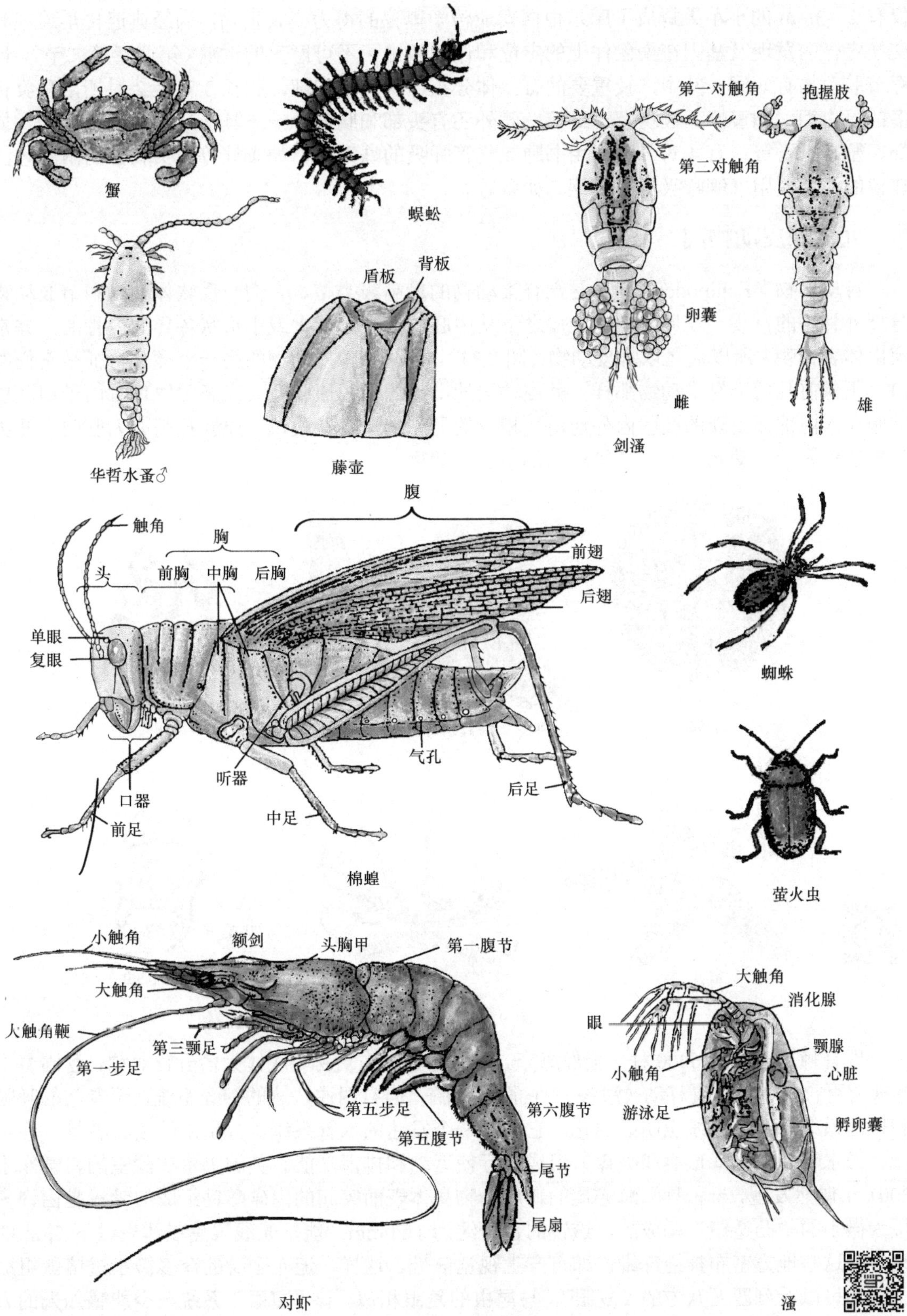
蟹
蜈蚣
第一对触角
抱握肢
第二对触角
卵囊
雌
雄
剑溞
盾板
背板
藤壶
华哲水蚤♂
腹
触角
胸
头
前胸
中胸
后胸
前翅
后翅
单眼
复眼
听器
气孔
口器
前足
中足
后足
棉蝗
蜘蛛
萤火虫
小触角
额剑
头胸甲
第一腹节
大触角
大触角鞭
第三颚足
第一步足
第五步足
第五腹节
第六腹节
尾节
尾扇
对虾
大触角
消化腺
眼
颚腺
小触角
心脏
游泳足
孵卵囊
溞

彩图

图 9.30　节肢动物

仅有 2～3mm 的小小果蝇成了摩尔根探索遗传学奥秘的得力模式生物，为经典遗传学连锁和交换定律的发现及基因在染色体上的定位和作图做出了不可磨灭的贡献（第八章第二节）。现存节肢动物有 6 纲，其中，较重要的有：体分头、胸、腹三部，胸长 3 对足 2 对翅，种类极多的昆虫纲，如蜜蜂、蝴蝶及蟑螂等；此外还有头部和胸部合一，具 2 对触角的甲壳纲，如虾、蟹、水蚤等；有 4 对步足，用书肺或气管呼吸的蛛形纲，如蜘蛛等；头胸部的附肢包围在口的两旁，用书鳃呼吸的肢口纲，如鲎等。

九、棘皮动物门

棘皮动物（Echinodermata）是无脊椎动物的最高级类型。它们一反软体动物和节肢动物身披外骨骼的常规，在周身纤毛上皮之下从中胚层衍生出或大或小形状各异的内骨骼，并常突出体表成棘，所以冠之以棘皮动物（图 9.31）。此外，棘皮动物的另一个显著特征是它们的口。不像前几门无脊椎动物那样，棘皮动物的口起源于与原胚孔（在胚胎发育时由于内胚层细胞迁入内部而出现的胚胎内外通道）相反的另一端，穿孔成口，原胚孔则成为肛门。此类生物通称为后口动物。所有高等动物都是后口动物。

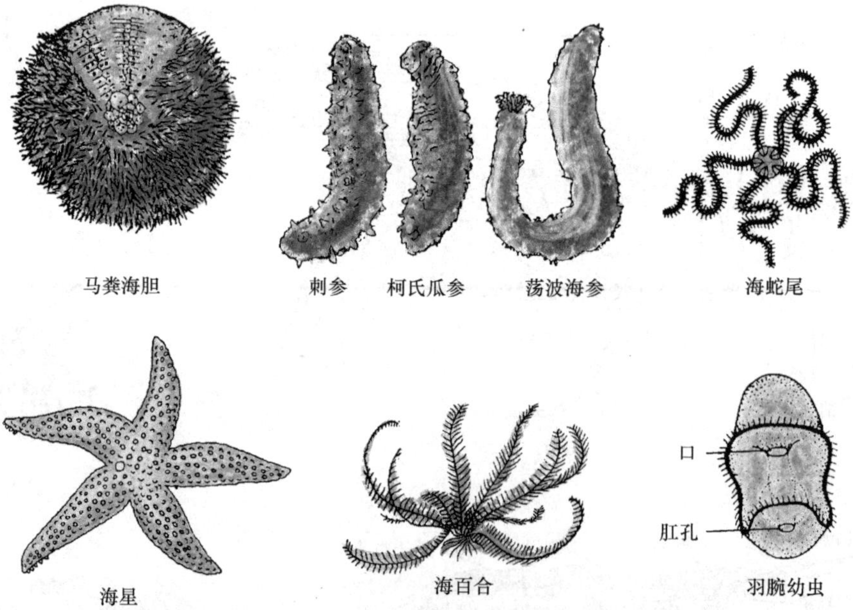

彩图

图 9.31　棘皮动物

现有棘皮动物约 6000 种，全部海产。它们幼体左右对称，成体大多五辐对称，营固着生活（海百合）或能缓慢移动（海参）。它们没有脑，但有四通八达的神经系统，无专门的呼吸和排泄系统，循环系统也明显退化。它们有一个发达的水管系统，分别由筛板、石管、环水管、辐水管和管足（坛囊和吸盘）组成，行使运动和排泄功能。美国贝尔实验室的科学家于 2001 年偶然发现，一种称为海蛇尾的棘皮动物身体表面突起的由碳酸钙组成的骨板是由许多极为微小的“凸透镜”构成的。透镜的直径约为 1/20mm，能把光线聚焦在体表以下 5μm 的地方。这些地方密布神经纤维，即可产生视觉信号。这样，遍布全身的众多微小透镜就组成了一个可以看到四面八方的“复眼”，与昆虫的复眼相似。该“复眼”系统至少能感知光的方向和强度。以人类目前的技术水平还造不出如此精巧的透镜。

十、脊索动物门

脊索动物（Chordata）是动物界的最高等类型，有 60 000 余种。它们具有以下三个显著特征。

1. 脊索 位于动物背部的致密结缔组织样棒状物，具支撑身体长轴的作用。脊椎动物只在胚胎期出现脊索，以后被脊柱取代。

2. 背神经管 脊索动物以位于脊索背方的中空神经管取代了无脊椎动物的腹神经索。神经管前端发育成脑，后端即脊髓。

3. 咽鳃裂 脊索动物在咽部两侧成对排列着与外界相通的裂孔，即咽鳃裂，为动物呼吸器官与外界交换气体的通道。高等脊索动物（包括人）的鳃裂仅在胚胎期或幼体时一过性出现，成体时消失。

脊索动物依其进化地位高低可分为 3 个亚门。

1. 尾索动物亚门 脊索仅在幼体的尾部出现。成体自由生活或固着生活，外被罕见的类似植物纤维素的被囊素，如海鞘（图 9.32）。

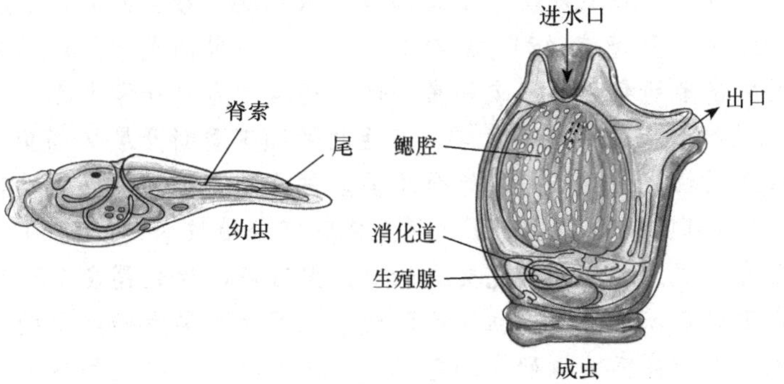

彩图

图 9.32 海鞘

2. 头索动物亚门 脊索从动物的前端延伸至尾部，且终生存在。本亚门动物属脊索动物向脊椎动物的过渡类型，在生物进化史上具有重要意义。厦门产文昌鱼是头索动物的典型（图 9.33）。

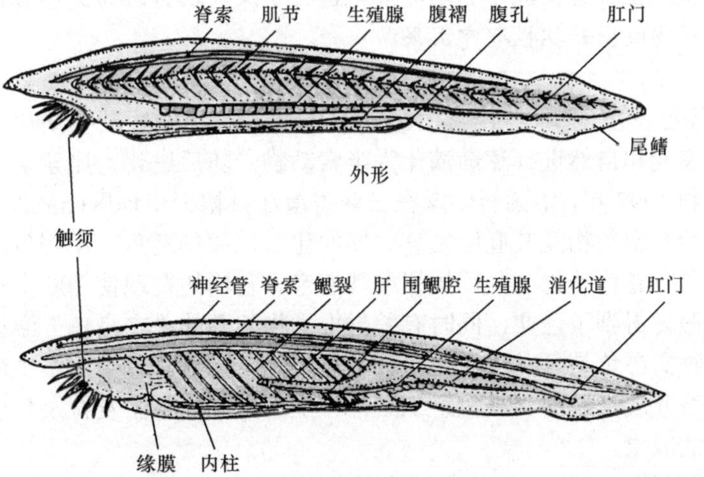

彩图

图 9.33 文昌鱼（纵剖面，示内部器官）

文昌鱼不是鱼，体长仅数厘米，两端尖，头不明显，雌雄异体。它们通常栖居于洁净的沙质浅海，身体大部插入沙中，仅以前端露出沙滩外，以过滤海水中的浮游生物为生。文昌鱼种群小，分布范围狭窄，仅在我国厦门、青岛，以及日本和美国海岸边见零星报道。厦门大学生物学系老一辈的教授早在20世纪30年代就对文昌鱼进行过详细的解剖学研究。

资料链接

活化石——文昌鱼

文昌鱼是研究脊椎动物起源演化的活化石，是研究脊椎动物起源及胚胎发育机制的理想模型。5亿年前，地球上最早的由无脊椎动物到脊椎动物的过渡类型——以文昌鱼为代表的脊索动物在海洋里出现了。经过了漫长的岁月，脊索动物演化为各种脊椎动物，其中包括类人猿。文昌鱼没有脊椎骨，不容易留下化石的遗迹，但它却奇迹般没有灭绝，成了见证历史的“活化石”。

1923年，时任厦门大学教授的美国生物学家莱德（S. F. Light）在考察厦门郊县海区时，第一次在同安刘五店海域发现中国文昌鱼。从此这奇妙生灵成为了厦门近百年来的生物学名片。1923年，莱德在《科学》杂志上发表了《厦门大学附近的文昌鱼渔业》一文，厦门大学的文昌鱼研究和厦门文昌鱼一起，扬名于海内外学术界。

2002年，王义权教授来到厦门大学，在他的带领下重新开展文昌鱼研究。他以文昌鱼人工繁殖和模式动物化为突破口，结合文昌鱼种质资源和分子遗传学展开相关研究工作，并于2006年带领团队成功攻克了文昌鱼实验室繁殖技术，2013年率先实现文昌鱼室内全年可控繁育，成为文昌鱼研究史上的重大里程碑，为文昌鱼实验动物化及其种群资源的保护做出重要贡献，重新确立了厦门大学在国际文昌鱼研究中的地位。

厦门大学教授李光在王义权研究的基础上，逐步建立起以文昌鱼为动物模型的实验技术平台，运用基因敲除、转基因、显微注射、原位杂交、扫描电镜等实验手段，研究文昌鱼早期胚胎发育机制，特别是体轴建立机制，从而深入理解脊椎动物器官起源与发育机制。李光和王义权近年来对 Hh 信号参与文昌鱼左右不对称建立的机制，以及 Hh 信号在脊索动物中枢神经系统中的功能演化进行了深入探讨，为文昌鱼作为体轴建立机制研究的模式动物做出开拓性研究成果。

100多年来经过反复争鸣，科学家大多支持脊椎动物由脊索动物演化来的学说。即某些原始棘皮动物经突变和自然选择逐渐演化为半索动物，随后进化为尾索动物、头索动物和脊椎动物。1996年和1999年，中国科学家在云南省澄江县帽天山地区陆续发现一系列5.3亿年前寒武纪中期原始脊索动物及其胚胎发育时期的化石，如华夏鱼、昆明鱼、海口鱼化石等，它们很可能成为所有脊椎动物的共同始祖或其近亲。它们的发现使100多年来关于脊椎动物源自脊索动物的假说得到了证实，同时有关脊椎动物起源的“文昌鱼”学说也因此被改写。不过由于头索动物文昌鱼是目前唯一比较容易得到的活化石，厦门大学生命科学学院的科研人员凭借地理优势开展大量的文昌鱼组织结构、生理生化、胚胎发育及分子生物学多方面研究，取得了丰硕的成果。

3. 脊椎动物亚门 本亚门动物以灵活的脊柱取代脆弱难以弯曲的脊索，无疑是动物进化史上的一大飞跃。现存的脊椎动物分为以下六纲。

（1）圆口纲　终生具脊索，但已在脊索上出现软骨片；头部有口吸盘，无上下颌，营寄生或半寄生生活；鳃裂终生存在，如我国东北的七鳃鳗（图 9.34）。

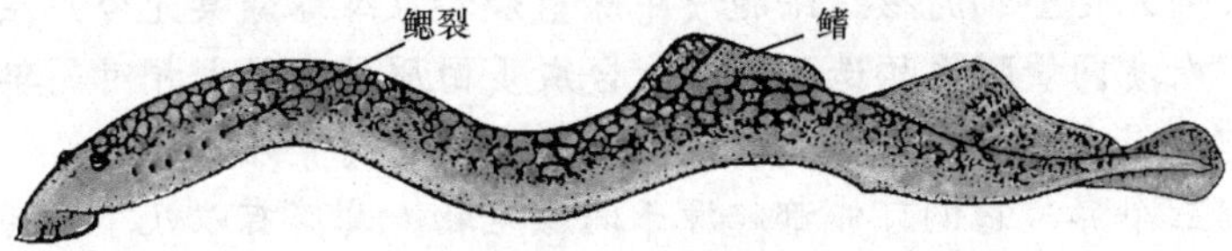

彩图

图 9.34　七鳃鳗

（2）鱼纲　具上下颌，以鳃呼吸；多数以脊柱取代脊索（在鲨等软骨鱼中脊索尚存）；终生具鳃裂；有成对的胸鳍和腹鳍司运动，水生；血液循环为一心室一心房的单循环。变温动物，体外受精。

（3）两栖纲　幼体水中生活，以鳃呼吸；成体登陆后以简单的囊状肺和表皮进行气体交换；大多具四趾或五趾型四肢；血液循环为一心室二心房的不完全双循环；受精仍在水中进行，属不完全登陆型动物。变温动物。各种蛙、蟾蜍、蝾螈等都是两栖类。

（4）爬行纲　本纲动物是真正登陆成功的类群。它们的肺比两栖类复杂，足以满足身体对氧的需求；它们皮肤外有角质鳞片，可防止水分过度散失；心脏已出现两个心室，但左右心室的分隔还不够完全，仍属不完全双循环，变温动物；四肢比较强大，能撑起身体以利于在陆地上运动，仅少数动物例外；它们行体内受精，卵外有硬壳保护，胚胎发育过程中出现羊膜、绒毛膜和尿囊膜等附属器官；大脑开始出现新脑皮层；氮代谢尾产物主要是尿酸，有利于克服陆地生活水分相对匮乏、氮代谢尾产物排泄不畅的困扰。所有这些都是爬行动物适应陆地生活的特征。蛇、龟、鳄、蜥及恐龙等都是爬行动物。

（5）鸟纲　鸟类起源于爬行类。1998 年，在我国辽宁省北票地区发掘出的生存于 1.25 亿年前的“中华龙鸟”和“孔子鸟”等化石再次证明了这个论断。鸟类体表被羽，趾端具爪；前肢特化为翅，善于飞翔。它们具有发育良好的肺及适应飞行生活的 9 个气囊，这些气囊具有辅助呼吸和减轻体重等功能。它们具完善的由二心室二心房组成的心脏，血液循环为完全的双循环。鸟类也是羊膜动物，具完善的筑巢、孵卵、育雏等生殖行为。它们能精确地把体温调节在一个恒定的水平，为恒温动物。鸟类无膀胱，随时排出废物与废液。氮代谢尾产物主要为尿酸。鸟类是人类的朋友，它们能很有效地消灭各种农林害虫。1958 年全国掀起的打杀麻雀运动，造成了第二年城乡害虫肆虐、农作物大量减产、林地大面积毁损就是一次绝好的反证。

（6）哺乳纲　哺乳类比鸟类更早从爬行类演化出。哺乳类的大脑皮层发达，各种感官十分灵敏。它们强健的四肢提供了在陆地快速奔跑的运动基础。哺乳类不仅和鸟类一样具有完善的双循环血液运行系统，体温恒定，而且还具强有力的口腔咀嚼和消化系统。它们在羊膜动物的基础上进一步发展出了胎生和哺乳的生殖、护幼方式，子代的生存率大大提高；哺乳动物的内分泌腺十分发达，可分泌多种内激素；它们全身被毛，皮脂腺丰富，可以很好地保持恒定的体温。所有这一切都是促成哺乳动物后来居上，发展成最鼎盛门类的原因。

小　结

病毒和类病毒是非细胞构造的由核酸和蛋白质（类病毒缺少蛋白质）构成的微粒，它们在特异宿主细胞中能繁殖自己，表现出一定的生命气息。

原核生物是最简单的、最早出现的生命形式，繁衍至今可见细菌、放线菌、蓝藻（菌）和原绿球藻四种类型。它们的共同特征是染色质 DNA 裸露，没结合组蛋白，且首尾连接成环，无核膜包围，即无定型细胞核。细胞质中除蓝藻和原绿球藻具光合片层外，没有诸如高尔基体、线粒体、内质网等膜系构造细胞器。合成蛋白质的工具也相对简单，仅为 70S 核糖体。此外它们细胞都很小，以一分为二的无丝分裂方式进行繁殖。

真核生物包括三个界，它们可能都起源于间核生物。真菌有以几丁质为主的细胞壁。它们之所以脱离植物独立成界，主要在于它们以腐生为主的营养方式与自养生活的植物界大相径庭。有的真菌为单细胞，部分真菌已长成多菌丝编织的大型菇类。它们以无性繁殖为主，部分种类已出现有性生殖。

植物界是具纤维素细胞壁的含叶绿素 a、叶绿素 b 等光合色素，进行光合自养生活的真核生物的总称。它们从水生单细胞绿藻开始，逐渐演化成湿生、具有初步细胞分化、出现胚胎发育的苔藓植物。而后，由于维管束的出现，蕨类植物才得以产生真正的根、茎、叶，分布地域也广为扩大。但由于它们行世代交替，受精仍离不开水，这些生殖方面的弱点限制了它们的进一步发展，最终被种子植物取代。裸子植物是种子植物的低级类型。它们种子裸露，维管束木质部中没有导管只有管胞，韧皮部中缺伴胞，它们运输水分和有机物的效率较低。被子植物维管束完善，具有导管、管胞、筛管和伴胞。生殖行特殊的双受精，种子有果皮保护。双子叶植物由于形成层不断分裂产生大量次生木质部而长成高大乔木。单子叶植物维管束散生，分裂能力弱，但它们生长周期短，繁殖迅速，多数为草本植物。

原生动物是单细胞动物。海绵动物是细胞仅有简单分化的多细胞水生动物。刺胞动物始见两胚层及消化、神经、生殖等器官系统。扁形动物以上是三胚层原口动物。扁形动物出现了排泄系统、肌肉组织、分支的肠道和感光器官，神经系统为二元梯状。线形动物体内可见假体腔，从本门动物开始食物残渣经由肛门排出。环节动物及其以上门类具真体腔。环节动物具先进的闭管式循环系统；由一元式腹神经索及脑组成的中枢神经系统开始形成。软体动物在动物界首次拥有专职呼吸器官、较发达的各式感觉器官、较完善的消化系统和真正意义的心脏。节肢动物拥有轻巧的几丁质外壳和多分节附肢，神经系统更加发达；具多样化的呼吸器官、感觉器官和生殖方式，是种类最多的一大门类。棘皮动物首创后口动物的先河，内骨骼也同时显现。

脊索的生成是动物进化中的重要事件，出现脊索、背神经管和咽部鳃裂是脊索动物最重要的三大特征。头索动物从前端至后端终生存在脊索，是无脊椎动物向脊椎动物过渡的类型。圆口纲动物是脊椎动物的低级类群。它们虽然终生仍具脊索，但已出现软骨片。鱼纲动物首见脊柱和胸、腹鳍，血液循环为单循环。两栖纲动物初步登陆，受精及幼体发育仍在水中进行，血液循环为不完全双循环。爬行类动物已有较复杂的肺，是真正登陆成功的动物，血液循环仍为不完全双循环，是首先出现羊膜、绒毛膜和尿囊膜的动物。鸟类和哺乳类也都是羊膜动物，它们都有完善的血液双循环，恒温，行体内受精。鸟类前肢特化成翼，全身披羽，具有多个气囊，卵生。哺乳动物多数以四肢进行快速运动，全身被毛，胎生，哺乳。

复习思考题

1. 将生物划分成四界或五界的依据分别是什么？
2. 病毒是什么？它们如何复制自己？

3．细菌细胞有哪些基本结构？它们的功能是什么？
4．真菌与植物有何异同点？为什么要把真菌独立成界？
5．间核生物有哪些特点？试举它们的代表类型。
6．有人说高等植物可能起源于远古时期的绿藻，有何根据？
7．苔藓植物纤细弱小为何还能称为高等植物？
8．试述蕨类植物世代交替的主要过程。
9．种子植物有哪些重要特征？
10．刺胞动物率先演化出了哪些器官、系统？
11．扁形动物和线形动物在身体结构上分别出现了哪些重要变化？
12．环节动物比前几门动物具有哪些身体结构上的优势？
13．软体动物身躯柔软，为何还能兴盛？
14．节肢动物凭什么本领能拓展到水、陆、空三界？
15．什么是后口动物？后口动物从哪一门动物开始？
16．脊索动物的最显著特征是什么？
17．脊椎动物应具备哪些条件才可能登陆成功？
18．以文昌鱼为例，谈谈生物多样性的重要性。
19．以屠呦呦团队发现青蒿素并应用于临床这个事实，说明生物多样性的重要性。

第十章　生物进化与进化论

提要　本章简介被多数科学家接受的地球上原始细胞起源的理论，追踪史前生物演变的主要历程，剖析与生物进化有关的各种证据、学说和理论，探究人类诞生与演化的基本轨迹。

当今地球上估计有200余万种生物，还有更多的生物有待我们去发现，已灭绝的生物更是数不胜数。人们不禁要问，生物是如何出现的？为什么地球上会有如此之多芸芸众生，它们都是上帝创造的吗？在此之前为什么有无数的生物成为地球村的匆匆过客？此外，人类来自何方，又将迈向何处？这些都是本章即将讨论的话题。

第一节　原始细胞的起源

美国天文学家哈勃（Edwin Powell Hubble，1889～1953）通过对星系光谱的研究，发现所有的星系都在远离我们而去，星系间的距离在不断扩大。他的这一重要发现为宇宙起源的大爆炸学说奠定了坚实的基础。目前科学界普遍接受的宇宙起源理论认为，宇宙诞生于距今约137亿年前的一次大爆炸。作为大爆炸的“余烬”，在大约38万年后形成宇宙早期状态。在宇宙大爆炸后的5亿年间，宇宙不断膨胀和冷却，炽热的等离子体重新结合为氢和氦，并逐步结合为各类星系。大约在57亿年前太阳系终于出现。那时，它是个温度极高的炽热气团。随着太阳系温度的缓缓下降，地球等八大行星终于形成了。2006年，俄罗斯科学院地球化学与分析化学研究所利用铪和钨同位素，精确测定了地球的年龄约为45.67亿年。

地球诞生时，只不过是一颗在熔融状的核心外围弥散着不定型等离子体幔的行星。冷却约1亿年后，地球终于在其外表生成一层不甚稳定的外鞘——地壳。又过了3亿年左右，随着火成岩的出现，这层地壳才逐渐趋于稳定。当地球表层温度降至100℃以下时，在地表低凹处渐渐形成了原始海洋。可推知，在那一望无际山峦起伏的原始地球表面，狂风夹着暴雨无情地鞭挞裸露的山川大地，无数的无机物被水流带到海洋中并陆续沉积于洋底。终于在约38亿年前，洋底出现了第一批水成岩。水成岩的出现，寓示着原始海洋的无机物组成基本趋于稳定，从而为有机物的演化乃至第一批生命体的诞生奠定了充实可靠的物质基础。

一、化学演化

据科学家考证，远在30多亿年前，地球表面大气层及原始海洋中到处是CH_4、NH_3、H_2O和H_2等还原性小分子。1929年，英国生化学家霍尔丹（J. B. S. Haldane，1892～1964）首先提出，在远古海洋的海陆交界处，以闪电及大量紫外线为能源，可能促使早期原始生命形式的诞生。稍后几年，苏联的奥巴林（A. I. Oparin，1894～1980）也发表了大同小异的生命体发生说。1953年，美国的米勒和尤理（S. Miller & H.Urey）在一个密闭的玻璃容器中充灌上述模拟原始大气的成分，并经1周的放电处理（图10.1），首次以这些简单小分子经化学反应获得了甘氨酸、丙氨酸、谷氨酸和天冬氨酸4种构成蛋白质的有机小分子，在人类探讨地球上生命体自然发生的进程中第一次取得了重大突破。后来，许多实验证明，20种组成蛋白质的氨基酸、核酸的各种结构单元——2种嘌呤、3种嘧啶及核糖和脱氧核糖等，都可以通过类似的简单实验得到。

现在我们知道，不仅在早期地球表面，甚至在外层空间，科学家已经从射电望远镜，或从陨石及月球岩石样品等的分析中发现，太空中小分子有机物及其衍生物至少有 39 种，如甲醛、乙醛、乙醇及各种氨类和卟啉类化合物等。2002 年，利用直径达 12m 的射电天文望远镜，美国天文学家在距地球 2.6 万光年、接近银河系中心的人马座中发现了一种被称为乙烯基乙二醇的与生命形成有很大关系的较大有机分子。1972 年，一颗陨石（默奇陨石）落到澳大利亚，科学家从该陨石上发现了 74 种氨基酸，其中的 55 种可能起源于外太空。20 世纪 90 年代，科学家还进行了一项长达 6 年的外太空枯草杆菌（一种含芽孢的细菌）存活实验，结果有高达 70%的枯草杆菌活了下来。这些事实从另一个侧面支持了地球上有机物来自无机物的辩证唯物主义史观，也为生命起源于外太空的“种胚说”提供了一定的依据。2002 年，法国、荷兰和德国的科学家模拟太阳系形成之初的星际空间环境，即在－261℃的真空环境中放入水、甲醇、氨水、一氧化碳和二氧化碳等物质的混合物，一段时间后经光谱测定，竟鉴定出有 16 种氨基酸生成。

彩图

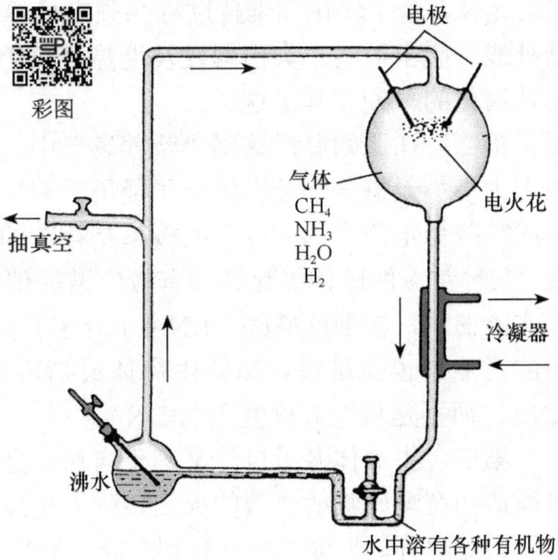

图 10.1　米勒和尤理模拟地球早期自然合成有机物的装置

二、原始细胞诞生

在地球形成之后大约 10 亿年的漫长岁月中，地球一直是一颗毫无生气、喜怒无常的行星。地球上生命的起源和演化可以大体上分成三个时期：前生物时期（化学演化时期），细胞形成时期及物种进化时期。

在前生物时期，原始海洋中有些无机物日渐转化成有机小分子，有机小分子又进一步结合成诸如核酸、多肽（蛋白质）及磷脂等生物大分子。究竟生命起源于何种有机物，目前主要有两种观点，一种是我们比较熟悉的 DNA 学说，另一种是近代出现的 RNA 学说。RNA 学说认为：RNA 的结构比 DNA 简单，符合从简单到复杂的进化基本原理；不少病毒只含有 RNA，没有 DNA；有些 RNA 还具有酶的催化活性，如核糖核酸酶（ribozyme）；在一些病毒中发现了反转录酶（以 RNA 为模板催化合成 DNA 的酶）。随着地球上原始生命体诞生的基本条件日臻成熟，第一批脆弱的原核细胞终于诞生了，然后开始了曲折的进化路程。

虽然科学家对早在 30 多亿年前原始海洋中开创了一个崭新纪元的生命起源的确切历程和细节还未必十分明了，但依据人类近百年来积累的现代科学知识，我们已经可以对这个千古悬案的梗概做出一番轮廓基本清晰的探讨。

生命体的诞生与生存是建立在具备以下诸要素及它们协调发展的基础上的。

第一，从杂乱无章的各种化合物整合成高度有序的生物大分子，乃至细胞。根据热力学第二定律，这个转化和维持过程必须有外界能量的输入。这些能量的来源包括闪电、太阳能、紫外线、宇宙射线、火山爆发及地热高温等。应该说这些能源是取之不尽、用之不竭的，在地球演化的早期尤其是这样。

第二，在原始海洋这锅“营养汤”中，在长达亿万年的漫长年代里，具有一定浓度的无数大大小小无机分子及有机分子经历千万次的相互碰撞，随机组（化）合，随时离散，它们形成某些特定的生物大分子的概率是存在的，但并不高。化学反应需要有催化剂。科学家发现，某种常见的胶体氧化铁具有较广谱的催化上述反应的功能。此外，1986 年塞奇（T. Cech）的实验揭示，核糖核酸酶（RNA 小分子）具有以 RNA 为模板催化复制产生新 RNA 的类似酶的功能。也就是说，原始生命体最初可复制的遗传物质可能是分子量小、结构较简单的 RNA，而不是构造高度复杂的 DNA。

第三，生命体源于自然又高于自然。原始生命体可能在原始海洋的水陆交界处诞生，也可能最初在洋底喷射热液的火山口附近出现。无论哪种情况，它们都必须有一层“界面”与外界相对隔开，形成“内外有别”的一群特殊有机体。这个“界面”就是众所周知的细胞膜。事实证明，只有磷脂这种化合物才能成为构建细胞膜的理想材料。磷脂是一种一端亲水（极性）另一端疏水（非极性）的两性化合物（第二章第二节）。由于这个特性，磷脂分子在液态水表面上自然形成一层单分子层。在风浪交加的原始海洋表面，这种磷脂单分子层具有无数次机会折叠成非极性疏水基团在内侧、极性亲水基团分列外侧的磷脂双分子层，即细胞膜的骨架。然后，这类原始的细胞膜结构历经无数次随机包裹，当它们的内容物具有适当比例的各种核酸、蛋白质和糖类等最基本的必需生物大分子，且具备一定的自我复制能力以后，地球上第一批细胞样原始生命体也就宣告诞生了（图 10.2，图 10.3）。

彩图

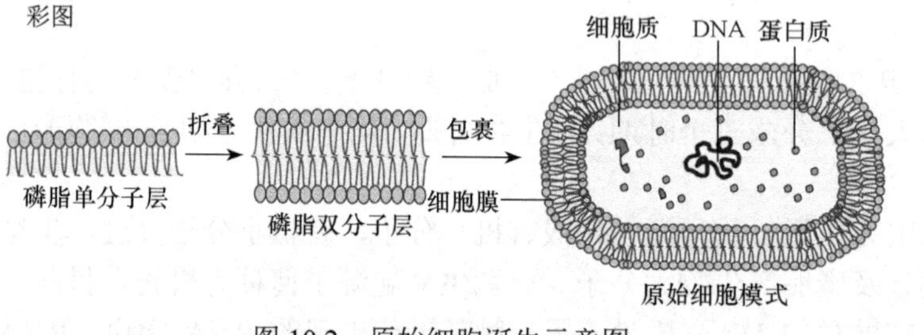

图 10.2　原始细胞诞生示意图

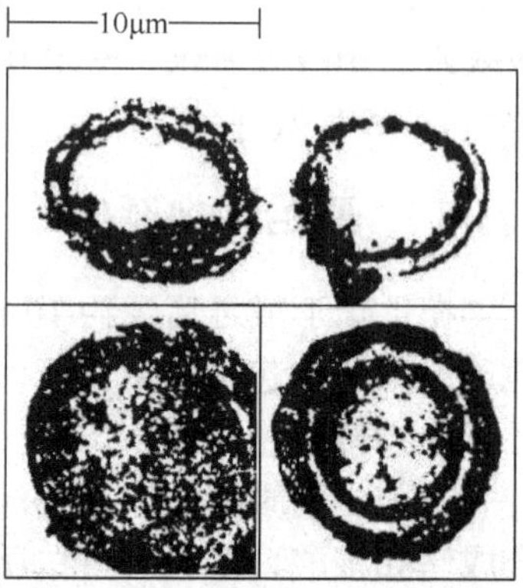

图 10.3　8.5 亿年前的细菌化石

由以上分析可见，地球上早期生命体的诞生要有三个前提：①源源不断的能源供给；②具有相当浓度的各种有机分子和一定的催化剂；③要有细胞膜的包裹。在满足上述条件的情况下，可以推测，最早形成的细胞样原始生命体一定是非常脆弱的。它们能不时生成，但随时又可能分解。它们应该是一些单细胞厌氧原核生物，以异养代谢的方式维系生存。1996 年，一个科学家小组对一块取自北欧格陵兰的岩石所进行的分析表明，地球上最原始的生命体出现在约 38.5 亿年前，从而把首批原始细胞出现的时间往前推进了约 4 亿年。经历大自然数亿年风风雨雨的洗礼，少数生命力最顽强的单细胞生物终于在自然界站稳了脚跟，逐渐繁衍开来，并一步步踏上突变与进化的崎岖征程。

科学进展

人造生命体

2007年，曾在破解人类基因组序列中起到重要作用的美国赛莱拉（Celera）公司创始人克雷格·温特尔，陆续向100多个国家的专利机构提出了“人造生命体技术”的专利申请。

“人造生命体技术”的基本思路是：确定微生物生存所需的最少基因量，然后设法合成或构建这个最小的基因组，将其植入已去除原基因组的宿主细胞中。如果一切顺利，外源人工基因组就可以自己生成所需蛋白质，形成新的微生物。

温特尔召集由诺贝尔生理学或医学奖得主汉米尔顿·史密斯领导的20人小组，着眼于他们研究多年的一种仅拥有482个基因、名为生殖支原体（*Mycoplasma genitalium*）的比一般细菌还小得多的病原体。他们逐个敲除某些基因，发现该支原体被删除了101个基因仍能存活。接着他们根据上述实验结果人工分段合成各序列，然后再反复拼接，终于组装成含有381个基因（58万个碱基对）维持细胞最低生存需要的全人工合成基因组。2007年10月，他们把这个基因组转入去除了原基因组（仅余空壳细胞壁）的生殖道支原体中，该人工细菌被命名为“实验室合成支原体”（*Mycoplasma laboratorium*）。

这是人类第一次得到一个由全人工合成的DNA序列控制的人造生命体。但该序列实际上是一个高度简化的天然基因组，且生殖道支原体生长非常缓慢。因此，温特尔小组紧接着重新设计，以生长迅速的蕈状支原体（也称丝状支原体，*M. mycoides*）的基因组为蓝本，再加入可供识别的人为设计序列和基因，经一步步艰难的大片段DNA人工合成和连接，终于构成长达1 077 947bp的全人工合成基因组。最后，他们将这个拥有107万多个碱基对的人工合成基因组转入已事先去除基因组的山羊支原体（*M. capricolum*）中。这样，历经15年潜心构思与钻研，花费4000万美元，世界上第一个由人工化学合成基因组控制的可以自我复制的细菌细胞终于诞生了（图10.4）。加拿大生物伦理学组织ETC团体主任帕特·穆尼说，温特尔制造出了一个基架，在此基础上人们几乎可以制造出任何东西。

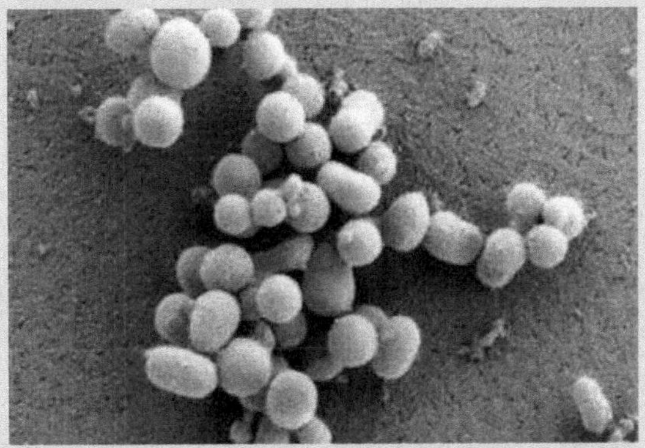

图10.4　由人工合成基因组控制的山羊支原体新菌株
（引自Daniel et al.，2010）

彩图

第二节　生物进化的主要历程

原始生命体从它们诞生的第一天起，随时随地都受到紫外线及其他宇宙射线的辐射（当时地球外层大气由于缺乏臭氧层等天然屏蔽，到达地表的射线强度比现在高得多）。再加上频繁的火山爆发、沧海桑田的巨大变更、狂风骤雨的严峻考验，许多细胞型原始生命体纷纷被淘汰。有些受到诱变，产生各种变异。在大自然漫长无情的选择压力下，生物逐渐演化。一方面，多种多样的生物渐次出现；另一方面，有些生物历经曲折的演变，依次越上一个个进化的里程碑。以下以生物进化的主要纪元为主线概述各主要门类生物出现及演化的基本历程（表 10.1）。

表 10.1　地质年代和生物演化表

代	纪	起止时期/亿年前	地质气候变化	植物界	动物界
太古代		38.5～20.0	地壳不稳定，变化剧烈，气温较高	第一批原始的原核单胞异养厌氧菌在原始海洋的水陆交界处诞生，以后逐渐演化出光合细菌和蓝藻（菌）	
元古代		20.0～5.7	地壳运动趋缓，气温呈现大尺度的冷热交替	蓝藻兴盛，真核藻类兴起	海绵动物、腔肠动物出现
古生代	寒武纪	5.7～5.0	气候转暖，海洋扩大	生物大爆发，各种藻类大量出现	扁形动物、线形动物、环节动物、软体动物、节肢动物、棘皮动物，甚至最原始的脊索动物海口虫（鱼）、昆明鱼等都出现，三叶虫繁盛
	奥陶纪	5.0～4.25	气候温暖，浅海广布	大型藻类出现，陆地边缘开始有湿生苔藓植物	贝类繁多，三叶虫为优势动物，低等脊椎动物甲胄鱼类初现
	志留纪	4.25～4.05	地壳多隆起，气候转干	裸蕨等陆生维管植物出现	三叶虫仍繁盛，无颌类发育，原始鱼类兴起
	泥盆纪	4.05～3.45	陆地升高扩大，气候干旱炎热	蕨类植物昌盛，原始裸子植物出现	三叶虫衰退，鱼类兴盛，昆虫和原始两栖类出现
	石炭纪	3.45～2.80	气候温湿转干燥	蕨类植物继续繁盛，种子蕨及裸子植物占优势	两栖类发展，爬行类出现，昆虫繁盛
	二叠纪	2.80～2.48	造山运动频繁，气候干热	蕨类植物衰退，裸子植物兴盛，占据大片陆地	三叶虫灭绝，昆虫兴盛，两栖类衰退，爬行类渐起
中生代	三叠纪	2.48～2.13	大陆隆起，气候干燥转湿热	裸子植物繁盛；地壳变动，许多植物被深埋炭化成煤	爬行类恐龙兴起，无尾两栖类发展
	侏罗纪	2.13～1.44	内陆可见大量浅海，气候温暖潮湿	苏铁、银杏等裸子植物兴盛，被子植物兴起	恐龙兴盛，始祖鸟、孔子鸟等原始鸟类初现
	白垩纪	1.44～0.65	山岳大规模运动，火山活动，大陆漂移，后期气候转冷	裸子植物衰退，单子叶植物兴起	恐龙衰退直至灭亡，鸟类兴盛，原始哺乳类出现，灵长类兴起
新生代	古近纪和新近纪	0.65～0.02	前期气温下降，由于洋底甲烷大量释放后期气温又急剧上升，各大洲定型，喜马拉雅山隆起	被子植物成林，分化出各科、属、种	许多海底单胞生物灭绝，鸟类、哺乳类发展，类人猿和人类祖先南方古猿等猿人出现
	第四纪	0.02～0	4 次冰川期及间冰期反复出现	被子植物繁茂，草本植物发达	人类逐渐进化，有些大型兽类灭绝

一、太古代

从原始生命体诞生之日起（约 38.5 亿年前）至约 20 亿年前，这一时期叫作太古代。这是原始生命体诞生并逐渐艰难发展的年代。如前述，最早诞生的原始生命形式应是一些单细胞厌氧的异养型原核生物——类似细菌的生物。在此之后大约 5 亿年的时间里，这些单胞菌——地球上的第一批生灵，在尽情地消耗原始海洋中的营养物质，极大地扩大种群的同时，也使有机营养日渐枯竭。这时，在各种射线诱变下已经逐步建立起光合系统Ⅰ（PSⅠ，能进行光合作用，但不光解水放氧，详见第四章第二节）的光合细菌，由于它们能利用取之不尽的阳光和二氧化碳为自己合成必需的有机物，因此光合细菌渐渐繁茂开来。澳大利亚科学家通过对海底沉积岩的研究发现，到了大约 27 亿年前，由于随机诱变与自然筛选的持续进行，地球上出现了首批构造复杂的具细胞核和多种细胞器的真核细胞，从此开创了真核生物进化的新纪元。约 24 亿年前，有些生物（细胞）终于建成了光合系统Ⅱ（PSⅡ）。这个 PSⅡ能以环境中最大宗的介质——水为供氢体，在光解水获得电子、质子（H^+）进行光合作用的同时，把该作用的副产物——氧气（O_2）源源不断地释放到大气中。这样既满足了光合生物自身快速生长的需要，又从此开启了大气层由还原型向氧化型演变的序幕。

太古代是生命发生、原核生物发展、光能自养原核生物（光合细菌，蓝藻也称蓝菌）出现及真核细胞显露的年代。尤其值得一提的是，光合放氧蓝藻和绿藻的出现在生物进化史上具有特殊重要的意义。它们能借助光合作用将大气中的二氧化碳固定并转化为糖类等有机物，为异养生物提供生存的物质基础。同时，光合作用放出的氧气，一方面成了好氧生物诞生的“助产士”；另一方面它们在高层大气逐渐形成一层臭氧屏障，保护地面生物免受紫外线的致命辐射伤害，为生物圈的生存和发展提供了不可或缺的前提条件。从那以后，大量的厌氧菌逐渐衰亡，取而代之的是兼性厌氧菌、好氧菌及各种蓝藻和绿藻。

二、元古代

太古代之后，地球表面地壳运动趋于减弱，气候变化经历了数次严寒的冰川期后，终于出现一段较为温暖平静的时期，这就是从约 20 亿年前至约 5.7 亿年前的元古代。在这个时期，真核单细胞生物，包括原生动物和单胞绿藻等原生生物开始出现，动物、植物也从此分道扬镳。

真核细胞的起源是一个至今尚未根本解决的重大理论问题。1970 年，马古里斯（L. Margulis）等学者根据叶绿体和线粒体的 DNA 组成（裸露闭合环状）及核糖体的大小（70S）与原核细胞类似的事实，提出了真核细胞起源于原核细胞的内共生学说。该学说认为，叶绿体和线粒体是由远古时期被原始细胞吞食的原核生物（蓝细菌和细菌）与原始细胞发生某种共生关系而被遗留并遗传下来的。从此真核细胞也就逐渐演化诞生了。后来，沃尔斯（C. R. Woese）等研究了真核细胞和原核细胞 rRNA 的核苷酸序列，发现它们之间缺乏任何同源性证据。因此，沃尔斯认为，真核细胞不是源于原核细胞。真核细胞可能与原核细胞一道，共同起源于原始海洋中的原始生命体，然后各自独立进化。在进化途中，正如马古里斯揭示的那样，某些蓝菌和细菌被原始细胞俘获，成了它们的细胞器（图 10.5）。

2001 年，美国麻省理工学院的生化学家郝曼·哈特曼（Hyman Hartman）及其同事用新的蛋白质组学的实验结果为真核细胞的内共生起源提供了新的有力证据。Hartman 等发现，单细胞真核生物酵母菌细胞核内的蛋白质与古细菌的蛋白质十分相似，而酵母菌细胞质的蛋白质则与细菌的蛋白质类似，但更加复杂。此外，他们还对酵母菌、果蝇、蚯蚓和一种植物的全部蛋白质进行了比较，发现共有蛋白质约 2000 种，然后除去那些也在细菌中出现的大约 900 种蛋白质，再除去最古老的真核细胞之一的寄生生物 Giandia 所不含有的蛋白质，余下的 347 种蛋白质主要与蛋白质合成及组成细胞骨骼有关。据此，他们认为，正是由于具有细胞骨骼的早期细菌吞噬了古菌才产生了今天称之为细胞核的遗传指挥中心，真核细胞由此开始诞生。至此，真核细胞的细胞核、线粒体和叶绿体的起源都可从“内共生学说”中得到解释。

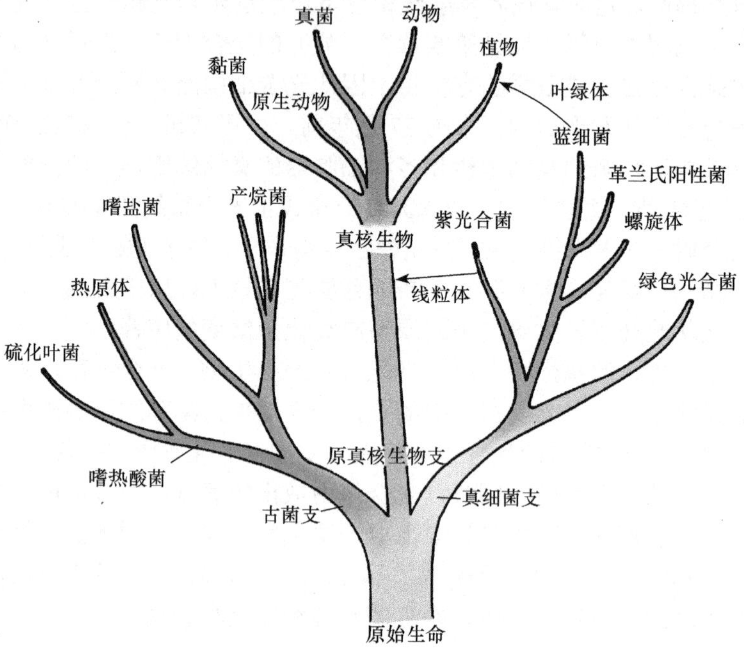

彩图

图 10.5　沃尔斯生物进化系统树

元古代还是一个多种生物爆发式出现的时期。在植物界，已经从单胞绿藻进化产生了细胞间稍有分化的大型藻类。在动物界，海绵动物与腔肠动物已经成了原始海洋中的优势生物。与此同时，生物演化的一项重要指标——有性生殖机制及生殖器官开始出现。1999 年，在我国河北省兴隆宽城地区发现的红藻的精子囊（雄性生殖器官）和囊果（雌性生殖器官）化石，把生物出现有性生殖器官的时间推进到了 18 亿年前的元古代早期。

三、古生代

在距今 5.7 亿年前后，气候温暖。伴随着多次的造山运动，生物发展进入了爆发式发展的古生代。根据地质学和古生物学的特征，通常还将古生代划分为 6 个纪（表 10.1）。在古生代，苔藓植物、蕨类植物及裸子植物依次登场，苔藓植物成了生物界登陆的先锋。不过蕨类植物和裸子植物由于发展出了维管束这种输导水分和有机物的特化、高效组织，才成为真正登陆成功、能占据大片山川原野的高等植物。我们现在开掘的煤矿，很多都是当年高大的蕨类、乔木经造山运动等剧烈的地层变动而深埋地下，高温高压形成的。

与此同时，无脊椎动物进入了十分繁盛的时期。扁形动物、线形动物、环节动物、软体动物、节肢动物及棘皮动物相继产生，最原始的脊索动物海口虫（鱼）和昆明鱼早在距今 5.3 亿年前的寒武纪中期即已出现，此后鱼类、两栖类乃至爬行类也陆续进化发生。古生代的代表性生物是三叶虫（图 10.6）。在古生代寒武纪初期，三叶虫已出现许多科、属、种。志留纪以后三叶虫逐渐衰退，到二叠纪末完全灭绝。全世界已发现三叶虫化石约 1 万种，我国有千余种。令人赞叹不已的是，和三叶虫几乎同时出现的节肢动物鲎（图 10.6，国家二级保护动物）竟能历经几亿年沧桑磨难，至今仍在福建、广东和广西等省（自治区）沿海繁衍，生生不息，真不愧“活化石”的美称。

四、中生代

从距今约 2.5 亿年前起，数块大陆继续隆起，造山运动频繁，气候从干燥逐渐转成湿热，后期又渐渐变凉，生物发展进入了中生代。本时期裸子植物从兴盛转向衰退。在双子叶植物依然蓬勃发展的形势下，被子植物中的单子叶植物悄然兴起，展现出勃勃生机。中生代是爬行类恐龙逐渐崛起、兴盛，最终又走向灭亡的时期（图 10.7，图 10.8）。原始鸟类和原始哺乳类分别在中生代的侏罗纪和白垩纪从爬行类动物进化而来。20 世纪末，考古学家在我国辽西四合屯等地发现的系列保存完好的原始鸟类化石证明，鸟类的确起源于爬行类。白垩纪后期高等哺乳类——灵长类兴起。灵长类动物通常群栖于树上，杂食。它们眼睛朝前，锁骨发达，拇指（趾）与其他指（趾）对生，前后肢都能握物，具指（趾）甲，有尾。灵长类的发生与发展为人类的出现奠定了坚实的基础。

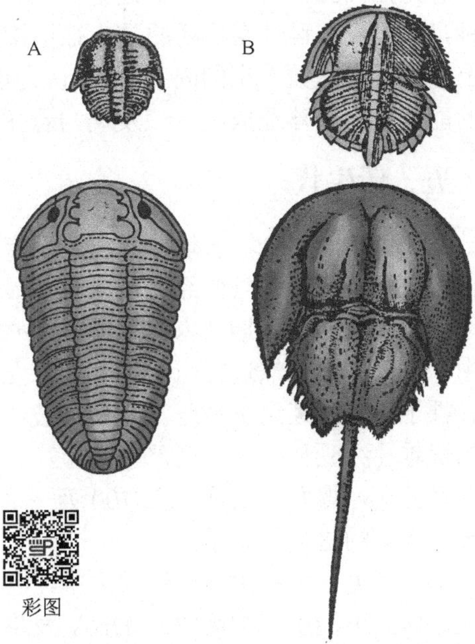

彩图

图 10.6　古生代三叶虫化石与鲎活化石比较

A. 三叶虫化石幼虫与成虫；B. 活化石鲎的幼虫与成虫

图 10.7　以恐龙为代表的中生代动物

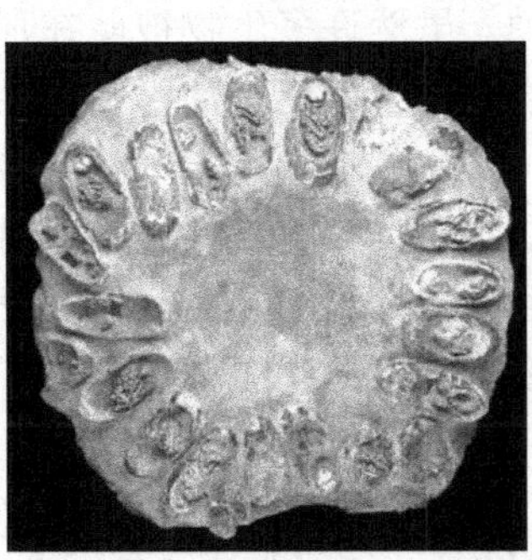

图 10.8　一窝广东恐龙蛋化石

蛋长 12.7cm、宽 7.6cm，22 枚蛋中有 19 枚可见雏形恐龙胚胎

恐龙在 6500 万年前突然迅速灭亡，留下了千古之谜。有关恐龙灭亡原因的假说有 200 余种，但被较多科学家接受的是小行星撞击地球说。1990 年，一组科学家在墨西哥尤卡坦半岛上发现了深达数千米的陨石坑，并认为这是 6500 万年前一颗小行星以相当于 100 亿颗原子弹的能量撞击地球造成的。该发现为恐龙灭绝的灾变说提供了有力的证据。

五、新生代

0.65 亿年前至今，各地质板块趋于定型。由于印度次大陆板块与欧亚板块相互挤压，喜马拉雅山日益隆起。气候经历了多次明显的冰期与间冰期的反复交替。地球在大约 1 万年前才刚刚摆脱第四次冰期（末次冰期）严寒的影响。北欧格陵兰岛的居民至今仍处于冰期尾声之中。在严酷的自然选择压力下，以恐龙为代表的一大批过于特化、过于大型化的动物灭绝了。裸子植物持续走下坡路。相反，被子植物（包括双子叶植物和单子叶植物）由于自身构造的优越性经受住了一系列严峻考验，一直繁茂到现在。与此同时，哺乳类和鸟类也都分化出众多分支，爆发式发展。在 700 万～600 万年前，南方古猿等类人猿终于在非洲南部等地出现，人类的进化开始了。

综上可见，生物生活于环境之中，它们与环境的相互关系错综复杂。各种环境因子作用于生命体，可能引起细胞中的 DNA 发生突变；在这些突变积累的同时，外环境持续对生物的各种突变进行选择，最终不仅导致生物的进化与多样化，同时也使生物逐渐适应环境的变迁并以各种方式对环境施加或大或小的影响。五彩斑斓的生命世界是大自然历经 30 多亿年时间的不朽佳作。每个物种的消亡都是一个无可挽回的损失。人类作为地球上的“后起之秀”应该对此有明确清醒的认识。

不过生命的进化历程也不是一帆风顺的。在奥陶纪末、二叠纪末、三叠纪末和白垩纪末都发生过大规模的生物物种快速大幅度灭绝事件，尤以发生在大约 2.3 亿年前的二叠纪末至三叠纪初，生物大灭绝最为严重。其间，海洋动物绝灭了大约 50 个科，约占当时海洋动物总科数的一半。如果以属进行统计，则消失了大约 83%的属和 96%的物种。此外，白垩纪末曾统治地球长达 1.5 亿年的恐龙也在很短的时期内绝灭了。有不少科学家认为，由于人类毫无节制的贪婪与索取，当今的地球很可能正处于新一轮的生物大灭绝灾难中。

第三节　生物进化的证据

大约 38.5 亿年前，在地球原始海洋中诞生第一批原始生命体以来，生物进化的历程就极其复杂，产生了数以千万计的物种。虽然许多生物彼此在形态、构造、生理及遗传等诸多方面的差异十分显著，但是作为生物，科学家还是从中发现并总结出了它们在本质上的若干共性，主要有以下几点。

1）以细胞作为构成生物的基本单位，从最简单原始的原核生物到最高等的人类，无一例外。病毒和类病毒由于不具备最起码的细胞构造，它们在细胞外不能表现出新陈代谢等生命的基本特征，因此不能被称为严格意义上的生命体形式。

2）具有基本相同的元素构成。氢（H）、氧（O）、碳（C）、氮（N）、磷（P）和硫（S）是构成核酸和蛋白质的基本元素（第二章第一节），在每种生物、每个细胞中无不存在。还可在各种生物体内（细胞内）发现含量不一的 20 余种微量元素，它们基本上是原子量较小的元素。

3）各种生物无论进化地位高低都有共同的核苷酸构成。各类生物 DNA 的结构单元都是腺苷一磷酸（AMP）、鸟苷一磷酸（GMP）、胞苷一磷酸（CMP）和胸苷一磷酸（TMP）；RNA则由腺嘌呤核苷酸、鸟嘌呤核苷酸、胞嘧啶核苷酸及尿嘧啶核苷酸组成，例外的情况极少。

4）各种生物普遍以L-氨基酸作为蛋白质（多肽）的基本组成部分。

5）全生物界都使用一张共同的遗传密码表（第八章第五节）。不过由于遗传密码具有简并现象，科学家已经发现不少细菌、植物和动物有各自“偏爱”的密码子。

6）生物中的各种代谢反应几乎都需各种酶进行催化。一个细胞中可有上千种酶，保证生命代谢在平稳的条件下有条不紊地进行。

7）除了极少数细菌外，绝大多数生物都以葡萄糖作为最重要的碳源。植物能将葡萄糖聚合成各种淀粉和纤维素，动物则能把葡萄糖聚集成肝糖原和肌糖原等。反之，这些大分子最终也将降解成葡萄糖后再经三羧酸循环彻底裂解，释放出其中的能量。

8）各种生物都能在糖异化等代谢过程中合成腺苷三磷酸（ATP），进而利用ATP作为随时可利用的方便能源。

9）许多生物都以相似的途径合成并储存多糖、蛋白质和脂肪。

10）许多生物都经大体相同的途径降解各种贮存物质，包括多糖、蛋白质和脂肪，并释放出能量。

综上可见，生命起源的总祖论（一元论）具有相当广泛的实验依据，正在被越来越多的科学家所接受。

一、胚胎学证据

由于内、外因的共同作用，各种生物逐渐出现某些突变，积累各种不同类型的变异。经过亿万年的沧海桑田变更，生物间的差异日渐显著，但同类群的生物毕竟还是存在大量共同的遗传资源，亦即同大于异。1866年，德国博物学家缪勒（J. F. T. Muller，1821～1897）和海克尔（E. H. Haeckel，1834～1919）在研究、比较了多种脊椎动物胚胎发育的过程后指出，生物在个体发育过程中重现了其祖先系统发育所经历的主要阶段。如图10.9所示，鱼、蝾螈、龟、鸡、

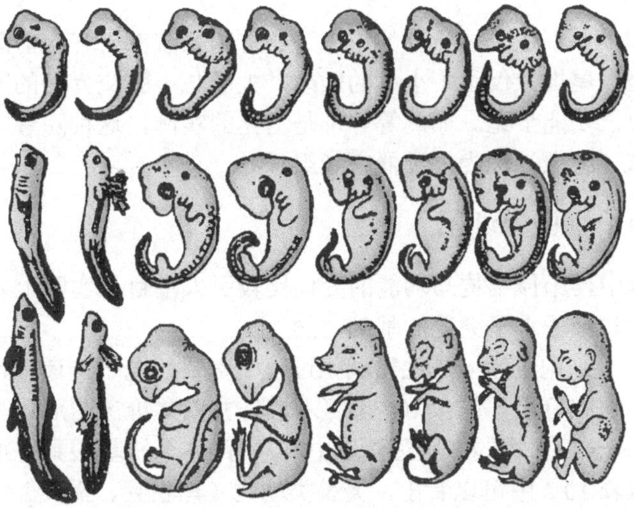

彩图

图10.9　几种脊椎动物胚胎发育比较

猪、牛、兔和人在胚胎发育早期是何其相似，它们的鳃裂和尾部都明显可见。显然，鱼类是爬行类、鸟类和哺乳类的共同祖先。这就是著名的重演律（生物发生律）。缪勒和海克尔提出的重演律沉重打击了统治欧洲几个世纪的神创论和物种不变论，开创了生物进化论的先河。

二、比较解剖学证据

只要稍有常识的人都知道，蛙类的前肢有 4 指，与人类的手极为相似。许多哺乳类，尤其是灵长目动物，如猿与猴等动物，其前肢的形状和功能都与人类没有多大的区别。突变和自然选择使不少脊椎动物的前肢演化成各种形状，发挥不同的功能。不过一旦去其肌肤即可发现，许多脊椎动物前肢的骨骼构造都具有明显的同源性。它们是同源器官，即在胚胎发育和个体发育过程中，它们的来源相同，位置相当，内部构造基本一致（图 10.10）。

彩图

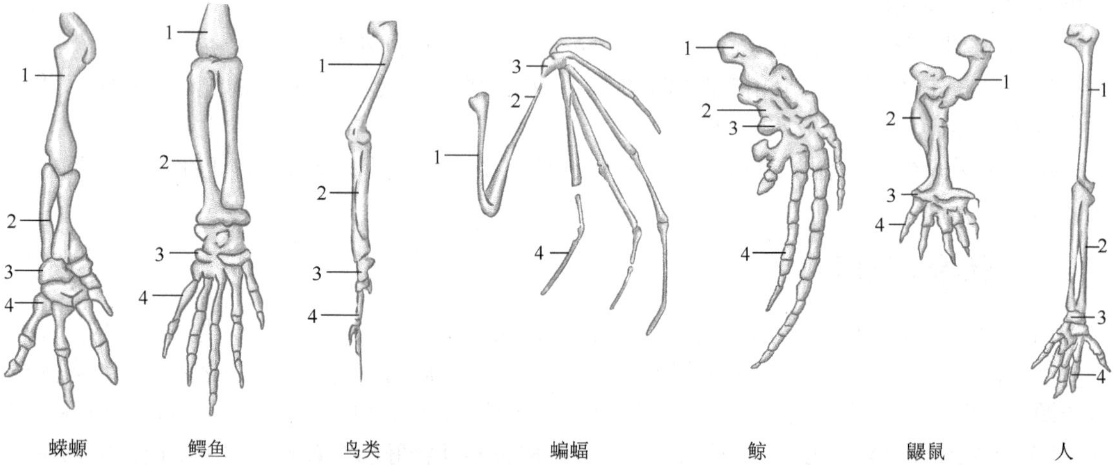

图 10.10 脊椎动物前肢骨骼比较

1. 肱骨；2. 尺骨和桡骨；3. 腕骨和掌骨；4. 指骨

在物种进化过程中并不是个体所有的组织、器官和系统都一齐向前演化。有进必有退。人的体毛已基本隐退，尾椎骨仅留下小小的残余，大肠与小肠交界处的阑尾只见痕迹，多数人联系耳廓的动耳肌已功能全无。如此等等都是退化的实例。这种随着物种进化，其结构与功能逐渐退化的器官（组织）称为痕迹器官（组织）。

三、生化与分子生物学证据

在生物进化过程中，个体结构与功能的变化比较引人注目，实际上，这些宏观上的变化是建立在一系列细胞与分子水平突变的基础上的。

1．细胞色素 c 细胞色素 c 是生物氧化过程中重要的电子传递体，在生物界中分布极广。在高等动物中，细胞色素 c 包含 104 个氨基酸，并以共价键的形式与一个血红素分子结合。生化分析表明在 25 种生物的细胞色素 c 中，只有 35 个氨基酸具有很强的保守性，历经数亿年毫无变化。从表 10.2 中可以看出，灵长类动物（黑猩猩、猕猴）的细胞色素 c 氨基酸组成与人类几乎无异，哺乳动物与人类的差别也不是很大，而植物和微生物则与人的细胞色素 c 氨基酸组成差异十分明显，可达 1/3 以上。

2．血红蛋白 动物都能利用氧气进行异养代谢。血红蛋白是红细胞中的主要成分。大气中的氧气主要就是通过结合于血红蛋白的方式运送到全身各组织细胞中（第五章第五节）。高等动物的血红蛋白由两条α链和两条β链组成。据测定，成人的血红蛋白β链含146个氨基酸。科学家通过分析β链氨基酸组成发现了与细胞色素c演化异曲同工的现象（表10.3）。据此，分子生物学家甚至可以得出这样一个结论，近代哺乳动物血红蛋白的进化速度大约是每一千万年更替一个氨基酸。

3．免疫学证据 根据抗原-抗体反应原理，将人的血清注射入家兔体内，家兔的免疫系统将很快地应激产生出与人血清中的抗原物质发生特异性沉淀反应的抗体，即抗血清。利用这种敏化后的血清滴定各种动物的血清，根据所产生沉淀的数量关系（表10.4），科学家已能准确地阐明这些动物彼此间的进化关系。

表10.2 一些生物与人的细胞色素c氨基酸组成差异数

生物名称	氨基酸差异数
黑猩猩	0
猕猴	1
家兔	9
袋鼠	10
鲸	10
猪、牛、羊	10
狗	11
骡	11
马	12
鸡	13
响尾蛇	14
龟	15
金枪鱼	21
狗鱼	23
蝇	23
天蚕蛾	31
小麦	35
链孢霉	43
酵母	44

表10.3 人与几种动物血红蛋白β链氨基酸组成差异数

动物名称	氨基酸差异数
大猩猩	1
长臂猿	2
罗猴	8
狗	15
牛	25
白鼠	27
袋鼠	38
鸡	45
蛙	67
七鳃鳗	125

表10.4 家兔抗人血清与几种动物血清的滴定比值

动物名称	比值/%
人	100
黑猩猩	97
大猩猩	92
长臂猿	79
狒狒	75
蜘蛛猴	58
狐猴	37
食蚁兽	17
猪	8

类似的实验科技人员已经进行了多次。这些实验的结果都得出一个共同的结论：同类生物具有共同的祖先，所有的生物都起源于某种原始的生命形式；同时，生物不是一成不变的，生物在演进的历史长河中不断从各级始祖中产生分化，终于造就成十分繁盛的生命世界。

第四节　生物进化的理论

地球上的生命是如何产生的？光怪陆离、千姿百态的生物来自何方？在人类认识史上至今存在唯心主义和唯物主义两种截然相反的理论。统治欧洲中世纪达数百年之久的神创论（特创论）认为，世间万物，包括人在内，都是上帝仅用6天的时间创造出来的。虽然神创论作为一种宗教目前还有一定的市场，但科学终将战胜谎言。几个世纪以来，无数科学家和志士能人为了阐明生命体发生及演化的规律，不畏艰辛，四方求索，甚至献出宝贵的生命。以下对近200年来有关生物进化的几种重要学说的主要内容及其演变进行扼要的探讨。

一、早期进化论

法国博物学家、作家布丰（G. L. L. de Buffon，1707～1788）或许可以说是敢于提出生物物种可变的第一人。他曾任法国皇家植物园园长，长期从事宇宙和物种的起源研究。他极力倡导生物“转变论”，提出“生物的变异基于环境的影响”的原理，第一次提出现代动物起源于原始动物的观点。他的上述提法在反对当时居统治地位的“物种不变论”和“神创论”斗争中发挥了一定的积极作用。

拉马克（J. B. Lamarck，1744～1829）是另一位著名的法国博物学家，是科学进化论的创始人。1801年，他出版了《无脊椎动物分类系统》一书，在书中首次发表了不很明确的生物进化观点；1809年，在他65岁时写成了名著《动物的哲学》，比较详细地提出了生物进化学说的要点。他认为低等生命体可以由非生命物质连续地产生出来，物种由于环境变化和与此相关的需要的变化而得到发展，并通过使用和不使用来影响器官的变化，导致新器官的产生。生物必然由于内在的倾向性而向更复杂、更完善的方向演变。后人将他的看法归纳成“用进废退”和“获得性遗传”两条法则。“进化树”这个名词也是拉马克首创并沿用至今的。

所谓“用进废退”，意指某个（些）器官由于经常（天天）使用，如人的臼齿、犬齿，它们就可能长盛不衰；而某个（些）器官若不大常用，如人的智齿，它们就可能在构造及功能方面逐渐退化，成为痕迹器官。“获得性遗传”阐述了“用进废退”学说的内涵与实质，它试图说明，器官之所以一代接一代地使用，越用越发达，就在于这种“使用”的信息能代代相传，逐渐累积，最终导致该器官质的飞跃。拉马克还举了长颈鹿的例子来论证他的观点。应该承认，拉马克的生物进化学说沉重打击了当时居统治地位的神创论和生物不变论，尤其是在那个教会依然有绝对权威，甚至很多科学家都是虔诚的教徒，而且相信世间万物都是上帝创造的，物种是永恒不变的历史大背景下，拉马克在他的著作中提出的进化观点无疑是直接挑战了教会的权威，体现了拉马克为了科学尊重事实的勇气和魄力。此外，拉马克对世界生物学发展史所做出的杰出贡献，以及他坚韧不拔、勤奋好学的精神和为维护真理而坚贞不屈的高尚品质是值得赞赏的。关于拉马克的“获得性遗传”学说是否站得住脚？亲代生物发展、获得的这些更为有效、完善（或衰退、低下）的功能是通过何种物质载体，以哪种（些）途径传给子代的？学术界颇有争议。尤其是近年来表观遗传学相关研究表明，亲代时期由于某些环境因素的影响，虽然其遗传物质DNA序列没有发生变化，但是包括DNA甲基化、组蛋白修饰和非编码RNA（ncRNA）对基因表达的调控都有可能影响基因的表达，与衰老、疾病和癌症的发生有一定的关系，甚至表观变化被遗传给后代。

在我们研讨生物进化论的时候，有一位英国博物学家不时会被人们遗忘，这就是华莱士

（Alfred Russel Wallace，1823～1913）。华莱士出身贫寒，年轻时以采集生物标本为生，足迹远及南美及马来群岛。在长年的标本采集生涯中许多相似而不相同的生物类型令他困惑不解，当时流行的“特创论”无法解答他面临的一系列问题。客观世界是产生真知的源泉。华莱士根据丰富的第一手材料，终于在 1858 年 6 月独立提出了生物受环境的选择压力不断发生变化的进化学说，并将他的主要观点写成论文《论变种无限偏离原始类型的倾向》寄请名气很大的达尔文指教。达尔文阅文后受到很大震动，惊叹华莱士的想法竟与他如出一辙，同时也促使犹豫不决的达尔文痛下决心加快将他的巨著整理付梓。因此华莱士当之无愧成为生物进化论的先驱和主要贡献者之一。

二、达尔文进化论

达尔文（Charles Robert Darwin，1809～1882）是英国一位富有医生的第五个儿子。达尔文长大后，在剑桥大学就读。他父亲有意培养他学医，但达尔文对医学毫无兴趣。后来他父亲又把他送入神学院学习，但达尔文依然觉得索然无味。大学期间唯一让达尔文入迷的科目是面向自然的博物学，尤其是采集动、植物标本更使他如痴如醉。达尔文大学毕业后，以博物学家的身份乘海军勘探船“贝格尔号”（Beagle）进行了历时近 5 年的环球考察（1831 年 12 月 27 日至 1836 年 10 月 2 日）。这是达尔文一生重大的转折点。这 5 年中，达尔文观察并采集了大量的动、植物标本，许多现象令他对神创论产生了种种质疑，对物种的不变性产生了怀疑。

达尔文返回伦敦后，觉得还需搜集更多的证据以支持他的进化理论，因此迟至 1856 年才着手写《物种起源》。两年后，华莱士寄来的文章虽说是请教，但实际上也是挑战，一种谁先揭示生物进化规律的竞赛与挑战。华莱士此举对达尔文震动很大。达尔文从此下定决心，鼓起勇气直面神创论的重重阴霾，终于使他这部名著 *On the Origin of Species by Means of Natural Selection，on the Preservation of Favoured Races in the Struggle for Life*（《通过自然选择的物种起源，在生存竞争中保存优良种系》，简称《物种起源》）在 1859 年 11 月 24 日出版。该书的出版引起了伦敦知识界的高度重视，许多人争相购买，第一版当日售罄。马克思和恩格斯对达尔文的进化论给予很高的评价，把它和细胞学说与能量守恒一道推举为 19 世纪三大发现。进化论的问世对神创论盘踞的最后堡垒吹响了大进军的号角。从那以后的一个半世纪中，进化论与神创论几经惊涛骇浪般的搏击，终于不仅在科学界，而且在广大群众的心目中都逐渐站稳了脚跟，展现出真理不可阻挡的光芒与魅力。

达尔文在他的《物种起源》中，一方面引举大量现存的或化石的物种及个体作证据，另一方面他并不停留在证据本身，而是更深入一步，提出假说，试图解释这些现象之间的内在联系，从理论上加以提升。这也是达尔文胜人一筹之处。达尔文的生物进化论主要包括以下五个方面的主题。

1）生物具有共同的祖先。虽然经历亿万年的曲折演变，形成千姿百态、光怪陆离的生物大千世界，但应该承认生物具有共同的祖先。

2）生物总是不断地发生变异，这些变异有的很明显，一眼可见；有的变异十分微小，不易察觉。此外，变异对于生物本身可以是有利的，也可能是有害的；有些变异能遗传，但有些变异仅限于在当代表现。

3）自然界是一个最公正的裁判，它无时无刻不在以其犀利的目光审视生物的各种变异。能与自然界相适应的变异被保留了下来，拥有与自然界相悖变异的生物则渐渐被淘汰。久而久之，生物经代代相传，必然与自然相适应。

4）生物普遍具有十分强大的生殖能力，这是自然选择的功能性产物。过多的生物之间必然要展开激烈的生存竞争。由于同种生物对生存的要求基本相同，因此种内竞争异常激烈。

5）由于各种变异的积累，同种生物间逐渐有所不同，随着时光的流逝最终新物种产生。但只有在中间过渡性物种灭亡之后，新物种才能真正从原物种中脱颖而出。

达尔文进化论的内容十分丰富，以上五个方面仅是一个扼要的概括。生物总祖论，自发变异和自然选择是达尔文进化论的两大主题。一百多年过去了，达尔文进化论的精髓经受住了历史与科学的双重考验，至今依然熠熠生辉。不过，由于时代的局限及科学家个人视角难以避免的缺陷。现在看来，达尔文进化论也存在显而易见的不足，主要表现在以下几个方面。

1）虽然各种生物潜在的繁殖能力很强，但它们产生的子代中有不少却由于严酷的自然竞争未能活到成年。因此生物普遍生殖过剩的提法是不能成立的。

2）生物从原物种一步步演化成其他物种，其中许多“中间环节”的过渡型生物作为一个个独立的物种，依然在自然界中占据一定的生态位，在一定历史时期内顽强地生存着。新物种的产生要经过下文所述“隔离”的阶段，而非中间物种的灭亡。从爬行类过渡到鸟类，人们熟知的始祖鸟，以及在我国辽宁省出土的孔子鸟、中华龙鸟等，都曾繁衍过相当长一段历史时期就是明证。

3）达尔文坦言，他对遗传学的实质知之甚少，因此达尔文进化论未能从遗传学的角度对生物进化论进行必要的论述（这项工作 6 年后才由孟德尔取得重大突破）。

三、综合进化论

虽然达尔文进化论的基本原理今天仍然被大多数科学家所接受，但是随着各学科，特别是物理和化学学科与生物学科的紧密交叉与深入发展，使生命科学的发展进入了实验生物学与分子生物学阶段。例如，1908 年英国数学家哈迪（G. H. Hardy，1877～1947）和德国医生温伯格（W. Weinberg，1862～1937）分别证明了群体遗传学中最重要的定律——哈迪-温伯格定律，杜布赞斯基 1937 年出版了《遗传学与物种起源》，英国赫胥黎 1942 年所著《进化：现代的综合》全面归纳了遗传学与进化论各方面的进展。在无数日新月异的科学发现面前，科学家们普遍认识到有必要以崭新的科学成果对达尔文进化论的内涵进行实质性的修正、补充和提高。由于上述科学家的出色工作，在生物进化领域逐渐形成了被后人称为“现代综合进化论”（或“现代达尔文主义”）的新学说。依据这个学说，生物进化是一个永恒的演化过程。这个过程包括突变、遗传平衡及各种隔离等基本要素。

1. 突变为生物进化提供了源源不断的原材料 根据现代综合进化论，生物的突变，包括小至单个核苷酸及某个基因的突变，大到染色体畸变乃至整个染色体组的倍性变化。这些突变对生物原有的遗传信息库构成了或大或小的冲击。应该承认，在形成物种的几十万甚至几百万年的历史阶段中，该物种所拥有的基因大多是比较保守的。这些冲击（对原遗传资源的更改）对原生物如果不造成危害，甚至是使该生物能更好地适应环境，那么这些突变就可能被保留。如果突变发生在生殖细胞，它的遗传学效应将传给下一代。一旦这些突变产生的生物学效应不利于该生物的生存，如原本绿色的蝗虫突变成了白色，它们就可能由于易被鸟类等天敌发现而被自然选择所淘汰。

2．种群基因库与遗传平衡　种群是分布在同一生态环境中能自由交配与繁殖的同种个体的总称。现代综合进化论不再停留于达尔文当时着眼的一个个生物个体的遗传变异效应上，而是把种群看作是每个物种的具体存在形式，注意考察每个种群中基因库的动态变化过程。一个种群中全部个体所拥有的所有基因称为基因库。1908 年，哈迪和温伯格同时提出了群体遗传学中研究基因频率、基因型（表型）频率及影响这些频率的各种因素的“哈迪-温伯格定律”。该定律指出：在一个足够大的、个体能随机交配、后代生存率相等、不发生突变、没有自然选择、无个体迁入与迁出的种群中，各种基因频率和表型频率将一代代保持不变。所谓基因频率是指在某个群体中特定的等位基因占该位点所有等位基因类型的比例，而基因型频率专指拥有某种基因型的个体在群体中所占的比例。

该定律可以从数学推导中得到证实。

假设某种群的基因库中有基因 A 及等位基因 a。前者的基因频率（p）为 0.8，后者的基因频率（q）为 0.2，$p+q=1$。如果该种群中的个体能自由交配，那么它们带有基因 A 或 a 的配子随机组合的结果将符合 $(p+q)^2=p^2+2pq+q^2$ 的公式，如表 10.5 所示。

表 10.5　随机交配产生的子代基因频率

雌配子	雄配子	
	A（$p=0.8$）	a（$q=0.2$）
A（$p=0.8$）	AA（$p^2=0.64$）	Aa（$pq=0.16$）
a（$q=0.2$）	Aa（$pq=0.16$）	aa（$q^2=0.04$）

从表 10.5 可见，子代中基因 A 的频率为 0.64+［（0.16+0.16）/2］＝0.8，基因 a 的频率为 0.04+［（0.16+0.16）/2］＝0.2，可见亲代与子代的基因频率将保持不变。

3．隔离是形成新物种的前提　现代综合进化论认为，新物种从原有物种中脱颖而出，关键并不在于中间物种的灭亡。他们提出，原有的种群当它们经受住了自然条件的严酷选择后，种群繁殖的个体数量将日益增多。在一定条件下某个生态环境所能承载的生物量是有一定限度的。超过了这个限度，植物不能得到充足的水分和阳光，动物的食物供给会出现短缺，因此势必迫使生物种群四散漂移或迁徙。这样，原有的种群就可能分散成两个或多个小种群。这些小种群在盲目漂散的繁衍过程中有可能随机发生各种突变，再经过各自不同环境下的自然选择，保存了适应此类生态环境的突变。经过一代代生生不息的繁衍，这些原有小种群间彼此的地理学距离可能越来越远，相互交配的概率日渐减小，种群中积累的变异逐渐增多，终于使这些小种群形成了若干个形态相似但又不完全相同的变种。这个阶段叫作地理隔离。如果这种漂移、突变、自然选择和分化的趋势持续进行下去，各变种间的区别将逐步拉大，它们的生理代谢出现了适应当地生态环境的变化，如被子植物开花的季节、哺乳动物发情期的改变与错开等，从而使各变种从地理隔离发展到生理生态隔离，这时各变种也演化成了具有更深刻差异的亚种。虎就是一个沿着这条途径演化的突出例子。虎是大型猫科食肉动物。它们最早可能起源于我国华南一带，称华南（厦门）虎（*Panthera tigris amoyensis*）。后来它们四处迁徙，形成了 8 个亚种，北至亚洲西北部（新疆虎）、北部（东北虎），南至印度次大陆（孟加拉虎、印度虎）和印度尼西亚（苏门答腊虎、爪哇虎和巴厘虎）都能见到它们的踪迹。它们之间早已完成地理隔离，现在已经达到生理生态隔离的阶段。遗憾的是，由于某些贪得无厌之徒的肆意捕杀，巴厘虎、新疆虎和爪哇虎已分别于 1940 年、1973 年和 1981 年绝迹，其余 5 个亚种均被列入濒危、重点保护行列。当一个物种的某一个种群同时满足以下 3 个条件，这一种群就可以称为一个亚种：具有独立的地理分布格局，具有独立的进化历史，形态学差异与基因差异相一致。

到了生理生态隔离阶段，各亚种间无论在形态方面还是在生理代谢方面都已经出现比较明显而深刻的鸿沟。随着时间的流逝，亚种之间的基因交流越来越困难，最后终于达到隔离的最高阶段——生殖隔离。

处于生殖隔离阶段的生物，它们要么由于生殖生理或生殖器官或两者兼有的差异，不可能进行交配。要么能交配但不能孕育产生下一代。再退一步，虽然经交配繁殖出子一代，但子一代处于绝育状态。这时无论它们在外型等方面多么相似而难以分辨（许多禾本科植物、鸟类及蝇类等都有这种情况），它们已经可以被划分为两个彼此独立的物种，完成了从原物种向新物种的过渡。马跟驴是最常见的生殖隔离实例，它们交配产下的骡是高度不育的。虎和狮虽然都为猫科动物，但它们早已完成生殖隔离，是两个完全独立的物种。如果由于人为的原因让虎狮同居一室，虽然它们在发情期也能交配并偶尔产下虎狮兽（雄虎与雌狮交配生下的幼崽，图 10.11）或狮虎兽（雄狮与雌虎交配生下的幼崽），但这些杂交崽大多生下即死亡，偶遇特殊的遗传组合能够活到成年，但尚未见狮虎兽或虎狮兽彼此交配成功生育后代的报道。2012 年和 2013 年在俄罗斯新西伯利亚动物园先后诞生了 4 只难得的“狮狮虎兽”。它们的爸爸是狮子，妈妈是狮虎兽。

图 10.11　深圳野生动物园 2005 年 5 月 12 日诞生的两只虎狮兽，2 个月大

突变、自然选择和各种隔离促使新物种形成的过程概括见图 10.12。

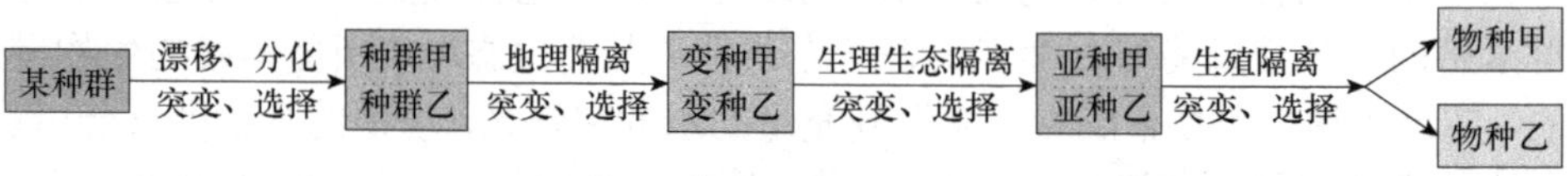

图 10.12　突变、自然选择和各种隔离促使新物种形成示意图

总之，现代综合进化论认为，基因突变、基因重组、各个阶段的隔离及自然选择是推动生物进化的主要因素。不难看出，现代综合进化论继承了达尔文进化论的精华和主要内容，同时用现代生命科学的新发现、新成就对它进行补充和提高，促进了对生物进化论的深入研究，将它推上一个崭新的发展阶段。

四、中性进化学说

分子生物学的进展日新月异，它所取得的成就正在深刻地改变着人们对生命科学各个领域的认识，生物进化理论也不例外。1968 年，日本遗传学家木村资生（Motoo Kimura，1924～1994）在《自然》杂志发表了《论分子水平上的进化速率》一文。他根据不少核苷酸和氨基酸的置换并不影响生物大分子的生物学功能的事实，提出了生物进化在分子水平上的“中性理论”。1969 年，美国学者金（J. K. Jing）和朱克斯（T. H. Jukes）在《科学》杂志上刊出《非达尔文主义的进化》一文，引用各种分子生物学证据，呼应木村资生的观点，向传统的达尔文进化学说，包括现代综合进化论提出挑战。他们认为，达尔文进化学说不能解释微观世界的多种现象，提出了“非达尔文主义进化”的概念。学术界一时为之哗然，议论纷纷。

中性进化学说的主要内容是什么呢？

1．生物体内产生的突变大多是中性的　这类突变包括以下方面。

（1）同义突变　科学家已经知道，在三联体密码中，前两个字符的保守性比较强，第三个字符大多是可变的。例如，UUU 和 UUC 都被翻译成苯丙氨酸，CCC、CCU、CCA 和 CCG 都是脯氨酸的密码子。这类意义相同的个别核苷酸的突变叫作同义突变。

（2）同功突变　对于某种蛋白质（多肽）而言，个别或部分氨基酸被其他氨基酸置换或缺失，并不意味着它的功能一定会被改变或丧失，这种突变被称为同功突变。由同功突变产生的酶叫作同工酶，它们的最适 pH、等电点甚至最适底物浓度都可能不一样。它们能催化同一反应，说明它们至关重要的催化活性中心并没发生改变。例如，人体血红蛋白的变异体多达 94 种，但仅有镰状细胞贫血等少数几种变异出现携氧障碍。

（3）非功能性突变　在第八章第五节曾经述及，真核生物的基因内具有相当多的非转录区域——内含子。如果突变发生在这些内含子上，那么它们对基因的转录和 mRNA 的翻译不造成任何影响。此外不少真核基因具有多份拷贝，称为重复基因。例如，果蝇核仁中决定 RNA 的基因多达数百个。在这些数目巨大的基因中即使出现个别功能性突变，这对细胞履行各自的功能几乎不产生影响。

2．遗传漂变导致中性突变的保留或消失　根据达尔文的进化理论，一种突变的保留或消失是以其对自然环境的适应度而决定的。中性进化学说认为，既然突变大多是中性的，自然选择对其不能发挥作用，那么中性突变的保留或消失基本上是由种群中的遗传漂变决定的。所谓漂变是指由于种群中个体的变更（出生、死亡、迁入或迁出）而引起的种群基因频率的随机波动。其实在正常情况下漂变在所有群体中都是存在的，只不过中性进化学说凸显了漂变在种群演化中的作用罢了。

3．中性突变的速率决定了生物进化的速率　据计算，不少生物特定蛋白质（如血红蛋白）中的氨基酸置换速率相当稳定，每个密码子每年发生突变的频率为 $(0.3\sim9.0)\times10^{-9}$，在迅速进化的物种与“活化石”物种之间这种置换速率没有明显的区别。因此，各物种突变率的高低只与该物种经历的绝对时间长短有关，而与生物每世代的时间长短无关，即不受自然选择的制约。

生物进化的真谛在哪里？中性进化学说的支持者与传统的自然选择学说的拥护者之间展开了一场实实在在的论战。论战的焦点集中在以下方面。

1）严格意义上的“中性突变”是否存在？如果存在，它的意义是什么？应该承认，像同义突变这类型的突变是一种称得上严格意义的中性突变。但大多数所谓的“中性突变”是在一定条件才能成立的。离开这些条件，有的突变表现为有利突变，另一些则成为有害突变。因此，这些突变的作用或许就在于为生物适应今后可能遇到的生存竞争提供了一定的遗传资源储备，使生物处于有备无患或少患的状态。

2）自然选择是否还是推动生物进化的重要力量？根据中性进化学说，各种生物及每种生物在自身演化过程中的进化速率应该是恒定的。然而事实并非全是如此。许多活化石，如银杏、苏铁、鲎、海豆芽和文昌鱼等，它们都经历亿万年风霜雨雪、陆海桑田的严峻考验，至今仍无明显变化，中性进化学说对此难以进行合理的解释。然而以达尔文的自然选择学说则可以认为这些活化石正是适应了环境的巨变而被保留下来的结果。

看来，中性进化学说与其称为“非达尔文主义的进化论”，倒不如把它看成是达尔文进化论和现代综合进化论在微观演化水平上的进一步发展，是对这两种理论的修正和补充。中性进化学说把中性突变绝对化，生物演变偶然化，认为生物进化是一些无规律可循的纯属偶然的中性突变积累及叠加的结果，这种观点失之偏颇，难以被广大科学家接受。

第五节　生物进化的基本规律

自从 38 亿多年前原始生命体在地球上诞生后，生物的演化无时无刻不在悄然进行着。从原核生物到真核生物、从单细胞到多细胞、从厌氧生活到好氧代谢、无性繁殖到有性生殖、从微生物到动物和植物、从低等生物到高等生物，这一座座生命进化的里程碑向世人昭示着亿万年来生命演化的艰难与曲折、成就与辉煌。

一、进化不可逆

除了宗教的因素及少数坚持己见的人以外，现在绝大多数科学家都对各类生物总是处于动态演化长河中的观点不抱疑义。什么是进化？进化是一个漫长的历史年代，是一些毫无目标的生物遗传信息的随机突变，是自然界“审视”一切、择优汰劣的过程。总之，一切顺应了自然的突变被保留了下来，那些获得有利突变的生物一步步崭露头角，发展出更有效的生存手段，繁殖了难以计数的子孙后代，占据了越来越大的发展空间。由于进化的根本动因来自生物内部核心遗传信息的一步步变更，甚至是一点一滴地增减，而且这些变更或增减都是在自然选择的条件下完成的，因此要在完全随机的前提下让生物“准确”地经回复突变退回原初状态的概率几乎等于零。这就是生物进化不可逆的原因所在。同理，从同一始祖经不同途径分化产生的各支生物，它们也不可能返回进化的主流。现代类人猿（黑猩猩、大猩猩等）即使再经历几百万年也难以“立地成人”，不仅在于它们已经丧失了自由发展不受干预的空间，更重要的在于它们区别于人类的那 900～1000 个基因（约占基因组 3%）怎能全部“修正”回首呢？

二、进化方式

生物进化的方式可以归纳为以下 4 类。

1. 顺序进化　从原始的祖先开始，经过一步步的突变、自然选择和各种隔离，陆续形成若干变种、亚种乃至新种。此类进化方式产生的分支不多，新出现的物种较少，孕育一个新物种所需的时间较长。

2. 跳跃式进化　这是一类在相对短的时期内，如几百年，甚至几十年，迅速地从原物种中产生新物种的进化方式。相近的两个物种中通过有性杂交产生出新的杂种是最常见的跳跃进化方式。栽培烟草（*Nicotiana tabacum*，$2n=48$）是由两种 $2n$ 各为 24 的烟草杂交而成的。人工杂交也可以产生同源或异源四倍体新种。由于植物大多雌雄同体，因此植物获得杂交四倍体的可能性也大些。

3. 分支进化　从原始尚未明显分化的种群开始，在这个种群向四面八方各种生态环境发展的漫长岁月里，它们可能发生了某些随机突变。经过自然选择，那些具有适应当地生态环境的突变被保留了下来。年复一年，代代相传，原来的种群就可能向多个方向演化成与各种环境和谐相处的多个物种，这个过程叫作分支进化。这是生物界最常见的进化方式。原始哺乳动物出现于距今 2.12 亿年前的中生代二叠纪。那时它们体型较小，短足，以四肢行陆上奔走，胎生，哺乳。历经 2 亿多年来的沧桑演化，哺乳动物已遍布海陆空各领域，成了各种生态环境中的佼佼者（图 10.13）。

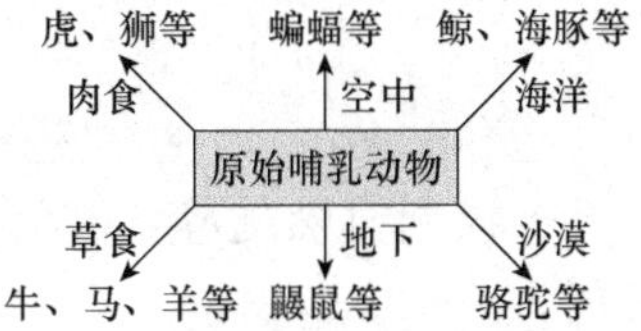

图 10.13　原始哺乳动物分支进化图

4. 协同进化　生物生存于一定的环境中。它的环境因素包括自然因素和生物因素。生物只有与环境取得协调才能生存和发展，否则必遭淘汰。位于同一生境中的不同生物，它们之间可能存在竞争、中立或掠食与反掠食等复杂的相互关系。这些关系事实上也构成了自然选择的一个重要组成部分，促进了相关生物的协同进化。在非洲草原上狮子以捕食羚羊等草食动物为食。跑得慢的老弱病残羚羊往往成了狮子的美餐。同样的，不很健壮的狮子也难有食物供给。因此狮子和羚羊相互选择，形成了协同进化的关系。在上亿年的进化中，各种生物就是这样，你来我往，相互淘汰弱者，共同进化。

三、非匀速进化

进化是一个不以人的意志、不计生物的好恶、自然发生的过程。尽管生物进化快慢的原因科学家尚未给出一个令多数人都满意的答案，但根据达尔文进化论和现代综合进化论，有两个方面的因素是不能不考虑的。

（1）各生物的种性，即内因。根据现代分子生物学研究，科学家早已知悉，细胞核中 DNA 出现这样、那样或大或小的突变是难免的，但细胞核中同时还存在更正这些突变的修复系统。各种生物的 DNA 修复系统和降解外源 DNA 能力的高低相差十分悬殊。这或许与生物的遗传稳定性，换句话说，与生物是否容易发生突变有直接的关系。

（2）各生物所处的环境，即外因。如果一种生物长时间处于它适合生长的环境中，也即自然选择的压力较小或很小，那么这种生物必然会因为难以“发现”那些有利的突变而进化缓慢。反之，生物一旦处于逆境中，它或者由于不能适应环境的变迁而被淘汰，像许多大型鸟类那样；或者经过一番“大浪淘沙”，生物中原本产生的有利突变在恶劣环境中尽显其独特的优势，“扶助”该生物度过难熬的时期，终于使这类突变种保留了下来，该生物在进化征程中又向前迈开新的步伐。目前生物学与医学部门发现愈来愈多的抗药性细菌，它们大多是人类大剂量、长时间滥用抗生素筛选出来的。基于上述两方面的差异，许多科学家认同非匀速进化是生物进化的普遍规律之一。中性进化学说主张的匀速进化观点的片面性是比较明显的。

在探讨生物进化论的各种流派时，有一个概念的误区应当引起注意。所谓进化，是指生物保存那些能适应自然选择的随机突变。生物的这种适应指的是从整体上有利于该物种的保存和发展，有利于种群中个体的生存和繁衍，并不意味着该物种顺应生物发展的总体趋势取得了长足的进步。例如，线形动物蛔虫发展出了寄生生活所需要的各种特征：体被厚厚的角质层可避免被小肠中各种酶消化，消化系统简化，肌肉细胞退化，生殖系统尤其发达等。所有这一切都是其适应寄生生活的退行性进化，即步入了生物进化的盲支与死胡同，并不代表生物进化的主流方向。这种进化毫无进步意义可谈。

科学进展

最快的进化过程

一提到自然选择，人们自然而然地就会想到漫漫历史长河，至少要经历千百年的时间。

2007 年，一个国际科学家小组在《科学》杂志报道，在南太平洋萨瓦伊岛，一种细菌（*Wolbachia* sp.）会导致名为“蓝月亮”的蝴蝶（*Hypolimnas bolina*）中 99%的雄性个体死亡。然而令人惊奇的是，幸存者在不到一年的时间里繁殖了 10 代，其中能够抵抗细菌入侵的雄性蝴蝶比例从 1%跃升至 39%。科学家认为，雄性蝴蝶数量在一年中的惊人反弹是因为它们抑菌基因出现的概率大大上升。该抑菌基因遗传自雌性蝴蝶，缺乏该基因的雄性个体往往还未变为成虫就已经死亡。

这是迄今为止科学家观测到的最快进化过程。该发现表明，当一个物种面临巨大的选择压力，如雌雄比例极度失调时，进化过程将会大大加快。这种影响性别比例的基因突变对物种的影响要远远大于控制翅膀颜色或者触角长度的基因突变的影响。

四、进化树

拉马克提出的“进化树”概念，形象地把各类生物安置在有分支的树状图上，既表明了生物有共同的祖先，又直观地反映出各类生物进化的层次与水平。图 10.14 是建立在现代生命科学分类系统上的生物进化树。

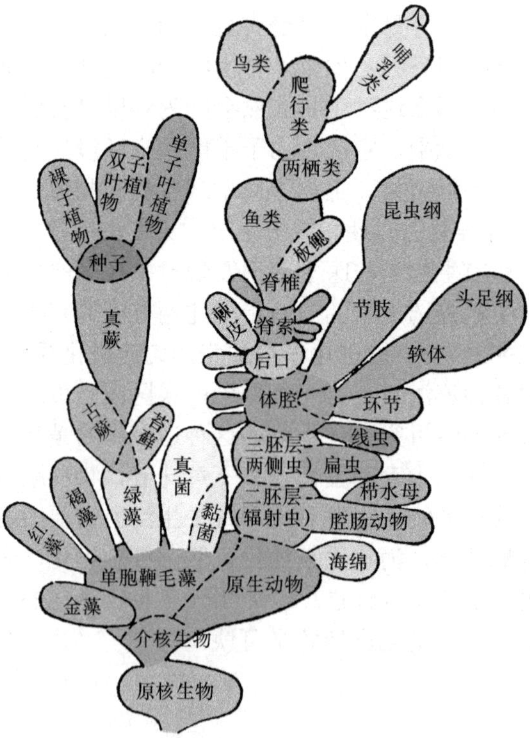

彩图

图 10.14 生物进化树（改自黄厚哲，1984）

第六节　人类起源与进化

在地球表面三十几亿年的生物进化长河中，生物经历了几次全球性的大灾难。劫后的生命界失去的是那些不能适应环境巨变的物种，“身高马大”的生物往往首当其冲，像绝大多数恐龙的灭绝那样。不过，每一次原有生物的衰退与灭亡，都意味着新物种的孕育、诞生和发展。

2002 年，中美科学家在我国辽宁省凌源市一个露天矿，发现了距今 1.3 亿年前的一种最古老的小型哺乳动物化石——攀援始祖兽（图 10.15）。它体长约 14cm，体重估计 200～250g，大概只有一只大老鼠般大小，可能是有胎盘类哺乳动物，包括灵长目动物和人类在内的最早期祖先或祖先近亲。始祖兽的发现，把真兽动物类群的起源年代向前推进了至少 1500 万年。6000 万年前的新生代，哺乳动物的一个分支进化产生了灵长目动物。在大约 3000 万年前，灵长目动物分化出猿类与猴类两大分支。其中猿类身体趋于直立，手脚分工逐渐明朗，手臂灵活度提高，尾巴日益隐退。又过了大约 1600 万年，猿类中终于发展出类人猿和猿人。前者是现代黑猩猩、大猩猩、猩猩和长臂猿的共同鼻祖，后者则是已经完全直立的、能使用天然物作为工具、过社会化生活的人科动物——人类的早期祖先。从树上生活到地上生活、形成直立姿势是猿类向人类进化跨出的关键性第一步。从此，前肢日渐摆脱了负重的包袱，并渐渐过渡成为猎取食物、使用工具的双手。同时取直立姿势使猿人视野更加开阔，有利于获取食物，躲避天敌。这些变革反过来又促进了大脑的进化，使猿人在生存竞争中一步步脱离猿类祖先，历经各种突变、自然选择和隔离，踏上了人类进化的漫漫征途（图 10.16）。

图 10.15　距今 1.3 亿年前的攀援始祖兽复原图（引自 Daniel et al.，2002）

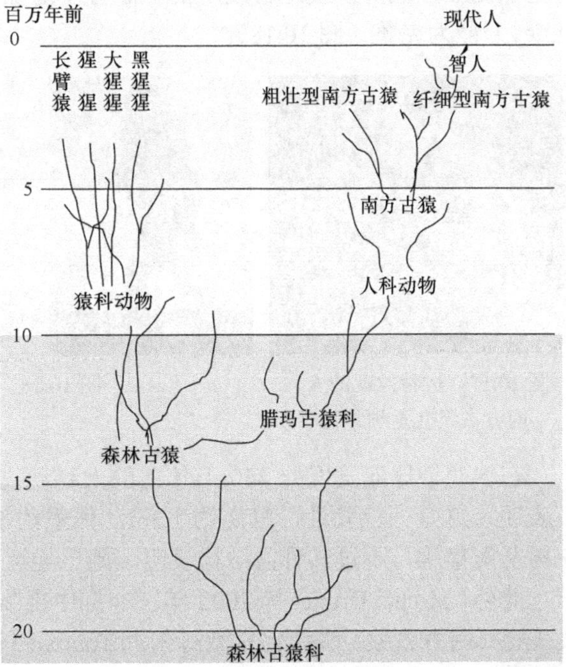

图 10.16　猿科与人科动物进化概图

彩图

一、腊玛古猿

1932 年，在印度与巴基斯坦接壤的西瓦立克山区，美国的刘易斯（Lewis）发现了一具类人猿头骨，1934 年定名为腊玛古猿。腊玛古猿生活在 1000 多万年前温暖潮湿的林区边缘地带。它们的齿弓呈抛物线型而不是“门”字形，说明它们与森林古猿等原始猿类已有较大的区别。腊玛古猿的犬齿不大，这是它们以素食为主的基本特征；它们的臼齿（磨牙）硕大，表面釉质厚，这是较明显的猿类特征。据此推测，腊玛古猿已经脱离了猿类进化的主流，向人科动物发展。我国在云南省禄丰地区也发现过腊玛古猿化石。腊玛古猿灭绝于 800 多万年前。它们的一个分支终于演化成下文的人科动物。

二、南方古猿

南方古猿是脱离猿类祖先朝另一个方向进化的最早期人科动物代表。

第一个人科动物是怎样诞生的呢？根据人类基因组计划的研究成果（第八章第七节），可以推论，由于某种（些）偶然的原因某个猿科动物配子中 2a 和 2b 两条染色体“头对头”联合成一条新 2 号染色体。这些配子受精产下的子女都是拥有新 2 号染色体的杂合体。这些杂合体彼此近亲通婚（存在很大的可能性），就有可能生下具纯合新 2 号染色体的 F_2 代，第一个人科动物就此出现了。

1924 年，英国的达特在南非南部汤斯（Taungs）地区发现了一个生活于 350 万～250 万年前的南方古猿 6 岁儿童的颅骨化石（图 10.17），并命名其为南方古猿（*Australopithecus* sp.）。以后在我国湖北省、坦桑尼亚和肯尼亚等地陆续发现了不少南方古猿化石。其中尤以 1974 年在埃塞俄比亚东北部沙漠地带发现的 320 万年前保留了约 40%骨骼的女性南方古猿化石“露西”（Lucy）最为完整（图 10.18）。

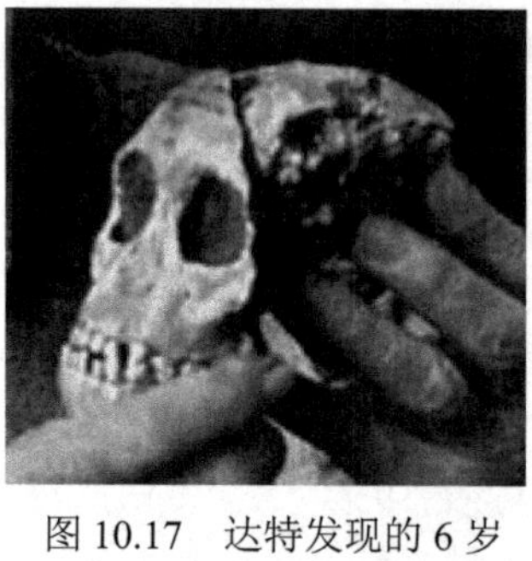

图 10.17　达特发现的 6 岁南方古猿儿童颅骨化石

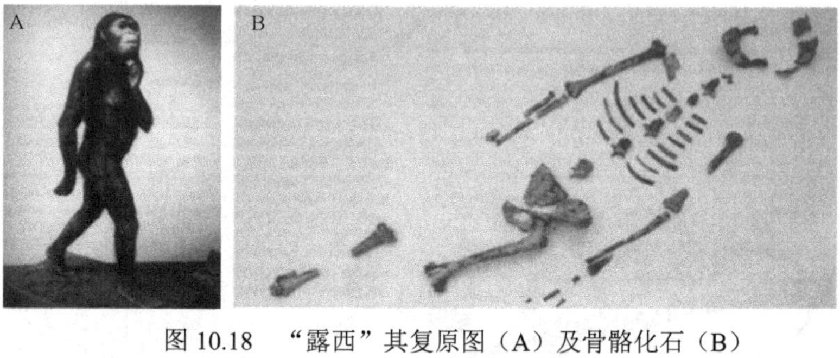

图 10.18　“露西”其复原图（A）及骨骼化石（B）

在埃塞俄比亚发现的 440 万年前的人科动物阿尔迪（*Ardipithecus ramidus*）部分骨骼化石表明，这是一位女性，身高约 1.2m，体重约 50kg；具有与猿类似的头部和脚趾，很容易在树丛间攀爬，不过其骨盆结构表明，她已经可以用两只脚直立行走（图 10.19）。

此外，Michel Brunet 等 2002 年在非洲中部乍得发现的距今 700 万～600 万年的最早期人类先祖（南方古猿）头颅化石撒海尔人 Toumai（图 10.20）把人类起源的时间往前推进了 200 多万年。南方古猿的头骨逐渐隆起，颅顶比猿类高，意味着大脑日益发达；犬齿小，枕骨大孔（颅骨与脊柱连接的孔洞）位于颅骨的下方，并有取直立势的髋骨，说明南方古猿已经能直立行走。多数古人类学家认为南方古猿应该是人类的远古先祖。

图 10.19 阿尔迪复原图

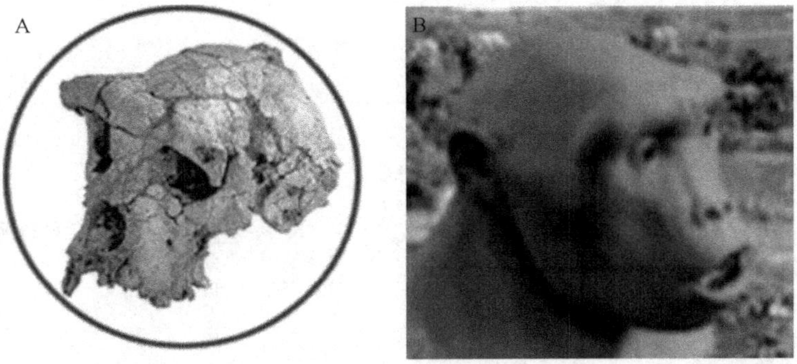

图 10.20 700 万～600 万年前的最早期人类头颅化石 Toumai(A)及其复原图(B)

我们来自何方？我们还有“亲戚”或“兄弟姐妹”吗？这是仅有人类才会提出的大难题。感谢无微不“智”的考古学家，他们有幸穿越时空回到大约 700 万年前，见到了极其稀少、极其难得的上述人类的先祖（或其近亲）化石，经考证后提出人类（学名“智人”）最早应该是起源于非洲南部和东部，以后逐渐迁移到其他大陆，因为在上述地区发现的古人类化石的种类和数量都最多，年代也最久远。最早期人类头颅化石 Toumai 的发现是对人类非洲起源说的一个有力支持。

1856 年，德国采石工人在尼安德特一个山洞中挖掘出一些人头盖骨和肋骨、肩胛骨、锁骨等。工人把这些骨头交给当地的一位医生，医生将这些标本带到波恩大学。该校教授沙夫豪森认为，这是比古日耳曼人还早的古代人骨。几年以后，一位姓金的爱尔兰解剖学家仔细研究了这些人骨，确信它们代表一种与现代人不同的古代人类。1864 年，金将这种古代人类命名为一个新的物种：人属尼安德特种，或尼安德特人。尼安德特人是现代欧洲人祖先的近亲，从 12 万年前开始，他们广泛分布在整个欧洲、亚洲西部及非洲北部，但在 2 万 4000 年前，这些古人却神秘地消失了。其实人属的进化崎岖多分支，还有若干种人属分支经自然选择无情湮灭在生物进化的历程中（图 10.17）。

由于化石的稀缺性及现代分子生物学技术与考古学日益融合，科学家通过深入研究现有人种及民族的线粒体 DNA（mtDNA）亲缘关系，也支持人类起源于非洲的学说。不仅如此，2008 年瑞典遗传学家斯万特·帕博（Svante Pbo，1955～）团队提取一块 4 万年前的人类手指骨碎片中的 DNA 进行测序，并与人类的 DNA 序列进行比较后发现了一种不为人知的人类近亲，命名为丹尼索瓦人（Denisova）。帕博的开创性研究产生了一门全新的科学学科：古基因组学（paleogenomics）。因“发现已灭绝人种的基因组和人类进化”，斯万特·帕博获得 2022 年诺贝尔生理学或医学奖。

现代人的起源有两种理论：一是“单一地区起源说”（又称走出非洲学说、夏娃假说）；二是“多地区起源说”（图 10.21）。单一起源说认为现代人是非洲南部的早期智人经迁徙、扩散到世界各地而形成的。多地区起源说认为亚、非、欧各洲的现代人是由当地的早期智人以至猿人演化而来的。

长期以来，多数人类学家主张单一地区起源说，认同非洲是现代人的起源地。无论是亚洲人还是欧洲人，我们都是非洲人的后裔，目前生活在世界各地的现代人都是非洲早期智人的后代。即人类先祖从非洲走出逐步迁徙到欧洲、亚洲等地，遇上当地的“亲戚”时普遍发生了通婚，使得他们的古老基因时至今日仍在我们身上发挥作用。通过人群大数据分析发现，现代欧亚大陆人均含有 1%～4%的尼安德特人基因成分。东亚血统的人拥有 8%以上尼安德特人

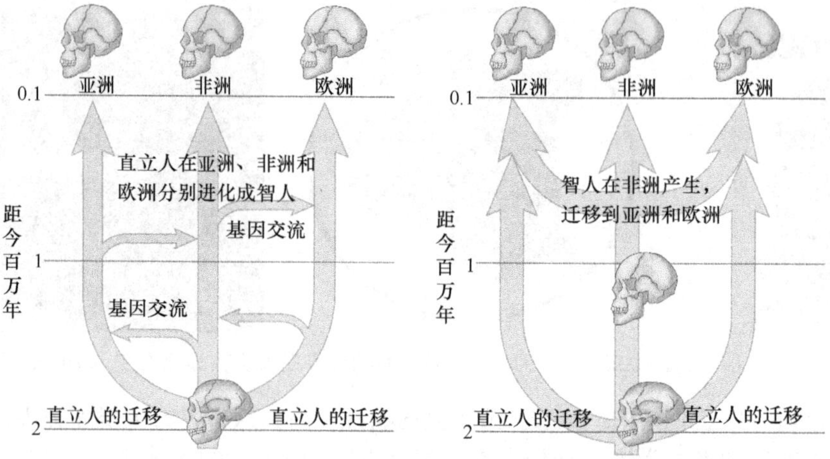

彩图

图 10.21 现代人类起源的两种观点

基因。在美拉尼西亚（太平洋岛群之一）和东南亚地区的人群中，携带丹尼索瓦人 DNA 的个体高达 6%。2017 年 3 月，《科学》杂志发表题为《中国许昌出土晚更新世古人类头骨研究》一文称，10 多万年前生活在河南省许昌市灵井遗址的“许昌人”，可能是中国境内古老人类和尼安德特人通婚的后代。此外有研究表明，现代人中影响角蛋白合成的基因来自尼安德特人，它帮助人们适应欧亚大陆寒冷的环境。可能来自丹尼索瓦人的一个调节人体血红蛋白生产的基因突变，帮助高海拔人群适应缺氧环境。

而另一种学说即多地区起源说，同样认同人类远古先祖来自非洲，但他们认为这些非洲原始人迁徙到欧洲、亚洲和东南亚各地之后，就一直在当地生生不息，繁衍后代，直至今天。不过，这几条人类进化路线互相有交叉，即人种间也有少量的通婚（基因的交流）。

近年来分子生物学家以崭新的手段涉及这个领域，取得了很有意义的新发现。有些学者的研究成果倾向于将上述对立的两种学说揉合在一起。2002 年，美国华盛顿大学的艾伦·坦普尔顿等在《自然》杂志上发表一篇论文说，他们利用电脑绘制了人类 11 种遗传特征的新的详细谱系图，发现了大量的基因混合，意味着人类的祖先直立人在非洲出现后，经过相当长年代的繁衍，曾经有三次走出非洲。第一次可能发生在 200 万年前，他们的子孙在世界各地存活了下来。第二次在 80 万～40 万年前，第三次在 15 万～8 万年前，都出现过大规模的非洲古人移民浪潮。当后一批的移民遇上前一批移民的后裔时，并不像有些教科书上所说的，采取灭绝的手段，而是与其通婚、融合，也即所谓的“基因交流”。古代世界成了民族和基因交汇的大舞台。其间还夹杂某些亚洲移民回归非洲，因为许多古人居无定所，他们随机漂移，进出非洲是很自然的事情。

事实上，中国学者在人类起源方面提出了自己的假说和见解，在西方提出“非洲起源假说”的同年，即在 1984 年时，中国科学院院士吴新智等就提出了“多地区起源进化假说”论。例如，人类起源应由中国、欧洲、大洋洲、非洲等，多地同时起源假说。到 1998 年，吴新智院士研究多年后，又提出了“网状的连续进化附带杂交”的新观点，进一步明确多地区人类起源，并与其他大陆人种进行杂交的学说。此“网状的连续进化附带杂交”学说，俗称“多点水波扩散交叉”理论。即人类就像水面上的多点起源，随机泛起波浪，必向四周扩散，那么，多点泛起的波浪必然会交叉相遇，所以说，人类起源必然是多点起源，然后因迁移而发生相遇杂交，这就是后来的人类基因为什么存在着，相互杂交融合的生物形态。随着古 DNA

分析技术的进一步发展，使得科学家直接从化石中提取 DNA 成为可能，又得益于高通量测序技术的出现，使得科学家能够获得准确的古 DNA 信息。2010 年，德国马普学会下属的进化人类学研究所，在分析了尼安德特人的 DNA 基因后，发现现代人与尼安德特人拥有 1%～4%的共同基因；从而，说明了多点起源杂交的可能性。

到了 2014 年，美国科学家又在《科学》杂志上发表文章，称尼安德特人的基因有 20%留在了现代人的基因中，这意味着，现代智人与古老欧洲人类有过基因交流。于是，非洲起源学派修改了“夏娃假说”为“同化假说”，也就是说，间接地承认了吴新智院士的“多地起源并杂交假说”观点。其观点认为，人类在迁移过程中，本土人类一直居于主体地位，外来人群起到一定程度的改造作用，但没有发生人类整体的替代。

以中国发现的很多古人类化石为例。中国是世界上古猿及古人类化石出土最丰富的国家之一，从 800 万年前的云南禄丰古猿到 400 万年前的元谋古猿，从 200 万年前的重庆巫山人，170 万年前的云南元谋人到 100 多万年前的陕西蓝田人，50 万年前的北京猿人，30 多万年前的安徽和县猿人。这一连串的猿人似乎提示，几百万年来中华大地上可能经历了人类进化的主要阶段。其中，从 1998 年开始在安徽省芜湖市繁昌区西南孙村镇的一个人字洞的考古发掘中，科学家们发现了上百件的石制品（加工粗糙的刮削器）和骨制品及脊椎动物化石 7000 多件，证明早在 240 万～200 万年前，在长江流域就已经有古人类在活动。2002 年，广西自然博物馆的研究人员用先进的铀系测年法对早些年在柳江发现的人类头骨化石重新进行年代测试。结果表明，柳江人可能生活在距今 13 万～7 万年或更早。这意味着，解剖学上的现代人至少可能在中国华南出现过。此外，化石特征的连续性也为多地区进化学说提供了证据。例如，黄种人的上门牙（切齿），80%是铲形的（上门牙的横切面不是直线型，其两侧向内弯转），中国人几乎 100%都是铲形上门牙。而现在欧洲白人只有不到 5%是这样的铲形门齿，非洲黑人有 10%左右，澳大利亚土著人 20%多是铲形门齿。各地人类牙齿化石中铲形门齿所占的比例与现代人没有显著的差异，说明人类进化很可能是从各地区的古人类祖先分别延续下来的，没有明显的外力断层现象，即一波一波的非洲黑人向世界扩散是否对各地的土著人造成重大威胁还值得商榷。

2005～2016 年，我国考古专家对位于河南省许昌市的灵井遗址进行了连续 12 年的挖掘，发现了 45 件人类头骨碎片化石、古人类制作使用的石器及 20 余种哺乳动物化石。专家将这批古人类化石定名为“许昌人”。复原之后可以看到，“许昌人”眉脊较突出、前额低平窄小、枕突隆起、骨壁较厚，在头骨内侧还附着有类似脑壳内膜的组织，整个脑部构造与现代人相当。通过分析，确定“许昌人”的年代超过 10 万年，也就是说他们早在非洲人来之前就已经在中华大地上存在。

“许昌人”头骨化石的出现，无疑对单一地区起源的“非洲起源说”产生了不可回避的冲击。我国考古专家李占扬表示：在“许昌人”生存时期之前，北半球多地出现了一个前所未有的寒冷期，东亚大陆的古人类为躲避严寒向当时气候更为温和的欧洲迁移，同那里的早期尼安德特人相遇融合并进行基因交流。到了末次间冰期，由于气候转暖，来自东亚的古人类重返家园，“许昌人”就是其中一支。

美国圣路易斯华盛顿大学教授埃里克·特林库斯也说，灵井遗址出土的古人类化石极大改变了世界现代人起源研究的格局。

南方古猿经历了二三百万年的演变，大约在距今 200 万年前至少分化出粗壮型和纤细型两种南方古猿。前者身高约 1.5m，体重约 45kg，骨骼与肌肉发达；后者平均体高仅 1.1～1.3m，体重约27kg。这两种南方古猿都以素食为主。粗壮型南方古猿繁衍了百万年之久，分布到非洲、亚洲和欧洲的许多地区。由于尚不清楚的原因（可能与它们过分特化的硕大躯体有关），它们后来逐渐灭绝了。纤细型南方古猿则饱经磨难，曲折迂回，终于一步步发展到生物进化的顶峰——智人。

科学进展

古基因组学的三次革命

基因组包含生物体所有遗传信息，可从分子水平反映生物性状的异同，从而可以显示群体之间的演化关系。同时，DNA分子化学结构相对稳定，个体在死亡后其部分遗传信息会随片段化DNA保留在组织中，可为生物遗传特征留下证据。所以，古DNA是研究人类遗传起源与演化历史的有力工具。古基因组学是瑞典生物学家斯万特·帕博开创性研究催生的一门全新的科学学科。通过揭示区分所有现存人种和已灭绝人种的基因差异，为探索什么使我们成为独特的人类提供了基础。

自然界中绝大多数生物的遗传物质是DNA，它存在于生物组织中（包括骨骼）。同一个体的DNA是相同的，不同个体、群体或物种的DNA是不同（不完全相同）的。DNA包括有核DNA、线粒体DNA，植物中还存在叶绿体DNA。线粒体DNA具有母系遗传的特点，Y染色体DNA具有父系遗传的特点，而常染色体遵循孟德尔遗传定律。通过对物种DNA的比对及海量的测序数据分析可为人类起源与演化提供科学依据，这是经典考古学无法做到的。

20世纪80年代至今，古DNA研究经历了三次技术变革。分子克隆技术的出现推动了古DNA研究的起步，即第一次技术变革。它将提取出的古DNA与载体连接，在宿主菌中转化、增殖后进行测序，但由于其所需古DNA量较大而人类遗骸中古DNA含量极少，该过程较难成功。

1983年，聚合酶链反应（PCR）技术诞生，可通过少量DNA模板实现目标古DNA的大量扩增，从而使古DNA研究迅速开展，带来第二次技术变革。这一时期的研究开始基于古代样本的线粒体基因或少数核基因解决传统存在争议的问题。

在新一代测序技术（又称二代测序技术、高通量测序技术）等引领下，随着古DNA提取、文库构建及富集等方法的进步，古DNA研究开始第三次技术变革，自此进入古基因组时代。古基因组学应用在考古学领域，通过在古人遗骸中提取DNA完成基因组测序，利用生物信息学技术对自然选择、遗传漂变、突变和基因流过程中基因型和表现型频率的分布、变化等进行分析，实现对人群迁徙融合等事件的精细刻画。

探究物种包括人类的进化及与其他物种的亲缘关系，光靠古基因组学或者古DNA技术是不够的，需要将古基因组学和考古学密切结合，实现两者的有机整合，才能取得较完整可靠的研究成果。

三、人类——人属的发展

从猿类进化到人类是一个漫长且分支繁多的过程。以下择要简介人为划分的原始人类发展历程及其重要特征。根据原始人类的化石体质特征和文明发展概况，可以将人类的发展划分为以下4个阶段。

1. 早期猿人（能人）　本阶段从人类诞生（约 700 万年前）到约 140 万年前（图 10.22A）。这时期的猿人还带有较明显的猿类标记，身高 1.1～1.2m，脑量 637～680cm^3，仅为现代人脑量的一半左右，能打制较粗糙的石器，进入了旧石器时代早期。他们主要以采集植物和狩猎较小的动物为生。在坦桑尼亚（370 万年前）及我国云南省元谋（170 万年前）等地都有本期猿人化石出土。

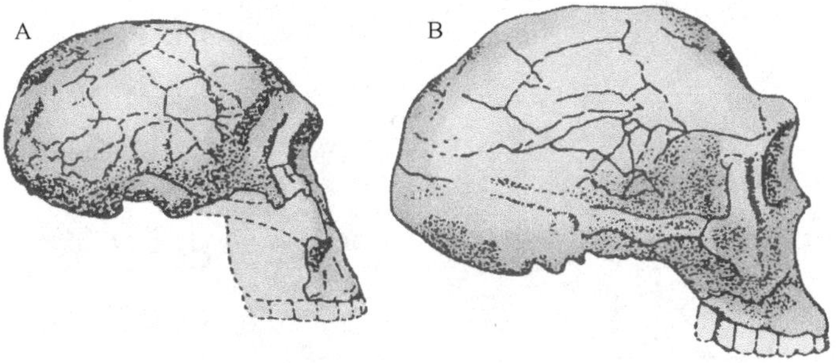

彩图

图 10.22　早期猿人（A）和晚期猿人（B）的头盖骨

2. 晚期猿人（直立人）　本期猿人生活在 140 万～30 万年前（图 10.22B）。他们身体明显直立，体形与现代人已没有很大的区别。成人身高约 1.56m（北京猿人），脑量平均 1059cm^3，面部前突较大，眉脊粗大，头骨厚实，牙齿粗壮。晚期猿人能打制较多式样的石器，如各种砍砸器、刮削器和尖状器等。在北京猿人的遗址中还发现了厚达 6m 的木炭灰烬、烧石及烧骨等遗物，说明当时的猿人已学会控制用火。火的使用和制造工具一样，在人类的进化史上具有特殊重要的意义。食物经过烧烤，不仅色香味俱佳，杀灭了绝大多数病原生物，而且容易消化，大大促进了人类体格的发展。在洞穴中燃起一堆篝火，除了能驱风避寒外，还可以有效地吓阻猛兽的侵袭。根据北京周口店 40 多具晚期猿人（图 10.23）化石分析，他们多数人的生命都很短暂。1/3 以上的人在他们未成年时就已夭折，只有约 1/4 的人能够活到 30～50 岁，最年长者不超过 60 岁。可见，晚期猿人在猛兽与严寒的双重选择下顽强地生存了下来，实属不易。晚期猿人的足迹此时已遍布亚、非、欧三大洲，在我国云南元谋、陕西蓝田、印度尼西亚、坦桑尼亚、阿尔及利亚及匈牙利等国家和地区，从热带到温带都有不少晚期猿人的化石出土。

图 10.23　北京猿人复原头像（摄于周口店遗址博物馆）

3. 早期智人（古人，尼安德特人）　生存于 30 万～5 万年前的旧石器时代中期。早期智人的脑量已经增大到接近现代人的 1230cm^3，眉脊突出，额部后倾（图 10.24A）。他们制作的石器已有较大的改进。在他们的洞穴中甚至发现了诸如大象、野猪和梅花鹿这样一些大型野兽的骨骼，说明他们已经能以集体的力量狩猎巨兽并以动物的毛皮遮体避寒。考古证实，早期智人已学会了钻木取火、击石燃草的本领，出现了埋葬死人的习俗。早期智人实行的是母系氏族制。早期智人的化石在各大洲均有发现，在我国有广东马坝人、湖北长阳人、山西丁村人、陕西大荔人及河南许昌人等。1856 年，在德国尼安德特河谷附近的洞穴中发现了类似人类的骨骼化石，叫作尼安德特人，简称尼人。其实根据现代分子生物学的研究，

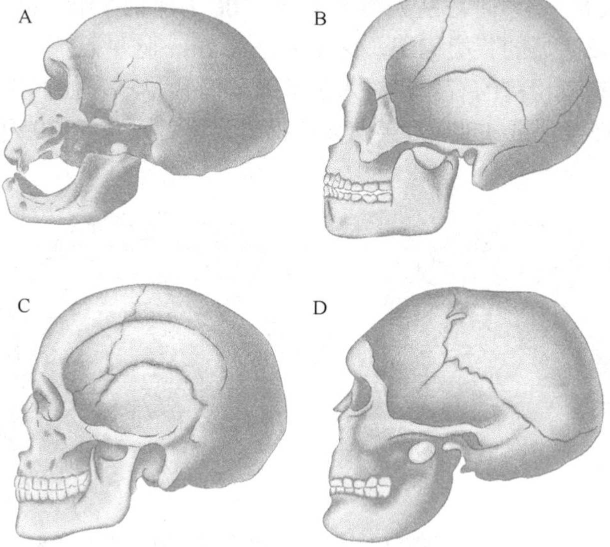

彩图

图 10.24　人类颅骨比较

A．早期智人；B．晚期智人（克罗马农人）；C．晚期智人（北京山顶洞人）；D．现代人

尼安德特人可能是早在 100 万～70 万年前就与人类分道扬镳的人类远亲，在距今约 2.4 万年前已灭绝了。但基因组学研究表明，尼安德特人的基因平均约占智人基因组的 2%（东亚血统的人拥有 8%以上尼安德特人基因），说明智人与尼安德特人之间的通婚的确存在。

4．晚期智人（新人，克罗马农人）　生活在 5 万～1 万年前的旧石器时代晚期的人称为晚期智人。由于晚期智人最早的化石是 1868 年在法国南部的一个称为克罗马农的山洞中发现的，因此也叫作克罗马农人（Cro-Magnon man）。晚期智人的脑量已经达到现代人平均 1400cm^3。他们已经能制作相当精细的石器、骨器及长矛、标枪等复合工具，开始以兽皮、象牙、兽骨和树枝等营造简易住所。晚期智人中的能工巧匠在生存之余甚至还能进行一定的绘画、雕刻，并制成以贝壳和骨骼等为原料的初级意义上的装饰品。人类社会由母系社会逐渐转变成父系社会，男人从此获得了对家庭和社会的支配权。晚期智人的化石在世界各地分布极其广泛（图 10.24B）。在我国，以生活于北京周口店龙骨山山顶洞的山顶洞人最具代表性（图 10.24C）。此外还有广西柳江人、四川资阳人和内蒙古河套人等。

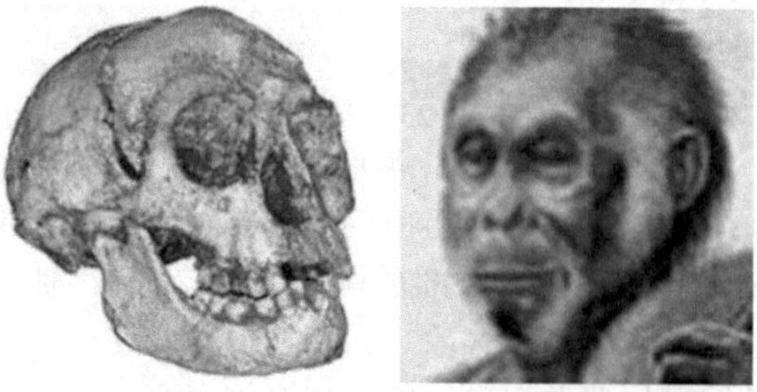

图 10.25　弗洛勒斯人头骨化石（A）及其复原图（B）（引自 Brown et al.，2004）

《自然》杂志 2004 年 10 月报道，在印度尼西亚的弗洛勒斯（Flores）岛上发现了距今仅 1.3 万年前的“弗洛勒斯人”（*Homo floresiensis*，图 10.25）。她已是个成年人，但身高仅 1m，头骨只有柚子般大小，脑腔只有 417cm^3，约为现代成年人的 1/3，是人属（*Homo* sp.）已知 10 个物种中形体最小的一种。“弗洛勒斯人”的脑腔虽小，但结构紧凑，虽然长不大，但变得更为复杂。该发现表明，在距今不远的过去，人类的多样性要比以前想象的大得多。Flores 岛上的遗骨可能代表着在过去几万年间存在与其他人群分离后的直立人的一支后裔（图 10.26）。

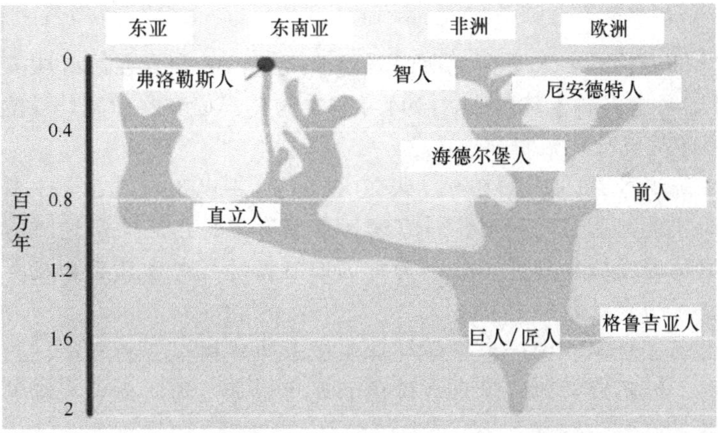

彩图

图 10.26　人属演化示意图（有些人种未标出）（改自 *Nature*，2004）

5. 现代人　从 1 万年前至今被称为现代人阶段，人类进入了新石器时期。现代人在体质方面已经看不出有多大变化，主要在文化和社会两大方面获得了飞速发展。1991 年，德国登山游客西蒙夫妇在意大利阿尔卑斯山脉融化的冰川中发现了一具 5300 年前的北欧人木乃伊“奥茨”(Otzi，图 10.27)。科学家抓住这个难得的机会对这个“现代人”进行了细致的研究。“奥茨”身高 1.59m，体重大约 59kg，死时约 45 岁。他头戴一顶熊皮帽，身穿由山羊皮、鹿皮和树皮及草等制成的三层衣服和羊皮护腿，身上有跳蚤。外披一件用动物肌腱缝起来的草编披风，脚穿由鹿皮和熊皮制成的皮鞋，里面塞满干草。在他的胃中发现了马鹿肉、山羊肉和未发酵的小麦面包、苔藓等食物，肠道中有寄生鞭虫。“奥茨”携带一支长弓、一筒箭和一把沾有 4 个不同人血迹的铜斧。一支箭从他的左肩射入左肺，导致大出血死亡。

图 10. 27　旅游者 1991 年在北欧融化的冰川中发现的 5300 年前的木乃伊“奥茨”

从“奥茨”身上可见，近 1 万年来，现代人在体格形态方面几乎没有明显的变化。在此期间，人类的工具，实现了从石器到铜器、青铜器（铜锡合金）乃至铁器的飞跃。人类凭借手中的利器将采集业转变成了种植业，将上山打猎发展成驯养动物，获得了大自然的慷慨回报。有了工具人类就可以伐树盖房，养蚕织布。文字文化和科学技术应运而生，各种形式的生产关系逐步建立，一个较为完整的文明社会就这样一步步建立起来了。

科学中国

中国考古学的泰斗——贾兰坡院士

贾兰坡，1908 年 11 月 25 日生于河北玉田，1929 年毕业于北京汇文中学，1931 年就职于中国地质调查所新生代研究室；1935 年接替裴文中先生主持周口店的发掘工作。继裴文中 1929 年发现第一个人头盖骨之后，他在 1936 年 11 月连续发现三具“北京人”头盖骨，震惊国际学术界。新中国成立以后，贾兰坡建立和领导了周口店工作站，参与了中国科学院古脊椎动物与古人类研究所的筹建和规划，并一直在该所从事研究工作。贾兰坡1980年当选为中国科学院院士，1994年当选为美国国家科学院外籍院士，1996年当选为第三世界科学院院士。

贾兰坡一生著述等身，成果丰硕。从20世纪50年代开始，贾兰坡参加、主持、指导了丁村河、西侯度、蓝田、峙峪、许家窑、萨拉乌苏、水洞沟和泥河湾等一系列重要的旧石器时代遗址的发掘和研究工作，为中国旧石器时代考古学及古人类学的奠基和发展做出了不可磨灭的贡献。

贾兰坡一生勤奋好学，由一个中学毕业生成长为建树卓著的专家、三院院士，创造出一个刻苦进取、经不懈努力实现自我价值的现代传奇人物，为后人留下了一份不可多得的宝贵精神财富。

四、人种的演化

泱泱地球，芸芸众生，地球村虽然已经拥有超过80亿位村民，但毫无疑问，全人类同属一个物种——智人（*Homo sapiens* L.），因为任何人种的健康成人相互通婚都能生下可育的后代。但同时毋庸置疑，人类已经可以明显地区分为四大人种。这四大人种各自的特征是什么？他们是如何演化来的？四大人种及人类本身今后可能向何方发展？这些都是值得探讨的问题。

1. 四大人种 多数人类学家有这样的共识，人类根据肤色、毛发及脸部特征等可以划分为四大人种，他们是：

（1）蒙古人种（Mongoloid，黄色人种，亚美人种） 肤色淡黄至浅白色，发型直，发色黑，眼睛虹彩（瞳孔）褐色/黑色，颧骨较高，面部突出不大，鼻扁，鼻孔较大，唇中等厚，体毛和胡须较少。此外，作为中华儿女，我国多数人有以下三项生理印记：①铲形门齿，上颌两颗中门齿的两边分别向内翻折成棱，齿中部凹入；②骶部青斑，胎儿和新生儿的臀部和骶部或其他部位的皮肤上具灰蓝色色素斑块，多数人随年龄增长该色斑会逐渐消失；③内眦褶，又称蒙古褶，由眼内角处上眼睑下延形成的皮肤皱褶，不同程度地遮掩着泪阜。

（2）高加索人种（Caucasoid，白色人种，欧罗巴人种，欧亚人种） 肤色浅淡，头发直或波浪形，发色多金黄，眼睛虹彩蓝色，颧骨不高，面部突出小，鼻高，鼻孔较小，唇薄，体毛和胡须多。

（3）尼格罗人种（Negroid，黑色人种） 肤色黑褐，头发波浪形至卷曲形，发色黑，眼睛虹彩黑褐色，面部突出较大，鼻扁，鼻孔大，唇厚或极厚，体毛胡须稀少。

（4）澳大利亚人种（Australoid，棕色人种） 肤色棕黑或浅棕色，头发为波浪形、卷曲形或直发形，发色黑，眼睛虹彩黑褐色，面部突出较大，鼻较宽，鼻孔较大，唇厚或中等厚，体毛和胡须发达，有的不很发达。

从生物学的角度看问题，上述四大人种和人类始祖比较，都只不过是发生了某些适应当地环境条件的突变而已，绝非人种先进与否的象征。例如，黑色人种窄而高的头型可减小遭受强烈日晒的面积；卷曲的头发中充满空气，犹如一顶隔热帽随戴头上；宽鼻厚唇有利于水分的蒸发和散热。乌黑皮肤中大量的黑色素有阻挡太阳光中过量紫外线灼伤表皮的功能。这一切都十分有利于黑色人种在热带生活。事实上，白种人体毛胡须发达，嘴唇较薄，以及黑种人面部突出较大等较原始的生物学特征，并不妨碍他们在文化、科学及社会各方面的发展与进步。

此外，除了四大人种以外，在各人种混居的边缘地带由于混血还产生某些具过渡特征的人群，这是可以理解的。

2. 人种的起源与发展　根据人猿同祖论的观点，人类的祖先在大约700万年前迈开了脱离猿类的第一步。依照现代综合进化论的基本原理，当一个比较大的种群分成若干个小种群向各个方向迁徙后，首先由于地理隔离的原因，各小种群的个体间难有交配的机会，小种群中随机产生的突变及自然环境对这些突变的选择将日积月累保存下来。年复一年，代代相传，各种群逐渐取得与环境的和谐与统一，但种群间的差异则趋于明朗化。据此可以认为，现代四大人种正是由于人类的始祖向各大陆漂移，积累了与当地环境相适应的突变而形成的。据考证，在早期智人（古人）阶段，各地的原始人已经出现体质特征的差异与分化。也就是说，现代人类的始祖可能在非洲生活了几百万年后，人口数量已经较多，于是他们开始四处寻找新的栖息地，部分人陆续迁离非洲，逐渐遍布世界各地。到了晚期智人（新人）阶段，大约在3万年前，四大人种终于出现，并在各大洲定居下来。蒙古人种（黄色人种）分布的区域最广，包括亚洲大部，欧洲的中部、东部和北部及南、北美洲的广大地区。高加索人种（白色人种）迁徙到西欧、北非及东北非和亚洲西部及西南部地区。仅在200多年前白色人种才陆续移民美洲及澳大利亚、新西兰。尼格罗人种（黑色人种）出现在非洲南部、东南部和西南部地区，棕色人种居住在澳大利亚及新西兰一带。

面对着这张四大人种地理分布图，有心人不难看出，如果说黑色和棕色人种获得了耐热、抗晒的一系列突变，白色人种适合于居住在气温较低、日照较短的北温带的话，那么黄色人种则“南征北战”，从最寒冷的格陵兰岛到炎热的赤道地区，都有黄种人的定居区域，他们中的部分人为什么不会“变成”白种人或黑种人呢？笔者认为，黄色人种可能首先在中华大地上获得了体质上突变的特征，然后才四处扩散。正如本章第五节所述，生物进化具有不可逆性。黄种人形成的体质特征将不会因其迁徙而发生改变。

3. 人类向何处去　历经30余亿年的生命演化，在地球上终于出现了人类。人类已经攀上了生物进化的高峰。人类向何处去？众说纷纭，仁者见仁、智者见智。有人说，人类已经发展得相当完美，今后将永远维持目前的状况。这种静止的唯心主义史观是站不住脚的。人类来自生物又高于生物。作者认为，人类今后的发展趋势应该既遵循生物发展的一般规律，又体现人类自身的社会特点。

首先，人类体质特征方面已有的演化将持续下去。大脑皮质还将日益发达，体高持续增长，寿命渐渐延长。然而，人的智齿渐渐退化；脚趾，尤其是小脚趾已经明显萎缩；运动系统（肌肉及骨骼）功能一直走下坡路；对环境的反应能力，包括御寒、耐热及免疫功能等日趋减退等。所有这一切都说明，自然选择无时无刻不在以其敏锐的目光审视一切，包括自诩为地球之主的人类在内。人类在不断地改造环境，而被改造过的环境又成了自然界的一个组成部分，反过来对人类的体质特征进行选择。如此往复循环，促使人类向更高的境界不断进化。

其次，人类凭借着自身的优势，已经将世界上绝大部分陆地据为自己的家园。同时地理隔离也成了阻碍世界各地人群相互交流的鸿沟。由于地理隔离、突变及自然选择的共同作用，已经使人类分化成四大人种。根据现代综合进化论，如果这种趋势继续下去，各人种将一步步走向更深刻的分化。从社会和文化这些人类特有的属性来分析，参照人类现已分化成四个人种的事实，人类再进一步形成新物种的可能性是存在的。不过这可能是几十万年后的事了。

最后，过分特化的人类危机潜伏。在生物进化史中，不少生物在它们出现的早期阶段往往体型较小，身体构造与功能的特化程度较低，比较能够适应千变万化的环境，在与自然界的反复搏击中生存了下来。当它们终于取得与自然界的相对统一时，它们的食物日渐充足，体型渐趋增大，某些方面的机能趋于特化。一旦环境出现变化，特别是比较急剧的变更，它们特化了的身躯往往跟不上这种变动，在短时期内或在一段时期内就面临着被自然淘汰的危险。体格大型化和机能特异化是生物繁盛的标志，同时也是它们衰退的起点。在生物进化的历史长河中，许多不可一世的庞然大物都无一幸免地消失匿迹了。前文提到的恐龙和粗壮型南方古猿都是一些著名的例子。诚然，时至今日地球上仍可见到虎、狮、象和鲸这样一些大型动物，但它们只不过是由于人类有意识的保护才暂时免遭厄运罢了。回首人类本身，从纤细型南方古猿体高 1.1～1.2m 发展到当代人类平均身高已达 1.6～1.8m。遵循生命科学发展的规律，全人类至今都还在有意或无意地加快自身特化的步伐。同时随着社会的进步，人类越来越依赖于自己已创建的生活环境。一旦突发不可抗拒的自然灾害，如台风、洪水或地震等的袭击，停水、断电、缺粮，加上严寒或酷暑，人类过分特化的缺点即暴露无遗。在那种情况下人类基本的生存权都将受到严重的威胁。遗憾的是，全人类至今都还在有意或无意地加快自身特化的步伐。

小　结

生物是地球自然演化的产物。第一批原始生命体发生在大约 38.5 亿年前，它们是一批原核单细胞的厌氧生物，行异养代谢。生物的进化可以大体划分为五个代。

太古代：38.5 亿～20 亿年前，生物发生，逐渐从厌氧单细胞生物过渡到光合细菌和蓝菌（藻），后者进行光合放氧，氧气大量产生。元古代：20 亿～5.7 亿年前，出现真核细胞，动植物开始分化，多细胞生物产生，出现有性生殖。古生代：5.7 亿～2.48 亿年前，生物大爆发，出现各种无脊椎动物及鱼类、两栖类和爬行类动物，苔藓植物、蕨类植物和裸子植物依次登场，三叶虫是本年代的代表。中生代：2.48 亿～0.65 亿年前，裸子植物和被子植物悄然兴起，哺乳类及鸟类出现，恐龙的兴、盛、衰是本年代最重要的事件。新生代：0.65 亿年前至今，被子植物持续繁盛，人类出现。

生物具有共同的祖先，因此它们有十大共同之处。生物在不断进化，从胚胎学、比较解剖学及生化与分子生物学各方面都可以得到证明。

生物是如何进化的？200 多年前，布丰是提出生物可变的第一人。拉马克是科学进化论的创始人，他提出的"获得性遗传"和"用进废退"学说至今仍未定论，表观遗传学为环境因素对基因的表达提供了诸多证据，也为获得性遗传的解释提供了一定的借鉴。华莱士和达尔文同时提出了生物进化理论。生物总祖论、生物变异论及自然选择论是达尔文进化论的精髓所在。

现代综合进化论强调生物进化的源泉是微观水平的分子突变，种群是研究生物进化的出发点和归宿，哈迪-温伯格定律是研究种群演变的基本规律。该定律指出，在一个足够大的、个体能随机交配、后代生存率相等、不发生突变、没有自然选择、无个体迁入与迁出的种群中，各种基因频率和表型频率将代代保持不变。原有物种经突变、自然选择及地理隔离、生理生态隔离和生殖隔离，逐渐产生出新的物种。

中性进化学说认为，生物的多数突变从功能上看是中性的，遗传漂变导致中性突变的保留或消失，各种生物的突变速率大体相当，中性突变的速率决定了生物进化的速率。中性进化学说不意味着对达尔文进化理论的否定，可以把它看成是对达尔文进化理论的修正和补充。

进化不可逆、顺序进化、跳跃进化、分支进化、协同进化和非匀速进化是生物进化的基本类型和规律。

人与猿具共同的祖先。人类可能起源于非洲南方古猿的纤细型分支，历经早期猿人、晚期猿人、早期智人和晚期智人阶段，发展成现代文明人。世界四大人种：蒙古人种、高加索人种、尼格罗人种和澳大利亚人种是人类累积了多种适应环境的突变，再经地理隔离形成的。人类还将沿着已有的方向继续进化。

复习思考题

1．地球上原始生命体是如何自然产生的？
2．生物进化可划分为哪几个代？每个代的主要特征是什么？
3．生物都有哪些共性？
4．有何证据说明各种生物是进化产生的？
5．达尔文进化论的主要内容和精髓是什么？
6．现代综合进化论对达尔文进化论进行了哪些更正和补充？
7．试述生物进化的基本原理。
8．人类经历哪几个阶段才进化成现代人？中国科学家在该领域有哪些成果和见解？
9．世界四大人种的特征是什么？
10．试分析人类的进化前景。
11．从表观遗传学的进展重新解释拉马克的获得性遗传有什么重要意义？

第十一章　生物与环境

提要　本章讨论光、温、水、土和大气与生物的关系，探究生物与生物之间的相互联系；阐述生物种群兴衰及世界和中国人口增长的规律，剖析生态系统演变概况及平衡的生态系统所具有的功能；探讨各主要植被类型，特别是森林的特征；分析水生生态系统的构成，强调湿地生态系统的重要性；研究城市和农村这两种人工生态系统的功能及其发展趋势；介绍人类活动对生物多样性的影响，强调保护环境的重要性并提出相应的保护措施。

生物生活于环境中，生物与环境之间呈现出十分错综复杂的相互关系。研究生物与环境之间相互关系的科学叫作生态学（ecology）。每种生物对其他生物而言又都是环境因素中的一分子。因此生态学的研究实际上包括了生物与生物、生物与环境及环境自身的动态变迁等内容。

人类自 700 万年前混沌初开在地球上出现以来，迫于生存的需要，终日搏击风寒，寻觅食物，躲避敌害，与环境密不可分。随着工具的改善，古人从利用天然环境中的动植物资源逐渐发展到种植庄稼，圈养牲畜。这时，气候变化成了我们祖先面临的重大问题。古希腊哲学家欧弗拉斯特（Theonhrastus，公元前 370～前 285）曾经比较认真地考察了气候、土壤和肥料对植物生长的影响，被称为世界第一位生态学家。中国在秦汉年间（公元前 100 多年）确立的 24 节气，充分反映了人类对一年中物候变化的规律性认识。

从 18 世纪、19 世纪到 20 世纪 30 年代是近代生态学初步建立时期，西方许多学者比较系统地观察、描述了多种动物、植物和人与环境的相互关系问题。例如，马尔萨斯（Thomas Robert Malthus，1766～1834）于 1803 年出版了《人口论》一书，探讨人口增长与食物供给的关系问题；丹麦的华尔明（Warming）1895 年发表《生态学》，亚当斯（Adams）1913 年发表《动物生态学的研究指南》等。

从 20 世纪中叶开始，不少科学家着眼于以实验的手段定量研究生产者与各级消费者之间的生物量和能量转移及物质循环等项目。联合国教育、科学及文化组织在 20 世纪 60～80 年代提出并实施了三次世界范围的“国际生物学规划”（IBP）、“人与生物圈”（MAB）和“国际地圈与生物圈规划”（IGBP）。通过全球性对地圈和生物圈的大规模研究，大大加深了人与自然界相互关系的认识。总之，生态学已经成了生命科学两大发展方向之一，现代自然科学最急需解决的重点棘手领域。其中人口、资源和环境是生态学，也是当今世界面临的三大热点与难点。如何利用有限的资源满足日益增长人口的旺盛需求，支持全社会的可持续发展；怎样在经济高速发展的前提下不断改善人类及一切生物赖以生存的生态环境，政府、科学家和百姓都对此寄予厚望。

遗憾的是，世界范围内的可持续发展状况令人十分担忧。全球森林面积逐年减少，世界一半以上的大江大河水流量大幅度减少或被严重污染，全球约 40%的人口严重缺水（包括中国），过度耕作使世界 23%的耕地严重退化，土地荒漠化危及 100 多个国家 10 亿以上人口的生计，全球大约 1/4 的哺乳动物和 1/8 的鸟类濒临灭绝。这是一幅多么可怕的情景，然而这又是当代世界货真价实的客观写真。人类对地球资源的掠夺性开采和使用，已经大大超出地球的承载能力，智慧的人类已经到了该好好反思自己行为的时候了。1970 年 4 月 22 日，美国举行第一次地球日活动，这是人类有史以来第一次大规模的群众性环保活动。当时的美国参议员盖洛德·纳尔逊发起的保护地球环境活动得到数万美国人的积极支持。以后这项活动在世界各国广泛展开，4 月 22 日后来被联合国定为“地球日”。作为一个专为世界环境保护而设立的节日，旨在提高民众对现有环境问题的意识，并动员民众参与到环保运动中，通过绿色低碳生活，改善地球的整体环境。现今，地球日的庆祝活动已发展至全球 192 个国家，每年有超过 10 亿人参与其中，使其成为世界上最大的民间环保节日。该活动可以说是现代环保活动的开端，它推动了西方国家重视环境污染和破坏问题，具有里程碑式的意义。与此同时，该活动对 1972 年联合国第一次人类环境会议的召开也起到了积极推动作用，让人类认识到“只有一个地球”的重要内涵。

中国从 20 世纪 90 年代起，每年都在 4 月 22 日举办世界地球日活动。特别是党的十八大以来全国上下加大对环境保护的投入和建设，生态环境日益改善，绿水青山就是金山银山的理念深入人心，中华大地呈现出一派人与环境和谐共生、生机盎然的景象。

第一节 自然环境

各种生物赖以生存的地球被多层厚厚的大气层包围着。近地 17～18km（热带）至 8～9km（极地）的空间层叫作对流层，电闪雷鸣、狂风暴雨等各种气候变化就发生在该层中。距地面 10～50km 的大气层称为平流层，这里风和日丽，保护地球上生灵免受太阳强烈紫外线辐射的头号功臣——臭氧（O_3）层就位于平流层中。再往外是中间层、电离层、热层、外层（逃逸层）和磁层等。大气层的上界距地表约 1000km。

在地面上，阳光明媚，生机盎然，71%的地球表面被蔚蓝色的大海覆盖着。陆地上山峦起伏，沃野千里，江河湖泊，纵横交错。生物在地球这个可爱的家园生长、繁衍，生生不息。生物与生物之间，生物与各种环境因子之间有着千丝万缕的联系。本节探讨各种非生物因素及其与生物之间的关系。

一、光及其作用

太阳光是地球上绝大多数生物能量的源泉。如前述，光能经绿色植物（还有少量光合细菌）的光合作用转变成有机物中化学键的键能。它除了维持植物自身生活以外，还是一切动物和微生物生存的基础，是生态系统中物质循环与能量传递的首要环节。

1. 光的强度 地球大气层上界直接暴露于阳光的照射之下，它接受的太阳辐射基本上是一个恒定的数值，约 8.12J/（$cm^2 \cdot min$），该数值称为太阳常数。阳光通过大气层时，由于尘埃的散射、反射及气体和水蒸气的吸收等作用，光强逐渐减弱。在晴空万里的夏季，到达地表的平均光强仅为 5.0～5.5J/（$cm^2 \cdot min$），即 100 000lx（烛光）左右。

影响光照强度的因素主要有以下方面。

（1）光的入射角度 阳光与地面的夹角越大（最大为 90°），地面所接受的光照越强。

（2）纬度 随着纬度的升高，地表得到的光强逐渐减弱，在南、北极冬季甚至出现终日不见阳光的极夜现象。

（3）海拔 由于地球引力的影响，愈接近海平面的低海拔地带大气密度愈高，到达地面的光强也就愈弱；反之，同纬度的高海拔地区所接受的光照也就愈强。新疆盛产棉花，除了物种、降雨等因素外，光照充分也是一个重要原因。不过高海拔常导致低温度的负面效应（见下文“温度”一段），青藏高原被称为地球的第三极就是这个原因。

此外，地表的坡度，所考察地的方位走向，当地的气候因素（云、雾、风、尘等）都对光强产生一定的影响。

2．光的性质 阳光内含多种波长的射线，这些射线通常可划分为以下三类。

（1）红外线 介于可见光和微波之间，波长760nm～1mm。这类射线我们的眼睛虽然看不见，但却能从皮肤感觉到它产生的热效应。红外线占日光辐射能的50%～60%。

（2）可见光 波长 380～760nm，由红、橙、黄、绿、青、蓝、紫七色光组成。光线通过大气层将产生散射和折射；通过水层时，光线还将被大量吸收，主要是红光。在34m水深处，红光已全无。蓝光和紫光可透达水深500m处。可见光占日光辐射能的40%～50%。

（3）紫外线 波长200～380nm，人眼不可见。紫外辐射按照波长的长短分为三个区：UV-A区，波长315～380nm；UV-B区，波长280～315nm；UV-C区，波长200～280nm。紫外线约占日光辐射能的1%。

3．光的作用 光无论对于动物还是植物都产生十分明显的影响，表现在以下方面。

（1）红外线 能使生物或非生物的温度上升，促进种子和幼叶萌发，使茎加速伸长。

（2）可见光 对于生物而言，可见光犹如生物钟的一种信号，无论是动物还是植物，绝大多数生物都是随一天中光线的规律性变化而呈现出有节律的应答。对植物而言，红光能促进叶绿素的生成和茎的伸长。红橙光能被叶绿素强烈吸收，它们的光合作用效率最强。蓝光虽也能被胡萝卜素吸收并传递到叶绿体进行光合作用，但效果较差。相反，蓝光和紫光具有较明显的抑制植物抽长，使其粗壮的作用。绿光不能被植物利用，这也是我们看植物几乎都是绿色的原因。

（3）紫外线 UV-A可促进人及动物表皮细胞中的固醇类物质转化成维生素D_3，促进钙、磷吸收，但要注意不可过量。让脸部和胳膊每天接受15min左右的日照就足以对身体健康产生积极的效果。适量的UV-B能增加白细胞的活力，提高人体的免疫功能。夏季出生的婴儿普遍比较健壮与光线较充足明显相关；然而过量的UV-B会损伤眼角膜和水晶体，引发白内障；UV-B还可被DNA强烈吸收，杀伤细胞，使细胞（生物）致畸、致癌或致死；臭氧层能挡住UV-B，使生物免遭厄运。

阳光还对人类和动物的心理产生振奋精神的积极作用。因为眼睛接受光线后，通过视神经将信号传达到大脑和松果体，后者将反馈性地减少“褪黑激素”的生产，从而使人精神为之一振。

二、温度

适当的温度是维系生命过程必不可缺的条件之一。通常从零上低温开始，随着温度的上升，微生物、植物和变温动物的代谢水平与生命活动逐渐增强，直到每种生物的最适温区为止。温度超过一定限值，各种代谢活动又趋于下降。

决定某个特定区域气温的要素主要有以下方面。

1．季节 由于地球始终以一定的倾斜角度（地球自转赤道面与地球公转轨道平面之间的夹角是23°26′）围绕太阳转，地球上多数地区，尤其是温带和亚热带地区具有明显的春、夏、秋、冬四季变化。在热带，常年高温，气候主要分为雨季和旱季；而在寒带，一年的大部分时间里气温都在零度以下，甚至降至－60℃低温，仅在夏季短暂的1～2个月内浅层冰雪融化，为极地的苔藓、地衣、小灌丛提供休养生息之机。

2. 纬度　一年中最热月与最冷月平均气温之差叫作年较差。赤道两侧的热带地区由于受到阳光的直射或接近直射，终年高温多雨，年较差小，仅为 1℃左右。各种生物全年都能旺盛地生长。在亚热带到温带的广大地区，年较差扩大到 20℃上下，不少生物在干燥、寒冷的秋冬季生长缓慢，甚至停止生长。在北温带到寒带的高纬度地域，年较差扩大到 30℃以上。一入初秋，候鸟纷纷南迁；冬季冰天雪地，植物落叶，有些动物如熊，进入冬眠，万物萧条。

3. 昼夜　一天中最高气温与最低气温之间的差值叫作日较差。日气温最低值一般出现在日出前的黎明时分。正午过后，地面储热达到最高值，但将这些热量传递给近地大气还需一段时间，因此通常在 14 时左右才达到当日气温的最高值。不同的纬度、季节、海拔、气候及海陆相的差异，都对日较差产生较大的影响。

4. 海拔　海拔高低对温度的影响与纬度高低类似。对流层的气温随着海拔的升高持续下降。这是因为地面吸收太阳光的长波辐射后，一方面自身受热升温，另一方面也不断地将热量传递给近地大气，然后再经近地大气向高层大气转移；同时海拔愈高，大气愈稀薄，热量经散射、透射而大量损失。海拔每升高 100m 对流层气温所降低的数值叫作气温直减率。对流层不同高度的气温直减率略有差异，平均为每升高 100m 气温下降 0.65℃。

三、水

如第二章第一节所述，水是生物的第一需要。哪里有水分哪里就有生命体，这是由于水具有独特的生态学作用。

1. 高沸点　水在常温下为液态，因而地球上才能出现江河湖海，生命体也才得以孕育而生并得到持续发展。

2. 高比热　由于水的比热高，要使水升温，就需要提供比其他大多数液体高得多的能量，达 4.2kJ/（L·℃）。同理，水分从生物体表面散发到大气中，必然要带走大量的热量，这就是植物在烈日下仍然昂首挺立、树林中的气温比林外平均低 3～5℃的原因。

3. 固态膨胀　一般的物质都遵循热胀冷缩的规律，而水温降至 4℃时已达密度最大值。水温再往下降，其体积反而略有增大，密度减小，这是由于它的分子结构式决定的。因此即使冰冻三尺，那些致生物于绝境的寒冰也只能漂浮于水面上。水面以下的鱼、虾、贝、藻虽能感知严冬的到来，却依然可以在水中生存。

水是宝贵的。遗憾的是，水资源匮乏和水污染加剧正日益严重地威胁着人类的生存和发展。

四、土壤

土壤是岩石历经多个世纪风吹、日晒、雨淋风化的产物，因此土壤的形成与阳光、温度和水分等气候因素密切相关。各种生物在促进土壤的生成及保持土壤的肥力等诸多方面也发挥了不可替代的作用。

土壤是什么？这是一个不容易准确回答的问题。土壤包含有大大小小的砂粒，或多或少的无机盐和矿物质；各种各样的黏性物质，主要是生物死亡分解后产生的腐殖质；含量不等的水分及每克土壤中多达百万个的生物，基本上是微生物和原生动物，还有一定量的无脊椎动物（如蚯蚓）。决定土壤肥力的高低既有天然的原因，也有人为的因素。土壤的肥力对该地区植被的生物量产生重大的影响，从而也决定了各种动物的种群和个体的数量。因此把土壤比作生物的摇篮、人类的命根子是很恰当的。

五、大气

地球被一层厚达 1000km 的大气包裹着。各种生物都生活在大气的最低层——对流层。大气的组成成分一直处于动态变化之中，它与生物的生存和生长关系极大。远在地球演化的早期，大气中的主要成分是二氧化碳（CO_2）、一氧化碳（CO）、甲烷（CH_4）、氢气（H_2）和水（H_2O）分子等，呈现出强烈的还原性。随着植物的出现及持续进行光合放氧作用，大气中的氧气成分逐渐增加，最终演变成氧化型大气。今天，大气各组分中，氮气的含量超过 75%，氧气 21%，二氧化碳 0.03%～0.04%，此外还有少量的水分、各种惰性气体和尘埃等。应该指出，至今大气中的各种组分仍处于波动之中，在某些地区或年代这种波动甚至还相当显著。大气层对于地球上生物的作用是多方面的。

1. 保护作用　厚厚的大气有效地阻挡了各种宇宙射线对生物的侵害。没有这层大气，生物难以生存，更谈不上进化和发展。

2. 保温作用　太阳发出的长波红外线具有明显的增温效应。大气层能吸收和折射地面反射或散射出的红外线，从而在地球外围形成一层厚厚的保温层。

3. 氧气促进了生物的需氧代谢与进化　如第四章所述，需氧代谢产生的能量比无氧代谢高出 10～20 倍。自从有了氧气，生物进化的速率大大加快了。

4. 氮气　在某些微生物，如根瘤菌、棕色固氮菌和鱼腥藻等原核生物中的固氮酶的催化下，氮可以与氢（H）化合，还原生成氨（NH_3），即 $N_2+6e^-+6H^+ \longrightarrow 2NH_3$。

氨是植物生长所必需的重要氮肥，也是支撑整个生物界乃至生态系统的基石之一。

5. 二氧化碳是光合作用的原材料（第四章第二节）　由于亿万年来植物持续不断地进行规模宏大的光合作用，大气中的二氧化碳含量缓缓下降。至 20 世纪初，全球大气中的二氧化碳含量已经长时间维持在大约 250μL/L 的低水平。从植物界的角度看，如此低的二氧化碳供给量使植物经常处于“吃不饱”的状态。如果能人为地向农作物增施“二氧化碳肥”，一定能使农作物获得丰产。

总之，生物赖以生存的环境因子中，阳光、温度、水分、土壤和大气缺一不可。上述五个要素形成了地球上三个层次的无机环境：大气圈、水圈和土壤岩石圈。这三个“圈”通过水循环而联成一体。各种生物生活于这“三圈连环”的环境中，又形成了一个源于自然但高于自然相对独立的生物圈。这个充满生机的生物圈范围，上至 20km 近乎真空的平流层（细菌及真菌孢子等），下达太平洋 110 22m 深、压力约为 100MPa 的寒冷且无光的世界。生物圈上下跨越海、陆、空三界，足见其生命之顽强与多样性。不过在地层表面、地面上空及水下各约 100m 的空间是生物最为集中的地区，称为活跃的生物圈地带。尤其是在森林植被区，各种木本、草本、藤本和蕨类植物生机盎然，各类飞禽、昆虫、走兽和根际生物适得其所，具有典型的生物多样性。各种生物之间呈现出相当复杂的相互关系。热带雨林就是最突出的例子。

第二节　生物种间关系

自然界中，各种各样的生物可以大体上划分为三种类型：生产者、消费者和还原者。绿色植物及少量自养微生物属于生产者，它们是地球上有机物质的主要生产者，处于食物链的最底层。各种动物都是消费者，它们依据各自的生态位分别处于初级消费者、次级消费者及高级消费者等层次。绝大多数细菌及放线菌和真菌是生态系统中的还原者，它们在生长繁殖的同时将植物和动物的遗体分解，让各种物质重归自然。从这三类生物盘根错节的相互关系中，我们可以理出 7 种比较重要的种间关系。

1. 共生　两个物种共同生活在一起，相依为生，其中一种生物甚至可能生活在另一种生物体内。它们互相“帮助”，相得益彰，彼此都不能离开对方而生活。例如，豆科植物（花生、大豆等）与根瘤菌，满江红（红萍）与鱼腥藻，白蚂蚁与鞭毛虫及地衣（绿藻与真菌的共生体）等都是生物共生的典范。

资料链接

罕见的细菌和真菌共生

2007 年，德国自然产品研究和感染生物学 Leibniz 研究所的 Laila Partida 和 Christian Hertweck 发现，一种作为寄主的真菌需要依靠内部共生细菌才能生存和繁殖。

这种特殊的共生合作关系存在于真菌 *Rhizopus microsporus* 和生活在其细胞内的细菌 *Burkholderia* sp.之间。这两种生物结合起来，能有效地侵染水稻的幼苗并将它作为营养来源，造成水稻幼苗枯萎。研究小组之前的工作曾显示，这种细菌在真菌对水稻幼苗表现出来的毒素方面起到了关键的作用：细菌产生了一种造成幼苗枯萎的植物毒素。

现在，科学家发现了真菌需要细菌的第二种令人惊讶的原因，当用抗生素杀死真菌中的细菌后，真菌细胞变得无法产生孢子了，这表明对于真菌的繁殖而言，细菌是必需的。这一发现首次显示孢子产生依赖于另一种生物的存在。而当科学家再次将两种生物结合起来形成共生关系后，孢子的产生就得到了恢复。

2. 共栖　两种都能独立生活的生物共居一处，通常仅是单方受益，另一方所受损益不明显。例如，海藻、海葵和藤壶附生于贝类之外等。

3. 协作　两个物种共同生活于同一环境中，在它们各自独立的生活中也使对方间接受益。许多昆虫都喜欢到花丛中采蜜。在它们收获花蜜的同时，“顺便”也为被子植物异花授粉做出了贡献。同种生物的各个个体之间也常相互协作。

4. 中立　在一个生态环境中，许多生物彼此之间没有明显的损益关系，它们处于相对中立的状态。例如，在一片树林中，上蹿下跳的松鼠与来往飞翔的昆虫；在一洼池塘中，青蛙与小鱼之间，它们似乎都完全独立地生活着。不过，严格地说，在同一个小生境中各种生物彼此处于毫无关系的绝对中立状态是不常见的。一旦原有环境稍有改变，各物种间的相互关系也将进行一番调整。

5. 竞争　物种在群落中所处的生态地位叫作生态位，它包括空间生态位和营养生态位两种类型。如果两个或两个以上物种由于生态位相近，彼此相互争夺类似的生存空间及生活资源，它们之间这种关系就叫作竞争。竞争是生物界永恒的主题。同种生物间除了协作之外，同时也存在竞争。竞争是推动生物进化的外因。

6. 寄生　一种生物寄居于另一种生物的体内或体外，摄取寄主的营养物质维持自身生活，且对寄主不利的现象称为寄生。寄生物与寄主之间往往具有较高的特异性。内寄生的生物通常都具有与寄生生活相适应的吸盘、小钩、角质层及发达的生殖系统等特征。寄生物一般不导致寄主死亡，但可能造成严重的健康问题，如寄生于人体的血吸虫，钩虫等。更有甚者恶性疟侵入大脑引起致命的脑型疟是目前非洲地区 5 岁以下儿童死亡的一个重要原因。

7．捕食与防御　　弱肉强食是动物界的基本法则。捕食者的感官和运动系统较发达，能奔善跑，长有尖牙利爪。被捕食者在与捕食者的协同进化中根据各自的特点演化出了多种多样的防御与逃生手段。刺猬长刺、龟鳖披甲、鼠辈打洞、甲虫装死、尺蠖拟态等都是弱小动物求生的高招。有些素食动物以群居的方式迎击或逃避肉食动物的进犯。

生物的种间关系是生物各物种诞生以后经历了严格的自然选择的结果。一旦环境发生变化，各物种都将以适当的方式调整与其他物种及环境的相互关系，否则它们将面临走向衰退甚至灭绝的结局。虎、大熊猫、白鱀豚（2007 年 8 月 8 日评估为“功能性灭绝”）等国家一类保护动物由于不能适应变化了的环境，它们现在已经处于绝灭的边缘。

第三节　种群生态学

种群是生活在同一生态环境中能自由交配的同种个体的总称。种群是物种存在的具体形式，是生物繁殖的基本单位。一般情况下零星离散的个体由于形单势弱，配偶难觅，后代生存率不高，难以长期正常繁衍下一代。同时，种群还是群落和生态系统的基础构成单位（见下节）。由两个以上的种群组成群落，一个生态系统包括多个群落。当一个种群与当地环境的各种因素相适应时，这个种群就发展、兴盛，反之则衰退、消亡。

一、动物种群的性别构成

在一般的动物种群中，雌雄个体都有，老中青幼皆存，每个物种都以这样的形式存在于自然界中。但由于各物种的不同特点，种群中雌雄成熟个体的数量比例差别很大。

动物种群中成熟雌雄个体的数量比有以下 4 种主要类型。

1．一雄多雌制　　有些鸟类和非人灵长类等动物种群中，仅有一至少数几个雄性成熟个体，而雌性个体占了绝大多数，常见的如鸡、鸭等。此类种群具有明显的“选雄”效应，即只有最为强壮的个别（少数）雄性个体具有交配、生育下一代的机会。从生物学的角度看，这是一种有利于物种进化的生育机制。

2．一雌多雄制　　有些较弱小的动物，如昆虫中的蚁类和蜂类等，它们的天敌较多，抵御逆境的能力较弱，死亡率较高，尽可能大量繁殖子代与它们的生存问题息息相关。因此，这类动物种群往往以一只生育能力很强的雌性个体为中心，组成采食、饲喂、清理和防卫等分工严密的“动物社会”，以保证这个雌性个体能在相当长的一段时间里持续地产卵。有的蚁后甚至每天可产几百个卵。

3．一雄一雌制　　在动物界只有少数动物以严格的一雄一雌配偶的方式相伴始终。即使是人们心中“夫妻恩爱”典范——鸳鸯，通过现代分子生物学手段进行“亲子鉴定”后表明，它们的后代并非全都来自同一对亲本，意即雄性鸳鸯对其配偶并非总是那么忠诚。事实上，严格的一雄一雌配偶制不利于产生更多的新基因组合，从而对该物种的进化及在自然界中的竞争力带来一定的负面影响。

4．群婚制　　不少昆虫及非人灵长类动物在它们的种群中没有出现严格的配偶限制，成年雌雄个体间基本上能进行随机交配，这对于保持种群基因库中各基因频率的相对平衡发挥了重要的作用。不过，在非人灵长类，如各种猩猩、猴子及狒狒等的种群中，这些随机交配的关系已经受到了一定的限制。种群中体格强壮的成年雄性个体通常拥有更多的配偶，它甚至会限制其他雄性的交配要求。

二、种群年龄的组成与种群兴衰

如果我们把一个国家的人口当作一个大种群的话，根据其中各个个体的生理状态，可以把一个国家人群的状态大体划分为三种类型：扩张型、静止型和收缩型（图 11.1）。

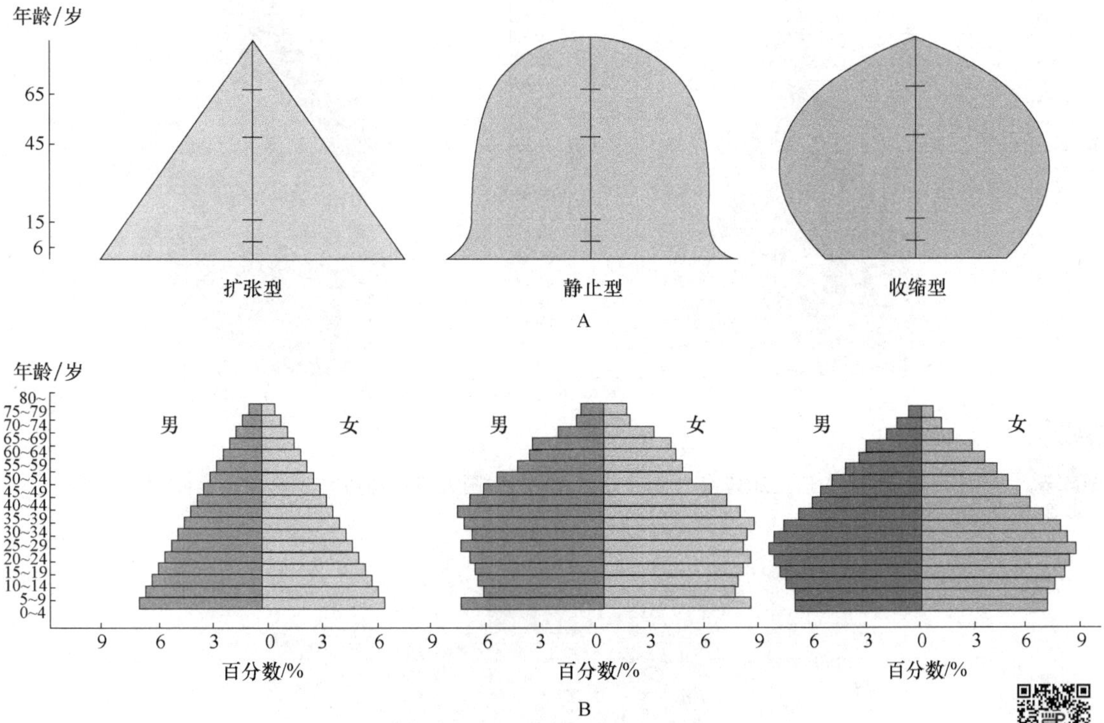

彩图

图 11.1　三种类型人口年龄金字塔

A．示意图；B．实际图

1．扩张型（兴起型）　人口的年龄构成呈金字塔形，上尖下宽，表明儿童青少年人口比例大，老年人口比例低，说明未来出生人数将明显超过死亡人数，人口发展呈持续增长趋势。

2．静止型（稳定型）　人口的年龄构成略呈筒形金字塔，除塔尖外塔形上下差别不大。未来结婚生育的人数不会有明显增加，即出生人数与死亡人数大体相当，人口数将基本保持原状。

3．收缩型（衰退型）　人口的年龄构成呈倒金字塔形，塔形下部向内收缩。由于老年人的人数较少，塔形直观表现为两头小中间大的橄榄形。各种濒危动物大体如此。表明少年儿童所占比例低，中年人口比例大，意味着未来生育率低，人口发展呈减少趋势。

以一个国家人群来对比。现在许多发展中国家，如印度、墨西哥等都处于扩张型种群的范畴。中国 2017 年的人口金字塔显示既不是扩张型，也不是收缩型，在一定程度上呈静止型的态势。从中国的人口结构中可以清楚看到，在 70 岁以下的年龄分组中，男性明显多于女性，尤其是在 20 岁以下的年轻群体中更为严重，而女性则因为平均寿命高于男性，在 75 岁群体中，女性是多于男性的（图 11.2）。

在涉及种群兴衰的诸多因素中，种群内个体数的变更曲线是一项重要的参数。在动物界，根据动物出生率和存活率的高低可以把种群中个体数的变更曲线区分成以下 3 种代表类型（图 11.3）。

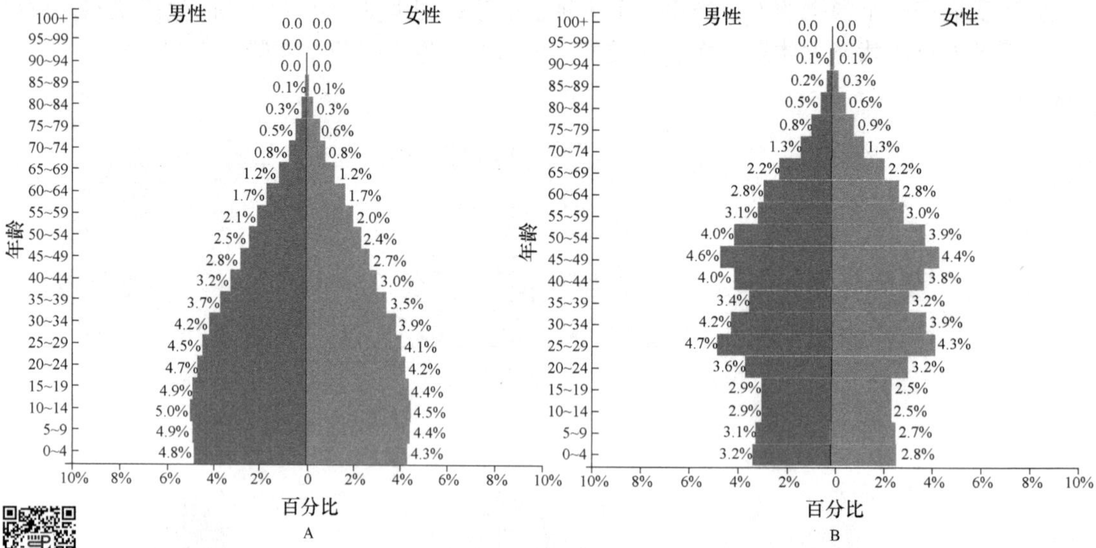

彩图

图 11.2 印度人口（2017 年）金字塔（A）和中国人口（2017 年）金字塔（B）图

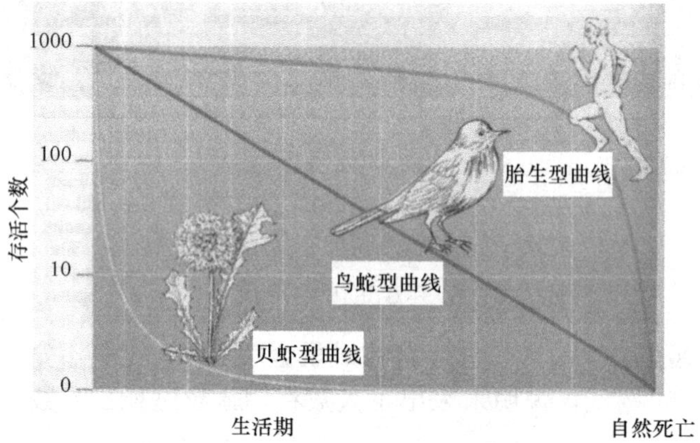

彩图

图 11.3 种群个体数变更曲线

（1）贝虾型曲线　水生小型无脊椎动物性成熟时每次排出精子和卵子的数量都很大。但由于这些精子、卵子、受精卵、动物胚胎和动物幼体，甚至成年个体都很容易成为其他动物的食物，因此它们往往出生率高，死亡率也很高，而且绝大多数幼体都难以活到育龄期，仅极少数个体侥幸活到自然死亡期。

（2）鸟蛇型曲线　小型脊椎动物，包括小型哺乳动物，它们产卵不多，育成的个体数也少。在它们的生长期间，总有部分个体陆续被捕食或自然死亡。不少个体可存活到育龄期。

（3）胎生型曲线　哺乳类是动物界的强者，它们基本上为胎生（鸭嘴兽及针鼹等为卵生），但出生率较低，每胎仅产一至数仔。但由于亲代的精心呵护，子代的死亡率也很低。它们多数个体不仅能活到育龄期，而且可达到自然死亡期（家畜除外）。

除了动物本身的生育能力以外，动物种群的兴衰还与多种环境因子（包括食物、天敌和种群密度等）密切相关（见下文）。

三、种群增长规律

种群迁移到一个陌生的环境后，它们既面临其他物种的竞争及环境选择双重压力的挑战，同时也是该种群谋求继续发展的良好机会。研究发现，一个种群如果迁入一个不适宜它生活、生长的地区，如该地区冬天气温过低，它们要么退出该地区，要么逐渐衰亡，别无他择。反之一旦某个区域适合该种群生长，这个种群中的个体数量将依据逻辑斯蒂曲线（图 11.4）所揭示的规律扩增直至平衡期，然后逐渐衰减。

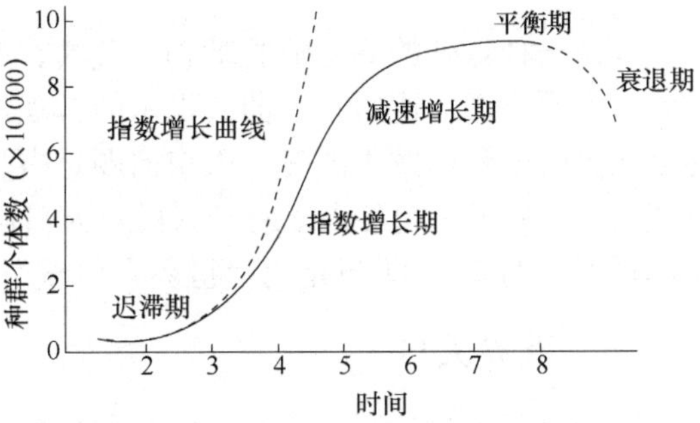

图 11.4　种群增长的逻辑斯蒂曲线

依据种群的生长态势，这条曲线通常可以划分为以下 5 个区段。

（1）迟滞期　　种群迁到一个新地区后，对当地的自然地理及生物等环境总得有一个适应的过程。在这段时期内种群个体的数目可能维持不变或略有增减。

（2）指数增长期　　如果食物充足，天敌较少或无，环境污染不严重，而且这时种群的密度也不高，该种群则可按指数增长的规律持续繁殖个体，即符合以下公式：$N_t = N_0 \cdot e^{rt}$。式中，N_t 为 t 时种群的个体数，N_0 为种群起始个体数，e＝2.718 28，r 为种群出生率与死亡率之差。反映在曲线上，本阶段曲线随着时间的推移呈持续快速上升的态势。种群个体数明显增多。

（3）减速增长期　　随着种群个体数的迅速增长，该种群可享用的食物量呈下降趋势，它们的代谢排泄物对环境的污染日益严重，天敌也陆续侵入（这些因素统称为环境阻尼），从而导致种群的出生率逐步降低，死亡率不断上升。种群即进入减速增长时期。

（4）平衡期　　由于环境日趋恶化，种群的出生率终于降低到与死亡率相当的水平。这时种群中的个体数维持在一个基本恒定的数量上，即处于种群更替的临界线上。这时该种群处于发展或衰退的重要十字路口。如果该种群迁离此境或环境阻尼减小，种群还可能“绝处逢生”，东山再起；反之如果环境不见好转，该种群又在原地盘转，那么它们将步入衰落的快车道。

（5）衰退期　　种群在环境阻尼的强大压力下，虽然仍有新个体产生，但大量个体死亡，终于导致种群个体数的急剧下降。不过经历了这场劫难，种群中那些最强壮的个体保留了下来，这实际上是对种群基因库中那些平时“默默无闻”的有利突变（能奔、善跑、杂食、耐寒、抗药等）的选择。生物正是在这种一次次优胜劣汰的自然选择中曲折进化的。

逻辑斯蒂曲线动态地反映了一个种群兴盛衰亡的过程，无论是对拥有 80 多亿个体的人类（见下文），还是一支试管中的细菌种群，无一例外。这条曲线不仅可预测种群发展的趋势，而且在动物养殖业方面也具有重要的指导作用。例如，在水库或池塘中养鱼，当鱼群数量增至指数增长期中点时，即应收获一半乃至 2/3 的鱼。这样可减少鱼群的密度，延长鱼群指数生长的时期。

第四节　人 口 增 长

人是一种特殊的高等哺乳动物，既具有动物的生物性，又具有人类的社会性。因此人口数量一方面将遵循逻辑斯蒂曲线揭示的客观规律发展；另一方面在该曲线的各个阶段，都可能因人为的干预而发生改变。人口问题是人类实现社会和经济可持续发展所面临的最严峻的挑战之一。为了引起各国政府和人民对人口问题的深切关注，联合国人口基金会决定从1988年起把每年的7月11日定为“世界人口日”。

一、世界人口

据统计，10万年前，全世界人口仅约320万。由于生产力低下，在工业革命以前，世界人口增长十分缓慢，估计年平均增长率在0.1%以下，总人口不超过5.0亿（表11.1），长时期处于逻辑斯蒂曲线的迟滞期。但在最近三四百年间，随着生产力的发展、科学技术的进步及社会制度不断完善，世界人口逐年激增，进入了指数增长期。1800年左右，世界人口约有10亿。1930年（有说1927年）约为20亿，1960年达30亿，1975年突破40亿。1987年7月11日跃上50亿。1999年10月12日，地球村的第60亿位村民在南斯拉夫联盟降生。2011年10月31日，丹妮卡·卡马乔在菲律宾首都马尼拉降生，她成为世界第70亿个人。11年后2022年11月15日世界第80亿个人达米安在多米尼加共和国圣多明各来到人间。人口增长进入指数增长期以来，无论是人口倍增期（人口增长1倍所需要的时间），还是每增加10亿人口所需的时间，都呈现逐渐缩短的趋势。由于中国从20世纪70年代末开始实行计划生育政策，才使世界从40亿人开始每增加10亿人口所需的时间一直维持在大约12年的水平。而从70亿到80亿花了11年零半个月（图11.5）。

表11.1　世界人口增长概况

年份	人口/亿人	自然增长率/‰
1000	2.8	
1650	5.4	1.0
1800	10.0	4.7
1900	16.54	5.9
1910	17.50	5.7
1920	18.60	6.1
1930	20.70	10.7
1940	23.00	10.5
1950	25.56	14.7
1960	30.39	13.3
1970	37.07	20.7
1980	44.57	17.0
1990	52.5	15.6
1995	56.8	15.1

续表

年份	人口/亿人	自然增长率/‰
1999	60.0	
2000	60.80	12.6
2005	64.58	
2010	68.41	11.0
2011	70.0	
2020	78.0	8.39
2022	80.0	

虽然几十年来经过许多国家的努力，世界人口自然增长率已由 20 世纪 60 年代的大约 20‰下降到现在的大约 11‰，但这并不意味着人口总数的下降。相反由于人口基数十分庞大，世界人口正在以年均超过 9000 万个婴儿出生的速度爆炸性地增长，相当于每年新增法国、希腊和瑞典三国人口的总和还多。人口的过量增加无疑将对粮食、土地、水源、能源、资源及上学、就业、住宅、环境保护、医疗保健等造成十分沉重的压力与负担，极大地限制了人民生活水平的提高和社会的进步，严重威胁着人类自身的生存和发展。尤其令人担忧的是，绝大多数新增人口都出现在原本就欠发达的国家，唯有欧洲是人口有望减少的地区。

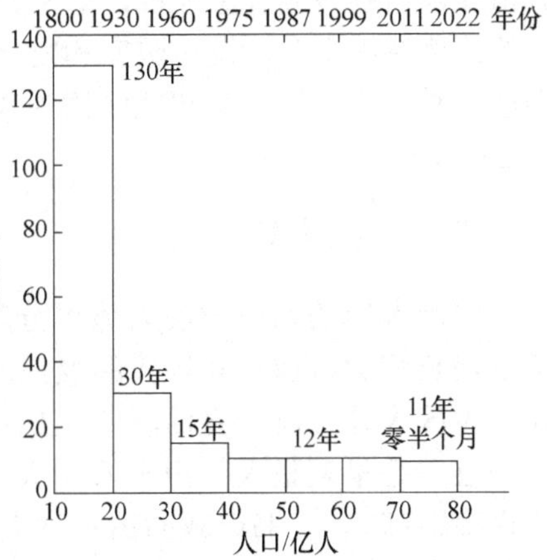

图 11.5　每增加 10 亿人口所用时间

综上所述，近几百年来，世界人口已经进入指数增长阶段，特别是半个世纪以来，人口净增近 40 亿。2022 年达到 80 亿（表 11.1）。

总之，世界人口发展呈现出以下 4 个方面显著特征。

1）人口按指数增长方式“爆炸性”迅猛增加。据联合国相关部门预测，到 2050 年，世界人口可能将达到创纪录的 93 亿。但人口增长指数可能逐渐降低，越来越接近零增长。

2）人口高度集中于某些国家和地区。截至 2024 年 1 月，全球 240 个国家和地区人口总数为 80.32 亿人，其中印度以 14.27 亿人位居第一，成为世界上人口最多的国家，中国以 14.26 亿人位居第二，第三至第十分别是美国、印度尼西亚、巴基斯坦、尼日利亚、巴西、孟加拉国、俄罗斯、墨西哥等。中国香港和澳门都被列入人口密度最高地区的行列。

3）年龄结构两极分化。一方面，在发展中国家，由于人口大量出生，人口年轻化的趋势十分明显。例如，全球 0～14 岁人口所占比例最高的前 10 个国家，其比例几乎都在 40%以上（2019 年）。并且前十名都在非洲，40%以上的其他洲国家只有阿富汗（亚洲，42.47%）和所罗门群岛（大洋洲，40.13%）。这些国家由于人口猛增，就业压力很大，给社会安定埋下不可忽视的隐患。另一方面，由于社会的进步，在发达国家和部分发展中国家，代表人口老年化和老年人口高龄化的“银发浪潮”一浪高过一浪。据统计，近 160 年来，各国妇女的最高预期寿命一直以平均每年 3 个多月的速率增长。男子的最高预期寿命虽然增幅略小，但也呈线性上升势头。通常，在一个国家或地区中，如果 60 岁以上（含 60 岁）的老人占总人口 10%以上，或 65 岁以上（含 65 岁）老人占总人口 7%以上，它们就被称为老龄化的国家或地区。这个比例达到 14%即进入深度老龄化国家（地区）。当这一数据超过 21%时，则意味着进入超老龄化国家（地区）。据联合国统计，1950 年全世界 60 岁以上的老年人口有 2 亿，1997 年约为 5.5 亿，2002 年世界老年人为 6.3 亿，占总人口数的 10%，全球进入老年型社会。2023 年全球 60 岁及以上人口达到约 9.01 亿，占世界人口 12.3%。到 2030 年这一比例将达到 16.5%。全球范围内，60 岁以上的人口数如今已超过 5 岁以下儿童的人口数。美国、日本、德国、英国和法国等 66 个国家早已进入老龄化国家行列。日本 65 岁以上人口比例为 29%，80 岁以上人口首次超过总人口的 10%（2023 年），俨然进入超老龄化社会，老龄化程度位居全球第一。

4）人口城市化。从事农作的人口逐渐减少，农业劳动力大量涌入城市寻找工作，导致城市如雨后春笋般大量涌现，特大型城市（人口在 1000 万以上）不断出现，城镇人口占总人口的比例持续上升。发达国家和发展中国家之间差别明显。其中发达国家和地区的城市化率高达 77%，不发达国家和地区约为 41%。2023 年，中国城镇人口达到 9.2 亿，占全国总人口 65.22%。

二、中国人口

中国人口的动态发展大体可分为新中国成立前的缓慢曲折增长、新中国成立后的迅速指数增长和 20 世纪 80 年代的受控减速增长三个阶段（图 11.6）。据化石考证，200 多万年来在中国大地上就一直活跃着重庆巫山人、云南元谋人、陕西蓝田人、北京周口店人及安徽和县人等早期猿人。由于原始人使用的是简陋的打制石器，在恶劣的自然环境下他们的死亡率很高。有史书记载的第一次人口统计是在西汉末年（公元 2 年），当时的人口是 0.5995 亿人（表 11.2）。清乾隆元年（公元 1736 年）的人口普查表明，由于国泰民安，百姓安居乐业，人口已发展到 1.4341 亿，清道光十四年（公元 1834 年）人口增至 4.1 亿。经过连年战争，特别是持续 14 年之久的日本侵略和全民抗日战争给中国人民带来了深重的灾难，到 1949 年中国人口估计仅缓慢上升至 5.42 亿。

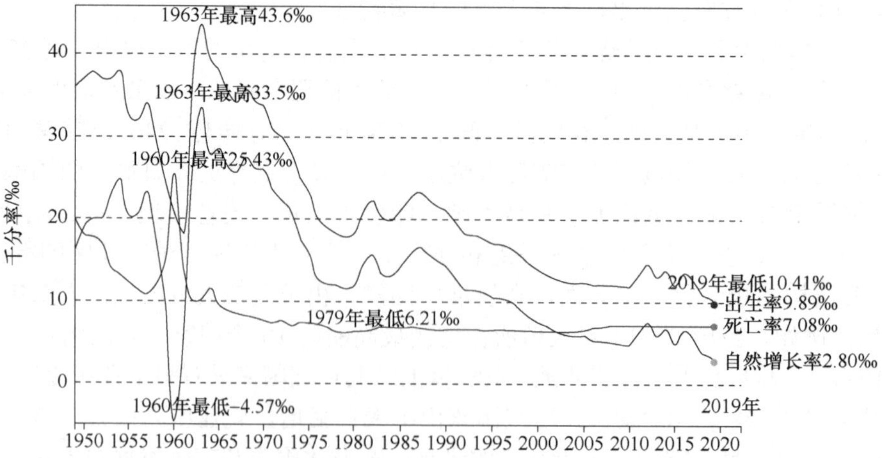

图 11.6　1949～2019 年全国人口出生率、死亡率和自然增长率

新中国成立至今我国人口变化如表 11.2 所示。1949～1958 年出现第一个生育高峰，每年

出生约 2100 万人；1972～1975 年是第二个生育高峰，每年出生人口 2800 万；1981～1990 年是第三个生育高峰，每年出生人口也在 2100 万以上。这样，中国庞大的人口数量一浪高过一浪不断攀上新高峰。

表 11.2　中国人口增长概况

年份	人口/亿人	自然增长率/‰
2	0.60	
1685	1.0171	
1741	1.4341	
1771	1.8181	
1812	3.3371	
1912	4.0581	
1949	5.4167	16.00
1955	6.1465	19.90
1960	6.6207	2.95
1965	7.2538	28.92
1970	8.2542	27.47
1975	9.1970	17.27
1980	9.8705	11.92
1985	10.5851	14.26
1990	11.4333	14.39
1995	12.1121	10.55
2000	12.6743	7.58
2005	13.0000	5.89
2010	13.4091	4.79
2012	13.5404	4.95
2016	13.8271	5.86
2017	13.9008	5.32
2021	14.12	0.34
2022	14.11	−0.6
2023	14.0967	−1.48

注：引自《中国人口报》和国家统计局；不包括台湾、香港、澳门

为应对当时的人口问题，1971 年年我国提出《关于做好计划生育工作的报告》；1973 年，在全国计划会议上，人口增长指标第一次被纳入国民经济发展计划。1982 年，在中共十二大和五届人大第五次会议通过的新宪法中都十分明确地规定“国家推行计划生育的基本国策”。中国的人口发展终于从无限制快速增长的误区中走了出来，踩下了“急刹车”。这就是中国人口发展态势虽然处于“兴起型种群”的范畴，但紧接着（目前）又跨入“老龄型”社会的基本原因。

我国从20世纪80年代起执行了相当严格的计划生育政策，有效地控制了人口的过快增长，人口净增长率持续下降。1998年人口净增长率首次降低到10‰以下（9.53‰）。育龄妇女总和生育率（一位女性一生中按现有生育水平平均可能生育子女总数）从实行计划生育政策前的5.8，降至1990年的2.0左右、2010年后的1.5左右、2021年的仅1.15、2022年的不到1.1，仅为世代更替水平（2.1）的一半。出生人口自2017年以来连续6年下降，2022年出生人口956万人，比2021年减少106万人，创历史新低，总人口比上年减少85万人，首次开始出现人口总数负增长。2023年国家统计局发布数据显示全年出生人口902万人，死亡人口1110万人。人口自然增长率为−1.48‰，人口再生产类型历史性地转变成“低出生、低死亡、低增长”的减速增长、不增长甚至负增长的态势（图11.7）。

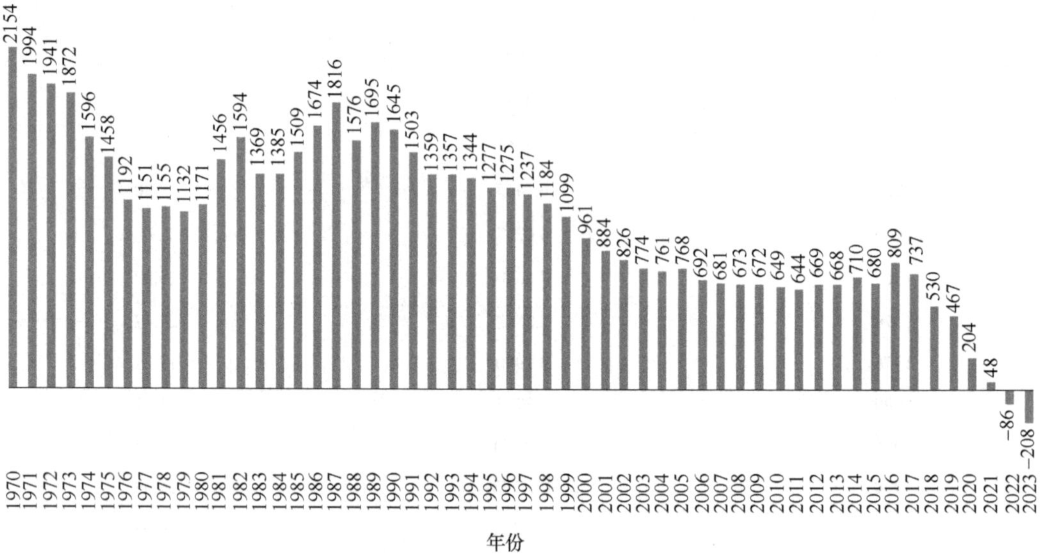

图11.7　1970～2023年中国人口增量情况（单位：万人）

1999年10月12日，中国宣布进入老龄化国家行列，老年人达1.32亿，占总人口的10.15%。2020年我国第七次人口普查数据显示，我国65岁及以上人口为1.9064亿人，占总人口的13.50%，即将进入深度老龄化国家的行列。2021年中国65岁及以上人口占比达14.2%，进入深度老龄化社会。2022年老龄化指数上升至14.9%。2023年，国家统计局最新数据，全国60岁及以上人口达到2.9亿人，占全国人口的21.1%，比2022年又提升了1.3个百分点。其中，65岁以上人口就达到了2.1亿人，占全国人口的15.4%，比2022年又提高了0.5个百分点。按照国际通行标准，中国早已进入深度老龄化社会。人口老龄化是人们生活水平提高和寿命延长的必然结果，是民富国强的标志之一。

为了应对今后可能出现劳动力短缺和老年人占比过高的局面，自2016年1月1日起，国家全面开放二胎政策，一对夫妻可以生育两个孩子。2021年8月20日，第十三届全国人民代表大会常务委员会第三十次会议通过《关于修改〈中华人民共和国人口与计划生育法〉的决定》并正式施行，其中第十八条规定“国家提倡适龄婚育、优生优育。一对夫妻可以生育三个子女”，同时国家进一步优化了生育政策和配套支持措施。

一个国家的总人口就相当于一个很大的生物种群，人口的发展既体现人类的社会性，也遵循生物种群发展的一般规律。第一，我们应该基于我国有限的耕地和可利用国土、贫乏的水源和紧缺的能源等客观实际，结合科技发展潜力，从长远的视角进行战略统筹规划，而不是仅仅囿于今后一段时期的考虑而制定政策。像我们这样 14 亿多的人口大国，提高人口素质应该是优先考虑的选项，而不是其他。

第二，我国人口分布很不平衡。总体看来，如果以黑龙江省漠河市到云南省腾冲市画一条连线，连线以东人口多，以西人口少。其主要原因还是与自然因素及由于自然环境推动的经济发展不平衡造成的。西部地区包括重庆、四川、贵州、云南、广西、陕西、甘肃、青海、宁夏、西藏、新疆、内蒙古 12 个省、自治区和直辖市，疆域辽阔，人口稀少，仅约占全国人口的 1/5。20 世纪末党中央做出加快了开发西部地区的重大战略部署，西部地区的落后面貌正在明显改善。

第三，人口受教育水平是衡量国家人力资本存量的重要方面，也是反映社会发展程度和文明程度的重要指标。以教育和科技进步来增加人力资本，也是应对未来人口负增长的重要手段。改革开放以来，我国教育事业发展进入快车道，教育规模不断扩大、教育结构不断改善、教育质量持续提升，这些有利形势为充分利用人口因素促进经济社会发展提供了新思路。

第五节 生态系统结构与功能

生态系统是指在自然界的一定的空间内，生物与环境构成的统一整体。在这个统一整体中，生物与环境之间相互影响、相互制约，并在一定时期内处于相对稳定的动态平衡状态。生态系统的组成成分有非生物的物质和能量、生产者、分解者、消费者。其中生产者为主要成分。生态系统类型众多，一般可分为自然生态系统和人工生态系统。自然生态系统还可进一步分为水域生态系统和陆地生态系统。人工生态系统则可以分为农田、城市等生态系统。功能：生态系统的能量流动推动着各种物质在生物群落与无机环境间循环。这里的物质包括组成生物体的基础元素：碳、氮、硫、磷，甚至包括能长时间稳定存在的有毒物质。

一、生态系统中的能量流动

地球生物圈的能量几乎全部来源于阳光，地热对生物提供的热源十分有限。太阳全年向地球输送能量虽然高达 5.0×10^{20}kJ，但几经大气层反射、散射和吸收，以及部分光能直接到达水域及裸露的地表，因此仅有大约 1%的光能到达绿色植物。并不是射到叶面上所有的光能都能经光合作用转变成有机化合物中的化学能（第四章第二节）。经测算，事实上绿色植物的光能利用率仅为 2%上下，个别碳四植物（第四章第二节）可达 3.4%（玉米）和 3.8%（甘蔗）。尽管如此，地球上植物每年通过光合作用产生的有机干物质仍可达 5.0×10^{11}t 左右，其中海洋藻类约占 1/3、陆生植物约占 2/3。在生态系统中，由太阳提供给地球生物圈的能量通过植物和光合细菌的光合作用将能量固定下来，然后通过不同生物之间由于吃与被吃的关系而形成的链状结构，即食物链的形式进行传递和流动。

1. 食物链 食物链也称营养链，是生态系统中各种生物由于食物的关系形成的一种相互依存、相互制约的关系。一条食物链至少由两个营养级的生物组成，即生产者（植物）和消费者（素食动物）。不少食物链包括两个以上营养级。例如，在一片草地中，各种草本植物生机盎然，甲虫、蝗虫等昆虫啖食不贻。鸟类是昆虫的天敌。哪里虫害肆虐，哪里就会引来飞鸟成群，这就是生物防治的基本原理。在这样的食物链中就包括了原初生产者、初级消费者和次级消费者三个营养等级。有的食物链甚至可出现高级消费者，如鹰或人等。对某一个群落而言，其中的食物链可能有多条。这些食物链可能相互交叉，形成错综复杂的食物网（图 11.8）。

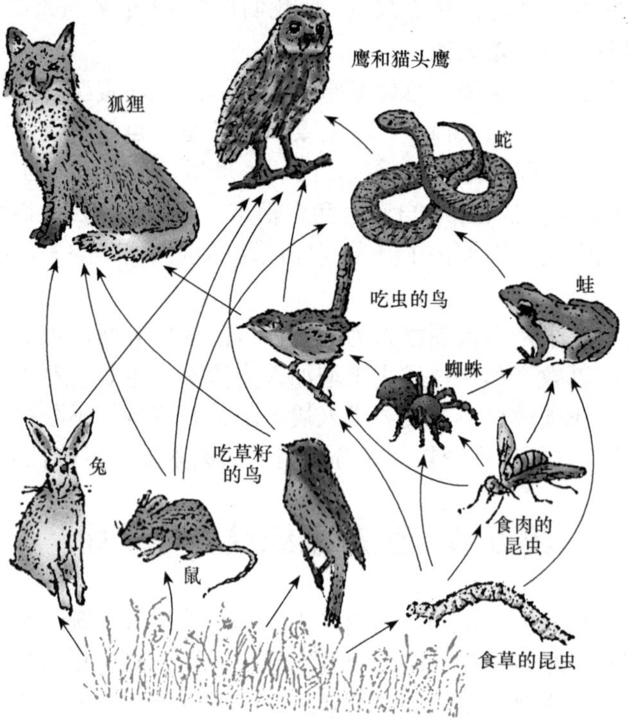

彩图

图 11.8　食物网示意图

2．能量传递　生物生长需要能量，这些能量以食物的形式从原初生产者（绿色植物）逐级传递到各级消费者。这个传递过程是在一个完全开放的以生物为中介的环境中进行的，因此能量在传递过程中损失很大，通常达到 80%～90%。换句话说，只有大约百分之十几的能量可能从低营养级生物向比它高营养级的生物输送，这就是生态学中能量传递的十分之一定律（图 11.9）。在从原初生产者向初级消费者传递的过程中能量转换的效率特别低，甚至小于 10%。这是因为植物细胞具有坚硬的以纤维素为主要成分的细胞壁，细胞内的有机物不容易被消化利用。

彩图

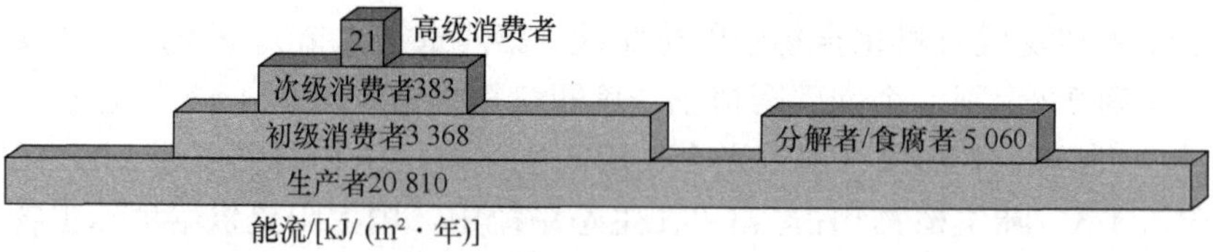

图 11.9　生物圈中能量传递的十分之一定律（美国加利福尼亚州某地实测一年中能量流转概图）

为什么能量在生物中的传递会发生如此大量的泄漏呢？

第一，各级生物本身只有依赖新陈代谢才能生存、生长和繁殖。例如，成人的基础代谢（维持最低生存需要的代谢）每日约耗 5880kJ 的能量，这些能量是不可能回收或利用的。可见尽可能缩短饲养动物的时间，使其尽早达标出栏，减少能量损失，具有十分明显的经济效益。

第二，某些生物或生物的局部并没有进入食物链，它们在自然界中被分解后，部分能量转移到还原者（细菌和真菌为主）中，大多数能量以热能散失到环境中去，未能加以利用。

细菌和真菌中的能量一般是不能进入食物链的。

第三，动物的排泄物中往往还含有不少有机物，其中的化学能基本上都不能进入食物链。

正因为如此，自然界中食物链的营养级一般不会超过 4 或 5 个。人类为了取得较高的经济效益，在人工管理的种植、养殖系统中通常仅有 2 个营养级，如牧草与马、牛、羊、兔，粮食与猪、鸡、鸭等。

二、生态系统中的物质循环

在生态系统中，能量流动和物质循环是紧密地结合在一起同时进行的，它们把各个组分有机联结成为一个整体，从而维持了生态系统的持续存在。能量流动的特点是单向流动，逐级递减；而物质循环具有全球性，循环反复。能量流动和物质循环同时进行，相互依存，不可分割，物质循环伴随着能量流动，物质做为能量的载体使能量沿着食物链（网）流动。自然万物都由物质构成。物质不能再生，只能循环利用。每种物质循环的速率差异十分显著，从几秒到亿万年不等。以下就几类与生物代谢密切相关的物质循环为例加以说明。

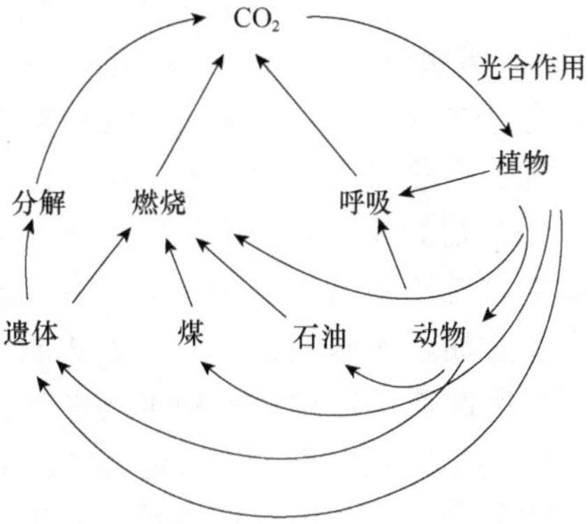

图 11.10 自然界碳循环主要途径

1．碳循环 自然界中的碳源或者与氧化合成二氧化碳（CO_2），以这种形式参与大气的组成，（约占大气成分的 0.04%，2013 年）；或者经植物的光合作用（主要途径）及化能自养细菌的合成作用，转变成构成生物体中生物大分子的碳骨架（图 11.10）。

此外还有一定量的 CO_2 溶于海水或淡水中，以碳酸盐（CO_3^{2-}）和碳酸氢盐（HCO_3^-）的形式出现。水域中的碳酸盐若浓度过高，则将因过饱和而形成沉淀。无论是大气中的 CO_2 还是水中的 CO_2，基本上都经光合途径进入到藻类及高等植物体中。这是无机碳转变成有机碳的最重要方式。将有机碳降解成无机碳完成一个碳循环的途径有以下三条。

（1）呼吸　动物和植物都需要呼吸。通过呼吸作用（有氧分解），仅需几分钟到数小时即可重新放出 CO_2。

（2）分解　生物死亡后，遗体经分解，有机碳降解成无机碳，以 CO_2 的形式重回碳循环。

（3）燃烧　燃烧是一个迅速猛烈的氧化释能过程。动物和植物或它们的遗体都可经燃烧将有机碳转变成 CO_2。数亿年前的植物（蕨类和种子植物）和动物（单细胞动物）经地层高温、高压长时间处理后已分别转变成煤、石油和天然气。它们被人类开采后，经燃烧又重新将无机碳（CO_2）送返大气。这是历时亿万年的长时间大循环。大气中的 CO_2 全部更新平均约需 300 年。

2．水循环 水循环（图 11.11）主要循两个方向进行：蒸发、蒸腾，以及冷凝、降落。所有含水的物体都会自发地向外界散失水分，特别是当它们直接受到阳光照射时，水分的蒸发和蒸腾显得尤其活跃。因此可以说，水循环的主要动力来自阳光。由于海洋覆盖地球 2/3 以上的面积，因此云层和水汽的生成主要来源于海洋海水的蒸发。美国麻省理工学院的雷金纳德·纽厄尔通过对卫星图像分析后发现，有 6 条水蒸气流通过赤道上空把水分送往南北两极。这些水蒸气河南北长可达 7000 余千米，东西宽 700 余千米，每秒流经水蒸气量高达

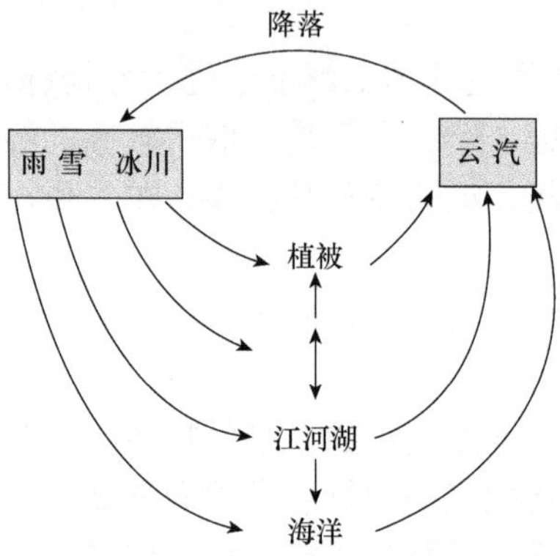

图 11.11 自然界水循环主要途径

$4.56\times10^6m^3$，与南美亚马孙河的水流量相当。此外，大面积的植被在烈日曝晒下经蒸腾作用散发出的水分量也相当可观，把植被比喻成水循环调节的闸门恰如其分。

对流层中的水分主要以雨和雪的形式降落地面。它们大多归还海洋，有的流入江河湖中，还有的雨雪落到大地上被植物直接利用。飘落南北极和高山之巅的雨雪变成了不化的冰川。动物经呼吸、排泄和汗腺分泌也排出少量水分，但其量甚微，可以忽略不计。

地表水量虽然局部循环速率可能相当迅速，但由于水体总量巨大，高达约 $1.386\times10^9km^3$，因此地表水大约要经 20 万年才循环一次。

3．氮循环 氮在自然界有三种存在方式：分子态氮（N_2）、有机态氮和无机态氮。分子态氮含量最高，约占大气组成的 79%。但除了极少数固氮菌和固氮蓝藻（菌）外，绝大多数生物都不能利用分子态氮。有机态氮主要参与蛋白质、氨基酸、核酸及氮代谢尾产物的构成。因此氮素需求对各种生物都是至关重要的。动物及其他异养生物可通过“进食”的方式获得并分解、利用有机态氮。无机态氮大多以氨盐（NH_4^+）或硝酸盐（NO_3^-）的形式出现，它们可以被绝大多数植物作为氮肥吸收利用（图 11.12）。

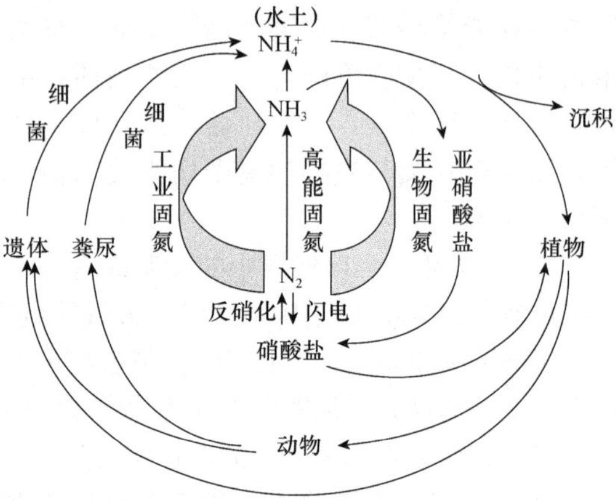

图 11.12 氮循环

从图 11.12 我们看到，植物将无机氮转化成有机氮供动物消费。而植物本身却不能合成赖以生存的氨盐和硝酸盐，其所需的肥只能依靠固氮微生物的共生或自生固氮、电闪雷鸣的高能固氮和合成氮厂的工业固氮三条途径提供。高能固氮是一种自然发生的过程，人类在可以预见的将来还难以控制和有效利用它。因此，生物固氮和工业固氮就成了植物获取氮素的主要来源。据估算，全世界每年固氮总量约 1.8×10^8t，其中耕地中的微生物固氮 0.5×10^8t，森林微生物固氮 0.4×10^8t。亿万个固氮微生物默默无闻、长年累月地将分子态氮转变成无机态氮，即完成下述反应：

$$N_2+6e^-+6H^+ \xrightarrow[\text{固氮酶}]{\text{能量}} 2NH_3$$

这个反应看似简单，但要打断牢固结合的 N≡N 键决非易事。它需要结构复杂的固氮酶作为催化剂，要为固氮酶提供高度无氧的微环境，还要耗费大量 ATP 作为反应能源（每还原 1mol/L N_2 需 5～30mol/L ATP）。其实，以生物固氮的方式产生的氮肥大多只能供共生固氮菌的宿主营养之用。即使将共生固氮菌及其宿主一同回田作为肥料（如苜蓿、紫云英和满江红等），其作用也只能是局部和暂时的。目前全球农业生产对氮肥的年需量高达 1.2×10^8t，仅靠生物固氮是远远不够的。各国经工业固氮年产氮肥 $0.5\times10^8\sim0.6\times10^8t$，可基本弥补氮肥不足的缺口。土壤中的反硝化细菌能将硝酸盐还原成氮气，完成氮的循环，同时也造成氮肥的流失。

4. 磷循环 磷是组成 DNA、RNA 和 ATP 等生物大分子的重要元素。植物光合作用中，CO_2 首先与核酮糖-1,5-双磷酸化合。可见磷缺乏将严重影响光合作用的正常进行，制约生物的生长。不给作物施加磷肥，全世界农作物必将严重减产，连 20 亿人口都难以养活。遗憾的是，陆地上的磷矿储藏量并不充裕，它们可能在 21 世纪内耗竭，人类将被迫直面喜怒无常的汪洋，到海岛或洋底去开采磷矿。

磷矿是人类生产磷肥的原料。无机磷被植物吸收后转变成有机磷，后者随食物链在各级各类动物中传递。动植物死后，其遗体经微生物分解，释出磷，完成一个循环（图 11.13）。某些海鸟聚居的海岛，由于鸟粪年复一年的累积，甚至形成品位很高的磷矿层。

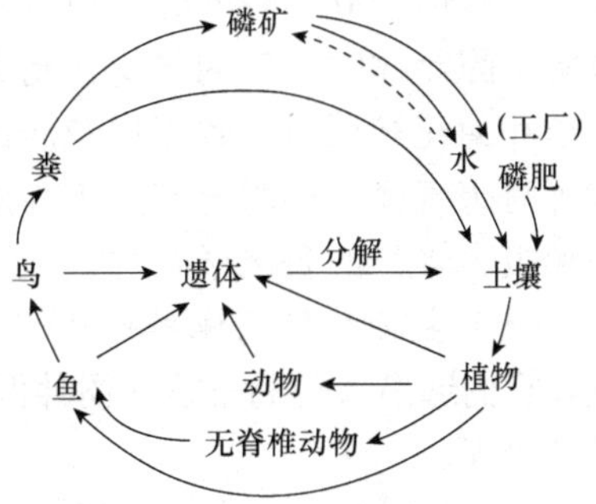

图 11.13 磷循环

上述四项循环都是自然界较大且较重要的循环。还有一些物质循环由于篇幅有限难以一一述及。必须指出。各项物质循环都不是单独进行的，如水循环，溶于水中的各种无机物也随之运行。这种循环既有局部的微小循环，也有全球性的大循环，循环速率也十分悬殊。此外，从图 11.10～图 11.13 中还可看出，物质循环是一种自然发生的过程，但生物往往成为推动物质循环的重要因素，有时生物能在局部影响甚至改变物质循环的方向。

第六节 植被生态学

种群由同种生物组成，是生态系统的基本构成单位。在同一地区内，两个或两个以上的种群由于生活及繁殖上的连锁而构成相互依赖、相互制约的生物集团叫作群落。同类的群落叫作群丛。群丛中的各种群落往往具有相似的优势种及外貌。群丛是植物群落分类的基本单位。相近似的群丛称为群系，群系是植物群落分类的中级单位。植物群落分类的高级单位是植被型，它是具有比较一致的优势植被、景观大体相同的群系的统称。

一、森林生态系统

一提起森林，许多人都说它们是地球的肺，其实海洋中的浮游藻类才是地球上氧气的主要生产者。森林之所以与人类的关系十分密切，是与它们的独特生态学功能密切相关的。

（1）蓄水保湿的天然水库 森林像一片巨大的海绵，下雨时 10m 宽的林带可截留 80%的降水；若林带宽达 80m，则地表径流可完全转化成地下径流。世界森林每年吸收约 2.5×10^{10}t 水，天晴时森林又能使土壤的水分蒸发量减少 30%以上。由于全球森林每年约向空中蒸腾 4.8×10^{13}t 水分，因此林区比无林区的空气湿度平均高 15%～25%，降水量增加 10%～20%。

（2）挡风固土的忠诚卫士 大风一旦进入林区 30～50m，风速将降低 30%～40%，到林内 200m 处，则已悄然无息。林木根系盘根交织，能极有效地保持水土，减少土壤流失，降低泥石流形成的机会。据研究，裸地的水土流失比林地高 100 多倍。

（3）异养生物的制氧母机 人和其他异养生物赖以生存的氧气都是由绿色植物提供的。据测算，一个成年人每天需氧气 0.7kg，大约要 $10m^2$ 的树林或 $50m^2$ 的草坪才能满足上述需要。全球森林每年通过光合作用使 5.5×10^{10}t 二氧化碳转变成 8.0×10^{9}t 木材，同时放出 4.0×10^{10}t 氧气。

（4）*净化大气的头等功臣*　枝繁叶茂的林木可以有效地吸附空气中的大量粉尘。据估算，每公顷树木每年的吸尘量为 30～300t。林地空气中灰尘的含量仅为空旷地的 1/15 左右。此外，多达 300 多种的树木所分泌的挥发性芳香族化合物，能强烈地抑制或杀灭某些细菌和霉菌，因此林中空气的平均含菌量不足城市空气含菌量的 1%。绿色植物如柳树、法国梧桐、月季和菊花等还能吸收工厂及居民生活燃烧天然矿物时产生的苯并芘、二氧化硫和碳氮化合物等有害气体，同时还产生不少对人体健康十分有益（如调节神经系统、促进新陈代谢、提高免疫力等）的负离子。

（5）*生物物种的保护绿洲*　在森林中各种生物相得益彰，组成一个相当完整的生态系统。它们远离人类的干扰，物种保存量和生物量都达到各种生态系统的顶峰，是极其宝贵的物种基因库。

（6）*大气温度的冷暖空调*　遮天蔽日的枝叶，使阳光被吸收 70%以上，反射超过 13%，因此林下所受太阳辐射量不超过总辐射量的 15%；同时由于森林巨大的蒸腾量，使得林区与非林区（特别是城区）相比，具有明显的降温效应。夏天林区温度比非林区平均可下降 4℃（降温14%）。冬天由于林木可大量吸收阳光的热量并逐渐散发，再加上大量树木新陈代谢产生的能量，因此林区比非林区平均气温可升高 0.5～2℃。

总之，森林生态系统在整个生物圈乃至全球环境中都充当了极其重要的奠基者和保护神的角色。如果说，农业搞不好会使部分人饥肠辘辘、食不果腹的话，那么一旦树林损毁殆尽，人类将丧失许多赖以生存的土地、水源和氧气，其后果却是不堪设想。据估计，地球上原有的森林面积可能高达 7.6×10^{9}～8.0×10^{9}hm^2，覆盖了陆地 2/3 以上的地区。遗憾的是，数百年来，以“地球主人”自居的人类，先是为了生活与住所，后是为了造纸与生产的需要，肆无忌惮地滥伐森林。无数的参天大树，许多历经亿万年进化不可复得的珍贵生物资源在人类尚未认识它们时已无可挽回地销声匿迹。现在，世界每年消失的树林面积估计达 2.0×10^{7}～1.5×10^{9}hm^2，相当于整个巴拿马的国土面积。拉丁美洲 1/3 的森林已经消失，其中著名的世界最大雨林——亚马孙热带雨林 2023 年被砍伐 5152km^2（5.152×10^{5}hm^2），已是近 5 年来的最低水平。非洲的森林已经砍伐过半，亚洲的森林每年以 8.0×10^{6}hm^2 以上的速率消失。40 年后，不少东南亚国家的森林资源将损失殆尽。联合国粮食及农业组织发布 2020 年《全球森林资源评估》报告，报告称自 1990 年至今，全球森林面积持续缩小，净损失达 1.78 亿 hm^2。自 1990 年以来，全球共有 4.2×10^{8}hm^2 森林遭到毁坏，树木遭到砍伐、林地被转而用于农业或基础设施。2015～2020 年，全球每年的森林砍伐量约为 1.0×10^{7}hm^2，与 2010～2015 年的每年 1.2×10^{7}hm^2，以及 1990～2000 年的每年 1.6×10^{7}hm^2 相比已经呈持续下降之势。随着世界气候变得越来越极端，森林大火不时在各个国家发生，大面积地损毁森林（图 11.14）。

世界银行 WDI 数据库（2010 年）披露的若干国家森林覆盖率见表 11.3。从 2004～2020 年的数据显示，中国森林面积及覆盖率变化呈逐年上升的趋势。世界主要国家中，日本、俄罗斯联邦、加拿大、美国、德国这些国家森林覆盖率仍然比较高，均在 32%之上，日本甚至达到了 68.43%。不过在这 30 年中变化最大的应属中国，中国的森林覆盖率从 1990 年的 16%增加到了 2024 年的 25%（图 11.15）。

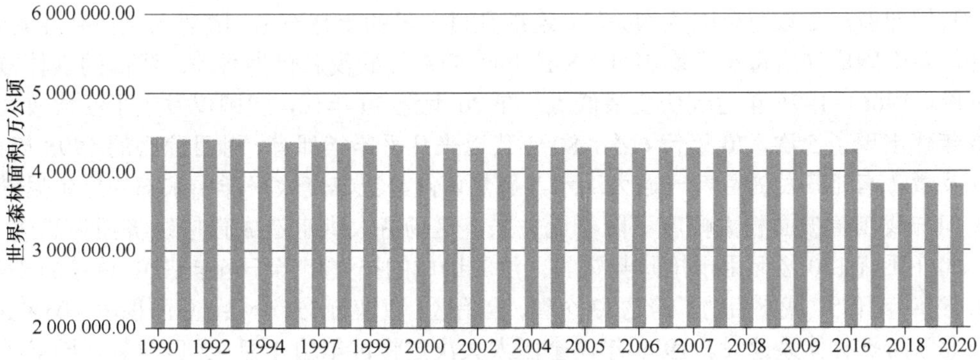

图 11.14　近 30 年世界森林面积变化

表 11.3　若干国家的森林覆盖率

国家	森林覆盖率/%	国家	森林覆盖率/%
文莱	72.1	美国	33.2
日本	68.5	德国	31.8
老挝	68.3	新西兰	31.4
韩国	64.2	法国	29.1
马来西亚	62.3	菲律宾	25.7
巴西	61.4	印度	23.0
俄罗斯联邦	49.4	中国	22.2
缅甸	48.6	澳大利亚	19.4
越南	44.5	南非	4.7
西班牙	36.4		

注：引自世界银行 WDI 数据库（2010 年）

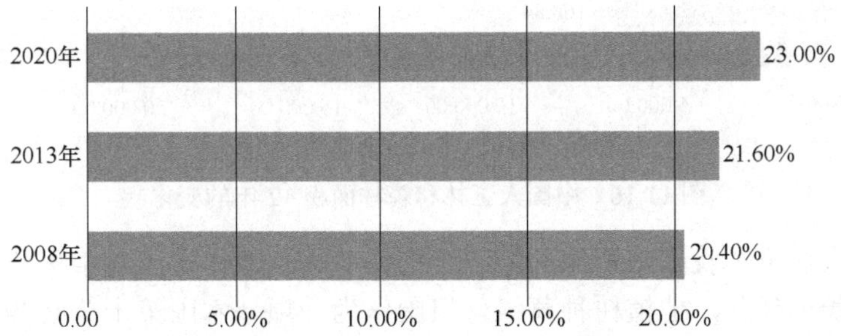

图 11.15　中国近 12 年森林覆盖率变化

我国曾是一个山清水秀、林丰树茂的国家。即使是今天已满目疮痍、千沟万壑的黄土高原，仅在 1500 年前，那里还是“临广泽而带清流”的花鸟之乡、百兽乐园。以植物王国驰誉海内外的云南省西双版纳，解放初期还有原始森林 1.3×10^6hm^2，而现在保存较好的自然保护区仅剩 2.0×10^5hm^2；海南省原有森林 9.0×10^5hm^2，目前已锐减到不足 3.0×10^5hm^2；昔日莽莽林海的广西壮族自治区全区，如今已经几乎看不到一片像样的原始森林；云南省元谋县古时候曾是森林茂密、水澄芦生、鱼跃鸟飞的“伊甸园”，著名的元谋猿人就在此地出没。而今呈现在我们面前的是数万公顷荒沟秃岭，连绵几百公里的土林石山。随着人类掠夺性的滥伐，据估计，新中国成立后每年平均将 $1.1\times10^7hm^2$ 的森林砍伐后转为耕地。我国的森林覆盖率逐年下降，1966～1976 年达到历史最低点。在 20 世纪 50 年代，我国仅发生了 3 次较大的洪水，60 年代出现了 5 次，70 年代 6 次，80 年代以来几乎年年都有。触目惊心的 1998 年长江、松花江及嫩江南北齐发的百年一遇大洪水，虽然可能与上年度太平洋中东部的厄尔尼诺现象有关，但与我国植被面积大幅度下降不无关系。这场特大洪水造成直接经济损失高达 2400 亿元，此外还有 120 亿元用于抢险救灾等。洪灾造成的损失相当于当年 GDP 总量的 3%。

从 1978 年开始，我国启动了跨越 13 个省、自治区、直辖市 551 个县，总面积达 $4.06\times10^6km^2$ 的“三北”防护林体系建设。1979 年，全国人大决定将每年的 3 月 12 日定为全国义务植树节。1981 年五届全国人大四次会议通过《关于开展全民义务植树运动的决议》，规定每人每年义务植树 3～5 棵。1990 年和 1993 年我国分别在长江上游和太行山区实施大规模的植树造林、封山护林行动。随后，我国还进一步开展了东北平原、华北平原、长江中下游平原和珠江三角洲平原绿化工程，并沿海岸营造了长达 1.3×10^4km 的绿色林带。经过举国上下齐努力，到 2024 年，我国森林覆盖率已超过 25%。福建、广东、江西及湖南等省已消灭宜林荒山。2008～2020 年，中国的人工林面积和森林面积都呈现上升态势，并且森林面积增长量与人工林面积增长量基本一致，可见人工林的确是森林面积增长的主要手段。同时，也反映出中国在森林保护上所做出的不懈努力（图 11.16）。联合国大会 1971 年宣布每年 3 月 21 日为世界森林日（International Day of Forests），从 2013 年起举办纪念活动，目的是为唤起世界各国更加重视保护和发展森林资源，推进全球性植树运动，积极维护生态安全，共同应对气候变化。

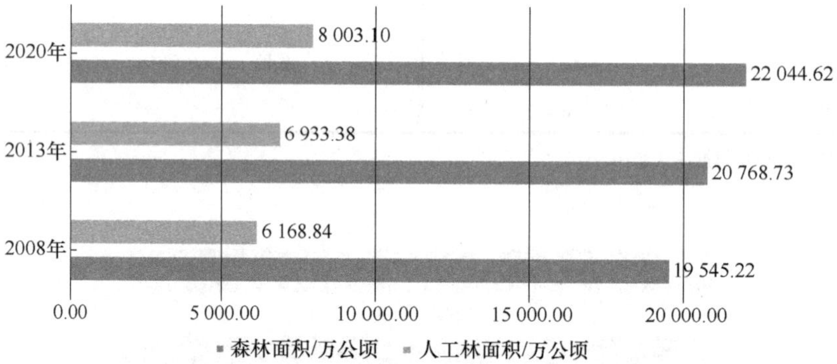

彩图

图 11.16　中国人工林和森林面积 12 年的变化

森林匮乏大大加重了我国水资源的短缺。植树造林、绿化祖国对中华儿女来说仍然是一项是十分艰巨的长远任务，把植树种草绿化祖国作为一项基本国策十分必要。

1．热带雨林　热带是能受到太阳光直射的赤道两侧各 23°27′的纬度带。在这个地区，全年阳光充足，温度适宜，降水量超过 2000mm，是许多生物适宜生长的地区。在这里几十米高的各种乔木高耸入云，巨伞般的树冠遮天蔽地，构成了热带雨林壮丽的景观。林中蛛网般的藤本植物四处缠绕，树下还有各种耐阴的灌木、草丛和蕨类等植物。此外，五彩缤纷的昆虫和鸟类穿梭于林丛之间，爬行类和兽类在林中四处游荡，地下层还有数量极大的默默无闻的微生物、线虫、蚯蚓和昆虫等。可见，热带雨林是地球上最为珍贵的物种基因库，没有它，至少有 2.5 万种植物及数千种哺乳类、鸟类、爬行类和两栖类行将灭亡。闻名遐迩的亚马孙热带雨林，在南美已经存在至少 1 亿年，原来的面积估计达 $1.2\times10^7km^2$，现仅存约 $5.0\times10^6km^2$。世界上一半以上的鸟类聚居林中，各类林木多达 1 万余种，纵横交织的河网中栖居的鱼类超过 1500 种（全欧洲只有约 150 种鱼）。热带雨林主要分布在南美、非洲、东南亚、澳大利亚东北部及我国海南岛、云南西双版纳、台湾南部、广东南部、广西南部等地。不少发展中国家一方面迫于人口激增、耕地不足的压力，另一方面仅顾及眼前的高利润，不考虑长远环境影响，大量采伐森林。至今全世界已经丧失了约 60%的热带雨林，而且还在以每分钟 10～$12hm^2$ 的速率继续流失。这种危险的状况不能不引起政府和有识之士的深深忧虑与担心。

资料链接

我国十大林业工程

“三北”防护林体系建设工程
黄河中游防护林体系建设工程
辽河流域防护林体系建设工程
淮河太湖流域防护林体系建设工程
长江中上游防护林体系建设工程
珠江流域防护林体系建设工程
平原农田防护林体系建设工程
沿海防护林体系建设工程
太行山绿化工程
全国防沙治沙工程

2．亚热带常绿阔叶针叶林　“亚热带”并不是一个严格的地理学概念，它通常是指位于南北纬 20°～30°从热带过渡到温带的广阔地带。在这个区域，年平均气温在 15～22℃，全年无霜或少霜，年降水量在 800～2000mm。由于气温及水分都能得到基本的保证，因此多数植物四季常青，各类动物的数量也很丰富。国宝大熊猫就主要分布在本区的四川卧龙保护区内。

3．温带落叶阔叶林　位于南北纬 34°～47°，包括山东、河北、山西、陕西、甘肃、新疆、辽宁和内蒙古等省（自治区）。这些地带年平均气温在 0～17℃，年降水量减少到 500～700mm，植物的生长期 120～250 天。温带地区四季分明。夏季，各类阔叶林生长旺盛，一旦进入秋冬季便纷纷落叶，进入休眠状态。林下常见多种耐阴灌木生长。

4．北温带落叶针叶林　本植被分布在北纬 47°～70°的森林北界的寒冷地带，包括大、小兴安岭等地。本地区年平均气温在 0℃以下，年降水量 500mm 左右，每年植物的生长期仅 100～120 天。这些地方树木种类较少，落叶松、杉几乎长成纯林。由于气候严寒，树木生长缓慢，材质坚实，是我国优质木材的出产地。梅花鹿、棕熊和狗熊等耐寒动物常出没林中。

资料链接

地球变绿了中国功不可没

2019 年 2 月，美国国家航空航天局（NASA）发布一条振奋人心的消息，地球比 20 年前更绿了。2 月 11 日，《自然》子刊《自然可持续发展》刊登了题为《中国和印度通过土地利用管理为绿化地球做出贡献》的研究报告，称卫星数据显示地球植被绿叶面积

（green leaf area）正在扩大。而中国和印度两个国家功不可没，其中，中国新增绿化面积达到 1/4 个亚马孙雨林。这无疑是一个振奋人心的喜闻。世界范围内，大规模增加森林覆盖面积的，只有中国。NASA 发布的报告显示，中国的绿色面积增加主要是森林面积增加，其中森林占 42%、农作物占 32%，而印度主要是农作物面积增加占 82%、森林占 4.4%（图 11.17）。农作物导致的绿色面积是不可持续的，有森林，才有生机。

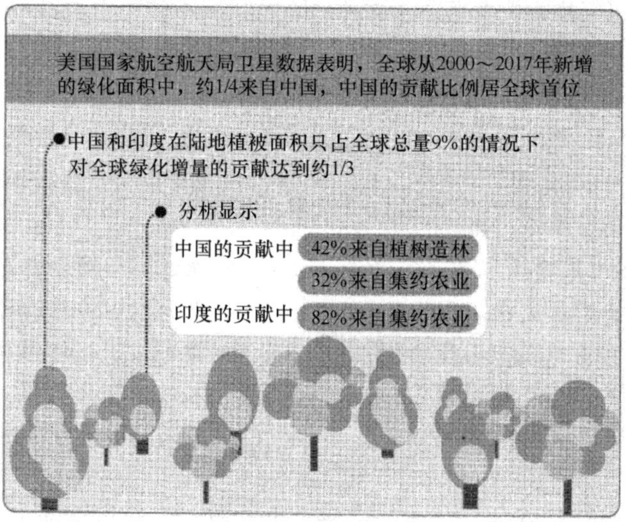

图 11.17 全球新增绿化面积约 1/4 来自中国

在这一片勃勃生机背后，却很少有人知道，中国曾是世界上沙漠化最严重的国家之一，沙漠面积占全国陆地总面积的 13%，曾经每年增加 $1.0\times10^4km^2$ 沙漠。因为有一群群、一代接一代无数的中国林业工作者、研究员和普通人，吃苦耐劳执着拼搏的人，用一生与沙海战斗，才换来一片片丹青国土。因为没有人比他们更了解，绿水青山就是金山银山。这份骄傲与自豪，中国人当之无愧。

二、草原生态系统

由于年降水稀少（250～400mm），且多数降雨集中在春夏季，某些地区木本植物难以生长，耐旱的草本植物，主要是某些窄叶禾本科植物，成了这个地区的优势植被，即草原景观，此外还有少量双子叶草本植物和旱生灌木。世界草原分布极广，从我国内蒙古及黄土高原到亚欧大陆中部，西至南北美洲的一望无际的大草原，绵延 5000 多万平方千米，占据大陆 1/3 以上面积，而且草原还有进一步扩展的趋势。草原独自构成了一个完整的生态体系。许多昆虫、啮齿动物（鼠等）和大型哺乳动物（牛、马、羊等）直接以草为生，它们是初级消费者。鸟类及其他肉食猛兽（狼、狮等）是草原中的次级消费者。

草原也是人类放牧养殖的大本营。人类多数肉类及奶类食品源自大草原。值得注意的是，牛、马、羊并不是养得越多越好。单位面积上的载畜量是有一定限度的。超过这个限度，必将引起草场退化，水土流失，整个生态系统趋于崩溃。西藏自治区双湖特别行政区草地适宜的载畜量为每公顷 4.5 个羊单位（牲畜的计算单位。一只羊等于 1 个羊单位；一头牛，一匹马、驴、骡各等于 5 个羊单位），而实际载畜量却高达 7.8 个羊单位，超载率高达 173.3%。内蒙古自治区呼伦贝尔市的牲畜总量达到理论载畜量的 1.6 倍。新疆维吾尔自治区天然草场超载量达 1571 万个羊单位，导致草场严重退化。

我国 90%的天然草场出现了不同程度的退化、沙化、荒漠化，除了持续干旱、鼠害和虫害等自然因素外，人类的超载放牧、滥采乱挖等活动已经成为草场大面积退化的主要原因。

三、荒漠及冻原生态系统

荒漠，包括沙漠，是指常年高温少雨，年降水量不足 250mm 的地区。缺水导致该地区植物难以生长，形成一望无际的“死亡之沙”。在沙漠边缘地带，也只能着生一些根系深长、茎部肥厚、叶片细小的耐旱植物，如梭梭等。仙人掌科植物是耐旱植物的典型。荒漠中还栖居着少量动物，包括蝗虫等昆虫、少数鸟类和啮齿动物。人类盲目不负责地垦荒和采伐，往往从根本上破坏了这个原本就非常脆弱的生态系统。土地沙漠化和沙漠扩大化正日益严重地威胁着人类的生存，也是我国西北和华北几乎每年春季都多次遭受沙尘暴袭击的根本原因。

冻原分布于高纬度、高海拔的地带。这些地区的主要问题是严寒。在所谓的“夏季”，土壤的冻融层也仅为 15～20mm。植物的生长期不超过 60 天。在这种恶劣的自然条件下本地区的植被以苔藓和地衣为主，此外还有少量耐寒的草本植物和小灌丛。动物主要有昆虫、鸟类（企鹅）、驯鹿、北极狐和北极熊等。在各种生态系统中，荒漠及冻原生态的生物量最低。这个生态系统一旦遭到破坏则难以恢复。

总之，在各种生态系统中，植被是生产者，由植被类型及气候条件决定了生态系统中动物的种类和数量。决定各种植被的主要因素包括以下三个方面：①光照量是否充足，气候是否合适，植物生长期短还是长；②水分（包括雨、雪）多寡；③各种地学因子，主要有海拔、地势、地质、朝向等。只有满足了上述三个方面的基本要求，植被才能生长良好，从而为生物的生存提供必需的食物和空间。此外还应注意，海拔的升高与沿纬度的位移具有大体类似的气候效应，因此沿着这两个方向分布的植被类型也往往差异不大（图 11.18）。

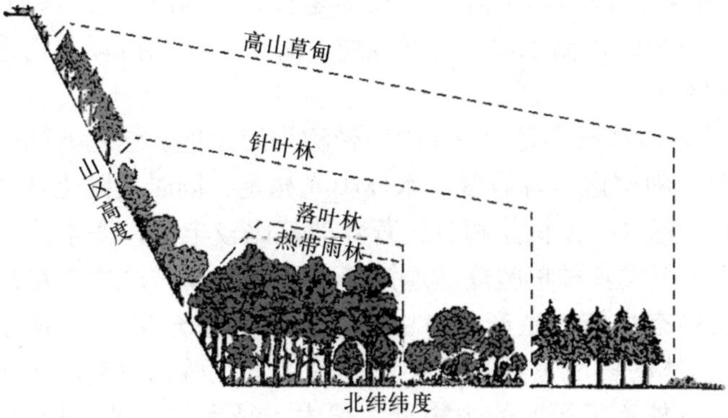

彩图

图 11.18　高度与纬度影响植被分布的对应关系示意图（引自黄厚哲，1984）

第七节　水生生态系统

生命始于原始海洋，生命离不开水，这已经成为人们的常识，至少在地球上是如此。水生生态系统包括淡水生态系统、海洋生态系统和湿地生态系统，总面积约 $4.05\times10^{8}km^{2}$，约占地球表面积（$5.07\times10^8km^2$）的 79.9%。

地球上的水主要在地表。海洋是主要的地表水，约占地球总水量的 97.4%。陆地水（淡水）主要以冰雪的形式蓄积于两极的冰川和高山的冰帽中，这些固态水总量约是江、河、湖水水量总和的 120 倍。江、河、湖水是人类生活、生产的主要用水，与人类的关系最为密切。

一、淡水生态系统

淡水生态系统包括江、河、湖、池、溪、泉、水库、冰川和冰帽等天然的和人工的景观，总面积估计达 $4.5\times10^7km^2$，约占全球总面积的 8.9%。在这类生态系统中，由于水中无机盐含量较低，水中适生极多种类的淡水浮游藻类，主要是绿藻、硅藻和蓝藻。在水体底部及岸边还着生一些多细胞较大型绿藻。在湖泊、池塘及水库等基本上为静态的水域，其滨岸地带常见不少湿生木本植物，如柳、水松等。从岸边向水域中心依次可出现芦苇、莲等挺水植物，睡莲、菱等浮叶植物及金鱼藻等沉水植物。淡水中的初级消费者一般为浮游单细胞动物、节肢动物及某些素食鱼类等；次级消费者主要有蛙类、蛇类、各种水禽及肉食鱼类等。在水体底部还有不少底栖动物和还原者——厌氧菌。

淡水生态系统与人类的关系十分密切，因此受到人类十分严重的干扰，甚至是破坏。围湖拦河，使江、河、湖的容积日益缩减。1998 年夏季长江流域特大洪水泛滥，除自然因素外，洞庭湖和鄱阳湖长期遭受人们围垦，蓄洪、分洪的能力大为下降也是一个重要的原因。同时，随着工农业生产的发展和人口的爆炸性增长，各种废水和污水未经处理或只经过简单的处理就直接外排，江河成了排污沟，湖泊犹如蓄污池。

二、海洋生态系统

全球海洋面积约为 $3.6\times10^8km^2$，占地球总面积的 71%。由于雨水和江河溪水把陆上大量的无机盐源源不断地带入海洋，使海中的无机盐及其他化合物多达数百种，其中尤以 NaCl 的浓度最高。全球海水平均含 NaCl 35‰，干燥少雨的红海和死海的含盐量更高。大江河的入海口附近，海水中的含盐量略低，如九龙江经福建省厦门入海。厦门海域涨潮时海水含 NaCl 量约为 28‰。海洋生态系统依据水深、海洋地质、海洋化学和海洋生物等方面的差异，可以大体分为以下三个大区。

1．海岸区　沿海岸水深不足 100m 的地带称为海岸区。这是海陆交界的过渡地带，约占海洋总面积的 2.5%。海岸区水深较浅，水体阳光充足，同时受陆上各种江、河、溪、渠排泄及人为的影响，本区海水中无机盐和有机营养盐都比较丰富，海水盐度（NaCl 等）较低，如果水温合适，则往往引发多种单胞藻迅速繁殖，形成赤潮，产生灾难性后果。各种浮游或底栖的藻类是海岸区生态系统的生产者。由于生产者数量充足，浮游动物、节肢动物（桡足类、虾、蟹等）、软体动物（贝类、螺类、墨鱼、章鱼等）、棘皮动物（海星、海胆、海参等）和脊椎动物（各种鱼类等）的生物量都很大，是人类主要的捕捞作业区。

2．近海区　水深在 100～200m 的大陆架叫作近海区，约占海洋总面积的 7.5%。近海区仍受到大陆排出物不同程度的影响，各种营养盐及生物量略逊于海岸区。各种浮游藻类是近海区的生产者。消费者可见各类浮游动物、无脊椎动物及鱼类和哺乳动物等。

3．远洋区　水深超过 200m 的海洋即为远洋区，该区占海洋面积约 90%，是一个不受大陆干扰的海区。本区表层阳光充足，生产力尚高，其食物链主要由浮游藻类→浮游动物→虾类→小鱼→大鱼→海生哺乳动物组成。本区中、下层由于阳光未能到达，“暗无天日”，再加上巨大的海水压力，生物量很小。但在深达 11 022m 的洋底或其他火山口（地嵴）附近，依然有生物生存，这不能不说是生物界的奇迹。

三、湿地生态系统

湿地生态系统的定义有多种。1971 年，18 个国家在伊朗拉姆萨尔签署了《关于特别是作为水禽栖息地的国际重要湿地公约》（简称《湿地公约》）。在这个公约中，湿地生态系统是指天然或人工、长久或暂时性的沼泽地、泥炭地或水域地带，表面覆盖静止或流动的水体，淡水、半咸水或咸水，包括低潮时水深不超过 6m 的水域。湿地生态系统包括多种生态类型，珊瑚礁、滩涂、红树林、河流、河口、湖泊、沼泽、水库、池塘、水稻田等都属于湿地。湿地国际常委会 1996 年 10 月通过决议，宣布每年 2 月 2 日为世界湿地日。人类 100%的饮用水来自湿地，至少 80%的人居住在湿地附近，60%的城镇位于湿地周围。可见湿地与人类的生产、生活息息相关。

1．湿地生态系统的功能　湿地介于陆地和水体之间，是地球上生物多样性丰富、生产力较高的生态系统，广泛分布于世界各地。湿地是重要的国土资源和自然资源，与森林、海洋并称为全球三大生态系统，在抵御洪水、调节径流、控制污染、调节气候、美化环境等方面具有重要作用。它不仅蕴含丰富的水资源和食物，而且是众多野生动物，特别是珍稀水禽的繁殖和越冬地。因此湿地常被称为“生命摇篮”“地球之肾”“鸟类乐园”。

20 世纪 70 年代，科学家重视湿地生态系统的初衷主要是为了保护水禽及其栖息地。随后的实践使人们越来越多地认识到湿地生态系统的多种重要功能。

（1）提供水源　地表江、河、湖、溪可直接为工农业生产和民众生活提供用水，是人类生存的根本保证。湿地水还可以渗入地下，成为浅层地下水甚至深层地下水，为整个生物圈提供长远的、较稳定的水资源。如果河流的径流明显减少或者人类大量、持续地抽取地下水，势必在沿海地区造成海水入侵大陆，或者深层咸水上行致使耕地盐碱化。

（2）调节流量　沼泽地是一个巨大的天然蓄水库。沼泽地能涵养大于土壤本身质量 3～9 倍或更高的蓄水量。在雨季，湿地能储存过量的降水和径流，因此大片的沼泽和湖泊有利于匀化江河径流，具有显著的“削峰填谷”的作用。

（3）保护海岸　红树林适生于热带、亚热带河口半咸淡的海边泥滩上，繁茂的海边红树林具有十分发达、纵横交错的根系，可以使大浪变小，海流变缓，从而有效地保护海岸免受狂风巨浪的冲击。1959 年 8 月 23 日，厦门-漳州地区遭受 12 级以上的特大台风袭击，损失惨重，唯有在红树林保护下的少数堤岸安然无损度过险境。

（4）排除异物　水体中可能含有化肥、农药、禽、畜、人的排泄物、各种工业污染物等。湿地中有许多水生植物，包括挺水、浮水和沉水植物。它们能大量吸收水中的氮、磷等成分，降低水体的富营养化程度。例如，美国佛罗里达州，生活废水流经一片柏树沼泽地后，水中 98%的氮和 97%的磷被排除了。有些植物如水浮莲、香蒲和芦苇等，能够在组织中富集大量的镉、银、镍、铜、锌和钒等重金属，把它们十分有效地从水体中清除掉（在重金属的浓度不危害植物的条件下）。

（5）产品丰饶　天然湿地具有很高的生产力，其天然产品包括直接产自湿地内的所有动物、植物和矿产，如各种鱼、虾、贝、藻、牛、羊、林、草等。这些资源的利用还间接带动了多个加工行业的发展。因此湿地往往还是比较富庶的鱼米之乡。据联合国环境规划署 2002 年的研究数据显示，1hm^2 湿地生态系统每年创造的价值高达 1.4 万美元，是热带雨林的 7 倍，是农田生态系统的 160 倍。

（6）无尽能源　湿地可以提供各种形式的能源，如水电、薪柴和泥炭等。最早人们自发地砍伐林木当薪材取火。随着科学技术的发展，各国普遍筑坝，利用取之不尽的流水发电。水量充沛的河流甚至是多级高坝发电，如我国规模宏大的三峡水电站和葛洲坝水电站。

（7）便捷航运　船舶水运是许多湿地地区最有效、成本最低的运输方式。在某些情况下甚至是唯一可行的运输方式。

（8）宝贵的基因库　湿地是许多鱼类、两栖类、鸟类（其中许多是珍稀、濒危物种）的繁殖和栖息地，候鸟迁徙、越冬的场所。许多湿地人迹罕至，物种非常丰富。这些物种构成了极其宝贵的基因库。没有保存完好的自然湿地，许多野生动植物将无法繁衍。袁隆平院士就是因为发现了海南岛湿地中的野生稻才培育成功水稻“三系”（不育系、保持系、恢复系）杂交水稻，大幅度提高了水稻产量，为解决中国和世界的粮食问题做出了重大贡献。厦门滨海湿地的生物多样性极为丰富，海域潮间带生物共有 817 种，其中藻类 130 种、底栖动物 578 种（多毛类动物 153 种，软体动物 243 种，甲壳动物 138 种，棘皮动物 44 种等）。其中有许多珍稀、濒危物种，包括国际自然和自然资源保护联盟（IUCN）公布的濒危物种名单中的 3 种。

（9）重要的“碳库”　湿地由于其特殊的生态特性，在植物生长、促淤造陆等生态过程中积累了大量的无机碳和有机碳。在湿地的水渍环境中，微生物代谢活动较弱，土壤富含有机质，实际上构成了巨大的“碳库”。如果湿地遭到破坏，湿地固定碳的功能将大大减弱甚至消失，湿地将由“碳库”变成“碳源”，必将对全球气候产生重大影响。研究证明，湿地固定了陆地生物圈 35%的碳素。单位面积的红树林沼泽湿地固定的碳量是热带雨林的 10 倍，温带森林的 5 倍多。

（10）难得的旅游景观　许多湿地具有秀丽的自然风光和历史遗迹，正在成为人们观光旅游、休闲逸乐的好去处，为当地创造了可观的经济效益。例如，著名的四川九寨沟和黄龙，五颜六色的水景成了旅游胜地的灵魂和骄傲。不过值得注意的是，绝不可图一时之利而损毁大自然历经千万年才造就的不可复得的杰作。

2. 湿地保护　多年来，由于人为的污染和生态环境的破坏，全球湿地生态系统正在遭受严重的威胁，保护湿地成为一个世界性的问题，引起国际社会的广泛关注。目前《湿地公约》已成为国际重要的自然保护公约之一，1000 多块在生态学、植物学、动物学、湖沼学或水文学方面具有独特意义的湿地被列入国际重要湿地名录。1992 年中国加入国际《湿地公约》，以后陆续颁布了多种法律、法规，组织开展了全国湿地和野生动物调查，加强了湿地自然保护区的建设等基础性工作，取得了一定的成效。中国目前有 901 个国家湿地公园，600 多个湿地自然保护区，国际重要湿地 64 处，国家重要湿地 29 处，省级重要湿地 1021 处，13 个国际湿地城市。

目前，对湿地的威胁主要来自以下几个方面。

（1）人口的剧增　人口持续大幅度增加必须有大量的土地、粮食、淡水等资源支撑，这必然对环境，包括湿地造成巨大的压力。

（2）资源过度利用　毁灭性的投毒、设网、毒鱼、炸鱼、电鱼、排水捕鱼等，不仅直接导致湿地动物资源减少，还破坏了湿地环境。过度放牧也会破坏湿地植被和环境。

（3）湿地围垦和开垦　围垦不仅缩小了湿地面积，也使植被群落结构发生变化，水禽栖息地减少，生物量降低，水情发生变化，鱼类产卵场和育肥场遭到破坏，大批湿地生物被毁灭。

（4）泥沙淤积　水土流失导致河流和湿地淤积大量淤泥，面积锐减，蓄水滞洪功能明显减弱。

（5）环境污染 环境污染对湿地的威胁正随着工业化进程而迅速增大，如各类工业废水、农药和油类污染等。

（6）水利工程 修库筑坝等水利工程要兼顾防洪、灌溉、发电和航运、鱼类洄游等多方面的相互关系。地处江河上游的人们为了自身的利益无限制地截留用水，将可能导致下游沿岸及湿地水源逐渐干枯，水质趋劣。

总之，危害湿地的因素很多，其中最重要的是人口和经济增长带来的过度开发利用及环境污染，使湿地数量及其效益处于严重下降的威胁之中。湿地生态系统的破坏在许多情况下是不可逆转的，即使经过治理使其恢复也要经过相当长的时间，付出巨大的代价，甚至殃及子孙后代。

因此，各级政府和民众应该采取各种有力措施，保护有限的湿地及其资源，加强湿地生态系统和湿地合理保护利用研究，提高湿地保护意识，加强湿地保护立法工作和执法力度。为了生命之水，让我们行动起来努力保护湿地。

水生生态系统是维系生物界的生态学基础，没有水就不会有生物。生物的生存是如此依赖这个系统，以致这个生态系统的微小变化都可能对多种多样生物及其所处环境产生明显的影响。太平洋东部周期性出现的“厄尔尼诺现象”就是一个很突出的例子（本章第一节）。

资料链接

中国重要湿地

1971 年 2 月 2 日，来自 18 个国家的代表在伊朗拉姆萨尔签署了旨在保护和合理利用全球湿地的公约——《关于特别是作为水禽栖息地的国际重要湿地公约》(简称《湿地公约》)。《湿地公约》于 1975 年 12 月 21 日正式生效，目前有 160 余个缔约方。2171 块在生态学、植物学、动物学、湖沼学或水文学方面具有独特意义的湿地被列入国际重要湿地名录。

中国自 1992 年加入《湿地公约》后，党和国家对湿地保护管理给予了高度重视。30 多年来，中国湿地保护工作得到了快速发展，取得了显著的成就。中国湿地总面积在 $3.8\times10^7\text{hm}^2$ 以上。居世界第四位、亚洲第一位。约占世界湿地面积的 10%，从寒带到热带，从沿海到内陆，从平原到高山，都有湿地的分布。我国青海湖的鸟岛、湖南省洞庭湖和香港米浦等 41 处湿地已被列入国际重要湿地名录。

中国湿地类型多、绝对数量大、分布广、区域差异显著。按照《湿地公约》对湿地类型的划分，31 类天然湿地和 9 类人工湿地在中国都有分布。中国湿地的主要类型包括沼泽湿地、湖泊湿地、河流湿地、河口湿地、海岸滩涂、浅海水域、水库、池塘、稻田等自然湿地和人工湿地。

中国的湿地生长着多种多样的生物物种，不仅物种数量多，而且有很多是中国所特有，具有重大的科研价值和经济价值。据初步统计，中国湿地植物约有 101 科，其中维管植物约 94 科。中国湿地高等植物中属濒危种类的有 100 多种。中国海岸带湿地生物种类约有 8200 种，其中植物 5000 种、动物 3200 种。中国的内陆湿地高等植物约 1548 种、高等动物 1500 多种。中国有淡水鱼类 770 多种或亚种，其中包括许多洄游鱼类，它们借助湿地系统提供的特殊环境产卵繁殖。中国湿地的鸟类种类繁多，在亚洲 57 种濒危鸟类中，中国湿地内就有 31 种，占 54%；全世界雁鸭类有 166 种，中国湿地就有 50 种，占 30%；全世界鹤类有 15 种，中国仅记录到的就有 9 种。此外，还有许多是属于跨国迁徙的鸟类。

科学中国

“海岸卫士”——红树林

红树林是生长在热带、亚热带海岸潮间带的木本植物群落总称，因树皮富含单宁酸，割开后呈红色而得名。它既可防风消浪，又能净化海水，还能为鱼虾鸟类提供栖息之所，有“海岸卫士”“海洋绿肺”之称。红树林湿地是一个完整的生态循环系统，它涵养着红树植物、伴生植物和水体浮游植物，以及鱼类、鸟类、昆虫、底栖动物和浮游动物，可谓海陆生物赖以生存的家园。当海洋灾害来临，它又能为沿岸居民遮挡风浪。据统计，全球共有约 80 种红树植物，其中我国有 27 种，主要分布在南北回归线之间的温暖区域。

与生长在陆地上的树林相比，红树林有其特殊的生态和生理特征。红树植物的枝干长出许多支柱根，牢牢扎入海滩淤泥中，形成稳定支架，可耐受海浪冲刷。此外，红树植物经常会被海水淹没，缺乏空气，所以很多红树植物会从根部长出许多指状的气生根露出于海滩地面，在退潮时甚至潮水淹没时用以通气，这种根系被称为呼吸根。与陆地上植物不一样的是，红树植物成长在独特的潮间带环境中——海水冲刷、低氧、高盐的“逆境”，使红树植物进化出独特的胎生繁殖秘笈。它们种子成熟后不脱离母体，而是在母体上直接萌发，并迅速长出胚根，幼胚生成后由母体脱落直接插入泥滩里，扎根并长成新个体。如果落入水中则随水漂流达到适合的泥滩并扎根落户。

近年来，红树林生态系统正面临全球面积锐减和功能退化问题。2023 年 4 月，联合国环境规划署的报告显示，自 1996 年以来，全球红树林覆盖率下降 3.4%，净损失面积达到 5245km^2，44%的红树相关物种灭绝风险正在增加。20 世纪 80 年代，国内鲜见对红树林的研究，国际主流学术期刊对中国红树林的记载几乎是空白。厦门大学林鹏院士带领团队开展长达 10 余年的田野调查和定点跟踪，足迹遍布沿海多省，让中国红树林研究从此站上世界舞台。

中国近年来持续加强红树林保护和修复，现已成为世界上少数实现红树林面积净增加的国家之一。厦门大学环境与生态学院在早年林鹏院士的长期研究探索中形成的科研团队基础上以科学的方法和技术为支撑，营造适宜的生长环境，因地制宜引种扩种培育，重构红树林生态系统，提升红树林生态价值。2022 年的调查数据显示，中国现有红树林面积增长至 4.38×10^5 亩，在海南、广东、广西、福建、浙江等省（自治区）均有分布，较 21 世纪初增加了约 1.08×10^5 亩。中国目前有 6 个国家级红树林自然保护区，包括海南东寨港国家级自然保护区、广西山口红树林生态自然保护区、广西北仑河口国家级自然保护区、广东内伶仃福田国家级自然保护区、广东湛江红树林国家级自然保护区、福建漳江口红树林国家级自然保护区。

第八节　植物群落演替与生态平衡

在生态系统中，由同种生物组成种群，由两个以上相互关联的种群构成群落。由于种种内因或外因的影响，一种群落可能逐渐衰弱，渐渐被另一种群落取代。其内因可以是群落中某一个或几个种群的兴盛或衰败，也可能是外界难以抗拒的灾害（包括人为因素）造成的。植物群落演替的结果都是出现了与新的环境相统一的新的群落，这也是自然选择、“适者生存”

法则的另类体现形式。

一、植物群落演替

由于自然环境的变迁或人为的干预，某地原有的植物群落可能被另一植物群落取代，这个过程叫作植物群落演替。植物群落的更替必然导致栖居其中的各类动物种群随之发生变化，即生物群落发生了演替。生物群落演替一般可分为以下两种类型。

1. 初级演替 即在原初无生命体的地方逐渐出现各种生物的变更。例如，在一片裸露的岩石表面，饱受风吹日晒雨淋，有何营养？只有地衣才可能在如此恶劣的条件下捷足先登并逐渐站稳脚跟。地衣分泌的酸性化合物虽然十分微弱，但历经数万年的生物腐蚀与自然风化，岩石可能逐渐崩解，转变成以大小砂粒为主的贫瘠土壤。在温度和湿度都较适宜的条件下，苔藓植物此时应运而来。随着土层的形成和土壤中有机腐殖质的增加，草本植物、小灌木、速生乔木乃至最后成片树林都可能依次演替出现。当然这些更替都是以万年以上的大尺度进行。在初级演替历程中，“地衣阶段”是无机环境向生物群落演替的关键环节，也是历时最长的时期。

2. 次级演替 这是在原有生态系统被破坏后生物群落又重新开始的演替。例如，南美洲土著玛雅人，他们曾在热带雨林中毁林开荒，建立了辉煌的玛雅帝国。帝国衰落后，许多聚居区荒无人烟，仅仅过了50～100年，这些地区又恢复了昔日林木参天的勃勃生机。又如，在东北林区或内蒙古大草原，一场大火过后，满目焦土，生灵涂炭。但“野火烧不尽，春风吹又生”，一场春雨过后，又是遍地生机、郁郁葱葱。

同为生物群落演替，次级演替和初级演替相比，具有以下突出的优势：①具有比较肥沃的土壤和水分，各种无机物、有机物含量也都比较充盈，植物生长的环境比较优越；②拥有少量生物，种群繁衍比较迅速；③由于上述原因，生物种群快速增长，群落的更替明显加快。

次级演替一般都从草本植物开始，如果水分和温度比较适宜，该演替将可能在几十年内达到森林这样的演替顶极群落，即生物群落达到与环境和谐相处的稳定状态。如果环境缺水，这种演替的顶级将停留在草原生态或者稀树草原的阶段。

总之，只有取得与环境的协调和统一，某种生物群落才可能比较稳定地存在。一旦外环境发生突变，原有的生态平衡即遭到破坏，生物群落只能经历一番“痛苦”的改造后，才能与新的环境重新取得统一，重获新生。

二、生态平衡

上述顶级群落是一种相当稳定的生态系统。在这种生态系统中，随时都有新的枝叶萌发，经常可见新的生命体诞生，但同时枯枝落叶随处可见，生老病死跌宕起伏。经过测算，科学家得知，在顶级群落中，在一定时间周期内（如一年），物质与能量的输入与输出基本达到平衡，这样的生态系统叫作平衡的生态系统。平衡的生态系统通常表现出以下几方面明显的特征。

（1）*物流与能流比较稳定* 物质与能量的输入与输出保持相对稳定，但可能出现短、中、长期的周期性波动。

（2）*具有较强的抵抗自然灾害和自净化能力* 由于顶级群落中各种动植物种群繁多，它们既相互依赖又互相制约。因此一旦环境因子发生某种程度的变动，它们比农业生态系统（大多为单一种、养殖的生态系统）更能经受这些因素的考验。此外，各种群所处的生态位不尽相同，它们的代谢类型和途径多种多样，这使得各种群的代谢尾产物（排泄物）可能得到充分有效的利用，几乎不污染环境。例如，林中有些树木所散发出的挥发性有机物能驱虫灭菌、净化环境，动物的粪便经微生物分解后又成了植物的优质肥料等。

（3）具有良好的自我调控能力　在不受人类干预的条件下，平衡的生态系统由于各种生产者、消费者和还原者的相互协调，各种群的生物个体数将在一定范围内上下波动，达到相对的平衡。为了便于说明，我们以大大简化了的食物链为例进行阐述。

有原初生产者和初级消费者的类型（图 11.19）。

如图 11.19 所示，原初生产者（曲线 A）的生物量远远高于初级消费者（曲线 B），这是由于生物能量流转的十分之一定律决定的。随着原初生产者（如牧草）数量的增加，初级消费者（如羊群）的生物量也缓缓上升。由于羊群的扩大，牧草的消耗量日益增多，这个趋势持续发展，牧草的生长量终于低于被羊群啮食的数量，曲线 A 于是向下退走。最终我们可以发现，曲线 B 的波峰总是基本与曲线 A 的低谷对应，这反映了大量的羊群出于生活所迫大量啃食牧草的客观现实。牧草急剧减少，必然导致羊群中老弱病幼者大量死亡（牧民宰杀老弱羊），曲线 B 终于掉头下行。在掠食压力减弱的情况下，牧草重获生机，又开始了新一轮的增长。这就是在一个平衡的生态系统中，原初生产者和初级消费者如何相互依赖、相互制约的生动写照。

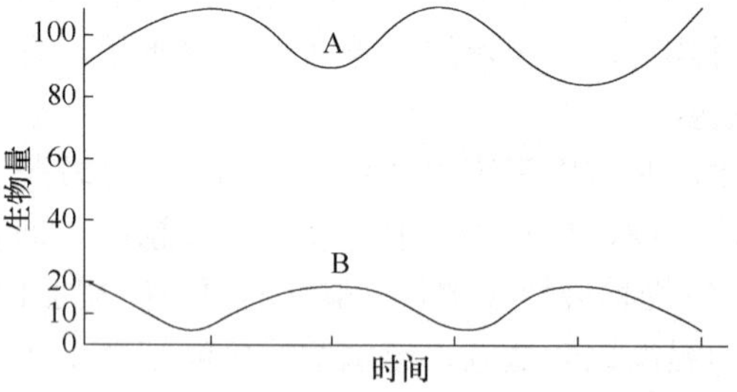

图 11.19　原初生产者和消费者相互关系示意图

A．原初生产者；B．初级消费者

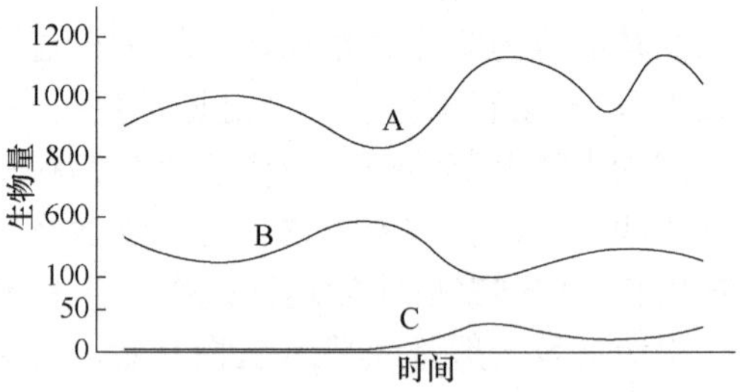

图 11.20　原初生产者、初级消费者和次级消费者相互关系示意图

A．原初生产者；B．初级消费者；C．次级消费者

图 11.20 说明，在原本只有原初生产者（牧草）和初级消费者（羊群）的生境中，一旦出现了次级消费者（如狼，曲线 C），它们就和初级消费者构成了此长彼消的对立统一关系，同样表现出在生长曲线上的“波峰对低谷”现象。由于羊群的生物量受到狼的制约，一直难以大量繁殖，这时原初生产者（牧草）的环境压力大为减轻，生物量上升到了一个更高的层次。牧草的生长量波动更多的是由季节及水分等自然因素决定的。在有牧民干预的草原上，狼的数量被控制在较低的水平，羊群繁殖较快，就很可能出现牧草被过度啃食导致草场严重退化。

由此可见，对于一个顶级生态系统，组成该系统的各类动植物种群通过长期的自然选择，已经形成了相互合作、彼此制约、错综复杂的种间关系。这些关系一方面对维系顶级生态系统发挥了积极的促进作用；另一方面也对该系统的总体生物产出量带来明显的负面影响，即其产量不尽如人意。例如，在上述实例中，羊的出栏数将有所下降。人类经过几千年的文明发展，已经在一定程度上具备对大自然说“不”的能力。于是牧羊人驱狼护羊，农耕者毁林开荒，纷纷建立起符合人类意愿的牧场和农田等人工生态系统（本章第九节）。殊不知在大自然面前，人类只能“循规蹈矩”，根据客观规律进行生产，任何违背客观规律的行为都将受到地球“母亲”的惩罚。羊太多了，超过了牧草的生长量，草场逐年退化，难以为继。田开出来了，坡度过大，水土流失严重，使得农民几番耕耘，所收无几，不得不退耕还林，退禾还草，退田还湖。我国不少地区的群众有吃野生动物的嗜好。实际上，野生动物都是食物链中的重要成分和环节，有些还是食物链中的高级生态位，对整个食物链和食物网的维持及生态平衡发挥重要作用。据不完全统计，早在 2000 年，全国吃掉的蛇就达 6000 多 t（1000 多万条）。如果这些蛇都是野生，本来这些蛇一年就可以吃掉 1 亿～2 亿只鼠。结果是，蛇少了，鼠多了，大片的草原和农田鼠害泛滥成灾，人类只得又吞下自己酿造的恶性苦果。如此等等都一再告诫人类，获得生态平衡是人类社会可持续发展的前提和先决条件。任何短期行为都将祸害无穷，毫无可取之处，正所谓“人无远虑，必有近忧”。每一个物种都有其独特的基因信息，受科学发展的限制，目前还不是都了解而已，所以有必要保护好。此外，整个地球是一个巨大的生物圈，所有的生物都是这个整体的一部分，都是通过千百万年优胜劣汰进化来的，构成了这样一个稳态，物种的灭绝会造成稳态的破坏，从而造成或大或小的不利影响。就像狼的灭绝会造成兔子的大量繁殖，兔子的大量繁殖会造成草地的沙漠化。此外，很多野生动物是人类疾病的病原体，人类的病原体 60%来源于野生动物。因此，为了生态平衡，为了人类健康，有必要采取切实可行的措施保护野生动物，同时也是保护人类自己。2020 年，全国人大常委会通过《关于全面禁止非法野生动物交易、革除滥食野生动物陋习、切实保障人民群众生命健康安全的决定》（简称《决定》)。《决定》中规定，严厉惩治非法食用、交易野生动物的行为，对违反野生动物保护法和其他有关法律规定，猎捕、交易、运输、食用野生动物的，在现行法律规定基础上加重处罚。对违法经营场所和违法经营者，依法予以取缔或者查封、关闭。相信通过这些法律法规的有效执行，人们保护野生动物的意识会增强，更有利于生态平衡和人类健康。

第九节　人工生态系统

人工生态系统是指按人类的意志建立起来的生态系统。人工生态系统主要有两种类型：农业生态系统和城市生态系统。虽然人工营造林也是人类建造的生态系统，但由于人工林也是森林生态系统的一个组成部分，其特点前文已论述，本节不再赘述。

生物随时随地都生存于环境中，人类也不例外。在人类演化的早期，人们手中的工具只是一些打制的石器。因此那时的人类与自然界浑然一体，依赖大自然提供的动物和植物，过着打猎和采集的原始生活。随着人类手中工具由石器换成铜器，后来又出现铁器，我们的祖先在几千年前进入了刀耕火种、圈养禽畜的农田耕作阶段，生产出的农产品仅能勉强糊口，抵御自然灾害的能力很低。在人们不断改进手中的工具，特别是发明了各种机器以后，人类社会的生产力大为提高，逐渐突破了“自给自足”经济的禁锢，将多余的产品集中到某个交通较为方便的集散地进行交换和买卖，于是这些集散地渐渐地兴盛起来，人口和各种建筑设施日益密集和扩增，城镇也就这样自然而然地陆续涌现，成了人类社会进步的里程碑。

一、现代农业生态系统

农业生态系统是由人类建立和管理的生产食物、天然纤维和其他农产品的生态系统，它包括农、林、牧、渔等诸多范畴，是人类赖以生存的基础生态系统。

1．现代农业生态系统的特点

（1）*地广人稀*　　农业生态系统中具有辽阔的农田、草场等种植和养殖用地，平均人口密度较低，这是由本系统的生产性质决定的。

（2）*以单一品种为主进行种植和养殖*　　人们为了争取高产及便于管理的目的，往往在一定区域内集中种植或养殖某一种生物，生产率越来越高。

（3）*产品外输为主*　　除了自给自足的小农经济以外，现代农业生产的各种粮、油、禽、畜、鱼、蛋、奶、果、蔬、棉、蔗等产品主要输往城镇等人口密集区，而不是自产自销。这是判别农业生产现代化程度高低的一个重要指标。

（4）*受自然因素影响较大*　　农业生产是开放性全天候生产，许多种植业和养殖业都受到光、温、雨、水、风、旱、寒、虫、病等自然因素制约，农产品的产量和质量经常处于波动之中。

（5）*依赖人类维护*　　一个天然形成的生态系统往往由多个种群和群落构成，它们在生长、繁殖、防灾及除害等方面相互协调，组成一个平衡发展的生态系统，但它们的生产率大多不尽如人意。鉴于此，人类通常在革除了原有的生态系统后，按照自己的意志进行单一性种植和养殖。农业生态系统就是这样一种非自然的生态系统。这是一种违背自然法则的十分脆弱的生产方式。只有依靠人类进行防病、治虫、除草、施肥或喂食、清扫等悉心呵护，才可能获得比较理想的收成。稍有疏忽则杂草丛生，虫害泛滥，疾病流行是常有的事。近年来世界各地不时发生的禽流感疫情与人类高密度饲养家禽密切相关。

2．农业生态系统的现状　　“民以食为天”，食，来自农业。人类文明社会发展至今，各方面科学技术突飞猛进，唯独农业生产进展相对滞后。在不少国家，农业生产的丰歉往往成了该国国民经济发展的“瓶颈”。现代农业生态系统概况可归纳成以下几个方面。

1）在某个特定的区域内进行单一物种的种植或养殖已经成了千百年来农业生产的主导思路。

2）追求高产，兼顾优质，这是人类生存的需要。发达国家的农业生产已经达到高产、优质兼备的水平。

3）农业越来越依赖于化肥和农药的大量投入，舍此，单一性种植、养殖和高产的目标都不能达到。但化肥和农药对整个生物界及人类自身产生严重的负面效应已经引起人们的普遍关注。

4）高能耗是发达国家农业生产机械化的必然反映，其结果是出现一种“入不敷出”的局面，即生产、流通过程中所消耗的能量远远高于收获农产品中所存储的化学能。在发展中国家，主要以高强度的体力劳动进行农业生产，体能消耗也很大。

5）农作物（果树除外）基本上都是“短命”的草本植物，它们被收获后土地就裸露在大自然面前，任凭风吹、日晒、雨淋，水土流失相当严重。许多林地被开垦种粮后很快就成为贫瘠的裸地，实在是得不偿失。

土地是农业生产的基础，耕地是人类生存的生命线。我国狠抓农业科学研究，取得了杂交水稻育种等一系列重大突破，以占世界7%的耕地养活了占世界22%的人口，不能不说是一个伟大的奇迹，是中国对世界发展的巨大贡献。但同时我们也应清醒地认识到，我国每年还需花费大量的外汇购买大豆等农产品，地少人多始终是中华民族的“心病”。十分珍惜每一寸土地，始终不放松农业生产这根弦，是我们应该时刻牢记的。

3. 农业生态系统的发展趋势

（1）作物间作　即将两种或两种以上的作物根据其习性和特点在同一块地中进行有计划的混合种植。这样既可克服单一作物生态学功能脆弱的缺点，又可提高土地利用率30%～200%，达到农作物的稳产、增产。常见间作有高粱与大豆、小麦与棉花、果树与块根作物等。

（2）作物轮作　同一块地轮茬耕种不同作物，特别是豆科植物，可达到既提高土壤肥力又减少病虫害及杂草发生机会的目的。

（3）覆盖种植　在农闲时播种一年生草本豆科植物，既能减少水土流失，又能借助豆科植物与根瘤菌的共生固氮作用提高土壤的氮肥含量。

（4）建立农林业综合生态系统　在田间路旁大量种植林木，做到农田林网化，将能有效地防御风沙对农田的侵袭，促进农业稳产、高产。

（5）重视提高农业生物的品质和农业性状　农产品的质量问题已经引起政府、科学家和人民群众的广泛关注。通过诱变育种（包括太空诱变）、杂交育种和转基因选育，许多农业生物在高产、优质、耐储、好口感等指标方面都取得长足的进展。

（6）免耕或少耕　上一茬作物收获后不翻耕或浅翻耕农田，可以达到减少水土流失、简化生产环节、降低能耗的目的。

（7）合理使用化肥和农药　化肥和农药还将继续使用，但农家肥、有机生物肥和生物农药的用量有持续增长的趋势。

二、城市生态系统

城市是现代工业与商业日益发展的产物；是地处交通要道，具有相当的地域面积，拥有密集人群和建筑设施的人工生态系统；是社会形态向高层次发展的组织形式。

城市生态系统是人类为了满足自身的需要改造天然环境建立的生态系统。城市不仅表现为人口大量增长，城市区域扩张，还表现为生产要素向城市集中和城市功能日益完善。如果说农业生态系统还是一个以生产者（植物）为主的仿自然的人工生态系统，那么城市生态系统则是一个以人为中心的反自然的人工体系。这个体系主要由经济环境、社会环境和自然环境三大方面构成。经济环境是城市生态系统的生产主体，包括各类工厂企业、交通运输、金融贸易、商业网点和邮政电信等。社会环境是城市生态环境的“上层建筑”，由各级政府、法律政治、医疗卫生、文娱体育、教育科学和新闻媒体等部门、行业构成。自然环境主要有天然景观、人工建筑及生物资源等。人是城市生态系统的组织者和主宰者。由于城市生态系统是一种反自然的人工体系，它的存在和发展就完全取决于城市中居住者和管理者的组织、规划和管理。

1. 城市生态系统的特点

（1）以人为主，人口密集　二三百年来，农村人口涌向城市的浪潮一浪高过一浪。联合国的统计数字表明，现在地球上 80%的人在仅占陆地面积 3%的城市里挤成一团。已有 70 多个国家和地区的城市人口超过人口总数的 50%。发达国家的平均城市化水平已达 78%。重庆、上海、北京、天津和广州等都是我国人口超千万的超大型城市。韩国首都首尔仅占国土面积的 0.6%，却居住着全国 25%的人口。希腊首都雅典有居民约 300 万，约占全国人口的 1/3。日本东京、大阪和名古屋三大城市连成连绵不断的“大工业带”。在这不到国土 1%的地区却活跃着 32%的国民。同样，美国大西洋沿岸的巴尔的摩、费城、华盛顿、纽约和波士顿逐渐连成一片，大约拥有全国20%的人口。

（2）*资源短缺，两头在外*　城区面积大多被建筑物和道路所占，余下少量空间也大多进行了绿化，因此城市中几乎无资源可言。居民生活用粮油果蔬，工业生产用水电油煤，无一不由城外输入。一旦外部资源稍有风吹草动，城市随即受到严重波及。依赖外环境的另一种情景表现在城市生产的各类工业品绝大多数都需输往异地销售，即原料在外，市场在外。

（3）*高耗能，高产出*　由于城市的工业化水平高，工厂集中，在消耗大量能源的同时也取得了较高的生产率和产出总量。2023年，我国有8个城市GDP在2.6万亿乃至2.7万亿美元以上。

（4）*具有较高的文化、科学与技术氛围*　由于各方面专门人才大多集中于城市，而且形成一种群体效应，因此城市对其周边地区的辐射与示范作用是比较明显的。

（5）*环境指标不容乐观*　工厂排出的废水、废气及废渣，发出的噪声，汽车排出的尾气，居民生活污水及排泄物，随时随地都威胁着人体健康。在人口密度很高的工业区及居民区情况尤其严重。此外，城市的“热岛效应”也日益显现。所谓“热岛效应”是指城市的气温明显高于外围郊区的现象，这种情形在日落后3～5h里表现得尤其明显。“热岛效应”的增温幅度在1～10℃，与城市人口的多少成正比。产生“热岛效应”的原因包括：大量无序的建筑物和道路白天吸储的太阳能到夜晚释放出来，工厂、汽车及家庭炉灶排出的热量，绿地和水域严重不足等。

总之，城市在国民经济和社会发展中占有举足轻重的地位。城市发展是社会进步的必由之路。

2．城市向何处去　前已经说明，人口城市化是国家工业化、现代化的重要标志，这是一个不随个人意愿转移的历史发展趋势。因此，像我国这样的发展中国家，城市还会增加，城市人口所占比例还会增大。加强城市规划与生态保护已经十分紧迫地提到我们的议事日程上来。

（1）规划是城市建设与发展的蓝图与关键。城市规划应综合考虑工业、商业与行政、居民区的恰当布局，市内交通如何做到通畅、便捷，“三废”怎样进行无害化治理，城中绿地的设置等。城市规划还应具有前瞻性的战略眼光，才能适应现代化生产对城市发展提出的越来越高的要求。

（2）注意城市生态环境保护，把城市当成一个大园林进行规划、建设和管理，努力做到“城在园中，园在城中”。历史证明，城市的可持续发展有赖于环境质量的提高，城市生态环境改善则必然促进城市经济、社会发展，呈现良性循环。要以非凡的魄力痛下决心，搬迁、改造污染大户，在城区大量营造绿地，引进树林。例如，英国伦敦，城中绿地面积几乎达到城区的1/3。莫斯科城区人均绿地超过30m^2，高于人均22m^{2}的国际现代化都市绿化标准，已经达到城市建设的最高阶段——森林城市的标准。根据我国的实际情况，相关部门提出我国森林城市的标准应达到城市森林覆盖率，南方城市不低于35%，北方城市不低于25%；城市建成区绿地率33%以上，人均公共绿地面积不低于9m^2。目前已有贵阳市、沈阳市等200余座城市荣获森林城市的称号（2023年）。

（3）以“卫星城”取代“摊大饼”式的城市发展模式。城市要发展，这是城市出现以来不变的主题。早期，城市发展往往以一个中心点为圆心向各方无序扩张，即所谓“摊大饼”模式或集中式单元城市。这种模式往往造成中心城区人口密集，交通拥挤，功能复杂，污染严重。我国不少城市的发展还是沿袭这种传统的模式。在原有城市附近建设较小的“卫星城”，或称多元中心，能有效地缓解大城市的人口及生产压力，已经成为世界各国解决“城市病”行之有效的“处方”。河北省雄安新区被规划和新建成北京的副中心就是一个突出的实例。

资料链接

生物圈 2 号——人类寻找“诺亚方舟”

1993 年，在美国亚利桑那州图森市以北的沙漠中建立了一座用玻璃和钢筋混凝土建造的 8 层楼高的建筑，称为“生物圈 2 号”（图 11.21）。它占地 $1.28hm^2$，耗资 2 亿多美元，历时 8 年建成；外表面配备双层玻璃，与世隔绝，但可由外界输入电力并保持与外界的通信和计算机网络联系。里面主要包括 5 个野生生物群落（热带雨林、热带草原、海洋、沼泽和沙漠）和 2 个人工生物群落（集约农业区和人类居住区），约有 4000 种植物。

图 11.21 矗立在美国亚利桑那州的“生物圈 2 号”

“生物圈 2 号”试图检验人类是否能在密闭的空间中依靠阳光输入的能量，在物质循环中求得生存，以便为今后可能的太空移民活动积累必要的数据和经验。1991 年 9 月，住入 4 男 4 女 8 位科学家。他们在农田耕作，收获食物；农作物秸秆作为动物的饲料，动物产出的肉、蛋、奶供人类食用；人及动物的排泄物经微生物分解后还田作为肥料；生活污水经处理后循环使用；人、动物、植物和微生物之间在 O_2 和 CO_2 供给方面相互依存。

入住不到 2 年，“生物圈 2 号”里的生态环境已经恶化到人类难以生活的状态。CO_2 含量猛增，O_2 不足，气温过高，多数（19 种）脊椎动物死亡，昆虫除蟑螂、蚂蚁和蠡斯外都不能生存，导致虫媒植物（除牵牛花外）也全部灭绝，进一步引发 O_2 含量下降。实验以失败告终。1994 年 3 月，来自英国、墨西哥、尼泊尔、南斯拉夫和美国的 4 男 3 女 7 位研究人员在对首批结果进行评估和改进后，又再次进驻，并于 1995 年 1 月撤出。实践结果与首次入住遭遇相似。

实验告诉我们，地球是人类迄今唯一的家园，让我们百倍珍惜与厚爱她。

第十节 人类活动对生物多样性的影响

生物多样性是地球上所有物种、变种及其生存环境的总称，包括数以百万计的动物、植物、微生物和它们拥有的基因及与其生存环境形成的复杂的生态系统。生物是地球进化的产物。每个物种都是地球母亲孕育了几十万乃至几百万年才出现的生灵。在三十几亿年的生物演化史上出现过的生物类型，最保守的估计也有几千万种。生物适应环境是自然界永恒的主题。由于陆海桑田的变迁、冷暖交替的进行，许多生物在尚未发生、积累足以跟上环境变迁的变异时，就已被历史所淘汰。时至今日，全球已被描述和命名的生物物种有 200 万种左右，此外，在热带雨林和海洋中仍有大量物种尚未被人类发现。因此，实际存在的生物物种的总数估计在 500 万到 1 亿种，其中以昆虫和微生物所占的比例最大。可以说，正是如此丰富的生物物种使我们的地球充满了勃勃生机。

但是，世界物种多样性正在面临严峻的威胁。据国际自然及自然资源保护联盟发布的《世界濒危动物红皮书》显示，目前世界上已有 593 种鸟、400 多种兽、209 种两栖爬行动物和 2 万多种高等植物濒临灭绝。

在人类活动的干预下，近百年来物种灭绝速率比自然速率快了 1000 倍。据统计，目前全世界每天有 75 个物种灭绝，意味着约每小时就有 3 个物种从地球上永久地消失。

生物多样性的破坏将对地球环境造成深远影响，对人类生存和发展的条件造成难以估量的破坏。世界各国和许多非政府组织都在为保护生物多样性进行不懈的努力。

我国生物资源十分丰富，中国科学院发布《中国生物物种名录 2023 版》最新版名录共收录物种及种下单元 148 674 个，其中物种 135 061 个、种下单元 13 613 个。

动物部分，共收录 69 658 个物种及种下单元，包括 65 362 个物种、4296 个种下单元，隶属于 18 门 52 纲 242 目 1847 科 13 861 属。其中，哺乳动物 694 种、鸟类 1445 种、爬行动物 626 种、两栖动物 629 种、鱼类 5082 种、昆虫及其他无脊椎动物 56 886 种。

植物部分，共收录 47 100 个物种及种下单元，包括 39 539 个物种、7561 个种下单元，隶属于 6 门 17 纲 149 属 542 科 4509 属。其中，维管植物 35 714 种，角苔门、真藓门和地钱门共 3130 种。

真菌部分，共收录 25 695 个物种及种下单元，包括 24 571 个物种、1124 个种下单元，隶属于 10 门 51 纲 184 目 570 科 2997 属。其中，担子菌门 10 322 种、子囊菌门 13 384 种，其他真菌 865 种。

这些千奇百怪、多姿多彩的生物连同它们体（胞）内成千上万个基因是经自然选择挑剔的“目光”饱经磨难而存留下来的自然界珍品，有的甚至是孤品（单属、单种），构成了朝气蓬勃的、不可多得的地球村大家园。

人类诞生与进化的历史是一部充满诗情画意的与各种生物和谐相处的史诗。我们栽培了稻、麦、黍、稷，豢养了牛、马、羊、猪。多少种生物与人类朝夕相处，成了我们赖以生存环境中绚丽多彩的亮丽风景线。试想，如果我们的周围，除了室内的家用电器、水泥玻璃以外，室外目光所及之处尽是黄土朝天、荒山秃岭，那是一个多么令人乏味的生活空间，一种何等脆弱的生态体系。

生物多样性是人类赖以生存的物质基础，其价值无可估量。生物多样性的价值大体归纳为以下两大方面。①直接价值：我们的食物、许多药物和工业原料，都是从野生生物驯化、栽培而来，旅游业等行业也直接与生物多样性息息相关；②间接价值：主要与生态系统的功能相关，如植物的光合作用，森林防止水土流失、调节气候，微生物促进物质循环等。

一、生物多样性正经受严重危机

自从人类社会进入工业化时代以来，波及世界范围的物种灭绝步伐明显加快了。近几十年来，生物多样性消失的速率已经达到触目惊心的程度，超过了以往任何历史阶段。如果不及时采取相应措施加以制止，最终受害的还是人类本身。

有生态学家估计，由于人类的影响，目前地球上的生物正处于生物进化史上第六次物种大规模消失的时期。从全球范围看，12%的鸟类、近 1/4 的哺乳动物及 1/3 的两栖动物正濒临灭绝。全球每年有 1.5 万～2.5万种生物灭绝，其中鸟类灭绝的速率是正常情况下的 100～1000 倍。如果这个速率一直保持下去，现存的物种中估计有半数将在 21 世纪结束前成为仅在书中和博物馆才可以找到的生物。2002 年，美国密苏里植物园的研究人员彼得·乔根森在研究了 189 个国家和地区的数据后发现，有 3.1 万～4.2 万种植物，即 22%～47%有灭绝的危险。灵长类动物是动物演化的最高层次，也是人类的近亲。不过在世界已知 620 种灵长类动物中，近 120 种被认为受到严重威胁或面临灭绝的危险。其原因主要是因为它们赖以生存的森林遭到人类贪得无厌的砍伐。美国是现代化程度最高的国家，同时也是面临绝种威胁的植物品种最多的国家，达到 4669 种，占生物种数的 29%。在过去 150～200 年灭绝或多年未被发现的物种，美国已有 5000 多种。澳大利亚居第二位，2245 种。南非为 2215 种，名列第三。芬兰的水貂、鹂等 184 种动物已经灭绝，北极狐、白头翁等 1500 多种动植物濒临灭绝，占芬兰物种总数的 1/10。巴西土壤肥沃，常年风调雨顺，自然条件得天独厚。但由于大规模毁林开荒，滥捕动物，据巴西官方统计，全国已有 395 种动物和 108 种植物濒临灭绝（国际机构估计巴西濒临灭绝的物种已达 665 种）。墨西哥农民目前种植的谷物品种仅为 50 年前的 1/5。在整个北美洲，由于人类活动的范围日益扩大，鸟类的栖息地随之减少，已经有 1/4 的鸟类数量在减少或面临灭绝威胁。

随着我国大规模地进行现代化建设，人们的环境保护意识和法治观念相对滞后，我国的生物多样性同样面临着严重的威胁。我国有 4000～5000 种高等植物成为濒危物种，占全国高等植物总数的 15%～20%，并导致与之关联的约 4 万种生物的生存受到威胁。所谓"兔死狐悲"就是古人对生物之间相互关系的生动写照。在这些濒危植物中有 1000 种被列入《中国植物红皮书》，其中约有 200 种已经基本灭绝。此外还有 398 种脊椎动物处于濒危状态，其中包括世界濒危鱼类中华鲟、哺乳动物虎、大熊猫等 92 种。我国传统小麦的品种数量已减少九成。武汉市东湖 2000 年的一次调查表明，该湖中的鱼类二三十年来已经有 20 多种基本绝迹，占原本生活在该湖中鱼类的 1/3。同样，素有"华北明珠"之称的河北白洋淀是华北平原最大的淡水湖，具有沼泽和水域等生态系统，是鱼类和鸟类在华北地区中部最理想的栖息地之一。由于自然和人为的原因，白洋淀现有鱼类仅存 31 种，比 50 年前减少 23 种。生物物种灭绝速率之快着实令人震惊。

少数不法分子在经济利益驱使下的滥捕狂杀也人为地造成某些物种走向灭亡。目前野生华南虎已难觅踪迹。1958 年，麻雀被大量捕杀。据不完全统计，当年全国消灭的麻雀多达 19.6 亿只。次年，许多城市的行道树害虫频发，树叶几乎被虫吃光，正是由于虫子没有天敌麻雀的缘故。国宝大熊猫总数 1864 只，而且还被分隔在数个互不相连的狭小保护区内。藏羚羊，一种很有"自知之明"的弱小草食动物，偏安于一隅——可可西里地区。但自从二三十年前人们认识到藏羚羊皮、绒及其加工制品的价值后，盗猎分子蜂拥而至，追杀不止，每年都有 2 万～3 万只倒在罪恶的枪口之下。短短十几年间，可可西里保护区中藏羚羊等野生动物的数量已减少了 2/3。藏羚羊已经从原来的优势物种一下沦为濒危的珍稀动物。类似的消息还不时见诸报端。

与此同时，不仅在山野林间，而且在江河湖海中，随着人类捕捞强度日益加大，鱼类及其他生物求生无路，许多物种处于岌岌可危的困境中。珊瑚礁是可与陆上热带雨林相媲美的生物资源十分丰富的地区。由于海水升温及病原体的侵染，世界上大约 10%的珊瑚已经死亡，还有另外 20%～30%的珊瑚也处于消失之中，从而使海洋中以珊瑚为食的生物链全面衰退。

拖网捕鱼，尤其是经网眼细密的渔网拖扫过的海域，极少海生动物能“网口”逃生。目前世界 17 个主要海洋渔场中，已有 13 个难以为继，人类的捕捞强度已经达到或超过鱼类可持续性生存的极限。据估算，全世界拖网捕鱼每年所毁坏的生物多样性面积比当年被砍伐的森林面积大 150 倍，而且几乎不受任何限制。中华白海豚是国家一级保护水生野生动物，也是列入《濒危野生动植物物种国际贸易公约》的珍稀哺乳动物，目前仅发现在珠江口有 1000 头左右，厦门海域只有百余头，其保育难度远远超过大熊猫。我国特有的国家一级保护动物“长江女神”中华白鱀豚世代栖身于繁忙的长江航道中，2007 年被宣布功能性灭绝，意味着因数量非常稀少，中华白鱀豚在自然状态下已丧失了维持繁殖和生存的能力。最后一头中华白鱀豚“琪琪”于 2002 年 11 月 14 日在中国科学院水生生物研究所去世。长江中仅存的哺乳动物江豚据考察仅余 1000 头左右。文昌鱼似鱼非鱼，是原始脊索动物的典型代表和活化石，现在也只能“龟缩”在我国比较洁净的厦门东南海域沙质浅滩、秦皇岛市昌黎黄金海岸、青岛，以及美国加利福尼亚州等零星地点。

近年来，中国在建立以国家公园为主体的自然保护地体系，包括建设国家植物园体系，包括开展重要野生动植物栖息地保护，各方面都取得了长足的进步。我国持续推进就地和迁地保护体系建设，大量珍稀濒危野生动植物种群稳步增长，栖息繁衍环境稳步改善，300 多种珍稀濒危野生动植物野外种群数量上升。根据最新统计，世界自然保护联盟把我国的大熊猫、藏羚羊、雪豹、丹顶鹤等珍稀野生动物受威胁等级降低。其中，朱鹮从极危降到濒危，大熊猫、雪豹、野牦牛、丹顶鹤从濒危降到易危，藏羚羊从濒危降到近危。野生动物的保护濒危等级降低，从另一方面说明它的种群数量在增加，它的栖息地质量在提高，它受人为干扰的因素或受威胁程度在降低。进一步反映了我们国家在野生动物保护管理方面取得的重大成就。世界自然保护联盟把我国部分珍稀野生动物受威胁等级降低，并不意味着野生动物的保护工作就可以松懈了，而是要根据实际情况持续加强保护力度。

为了实施可持续发展战略，我国政府已经决定，从 2002 年开始，5 年内减少 3 万艘捕捞渔船，30 多万沿海以捕捞业为生的渔民将转至水产养殖、水产品加工等非渔产业。针对多年来我国海域捕捞强度持续超过资源更新能力造成渔业资源严重衰退的局面，农业农村部决定从 1995 年开始在我国黄海、渤海、东海和南海海域陆续实行伏季休渔制。在休渔期间（2～3 个月内）禁止所有拖网、围网及掺缯作业，有效地保护了以带鱼、鲅鱼、鲳鱼和黄鱼等为主的亲鱼和幼鱼。2020 年 1 月农业农村部又发布旨在保护长江流域的渔业资源和水生生物多样性的禁渔令。规定从 2020 年 1 月 1 日 0 时起，长江干流和重要支流除水生生物自然保护区和水产种质资源保护区以外的天然水域，最迟自 2021 年 1 月 1 日 0 时起实行暂定为期 10 年的常年禁止天然渔业资源的生产性捕捞。该规定实施 3 年多来已经取得鱼类和江豚种群数量明显增加的初步成果。

总之，生物多样性丧失的原因是多方面的，但其直接原因是人类的大量捕杀及过度开发导致的生存环境恶化。一个物种的形成要经受大自然几十万年乃至数百万年的千锤百炼。每个物种在生态系统中都有自己独特的生态学作用（生态位），它们的基因对人类可能具有巨大的潜在利益。物种消失就难以再现，这对于整个生物界、生态系统及社会经济的发展都可能造成巨大的威胁和无可挽回的损失。试想，如果前人没有在巴西热带雨林中发现橡胶树（*Hevea brasiliensis*），我们今天可能还没有各种车辆；假如我国海南岛的野生稻（*Oryza sativa*）已经消失殆尽，袁隆平可能难以取得水稻杂交育种的重大突破，中国解决吃饭的问题恐怕还有待时日。一种优良基因的发现和利用常能引起生产的突破性进展。第一次全球“绿色革命”

就是由于小麦、水稻资源中少数几个矮秆基因的开发利用引发的。20 世纪 50 年代，我国抗孢囊线虫病北京小黑豆的发现和利用挽救了美国的大豆生产。19 世纪 60 年代，美国的一种抗根蚜危害的本地葡萄品种拯救了全欧洲的葡萄园。优质羊毛基因的育种应用直接繁荣了澳大利亚的畜牧业生产。众多事例充分说明“一个物种就能影响一个国家的经济”“一个基因关系到一个国家的兴衰”。据保守估计，目前世界上已发现的植物天然代谢物已超过 2 万种，而且还在以每年新发现 1600 多种的速率递增。无数种中草药为中华民族的健康做出的贡献是有目共睹的。青蒿素作为疟疾的一线治疗药物就是我国屠呦呦等科学家从生长在山石上的黄花蒿及其变种大头黄花蒿中提取分离得到的一种倍半萜内酯类新型抗疟药，由于对耐药疟原虫有效，青蒿素受到国内外的广泛重视。青蒿素的多种衍生物均是治疗疟疾的有效单体，是国内外公认的首创新药。全球疟疾防控与习近平总书记提出的构建人类命运共同体的行动倡议主旨高度一致。世界卫生组织全球疟疾项目主任佩德罗·阿隆索说：“屠呦呦团队开展的抗疟科研工作具有卓越性，贡献不可估量。”屠呦呦成为首获科学类诺贝尔奖的中国人（2015 年诺贝尔生理学或医学奖）。科学家从野生植物中提取的青蒿素可在临床中治疗疟疾，这一事实再一次表明生物多样性具有重要的应用价值。

二、生物入侵

除了人类的乱砍滥伐和超强度捕猎外，生物入侵的现象必须引起我们的重视。所谓“生物入侵”即外来生物入侵，指的是植物、动物和微生物通过有意、无意的人类活动或其他方式被引入到其自然分布区以外，由于缺乏天敌，形成了自我再生能力而迅速繁殖，从而对当地的生物多样性和景观造成威胁、影响甚至破坏的现象。例如，每年全球船舶携带的压载水大约有 1.0×10^{10}t，平均每立方米压载水有浮游动植物 1.1×10^{8} 个，舱底沉积物中每立方厘米约有 22 500 个浮游植物孢子。每天全球船舶压载水中携带的生物就有 3000～4000 种。如此种类繁多、数量巨大的外来生物对港口水域的生态平衡和居民健康造成了严重影响。外来生物入侵造成的社会、经济和生态损失十分惊人，估计每年超过 1.4×10^{12} 美元，相当于全球经济总量约 5%。据了解，世界许多国家因外来物种入侵造成的经济损失都很惊人，美国每年损失 1.5×10^{11} 美元，印度 1.3×10^{11} 美元，南非 8.0×10^{10} 美元。

随着国家、地区间交往日益频繁，外来物种正在全世界范围蔓延。近年来我国外来物种入侵数量呈上升趋势，目前已发现 660 多种外来入侵物种，成为世界上遭受外来物种入侵危害最严重的国家之一。生态环境部发布的《2019 中国生态环境状况公报》显示，全国已发现 660 多种外来入侵物种。其中，71 种对自然生态系统已造成或具有潜在威胁并被列入《中国外来入侵物种名单》。67 个国家级自然保护区外来入侵物种调查结果表明，215 种外来入侵物种已入侵国家级自然保护区，其中 48 种外来入侵物种被列入《中国外来入侵物种名单》。

一些外来入侵物种成为新的优势种群，危及生物多样性和生态安全，酿成巨大的经济损失。同时，伴随着跨境电商和国际快递等新业态，入侵渠道更趋多样化，造成的生态安全风险明显增加。据统计近 10 年对我国造成严重威胁的入侵物种至少 29 种，平均年递增 2～3 种。估计每年给农业、渔业、畜牧业、林业和旅游业等造成的直接或间接损失高达 1200 亿元。入侵我国的外来草本植物大多是作为饲料、蔬菜、观赏植物、药用植物和绿化植物有意引进的。例如，世界十大害草之一的水葫芦（凤眼莲，*Eichhornia crassipes*）早在 20 世纪 30 年代就作为禽畜饲料引入我国，现已广布于大江南北 17 个省（直辖市），致使水生生态系统的结构和功能受到严重破坏（图 11.22）。原产中美洲的紫茎泽兰，现广泛分布于我国西南大部分地区，导致西双版纳自然保护区内许多物种濒临灭绝。

海岸线上的互花米草是北美洲的一种常见海生植物，具有很强的繁殖力，耐盐、耐淹、耐风浪，可以通过海浪传播。1979 年南京大学的几名教授从国外将互花米草引入到国内，短短二三十年已经蔓延到广东、福建、上海、江苏、山东、河北等地沿海地区。2021 年，我国研究人员利用卫星遥感技术发现国内 48.3%的沿海盐沼被互花米草占领，总面积达到了惊人的 600 多平方千米，在部分沿海区域更是泛滥成灾。互花米草茎粗密，地下根茎发育，有利于泥沙的迅速沉淀和沉积。互花米草的破坏力不亚于加拿大一枝黄花和红火蚁，是全球公认的 100 种最危险外来入侵物种之一。2003 年我国将其纳入第一批 16 种外来入侵物种名单，与大家所熟知的水葫芦、飞机草、福寿螺同列。互花米草的入侵会破坏土著生物的生存和生活空间，掠夺其自然生长所需的养分，从而影响其存活，乃至其死亡。被互花米草入侵的海滩，蟹类、贝类等几乎绝迹，给旅游业和水产养殖带来了巨大的损失（图 11.23）。

图 11.22　滇池的水葫芦曾经泛滥覆盖湖面、堵塞航道

图 11.23　福建省云霄漳江口自然保护区互花米草入侵（由杨盛昌提供）

彩图

除了植物，一些昆虫也危害人类健康。红火蚁不仅影响农业生产，而且影响人类健康。红火蚁蚁巢和普通蚂蚁不一样，形似沙包，人不注意踩上去，红火蚁马上会像潮水一样涌出叮蜇攻击，过敏体质的人被叮蜇后会产生剧烈的火灼般疼痛，随后红肿、高热，严重者会休克和死亡。福寿螺寄生虫较多，是卷棘口吸虫、广州管圆线虫的中间宿主，对人体健康构成较大威胁。从 2002 年底开始我国南北各地展开了突击查禁“食人鲳”行动，是因为这种鱼虽然具有美丽的外表，但性情狂暴，所到之处水生动物被捕食一空，甚至攻击人类，后果十分严重。

可见，大多数生物入侵都是人为因素造成的，而生态意识淡薄则是其根本的原因。鉴于外来入侵物种传播快、分布广、影响大，要通过完善立法、加强监管和处罚力度，才能守好国门，有效防范。

三、努力遏制生物多样性下降的趋势

万籁俱寂的自然界决非是人类进行现代化建设的初衷与归宿。政府、科学家和广大民众都应行动起来，制定具体规划，推出得力措施，遏止并扭转生物多样性持续下降的严重势头。

世界人口已超过 80 亿之多，而且还在持续增长。人类为了生存和发展，就得向自然索取，改造自然环境，从而无数次扰乱了大自然的恬静与有序。这种变更过的自然界，有的变成农田、村庄、大道，有的建起工厂、城市、矿山，还有的退化成沟壑、沙丘、荒漠。这些迅速变化的环境对大多数生物来说是一道道过于沉重的选择压力，因为它们所习惯的只是以千年或万年为尺度的缓慢天然过渡。生物一旦失去其赖以栖息的基础，它们必将无可挽回地走向灭亡。可见，人类的各种生产和生活活动是使生物多样性受到威胁的根本原因。因此，要制止生物多样性下降的趋势也必须从人类自身做起。

1. 加强宣传教育，提高公民保护生物、善待自然的意识 加强物种资源重要性和相关法规的宣传，促使民众提高法治观念和对物种资源价值的认识，预防和打击各种非法获取、销售、消费和走私物种资源的行为，并在对外交流和科学研究活动中自觉维护国家利益，促进物种资源的有效保护、管理和可持续利用。

1966 年，世界自然保护联盟首先出版了《哺乳动物红皮书》，在世界范围内掀开了保护濒危动物的崭新一页。此后不少国家陆续出版了各国的“红皮书”。我国在 20 世纪 80 年代整理出版了《中国植物红皮书》，20 世纪 90 年代又出版了《中国濒危动物红皮书》（包括兽类、鸟类、两栖类与爬行类及鱼类 4 卷）。这些书籍的出版发行及同时开展的保护野生生物的宣传和教育，向社会公众提供了濒危物种的种群分布、数量现状、濒危等级和受威胁的原因等信息，从而极大地促进了全社会对濒危生物的关注和保护。此外政府还制定了保护濒危野生动物的法律法规，对违规犯法者依法给予严惩。

2. 加强法规制度建设，规范人与自然之间和谐相处的关系 为理顺和加强国内生物物种资源的管理，履行《生物多样性公约》和其他相关的国际条约和协定，应进行国家立法，并逐步形成遗传资源保护与持续利用的法规体系，制定充分体现物种资源价值的政策，完善物种资源对外交换制度和惠益共享制度，建立协调分工的生物物种资源管理体制。

3. 建立自然保护区，为濒危生物提供繁衍生息的立锥之地 我国国土辽阔，气候多样，地理复杂，动植物区系起源早，是世界上生物多样性最为丰富的国家之一，客观上具备建立多种类型自然保护区的良好条件（见下文）。大部分物种资源已在自然保护区得到保护。但是，自然保护区的管理水平亟待提高，保护区与周围社区之间需要建立和谐的关系，以创造物种生存和发展的必要条件。有些珍稀濒危野生动植物的原有生态环境已经受到较严重的破坏，在这种情况下可以对它们实施物种移地保护。此外还要特别加强对生物遗传资源的收集、保存、整理与编目。

4. 建立濒危生物人工繁育基地 某些濒危生物由于自身遗传和生理方面的原因，或生殖能力低下，或种群数量太少，只能首先在人类的帮助下进行繁育。此外，可建立各种级别的植物种子库。目前全世界有三个最著名的种子库，它们分别是设在挪威的“诺亚方舟种子库”、设在英国的“冷冻方舟种子库”和中国的“昆明种子库”。作为中国保护植物多样性的中坚力量之一，中国的“昆明种子库”以保存野生植物为主，重点保存珍稀濒危、特有和有重要经济价值及科学价值的物种。种子库以云南省为立足点，覆盖西南，辐射全国。该资源库包含种子库、植物离体库、微生物库、动物种质资源库、DNA 库和信息中心。截至 2019 年 12 月，中国生物种质资源库共收集保存植物种子、植物离体材料、植物 DNA、动物细胞系、微生物菌株等各类种质资源 23 546 种，共 248 593 份/株/条。其中，野生植物种子 10 285 种共 82 746 份，占中国种子植物物种总数的 35.2%，现已成为亚洲第一、世界第二的野生植物种子库。此外，国家林业和草原局、北京市发展和改革委员会正式批准立项，在国家植物园（北园）西侧建设“国家植物种质资源库”，2024 年开工建设。总占地面积 6 万 m^2，总建筑面积 1.1 万 m^2。遵循“广泛收集、科学保存、深入研究、永续利用”的方针，规划收集来自世界范围内的植物种质资源 7 万种，中国珍稀濒危植物全覆盖。保藏植物资源类型包括植物种子、试管苗、DNA、植物活植株、花粉和孢子、植物组织、器官和微生物等，集收集储藏、研究利用、科普展示、国际交流等功能于一体。各种农艺性状的种子，即使已经不是当家品种的种子也都尽可能给予收藏和培植。有条件的单位还应建立濒危动物的精子库，研究它们的繁殖规律，人工辅助授精。同时，对于已能在自然界生存的濒危动物，除了宣传群众进行保护外，还可以将在人工培养条件下长成的动物幼体放归自然，借此壮大自然界中该种动物种群的数量。鲎是与三叶虫同时代的孑遗动物活化石，厦门有关单位仅在 1999 年就将 10 万余只幼鲎放归大海。鲟鱼是与恐龙共同生活于同一年代的大中型淡水上品经济鱼类，属国家一级保护动物。福建省水产厅于 1998 年底专门组织了全国首次大规模中华鲟人工增殖放流活动，将 300 余尾 2～5kg 的中华鲟放归闽江中。

5．借助高科技手段保护濒危动物　借助体细胞核移植技术克隆繁殖哺乳动物虽然还存在一定的缺憾，但毕竟为那些本身生殖能力低下的动物带来了福音。中国科学家已经取得了克隆牛、羊、猪和大鼠等哺乳动物的可喜成果。此外，对于种群太小、繁殖无望的生物，如白鱀豚，可以系统地建立它们的体细胞库、细胞系、基因组文库和 cDNA 文库等，尽可能保存其不可再生的种质基因资源。2002 年，我国已经在浙江大学成立“濒危野生动植物种质基因保护中心”，标志着我国对野生动植物基因的保护工作取得了重大进展。

6．加强科学研究，探讨人与自然和谐相处的有效途径　在现有研究的基础上，对物种资源进行系统鉴定评价，开展对世界各国新作物、新品种、新品系、新遗传材料和作物病虫害发展动态的调查研究，建立生物物种资源数据库，加强物种资源各方面的科学研究，促进物种资源的可持续利用，推动生物技术的发展，为建立人与自然和谐相处的社会做出更大贡献。

中国政府积极开展生物多样性保护国际合作，广泛协商、凝聚共识，为推进全球生物多样性保护贡献中国智慧，与国际社会共同构建人与自然生命共同体。中国积极履行《生物多样性公约》及其议定书，促进相关公约协同增效，展现大国担当，在全球生物多样性保护和治理进程中发挥重要作用。

1992 年以来，中国坚定支持生物多样性多边治理体系，采取一系列政策和措施，切实履行公约义务。推动履约取得明显成效。中国为推动实现 2020 年全球生物多样性保护目标和联合国 2030 年可持续发展目标做出积极贡献。自发布《中国生物多样性保护战略与行动计划》（2011～2030 年）以来，中国通过完善法律法规和体制机制、加强就地和迁地保护、推动公众参与、深化国际合作等政策措施，有力推动改善了生态环境。尤其是近年来中国政府将生态文明建设上升到国家“五位一体”的战略布局高度，在实践中已总结出许多行之有效的经验。例如，建设大型防风林、营造沙漠绿洲，坡地改梯田、建设高产稳产农田，兴修大型水利和小型蓄水保土工程，退耕还林、还草、恢复生态植被，种植经济林、生态林和种树种草相结合，旱作农业、节水灌溉、采用先进生产技术，山、水、田、林、路相配套，综合治理小流域，荒山承包植树造林、种草，治理草场退化、沙化、碱化，等。这些经验和做法对于保护生态环境和生物多样性起到了十分积极的作用。

第十一节　自然保护区

为了保护珍贵、濒危的动、植物资源及各种典型的生态系统、珍贵的地质剖面，促进自然保护教育和科学研究而划定的特殊区域称为自然保护区（natural reserve），又称自然禁伐禁猎区、自然保护地等。简言之，自然保护区就是为了保护自然资源而划出的加以保护的一定空间范围。自然保护区往往是一些珍贵、稀有的动、植物种的集中分布区，候鸟繁殖、越冬或迁徙的停歇地，具有典型性或特殊性的生态系统，也常是风光绮丽的天然风景区。

中国古代就有朴素的自然保护思想。例如，《逸周书·大聚解》就有“春三月，山林不登斧，以成草木之长。夏三月，川泽不入网罟，以成鱼鳖之长”的记载。历代朝廷有过封禁山林的措施，民间也经常自发地划定一些不准樵采的地域，并制定出若干乡规民约加以管理。世界各国保护珍贵的动、植物及其栖息地也有很长的历史渊源，但国际上一般都把 1872 年经美国政府批准建立的第一个国家公园——黄石公园看作是世界上最早的自然保护区。

全世界自然保护区的数量和面积不断增加，并成为一个国家文明与进步的象征之一。1956 年我国建立了第一个具有现代意义的自然保护区——广东鼎湖山自然保护区。目前我国已建成自然保护区 2729 个，85%的陆地生态系统类型和野生动植物得到有效保护。我国已基本建成以自然保护区为骨干，包括风景名胜区、森林公园等不同类型保护地的生物多样性保护网络体系，其中各类自然保护地 11 029 处，各类陆域保护地面积达 170 多万平方千米，这些面积加在一起占到陆域国土面积的 18%。也就是说，我们提前实现了联合国《生物多样性公约》提出的到 2020 年保护地面积达到 17%的目标。建立了 60 多处大熊猫自然保护区，野生大熊猫种群数量由 2000 年的 1100 余只增加到 2021 年底的 1864 只。大熊猫受威胁程度由濒危降为易危。野生朱鹮数量由 1981 年发现时的 7 只发展到目前的 1000 多只。截至 2019 年底，我国已建立 271 个海洋保护区，大多分布在近海，总面积约 12.4 万 km^2，占管辖海域面积的 4.1%。海洋保护区数量和面积不断扩大，保护对象类型日益丰富，使得中华白海豚、文昌鱼、中国鲎等海洋生物物种，贝壳堤、陆连沙堤、牡蛎礁、海蚀地貌等海洋自然景观和遗迹，红树林、珊瑚礁、河口湿地等海洋和海岸生态系统得到有效保护。虽然我国自然保护区的数量增长较快，但距离《生物多样性公约》“保护全球 10%的海岸与海洋面积”的目标仍存在一定差距。此外，我国海洋保护区的划分大多依靠实践性经验，缺乏充实的科学调查数据作为参考依据。

与此同时，我国生态系统保护与修复成效显著。近十年来中国森林面积净增长 10 万 km^2，重点生态功能区草原植被覆盖率提高 11%，修复红树林等退化湿地 2800 多平方千米。我国还划定了 35 个生物多样性保护优先区域。初步形成类型比较齐全、布局比较合理、功能比较健全的全国自然保护区网络。其中吉林省长白山自然保护区、广东省鼎湖山自然保护区、四川省卧龙自然保护区、贵州省梵净山自然保护区、福建省武夷山自然保护区和内蒙古自治区锡林郭勒自然保护区已被联合国教育、科学及文化组织的“人与生物圈计划”列为国际生物圈保护区。

1. 自然保护区的功能 自然保护区保留了一定面积的各种原始类型的生态系统，具有多方面的功能。

1）自然保护区是拯救濒危生物物种的庇护所，由于不存在（或极少）人类生活和生产活动的干扰，各种被保护的动植物得以休养生息，繁衍后代。

2）自然保护区是研究各类生态系统演变基本规律、研究物种生态特性的重要基地，也是环境保护工作中观察生态系统动态平衡、取得监测基准的理想场所。

3）自然保护区保留了自然界有代表性的生态环境，是人们陶冶情操、旅游休闲的好去处，也是开展科普教育的好课堂。

2. 如何维护自然保护区 根据我国人口众多、自然植被少的国情，自然保护区难以像有些国家那样采用原封不动、任其自然发展的纯保护方式，只能采取生物保护、科学研究和生产生活相结合的方式，而且在不影响保护区的自然环境和保护对象的前提下，还可以和旅游业相结合。因此，我国的自然保护区大多划分成核心区、缓冲区和外围区三个部分（图 11.24）。

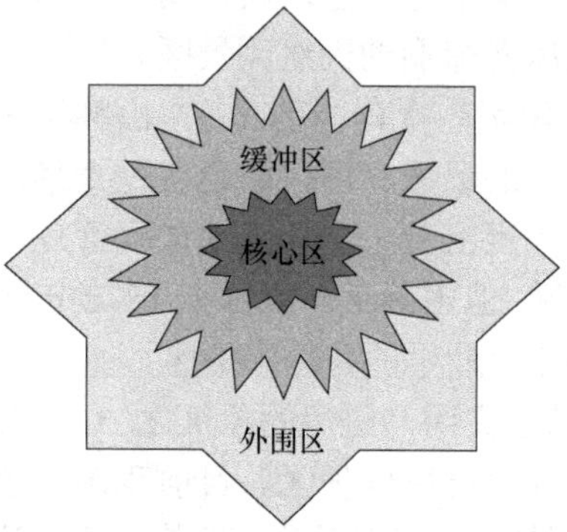

图 11.24 自然保护区构成示意图

核心区是保护区内未经或很少被人为干扰过的自然生态系统，或者是虽然遭受过破坏，但有希望逐步恢复成原始自然生态系统的地区。该区以保护物种种源为主，又是取得自然本底信息的所在地，而且还是为保护和监测环境提供评价的来源地。核心区内严禁一切外来干扰。

缓冲区是指环绕核心区的周围地区。它是试验性和生产性的科研基地，如饲养、繁殖和发展本地特有生物；是对各生态系统的物质循环和能量流动等进行研究的地区；也是保护区的主要设施基地和教育基地。

外围区位于缓冲区外周，是一个多用途的地区。除了开展与缓冲区相类似的工作外，还包括有一定程度的生产活动，还可有少量居民点和旅游设施。

上述保护区内分区的做法，不仅保护了生物资源，而且又成为教育、科研、生产、旅游等多种目的相结合的、为社会创造财富的场所。自然保护区是人类宝贵的不可复得的天然资源，我们一定要从法律、制度、经费和执法等多方面、全方位加强自然保护区的建设和维护，使它们为国家经济和社会的可持续发展做出应有的贡献。

小　　结

决定生物生存有五大自然要素：光、温、水、土和大气。阳光通常可划分为红外线、可见光和紫外线三类不同波长的光线。红外线具升温效应，利用可见光可进行光合作用，过量的紫外线会引起细胞或生物畸变。

每种生物都有自己的最适温区，季节、纬度、昼夜及海拔是影响气温的重要因子。

水是生命的第一需要，土壤是生物生存的摇篮，大气是生物的保护伞和命根子。

生物与生物之间的相互联系有七种：共生、共栖、协作、中立、竞争、寄生、捕食与防御。

生活在同一生态环境中能自由交配的同种个体称为种群。动物种群的性别构成形式有四种：一雄多雌制、一雌多雄制、一雄一雌制和群婚制。动物种群（人群）通常可以划分成扩张型（兴起型）、静止型（稳定型）和收缩型（衰退型）三种类型。出生率与死亡率的动态关系决定了一个种群是兴起型种群、稳定型种群还是衰退型种群。在动物界，根据动物出生率和存活率的高低把种群中个体数的变更曲线区分成三种代表类型：贝虾型曲线、鸟蛇型曲线和胎生型曲线。种群中的个体数量将依据逻辑斯蒂曲线所揭示的规律扩增或衰减。逻辑斯蒂曲线由 5 个期组成：迟滞期、指数增长期、减速增长期、平衡期和衰退期，即符合公式

$$N_t = N_0 \cdot e^{rt}$$

人是一个物种。200 年来世界人口已进入指数增长时期，总人口已经超过 80 亿，无论是人口倍增期还是每增加 10 亿人口所需的时间，都呈现越来越短的趋势。世界人口发展呈现出四个方面的显著特征：人口按指数增长方式“爆炸性”迅猛增加，人口高度集中于某些国家和地区，年龄结构两极分化，人口城市化。

中国人口增长经历了一个无序的高速增长期，以后才提出控制人口过度增长的“一对夫妇最好（只能）只生一个孩子”的政策。十几年前中国人口增长已进入减速增长期，现在中国人已经超过14亿，进入平衡期或衰退期，并且一举跃入老年型社会。

生态系统的结构与功能涉及物质循环的特点和能量流动的规律。能量流动和物质循环同时进行，相互依存，不可分割，物质循环伴随着能量流动，物质作为能量的载体使能量沿着食物链（网）流动。碳、氮、磷和水四项循环是自然界较大宗且较重要的循环。各项物质循环都不是单独进行的，此外物质循环是一种自然发生的过程，但生物往往成为推动物质循环的重要因素，有时生物能在局部影响甚至改变物质循环的方向。

森林生态系统在整个生物圈乃至全球环境中都充当了极其重要的奠基者和保护神的角色。它们的功能包括：蓄水保湿，挡风固土，光合制氧，净化大气，物种保护，气温调节等。森林主要包括热带雨林、亚热带常绿阔叶林、针叶林、温带落叶阔叶林和北温带落叶针叶林四种类型，其中热带雨林是最重要的森林植被型。此外，还有草原生态系统和荒漠、冻原生态系统。

水生生态系统包括淡水生态系统、海洋生态系统和湿地生态系统，约占地球表面积的79.9%。淡水生态系统由于与人类的关系十分密切，因此受到人类十分严重的干扰，甚至是破坏。海洋生态系统包括海岸区、近海区和远洋区。湿地生态系统具备多种重要的功能，如提供水源、调节流量、保护海岸、排除异物、产品丰饶、无尽能源、便捷航运、宝贵的基因库、重要的碳库及难得的旅游景观等。

植物群落的演替有两种类型：①初级演替，即在原初无生命体的地方逐渐出现的生物变更。②次级演替，这是在原有生态系统被破坏后生物群落又重新开始的演替。

平衡的生态系统通常表现出以下几方面明显的特征：物质与能量的输入与输出保持相对稳定，具有较强的抵抗自然灾害和自净化能力，具有良好的自我调控能力。

人工生态系统是指按人类的意志建立起来的生态系统，主要有两种类型：农业生态系统和城市生态系统。现代农业生态系统的特点：地广人稀，以单一品种为主进行种植和养殖，产品以外输为主，受自然因素影响较大，依赖人类维护。城市生态系统的特点：以人为主，人口密集；资源短缺，两头在外；高耗能，高产出；具有较高的文化、科学与技术氛围；环境生态有待改善。人口城市化是国家工业化、现代化的重要标志。我国城市化进程已经取得了长足的进展，但是城市规划和环境保护尚待加强。

人类的生产和各项经济活动对生物多样性产生诸多影响，生物多样性严重退化的自然界决非是人类进行现代化建设的初衷与归宿。政府、科学家和广大民众都应行动起来，制定具体规划，推出得力措施，遏止并扭转生物多样性持续下降的严重势头。

复习思考题

1．阳光可划分为哪三种类型的光线？它们的作用分别是什么？
2．哪些因素会明显地影响当地的气温变化？
3．一个完善的生态系统应由哪三类生物组成？它们各自的功能是什么？
4．自然界物种间的相互关系可以归纳成哪几种类型？
5．哪些内因和外因决定了一个物种的兴衰强弱？
6．阐述1949年以后中国人口发展走过了一条怎样的道路。

7．森林有何重要功能？

8．为什么说单一性种植或养殖是一种十分脆弱的生态系统？你认为有什么办法克服或弱化上述缺点？

9．平衡的生态系统有哪些重要的特征？

10．为什么说湿地生态系统是重要的生态系统？以红树林为例谈谈该种群对湿地生态系统的重要意义。

11．城市生态系统有哪些优缺点？能否找到扬长避短建设健康城市的途径？

12．试述水循环的基本途径。

13．什么是食物链？举例阐述食物链的构成。

14．是什么原因造成能量在食物链传递过程中大量流失？

15．什么是生物多样性？什么原因引起当代生物物种的大量灭亡？

16．以屠呦呦团队发现青蒿素并应用于临床这个事实，说明生物多样性的重要性。

17．什么是生物入侵？试探讨外来物种大量入侵我国的主要原因。以互花米草入侵为例提出你的解决办法。

18．需采取哪些措施才能制止生物多样性下降的趋势？

19．试述自然保护区的功能及其保护和建设措施。

第十二章　环境污染与环境保护

提要　环境污染不仅威胁成千上万种生物的生存，也直接危害人类的健康与繁荣。本章探讨水质污染、大气污染、垃圾污染和噪声污染的来源、危害及其治理途径，以期进一步提高人们环境保护的自觉性。

1970年4月22日，美国大约有2000万人不堪忍受日益恶化的生活和工作环境，自发走上街头，举行声势浩大的示威游行，呼吁政府和各企业采取有力措施，扭转环境质量每况愈下的趋势，保证人民的身体健康。美国人民的这一举动很快得到世界许多国家的积极支持和声援。1972年6月5日，联合国在瑞典首都斯德哥尔摩召开人类环境会议，认真审议人类目前的环境状况，讨论解决环境污染的对策与方法。中国首次派代表参加。大会为了进一步唤起人们的环境保护意识，发布了《人类环境宣言》，一致通过决议，把每年的6月5日定为“世界环境日”。

当今世界的环境问题有两大类：一类是在工农业生产和交通运输过程中产生的大量废水、废气、废渣和噪声等造成的对环境的人为污染，另一类是由于不合理开发及过度利用自然资源引起的森林消失、水土流失、土地沙化及物种锐减等问题。前一类问题是世界各国共同面临的挑战，即如何协调、解决发展生产与环境保护两大主题的相互关系；后一类问题的焦点主要在发展中国家。集中力量打破贫困—开发—更贫困的恶性循环是这些国家的当务之急。

在中国，自新中国成立以来，随着我国大规模的开发建设，环境污染与环境保护的问题也日益突出。1971年，北京官厅水库突发大量死鱼事件，事后查明是由于附近工厂排出的无机物污染所致。当时周恩来总理立即指示成立水库水源保护领导小组负责库区上游的水污染防治工作。随后国务院向全国发出了认真治理工厂废水，防止污水污染环境的通知。这是中国环保史上的第一个国家文件。它既反映了中国环境污染已是一个不容忽视的问题，也表达了中国政府防范污染、治理污染的决心。1975年，官厅水库的水质就恢复到二级水质标准。多年来，国家始终把环保工作作为一项基本国策，陆续颁布了《中华人民共和国海洋环境保护法》《中华人民共和国水污染防治法》《中华人民共和国大气污染防治法》等多部环保法规，确立并强调了“预防为主，综合治理”“谁污染谁治理”“强化环境管理”的三大环境政策。环境与环保问题已经成为我国立法最多的领域。

改革开放40多年以来，尤其是改革开放初期，我国经济持续高速发展，但是建立在粗放型经济增长方式上所取得的快速发展成果，对资源与环境也造成了巨大的压力，产生了诸多不利的影响，并由此引出了一系列社会与环境问题。对照邓小平同志提出的到21世纪中叶国内生产总值再翻两番，达到中等发达国家水平，基本实现现代化的宏伟目标，存在明显差距。党的十八大以来，习近平总书记站在实现中华民族永续发展的战略高度，作出“绿水青山就是金山银山”的科学论断。这是重要的发展理念，也是推进现代化建设的重大原则。在习近平总书记的带领下，全国上下齐心协力抓生态文明建设，抓环境污染治理，终于取得历史性的转折，扭转了环境质量下降的趋势。

第一节 水质污染与防治

水质是生物体的基本组成成分，水是生命之源、健康之源、水是生命必需的物质。它参与生命运动，排除体内有害毒素，帮助新陈代谢，维持有氧呼吸等，它的作用和功能是无可替代的。因此水质好坏必然与生物（包括人）能否健康成长、繁衍息息相关。联合国环境计划署“面向21世纪的世纪水资源委员会”1999年底的报告，世界多数河流的水量日益减少，而河水污染却日趋严重。据对流域面积最大的世界25条大河的调查，有6条河状态极差。例如，流入中亚咸海的锡尔河和阿姆河的水流量只达到原来的 1/4；美国的科罗拉多河下游已经变成盐碱沼泽；印度的恒河、墨西哥的莱尔马河都被评为最不卫生河流。由于水质污染，国内不少淡水生态系统的生物量已经急剧减少。

我国当时的情况也同样不容乐观。1998年度统计结果显示，我国主要流域（水系）长江、黄河、松花江、珠江、辽河、海河、淮河和太湖、巢湖、滇池的断面监测结果表明，仅有36.9%的河段达到或优于《地面水环境质量标准》Ⅲ类水质要求，其中，Ⅰ类水质占 8.5%，Ⅱ类水质占21.7%，Ⅲ类水质占6.7%；仍有63.1%的河段水质为Ⅳ类、Ⅴ类或劣Ⅴ类，失去了饮用、渔业和灌溉的功能，其中Ⅳ类水质占18.3%、Ⅴ类水质占7.1%、劣Ⅴ类水质占高达37.7%。

一、水质污染源

水质污染即指由于某些物质的介入而使水体物理、化学、生物或放射性等方面性质的改变，从而影响水的有效利用、危害生物生存、造成水质恶化、破坏生态环境的现象。随着现代工农业生产的发展及人口激增，人类社会产生的废水量呈现指数增长的态势。

1. 工业废水 不同行业产生的工业废水中所含的污染物成分差别很大。化学工业、造纸工业、印染工业等工厂排出的废水中含有氰、酚、汞及各种有机污染物多达上千种。此外，强酸、强碱的废水也严重地破坏了水体的生态平衡。冶金工业排出的废水中往往含有砷、铬、硫化物、氧化铁、硫酸等复杂的多种有害成分。这些化合物大多不是自然界的天然产物，毒性较强，不易在自然界中分解，且能通过食物链在生物及人体内富集，危害严重。工业废水的排放量大，有毒成分多且浓度高，是亟待重点解决的污染源。

2. 农业污水 农业污水包括种植业和养殖业排放的污水。前者排出的水中主要含有各类残留的农药、化肥和除草剂等，后者往往含有较高浓度的养殖动物排出的粪便，以及大量的有机氮、磷和病原微生物等。农业污水的总排放量很大，而且容易引发二次污染（如由于过量的氮、磷排放引起藻类大量繁殖，出现湖泊“水华”和海洋赤潮等）及相应的危害。

3. 生活污水 生活污水主要是洗涤后排出的废水，以及各种食物的残羹、人粪便及其发酵降解物及数量巨大的各种微生物和寄生虫卵等。生活污水的突出特点是含有大量的天然有机物及含磷洗涤剂。它们是微生物和藻类生长的良好营养源，也是赤潮和“水华”生成的重要物质基础。此外，生活污水中还含有种类繁多的人工合成化合物，它们被人类使用后随意排放到环境中，对各类生物，包括人类本身造成的危害已经逐渐显露出来。例如，服用避孕药的妇女尿中含有浓度很高的雌激素。尿液随污水排进了河流，从而使雄鱼发生性反转的怪诞变化。无数的事实已经反复证明，不少国家的水环境受到严重的人为污染，已经到了非治理不可的地步。

二、水质污染危害无穷

高度发达的生产力使人类成了地球上唯一一种能对水体产生大规模污染的生物。人类在生活和生产过程中产生的大量污水首先污染了地表水和浅层地下水，然后这些污染物又随江河流入大海，进一步玷污了沿岸浅海水域，人类把自己逼入净水难寻的困境。

1. 地表水和地下水污染　目前，全世界的水域大多都遭到不同程度的污染。世界25条大河中，仅有南美的亚马孙河、印度中南半岛的湄公河和北美的圣劳伦斯河称得上“健康”的河流。每年有至少2000万人死于因饮用水受污染引发的各种传染病。在发达国家，它们进行现代化工农业生产已有二三百年的历史了。这些国家采取的是“先污染后治理”的发展模式。例如，在18世纪，英国人把大量未经处理的工业、农业废水、废渣直接倾入江河，大大超过其自我净化能力。仅仅几十年间，原本鱼虾成群的泰晤士河由于受到严重污染，很快变成一条几乎没有多细胞生物的“死河”、黑河。痛定思痛。经过100多年持之以恒的“还债式”治理，先后投入5亿多英镑和大量劳力，直到20世纪70年代，泰晤士河的河水才逐渐转清，生态系统重新得以恢复。

尤其严重的是，由人类制造、生产并施放到自然界中的各种化合物却通过条条食物链渐渐汇集到各种动物和人体体内。以早期的三氯苯基三氯乙烷（DDT）为例，DDT对昆虫是一种有效的神经性毒剂，在第二次世界大战中开始大量地以喷雾方式用于高效杀灭蚊子、跳蚤及农业害虫，并能有效控制伤寒、痢疾等疾病的流行。在DDT使用的早期，各种害虫在人类的新式武器面前死伤惨重。可见能大量迅速杀灭害虫是化学农药的突出特点。从此，世界各类农药的产量逐年递增。其实，据科学家检验，仅有大约0.03%的农药起到杀虫的作用，绝大部分农药都流失到环境中。在美国，DDT杀虫剂的广泛使用使得它们的生产利润更加有保障，于是肆意使用杀虫剂，导致了美国的生态平衡受到了威胁。在这样的生态危机中，首次站出来为保护环境而发声的第一个吹哨人就是美国海洋生物学家、现代环境保护运动先驱，同时也是作家的蕾切尔·卡森（Rachel Carson，1907～1964），在她著名的《寂静的春天》里，我们知道了环境保护的重要性。卡森的研究成果和主要观点，集中体现了她对人类生态环境保护的科学性、前瞻性、长远性思考。此后，由卡森敲响的环保警钟在世界长鸣不息。

经过DDT和其他杀虫剂的广泛使用后，逐渐验证了卡森的担忧是有道理的。科学家发现，农药实际上是一把“双刃剑”，宣称人类向害虫的宣战已取得胜利还为时过早。大量使用化学农药把人类本身逼进了“死胡同”。以DDT为例。第一，由于DDT是一种脂溶性化合物，它能很容易随食物链进入害虫天敌体内（表12.1），致害虫天敌——人类的朋友大量死亡。例如，印度政府1995～1996年在为控制痢疾传播而发起的消灭蚊子运动中，共发放并向环境喷洒了数以千吨计的DDT，致使印度西北部一个重要的鸟类保护区中的秃鹰数量从2000来只骤减到8只，濒临灭绝。第二，大量使用农药对害虫实际上是一个筛选的过程。那些“老弱病残”的敏感害虫被消灭了，残留下来的大多是“身强体壮”或发生了抗药突变的个体。长年累月地使用同一种农药，等于一次次帮助那些强壮的抗药个体“脱颖而出”。蚊子甚至可以毫无顾忌地停歇在含DDT的药包上。第三，由于天敌少或无，抗药性害虫得以大肆繁殖和发展，有增无减。人类为自己培养了越来越强劲的对手。

表12.1　农药DDT在食物链中逐级富集

食物链	大气	水中	浮游生物	小虾	鳝鱼	肉食性鱼	鸥
DDT浓度/(μg/g)	3×10^{-6}	5×10^{-5}	4×10^{-2}	1.6×10^{-1}	2.8×10^{-1}	2.07	75

1975 年，当德国的科学家在人乳中发现 DDT 及其代谢产物 DDE 时，全人类尤其是发达国家，不由得目瞪口呆。当人类最终认识到 DDT 能在人体内长期残留，并有损于人类大脑，可能造成神经系统紊乱并降低人体免疫能力后，发达国家陆续从 20 世纪 70 年代起禁止或严格控制使用 DDT。但各国已经生产的总数超过 1.5×10^6t 的 DDT，由于其化学性质十分稳定，随水流四处扩散，美、英等国几乎所有河流都被 DDT 污染。

除了 DDT 以外，人类生产的大量化合物也严重污染自然界。美国通过全国性普查共从各类食物中检出农药达 17 种之多。英国母乳中至少含有 350 种人造污染物，其中包括数种激素，其浓度比世界卫生组织规定的标准高出 10～40 倍。此外，由于大量饲养禽畜，它们排出的粪便也是水污染的一个重要来源。在美国，禽畜排出的粪便总量是人粪便的 130 倍。环境污染与水体富营养化的顽疾已经到了非下大力气治理不可的地步了。

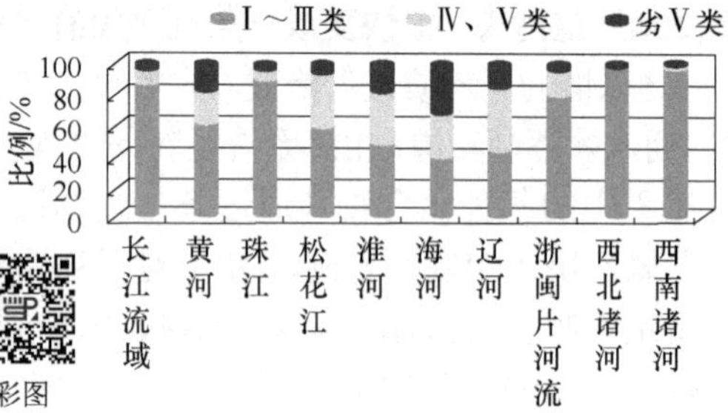

彩图

图 12.1　2012 年全国十大水系水质类别比例
（引自《2012 中国环境状况公报》）

我国地表水的水质状况也曾经一度污染严重，经过多年治理，取得一定成效。环境保护部（现生态环境部）公布的《2012 中国环境状况公报》显示，在水源较充沛的大河，如长江、黄河、珠江、淮河，其干流水质终于达优，但众多的支流大多为轻度至中度污染（图 12.1）。在 62 个国控重点湖泊（水库）中，Ⅰ～Ⅲ类较好水质仅占 61.3%，Ⅳ～Ⅴ类水质占 27.4%，劣Ⅴ类水质占 11.3%（表 12.2）。

表 12.2　2012 年重点湖泊（水库）水质状况　（单位：个）

湖泊（水库）类型	Ⅰ类	Ⅱ类	Ⅲ类	Ⅳ类	Ⅴ类	劣Ⅴ类
太湖、巢湖、滇池	0	0	0	2	0	1
重要湖泊	2	3	8	12	1	6
重要水库	3	10	12	2	0	0
总计	5	13	20	16	1	7

我国的地下水水质由于人为污染整体情况也不容乐观。究其原因与上述多方面的污染源及污染处理不力有关，包括城市污水的排放、工业“三废”的排放、大量农药化肥的使用等，再加上人们对地下水资源的过度开采，地下水位下降，导致水源枯竭，也加剧了地下水资源的污染。2012 年我国对 198 个地市级行政区开展的地下水质监测表明，水质达优良级的监测点仅为 11.8%、良好级为 27.3%、较好级为 3.6%、较差级和极差级高达 57.3%，地下水严重污染事件常常见于报端，严重威胁以地下水为主要或补充水源的城镇饮用水的安全。

无论是地表水还是地下水，水环境保护都是事关人民群众切身利益，事关全面建成小康社会，事关实现中华民族伟大复兴中国梦的大事。我国一些地区水环境质量差、水生态受损重、环境隐患多等问题十分突出，影响和损害群众健康，不利于经济社会持续发展。面对水资源需求持续上升、水资源短缺日益严重和水污染加重的多重挑战，2015 年 4 月 16 日，国务院发布《水污染防治行动计划》（简称“水十条”），通过全国上下齐心合力狠抓实施落实，切实加大水污染防治力度，经过多年的努力，我国水污染防治初见成效，水环境恶化的势头开始逆转，水质状况初步改观。2022 年，全国地表水Ⅰ～Ⅲ类水质断面比例为 87.9%，比 2021 年上升 3.0

个百分点；劣Ⅴ类水质断面比例为0.7%，比2012年减少接近10个百分点，比2021年下降0.5个百分点。主要污染指标为化学需氧量（COD）、高锰酸盐指数和总磷。长江、黄河、珠江、松花江、淮河、海河、辽河等七大流域及西北诸河、西南诸河和浙闽片河流水质优良（Ⅰ～Ⅲ类）断面比例为90.2%，同比上升3.2个百分点；劣Ⅴ类断面比例为0.4%，同比下降0.5个百分点。其中，浙闽片河流、长江流域、西南诸河、西北诸河和珠江流域水质为优；黄河、淮河和辽河流域水质良好；海河和松花江流域为轻度污染。监测的210个重点湖（库）中，水质优良（Ⅰ～Ⅲ类）湖库个数占比73.8%，同比上升0.9个百分点；劣Ⅴ类水质湖库个数占比4.8%，同比下降0.4个百分点。204个监测营养状态的湖（库）中，中度富营养的12个，占5.9%；轻度富营养的49个，占24.0%；其余湖（库）为中营养或贫营养状态。其中，太湖和巢湖均为轻度污染、轻度富营养，主要污染指标为总磷；滇池为轻度污染、轻度富营养，主要污染指标为化学需氧量和总磷；洱海和丹江口水库水质均为优、中营养；白洋淀水质良好、中营养。

从近几年的数据变化可以看出，自从“水十条”实施以来，全国地表水环境质量持续改善。以2020年和2022年（图12.2，图12.3）与2012年全国地表水、十大水系水质类别比例对比，Ⅰ～Ⅲ类水质比例明显增加，而劣Ⅴ类水质比例明显减少。碧水增、黑水减，饮水净、生态兴的现象逐渐显现。经过近几年的不懈努力，“水十条”的多项目标已提前实现。当然，水污染要从根本上改观还需时日，水环境质量阶段性改善的任务依旧艰巨。实现绿水常在、绿色发展，后续仍须砥砺前行。

2. 近岸海水污染　陆源污染物随江河源源不断汇入近海，加上沿岸大量的海水人工养殖鱼虾贝类，造成我国近岸海域污染，如十几年前的2012年的全国近岸海域水质类别情况并不容乐观（图12.4）。近海污染物中有90%都来自陆地，另外10%则主要来自海上养殖、运输及能源开发。其成分主要是化学需氧物质、氨氮、油类物质和磷酸盐四类，合计占总量的95%以上，还有硫化物、锌、砷、铅、铬、挥发酚、氰化物、

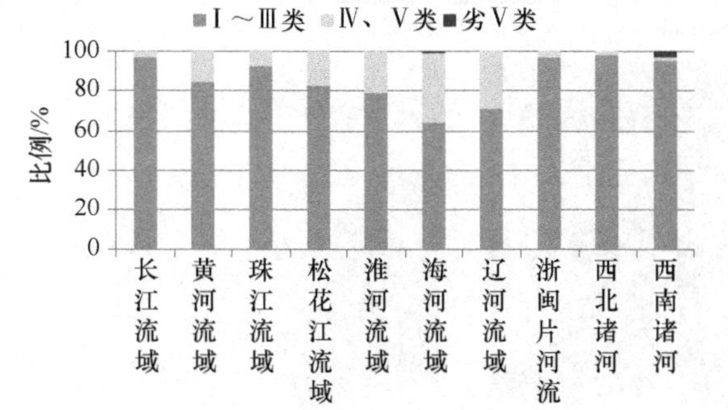

图12.2　2020年全国十大水系水质类别比例（生态环境部发布2020年全国生态环境质量简况）

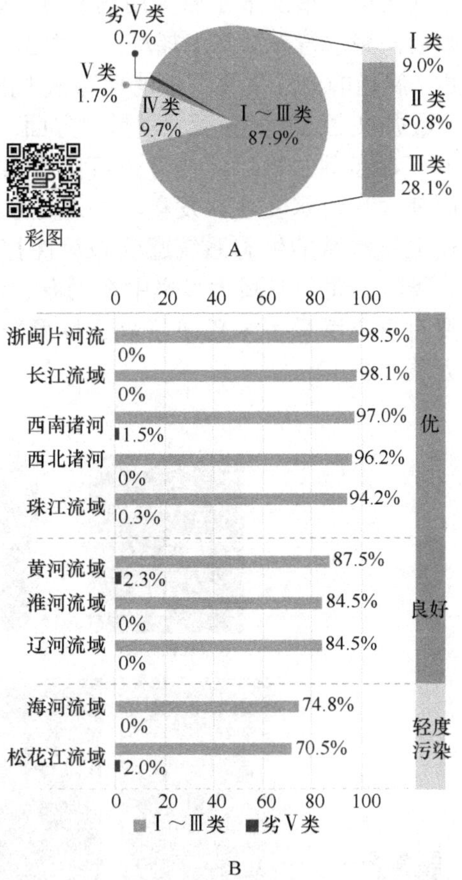

图12.3　2022年生态环境部全国地表水环境质量状况

A. 全国地表水质类别比例；B. 全国七大流域和西南、西北诸河及浙闽片河流水质类别比例

铜、镉、汞等。陆源污染物主要来自工业三废、城镇生活垃圾、农业养殖使用的化肥、农药和人禽畜粪便等。因此，陆地污染源可分为四类：工业污染源、生活污染源、农业污染源和陆上养殖污染源。

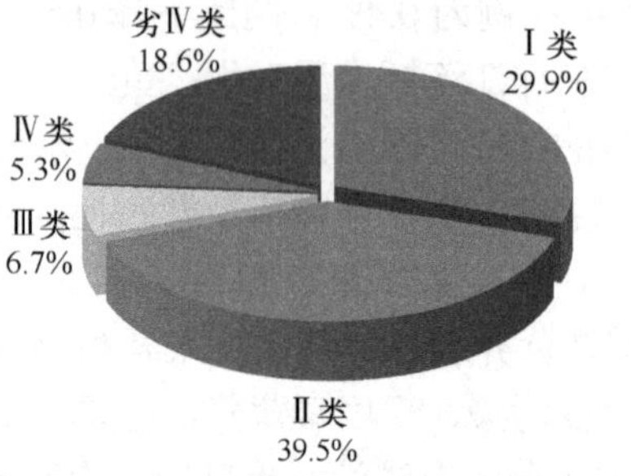

图 12.4　2012 年全国近岸海域水质类别
（引自《2012 中国环境状况公报》）

从图 12.4 可见，我国近岸海域总体水质一般，主要超标指标为无机氮和活性磷酸盐。其中东海的污染状况最为严重。海域污染的主要因素是来自陆地的无机氮、磷酸盐和海上溢油事故。由于海水中氮、磷等营养盐比较充足，在合适的气温及海潮等因素的配合下，我国近海赤潮频发。所谓赤潮，实际上为有色潮，可见赤、黄、绿等数种，是海洋浮游生物利用富营养化的海水在特定气候和水文条件共同作用下爆发性增长的现象（图 12.5）。赤潮中的藻类多达 150 余种，其中能分泌毒素的约有 63 种，包括甲藻类 32 种和硅藻类 24 种。但每次赤潮一般仅以其中 1～2 种优势藻种为主（极少数情况下是原生动物）。这些赤潮生物经迅速大量繁殖后，海水营养盐基本耗尽。一方面导致群体死亡量激增，死亡、腐烂的赤潮生物大量消耗海水中的氧气，化学需氧量上升，造成水生生物大量死亡；另一方面一些鱼类、贝类吃了其中的有毒赤潮生物后，自身也可能含毒，或导致自体死亡，从而使大片海水变色、发臭，并通过水产品危害人体健康，也使近岸水域的生态系统遭受毁灭性打击，经济损失十分惨重。我国大面积赤潮大多集中在渤海、长江口外和浙江沿海。主要有毒赤潮藻为米氏凯伦藻、棕囊藻、链状裸甲藻、亚历山大藻（图 12.6）。

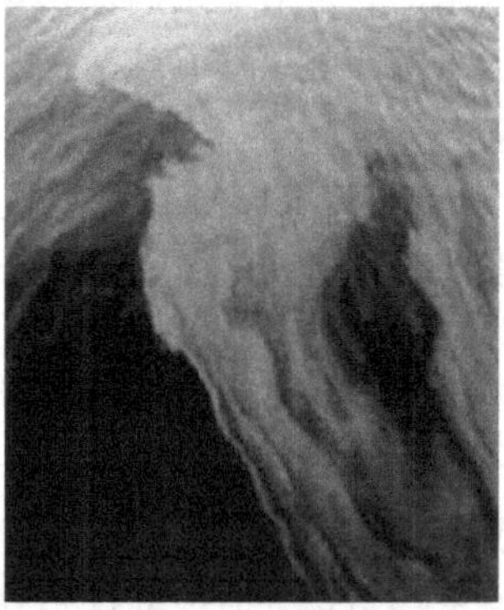

图 12.5　发生在东海的特大赤潮

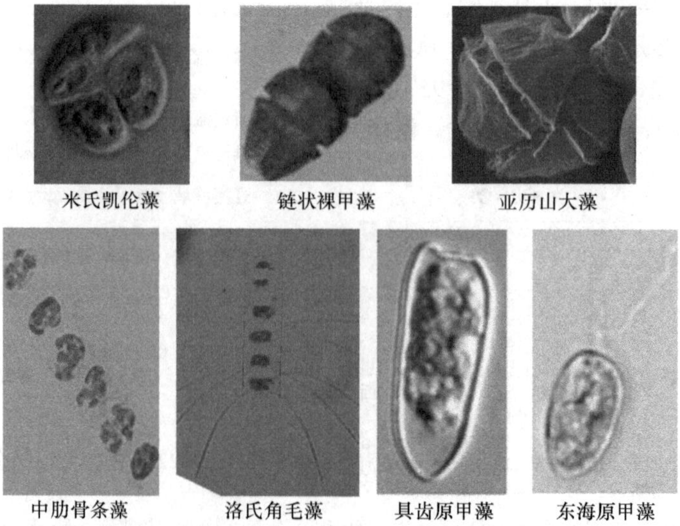

彩图

图 12.6　各种赤潮藻（图大小不严格成比例，由陈长平提供）

主要由于人为的不合理经济活动（如大量富含氮、磷的污水排入大海及近岸水产养殖业盲目发展）引发的赤潮，使我国成为世界上海洋生态环境破坏最严重的国家之一。海水富营养化，赤潮频发，海洋生物种类和产量减少，海水入侵，沿岸土壤盐渍化等情况与人为因素影响密切相关。

我国是一个拥有 18 000km 海岸线、6500 多个海岛和近 $3.0\times10^6km^2$ 海洋的大国。在人口激增的 21 世纪，我们渴望海洋能为人类提供更多、更好的食品和药物。海洋污染的治理有赖于陆源水污染的全面好转才可能取得根本性突破。

党的十九大报告指出：坚持陆海统筹，加快建设海洋强国，加快水污染防治，实施流域环境和近岸海域综合治理。各地区、各部门全面落实党的十九大精神，按照党中央、国务院决策部署，坚持以改善生态环境质量为核心，推动污染防治攻坚战取得新的成效。

根据生态环境部发布的我国 2023 年夏季近岸海域水质状况，近岸海域水质总体保持改善趋势，其中优良（Ⅰ类、Ⅱ类）水质海域面积比例为 85.0%，同比上升 3.1 个百分点；Ⅰ类水质海域面积占管类辖海域面积的 97.9%，同比上升 0.5 个百分点。劣Ⅳ类水质比例为 7.9%，同比下降 1.0 个百分点，主要分布在辽东湾、长江口、杭州湾、珠江口等近岸海域。环渤海地区部分入海河流的总氮浓度仍然偏高。从 2016 年至 2023 年，从全国近岸海域优良和劣Ⅳ类水质比例的变化趋势可以看出，优良水质的比例和水域面积由 72.9%增加到 85.0%，而劣Ⅳ类水质的比例和水域面积从 11.3%减少到 7.9%（图 12.7）。近年来的连续检测数据表明，经过多方努力，多措并举，我国的近岸海域总体水质稳中向好。

图 12.7　2016～2023 年全国近岸海域优良水质和劣Ⅳ类水质面积比例变化趋势

2023 年 12 月，中共中央、国务院印发《关于全面推进美丽中国建设的意见》，对未来 5 年和到 2035 年美丽中国建设的目标任务进行全面部署。其中指出，到 2027 年，美丽海湾建成率达到 40%左右。美丽海湾要达到海湾环境质量良好，稳定实现“水清滩净”；海湾生态系统健康，生态服务功能显著，稳定实现“岸绿湾美、鱼鸥翔集”；海湾人居环境优美，民众亲海空间充足，能够持续满足人民群众景观、休闲、赶海、戏水等亲海需求，稳定实现“人海和谐”。

三、治污保水，刻不容缓

我国水质污染经过多年的努力和强有力的措施，从根本上改变了继续恶化的趋势，但是由于我国区域发展不平衡，环保意识不强，政策落实不到位的情况仍然时有发生，水质安全还没有达到预期的目标。由于水质污染关系到人类自身的健康及其他生物的生存，有效治污保水刻不容缓，如何更好有效治理水质污染不仅需要科学技术做支撑，更重要的是要有严格的管理措施相辅佐，从源头抓起，才能够达到目标，具体总结如下。

1. 源头治理为主，末端处理为辅 国内外实践证明，先污染后治理不仅得不偿失，而且危害自然，后患无穷。在每一家企业、每一个项目立项上马时，首先就得对其污水处理达标排放的计划进行严格的审核和测算，坚决做到不合格企业一个也不准开工建设，更不许生产。对现有工矿的污水处理要限期达标，否则一概停工整治，做到清洁卫生生产不松手。

2. 限用化学农药，提倡生物制剂 化学农药几十年来的大规模使用已经使人类陷入了进退维谷的窘迫境地。在化学农药尚不能禁止使用的情况下，应逐步限制其使用的范围和期限。特别要加强对粮食、蔬菜、水果和茶叶等常用食品中残留农药的检测和超标查处工作的力度。微生物（包括病毒、细菌和真菌）杀虫、线虫除虫等天敌灭虫的生物除虫方法应该大力提倡。转基因抗虫是目前世界各国竞相开展的高科技无污染灭虫手段，我国的抗虫棉、抗虫玉米等都已培育成功，不仅使农药使用量减少 80%～90%，农业生产成本显著下降，而且环境污染大为减轻。

3. 强化污水处理 污水处理一般都会增加企业的成本负担，而且分散型的污水处理设施，其效率也较低下。因此在城镇居民相对集中或工矿企业较密集的地区由政府组织建设大型污水处理厂尤为必要。对于治污无望、效益低下的中小型企业要坚决关、停、并、转，并切实防止死灰复燃。

4. 制定法律法规，严格执法循规 我国政府治理水污染的决心是坚定不移的。从制定十几部有关环保的法律、法规到治理污染的一系列“零点行动”和环渤海的“碧海行动”，以及“水十条”等行动计划及法规就是这种决心的具体体现。事实表明，此类整治行动在宣传、教育群众、改善水体污染等方面收到了显著的效果。但是良好的开端仅仅是万里长征迈出的第一步。有些单位在“风头”过后重又超标排污的行为说明，只有加强执法力度，该关就关、该罚则罚、该刑即刑，决不姑息迁就，历经几十乃至上百年持之以恒的努力，才可能使江河湖海重现勃勃生机。

5. 加强环境保护意识教育，大幅度提高全体人民的环境保护意识 保护环境是关系每个人切身利益和子孙后代生存、发展的基本国策，从我做起，从现在做起，从身边的事做起。人人都行动起来了，我们的环境才可能重现碧水蓝天、鸟语花香。

第二节 大气污染与防治

英国是工业革命的先驱。伦敦是著名的雾都。1952 年 12 月 5～8 日，伦敦的天空格外阴霾。4 天时间里，众多的燃煤工厂和居民燃煤取暖排出的大量含尘尾气笼罩伦敦上空，久久不能散去。当时大气中的悬浮粉尘高达 4.46mg/m^3，为平时空气中粉尘浓度的 10 倍，SO_2 的浓度为 2.49mg/m^3，是正常时的 6 倍。当时即有多达 4000 余人死于呼吸系统引起的疾病。事后 2 个月内，陆续还有 8000 多人死于与本次事件有关的疾病。这就是震惊世界的伦敦烟雾事件。其实对伦敦而言这种由于燃煤引发的烟雾置人死地的事件已不是什么新鲜事。早在 1873 年、1880 年和 1892 年，此类事件就已夺去了 2000 余人的生命。此外，1930 年比利时缪斯河谷地区、1940 年 10 月美国宾夕法尼亚州的多诺拉小镇、1943 年美国洛杉矶、1970 年日本的四国市及其他许多工业化城市，也都先后发生了数起导致数百人死亡、无数人患呼吸系统疾病的大气污染恶性事件。1984 年，设在印度中央邦博帕尔市的美国联合碳化物公司农药厂的大型储罐爆裂，大量剧毒甲基异氰酸酯外泄，造成至少 2800 人死亡、20 多万人中毒、

67 万人健康受损的惨剧。

随着现代化工业的浪潮在全世界一浪高过一浪地展开，在经济利益的驱使下，大气污染不仅在发达国家未见有效遏止，而且在广大发展中国家还呈现日益加重的趋势。1998 年 12 月 14 日和 15 日，伊朗首都德黑兰的大气污染指数比世界卫生组织规定的人体能够承受的标准高出 6 倍，当地政府被迫宣布关闭所有小学和中学后，还强制实行了车辆管制。墨西哥首都墨西哥城位于两座火山之间的盆地区，污染物质难以向外扩散。1998 年 12 月 4 日开始的一个多月时间里，由于全城的 NO_2、二氧化硫（SO_2）、CO 和臭氧（O_3）等气体和悬浮颗粒的总浓度大大高出允许范围，无奈全市只能实行警戒状态，3 万多家工厂减产 30%～40%、3000 多所学校取消室外活动、汽车行驶实行单双号制等。2002 年世界空气污染最严重的城市也顺理成章“落户”墨西哥城。此外，由于汽车尾气的严重污染，不少国家城市儿童血液中的铅含量明显上升。例如，孟加拉国达卡市儿童血液中的铅含量至少比世界卫生组织规定的标准高出 8 倍，由此导致儿童神经发育严重异常，出现众多智力低下患者。

近些年备受关注的全球气候变暖问题，在很大程度上正是由化石燃料燃烧大量排放 CO_2 等温室气体所引起的。化石燃料的过度开采和利用也导致大气中对环境和人类健康危害严重的 SO_2 和氮氧化物（NO_x）气体浓度的持续升高。据统计，近十几年来地球大气层中的气体成分已发生明显变化：空气中的 CO_2 增加了 25%，NO_x 增加了 19%，CH_4 增加了 100%，大气中的氯氟烃（CFCs）和 SO_2 含量也有不同程度提高。毋庸置疑，这些变化已经对人类赖以生存的地球生态环境造成了极大威胁，治理大气污染成为人类又一迫切需要解决的难题。

中国是最大的发展中国家，工业的发展必须以强大的能源为依托。2007 年以前，我国能耗由燃煤提供占比在 70%左右。由于煤是高硫能源，燃烧后产生大量二氧化硫等硫氧化物及粉尘，再加上日益增多的汽车排出的不达标尾气，使得我国成为世界上大气污染物排放量最大的国家之一，其中二氧化硫和二氧化碳的排放量曾经双双高居世界第一位。特别值得一提的是，自 2009 年我国汽车产销量双双突破 1300 万辆成为世界第一汽车生产和消费国以来，汽车尾气污染已经成了大、中城市另一主要污染源。其结果是，环境保护部（现生态环境部）2012 年对全国地级以上城市的空气质量监测表明，59.1%的城市不达标；环保重点城市的空气质量不达标率更是高达 76.1%。中国气象局的统计数据显示，2013 年全国平均雾霾天数创 52 年来之最，皖、湘、鄂等 13 地均创下“历史纪录”。雾霾呈现出持续时间长、范围广、影响大、污染重等特点。

以上情况引起党和政府高度重视，我国大气污染已经到了非治不可的程度。让人们重获蓝天白云，呼吸新鲜空气成为国家和政府部门需要做的重要民生事情。经过多年持续的努力，尤其是党的十八大以来，为了推进大气污染防治工作，增强人民群众的幸福感和获得感，国家对《中华人民共和国环境保护法》《中华人民共和国大气污染防治法》等相关法律法规进行了修订，同时《大气污染防治行动计划》（简称“大气十条”）等纲领性文件法规相继出台，剑指大气污染尤其是工业大气污染。党的十九大描绘了建设美丽中国的宏伟蓝图，作为大气污染大户的能源行业站在生态文明的高度，充分汲取 40 年来的经验教训，继往开来，秉持创新、协调、绿色、开放、共享的新发展理念，能源结构持续优化，节能降耗成效显著，加快构建清洁低碳、安全高效能源体系。在各地政府和相关企业的共同努力下，我国的空气质量有了明显改善，大范围雾霾现象得到有效遏制，京津冀、长三角、珠三角三大重点区域细颗粒物（PM2.5）平均浓度也都实现了大幅下降，大气污染治理初见成效。中国成为全球第一个大规模开展 PM2.5 治理的发展中国家。同时，近年来中国大幅提高排放标准，大力加强二氧化硫控制的执法力度，改用清洁能源，国内二氧化硫排放量迅速下降。2017 年 11 月，《科学报告》（*Scientific Reports*）发表了一篇论文，题为《印度正在取代中国，成为世界上最大的人为因素二氧化硫排放国》。论文显示，2007 年是中国二氧化硫排放量的顶峰，此后连年下降，至 2017 年减少了 75%。根据 2018 年全年数据显示，印度是全球最大的二氧化硫排放国（2018 年共排放二氧化硫 4586 千 t，占全球排放总量的 15%），俄罗斯（3683 千 t）、中国（2578 千 t）分居全球第二、第三位。中国终于摆脱了二氧化硫排放量世界第一的尴尬帽子。2021 年，全国地级及以上城市空气质量优良天数比率提高到 87.5%，全年空气质量达标城市占 64.3%；PM2.5 年平均浓度 30μg/m^3，比上年下降 9.1%。中国的天更蓝了，环境更好了。2022 年全国 339 个地级及以上城市中，213 个城市环境空气质量达标（空气质量指数在 0～100），占 62.8%，有 126 个城市环境空气质量超标，占 37.2%。细颗粒物浓度为 29μg/m^3，比 2021 年下降 3.3%。优良天数比例为 86.5%；重度及以上污染天数比例为 0.9%，比 2021 年下降 0.4 个百分点。京津冀及周边地区、长三角地区、汾渭平原重度及以上污染天数比例分别比 2021 年下降 0.9 个百分点、0.2 个百分点、1.0 个百分点（图 12.8）。

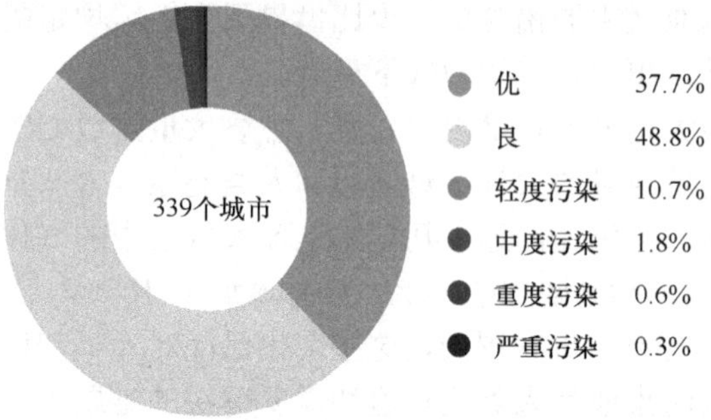

图 12.8 2022 年全国 339 个重点城市环境空气质量各级别天数比例

我国空气污染治理取得明显成效，有些指标改善效果得到国际普遍公认，但是我们也要清醒地看到，我国空气污染物浓度仍处高位，大气污染形势尚未从根本上得到改变，距离大气理想状态还有不小差距。大气污染是长期造成的，是全球性的难题，大气治理将是一个漫长艰难的系统过程，对此我们必须要有清醒的认识，做好充分的准备。

彩图

以下就大气污染引发的主要环境问题及其防治逐一进行简要探讨。

一、温室效应

1. 地球“发热”了 有关资料显示，从 19 世纪末到 20 世纪初以来，全球气候开始转暖。现在，全世界的人们都在以惴惴不安的心情关注着全球大气平均温度正在以惊人的速度上升（从地球演化的角度进行衡量）。美国航空航天局的气候学家 2006 年发表报告说，地球的温度已经爬升到几千年来的最高点，距过去百万年的最高温度纪录仅低 1℃。在 20 世纪的后 50 年里，由于温度上升，估计有 1700 种动植物以每 10 年 6.4km 的速度向极地方向迁移。地球上一次出现这样的温度是在约 300 万年前的上新世中期，当时的海平面比现在高出约 25m。现在，世界许多高山的雪线正在步步后退。例如，喜马拉雅山的冰川正在以每年 30m 的速度退却。估计到 21 世纪中叶，我国青藏高原的温度可能上升 2.2～2.6℃，西部冰川面积将大幅度减少。这意味着区域水资源的分配也会发生重大的变化。南极是地球的“冷库”，可这里的冰原却一直在全面“溃退”。以拉森冰原和威尔金冰原为例，仅在 1998 年底至 1999 年初的南极夏季中，它们就分别损失了 1174km^2 和 2200km^2 的冰川。如果整个冰原消失，地球上的海水水位将上升大约 6m，这样一来，如伦敦、纽约、东京、孟买、加尔各答、上海、曼谷、悉尼等大都市将从地球上消失。如果上述事件还不足以让人信服的话，请看图 12.9。自 1850 年以来，从全球气温变化情况综合来看，现在全球气温比 1850～1900 年（有时也被称为“前工业化时期数据”）的平均气温高 1.2℃。虽然图中标注不同检测机构的曲线有一些不同，但是总体数据趋势是一致的。研究人员均认为，人类活动不断排放的二氧化碳是导致气温升高的关键因素。

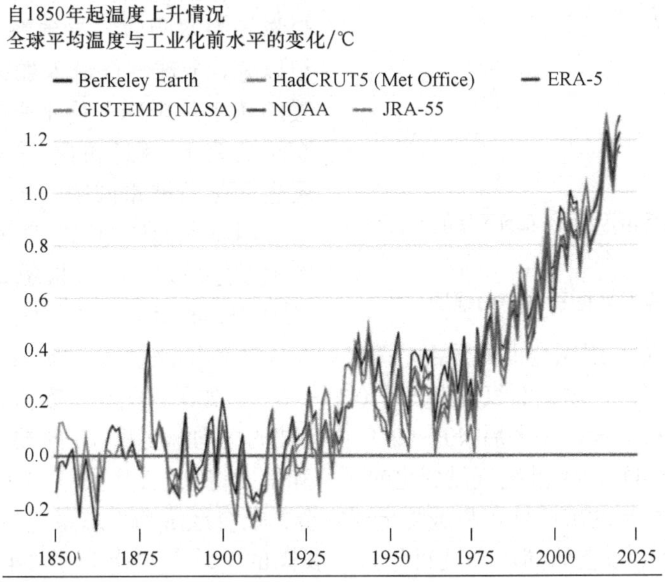

彩图

图 12.9　来自世界各地 5 个检测中心 1851～2000 年全球气温变化检测结果图

从图 12.9 所示数据变化可以看到，100 多年来全球气温确实呈现波浪式升高的趋势。20 世纪是过去 1000 年中最强烈增温的世纪。20 世纪 90 年代是过去 1000 年中最热的年代，20 世纪 10 个最温暖的年度都在 1983 年以后，其中 90 年代就占了 7 个。1998 年是过去 1000 年中最热的一年，当年全球气温比 1990～1996 年的平均气温升高 0.58℃。那年，在美国、英国、法国、俄罗斯、新西兰、卡塔尔、印度和中国等世界许多地方，都发生了创纪录的历史最高温，造成赤地千里、森林大火及洪水肆虐等极为严重的灾难。联合国政府间气候变化专门委员会（IPCC）2013 年发表的第五份气候变化评估报告再次指出，造成自 20 世纪中叶以来全球气候暖化的主导原因有 95%以上的可能性是人类活动造成的。在 1901～2012 年的 100 多年间，全球地表温度升高了 0.89℃。21 世纪的前 10 年是有史以来最热的 10 年。世界气象组织 2023 年 11 月 30 日在《联合国气候变化框架公约》第二十八次缔约方大会开幕当天发布的《2023 全球气候状况报告》中宣布，2023 年是有记录以来人类历史上最热的一年。这一年平均气温较工业化前（1850～1900 年）的基线高出约 1.4℃。大气中的二氧化碳水平已比工业化前时代高出约 50%。海平面上升创历史新高，而且还在加速上升。由于海洋持续变暖及冰川和冰盖融化，2013～2022 年海平面上升速度是卫星记录的第一个 10 年（1993～2002 年）的 2 倍多。海洋表面温度达到历史新高，南极洲的海冰面积降至历史新低。

美国国家航空航天局（NASA）的数据称，1981～2010 年，北极海冰面积平均每 10 年至少减少 13.1%。2019 年 9 月（融化季节后）的北极海冰量与 1979～2019 年的平均值相比下降了 50%以上（图 12.10）。2020 年 5～6 月，西伯利亚地区出现历史高温极值，甚至拉高了整个北半球的平均温度，导致北半球乃至全球有记录以来最温暖的 5 月。北极海冰大量消失，

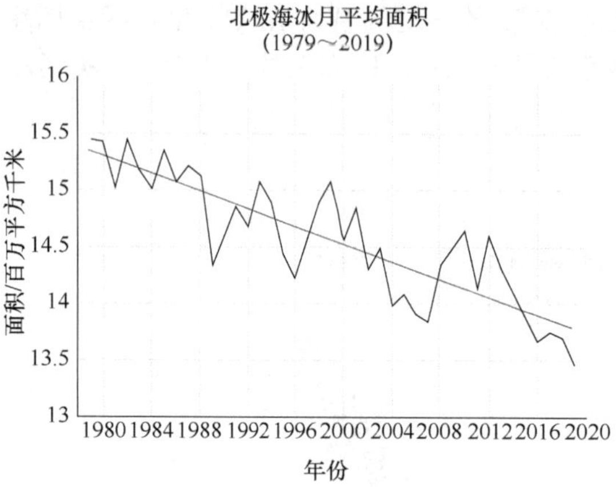

图 12.10　北极海冰面积减少曲线图

反过来又加剧了地表平均温度的升高。根据计算，海冰可以把 80%的日照反射回太空，这部分太阳光不会导致地表温度升高。但海冰融化、冰盖面积缩小后，太阳直射海洋，90%的热量被海水吸收，导致海水温度上升。21 世纪以来，全球气候进入加速变暖期，而北极变暖的速率是全球平均水平的 2 倍。在北极圈的高温炙烤下，融化的不只是冰盖和冰川，冻土层也面临着严重威胁。

科学家们认为气候变暖是21世纪人类面临的几大挑战之一。根据联合国环境规划署（UNEP）和世界气象组织共同组建的政府间气候变化委员会（IPCC）组织全世界几百名著名科学家的科学评估报告指出：过去 100 年中全球气候总的趋势是变暖，全球地面气温上升了 0.3～0.6℃。如果人类再不有效地控制温室气体的排放，全球气候将继续变暖，在今后 40～50 年内全球的平均温度每 10 年要上升 0.2℃，到 2100 年时将相应上升 1～4℃。21 世纪气候变化的频率和幅度将大大超过过去 5000 年中的变化，这种高频率的变化具有相当的破坏性，将威胁全球安全、社会经济和生态系统。

我国的气温变化与全球同步，近百年来，我国的平均气温上升了 0.4～0.5℃。1985 年以来，我国连续出现全国范围的暖冬。1998～1999 年和 2001～2002 年冬季是我国 40 年来最温暖的两个冬天。北京、天津、兰州、武汉、南京、南昌和杭州等地的平均气温均突破新中国成立以来同期的最高纪录。西藏可可西里马兰山冰川正以每年 1～1.7m 的速率退缩，且退缩的速率逐渐增大。2013 年夏季席卷全国大部分地区的酷暑至今让人记忆犹新。例如，上海徐家汇 7 月 26 日的最高温创气象台建立 141 年来的新纪录，达到 40.6℃。7 月持续高温 25 天同样创下当月高温日数纪录。据专家测算，到 2025 年左右和 21 世纪中叶，我国平均气温将可能分别上升 1.7℃和 2.2℃。

2. 升温的原因　面对着地球气温百年来的曲折上升，人们不禁要问：气温上升的原因是什么？这是一个自然的过程还是人为的影响？或者两者兼而有之？今后地球的气温还会继续攀升吗？这是一些不容易回答的问题，仁者见仁，智者见智。

首先，科学家已经发现，全球气候变化存在明显的冷暖周期交替现象。这种气候转型时间可由短短仅几年至数百年，长者可达几万年。例如，通过对南极和北欧格陵兰的冰芯、中国黄土高原及深海沉积物中的化石纪录的分析，科学界已经确认，全球气候环境变化存在一个以 11 万～12 万年为周期的冷暖期循环。最近一个冷暖周期变化见图 12.11。

图 12.11　地球最近一个冷暖气候变化周期

图 12.11 显示，最近一次冰期（第四纪冰期）之前有一个埃姆间冰期。其间虽然人类活动的影响微乎其微，几乎可以忽略不计，但全球还是气候温暖，甚至气温比现在还高，持续了约 3 万年。随后是第四纪冰期。它在经历了 9 万多年的严寒后，在大约 1.3 万年前地球表面温度重新逐渐回升，开始了新一轮的间冰期——全新世间冰期。我们现在正处于

比较温暖的全新世间冰期中。因此全球平均气温缓缓上升也在情理之中。但是，根据从末次冰川期（第四纪冰期）到埃姆间冰期 5000 年冰芯的分析，在这期间全球平均升温约 5℃，海平面上升了约 100m。也就是说，在自然状态下间冰期中地球表面的温度每千年仅升高约 1℃。相比之下，最近一个世纪地球气温已陡升 0.89℃，这不能不令人产生这样的质疑：是否有哪些人为的因素明显地促进了气温的大幅攀升？16 万年来南极的冰芯资料表明，二氧化碳浓度的变化与气温的升降具有很强的相关性（图 12.12）。据估算，二氧化碳的增温作用大约占各种温室气体增温作用的 60%，其次甲烷（CH_4）的增温作用也达到 15%～20%。

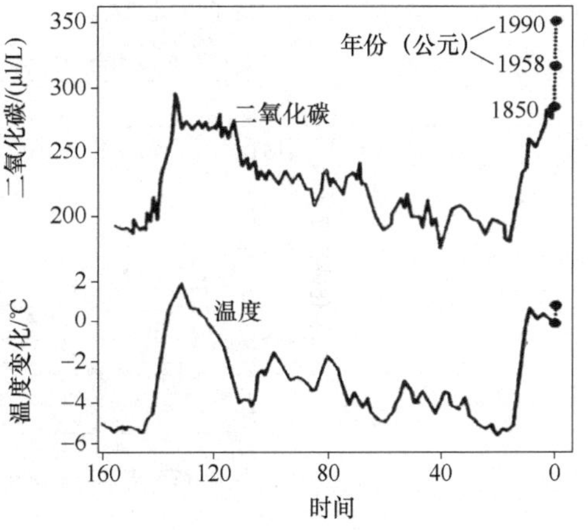

图 12.12　南极冰芯揭示的 16 万年来 CO_2 浓度与气温变化的相关性

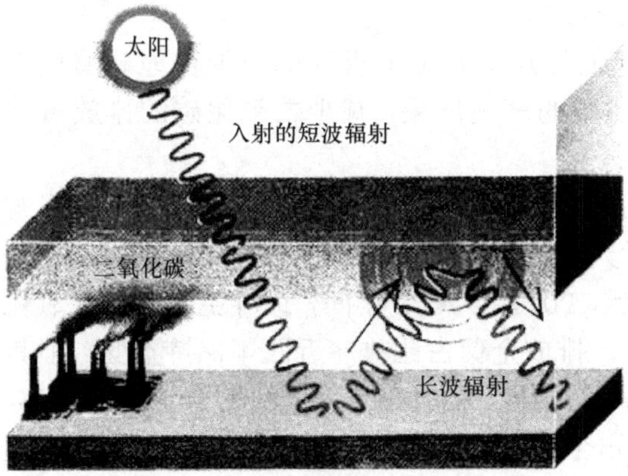

图 12.13　二氧化碳增温原理示意图

二氧化碳具有吸收阳光中长波辐射的特殊作用。阳光穿过大气层到达地面，一部分阳光直接对地面加热，还有部分光线及地面放出的红外辐射被反射入空中。它们被二氧化碳吸收后，大气温度随之上升。二氧化碳犹如捂在地球表面的一床巨大无比的棉被，棉被越厚，保温性能越好（图 12.13）。近一二百年来，由于世界范围的工业革命浪潮一浪高过一浪，工业生产及交通运输过程中产生的大量二氧化碳被毫无节制地排入大气，导致空气中二氧化碳含量已经从 19 世纪中叶的 292μl/L 激增到 2009 年的 387μl/L，升值超过 1/3。现代检测资料显示，大气中二氧化碳浓度的增长不仅没有减缓的趋势，反而呈现加速的势头。大气中二氧化碳浓度呈上升趋势，导致全球气候变暖。图 12.14 是美国科学家率领的科研小组在夏威夷莫纳罗亚观测台测得的大气二氧化碳含量变化曲线，即著名的“基林曲线”。该曲线明确显示，大气二氧化碳浓度逐年攀升的现状。

2019 年 5 月 3 日，夏威夷莫纳罗亚观测台检测的大气二氧化碳数据达到创纪录的 415.09ppm（1ppm＝1μl/L），是至少 80 万年来的最高水平（图 12.15）。科学家预计，如果按目前的增长速率，气温节节高涨也就在情理之中。

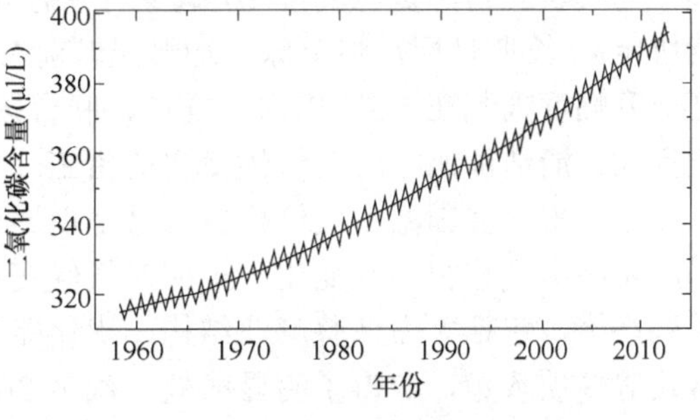

图 12.14　美国夏威夷莫纳罗亚观测台（Mauna Loa Observatory）所测大气二氧化碳含量变化

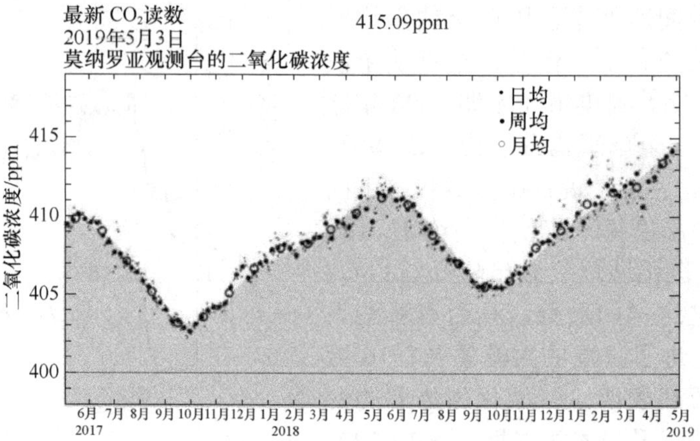

图 12.15　美国夏威夷莫纳罗亚观测台所测 2017 年 6 月至 2019 年 5 月大气二氧化碳浓度变化曲线，其中 2019 年 5 月 3 日为最高值

由此看来，近代地表温度的明显上升，应该是地球自然地理原因和人为因素共同作用的结果，其中至少有 95%的可能性是人类活动造成的。

由于气温上升，冰川融化，导致海平面大幅上升几十乃至上百米的情形在地球演化史上并不少见。人类要想避免或减轻此类灾难所造成的严重后果，减少二氧化碳的排放量是世界各国，尤其是工业发达国家责无旁贷的选择。

2023 年，清华大学地球系统科学系教授刘竹与关大博团队联合国内外多位专家，在多维度数据支持下，基于碳排放近实时量化，构建了天尺度全球二氧化碳排放数据，撰写并发布了《全球逐日二氧化碳排放报告 2023》。报告显示，2019 至 2022 年间，世界主要国家二氧化碳排放全球占比格局较为稳定，主要国家二氧化碳排放全球占比排序近四年保持不变，但具体占比情况有所波动。其中，美国在这四年中二氧化碳排放占全球比重分别为 14.7%、14.0%、13.9%和 14.0%；欧盟 27 国及英国二氧化碳排放占全球比重减少至 8.4%；印度和俄罗斯二氧化碳排放占比分别小幅上升至 7.3%和 5.1%；日本和巴西二氧化碳排放占比分别小幅下降至 2.9%和 1.1%。除此之外，世界其他国家和地区、国际航空及国际航运二氧化碳排放全球占比均出现略微下降。

事实证明，减缓气候变暖已是全球各国共同的声音，最根本的措施是减少人类对以化石燃料为代表的自然资源的滥用，减少对生态环境的破坏。为此，各国政府于 2015 年签订了《巴黎协定》，长期目标是将全球平均气温较前工业化时期上升幅度控制在 2℃以内，并努力将温度上升幅度限制在 1.5℃以内。同年，联合国所有国一致通过 17 项可持续发展目标，包括气候行动、清洁能源等应对气候变化的措施。

近年来，我国温室气体排放总量呈现增速减缓的趋势，但仍在增长。中国是负责任的大国，始终高度重视气候变化，把应对气候变化纳入国民经济社会发展的总体规划，采取了一系列举措，包括大力调整产业结构、优化能源结构、节能提高能效、发展碳市场、开展试点示范等多项政策，取得了明显成效。截至 2021 年底，中国单位 GDP 碳排放比 2005 年下降了 50.3%，煤炭消费比重从 2005 年的 72.4%下降到 2021 年的 56%左右，非化石能源占比提高到了 16.6%。这个成就是在促进了自身可持续发展的同时，为应对全球气候变化挑战做出的突出贡献。

资料链接

碳达峰和碳中和

什么是“碳达峰”“碳中和”？

碳达峰是指在某一时点，二氧化碳的排放不再增长，达到峰值之后逐步降低。碳中和是指企业、团体或个人测算在一定时间内直接或间接产生的温室气体排放总量，然后通过植树造林、节能减排等形式，抵消自身产生的二氧化碳排放量，实现二氧化碳“零排放”。

为什么要实现“碳达峰”“碳中和”？

气候变化是人类面临的全球性问题，随着各国二氧化碳排放，温室气体猛增，对生命系统形成威胁。在这一背景下，世界各国以全球协约的方式减排温室气体，我国由此提出“碳达峰”和“碳中和”目标。

如何实现“碳达峰”“碳中和”？

首先，我们要在经济增长和能源需求增加的同时，持续削减煤炭发电、大力发展和运用风能、太阳能发电、水电、核电等非化石能源，实现清洁能源代替火力发电。其次，加快产业低碳转型、促进服务业发展、强化节能管理、加强重点领域节能减排、优化能源消费结构、开展各领域低碳试点和行动。

二、酸雨

由于石油和煤是史前生物经地层高压、高温后转化而成的，因此，这两类能源中都含有一定量的硫（蛋白质中含硫）。煤炭中的硫含量较高，可达0.5%～6%。石油和煤燃烧后，其中的硫与氧化合成二氧化硫或三氧化硫（SO_3），此外还有氮氧化合物等。这些化合物的数量是如此巨大，以至它们飘散空中之后与水蒸气化合成硫酸（主要成分）、亚硫酸或硝酸等，形成酸性很强的雨水泼向大地。生灵万物受之涂炭，各种建筑、桥梁横遭腐蚀。由于大气中的水滴常被二氧化碳饱和，因此雨水一般略呈弱酸性，气象学家和生态工作者通常将pH低于5.6的降水称为酸雨，把pH小于4.5的雨水叫作重度酸雨。

由于煤炭至今还是我国的主要能源，二氧化硫污染和酸雨在我国造成十分严重的危害。我国因此成了世界三大酸雨区之一。2012年我国二氧化硫排放量2.118×10^7t，高居世界第一，其中燃煤二氧化硫排放量占90%以上，致使国家检测的466个市（县）中出现酸雨的市（县）占46.1%，其中酸雨频率在75%以上的占12.0%。当年降水pH年均值低于5.6的市（县）高达30.7%。全国酸雨分布区域主要集中在长江沿线及以南-青藏高原以东地区，主要包括浙江、江西、湖南、福建、贵州和重庆的大部分地区，以及长江和珠江三角洲地区、四川东南部、广西北部地区。酸雨区面积约占国土面积的12.3%。世界上另两个酸雨区是以德、法、英为中心，波及大半个欧洲的北欧酸雨区，以及包括美国和加拿大在内的北美酸雨区。它们都是工业高度发达的区域。据记载，北美洲雨水中的含酸量已超过正常值30余倍。酸雨曾经使北欧挪威和瑞典的2300个大小湖泊中的鱼死亡1/10以上。

酸雨已经成了当代社会促使大量生物灭绝的主要杀手之一。尽量少用煤，尽可能选用低硫煤，净化燃煤工厂及机动车排出的尾气，淘汰劣质的小锅炉，北方居民冬季集中供暖，这样才可能从源头上减少酸雨产生的频率和强度。中国推进北方地区清洁取暖，粗钢才能全流程超低排放改造，脱硫脱硝、料场封闭及机动车环保排放召回一系列有效措施的推进，酸雨的频率和程度有明显改善。与 2019 年相比，2020 年 465 个监测降水的城市（区、县）中，酸雨频率平均为 10.3%，同比上升 0.1 个百分点。全国降水 pH 年均值范围为 4.39～8.43。其中，酸雨（降水 pH 年均值低于 5.6）城市比例为 15.7%，同比下降 1.2 个百分点；较重酸雨（降水 pH 年均值低于 5.0）城市比例为 2.8%，同比下降 1.7 个百分点；重酸雨（降水 pH 年均值低于 4.5）城市比例为 0.2%，同比下降 0.2 个百分点。2023 年全国监测降水的 504 个城市 pH 年均值范围为 4.81～8.29，平均为 5.74，比 2022 年上升 0.07。2023 年酸雨频率平均为 7.8%，比 2022 年下降 1.8 个百分点。酸雨和较重酸雨城市比例分别为 11.5%和 1.4%，比 2022 年分别下降 1.7 个百分点和 0.5 个百分点；无重酸雨城市。

三、臭氧空洞

正如第十一章所述，在地表之上，依次可将大气层粗略划分为对流层、平流层、中间层、电离层、热层、外层和磁层等性质互异的多个层次。在距地表 10～50km 的平流层中含有厚达 10～30km 的臭氧层。由于臭氧能吸收阳光中的波长为 280～315nm 的紫外线，因此它像一把巨大无比的保护伞，使地球上的生物免遭紫外线对其遗传密码的载体——DNA 的攻击与破坏。臭氧层的稳定关乎目前地球生命的健康。根据世界卫生组织的评估，若平流层臭氧减少 1%，全球白内障的发病率将增加 0.6%～0.8%，全球每年因白内障而失明的人将增加 1 万～1.5 万人；若臭氧浓度下降 10%，非恶性皮肤瘤的发病率将增加 26%，人体免疫系统机能将会减退。紫外线中的 UVB 还会破坏植物的叶绿素，影响植物的光合作用，使农作物减产。此外，UVB 还将引起海洋浮游生物，虾、蟹幼体等的大量死亡，破坏食物链，造成一些物种的灭绝。因此，臭氧层是否完好无损，对紫外线的屏障作用是否坚实有效，与各类生物的生存关系极大。

1985 年，英国南极科考队约瑟夫·法曼等在《自然》杂志上发表文章，揭示了南极哈雷湾观察站自 20 世纪 70 年代中期出现的严重臭氧损耗，从而使南极臭氧洞这一严重的环境危机走入全球视野。1985 年，科学家用卫星首次观测到南极上空出现面积与整个北美洲相当、深度达 19～24km 的臭氧空洞（其实臭氧层并未完全洞穿，称“臭氧低谷”更为确切）。随后，科学家又在西欧北部、太平洋、大西洋、赤道地区上空，以及美洲落基山脉、安第斯山脉和欧洲的阿尔卑斯山脉等世界许多地方发现臭氧低谷的存在。在中国，从北京到珠江三角洲，以及青藏高原，其臭氧含量都比周围地区低 10%～20%。1998 年 9～11 月，在南半球出现了有史以来最大、最强的臭氧空洞（图 12.16）。被臭氧空洞覆盖的地区持续了创纪录的 100 多天，其中超过 $2.5\times10^7 km^2$ 的巨大臭氧空洞持续了 20 天。此外臭氧含量呈逐年下降趋势。不仅在南极，在北半球也出现了臭氧层减薄的现象。北欧的臭氧层损耗以每年 5%的速率递增，已经成为世界上受臭氧层损耗影响最严重的地区。2011 年，中国国家卫星气象中心监测数据显示，风云三号卫星臭氧总量探测仪在

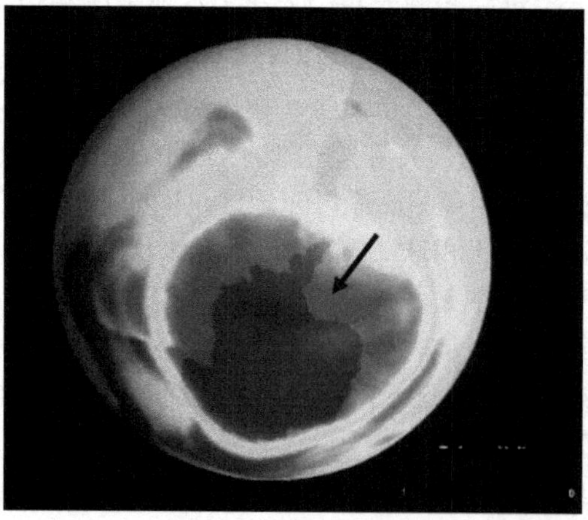
图 12.16　1998 年 9 月 19 日南极上空巨大的臭氧空洞（箭头指处）

北极上空监测到一个明显的臭氧低值区，在该低值区内臭氧总量是正常情况下平均值的一半左右，部分地区的臭氧总量达到了臭氧洞的标准（220DU）。虽然没有形成像南极上空那样规模的臭氧洞，但由于北半球人口密度远高于南半球，臭氧低值区覆盖的范围内紫外线对人类健康的影响比南极臭氧洞更重要。导致北极臭氧洞形成的主要原因是春季极寒冷的极涡内生成了极地平流层云，在太阳紫外线的作用下释放出破坏臭氧的卤素原子。根据北极30个臭氧监测站获得的初始数据显示，冬季臭氧浓度下降的情况比以往更严重。正如德国物理学家马库斯·雷克斯所说，在春天来临之前，“第一个北极臭氧洞也许已经形成，这种发展速度非常惊人，可能将被载入史册。”

经研究发现，破坏臭氧层的化学物质有多种，包括氟氯化碳（氟利昂）、甲基溴（杀虫剂）、甲基氟仿和四氯化碳等。其中氟利昂被大量用作喷雾容器中提供压力的压缩气体，空调器和冰箱等设备中的制冷剂，还可用作生产包装材料和聚乙烯泡沫中的发泡剂。在上述生产过程中氟利昂的泄漏和逃逸是比较严重的。氟利昂分子最终上升到平流层，受到紫外线照射后，分解出氯自由基，后者与臭氧分子发生化学反应生成1个氧分子和1个一氧化氯分子。一氧化氯分子经一系列反应后重新生成氯自由基。于是上述反应周而复始。实验表明，1分子氟利昂通过上述链式反应可消耗、分解10万个臭氧分子，其危害之巨可见一斑（图12.17）。可见氟利昂已成了破坏臭氧层的元凶。

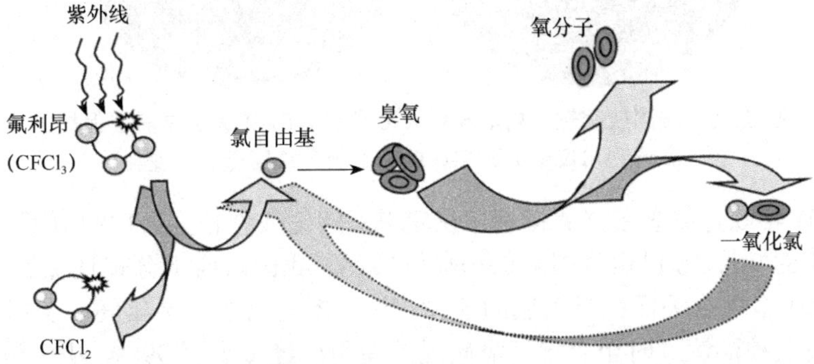

彩图

图12.17 氟利昂经链式反应损害臭氧层示意图

为了解决世界范围的保护臭氧层问题，在联合国环境规划署的组织下，1985年国际社会签署了《保护臭氧层维也纳公约》，1987年制定了《关于消耗臭氧层物质的蒙特利尔议定书》（简称《蒙特利尔议定书》）。美国宇航局地球观测站曾经在2012年公布了一组卫星测绘地图，展示了1987年关于臭氧层保护的《蒙特利尔议定书》签订前后南极臭氧层空洞的变化。图12.18所示地图分别显示了1979年、1987年、2006年和2011年9月16日（国际保护臭氧层日）的南极“臭氧层空洞”。1979年，当时科学家们刚刚开始明白大气中的臭氧能够被耗尽，南极上空的臭氧层空洞达到110万 km^2，其中臭氧浓度最小的地方只含有194DU臭氧。1987年，即《蒙特利尔议定书》签订之年，南极臭氧层空洞的面积达到了2240万 km^2，臭氧浓度最小处的臭氧含量下降至109DU。2006年是臭氧损耗最严重的一年，南极臭氧层空洞面积达到2960万 km^2，臭氧浓度最小处仅含84DU臭氧。2011年，南极臭氧层空洞缩小至2600万 km^2，臭氧浓度最小处臭氧含量上升至95DU。近年来，大气中臭氧消耗物质（ODS）的含量已停止上升，有可能正在减少。但是，臭氧层空洞的扩张应该还会持续一段时间，因为氟氯化碳和其他消耗臭氧层的物质能够在空气中存留几十年。在2009年的研究中，科学家发现，如果没有《蒙特利尔议定书》，到2050年，全球臭氧损耗至少比现在严重10倍。

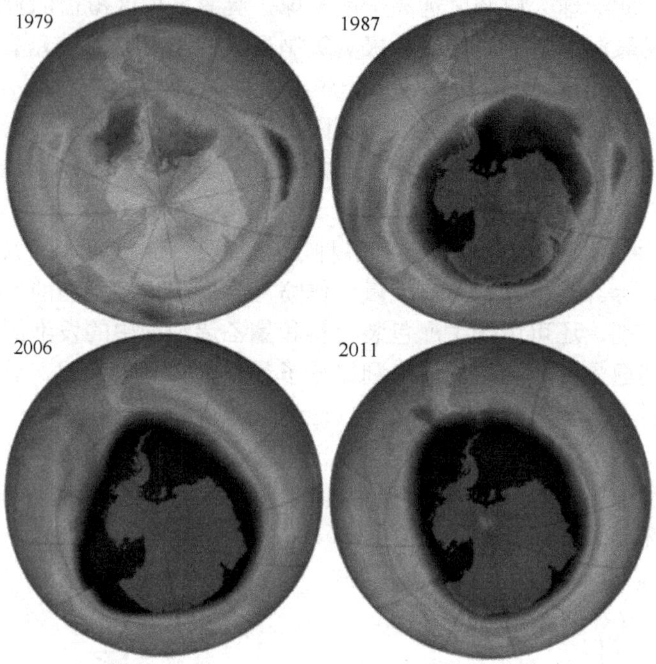

彩图

图 12.18 美国航空航天局地球观察站展示1987年关于臭氧层保护的《蒙特利尔议定书》签订前后南极臭氧层空洞的变化

我国于1991年6月签署了《蒙特利尔议定书》的伦敦修正案。1994年第52次联合国大会决定，把每年的9月16日定为国际保护臭氧层日。我国政府十分重视保护臭氧层的工作，制定并实施了20多项有关保护臭氧层的政策。协议签署后的十余年间，全球共有超过85%的消耗臭氧层物质被淘汰。时至今日，氯氟烃的使用已经减少了99%，更多消耗臭氧层物质的使用逐渐减少。直到2000年，随着人类对臭氧层破坏的减轻，大气层的自我修复功能才开始发挥作用，臭氧层的“健康状况”开始停止恶化。2016年6月30日，美国麻省理工学院地球、大气和行星科学系大气化学家与气候学家苏珊·所罗门教授等在《科学》杂志上发表文章，向全世界报告了一个好消息：南极臭氧洞正在修复。这被看作南极臭氧洞“治愈”之路上的第一缕曙光。

四、微粒

弥散于大气中的直径在0.002～500μm的固态或液态物质称为微粒。微粒的来源和性质比较复杂。有的来自煤等矿化物的燃烧，有的是汽车尾气排出的微粒，有的源于机械摩擦产生的粉尘，此外还有大量荒漠化土地上被风吹起的沙尘。许多工业化城市空气中的微粒含量很高，如美国底特律市和纽约市每月平均降落的微粒量就分别达到了72t和69t。我国北方不少城市一到冬季，大气中的首要污染物都是总悬浮颗粒物。这一方面是由于我国烟尘和工业粉尘排放量巨大，另一方面北方许多城市的冬季取暖仍以燃煤为主，此外还由于我国北方及西北地区分布着大面积沙漠及荒漠化土地，植被稀少。2013年，持续多天的覆盖全国多处的特大雾霾造成了难以估量的损失，不啻为我们敲响了警钟。

霾（haze）也称灰霾，是由于大量极细微的灰尘、硫酸盐、硝酸盐等粒子均匀地悬浮在空中，使水平能见度小于 10km 的空气混浊现象。组成霾的粒子极小，为 0.001～10μm，平均直径 1～2μm。直径小于或等于 2.5μm 的颗粒物称 PM2.5，也称可入肺颗粒物。它能较长时间悬浮于空气中。PM2.5 在空气中含量（浓度）越高，就代表空气污染越严重。近年来随着工业高速发展、机动车辆猛增、水土流失加剧及土地荒漠化等原因，大量粒径在微米级的细小颗粒物滞留大气中，在逆温（高空比低空气温更高）、静风等不利于污染物扩散的天气出现时，就形成黄色或橙灰色的霾。如果雾和霾同时出现则称为雾霾。2013 年 1 月 12 日，北京、河北、山东等地的 74 个监测城市中，有 33 个城市的空气质量达到了严重污染。北京城区 PM2.5 值甚至一度逼近 1000μg/m^3。雾霾由北而南，愈演愈烈。当年 12 月上旬，雾霾甚至扩大到全国 20 个省份、104 座城市，其中，江苏西部、浙江北部、安徽东部、河北东南部和山东西部等地的部分地区为重度霾。石家庄市的 PM2.5 高达 511μg/m^3。

微粒的危害是多方面的。大量高密度的粉尘大大降低了可见度，对交通安全构成严重威胁。直径在 2～4μm 的微粒极易沉积于肺，直接危害呼吸系统的健康。同时还可能进一步危害神经系统、内分泌系统、心血管系统、泌尿生殖系统，甚至导致婴儿早产、发育减缓等症。微粒密度过高甚至能遮挡部分光线，造成一定范围内气温下降，云雾及雨水增多等。这种现象多见于大规模的火山喷发之后。

2013 年，《大气污染防治行动计划》正式实施，中国打响了史无前例的蓝天保卫战。中国在保持经济平稳快速发展的同时，环境空气质量总体改善，重点区域明显好转。通过制修订并实施了多项大气污染防治的法律法规，涵盖了大气污染治理的各个领域，不断加大生态环境保护执法力度；环境空气质量监测网络迅速发展壮大，基本建成了“天地空”一体化监测体系，国家、省、市、区县 4 个层级的空气监测站点总数超过 5000 个；大力推进综合减排，实施钢铁、水泥、平板玻璃等重点行业污染治理设施提标改造工程，加快淘汰落后产能，化解过剩产能，在不断优化产业结构的同时，控制煤炭消费总量，淘汰老旧车辆，加快油品升级等。针对机动车也是微粒产生的一个重要原因，通过强制执行汽车尾气达标排放的规定，淘汰超标机动车。在蓝天保卫战取得阶段性进展的同时，还要看到大气污染形势依然严峻。目前全国还有 45%以上的城市 PM2.5 没有达标，臭氧浓度持续上升，北方地区秋冬季重污染天气仍旧多发、频发。此外还需要协同处置的关键是氮氧化物和挥发性有机化合物（volatile organic compound，VOC）的协同减排，主要矛盾和短板在 VOC。未来，大气环境治理中长期呈现的发展趋势是 PM2.5 和臭氧治理、空气质量和健康效应、大气环境和气候等三大系统协同。下一步要继续强化源头防治、标本兼治、全民共治，加快产业结构、能源结构、运输结构、用地结构的优化调整，全力以赴打赢蓝天保卫战。

五、居家污染

家是人们温馨的避风港。对于“上班族”来说，一生中 70%以上的时间是在室内度过的。随着物质生活水平的提高，人们对室内装饰的品位也日渐看涨。目前我国市场上销售的装潢材料大多为化工产品，从人造板、墙纸到油漆、涂料和黏合剂等大多含有甲苯、甲醛和氯化烃等有害甚至是致癌变化合物。烹饪食物时燃料和食物产生的烟和气也常常滞留家中不易散去。例如，吸烟和点燃蚊香产生的大量 1～10μm 微粒能直接进入气管和肺部。被动吸烟者吸入尼古丁和焦油的量甚至比吸烟者本人高出 2.8 倍和 3.4 倍。据调查，室内空气中检出的 VOC 可达 500 多种，其中有害气体的浓度甚至高出户外数十倍。法国、意大利等6国在2000年完成的一项研究表明，由于家中木制家具及地毯等的吸附作用，使得居室内有毒致癌物苯的污染比户外更为严重，而居民体内苯的浓度又大大高于周围环境中苯的浓度。加拿大一卫生组织的调查显示，人类所患疾病的68%来源于室内空气的污染。办公室的状况如何呢？据香港的一份调查，超过三成的办公室空气中的二氧化碳及甲苯的含量超标，其中甲苯超标达9倍之多。另有两成办公室中的细菌总数过高。由此产生的“病态楼宇综合征”（头部，眼部不适等）导致香港每年损失176亿港元。因此，打开窗户保持室内外空气流通是一项既简单又十分有效的保健措施，这对于门窗紧闭开着空调的人来说显得尤其重要。据防疫部门测定，只要开窗10min，一般情况下就能把一间80m^{2}房间的空气置换一遍。

大气是自然界的重要组成部分。自然界偶尔的大气污染（如火山爆发）也都能在不太长的时间内得到自我净化。自从人类以工业革命的手段向大自然宣战以来，无数污染物充斥在大气层上下左右每个角落。它们不仅玷污了自然，使许多生物遭受灭顶之灾，同时也使人类自身深受其害，陷入进退维谷的困境。

第三节 垃圾污染与防治

垃圾是什么？有人说垃圾是工农业生产及人民生活过程中产生的令人讨厌的废弃物；然而还有人说，垃圾是被人类以不合适的方式放到错误的地点、具有可利用价值的固体或半固体物质；简言之，垃圾是放错地方的资源。这是人类从不同角度看待、认识垃圾必然产生的差异。

一、垃圾产生现状

垃圾的来源包括工业生产、农业生产及人民生活三个方面，其类型主要有工矿企业产生的各种金属或非金属弃物，随着农业生产必然出现的大量秸秆及禽畜排泄物，以及居民生活和商业活动带来的成分复杂的城市垃圾和粪便等。

目前全世界年产各类垃圾约几十亿吨。通常，一个国家或地区，它现代化建设的水平越高，人均日产垃圾的数量也就越多。

我国垃圾的数量也呈现逐年攀升的趋势。从全国城市垃圾的数量看，年平均增长9%。少数大城市，如北京，垃圾年增长率已达15%～20%。国家统计局的数据显示，2021年我国城镇常住人口为91 425万人，城镇化率为64.7%。按照目前我国城市人均日产垃圾量1.0～1.2kg，每年产生垃圾370kg推算，我国每年城市居民将产生生活垃圾1.5亿t。直辖市和省会城市在垃圾产生量方面占有重要比例。同时，随着经济发展水平与生活水平提高，我国中小城市垃圾产量的比例呈快速增加趋势。尽管农村生活垃圾至今没有统计数据，但随着我国农村经济飞速发展和农民的生活水平不断提高，农村生活垃圾数量与日俱增，垃圾成分越来越复杂。许多有机垃圾如养殖业废弃物、秸秆、果皮和稻草等未被利用和还田，而是作为垃圾随意丢弃，使农村生活垃圾数量明显增加，污染问题凸显，已成为影响农民生活生产、农村城镇化建设和可持续发展的重要因素

随着我国城市化进程的推进，城市生活垃圾的产生呈现快速增长态势，城市生活垃圾处理成为我国绝大部分城市面临的难题。据中国城市环境卫生协会统计，我国每年产生近10亿t垃圾，其中生活垃圾产生量约4亿t、建设垃圾5亿t左右，此外，还有餐厨垃圾1000

万 t 左右。随着我国城镇化进程的加快及人民生活水平的提高，城镇生活垃圾还在以每年 5%～8%的速率递增。垃圾围城正在给中国的城市敲响了警钟。我国城市固体废物对城市发展的压力主要表现在：①总量日益增加，处置和综合利用的压力越来越大；②危险废弃物对环境的影响呈递增趋势。

一般工业固体废物由工业生产过程中排入环境的各种废渣、粉尘及其他废物构成，通常包括尾矿、粉煤灰、煤矸石、冶炼废渣和炉渣等。在社会发展的过程中，新兴产业和工业不断发展与扩大的同时，也带来了大量的工业固体废物（图 12.19）。据《中国生态环境状况公报》初步核算，2020 年我国一般工业固体废物综合利用量 20.38 亿 t，占比 54.14%。处置量 9.17 亿 t，占比 24.36%。储存量 8.08 亿 t，占比 21.47%。倾倒丢弃量 113.49 万 t，占比 0.03%（图 12.20）。2022 年，全国一般工业固体废物综合利用量为 23.7 亿 t，利用率为 57.66%，还存在较大的提升空间。

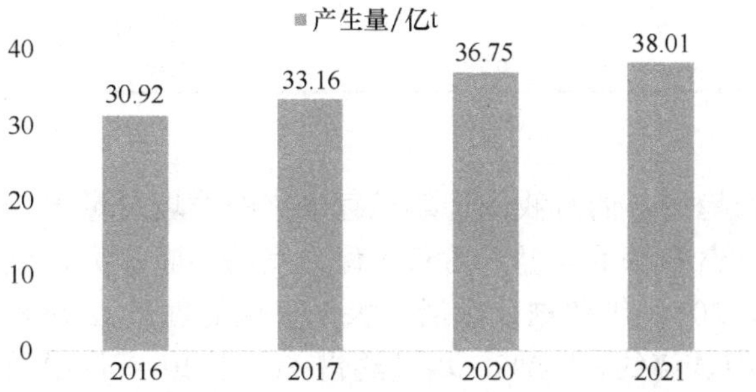

图 12.19　2016～2021 年中国一般工业固体废物产生量统计情况（引自国家统计局数据）

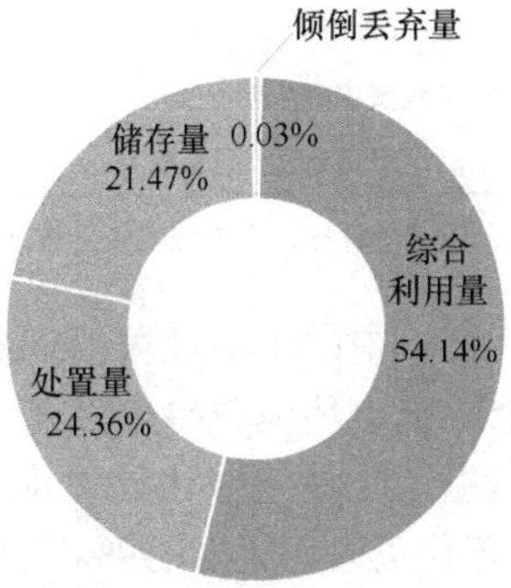

图 12.20　2020 年中国一般固体废物利用、处置情况（引自国家统计局数据）

二、城市生活垃圾处理

统计资料显示，我国不少城市已经建成较为完善的无害化垃圾填埋场，一批环保标准较高的垃圾焚烧厂相继投入运行。伴随经济发展及居民生活水平的提升，城镇人均产生垃圾的量也将随之提升，2021 年中国生活垃圾清运量达 26 707.5 万 t，较 2020 年增加了 3195.80 万 t，同比增长 13.59%（图 12.21）。

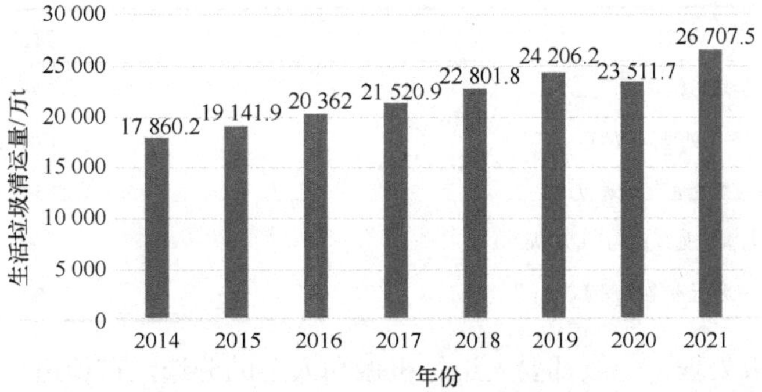

图 12.21　2014～2021 年中国生活垃圾清运量统计（引自国家统计局、城乡建设统计年鉴）

2010 年，我国城镇人均垃圾清运量为 0.65kg/d。2020 年，这一数字已升至 0.71kg/d，同期我国的城镇化率由 49.7%提升至 63.9%。中国城市生活垃圾产生量仍存在较大上升空间，根据中国社会科学院农村发展研究所、中国社会科学出版社联合发布《城市蓝皮书：中国城市发展报告 No.12》，预计到 2030 年，中国城镇化率将达到 70%。按照 2030 年城镇化率达到 70%、城镇人均 1.18kg/d 的垃圾产生量计算，中国的城镇垃圾量将达到 4.21 亿 t。若按未来城镇化率达到 80%、城镇人均 1.18kg/d 的垃圾产生量计算，未来中国城镇垃圾量将达到 4.91 亿 t（表 12.3）。

表 12.3　中国城镇生活垃圾清运量

项目	2010 年	2020 年	2030 年
生化垃圾清运量/万 t	15 804.8	23 511.7	42 105.9
10 年增长率/%	2	4	6
城镇人口/万人	66 558	90 199	98 000
城镇化率/%	50	64	70
人均生活垃圾清运量/（kg/d）	0.65	0.71	1.18

注：引自国家统计局、中国城乡建设统计年鉴

近年来，中国生活垃圾清运量继续呈增长趋势，而且我国历年堆存下来的垃圾总量十分可观，全国城市环境改善依然是当前和今后突出的棘手问题。随着环保力度的不断加大，近年来我国生活垃圾无害化处理水平大幅提升，2018 年数据，生活垃圾无害化处理量 2.26×10^8t，无害化处理率达到 99%（表 12.4）。其中焚烧约占 43%，填埋约占 56%。2019 年中国生活垃圾无害化处理量达 2.40×10^8t，较 2018 年增加了 1447.40 万 t，同比增长 6.41%，2020 年受新冠疫情影响，中国生活垃圾清运量有所下滑，使处理量也首次出现减少，2020 年中国生活垃圾无害化处理量为 2.35×10^8t，较 2019 年减少了 560.50 万 t，同比减少 2.33%，生活垃圾无害化处理率达 99.7%（图 12.22）。截至 2020 年末中国共有 1287 座生活垃圾无害化处理厂，较 2019 年增加了 104 座，同比增长 8.79%。生态环境部坚持以习近平生态文明思想为指导，突出“精准治污、科学治污、依法治污”，连续多年开展专项整治行动，极大促进了垃圾焚烧行业发展。据不完全统计，目前我国垃圾焚烧厂数量从 2017 年的 278 座发展到 2023 年 964 座，处置能力达 103.5 万 t/d，提前完成了“十四五”规划目标（图 12.23）。

表 12.4　2018 年我国城市生活垃圾统计表

项目	数值
生活垃圾清运量/万 t	2 280
无害化处理厂数/座	1 091
生活垃圾无害化处理/万 t	22 565.4
生活垃圾无害化处理能力/（万 t/d）	7.66
生活垃圾无害化处理率/%	99

对城市生活垃圾处理，一般都要先进行机械和人工的分选，在检出可回收利用的物品之后，世界各国通常采用焚烧、填埋和堆放等三种方式进行处理。其中垃圾焚烧发电和填埋气体再利用，以及垃圾堆肥等资源化技术得到较快发展和应用，取得了一定的成效。然而在垃

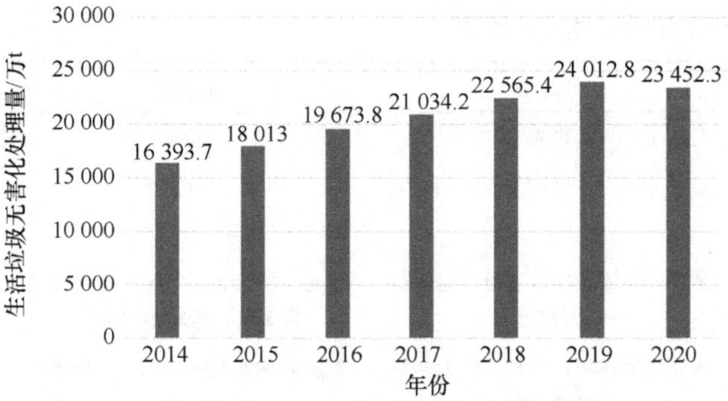

图 12.22 2014～2020 年我国城市生活垃圾数据统计
（引自国家统计局、中国城乡建设统计年鉴）

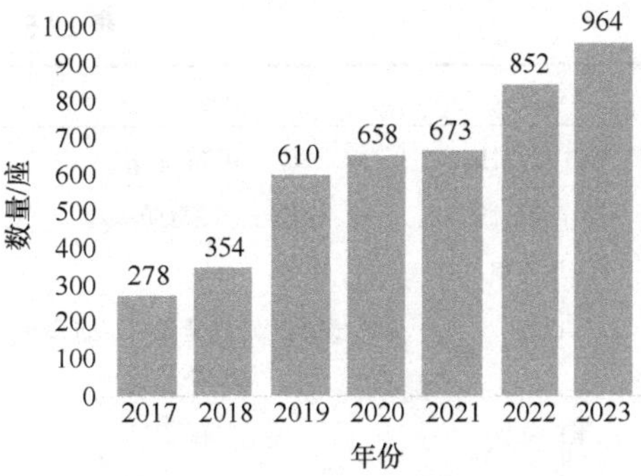

图 12.23 垃圾焚烧发电厂座数

圾处理过程中会出现多种温室气体排放问题，与其相关的碳交易项目却并不可观。垃圾处理的几类方式中，填埋所产生的温室气体排量最高，会直接释放甲烷，在填埋中常见的渗沥液在渗沥液调节库中也会排放出二氧化氮（NO_2）和甲烷。而即使相对清洁的垃圾焚烧也会添加化石燃料以起到助燃的作用，如辅助燃油、点火用油等，这些化石燃料在燃烧中会产生二氧化碳，而垃圾本身燃烧也会产生二氧化碳、二氧化氮等气体。“减量化、无害化、资源化”是城市生活垃圾处理的正确方向。城市生活垃圾的成分极其复杂，包括金属、塑料、木材、纸张、橡胶及食物残渣等。近年来我国生活垃圾卫生填埋无害化处理厂数占比逐年下滑，而生活垃圾焚烧无害化处理厂数占比刚好相反。2020 年，中国生活垃圾卫生填埋无害化处理厂数占无害化处理厂总数的 50.0%，较 2019 年减少了 5.1%；生活垃圾焚烧无害化处理厂数占无害化处理厂总数的 36.0%，较 2019 年增长了 3.1%。

常用的垃圾处理方法有以下几种。

（1）焚烧法　本方法将垃圾经高温焚烧，放出巨大的热能可用于发电，产生的尾气经处理达标后排出。焚烧余下的极少量灰烬另作处理。本法无害化处理达标程度高，卫生、经济，但需一次性较大投资。发达国家和地区普遍采用本方法处理生活垃圾。

（2）填埋法　本方法需具备远离水源和人群的大片土地，并开挖深坑，构建高标准的防渗垫层或利用天然岩石层。然后将垃圾倾入，层层压实，最后在坑顶覆盖土层，再植树种草进行绿化。垃圾填埋法的实施虽然要占用一定量的土地（荒地），但因所需投资较小，设备简单，操作简便，已经成了我国城市垃圾处理的主要方式，其垃圾处理量已占全国垃圾处理总量的 90%以上。但本方法对防渗垫层的要求很高，否则一旦出现污水渗漏，补救的难度很大。而且要注意垃圾发酵过程中产生的可燃气体回收利用和有害渗滤液的处理。

（3）堆放法　在人口密度较小的城郊，选择若干片旷野露天或室内堆放城市生活垃圾，利用细菌、放线菌和真菌等生物的自然发酵作用将垃圾中的有机物降解成植物可吸收利用的腐殖质等化合物，这就是垃圾处理的堆放法。此类方法成本低廉，无须高昂的投资和设备，经发酵分解后的垃圾还可就近肥田。因此在 20 世纪 80 年代以前我国许多城市以这种方式在郊区堆放了大大小小无数座“垃圾山”。时至今日，垃圾围城的窘境依然存在。这种垃圾处理方法不仅占用大量宝贵的土地，污染水域和大气，而且还滋养了大量致病微生物，成了蚊、蝇、蟑螂和老鼠的孳生地，与现代化城市建设的景观格格不入。

这三种垃圾处理方法的长短处比较见表 12.5。

表 12.5 三种垃圾处理方法比较

项目	填埋法	焚烧法	堆放法
技术可靠性	可靠	可靠	可靠
操作安全性	较好，注意防火	好	好
占地面积	大	小	大
选址	要考虑地形、地质条件，远离市区，运输距离较远	容易，可靠近市区建设，运输距离较近	较易，需运送到郊区，避开居民密集区，运输距离适中
最终处置	无	仅残渣需作填埋处理，约为初始量的 10%	堆肥需移置农田，非堆肥物需做填埋处理
产品市场	可回收沼气发电	能产生热能或电能	有小量堆肥市场
建设投资	适中	较高	较低
地表水污染	有可能，但可采取措施降低	炉灰填埋对地表水污染的可能性小	有可能
地下水污染	可采取防渗措施，但仍然可能发生渗漏	灰渣填埋时采取固化等措施可防止污染	重金属等可能随堆肥制品污染地下水
大气污染	有，但可用覆盖压实等措施控制	二噁英等微量剧毒物需采取措施控制	有气味
土壤污染	可能	无	可能

事实上，在我国垃圾量迅速增加的同时，垃圾的构成也发生了“三多一大”的明显变化，即有机物增多，可回收物增多，可燃物增多，可利用价值增大。在这种情况下根据我国的国情和国力禁止无控制倾倒垃圾，强化垃圾的分类运送和回收利用，强调垃圾的减量化、资源化和无害化处理，科学地变末端处理为全过程管理已经势在必行。

第一，各地政府可制定行政性法规，要求各家各户及各单位严格执行垃圾分类堆放的规定（如分成可回收利用、厨余垃圾、有害垃圾和其他垃圾四类），以利分门别类进行处理。

第二，应将已分类垃圾中的可重新利用部分回收，使资源得以再生。塑料自 1909 年问世以来，使材料和包装行业发生了一场革命。但由于塑料的非自然性，使得它在自然界中的降解速率十分缓慢。据估计，一个小小的塑料袋在自然界中完全降解可能需要一个世纪的时间。今天四处可见的塑料袋白色污染已成了一大公害。限制乃至禁止塑料袋生产和使用作为一项重要的环保项目已经提到我国政府的议事日程上。

第三，将分选后垃圾中的有机物与无机物分开。经过适当处理，有机物可以制成高效复合肥料，无机物可以加工为各种建筑材料，最终达到垃圾的无害化、资源化和减量化处理的目标。我国“十四五”城镇生活垃圾分类和处理设施发展规划提出的具体目标见图 12.24。

近年来，发达国家将各类电子垃圾出口发展中国家的趋势必须引起我们的高度重视。1995 年 9 月 22 日，近 100 个国家的代表在瑞士日内瓦签署了《巴塞尔公约》修正案——《反对出口有毒垃圾的协议》，禁止发达国家向发展中国家出口有毒废弃物，但美国没有批准这项公约。美国是电子垃圾生产大国，这些电子垃圾中有 50%～80%要出口到发展中国家去进行处理。我国有些人内外勾结，为了一己私利，大量进口廉价的甚至是“赠送”的电子垃圾，然后组织农民工在没有任何有效防护措施的场地以原始的敲打、烧熔的方式拆解堆积如山的电子垃圾。几年下来，这些农民工的孩子罹患白血病的比例特别高，土壤中铅和钡等有毒重金属的含量

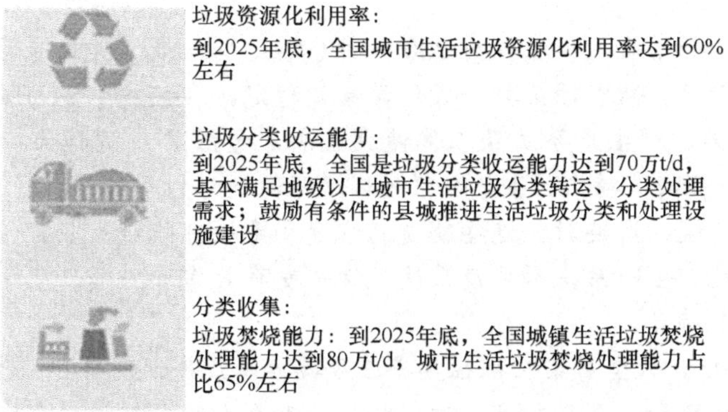

图 12.24　“十四五”城镇生活垃圾分类和处理设施发展规划提出的具体目标（引自吴冰，2022）

超标数百倍到数千倍，水中污染物超过饮用水标准数百倍，整个生态环境遭受难以修复的重大破坏。在这方面，欧盟和日本的做法值得提倡。它们要求各类电器制造商要回收和处理其报废的产品，同时逐步淘汰电子产品中有毒物质含量较高的材料。

2017 年 7 月 18 日，我国环境保护部（现生态环境部）向世界贸易组织（WTO）提交文件，要求紧急调整进口固体废物清单，拟于 2017 年底前，禁止进口 4 类 24 种固体废物，包括生活来源废塑料、钒渣、未经分拣的废纸和废纺织原料等高污染固体废物。2017 年年底前，全面禁止进口环境危害大、群众反映强烈的固体废物；2019 年年底前，逐步停止进口国内资源可以替代的固体废物，中国全面实施“洋垃圾”禁令。全面禁止洋垃圾之后，将加速全社会开展垃圾分类的进程，对当下全国的垃圾分类工作起到一定的促进作用，对建设节约型社会，促进垃圾资源的减量化、无害化、资源化具有重要意义。垃圾处理好了，在提高垃圾的资源利用效率的同时，对改善国内生态环境有着积极的意义。垃圾回收利用多了，需要焚烧和填埋的垃圾自然就减少，这样不仅减少了污染，改善了环境，同时节省了土地资源，也降低了邻避效应（邻近居民等嫌恶垃圾处理场等项目的反对言行）发生的可能性。总之，垃圾这一概念正在随着社会的发展逐渐被注入新的内涵。垃圾是人类产生的，将当代人的废弃物遗留给子孙不是我们应有的选项。人类文明最终必将能妥善解决这个棘手的问题，为可持续发展开辟出一条康庄坦途。

科学进展

新型污染物

相对于常规的污染物，新型污染物是指由人类活动造成的、目前已明确存在、但尚无法律法规和标准予以规定或规定不完善、危害生活和生态环境的在生产建设或者其他活动中产生的污染物，主要包括那些具有生物毒性、环境持久性、生物累积性等特征的有毒有害化学物质。目前国际上广泛关注的新型污染物有四大类：一是持久性有机污染物，二是内分泌干扰物，三是抗生素，四是微塑料。此外，药品与个人护理用品（PPCP）、全氟化合物（PFC）、溴代阻燃剂（BRP）、饮用水消毒副产物（DBP）、纳米材料也属于新型污染物范畴。随着对化学物质环境和健康危害的认识不断深入，环境检测技术的不断发展，可能被识别出的新污染物还会持续增加。

我国目前管控的常规污染物仅为200多种（类），其他未管控或者管控不到位的污染物均属于新型污染物。新型污染物一般化学结构稳定，在环境中不易降解，且可能会通过食物链不断富集，对生态系统及人体健康造成严重威胁，被称为持久性有机污染物（POP）。POP具备高毒、持久、生物积累性、远距离迁移性等特性。通过生物蓄积作用，传到位于生物链顶端的人类时，这些物质的浓度和毒性可能放大数万倍，引起神经行为失常、内分泌紊乱、生殖系统和免疫系统破坏，发育异常和肿瘤发生率升高等新型污染物主要有以下几个特点。

1）高生物毒性。新型污染物往往具有三致毒性（致癌、致畸变、致突变）和内分泌系统干扰等影响生殖和发育的特点。对生物繁殖乃至生物多样性危害极大。

2）持久性。在环境中不容易降解，滞留时间长。

3）蓄积性。易于富集，长距离迁移或者沿着食物链传递，越高级的生物体内累积的浓度越高，危害越大。

4）隐蔽性。对于已经长期生产并且使用多年的物质，其危害常常容易被忽略，难以察觉，虽然它们短期内危害不明显，或者其危害还无法用现有的检测手段检测到，但是长期毒性对人体及环境仍然存在较大的风险。

5）不容易治理。新型污染物品种繁多，来源广泛，检测难度大，危害、转化和迁移机制不明，所以目前很多还难以治理。

第四节 噪声污染与防治

一、什么是噪声？

噪声是人类认识较迟的环境公害。但近年来噪声对人类健康影响的问题引起了公众日益强烈的关注。通常，多数人把影响人类正常生活和工作的声音称为噪声。但由于不同人群的认识差异，人们对噪声可能给出不同的标准。例如，在摇滚乐演奏时，有人认为这是美妙的音乐，另有些人则把它当成震耳欲聋的噪声。一般认为，作为听觉公害，符合以下“三性”中的任一项即为噪声。

（1）过响性 声响过大，超过70分贝（dB）的声音为过响声。

（2）妨碍性 声音虽然不大，但却干扰人类的学习、思考或睡眠休息。例如，蚊子从耳边飞过的声音声压仅为 0.0002μbar（0.2Pa），如此微弱的声音对辗转难以入睡者来说也是一种讨厌的噪声。

（3）刺激性 有些声音虽然声响不很大，但却令人产生难受的感觉，如某种特异的刮削声、摩擦声等。

如果区域夜间声环境平均等效声级小于或等于40.0dB，该区的声环境为好（一级），40.1～45.0dB为较好（二级），45.1～50.0dB为一般（三级），50.1～55.0dB为较差（四级），大于55.0dB为差（五级）。而夜间道路交通声环境平均等效声级小于或等于58.0dB为好（一级），58.1～60.0dB为较好（二级），60.1～62.0dB为一般（三级），62.1～64.0dB为较差（四级），大于64.0dB为差（五级）。

声级判断及其对人的影响见表12.6。

表 12.6　一些声源的噪声级值及其对人类的影响

声级/dB	声源及地点	对人的影响
0	人刚能听到	安全
20	郊区静夜，安静的住宅和图书馆	安全
40	轻声耳语，一般宿舍、办公室	安全
60	一般讲话，商场，电视机发出的声音	比较安全，但影响学习与思考
80	高声讲话，汽车声，钢琴声，交通干道	对听力影响不大，但显得吵闹
100	拖拉机声，载重车声，纺织车间	听力有所下降，可使人神经衰弱
120	钻机声，凿岩机声，气锤声	听力受损，使人烦躁，机能失调
140	飞机起飞或低空掠过时发出的巨声	令人心悸，血压升高，甚至耳聋

城市各类区域环境噪声控制标准见表 12.7。

表 12.7　各类城区环境噪声控制标准　（单位：dB）

城市区域	白天	夜晚
特别安静区	45	35
居民文教区	50	40
商业居民区	55	45
工商居民区	60	50
工业集中区	65	55
交通干线带	70	55

全国统计的噪声类别中，社会生活噪声占比最大（62.3%），其次是交通噪声（23.8%）、工业企业噪声（10.3%）和建筑施工噪声（3.6%）。

2012 年在监测的 31 个省会城市里，区域声环境质量昼间平均值为 54.3dB（A），绝大多数区域声环境质量处于二级和三级水平（二级 22 个城市，三级 8 个城市），仅有拉萨的声环境质量达到一级（图 12.25）。

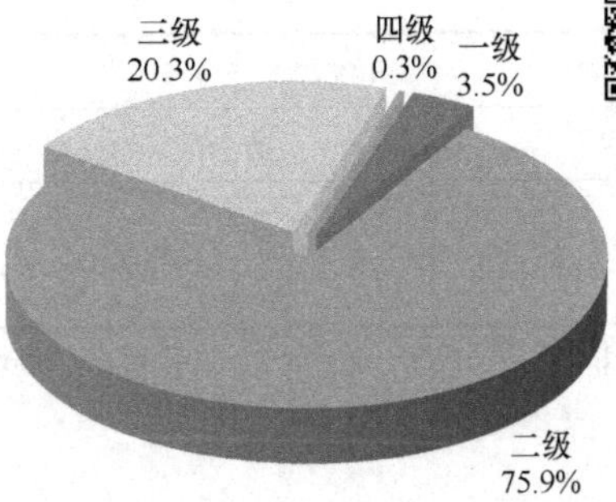

彩图

图 12.25　2012 年全国城市区域声环境质量级别比例
（引自《2012 中国环境状况公报》）

经过 6 年的全国声环境整治，生态环境部发布的《2018 年全国生态环境质量简况》（声环境）数据显示，2018 年开展昼间区域声环境监测的 323 个地级及以上城市等效声级平均为 54.4dB（A）。其中，13 个城市昼间区域声环境质量评价等级为一级，占 4.0%；205 个城市为二级，占 63.5%；99 个城市为三级，占 30.7%；4 个城市为四级，占 1.2%；2 个城市为五级，占 0.6%。开展夜间区域声环境的地级及以上城市共有 319 个，平均等效声级为 46.0dB。其中，4 个城市夜间区域声环境质量为一级，占 1.3%；121 个城市为二级，占 37.9%；172 个城市为三级，占 53.9%；17 个城市为四级，占 5.3%；5 个城市为五级，占 1.6%。

此外，在道路交通声环境监测方面，2018 年共有 321 个地级及以上城市开展了夜间道路交通声环境监测，平均等效声级为 58.1dB。其中，151 个城市夜间道路交通声环境质量为一级，56 个城市为二级，37 个城市为三级，44 个城市为四级，33 个城市为五级。可见，绝大多数城市夜间道路交通声环境为二至三级，一级达标城市有所增加。

为防治环境噪声污染，保护和改善生活环境，保障身体健康，促进经济和社会发展，1996 年 10 月 29 日第八届全国人民代表大会常务委员会第二十二次会议通过《中华人民共和国环境噪声污染防治法》。2018 年 12 月 29 日，第十三届全国人民代表大会常务委员会第七次会议通过对《中华人民共和国环境噪声污染防治法》作出修改。从生态文明建设的高度，聚焦解决好人民群众反映强烈的噪声污染问题，持续发力、久久为功。2022 年 6 月 5 日，《中华人民共和国噪声污染防治法》正式实施，将旧法名称中的“环境”二字去掉。新法规定，基层群众性自治组织应当协助地方人民政府及其有关部门做好噪声污染防治工作，“基层群众性组织在以往参与居住地公共事务、调解纠纷、维护治安等方面发挥了很好的作用，也有不少成功的实践经验，这次新噪声法作出原则性规定，也是因为噪声污染防治工作更需要多元共治，这当中基层组织的作用不可替代。”此外，新《中华人民共和国噪声污染防治法》还对噪声防治部门的管理程序进行了规范，对相关部门管理事务不清，管理缺位、懒政等问题进行了改进，如将噪声污染防治情况纳入了县级以上政府的考核。经过一年多的实施，取得明显成效，根据中国生态环境部《中国生态环境状况公报》：2022 年，全国地级及以上城市声环境功能区昼间达标率为 96.0%、夜间达标率为 86.6%，比 2021 年度分别上升 0.6 个百分点、3.7 个百分点（表12.8）。全国城市区域昼间等效声级平均值为 54.0dB，专业人士指出，这个音量已跟室内正常聊天、电脑主机声音音量基本相当，影响人们生活有限。虽然目前噪声污染治理工作取得积极成效，但由于噪声污染量大面广，部分噪声源还存在监管空白。关键还是要有关部门从源头防控、问题的治理、科技的支撑等方面重点开展工作。

表 12.8　2022 年全国各类城市声环境功能区达标率（%）

年份	1 类		2 类		3 类		4a 类	
	昼	夜	昼	夜	昼	夜	昼	夜
2021	89.9	78.2	95.4	89.5	98.5	93.1	98.3	66.3
2022	91.1	83.1	96.2	93.2	98.9	94.6	98.5	70.4

注：1 类指居民住宅、医疗卫生、文化教育、行政办公等区域。2 类指商业金融、集市贸易等区域。3 类指工业生产、仓储物流等区域。4a 类指高速公路、城市主干路等区域

二、噪声来源

噪声的来源基本上有以下三大类。

（1）*工厂及工业噪声*　工矿企业的各类机械在运行过程中都会发出各种级别的噪声。高分贝长时间的噪声对工人健康影响颇大。

（2）*交通及运输噪声*　交通噪声包括飞机、火车、各类汽车、拖拉机及摩托车等交通工具在运行时发出的响声，主要为发动机的响声。我国许多城市实行城区机动车喇叭禁鸣规定，对降低城市交通干道噪声环境发挥了很好的效应。

（3）*生活及家庭噪声*　人群的喧闹声，如学生的嬉戏声或市场、商店嘈杂的人声，以

及家庭影音设备播放的高分贝响声，也不时构成噪声的一大来源。不过这类噪声通常不导致持久性的严重危害。

三、噪声危害

通常认为，40dB 以下的声音是一种安全的环境声音，它对人体无任何不良影响。40～70dB 的声响是人类文明社会可以接受的，但在休息时间最好把声音控制在 40dB 以下。在人们正常学习与工作时间内，超过 70dB 的声音叫作过响性噪声，这是人类最常见的一类噪声。如果声量超过 90dB，每天连续听 30min，一个月下来，很有可能危害耳蜗中的毛细胞，造成永久性听力损伤，因为毛细胞无法自我再生。如果年轻时听耳机没有节制而使听力受到伤害，老年性耳聋出现的时间会更早，程度也会更严重。长时期受噪声干扰的人可能出现以下病症。

（1）*失眠症*　噪声影响睡眠。多数人睡眠时要求环境杂音在 40dB 以下。睡眠不足还将引发萎靡不振，记忆衰退，效率低下等系列生理性、功能性疾患。

（2）*听力损伤*　短时间（几小时至几天）暴露于噪声之中，即使是较强的噪声（超过 100dB）大多也只是对人的听力造成一过性的损伤，但有少数较敏感的人会造成噪声性耳聋。脱离噪声源后，多数人的受损听力可以得到恢复，或部分恢复。但如果长时间处于强噪声环境中，将可能造成听力的不可逆衰减，甚至耳聋。老年人内耳血液微循环功能较差，对噪声危害的敏感性增高。因此老年人更应该提防噪声对听力造成的伤害。

（3）*神经衰弱与心血管、消化系统病症*　噪声常常引发交感神经持续兴奋，肾上腺素分泌增多，长久以往，容易造成神经衰弱，张弛无方；同时由于神经系统的不正常调控，导致有些人心律不齐、心动过速、血压不稳；或者是胃肠功能紊乱、食欲不振，易患胃和十二指肠溃疡等血液循环系统和消化系统疾病。此类患者只要脱离噪声源，上述病症大多能得到缓解或消除。

（4）*内分泌机能失调*　研究表明，较强的噪声会使妇女月经失调，不易怀孕；孕妇流产率增高，初生儿体重下降等。

（5）*噪声威胁鸟类生存*　喷气式飞机发出的震耳欲聋的高强度噪声，可以明显降低附近养殖场中鸡、鸭的产蛋率，甚至引起惊恐万状的家禽大量死亡。栖息于繁忙公路两侧的鸟类，大多已失去原本甜美的嗓音，转而模仿自出生以来每天都能听到的刺耳的单调喇叭声。同时嘈杂的汽车噪声也使鸟类难以听到同类的求偶信号，导致不少鸟类的数量持续下降。

四、噪声控制

调查表明，只有在低于 80dB 的环境中进行工作和生产，才能保护全体人员不发生噪声性耳聋，为此我们应该做到以下几点。

1）工厂建在远离居民稠密区的地点，工厂内生产区和办公室及居住区应相对分开。

2）想方设法降低工厂中的机械噪声。

3）对在高分贝噪声条件下工作的人员发放耳塞、耳罩等防护用品，且应尽可能定期更换或轮换工种。

4）各类机动车禁鸣喇叭，一律以灯光示意，在市区和人员稠密区更应强制执行。

5）居民区禁止喧哗，特别是在夜间。

随着我国现代化建设的大规模展开，环境污染问题已经日益严重地凸显在我们的面前，我国已经成为世界上受污染最严重的国家之一。环境污染对经济造成严重的损失。近年来我国的环境生态有了明显改善，但是我国的环境形势依然不容乐观，各项污染物的排放总量依然很大，部分城乡水质、大气和土壤的污染依然严重。面对着一方面经济高速增长，另一方面污染紧随其后的严峻局面，每一个有良知的中国公民，特别是领导干部和企业负责人，都应立即行动起来，从本单位做起，从本人开始，为爱护祖国的秀美河山，为整治我们被玷污的环境，为我国经济的可持续发展而共同努力，使这项功在当代、利在千秋的人间伟业既轰轰烈烈又扎扎实实地持久开展下去。

我们一定要深刻认识到，坚持循环经济和可持续发展战略才能使一个国家获得永续的发展空间。建立在大量消耗资源、污染环境的粗放型增长方式最终将导致经济和社会的停滞和倒退。人口、资源和环境是一个国家实施可持续发展的三个要素。在我国，人口数已经超过14亿，多项人均资源量都远远落在世界平均水平之下。有些资源，如淡水和土壤的现状和今后的发展趋势都令人十分担忧。至于环境问题，通过上述分析可知，这更是一个十分不容乐观、迫在眉睫的议题，任重而道远。

党的十八大以来，在习近平生态文明思想的科学指引下，全党全国人民坚持绿水青山就是金山银山的理念，全方位、全地域、全过程加强生态环境保护，创造了举世瞩目的生态奇迹和绿色发展奇迹。通过全面整治散乱污企业及集群，加快淘汰落后产能；城市污水管网建设快速推进，不断提升污水处理能力；清洁取暖改造减少散煤污染，可再生能源快速发展，我国生态环境质量明显改善。2022年，全国地级及以上城市空气质量优良天数比例达86.5%，重污染天数比例首次降到1%以内。水环境质量发生转折性变化。2023年，全国地表水水质优良断面比例升至89.4%。越来越多的绿色在山川大地蔓延。我国森林面积和蓄积量实现双增长。一座座精致的街角公园让市民们在“生态留白”中享受美好生活。十八大以来的十多年是扎实推进绿色发展的十年。我国的生态环境状况实现了历史性的转折，雾霾天气和黑臭水体越来越少，蓝天白云、绿水青山越来越多。植树造林占全球人工造林的1/4左右，与2002年相比，单位GDP二氧化碳排放量累计下降了大约51%，风电、光伏发电等绿色电力的装机容量和新能源汽车产销量都是居世界第一。我国推动达成了《巴黎协定》，为国际社会合作应对气候变化、推进全球环境治理做出了重要贡献。实现真正的天更蓝、山更绿、水更清，老百姓获得感、幸福感、安全感显著增强。

当前，中国正在加快转变发展方式，大力发展绿色经济，生态保护从末端治理向全过程控制的转变。经济发展不应该是资源和生态的枯竭，生态环境保护不应该是为了环境而放弃经济发展，而是要坚持在发展中保护，在保护中发展，实现经济社会发展与人口、资源、环境的协调一致。

资料链接

人类面临十大环境问题

1）全球气候变暖。二氧化碳和甲烷的大量释放导致地表热量不易散失，引起气候变暖，两极冰川融化，海平面上升，海水倒灌，沿海地区受淹。

2）臭氧层被破坏。人类工业和生活活动中产生的臭氧层损耗物质破坏臭氧层，导致人类皮肤癌和白内障发病率上升，生物遭涂炭。

3）生物多样性减少。工业污染、森林砍伐等原因造成生物多样性急剧减少，终将逐渐威胁人类生存的基础。

4）酸雨蔓延。大量二氧化硫和氮氧化合物排入大气，溶解在水中形成酸雨。酸雨损害农作物，导致湖泊酸化，鱼类死亡，毁坏建筑物。

5）森林锐减。由于人类的过度采伐导致森林锐减。森林减少导致水土流失，洪灾频发。

6）土地荒漠化。过度放牧、采矿等人类活动使草地退化，土地荒漠化。目前全球荒漠化土地面积相当于俄罗斯、加拿大、美国和中国国土面积的总和。

7）资源短缺。水资源、耕地资源和矿产资源严重短缺。

8）水环境污染严重。水是我们日常最需要，也是接触最多的物质之一，然而水如今也成了危险品。占地球面积70%以上的海洋受到污染，人类活动使近海区海水中氮和磷的含量增加50%～200%。过量营养物导致沿海藻类大量生长，波罗的海、北海、黑海、东中国海等经常出现赤潮，破坏了红树林、珊瑚礁、海草，使近海鱼虾锐减，渔业损失惨重。

9）大气污染。导致大气污染的主要因子为悬浮颗粒物、一氧化碳、臭氧、二氧化碳、氮氧化物、铅等。大气污染导致每年有30万～70万人因烟尘污染提前死亡，2500万的儿童患慢性喉炎，400万～700万的农村妇女儿童受害。

10）固体废物成灾。随着城市化进程不断推进，人民的生活水平不断提高，城市中的固体废物的数量也在不断增加，导致城市中的固体废物污染严重，破坏城市的生态环境，对土壤、水体、大气造成危害。生活在环境中的人，以大气、水、土壤为媒介，可以将环境中的有害废物直接由呼吸道、消化道或皮肤摄入人体，致人患病。

小 结

在现代社会中，水质污染、大气污染、垃圾污染和噪声污染已经成了危害人类乃至整个生物圈的公害。水质污染的源头来自工业生产、农业生产和大众生活三个方面。大海接纳了来自陆地的巨量污水，导致近岸海水氮、磷等富营养化现象严重，引起赤潮频发，鱼、虾、蟹、贝损失惨重。

引起大气污染的主要成分有二氧化碳、一氧化碳、二氧化硫、氮氧化物及悬浮微粒等，这是人类大量燃用煤、石油和天然气及土地荒漠化等产生的综合效应。促进气温上升、频发酸雨、出现臭氧空洞、侵害人体健康等是大气污染造成的主要危害。

工农业生产及人类生活产生的垃圾之多令人触目惊心。强化垃圾的分类运送和回收利用，强调垃圾的减量化、资源化和无害化处理，科学地变末端处理为全过程管理已经势在必行。对垃圾分选后再进行焚烧、填埋等无害化处理，发掘垃圾的可利用价值，是现代社会发展的必然要求。

影响人类生活和工作的声音叫作噪声，它具有过响性、妨碍性或刺激性的特征。长期处于高强度噪声中可能使人听力受损甚至耳聋。

我国生态环境恶化的趋势已经开始改观，以牺牲环境为代价换取经济的增长，这条“先污染后治理”的途径已经被证明是得不偿失的。

复习思考题

1. 水污染主要来自哪几个方面？水污染将带来哪些危害？
2. 什么是赤潮？为什么这些年来赤潮频发、危害日益严重？
3. 什么是酸雨？试述酸雨的产生及其危害。
4. 什么是臭氧空洞？它是怎样产生的？有何危害？
5. 什么是温室效应？温室效应是如何产生的？可能带来哪些危害？
6. 什么是垃圾？试分析三种垃圾处理方式的优缺点。
7. 什么是噪声？如何降低噪声对人体健康的危害？
8. 什么是绿色国民经济核算？
9. 有何良策从根本上扭转日益严重的环境污染态势？
10. “保护环境，人人有责”，你将如何理解这句口号的含义？

主要参考文献

爱德华·欧·威尔逊．2004．生命的多样性．王芷，等译．长沙：湖南科学技术出版社
陈守良，贺慕严，吴鹤龄，等．2001．人类生物学．北京：北京大学出版社
陈小麟．2005．动物生物学．北京：高等教育出版社
陈志南．2005．细胞工程．北京：科学出版社
国家统计局国民经济综合统计司．2010．新中国六十年统计资料汇编．北京：中国统计出版社
国土资源部，国家统计局，国务院第二次全国土地调查领导小组办公室．2013．关于第二次全国土地调查主要数据成果的公报
洪满贤．1999．细胞核分子生物学．厦门：厦门大学出版社
黄海霞，庄会宁．1999．20 年少生 3 亿人．瞭望，39：66-68
黄厚哲．1984．生物学概论．北京：高等教育出版社
李建凡．2002．克隆技术．北京：化学工业出版社
李奎等．2021．动物基因组编辑．北京：科学出版社
李璞．1999．医用生物学．北京：人民卫生出版社
李振基，陈小麟，郑海雷．2007．生态学．3 版．北京：科学出版社
理查德·利基．1997．人类的起源．吴汝康，等译．上海：上海科学技术出版社
刘建康．2002．高级水生生物学．北京：科学出版社
刘谦，朱鑫泉．2002．生物安全．北京：科学出版社
刘正雄．1995．中华小百科全书·生物学卷．成都：四川教育出版社，四川辞书出版社
楼士林，杨盛昌，龙敏南，等．2004．基因工程．北京：科学出版社
骆建新，郑崛村，马用信，等．2003．人类基因组计划与后基因组时代．中国生物工程杂志，23（11）：87-94
穆勒．1999．发育生物学．黄秀英，等译．北京：高等教育出版社
裴雪涛．2002．干细胞技术．北京：化学工业出版社
彭晓辉．2004．性科学概论．北京：科学出版社
沈银柱，黄占景．2013．进化生物学．北京：高等教育出版社
寿天德．1998．现代生物学导论．合肥：中国科学技术出版社
宋思扬，楼士林．2007．生物技术概论．3 版．北京：科学出版社
苏珊·格林菲尔德．1998．人脑之谜．杨雄里，等译．上海：上海科学技术出版社
孙开来．2008．人类发育与遗传学．2 版．北京：科学出版社
王莲芸．2006．现代医学导论．北京：科学出版社
魏道智．2019．普通生物学．北京：高等教育出版社
吴冰．2022．碳中和，碳达峰．北京：东方出版社
吴乃虎．1998．基因工程原理．北京：科学技术出版社
吴庆余．2002．基础生命科学．北京：高等教育出版社

吴相钰，陈守良，葛明德．2015．陈阅增普通生物学．北京：高等教育出版社
解振华．2005．保护生物物种资源，构建人与自然和谐社会．光明日报
杨春玲，冯小涛．2012．农作物太空育种进展及其发展建议．山东农业科学．44（10）：37-39
杨焕明．2003．人类基因组计划及其意义．安徽科技，5：8-10
叶庆华，曾定，陈振端．2002．植物生物学．厦门：厦门大学出版社
叶兴国，王艳丽，丁文静．2006．主要农作物转基因研究现状和展望．中国生物工程杂志，26（5）：93-100
殷维君．1999．环境保护基础．武汉：武汉工业大学出版社
余其兴，赵刚．2000．人类遗传学导论．北京：高等教育出版社
袁振宏，吴创之，马隆龙，等．2006．生物质能利用原理与技术．北京：化学工业出版社
张鞠玲，赵宗正，鲍春梅，等．2020．西非疟疾病例的实验室检测分析与诊断．军事医学，46（3）：197-201
张惟杰．1999．生命科学导论．北京：高等教育出版社
张西平，王鄂生，申宗侯．2002．核酸与基因表达调控．武汉：武汉大学出版社
张昀．2006．生物进化．北京：北京大学出版社
张自立，彭永康．2004．现代生命科学进展．北京：科学出版社
赵进东．2023．陈阅增普通生物学．北京：高等教育出版社
赵永芳．2004．生物化学技术原理及应用．北京：科学出版社
曾广文．1998．植物生理学．成都：成都科技大学出版社
中华人民共和国环境保护部．2013．2012 中国环境状况公报
朱玉贤，李毅．1999．现代分子生物学．北京：高等教育出版社
Audesirk G, Audesirk T, Byers B E. 2001. Biology: Life on Earth. New Jersey: Presentice Hall Upper Saddle Hiver
Audesirk G, Audesirk T, Byers B E. 2013. Life on Earth. 10th ed. New York: Person Education Inc
Campbell N A, Reece J B. 2009. Biology. 6th ed. San Francisco: Pearson/Benjamin Cummings Publishing Company
Chen H, Li Y, Li H, et al. 2024. NBS1 lactylation is required for efficient DNA repair and chemotherapy resistance. Nature, 631: 663-669
Chen P C, Liu X, Gu C H, et al. 2022. A plant-derived natural photosynthetic system for improving cell anabolism. Nature, 612(7940): 546-554
Chung K, Wallace J, Kim S, et al. 2013. Structural and molecular interrogation of intact biological systems. Nature, 497, 332-337
Coale T H, Loconte V, Turk-kubo K A, et al. 2024. Nitrogen-fixing organelle in a marine alga. Science, 384: 217-222
Gibson D G, Glass J I, Lartigue C, et al. 2010. Creation of a bacterial cell controlled by a chemically synthesized genome. Science, 329(5987): 52-56
Graham L E, Graham J M, Wilcox L W. 2003. Plant Biology. New York: Person Education Inc
Johnson G, Bergh J. 2024. The Living World. 11th ed. New York: McGraw Hill
Klug W S, Cummings M R. 1997. Concepts of Genetics. 5th ed. New Jersey: Simon & Schuster/A Viacom Company
Krogh D. 2002. Biology: A Guide to the Natural Word. New Jersey: Prentice-Hall Inc
Lahn B T, Pearson N M, Jegalian K. 2001. The human Y chromosome, in the light of evolution. Nature Reviews Genetics, 2: 207-216

Nebel B J, Wright R T. 2002. Environmental Science: Toward A Sustainable Future. 8th ed. New Jersey: Prentice-Hall Inc

Nurk S, Koren S, Rhie A, et al. 2022. The complete sequence of a human genome. Science, 376(6588): 44-53

Parasyraki E, Mallick M, Hatch V, et al. 2024. 5-Formylcytosine is an activating epigenetic mark for RNA Pol III during zygotic reprogramming. Cell, 187(21): 6088-6103

Strickberger M W. 2001. Evolution. 3rd ed. Burlington: Jones and Bartlett Publishers

Skaletsky H, Kuroda-Kawaguchi T, Minx P J, et al. 2003. The male-specific region of the human Y chromosome is a mosaic of discrete sequence classes. Nature, 423: 825-837

Xie Y, Chai P, Till N A, et al. 2024. The modified RNA base acp^3U is an attachment site for N-glycans in glycoRNA. Cell, 187(19): 5228-5237

Zhang D, Tang Z, Huang H, et al. 2019. Metabolic regulation of gene expression by histone lactylation. Nature, 574(7779): 575-580

Zong Z, Xie F, Wang S, et al. 2024. Alanyl-tRNA synthetase, AARS1, is a lactate sensor and lactyltransferase that lactylates p53 and contributes to tumorigenesis. Cell, 187(10): 2375-2392